清华大学电子工程系核心课系列教材

C/C++ Programming

C/C++ 程序设计教程

◎黄永峰 孙甲松 编著

U0284187

清华大学出版社
北京

内 容 简 介

　　本书是作者根据长期教学实践编写而成的。全书内容由浅入深,逐步介绍 C/C++语言中的基本概念和语法,使读者全面而系统地理解和掌握用 C/C++语言进行程序设计的方法。

　　本书叙述简明扼要,通俗易懂,例题丰富,有利于读者自学。本书可作为各专业的学生学习 C/C++语言程序设计的教材。

图书在版编目(CIP)数据

C/C++程序设计教程/黄永峰,孙甲松编著.—北京:清华大学出版社,2019(2024.8重印)
(清华大学电子工程系核心课系列教材)
ISBN 978-7-302-52690-2

Ⅰ.①C… Ⅱ.①黄… ②孙… Ⅲ.①C语言-程序设计-高等学校-教材 Ⅳ.①TP312.8

中国版本图书馆 CIP 数据核字(2019)第 057425 号

责任编辑:文　怡
封面设计:台禹微
责任校对:李建庄
责任印制:丛怀宇

出版发行:清华大学出版社
　　　网　　　址:https://www.tup.com.cn,https://www.wqxuetang.com
　　　地　　　址:北京清华大学学研大厦 A 座　　　　邮　　编:100084
　　　社 总 机:010-83470000　　　　　　　　　　　邮　　购:010-62786544
　　　投稿与读者服务:010-62776969,c-service@tup.tsinghua.edu.cn
　　　质量反馈:010-62772015,zhiliang@tup.tsinghua.edu.cn
　　　课件下载:https://www.tup.com.cn,010-62795954
印 装 者:三河市铭诚印务有限公司
经　　销:全国新华书店
开　　本:185mm×260mm　　　印　　张:44　　　　　　字　　数:1123 千字
版　　次:2019 年 6 月第 1 版　　　　　　　　　　　印　　次:2024 年 8 月第 7 次印刷
定　　价:89.00 元

产品编号:072064-01

丛书 序

清华大学电子工程系经过整整十年的努力,正式推出新版核心课系列教材。这成果来之不易! 在这个时间节点重新回顾此次课程体系改革的思路历程,对于学生,对于教师,对于工程教育研究者,无疑都有重要的意义。

一

高等电子工程教育的基本矛盾是不断增长的知识量与有限的学制之间的矛盾。这个判断是这批教材背后最基本的观点。

当今世界,科学技术突飞猛进,尤其是信息科技,在 20 世纪独领风骚数十年,至 21 世纪,势头依然强劲。伴随着科学技术的迅猛发展,知识的总量呈现爆炸性增长趋势。为了适应这种增长,高等教育系统不断进行调整,以把更多新知识纳入教学。自 18 世纪以来,高等教育响应知识增长的主要方式是分化:一方面延长学制,从本科延伸到硕士、博士;一方面细化专业,比如把电子工程细分为通信、雷达、图像、信息、微波、线路、电真空、微电子、光电子等。但过于细化的专业使得培养出的学生缺乏处理综合性问题的必要准备。为了响应社会对人才综合性的要求,综合化逐步成为高等教育主要的趋势,同时学生的终身学习能力成为关注的重点。很多大学推行宽口径、厚基础本科培养,正是这种综合化趋势使然。通识教育日益受到重视,也正是大学对综合化趋势的积极回应。

清华大学电子工程系在 20 世纪 80 年代有九个细化的专业,20 世纪 90 年代合并成两个专业,2005 年进一步合并成一个专业,即"电子信息科学类",与上述综合化的趋势一致。

综合化的困难在于,在有限的学制内学生要学习的内容太多,实践训练和课外活动的时间被挤占,学生在动手能力和社会交往能力等方面的发展就会受到影响。解决问题的一种方案是延长学制,比如把本科定位在基础教育,硕士定位在专业教育,实行五年制或六年制本硕贯通。这个方案虽可以短暂缓解课程量大的压力,但是无法从根本上解决知识爆炸性增长带来的问题,因此不可持续。解决问题的根本途径是减少课程,但这并非易事。减少课程意味着去掉一些教学内容。关于哪些内容可以去掉,哪些内容必须保留,并不容易找到有高度共识的判据。

探索一条可持续有共识的途径,解决知识量增长与学制限制之间的矛盾,已是必需,也是课程体系改革的目的所在。

二

学科知识架构是课程体系的基础,其中核心概念是重中之重。这是这批教材背后最关键的观点。

布鲁纳特别强调学科知识架构的重要性。架构的重要性在于帮助学生利用关联性来理解和重构知识;清晰的架构也有助于学生长期记忆和快速回忆,更容易培养学生举一反三的迁移能力。抓住知识架构,知识体系的脉络就变得清晰明了,教学内容的选择就会有公认的依据。

核心概念是知识架构的汇聚点,大量的概念是从少数核心概念衍生出来的。形象地说,核心概念是干,衍生概念是枝、是叶。所谓知识量爆炸性增长,很多情况下是"枝更繁、叶更茂",而不是产生了新的核心概念。在教学时间有限的情况下,教学内容应重点围绕核心概念来组织。教学内容中,既要有抽象的概念性的知识,也要有具体的案例性的知识。

梳理学科知识的核心概念,这是清华大学电子工程系课程改革中最为关键的一步。办法是梳理自 1600 年吉尔伯特发表《论磁》一书以来,电磁学、电子学、电子工程以及相关领域发展的历史脉络,以库恩对"范式"的定义为标准,逐步归纳出电子信息科学技术知识体系的核心概念,即那些具有"范式"地位的学科成就。

围绕核心概念选择具体案例是每一位教材编者和教学教师的任务,原则是具有典型性和时代性,且与学生的先期知识有较高关联度,以帮助学生从已有知识出发去理解新的概念。

三

电子信息科学与技术知识体系的核心概念是:信息载体与系统的相互作用。这是这批教材公共的基础。

1955 年前后,斯坦福大学工学院院长特曼和麻省理工学院电机系主任布朗都认识到信息比电力发展得更快,他们分别领导两所学校的电机工程系进行了课程改革。特曼认为,电子学正在快速成为电机工程教育的主体。他主张彻底修改课程体系,牺牲掉一些传统的工科课程以包含更多的数学和物理,包括固体物理、量子电子学等。布朗认为,电机工程的课程体系有两个分支,即能量转换和信息处理与传输。他强调这两个分支不应是非此即彼的两个选项,因为它们都基于共同的原理,即场与材料之间相互作用的统一原理。

场与材料之间的相互作用,这是电机工程第一个明确的核心概念,其最初的成果形式是麦克斯韦方程组,后又发展出量子电动力学。自彼时以来,经过大半个世纪的飞速发展,场与材料的相互关系不断发展演变,推动系统层次不断增加。新材料、新结构形成各种元器件,元器件连接成各种电路,在电路中,场转化为电势(电流电压),"电势与电路"取代"场和材料"构成新的相互作用关系。电路演变成开关,发展出数字逻辑电路,电势二值化为比特,"比特与逻辑"取代"电势与电路"构成新的相互作用关系。数字逻辑电路与计算机体系结构相结合发展出处理器(CPU),比特扩展为指令和数据,进而组织成程序,"程序与处理器"取代"比特与逻辑"构成新的相互作用关系。在处理器基础上发展出计算机,计算机执行各种算法,而算法处理的是数据,"数据与算法"取代"程序与处理器"构成新的相互作用关系。计算机互联出现互联网,网络处理的是数据包,"数据包与网络"取代"数据与算法"构成新的相互作用关系。网络服务于人,为人的认知系统提供各种媒体(包括文本、图片、音视频等),"媒体与认知"取代"数据包与网络"构成新的相互作用关系。

以上每一对相互作用关系的出现,既有所变,也有所不变。变,是指新的系统层次的出现和范式的转变;不变,是指"信息处理与传输"这个方向一以贯之,未曾改变。从电子信息的角度看,场、电势、比特、程序、数据、数据包、媒体都是信息的载体;而材料、电路、逻辑(电路)、处理器、算法、网络、认知(系统)都是系统。虽然信息的载体变了,处理特定的信息载体的系统变了,描述它们之间相互作用关系的范式也变了,但是诸相互作用关系的本质是统一的,可归纳为"信息载体与系统的相互作用"。

上述七层相互作用关系,层层递进,统一于"信息载体与系统的相互作用"这一核心概念,构成了电子信息科学与技术知识体系的核心架构。

四

在核心知识架构基础上,清华大学电子工程系规划出十门核心课:电动力学(或电磁场与波)、固体物理、电子电路与系统基础、数字逻辑与 CPU 基础、数据与算法、通信与网络、媒体与认知、信号与系统、概率论与随机过程、计算机程序设计基础。其中,电动力学和固体物理涉及场和材料的相互作用关系,电子电路与系统基础重点在电势与电路的相互作用关系,数字逻辑与 CPU 基础覆盖了比特与逻辑及程序与处理器两对相互作用关系,数据与算法重点在数据与算法的相互作用关系,通信与网络重点在数据包与网络的相互作用关系,媒体与认知重点在媒体和人的认知系统的相互作用关系。这些课覆盖了核心知识架构的七个层次,并且有清楚的对应关系。另外三门课是公共的基础,计算机程序设计基础自不必说,信号与系统重点在确定性信号与系统的建模和分析,概率论与随机过程重点在不确定性信号的建模和分析。

按照"宽口径、厚基础"的要求,上述十门课均被确定为电子信息科学类学生必修专业课。专业必修课之前有若干数学物理基础课,之后有若干专业限选课和任选课。这套课程体系的专业覆盖面拓宽了,核心概念深化了,而且教学计划安排也更紧凑了。近十年来清华大学电子工程系的教学实践证明,这套课程体系是可行的。

五

知识体系是不断发展变化的,课程体系也不会一成不变。就目前的知识体系而言,关于算法性质、网络性质、认知系统性质的基本概念体系尚未完全成型,处于范式前阶段,相应的课程也会在学科发展中不断完善和调整。这也意味着学生和教师有很大的创新空间。电动力学和固体物理虽然已经相对成熟,但是从知识体系角度说,它们应该覆盖场与材料(电荷载体)的相互作用,如何进一步突出"相互作用关系"还可以进一步探讨。随着集成电路发展,传统上区分场与电势的条件,即电路尺寸远小于波长,也变得模糊了。电子电路与系统或许需要把场和电势的理论相结合。随着量子计算和量子通信的发展,未来在逻辑与处理器和通信与网络层次或许会出现新的范式也未可知。

工程科学的核心概念往往建立在技术发明的基础之上,比如目前主流的处理器和网络分别是面向冯·诺依曼结构和 TCP/IP 协议的,如果体系结构发生变化或者网络协议发生变化,那么相应地,程序的概念和数据包的概念也会发生变化。

六

这套课程体系是以清华大学电子工程系的教师和学生的基本情况为前提的。兄弟院校可以参考,但是在实践中要结合自身教师和学生的情况做适当取舍和调整。

　　清华大学电子工程系的很多老师深度参与了课程体系的建设工作,付出了辛勤的劳动。在这一过程中,他们表现出对教育事业的忠诚,对真理的执着追求,令人钦佩! 自课程改革以来,特别是 2009 年以来,数届清华大学电子工程系的本科同学也深度参与了课程体系的改革工作。他们在没有教材和讲义的情况下,积极支持和参与课程体系的建设工作,做出了重要的贡献。向这些同学表示衷心感谢! 清华大学出版社多年来一直关注和支持课程体系建设工作,一并表示衷心感谢!

王希勤

2017 年 7 月

前言

　　程序设计是每个科技工作者使用计算机的基本功。C/C++语言是目前使用非常广泛的一种程序设计语言,具有丰富的数据类型,它所提供的数据结构和控制结构适合于进行结构化程序设计,并且利用 C/C++语言可以实现汇编语言的大部分功能,使用灵活,可移植性好。

　　本书不仅详细介绍了 C/C++语言的语法规则,而且对某些功能的系统实现以及程序的执行过程也做了必要的分析。本书着重强调 C/C++语言的基本概念,通过大量的例题分析和程序实例,使读者理解和掌握利用 C 语言进行程序设计的方法。

　　书中所有程序都经过实际调试。每章后面安排足够多的练习,并且在最后几个练习中提出了编程的具体要求,通常也可以作为实验使用。

　　本书的特点是简明扼要,通俗易懂,例题丰富。

　　由于作者水平有限,书中难免存在错误和不妥之处,恳请读者批评指正。

　　最后,在本书编写过程中得到了许多同事和同学的帮助,特别是陶怀舟博士和齐伊宁博士等。同时本书的编写内容也参考了多部国内相关的教材,由于篇幅限定,无法一一列出,在此,一并表示感谢。

作　者

2019 年 3 月

目录

下　篇

上　篇

第1章

绪　论

1.1　程序设计概述

程序设计不是根据实际问题直接编写出一个程序这么简单。实际上,程序设计包括多方面的内容,而编写程序只是其中的一个方面。什么是程序设计? 有专家将程序设计描述为

程序设计＝算法＋数据结构＋方法＋工具

由此可以看出,在程序设计的过程中,会涉及算法的设计、数据结构的设计、方法的设计和设计工具的选择等诸多方面。一般来说,可以将程序设计的过程分为以下 5 个基本步骤。

（1）问题分析。

（2）结构特性的设计。

（3）算法的设计。

（4）流程的描述。

（5）调试与运行。

下面分别对这 5 个步骤进行简要的说明。

1. 问题分析

问题分析是程序设计的基础。如果在没有把所要解决的问题分析清楚之前就着手编制程序,是很难得到预想结果的,只能起到事倍功半的效果。根据所要解决的问题性质与类型,需要分析的内容可能是不同的,但作为最基本的分析内容主要有以下几个方面。

1）问题的性质

人们所要解决的问题是各种各样的,而对于不同性质的问题,所用的方法、工具以及输入输出的形式一般也是不同的。通过对问题性质的分析,进一步确定在解决这个问题的过程中要做什么,怎么做。例如,所要解决的问题是属于数值型还是非数值型的? 如果是数值型的问题,则要求确定一个合理的精度;无论是数值型问题还是非数值型问题,都需要明确最终的结果是什么。又例如,对于一元二次方程求根的问题,需要明确是只求实根还是实根与复根都需要求。显然,对于不同性质的问题,其要求是不同的,所考虑的侧重点是不同的;即使是对于同类问题,在不同的应用中,其要求也是不同的。

2）输入输出数据

数据处理是计算机应用中最广泛的一个领域,尤其是现在进入了大数据时代,计算机更是无处不在。在用计算机解决实际问题时,一般总要有一些输入数据,计算的结果也要以某种方

式进行输出。因此,在进行程序设计的过程中,需要考虑对输入输出数据的处理。一般来说,对于输入输出数据主要应考虑以下几个方面。

(1) 数据的类型是什么? 如整型、长整型、超长整型、实型、双精度型、字符型等。

(2) 在何种设备上进行输入输出? 如键盘、扫描仪、打印机、显示器等。

(3) 采用什么样的格式进行数据的输入输出?

3) 数学模型或常用的方法

对于数值型问题,一般要考虑数学模型的设计,或者要对常用的一些方法进行分析与比较,从而根据问题的性质选择一种合理的解决方案。对于非数值型问题,通常也需要从众多的方法中选择一种最合理的方法。

例如,为了求一元二次方程 $Ax^2+Bx+C=0$ 的两个实根 x_1 和 x_2,通常有以下 3 种方法。

(1) 求根公式。

$$x_{1,2}=(-B\pm\sqrt{B^2-4AC})/(2A)$$

(2) 韦达定理。

$$x_1+x_2=-B/A$$
$$x_1x_2=C/A$$

(3) 迭代法。

对于上述 3 种方法,虽然从理论上讲都可以使用,但与实际应用之间还是有一定的差距。例如,因为计算机的有效数字位数是有限的,在运算过程中不可避免地会出现误差。因此,用理论上精确成立的求根公式计算得到的结果也不一定可靠;韦达定理虽然指出了一元二次方程两个实根之间的关系,但没有指明实现的具体步骤;迭代法一般一次只能求一个实根,并且还存在收敛性的问题。因此,在实际解决问题时,必须要对各种方法进行分析比较,不能随便就确定使用某种方法。

2. 结构特性的设计

结构特性设计的好坏,直接影响到程序设计的效率,乃至程序执行的效率。结构特性的设计主要包括控制结构和数据结构的设计。

1) 控制结构

一个程序的功能不仅取决于所选用的操作,而且还取决于各操作之间的执行顺序,即程序的控制结构。程序的控制结构实际给出了程序的框架,决定了程序中各操作的执行顺序。在程序设计过程中,通常用流程图表示程序的控制结构。

2) 数据结构

在计算机的各种应用中,数据处理所占的比重越来越大,尤其是进入大数据时代,有几乎处理不完的数据。在实际应用中,需要处理的数据元素一般有很多,而且,各数据元素之间不仅具有逻辑上的关系,还具有在计算机中实际存储位置上的关系。显然,杂乱无章的数据是不便于处理的,而将大量数据随意地存放在计算机中,实际上也是"自讨苦吃",对处理也是很不利的。

一般来说,在对数据进行处理时,对于数据的不同组织形式,其处理的效率是不同的。有关数据结构的内容将有专门的课程做介绍。

3. 算法的设计

前面已经提到,在进行问题分析时,需要建立数学模型或对常用的方法进行分析比较,这实际上就是算法的设计。

所谓算法,是指解决问题步骤的准确而完整的描述。从程序角度来看,也可以说算法是一个有限条指令的集合,这些指令确定了解决某一特定类型问题的运算序列。

对于初学程序设计的人来说,往往不加思考,随便拿来一种方法就用,最后导致结果不理想,甚至会得到错误的结果。

选择一个好的算法是程序设计的关键。选择算法主要应考虑以下两个基本原则。

(1) 实现算法所花费的代价要尽量地小,即计算工作量要小。

(2) 根据算法所得到的计算结果应可靠。

4. 流程的描述

程序设计的过程,实际上就是确定解决问题的详细步骤,而这些步骤通常称为流程。在程序设计过程中,常用的流程描述工具有以下几种。

1) 流程图

人们在程序设计的实践过程中,总结出了用图形来描述问题的处理过程,使流程更直观,易被一般人所接受。用图形描述处理流程的工具称为流程图。目前使用比较普遍的是传统流程图和结构化流程图(即 NS 图)。

(1) 传统流程图。

1966 年,Bohm 和 Jacopini 从理论上证明了任何复杂的程序都可以用顺序、选择和循环 3 种基本结构组合而成。其中选择结构中包括普通选择结构和多情况选择结构,循环结构又可以分为当型循环和直到型循环两种。这几种基本控制结构的传统流程图如图 1.1 所示。

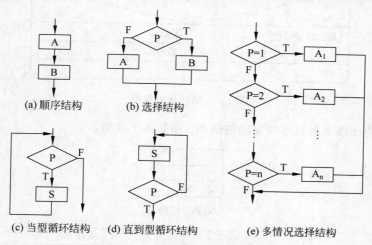

图 1.1 基本控制结构的传统流程图

① 顺序结构反映了若干个模块之间连续执行的顺序。

② 在选择结构中,由某个条件 P 的取值来决定执行两个模块之间的哪一个。

③ 在当型循环结构中,只有当某个条件成立时才重复执行特定的模块(称为循环体)。

④ 在直到型循环结构中,重复执行一个特定的模块,直到某个条件成立时才退出对该模块的重复执行。

⑤ 在多情况选择结构中,根据某控制变量的取值来决定选择多个模块中的哪一个。

传统流程图有以下缺点。

① 传统流程图本质上不是逐步求精的好工具,它会使程序员过早地考虑程序的控制流程,而不去考虑程序的全局结构。

② 传统流程图不易表示层次结构。

③ 传统流程图不易表示数据结构和模块调用关系等重要信息。

④ 传统流程图中用箭头代表控制流,因此,程序员不受任何约束,可以完全不顾结构程序设计的思想,随意进行转移控制。

(2) 结构化流程图。

结构化程序设计要求把程序的结构限制为顺序、选择和循环 3 种基本结构,以便提高程序的可读性。这种结构化程序具有以下两个特点。

① 以控制结构为单位,只有一个入口和一个出口,使各单位之间的接口比较简单,每个单位也容易被人们所理解。

② 缩小了程序的静态结构与动态执行之间的差异,使人们能方便、正确地理解程序的功能。

在结构化程序设计过程中,经常使用的描述工具是 NS 图。

NS 图是一种不允许破坏结构化原则的图形算法描述工具,又称盒图。在 NS 图中,去掉了传统流程图中容易引起麻烦的流程线,全部算法都写在一个框内,每一种基本结构也是一个框。NS 图由美国人 I. Nassi 和 B. Shneiderman 发明。例如,图 1.2 给出了用结构化流程图描述计算并输出 z＝y/x 的处理流程。

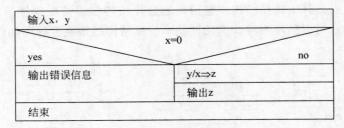

图 1.2 结构化流程图

顺序、选择与循环 3 种基本控制结构的 NS 图如图 1.3 所示。

(a) 顺序结构

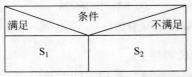

(b) 两路分支选择结构与多路分支选择结构

(c) 当型循环结构与直到型循环结构

图 1.3 3 种基本控制结构的 NS 图

在图 1.3 中,每一个模块 S 或 S_1,S_2,S_3 等都可以是 3 种基本控制结构之一。由图 1.3 所描述的 3 种基本控制结构可以看出,NS 图有以下几个基本特点。

① 功能域比较明确,可以从框图中直接反映出来。

② 不可能任意转移控制,符合结构化原则。

③ 很容易确定局部和全程数据的作用域。

④ 很容易表示嵌套关系,也可以表示模块的层次结构。

例如,图 1.4 是顺序输出 3～100 中所有素数的结构化流程图。

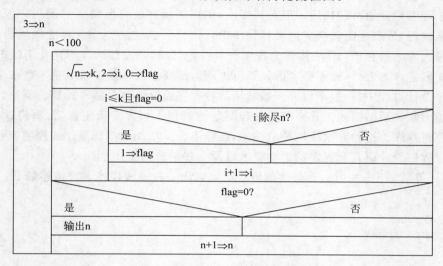

图 1.4 3 种基本结构互相嵌套 NS 图

又例如,计算并输出下列级数和:

$$sum = 1 - \frac{1}{3} + \frac{1}{5} - \cdots + \frac{(-1)^k}{(2k+1)} + \cdots$$

直到某项的绝对值小于 10^{-4} 为止。

设 f 是一个开关量,值只取{1,−1},用于改变每一项的符号,这是一个各项符号相间的级数。NS 图如图 1.5 所示。

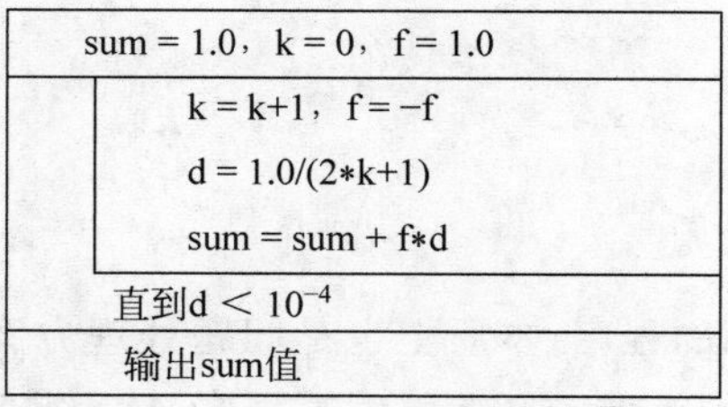

sum = 1.0, k = 0, f = 1.0
k = k+1, f = −f
d = 1.0/(2*k+1)
sum = sum + f*d
直到d < 10^{-4}
输出sum值

图 1.5 NS 图示例

2) 自然语言

自然语言是人们在日常生活、工作、学习中通用的语言,一般无须专门的学习和训练就能理解用这种语言所表达的意思。但是,用自然语言描述一个流程时,一般要求直接而简练,尽量减少语言上的修饰。

例如,计算并输出 z＝y/x,用自然语言描述其流程如下。

第一步　输入 x 与 y。

第二步　判断 x 是否为 0：

　　　　　若 x=0,则输出错误信息；

　　　　　否则计算 y/x⇒z,且输出 z。

3）算法描述语言

为了说明程序的流程,还可以用专门规定的某种语言来描述,这类语言通常称为算法描述语言。算法描述语言一般介于自然语言与程序设计语言之间,它具有自然语言灵活的特点,同时又接近于程序设计语言的描述。但必须指出,用算法描述语言所描述的流程一般不能直接作为程序来执行,最后还需转换成用某种程序设计语言所描述的程序。算法描述语言与程序设计语言最大的区别在于：算法描述语言比较自由,不像程序设计语言那样受语法的约束,只要描述得人们能理解就行,而不必考虑计算机处理时所要遵循的规定或其他一些细节。

在程序设计过程中,一般不可能开始就用某种程序设计语言来编写计算机程序,而是先用某种简单、直观、灵活的描述工具来描述处理问题的流程。当方案确定以后,再将这样的流程转换成计算机程序。这种转换往往是机械的,已经不涉及功能的重新设计或控制流程的变化,而只需考虑程序设计语言所规定的语法要求以及一些细节问题。

例如,计算并输出 z=y/x,其处理的流程也可以用一种算法描述语言描述如下：

```
INPUT  x, y
IF (x = 0)  THEN
    OUTPUT  "ERROR"
ELSE
    {  z = y/x
       OUTPUT  z
    }
```

对于这样的描述,只要懂一点英语就不难理解。有时为了使描述更简练,在算法描述语言中还可以掺杂一些自然语言。例如,上面的描述可以改为：

```
输入  x, y
IF (x = 0)  THEN
    输出错误信息
ELSE
    { z = y/x
      输出  z
    }
```

4）编程

用某种程序设计语言编写的程序,本质上也是问题处理方案的描述,并且是最终的描述。但在一般的程序设计过程中,不提倡一开始就编写程序,特别是对于大型的程序。程序是程序设计的最终产品,需要经过中间每一步的细致加工才能得到。如果试图一开始就编写出程序,往往会适得其反,达不到预想的结果。

下面是用 C 语言编写的计算并输出 z=y/x 的程序：

```
# include < stdio.h >
main()
{ float  x, y, z;
  printf("input  x, y: ");                    /*输入提示*/
```

```
scanf("%f%f", &x, &y);                    /* 输入 x 与 y 的值 */
if (x == 0)
    printf("error! x = 0\n");             /* 若 x = 0,则输出错误信息 */
else                                       /* 否则计算并输出结果 */
{   z = y/x;
    printf("z = %f\n", z);
}
}
```

5. 调试与运行

编写好的程序还需要进行测试和调试,只有经过调试后的程序才能正式运行。

所谓测试,是指通过一些典型例子,尽可能多地发现程序中的错误。因此,测试的目的是为了发现程序中的错误,而不是为了证明程序正确。

所谓调试,是指找出程序中错误的具体位置,并改正错误。因此,调试又称查错。

测试与调试往往是交替进行的,通过测试发现程序中的错误,通过调试进一步找出错误的位置并改正错误。这个过程需要重复多次。

1.2 程序设计语言

计算机是由人来操作的,人们为了用计算机解决实际问题,需要手工编制程序。所谓程序,是指以某种程序设计语言为工具编制出来的动作序列,它表达了人们解决问题的思路,用于指挥计算机进行一系列操作,从而实现预定的功能。程序设计语言就是用户用来编写程序的语言,它是人与计算机之间互动、交换信息的工具。

程序设计语言是计算机软件系统的重要组成部分,而相应的各种语言处理程序属于系统软件。程序设计语言一般分为机器语言、汇编语言和高级语言。

1. 机器语言

对于计算机来说,一组机器指令就是程序,称为机器语言程序。

机器语言是最底层的计算机语言。用机器语言编写的程序,计算机硬件可以直接识别并执行。在用机器语言编写的程序中,每一条机器指令都是二进制形式的指令代码。在指令代码中一般包括操作码和地址码,其中操作码告诉计算机做何种操作,地址码则指出被操作的对象。对于不同的计算机硬件(主要是 CPU),其指令系统是不同的,因此,针对一种计算机所编写的机器语言程序是不能在另一种计算机上运行的。由于机器语言程序是直接针对计算机硬件的,因此,机器语言程序的执行效率比较高,能充分发挥计算机的速度性能。但是,用机器语言编写程序的难度比较大,容易出错,而且程序的直观性比较差,在不同类型的计算机之间很难移植、互用。

2. 汇编语言

为了便于理解与记忆,人们采用能帮助记忆的英文缩写符号(称为指令助记符)来代替机器语言指令代码中的操作码,用地址符号来代替地址码。用指令助记符及地址符号书写的指令称为汇编指令(也称符号指令),而用汇编指令编写的程序称为汇编语言源程序。

汇编语言的指令与机器语言的指令一般是一一对应的,因此,汇编语言也是与具体使用的计算机 CPU 息息相关的。由于汇编语言采用了助记符,因此,它比机器语言更直观,容易理解和记忆,用汇编语言编写的程序也比用机器语言编写的程序易读、易检查、易修改。但在不同类型的计算机之间也很难移植、互用。

例如,为了计算表达式"5+3"的值,用汇编语言编写的程序与用机器语言(8086CPU的指令系统)编写的程序如下:

```
PUSH    BP              01010101
MOVE    BP,SP           10001011   11101100
DEC     SP              01001100
DEC     SP              01001100
PUSH    SI              01010110
PUSH    DI              01010111
MOVE    DI,0005         10111111   00000101   00000000
MOVE    SI,0003         10111110   00000011   00000000
MOVE    AX,DI           10001011   11000111
ADD     AX,SI           00000011   11000110
MOVE    [BP-02],AX      10001001   01000110   11111110
POP     DI              01011111
POP     SI              01011110
MOVE    SP,BP           10001011   11100101
POP     BP              01011110
RET                     11000011
```

其中每一行的前半部分为汇编语言指令,后半部分(二进制形式的指令代码)为对应的机器语言指令。

需要指出的是,计算机不能直接识别用汇编语言编写的程序,必须先由一种专门的翻译程序将汇编语言源程序翻译成机器语言程序,计算机才能识别并执行。这种翻译的过程称为"汇编",负责翻译的程序称为汇编程序。

3. 高级语言

机器语言和汇编语言都是面向机器的语言,一般被称为低级语言。低级语言对机器的依赖性太大,用它们开发的程序通用性很差,普通的计算机用户也很难胜任这一工作。

在保证程序正确的前提下,程序设计的主要目标是程序的可读性、易维护性和可移植性。为保证程序的可读性,不仅要求编程者具有良好的编程风格,还要求所使用的编程语言尽量接近自然语言。所谓程序易维护,是指当程序的功能需要修改或增强时,所需要的开销应尽可能小。一个可移植性好的程序,应该在各种计算机和操作环境中都能运行,并得到同样的运行结果。显然,前面所提到的机器语言程序与汇编语言程序很难达到这样的目标。

随着计算机技术的发展以及计算机应用领域的不断扩大,计算机用户的队伍也在不断壮大。为了使广大的计算机用户也能胜任程序的开发工作,从20世纪50年代中期开始逐步发展出了面向问题的程序设计语言,称为高级语言。高级语言与具体的计算机硬件无关,其表达方式接近于被描述的问题,易为人们接受和掌握。用高级语言编写程序要比低级语言容易得多,并大大简化了程序的编制和调试,使编程效率得到大幅度的提高。高级语言的显著特点是独立于具体的计算机硬件,通用性和可移植性好。

目前,计算机高级语言已有上百种之多,得到广泛应用的有十几种,并且,几乎每一种高级语言都有其最适用的领域。

为了计算表达式"5+3"的值,如果使用高级语言来编程就简单得多。

例如,用BASIC语言编写的程序如下:

```
10   I = 5
20   J = 3
30   K = I + J
```

又如,用 Pascal 语言编写的程序如下:

```
Program  Addit
var
    i,j,k : integer;
begin
    i: = 5;
    j: = 3;
    k: = i + j;
end
```

再如,用 C 语言编写的程序如下:

```
main()
{ int   i,j,k;
  i = 5;
  j = 3;
  k = i + j;
}
```

由上述例子可以看出,程序设计语言越低级,就越靠近计算机硬件,其描述的程序就越复杂,其中的每一条指令(或语句)也就越难读懂。反之,程序设计语言越高级,就越接近人的表达与思维,其描述的程序就越简单,其中的每一条语句也就越容易理解。

必须指出,用任何一种高级语言编写的程序(称为源程序)都要通过编译程序翻译成机器语言程序后计算机才能执行,或者借助解释程序边解释边执行。

从程序设计语言的发展过程可以看出,程序设计语言将越来越接近人的自然语言。

1.3 简单的 C 语言程序

本节介绍几个简单的 C 语言程序,使读者对 C 语言程序有一个大概的了解。下面的例子虽然简单,但反映了一般 C 语言程序的特点以及基本的组成成分。

例 1.1 编写一个 C 语言程序,其功能是显示字符串"How do you do!",其 C 语言程序如下:

```
# include < stdio. h >
main()
{
  printf("How do you do!\n");
}
```

这是一个简单而完整的 C 语言程序。如果将这个程序利用编辑程序输入计算机,并经过编译和连接后,运行结果是:

How do you do!

在这个程序中,printf()是一个输出函数,其中用双引号括起来的部分是需要输出的字符串内容,最后的"\n"表示换行。

　　例 1.2　下面 C 语言程序的功能是:从键盘输入两个实数,计算并输出这两个实数平方之和的平方根值。

```
/* 计算两个实数平方之和的平方根 */
#include <stdio.h>
#include <math.h>
main()
{ double x, y, s;                   /* 定义 3 个实型变量 */
  printf("input x and y: \n");      /* 给出输入提示 */
  scanf("%lf%lf", &x, &y);          /* 输入 x 与 y 值 */
  s = sqrt(x*x+y*y);                /* 计算 √x²+y² */
  printf("s=%lf\n", s);             /* 输出结果 */
}
```

　　将这个程序利用编辑程序输入进计算机,并经过编译和连接后,就可以运行了。下面对这个程序中由一对花括号{}括起来的各语句功能及其执行情况进行简要说明。

　　第一个语句的功能是定义 3 个实型变量 x,y,s。执行到这个语句时,为这 3 个变量分配内存单元,以便存放相应的实数。

　　第二个语句的功能是给出输入提示。执行到这个语句时,在显示器会显示出:

input x and y:

其作用是提醒用户需要从键盘输入两个实数给变量 x 与 y。

　　在这个语句中,printf()是一个输出函数,其中用双引号括起来的部分是需要输出的字符串内容,最后的"\n"表示换行。

　　第三个语句是输入语句。执行到这个语句时,系统就在此等待用户从键盘输入两个实数(中间可以用空格分隔,最后以按回车键结束)分别存放在为变量 x 与 y 所分配的存储单元中。输入完后将继续往下执行,否则一直在此等待输入。

　　在这个语句中,scanf()是一个输入函数,其中用双引号括起来的部分表示按格式 %lf(%lf 是一种双精度实型数据的格式)读入两个实型数据。其中 &x 与 &y 分别表示为变量 x 与 y 所分配的存储单元的存储地址。

　　第四个语句是赋值语句,其功能是计算 $\sqrt{x^2+y^2}$(其中 sqrt()是求平方根函数)。执行到这个语句时,就进行计算,并将计算结果存放到变量 s 中。

　　第五个语句是输出语句。执行到这个语句时,将显示输出最后的结果。例如,如果在执行第三个语句时输入(有下画线的为输入部分):

input x and y : 3.0　　4.0<回车>

则在执行第五个语句时将显示输出:

s=5.000000

　　在这个语句中,printf()是一个输出函数,其中用双引号括起来的部分表示输出一个字符串"s=",以及按格式 %lf 输出实型变量 s 的值,最后的"\n"表示换行。

　　在以上两个简单 C 语言程序的例子中,虽然它们的功能互不相同,程序中语句的条数也不一样,但它们都反映了一般 C 语言程序的基本组成以及主要的特点。

下面针对一般的 C 语言程序给出几点说明。

（1）一个完整的 C 语言程序可以由多个函数组成，但必须包含一个且只能包含一个名为 main 的函数（主函数）。程序总是从 main() 函数开始执行。

C 语言程序是以函数作为模块单位的。main 就是上述函数的函数名。通常，在一般的函数名后面的一对圆括号中还可以列出一些与外界交换的参数（在本例中没有）。

在例 1.1 与例 1.2 中，虽然只有一个主函数模块组成，但在例 1.1 的主函数中实际上调用了格式输出函数 printf()；在例 1.2 的主函数中也调用了格式输出函数 printf()，还调用了格式输入函数 scanf() 和求平方根的函数 sqrt()。由于这 3 个函数在进行 C 程序设计过程中经常要用到，C 编译系统将它们放在库函数中，用户不必自己编写它们就可以直接调用。在 C 库函数中还有许多这样的函数提供给用户直接调用。

（2）在一个 C 函数模块中，由左右花括号{}括起来的部分是函数体，其中的语句系列实现函数的预定功能。

例如，例 1.1 中函数体的功能是显示输出字符串"How do you do!"；例 1.2 中函数体的功能是计算两个实数平方之和的平方根。

（3）C 语言程序中的每一个语句必须以";"即分号结束，但书写格式是自由的。即在 C 语言程序中，一行上可以写多个语句，一个语句也可以占多行。但在实际编写程序时应注意可读性。

（4）♯include 是编译预处理命令，其作用是将双引号或尖括号括起来的文件内容插入到该命令的位置处。在例 1.1 中，包含了用于输入输出的库函数头文件 <stdio.h>，因为在该主函数中要调用 C 库函数中的格式输出函数 printf()；在例 1.2 中，除包含了用于输入输出的库函数头文件 <stdio.h>外，还包含了数学库函数的头文件 <math.h>，因为在该主函数中除了要调用 C 库函数中的格式输出函数 printf() 与格式输入函数 scanf()外，还要调用 C 库函数中的求平方根的函数 sqrt()。

必须要注意的是，♯include 是编译预处理命令，而不是语句，因此，它们不以";"结束，并且单独占一行。

（5）在 C 语言程序的任何位置处都可以用/*……*/进行注释说明，以提高程序的可读性。在支持中文的 C 编译系统中，可以用中文进行注释，在不支持中文的 C 编译系统中，可以用英文或汉语拼音进行注释。在函数的开头可以利用注释对函数的功能进行简要说明，在某一语句之后或之前，也可以利用注释对该语句或下面程序段的功能进行简要说明。

需要特别说明的是，在支持中文的 C 编译系统中，一旦要输入中文，必然开启中文输入法，此时某些 C 语言常用的标点符号，例如";"和","，会按照中文格式输入"；"和"，"，表面上这几个符号看起来差距不大，但 C 编译器不接受中文格式的"；"和"，"，会提示错误信息：

```
error C2146：语法错误：缺少";"(在标识符";"的前面)
error C2065:";":未声明的标识符
```

等，此时初学者千万不要手足无措，应该明白这是因为输入了中文的标点符号。此时，应该关闭中文输入法，按照编译器所提示的行号重新输入可能出错的标点符号，再编译调试。

程序中的注释部分，C 编译系统在编译过程中将舍弃掉并不把它转换成机器代码。注释只是为人们阅读源程序时使用。由此可知，程序中的注释部分虽然不是程序的功能，计算机也不执行，但对于阅读理解程序是很有用的，不能把它看成是可有可无的部分。

1.4　C语言程序的上机步骤

一个C源程序编写完成后,就可以开始输入、编译连接与运行的过程。C语言程序的上机过程一般分为以下几个步骤。

(1) 调用编辑程序,输入C源程序,建立C源程序文件。C源程序文件的扩展名为.c。

(2) 用编译命令对C源程序文件进行编译与连接,生成目标文件(扩展名为.obj)与可执行文件(扩展名为.exe)。如果在这一步中发现有错误,则要重新调用编辑程序对源程序进行编辑修改,再进行编译与连接,直到在编译连接过程中没有错误出现为止。

(3) 运行可执行文件得到结果。如果在运行过程中发现有错误,则要重新调用编辑程序对源程序进行编辑修改,再进行编译、连接与运行,直到没有错误发生为止。

下面分别介绍源程序的输入、编译、连接与运行的作用。

1. 源程序的输入

用户在纸上编写好的C源程序,只有输入进计算机经处理后才能运行。因此,上机过程的第一步是要输入源程序,建立源程序文件。

输入源程序并建立源程序文件的过程,一般要调用编辑程序。各种编辑程序虽然各不相同,但它们的基本功能差别不大,都具有光标移动、插入、删除、字符串查找与替换、存盘等基本操作。因此,用户只要熟练掌握了一种编辑程序的使用,就能触类旁通,当遇到其他编辑程序时也能很快地掌握。

2. 编译

当用户将源程序输入计算机后,计算机还不能立即执行,还必须对源程序进行编译。因为计算机不能直接识别高级语言程序,而只能直接识别用机器语言写的程序。因此,对于用高级语言编写的源程序,必须将它翻译成机器语言程序后,计算机才能执行。这种将高级语言源程序翻译成目标程序的过程称为编译过程,这种翻译的程序称为编译程序。

编译的过程是很复杂的。编译程序一方面要对源程序中的各语句进行识别与分析,最后翻译成与之对应的机器语言指令;另一方面还要找出源程序中的错误。如果在编译过程中发现源程序中有语法错误,则要显示出相应的错误信息,在这种情况下,必须重新调用编辑程序对源程序进行编辑修改,而修改后的源程序也要必须重新进行编译。这个过程可能要重复多次,直到没有编译错误出现为止。

编译通过后,即生成相应的目标程序,它是由计算机能识别的机器代码所组成的。

一个完整的C语言程序可以由若干个函数模块组成,而这些模块可以存放在一个文件中,也可以分别存放在不同的文件中,C编译程序允许各模块的文件分别编译。分别编译的优点是:便于查错修改,哪个模块中有错误就修改哪个模块,以避免对整个程序的重新编译,从而可以提高调试的效率。这也是模块化程序设计方法的优点之一。

3. 连接

在用户编写的程序中,一般都要调用一些库函数(如三角函数、指数函数、对数函数、输入输出函数等),有时还要调用一些用户自编写或由专门人员编写的函数。但在调用这些函数时只给出了函数名以及有关的参数,在编译过程中不可能生成实现这些被调用函数的代码。因此,源程序经编译生成的目标程序文件还不能真正执行,还需要将被调用函数的代码连接进来。

所谓连接,是指将编译生成的目标文件与被调用函数的目标模块进行连接,最后生成一个计算机真正能执行的可执行文件。

在连接的过程中,也要进行查错,主要是检查调用、各模块之间的联系以及存储空间分配等方面的错误。如果发现有连接错误,则要对相应源程序进行编辑修改,然后重新进行编译和连接。

编译与连接是两个独立的过程,在有些 C 编译系统中分别用两个独立的命令来实现,也有的 C 编译系统用一个命令就完成编译与连接这两个过程。

4. 运行

源程序经过编辑、编译和连接过程,并且无错误发生,最后生成可执行文件后,就可以运行该可执行文件,得到所需要的结果。

必须指出,在编译连接过程中,虽然可以发现源程序中的大部分语法语义等错误,但不能发现程序中的全部错误,尤其是不能发现程序中的逻辑错误(即程序应该实现的功能未实现或结果错误)。因此,在运行过程中还有可能出现错误,系统会显示错误信息。有时虽然没有显示错误信息,但运行结果不正确,或运行过程中出现异常情况(如程序运行不能终止、死机等)。在这种情况下,还需要对源程序进行编辑修改,然后再进行编译和连接,直到运行结果正确为止。

练习 1

1. 程序设计语言与算法描述语言有什么本质的区别?

2. 有人说:"程序设计就是编制程序。"这句话对不对?为什么?

3. 结构化程序设计有哪些特点?

4. 设分段函数如下:

$$y = \begin{cases} x^3 + x + 1 & x \geq 0 \\ x^3 - x - 1 & x < 0 \end{cases}$$

分别使用自然语言、算法描述语言、结构化流程图,描述当输入一个 x 值后计算并输出该函数值的处理流程。

5. 设多项式如下:

$$s = x - \frac{1}{3}x^3 + \frac{1}{5}x^5 - \cdots + \frac{(-1)^n}{2n+1}x^{2n+1}$$

分别使用自然语言、算法描述语言、结构化流程图,描述当输入 x 值后计算并输出该多项式值的处理流程,直到最后一项的绝对值小于 0.000 001 为止。

6. 仿照例 1.1,编写一个 C 语言程序,其功能是显示字符串"Hello,World!"。

具体要求:

(1) 利用计算机系统中的编辑程序输入源程序。

(2) 编译连接源程序。若发现错误,则重新利用编辑程序改正程序中的错误,再进行编译连接,直到在编译连接过程中无错误为止。

(3) 运行程序。

7. 已知三角形的三条边 a,b,c,计算三角形面积的公式为

$$s = \sqrt{p(p-a)(p-b)(p-c)}$$

其中 p＝(a＋b＋c)/2。

　　仿照例 1.2,编写一个 C 语言程序,其功能是根据三角形的三条边计算并输出该三角形的面积。其中三角形的三条边 a,b,c 从键盘输入。

　　具体要求:

　　(1) 在程序中至少要对 5 个语句作注释(若不支持中文,则用英文或汉语拼音注释)。

　　(2) 利用计算机系统中的编辑程序输入源程序。

　　(3) 编译、连接源程序。若发现错误,则重新利用编辑程序改正程序中的错误,再进行编译、连接。直到在编译、连接过程中无错误为止。

　　(4) 以输入 a＝3.0,b＝4.0,c＝7.0 运行程序。

## 第2章

C语言基本数据类型

2.1 数据在计算机中的表示

2.1.1 计算机记数制

1. 数制的概念

在日常生活中,人们习惯于用十进制记数。十进制数的特点是"逢十进一"。在一个十进制数中,需要用到 10 个数字符号 0~9,即十进制数中的每一位数字都是这 10 个数字符号之一。

一个十进制数可以用位权表示。什么叫位权呢? 在一个十进制数中,同一个数字符号处在不同位置上所代表的值是不同的,例如,数字 3 在十位数位置上表示 30,在百位数位置上表示 300,而在小数点后第 1 位上则表示 0.3。同一个数字符号,不管它在哪一个十进制数中,只要在相同位置上,其值是相同的,例如,135 与 1235 中的数字 3 都在十位数位置上,而十位数位置上的 3 的值都是 30。通常称某个固定位置上的记数单位为位权。例如,在十进制数中,十位数位置上的位权为 10,百位数位置上的位权为 10^2,千位数位置上的位权为 10^3,而在小数点后第 1 位上的位权为 10^{-1},等等。由此可见,在十进制记数中,各位上的位权值是基数 10 的若干次幂。例如,十进制数 234.13 用位权表示为:

$$(234.13)_{10} = 2 \times 10^2 + 3 \times 10^1 + 4 \times 10^0 + 1 \times 10^{-1} + 3 \times 10^{-2}$$

在日常生活中,除了采用十进制数外,有时也采用别的进制来记数。例如,计算时间采用六十进制,1 小时为 60 分,1 分钟为 60 秒,其特点为"逢六十进一"。

计算机是由电子器件组成的,考虑到经济、可靠、容易实现、运算简便、节省器件等诸多因素,在计算机中的数都用二进制表示而不用十进制表示。这是因为,二进制记数只需要两个数字符号 0 和 1,在电路中可以用两种不同的状态:低电平(0)和高电平(1)来表示它们,其运算电路的实现比较简单,而要制造出具有 10 种稳定状态的电子器件分别代表十进制中的 10 个数字符号是十分困难的。图 2.1 表示了电路状态与二进制数之间的关系。

在计算机内部,一切信息(包括数值、字符、指挥计算机动作的指令等)的存储、处理与传送均采用二进制的形式。一个二进制数在计算机内部是以电子器件的物理状态来表示的,这些器件具有两种不同的稳定状态(如图 2.1 所示,低电平表示 0,高电平表示 1),并且,这两种稳定状态之间能够互相转换,既简单又可靠。但由于二进制数的阅读与书写比较复杂,为了方便,在阅读与书写时又通常用十六进制(或八进制)来表示,这是因为十六进制(或八进制)与二

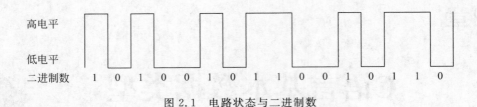

图 2.1　电路状态与二进制数

进制之间有着非常简单的对应关系。

2. 二进制

二进制数中只有两个数字符号 0 与 1,其特点是"逢二进一"。与十进制数一样,在二进制数中,每一个数字符号(0 或 1)在不同的位置上具有不同的值,各位上的权值是基数 2 的若干次幂。例如

$$(10010)_2 = 1 \times 2^4 + 0 \times 2^3 + 0 \times 2^2 + 1 \times 2^1 + 0 \times 2^0 = (18)_{10}$$

$$(101.11)_2 = 1 \times 2^2 + 0 \times 2^1 + 1 \times 2^0 + 1 \times 2^{-1} + 1 \times 2^{-2} = (5.75)_{10}$$

由此可见,二进制数转换成十进制数是很简单的。

特别要指出的是,一个二进制数中的数字符号"1"与一个十进制数中的数字符号"1"在同一位置上所代表的值是不同的。例如,二进制数 $(100)_2$ 中的"1"所代表的十进制值为 $2^2 = 4$,而十进制数 $(100)_{10}$ 中的"1"所代表的十进制值为 $10^2 = 100$。又如,在二进制小数 $(0.001)_2$ 与十进制小数 $(0.001)_{10}$ 中,前者中的"1"所代表的十进制值为 $2^{-3} = 0.125$,而后者中的"1"所代表的十进制值为 $10^{-3} = 0.001$。

根据二进制数的位权表示法,将一个二进制数转换为十进制数是很方便的。但在将一个十进制数转换成二进制数时,需要将整数部分和小数部分分别进行转换。

1) 十进制整数转换成二进制整数

十进制整数转换成二进制整数采用"除 2 取余法"。具体做法为:将十进制数除以 2,得到一个商数和一个余数;再将商数除以 2,又得到一个商数和一个余数;继续这个过程,直到商数等于 0 为止。每次得到的余数(必定是 0 或 1)就是对应二进制数的各位数字。但必须注意:第一次得到的余数为二进制数的最低位,最后一次得到的余数为二进制数的最高位。

例 2.1　将十进制数 97 转换成二进制数,其过程如下:

```
2 | 9 7
2 | 4 8        余数为 1,即 a₀=1
2 | 2 4        余数为 0,即 a₁=0
2 | 1 2        余数为 0,即 a₂=0
2 |   6        余数为 0,即 a₃=0
2 |   3        余数为 0,即 a₄=0
2 |   1        余数为 1,即 a₅=1
      0        余数为 1,即 a₆=1;商为 0,结束
```

最后结果为

$$(97)_{10} = (a_6 a_5 a_4 a_3 a_2 a_1 a_0)_2 = (1100001)_2$$

2) 十进制小数转换成二进制小数

十进制小数转换成二进制小数采用"乘 2 取整法"。具体做法为:用 2 乘以十进制小数,

得到一个整数部分和一个小数部分；再用 2 乘以小数部分，又得到一个整数部分和一个小数部分；继续这个过程，直到余下的小数部分为 0 或满足精度要求为止。最后将每次得到的整数部分(必定是 0 或 1)从左到右排列即得到所对应的二进制小数。

    例 2.2 将十进制小数 0.6875 转换成二进制小数，其过程如下：

$$0.6875$$
$$\times \qquad 2$$

1.3750   整数部分为 1，即 $a_{-1}=1$

0.3750   余下的小数部分

$$\times \qquad 2$$

0.7500   整数部分为 0，即 $a_{-2}=0$

0.7500   余下的小数部分

$$\times \qquad 2$$

1.5000   整数部分为 1，即 $a_{-3}=1$

0.5000   余下的小数部分

$$\times \qquad 2$$

1.0000   整数部分为 1，即 $a_{-4}=1$

0.0000   余下的小数部分为 0，结束

最后结果为

$$(0.6875)_{10}=(0.a_{-1}a_{-2}a_{-3}a_{-4})_2=(0.1011)_2$$

    必须指出，一个十进制小数不一定能完全准确地转换成二进制小数。在这种情况下，可以根据精度要求只转换到小数点后某一位为止。

    例如，十进制小数 0.32 就不能完全准确地转换成二进制小数，其转换过程如下：

$$0.32$$
$$\times \qquad 2$$

0.64   整数部分为 0，即 $a_{-1}=0$

0.64   余下的小数部分

$$\times \qquad 2$$

1.28   整数部分为 1，即 $a_{-2}=1$

0.28   余下的小数部分

$$\times \qquad 2$$

0.56   整数部分为 0，即 $a_{-3}=0$

0.56   余下的小数部分

$$\times \qquad 2$$

1.12   整数部分为 1，即 $a_{-4}=1$

0.12   余下的小数部分

$$\times \qquad 2$$

0.24   整数部分为 0，即 $a_{-5}=0$

0.24   余下的小数部分

$$\times \qquad 2$$

0.48   整数部分为 0，即 $a_{-6}=0$

$$0.4\,8$$　　　　　　余下的小数部分

$$\times\quad 2$$

$$0.9\,6$$　　　　　　整数部分为 0,即 $a_{-7}=0$

$$0.9\,6$$　　　　　　余下的小数部分

$$\times\quad 2$$

$$1.9\,2$$　　　　　　整数部分为 1,即 $a_{-8}=1$

$$0.9\,2$$　　　　　　余下的小数部分

$$\times\quad 2$$

$$\vdots$$

　　上述过程可以无休止地做下去,这说明十进制小数 0.32 不能准确地转换为二进制小数。在这种情况下,可以根据精度要求取到二进制小数点后的某一位为止,最后得到的只是近似的二进制小数。在这个例子中,如果要求取到二进制小数点后第 4 位,则可以得到

$$(0.32)_{10}\approx(0.0101)_2$$

实际上,这个二进制小数对应的十进制小数为

$$(0.0101)_2=(0.3125)_{10}$$

如果要求取到二进制小数点后第 8 位,则可以得到

$$(0.32)_{10}\approx(0.01010001)_2$$

实际上,这个二进制小数对应的十进制小数为

$$(0.01010001)_2=(0.31640625)_{10}$$

　　3) 一般的十进制数转换成二进制数

　　为了将一个既有整数部分又有小数部分的十进制数转换成二进制数,可以将其整数部分和小数部分分别转换,再组合起来。例如

$$(97)_{10}=(1100001)_2$$

$$(0.6875)_{10}=(0.1011)_2$$

由此可得

$$(97.6875)_{10}=(1100001.1011)_2$$

3. 十六进制

　　十六进制数中有 16 个数字符号 0~9 以及 A,B,C,D,E,F,其特点是"逢 16 进一"。其中符号 A,B,C,D,E,F 分别代表十进制数 10,11,12,13,14,15。与十进制记数一样,在十六进制数中,每一个数字符号(0~9 以及 A,B,C,D,E,F)在不同的位置上具有不同的值,各位上的权值是基数 16 的若干次幂。例如

$$(1CB.D8)_{16}=1\times16^2+12\times16^1+11\times16^0+13\times16^{-1}+8\times16^{-2}$$

$$=(459.84375)_{10}$$

由此可见,十六进制数转换成十进制数也是很简单的。

　　同样,将一个十进制数转换成十六进制数时,需要将整数部分和小数部分分别进行转换。

　　1) 十进制整数转换成十六进制整数

　　十进制整数转换成十六进制整数采用"除 16 取余法"。具体做法为:将十进制数除以 16,得到一个商数和一个余数;再将商数除以 16,又得到一个商数和一个余数;继续这个过程,直到商数等于 0 为止。每次得到的余数(必定是 0~9 或 A~F 之一)就是对应十六进制数的各位数字。但必须注意:第一次得到的余数为十六进制数的最低位,最后一次得到的余数为十

六进制数的最高位。

例 2.3　将十进制数 986 转换成十六进制数,其过程如下:

$$
\begin{array}{r|l}
16 & 9\,8\,6 \\
\hline
16 & 6\,1 \\
\hline
16 & 3 \\
\hline
& 0
\end{array}
$$

余数为 10,即 $a_0 = A$

余数为 13,即 $a_1 = D$

余数为 3,即 $a_2 = 3$;商为 0,结束

最后结果为

$$(986)_{10} = (a_2 a_1 a_0)_{16} = (3DA)_{16}$$

2) 十进制小数转换成十六进制小数

十进制小数转换成十六进制小数采用"乘 16 取整法"。具体做法为:用 16 乘以十进制小数,得到一个整数部分和一个小数部分;再用 16 乘以小数部分,又得到一个整数部分和一个小数部分;继续这个过程,直到余下的小数部分为 0 或满足精度要求为止。最后将每次得到的整数部分(必定是 0~9 或 A~F 之一)从左到右排列即得到所对应的十六进制小数。

例 2.4　将十进制小数 0.84375 转换成十六进制小数,其过程如下:

$$
\begin{array}{r}
0.8\,4\,3\,7\,5 \\
\times\quad 1\,6 \\
\hline
5\,0\,6\,2\,5\,0 \\
+\ 8\,4\,3\,7\,5 \\
\hline
13.5\,0\,0\,0\,0 \\
0.5\,0\,0\,0\,0 \\
\times\quad 1\,6 \\
\hline
3\,0\,0\,0\,0\,0 \\
+\ 5\,0\,0\,0\,0 \\
\hline
8.0\,0\,0\,0\,0 \\
0.0\,0\,0\,0\,0
\end{array}
$$

整数部分为 13,即 $a_{-1} = D$

余下的小数部分

整数部分为 8,即 $a_{-2} = 8$

余下的小数部分为 0,结束

最后结果为

$$(0.84375)_{10} = (0.a_{-1}a_{-2})_{16} = (0.D8)_{16}$$

同样,一个十进制小数也不一定能完全准确地转换成十六进制小数。在这种情况下,可以根据精度要求只转换到小数点后某一位为止。

例如,十进制小数 0.32 也不能完全准确地转换成十六进制小数,其转换过程如下:

$$
\begin{array}{r}
0.3\,2 \\
\times\quad 1\,6 \\
\hline
1\,9\,2 \\
+\ 3\,2 \\
\hline
5.1\,2 \\
0.1\,2 \\
\times\quad 1\,6 \\
\hline
7\,2 \\
+\ 1\,2 \\
\hline
1.9\,2
\end{array}
$$

整数部分为 5,即 $a_{-1} = 5$

余下的小数部分

整数部分为 1,即 $a_{-2} = 1$

$$0.92$$
$$\times \quad 16$$
余下的小数部分
$$\vdots$$

上述过程可以无休止地做下去,这说明十进制小数 0.32 不能准确地转换为十六进制小数。在这种情况下,可以根据精度要求取到十六进制小数点后的某一位为止,最后得到的只是近似的十六进制小数。在这个例子中,如果要求取到十六进制小数点后第 1 位,则可以得到

$$(0.32)_{10} \approx (0.5)_{16}$$

实际上,这个十六进制小数对应的十进制小数为

$$(0.5)_{16} = (0.3125)_{10}$$

如果要求取到十六进制小数点后第 2 位,则可以得到

$$(0.32)_{10} \approx (0.51)_{16}$$

实际上,这个十六进制小数对应的十进制小数为

$$(0.51)_{16} = (0.31640625)_{10}$$

3) 一般的十进制数转换成十六进制数

在将一个十进制数转换成十六进制数时,需要将整数部分和小数部分分别进行转换。

例 2.5　十进制数 986.84375 转换成十六进制数的过程如下:

先转换整数部分

$$(986)_{10} = (3DA)_{16}$$

再转换小数部分

$$(0.84375)_{10} = (0.D8)_{16}$$

最后结果为

$$(986.84375)_{10} = (3DA.D8)_{16}$$

4. 八进制

在八进制数中有 8 个数字符号 0～7,其特点是"逢八进一"。在八进制数中,每一个数字符号(0～7)在不同的位置上具有不同的值,各位上的权值是基数 8 的若干次幂。例如

$$(154.11)_8 = 1 \times 8^2 + 5 \times 8^1 + 4 \times 8^0 + 1 \times 8^{-1} + 1 \times 8^{-2} = (108.140625)_{10}$$

由此可见,八进制数转换成十进制数也是很简单的。

必须注意,在八进制数中不可能出现数字符号"8"与"9"。

十进制整数转换成八进制整数采用"除 8 取余法"。

例 2.6　将十进制整数 277 转换成八进制整数的过程如下:

$$
\begin{array}{r}
8 \underline{|\ 277} \\
8 \underline{|\ 34} \\
8 \underline{|\ 4} \\
0
\end{array}
$$

余数为 5,即 $a_0 = 5$

余数为 2,即 $a_1 = 2$

余数为 4,即 $a_2 = 4$;商为 0,结束

最后结果为

$$(277)_{10} = (425)_8$$

十进制小数转换成八进制小数采用"乘 8 取整法"。

例 2.7　将十进制小数 0.140625 转换成八进制小数的过程如下:

$$0.140625$$
$$\times \qquad 8$$
$$1.125000$$

整数部分为 1,即 $a_{-1} = 1$

$$\begin{array}{r} 0.125000 \\ \times \quad\quad 8 \\ \hline 1.000000 \\ 0.000000 \end{array}$$ 　　余下的小数部分

整数部分为 1,即 $a_{-2}=1$

余下的小数部分为 0,结束

最后结果为

$$(0.140625)_{10}=(0.11)_8$$

在将一个十进制数转换成八进制数时,需要将整数部分和小数部分分别进行转换。例如

$$(277)_{10}=(425)_8$$

$$(0.140625)_{10}=(0.11)_8$$

因此

$$(277.140625)_{10}=(425.11)_8$$

5. 各种计算机记数制之间的转换

前面介绍了计算机常用记数制以及它们与十进制之间的转换。

表 2.1 列出了十进制以及计算机常用记数制的基数、位权和所用的数字符号。

表 2.1　计算机常用记数制的基数、位权及数字符号

	十　进　制	二　进　制	八　进　制	十　六　进　制
基数	10	2	8	16
位权	10^k	2^k	8^k	16^k
数字符号	0~9	0,1	0~7	0~9 与 A~F

其中,k 为小数点前后的位序号。

表 2.2 列出了十进制以及计算机常用记数制的表示法。

表 2.2　计算机常用记数制的表示

十　进　制	二　进　制	八　进　制	十　六　进　制
0	0	0	0
1	1	1	1
2	10	2	2
3	11	3	3
4	100	4	4
5	101	5	5
6	110	6	6
7	111	7	7
8	1000	10	8
9	1001	11	9
10	1010	12	A
11	1011	13	B
12	1100	14	C
13	1101	15	D
14	1110	16	E
15	1111	17	F
16	10000	20	10

二进制与十六进制之间有着简单的关系,它们之间的转换是很方便的。由于 $16=2^4$,因此,四位二进制数相当于一位十六进制数。

同理,三位二进制数相当于一位八进制数。

1) 十六进制数与八进制数转换成二进制数

十六进制数转换成二进制数的规律是:每位十六进制数用相应的四位二进制数代替。

例 2.8　十六进制数 $(2BD.C)_{16}$ 转换成二进制数为

$$
\begin{array}{cccccc}
2 & B & D & . & C \\
\downarrow & \downarrow & \downarrow & & \downarrow \\
0010 & 1011 & 1101 & . & 1100
\end{array}
$$

即 $(2BD.C)_{16}=(1010111101.11)_2$ 。

同样的道理,八进制数转换成二进制数的规律是:每位八进制数用相应的三位二进制数代替。

例 2.9　八进制数 $(315.27)_8$ 转换成二进制数为

$$
\begin{array}{cccccc}
3 & 1 & 5 & . & 2 & 7 \\
\downarrow & \downarrow & \downarrow & & \downarrow & \downarrow \\
011 & 001 & 101 & . & 010 & 111
\end{array}
$$

即 $(315.27)_8=(11001101.010111)_2$ 。

2) 二进制数转换成十六进制数或八进制数

二进制数转换成十六进制数的规律是:从小数点开始,向前每四位一组构成一位十六进制数;向后每四位一组构成一位十六进制数,当最后一组不够四位时,应在后面添加 0 补足四位。

例 2.10　二进制数 $(1101001101.01)_2$ 转换成十六进制数为

$$
\begin{array}{ccccc}
11 & 0100 & 1101 & . & 0100 \\
\downarrow & \downarrow & \downarrow & & \downarrow \\
3 & 4 & D & . & 4
\end{array}
$$

即 $(1101001101.01)_2=(34D.4)_{16}$ 。

同样的道理,二进制数转换成八进制数的规律是:从小数点开始,向前每三位一组构成一位八进制数;向后每三位一组构成一位八进制数,当最后一组不够三位时,应在后面添加 0 补足三位。

例 2.11　二进制数 $(1101001101.01)_2$ 转换成八进制数为

$$
\begin{array}{cccccc}
1 & 101 & 001 & 101 & . & 010 \\
\downarrow & \downarrow & \downarrow & \downarrow & & \downarrow \\
1 & 5 & 1 & 5 & . & 2
\end{array}
$$

即 $(1101001101.01)_2=(1515.2)_8$ 。

2.1.2　计算机中数的表示

1. 正负数的表示

数在计算机中都是用二进制来表示的。但数有正数和负数之分,那么数的正号和负号在计算机中是如何表示的呢?

在数学中,一个数的正号用“+”表示,负号用“-”表示。但在计算机内部只有两种状态,分别用“0”和“1”表示。因此,在计算机中,数的正、负号也只能用“0”和“1”表示。

任何一种计算工具,在表示一个数或对数进行运算时,总是有位数的限制。在计算机中也是如此。我们称二进制数中的每一位为二进制位。在计算机中,如果用 8 个二进制位表示一个二进制数,则称为 8 位二进制数;如果用 16 个二进制位表示一个二进制数,则称为 16 位二进制数;其他情况以此类推。显然,在表示一个数时,如果使用的二进制位越多,则所能表示的数的范围就越大。究竟用多少个二进制位来表示一个数,这要视所处理的数的大小范围以及实际要求的精度而定。

在计算机中,一个数的正、负号也是用一个二进制位来表示。一般将整个二进制数的最高位定为二进制数的符号位。符号位为"0"时表示正数,符号位为"1"时表示负数。

如果用 8 个二进制位表示一个无符号的数,由于不考虑数的符号问题,该 8 位都可以用来表示数值,因此,8 个二进制位可以表示的最大无符号数为 255(即 8 位全是"1")。

如果用 8 个二进制位表示一个有符号的整数,由于最高位为符号位,具体表示数值的只有 7 位,在这种情况下,所能表示的数值范围为$-127 \sim 127$。

例如,十进制数$+50$和-50用 8 位二进制数表示以及转换成相应的十六进制数分别为

$$(+50)_{10} = (00110010)_2 = (32)_{16}$$
$$(-50)_{10} = (10110010)_2 = (B2)_{16}$$

二进制表示中最左边的二进制位(称为最高位)为符号位,"0"表示正,"1"表示负。如果用十六进制表示,则只要每四位作为一组,每一组分别用十六进制表示对应一个十六进制位。

如果用 16 个二进制位表示一个无符号的数,由于不考虑数的符号问题,该 16 位都可以用来表示数值,因此,16 个二进制位可以表示的最大无符号数为 65 535(即 16 位全是"1")。

如果用 16 个二进制位表示一个有符号的整数,由于最高位为符号位,具体表示数值的只有 15 位。在这种情况下,所能表示的数值范围为$-32\ 767 \sim 32\ 767$。

例如,十进制数$+513$和-513用 16 位二进制数表示以及转换成相应的十六进制数分别为

$$(+513)_{10} = (0000001000000001)_2 = (0201)_{16}$$
$$(-513)_{10} = (1000001000000001)_2 = (8201)_{16}$$

其中,二进制表示中最左边的二进制位(称为最高位)为符号位,"0"表示正,"1"表示负。如果用十六进制表示,则只要每四位作为一组,每一组分别用十六进制表示对应一个十六进制位。显然,用 8 位二进制数是无法表示这两个数的。由此可以看出,如果使用的二进制位数越多,则能表示的数值的范围就越大。

顺便指出,在计算机中表示一个整数时,通常是用 8 位二进制数、16 位二进制数、32 位二进制数、64 位二进制数等表示。这有两个原因:一是计算机中的存储器一般是以字节为单位的,而一个字节包含 8 个二进制位,因此,在表示数时所使用的二进制位的位数一般是 8 的倍数,这样便于计算机处理;二是便于用十六进制表示,每 8 个二进制位恰好可以用两个十六进制位来表示。

在计算机中,对于一般的数有两种表示方法:定点数表示与浮点数表示。

2. 定点数

所谓定点数是指小数点位置固定的数。

在计算机中,通常用定点数来表示整数与纯小数,分别称为定点整数与定点小数。

1) 定点整数

在定点整数中,一个数的最高二进制位是符号位,用以表示数的符号;而小数点的位置默认为在最低(即最右边)的二进制位的后面,但小数点不单独占一个二进制位。因此,在一个定点整数中,符号位右边的所有二进制位数表示的是一个整数值。例如,用 8 位二进制定点整数

表示十进制数+76 与−76 分别为

$$(+76)_{10} = (0\ 1\ 0\ 0\ 1\ 1\ 0\ 0)_2 = (4C)_{16}$$

↑
小数点默认位置

$$(-76)_{10} = (1\ 1\ 0\ 0\ 1\ 1\ 0\ 0)_2 = (CC)_{16}$$

↑
小数点默认位置

由此可知,定点整数的表示与前面介绍的正负整数的表示是一样的。

2) 定点小数

在定点小数中,一个数的最高二进制位是符号位,用以表示数的符号;而小数点的位置默认为在符号位的后面,它也不单独占一个二进制位。因此,在一个定点小数中,符号位右边的所有二进制位数表示的是一个纯小数。例如,用 8 位二进制定点小数表示十进制纯小数+0.593 75 与−0.593 75 分别为

$$(+0.593\ 75)_{10} = (0\quad 1\ 0\ 0\ 1\ 1\ 0\ 0)_2 = (4C)_{16}$$

↑
小数点默认位置

$$(-0.593\ 75)_{10} = (1\quad 1\ 0\ 0\ 1\ 1\ 0\ 0)_2 = (CC)_{16}$$

↑
小数点默认位置

在上述定点整数与定点小数的例子中发现这样一个问题:十进制整数+76 的 8 位二进制定点整数表示与十进制纯小数+0.593 75 的 8 位二进制定点小数表示是相同的,它们都是$(01001100)_2$;同样,十进制整数−76 的 8 位二进制定点整数表示与十进制纯小数−0.593 75 的 8 位二进制定点小数表示是相同的,它们都是$(11001100)_2$。那么,8 位二进制定点数$(01001100)_2$所表示的十进制数究竟是+76 还是+0.593 75? 同样,8 位二进制定点数$(11001100)_2$所表示的十进制数究竟是−76 还是−0.593 75? 这要根据具体处理的数来确定。如果处理的是整数,则$(01001100)_2$是一个 8 位二进制定点整数,它表示的是十进制整数+76;如果处理的是纯小数,则$(01001100)_2$是一个 8 位二进制定点小数,它表示的是十进制小数+0.593 75。对于 8 位二进制数$(11001100)_2$的情况与此类似。

在计算机中,定点数通常只用于表示整数或纯小数。而对于既有整数部分、又有小数部分的数,由于其小数点的位置不固定,一般用浮点数表示。

3. 原码、反码、补码与偏移码

不管是定点整数还是定点小数,它们均是有符号的数,最高二进制位是符号位。下面通过例 2.12 来介绍对二进制定点数做加减运算时的情况。

例 2.12 利用 8 位二进制定点数表示法计算。

$$(-50)_{10} + (+33)_{10}$$

首先将这两个十进制数转换成 8 位二进制定点数,再对这两个二进制数相加。即

```
    1 0 1 1 0 0 1 0        (−50)₁₀的 8 位二进制定点数
 +  0 0 1 0 0 0 0 1        (+33)₁₀的 8 位二进制定点数
 ─────────────────
    1 1 0 1 0 0 1 1
```

最后得到

$$(-50)_{10} + (+33)_{10} = (10110010)_2 + (00100001)_2$$
$$= (11010011)_2$$
$$= (-83)_{10}$$

这个结果显然是错误的。正确结果应为$(-17)_{10}$，二进制表示为$(10010001)_2$。

如果将这个问题化为减法运算，即

$$(-50)_{10} + (+33)_{10} = (+33)_{10} - (+50)_{10}$$

再做减法

```
    00100001      (+33)₁₀的8位二进制定点数
  - 00110010      (+50)₁₀的8位二进制定点数
    11101111
```

最后得到

$$(+33)_{10} - (+50)_{10} = (00100001)_2 - (00110010)_2$$
$$= (11101111)_2$$
$$= (-111)_{10}$$

显然，这个结果也是不对的。

由例2.12可以看出，直接对二进制定点数做加减运算可能会得到错误的结果。因此，为了便于运算，在计算机中，二进制定点数一般不直接用以上方法表示。

下面介绍二进制定点数在计算机中的4种表示法：原码、反码、补码与偏移码。

1）原码

所谓原码就是前面所介绍的二进制定点数表示，即原码的符号位在最高位，"0"表示正，"1"表示负，数值部分按一般的二进制形式表示。例如

$(+50)_{10}$的8位二进制原码为$(00110010)_原$

$(-50)_{10}$的8位二进制原码为$(10110010)_原$

$(+33)_{10}$的8位二进制原码为$(00100001)_原$

在二进制原码中，使用的二进制位数越多，所能表示的数的范围就越大。例如

$(+156)_{10}$的十六位二进制原码为$(0000000010011100)_原$

$(-156)_{10}$的十六位二进制原码为$(1000000010011100)_原$

这两个数用8位二进制就无法表示。

用原码表示一个定点数最简单。如果用8位二进制来存放一个定点整数的原码，能表示的整数值范围为$-127 \sim 127(-2^7+1 \sim 2^7-1)$。一般来说，如果用n位二进制来存放一个定点整数的原码，能表示的整数值范围为$-2^{n-1}+1 \sim 2^{n-1}-1$。但由例2.12可以看出，采用原码表示后，两个异号数不能直接相加，或者说，两个同号数不能直接相减。

2）反码

反码表示法规定：正数的反码和原码相同；负数的反码是对该数的原码除符号位外各位取反（即将0变为1，1变为0）。例如

$(+50)_{10}$的8位二进制原码为$(00110010)_原$

$(+50)_{10}$的8位二进制反码为$(00110010)_反$

$(-50)_{10}$的8位二进制原码为$(10110010)_原$

$(-50)_{10}$的8位二进制反码为$(11001101)_反$

容易验证，一个数的反码的反码还是原码本身。

3）补码

补码表示法规定：正数的补码和原码相同；负数的补码是在该数的反码的最后（即最右边）一位上加 1。例如

$$(+50)_{10} \text{ 的 8 位二进制原码为} (00110010)_原$$
$$(+50)_{10} \text{ 的 8 位二进制补码为} (00110010)_补$$
$$(-50)_{10} \text{ 的 8 位二进制原码为} (10110010)_原$$
$$(-50)_{10} \text{ 的 8 位二进制反码为} (11001101)_反$$
$$(-50)_{10} \text{ 的 8 位二进制补码为} (11001110)_补$$

容易验证，一个数的补码的补码还是原码本身。

如果用 8 位二进制来存放一个定点整数的补码，能表示的整数值范围为 $-128 \sim 127 (-2^7 \sim 2^7 - 1)$。一般来说，如果用 n 位二进制来存放一个定点整数的补码，能表示的整数值范围为 $-2^{n-1} \sim 2^{n-1} - 1$。

引入补码以后，计算机中的加减运算都可以用加法来实现，并且，两数的补码之"和"等于两数"和"的补码。在采用补码运算时，符号位也当作一位二进制数一起参与运算。

例 2.13　采用二进制补码计算。

$$(33)_{10} - (50)_{10} \quad \text{和} \quad (33)_{10} + (50)_{10}$$

由于

$$(33)_{10} - (50)_{10} = (-50)_{10} + (+33)_{10}$$

因此

$$
\begin{array}{ll}
\quad\ 1\,1\,0\,0\,1\,1\,1\,0 & \quad (-50)_{10}\text{的 8 位二进制补码} \\
+\ 0\,0\,1\,0\,0\,0\,0\,1 & \quad (+33)_{10}\text{的 8 位二进制补码} \\
\hline
\quad\ 1\,1\,1\,0\,1\,1\,1\,1 &
\end{array}
$$

最后得到

$$
\begin{aligned}
(-50)_{10} + (+33)_{10} &= (11001110)_补 + (00100001)_补 \\
&= (11101111)_补 \\
&= (10010001)_原 \quad \text{（对上述补码"除符号位外各位求反末位加 1"后得到）} \\
&= (-17)_{10}
\end{aligned}
$$

下面计算 $(33)_{10} + (50)_{10}$。

$$
\begin{array}{ll}
\quad\ 0\,0\,1\,0\,0\,0\,0\,1 & \quad (+33)_{10}\text{的 8 位二进制补码} \\
+\ 0\,0\,1\,1\,0\,0\,1\,0 & \quad (+50)_{10}\text{的 8 位二进制补码} \\
\hline
\quad\ 0\,1\,0\,1\,0\,0\,1\,1 &
\end{array}
$$

最后得到

$$
\begin{aligned}
(+33)_{10} + (+50)_{10} &= (00100001)_补 + (00110010)_补 \\
&= (01010011)_补 \\
&= (01010011)_原 \quad \text{（正数的补码与原码相同）} \\
&= (83)_{10}
\end{aligned}
$$

显然，这个结果也是正确的。

由此可以看出，在计算机中，所有的加减运算都可以统一变成补码的加法运算，并且其符号位一起参与运算，结果为补码，这种运算既可靠又方便。

4）偏移码

为了便于定点数的运算,计算机中的定点数除了可以用补码表示外,还可以用偏移码表示。偏移码有时简称移码。

定点数的偏移码表示法规定:不管是正数还是负数,其补码的符号位取反即是偏移码。由此可知,定点数用偏移码表示后,其最高位也为符号位,但符号位的取值刚好和原码与补码相反,"1"表示正,"0"表示负;而其数值部分与相应的补码相同。例如(假设用8位二进制(即1字节)来存放)

$$(33)_{10} = (00100001)_{补} = (10100001)_{偏移码}$$

$$(-50)_{10} = (11001110)_{补} = (01001110)_{偏移码}$$

$$(0)_{10} = (00000000)_{补码} = (10000000)_{偏移码}$$

$$(-128)_{10} = (10000000)_{补} = (00000000)_{偏移码}$$

$$(127)_{10} = (01111111)_{补} = (11111111)_{偏移码}$$

由此可以看出,如果用8位二进制来存放一个定点整数的偏移码,能表示的整数值范围为$-128 \sim 127(-2^7 \sim 2^7 - 1)$。一般来说,如果用n位二进制来存放一个定点整数的偏移码,能表示的整数值范围为$-2^{n-1} \sim 2^{n-1} - 1$。

定点数用偏移码表示后,也可以执行加减运算,但与补码不同,两个定点数的偏移码做加减运算后,得到的结果不是偏移码,必须将结果的符号位取反后才是偏移码形式的结果。例如

```
    0 1 0 0 1 1 1 0        (-50)₁₀的8位二进制偏移码
+   1 0 1 0 0 0 0 1        (+33)₁₀的8位二进制偏移码
────────────────────
    1 1 1 0 1 1 1 1
```

其结果(11101111)并不是$(-17)_{10}$的偏移码,$(-17)_{10}$的偏移码为$(01101111)_{偏移码}$。即

$$(-50)_{10} + (+33)_{10} = (01001110)_{偏移码} + (10100001)_{偏移码}$$

$$= (01101111)_{偏移码}$$

$$= (10010001)_{原}（对上述偏移码"各位求反（包括符号位）末位加1"后得到）$$

$$= (-17)_{10}$$

又如

```
    1 0 1 1 0 0 1 0        (+50)₁₀的8位二进制偏移码
+   1 0 1 0 0 0 0 1        (+33)₁₀的8位二进制偏移码
────────────────────
    0 1 0 1 0 0 1 1
```

其结果(01010011)并不是$(83)_{10}$的偏移码,$(83)_{10}$的偏移码为$(11010011)_{偏移码}$。即

$$(+50)_{10} + (+33)_{10} = (10110010)_{偏移码} + (10100001)_{偏移码}$$

$$= (11010011)_{偏移码}$$

$$= (01010011)_{原} \quad（对上述偏移码中的"符号位求反"后得到）$$

$$= (83)_{10}$$

最后需要强调的是,在二进制定点数的3种表示中,原码比较直观,但不能用于具体运算;补码与偏移码可用于具体运算;反码只起到由原码转换为补码或偏移码的中介作用。

4. 浮点数

对于既有整数部分又有小数部分的数,由于其小数点的位置不固定,一般用浮点数表示。在计算机中,通常所说的浮点数就是指小数点位置不固定的数。

一个既有整数部分又有小数部分的十进制数R可以表示为如下形式

$$R = Q \times 10^n$$

其中，Q 为一个纯小数；n 为一个整数。例如，十进制数 -23.478 可以表示为 -0.23478×10^2，十进制数 0.0003957 可以表示为 0.3957×10^{-3}。纯小数 Q 的小数点后第一位一般为非零数字。

同样，对于既有整数部分又有小数部分的二进制数 P 也可以表示为如下形式

$$P = S \times 2^N$$

其中，S 为一个二进制定点小数，称为 P 的尾数；N 为一个二进制定点整数，称为 P 的阶码，它反映了二进制数 P 的小数点的实际位置。为了使有限的二进制位数能表示出最多的数字位数，定点小数 S 的小数点后的第一位（即符号位的后面一位）一般为非零数字（即为"1"）。

在计算机中表示浮点数时，为了运算方便，其尾数（二进制定点小数）既可以用原码（运算时再化为补码）也可以直接用补码表示；阶码（二进制定点整数）既可以用补码也可以用偏移码表示。

在计算机中，通常用一串连续的二进制位来存放二进制浮点数，它的一般结构为

或

其中尾数的符号和阶码的符号均分别放在各自值的前面，或放在最高位上。

最后需要指出的是，在用二进制浮点数表示一个数时，尾数 S 的二进制位数决定了所表示浮点数的精度（即有效数字的位数），阶码 N 的二进制位数决定了所表示浮点数的范围。

下面举例说明浮点数的表示方法。

例 2.14　用 16 位二进制定点小数补码以及 8 位二进制定点整数补码表示十进制数 -254.75。

首先将 $(-254.75)_{10}$ 转换成二进制数，即

$$(-254.75)_{10} = (-11111110.11)_2$$
$$= (-0.1111111011)_2 \times 2^8$$

然后将尾数化成 16 位二进制定点小数，即

$$S = (-0.1111111011)_2 = (1\quad 1111111011000000)_2$$

↑
小数点位置

其反码为

$$S = (1000000010011111)_{反}$$

补码为

$$S = (1000000010100000)_{补}$$
$$= (80A0)_{16}$$

将阶码 8 也转换成二进制数，即

$$(+8)_{10} = (+1000)_2$$

化成 8 位二进制定点整数为

$$N = (+1000)_2 = (\ 0\ 0\ 0\ 0\ 1\ 0\ 0\ 0\ \ )_2$$

↑
小数点位置

其补码为（正数的补码是原码本身）

$$N = (00001000)_{补} = (08)_{16}$$

因此，十进制数－254.75 转换成所要求的二进制浮点数，其定点小数与定点整数均用补码表示后，在计算机中存放的形式为

```
23                    8 7        0  位序号
┌──────────────────────────────┐
│100000001010000000001000│
└──────────────────────────────┘
```

尾数S(定点小数补码)　　　　阶码N(定点整数补码)

用十六进制表示为 $(80A008)_{16}$。

2.2　常量与变量

一个程序的运行过程，实际上是在处理各种各样的数据。一般来说，在程序中，数据是以变量或常量的形式表示。所谓常量，是指在程序执行过程中其值不能改变的数据。所谓变量，是指在程序执行过程中其值可以改变的量。程序中的变量实际上是存储单元，它对应于计算机中的某个内存空间。

在 C 语言中，常量和变量都有数据类型，其中常用的基本数据类型有以下 4 种。

（1）整型。包括有符号基本整型（int 或 signed int）、无符号基本整型（unsigned int）、有符号长整型（long 或 signed long）、无符号长整型（unsigned long）、有符号短整型（short 或 signed short）、无符号短整型（unsigned short）、有符号超长整型（_int64 或 long long）、无符号超长整型（unsigned long long）。

（2）实型。分为单精度实型（float）与双精度实型（double）。

（3）字符型。分为有符号字符型（char 或 signed char）、无符号字符型（unsigned char）。

（4）空类型。void 类型。

除了上述 4 种基本数据类型外，C 语言还有枚举类型、构造类型、指针类型等数据类型。

一般来说，编译系统对程序中常量的数据类型是根据其表示形式来识别的。例如，3，－12 等为整型常量；4.6，－0.1238 等为实型常量；'a'，'B' 等为字符型常量。在 C 语言中，不同类型的常量在计算机中所占的字节数是不同的。同样，不同数据类型的变量所占的字节数也是不同的。因此，在定义变量时，必须要指出该变量的数据类型，以便系统为该变量分配相应的存储空间（字节数）。需要说明的是，在不同的编译系统中，同一类型的变量所占的字节数也可能是不同的。

C 语言规定，程序中的每一个变量都有一个唯一的名字，称为变量名。变量在使用前必须首先定义。所谓定义一个变量，就是系统根据变量的数据类型为该变量分配存储空间，变量名

即代表其存储空间,以便在程序执行过程中在这个存储空间中存取数据。

在 C 语言中,变量名的命名要符合下列两个规则。

(1) 变量名必须以字母或下画线开头,后面可以跟若干个字母、数字或下画线。

(2) 不同的编译系统对变量名中的字符总个数有不同的规定。在有的编译系统中,允许使用长达 31 个字符的变量名。还有的编译系统干脆不限制变量名的长度。变量名最好起的有意义,做到"望名生意",现在常用的变量命名法有匈牙利命名法等。

例如,year,Day,x12,_cws,_change,a2_1,DayOfYear 等都是合法的变量名;而 x+y,$123,♯a33,3d64,d. x 等都是非法的变量名。

最后需要指出的是,在 C 语言中,变量名中的英文字母是区分大小写的。例如,Day 与 day 是两个不同的变量名。

2.3　基本数据类型常量

2.3.1　整型常量

1. 整型常量的分类

在 C 语言中,通常有 3 种类型的整型常量:有符号与无符号基本整型常量、有符号与无符号长整型常量、有符号与无符号短整型常量。不管哪种类型的整型常量,在计算机中都用二进制补码表示,并且最高二进制位为符号位,"0"表示正,"1"表示负。

在一般的 32 位编译系统中,一个基本整型常量和长整型常量在计算机中都用 4 字节存放。因此,有符号基本整型常量和有符号长整型常量的取值范围一般为 $-2\,147\,483\,648\sim2\,147\,483\,647(-2^{31}\sim2^{31}-1)$。数量级大约 2.1×10^9。而短整型常量在计算机中通常占 2 字节,取值范围一般为 $-32\,768\sim32\,767(-2^{15}\sim2^{15}-1)$。因此,一般不区分长整型常量与基本整型常量。

无符号整型常量实际上就是非负的整型常量。因此,如果基本整型常量在计算机中用 4 字节存放,则由于无符号基本整型常量没有符号,在计算机中存放时不需要专门的符号位,4 字节中的 32 个二进制位可以全部用于存放数值,因此,无符号基本整型常量与无符号长整型常量的取值范围为 $0\sim4\,294\,967\,295(2^{32}-1)$。数量级大约 4.3×10^9。VC6 以及更高版本的编译器引入了 64 位的有符号超长整型(_int64 或 long long),一个有符号超长整型常量在计算机中用 8 字节存放,取值范围一般为 $-9\,223\,372\,036\,854\,775\,808\sim9\,223\,372\,036\,854\,775\,807$($-2^{63}\sim2^{63}-1$),数量级大约 9.2×10^{18}。

但要注意,上面所说的一个基本整型常量在 32 位编译系统中通常都用 4 字节存放,不同的编译系统对此可能有不同的规定。

2. 整型常量的表示

在 C 语言中,不管是哪种类型的整型常量,都可以用 3 种数制表示。

1) 十进制表示

在用十进制表示的整型常量中,可以使用的符号有 10 个数字符号 0~9 以及"+"与"-"。对于正整数,前面的"+"号可以省略。例如,+123,123,756,-234 都是合法的整型常量,其中+123 与 123 是等值的。

对于长整型常量,一般要在长整型常量的后面加一个英文字母 L 或 l。对于无符号整型常量,一般要在无符号整型常量的后面加一个英文字母 U 或 u,对于 64 位的超长整型,一般要在超长整型常量的后面加 i64、LL 或 ll。例如,123u,123L,123i64 虽然其数值是相同的,但 123u 是一个无符号基本整型常量,在计算机中用 4 字节来存放。123L 是一个长整型常量,在计算机中也要用 4 字节来存放。而 123i64 是一个 64 位超长整型常量,在计算机中要用 8 字节来存放。

对于没有正(+)与负(-)号的整型常量也可以认为是无符号整型常量。

需要说明的是,在 32 位编译系统上,基本整型常量的数值范围与长整型常量的数值范围是相同的,在计算机中都用 4 字节来存放,因此整型常量 2147483647 与 2147483647L 是等价的。

2) 十六进制表示

在用十六进制表示的整型常量中,要求整型常量以 0x 或 0X 开头,可以使用的符号有 0~9 与 A~F(或 a~f),其中英文字母 A(a),B(b),C(c),D(d),E(e),F(f)分别表示十进制值 10,11,12,13,14,15。

例如,128(十进制)与 0x80(十六进制)是等值的。

另外,在用十六进制表示的整型常量中,前面也可以使用"+"与"-"来表示正负数。

例如,-128(十进制)与-0x80(十六进制)是等值的。

3) 八进制表示

在用八进制表示的整型常量中,要求整型常量以 0 开头,可以使用的符号有 0~7。特别需要指出的是,在八进制整型常量中,是不允许出现数字 8 与 9 的。编译器会认定常数 08,09 是错误的。

例如,128(十进制)、0x80(十六进制)与 0200(八进制)都是等值的。由此可以看出,在 C 语言中,十进制整型常量的前面不能随便添加 0,因为整型常量最前面的 0 是八进制整型常量的前导符。在数学中,200 与 0200 是等值的,但在 C 语言中,0200 是八进制整型常量,其对应的十进制值为 128。

同样,在用八进制表示的整型常量中,前面也可以使用"+"与"-"来表示正负数。

例如,-128(十进制)、-0x80(十六进制)与-0200(八进制)都是等值的。

最后需要说明的是,当一个整型常量用十六进制或八进制表示时,虽然前面也可以使用"+"与"-",但是,在前面有"+"号的十六进制或八进制表示的整型常量中,其值也未必是正的,同样,前面有"-"号的十六进制或八进制表示的整型常量中,其值也未必是负的,因为,整型常量的符号位也可以直接包含在相应的十六进制数或八进制数中。

例如,十进制数 128 的二进制原码表示为 0000000010000000(假设基本整型常量占 2 字节,共占 16 个二进制位,最高位的"0"表示符号为"+"),其补码也是它。因此,十进制数 128 的十六进制表示为 0x0080 或 0x80(前面的 0 可以省略);其八进制表示为 0000200 或 0200 (前面的 3 个 0 可以省略,但最前面的 0 不能省略,因为它是表示八进制的前导符)。

又例如,十进制数-128 的二进制原码表示为 1000000010000000(假设基本整型常量占 2 字节,共占 16 个二进制位,最高位的"1"表示符号为"-"),其补码为 1111111110000000。因此,十进制数-128 的十六进制表示为 0xFF80;其八进制表示为 0177600(最前面的 0 为八进制表示的前导符)。

由此可以看出,十进制数 128 可以用十六进制表示为 0x80 或-0xFF80,也可以用八进制表示为 0200 或-0177600。同样,十进制数-128 可以用十六进制表示为-0x80 或 0xFF80,

也可以用八进制表示为-0200或0177600。

　　由前面的叙述可以看出,在用十六进制或八进制表示整型常量时,实际上就直接反映了该整型常量在计算机内存中的表示形式,因此,一般不必用专门的符号"$+$"或"$-$"表示十六进制或八进制整型常量的正负。在实际使用中,十六进制与八进制一般用于表示无符号整型常量。

2.3.2　实型(浮点型)常量

　　C语言中的整型常量其数值范围是有限的。为了能表示数值范围更大的数据,并且也能表示一般的实数,C语言也定义了实型常量。

　　在C语言中,实型常量有以下两种表示形式。

　　1) 十进制数形式

　　在十进制数形式中,可以包括符号"$+$"与"$-$",0～9十个数字以及小数点"."。必须注意,在十进制数形式中,小数点是必须要有的。例如,0.134,-12.567,$.134$,23.0,$23.$,0.0,$.0$,$0.$ 等都是合法的十进制形式的实型常量。其中,0.134 与 $.134$ 是等价的;23.0 与 $23.$ 是等价的;0.0,$0.$,$.0$ 三者是等价的。

　　2) 指数形式(科学记数法)

　　在指数形式中,可以包括符号"$+$"与"$-$",0～9十个数字,小数点"."以及 e(或 E)。其中 e(或 E)后面应为整数。例如,$2.3456e+02$ 和 $2.3456e+2$ 均代表 2.3456×10^2。即在用指数形式表示实型常量时,e 后面的整数实际上是指数部分。

　　在使用指数形式时要注意以下两点。

　　(1) 在符号 e 的前面必须要有数字。例如,$e+03$ 是非法的,应写成 $1.0e+03$,$1.e+03$,$1e+03$ 或 $1e3$。

　　(2) 在符号 e 的后面必须为整数,即不能是带有小数点的实型数。例如,$1.0e0.5$ 是非法的。但当 e 后面的指数部分为正整数时,"$+$"可以省略。例如,$2.3456e+02$,$2.3456e02$,$2.3456e2$ 三者均等价。

　　在C语言中,一个实型常量既可以用十进制数形式表示,也可以用指数形式表示。例如,1230.6 与 $0.12306e+04$ 是等值的,0.00456 与 $0.456e-02$ 也是等值的。

　　在 2.1 节中已经提到,实型常量在计算机中也是以二进制形式存放的。为了便于实型常量在计算机中的存放,它在计算机中的表示形式为

$$P=S\times2^N$$

其中,S 为一个二进制定点小数,称为 P 的尾数;N 为一个二进制定点整数,称为 P 的阶码,它反映了二进制数 P 的小数点的实际位置。为了使有限的二进制位数能表示出最多的数字位数,定点小数 S 的小数点后的第一位(即符号位的后面一位)一般为非零数字(即为"1")。

　　在C编译系统中,一个双精度实型数(即浮点数)在计算机中用 64 个二进制位(即 8 字节)来存放,也就是按 IEEE 754 格式存储。其中尾数用原码表示,占 52 个二进制位,其符号存放在 64 个二进制位的最高位(即第 63 位),其数值部分存放在 64 个二进制位的低 52 位(即第 0位到第 51 位),但考虑到尾数原码 S 的小数点后第一位固定为"1",实际并不存放它(在运算时再加上它),因此,尾数原码的数值部分实际有 53 位,加上符号位共 54 位。而阶码占 11 个二进制位,存放在 64 个二进制位的第 52 位到第 62 位,但在这 11 位中,实际存放的是(阶码 $N-2$)的偏移码。由此可以看出,在 IEEE 754 格式存储中,一个实型数在计算机中的存放形式为

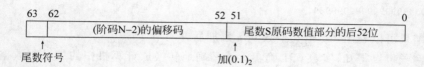

例如,十进制实型数 97.6875,其尾数原码与阶码如下

$$(97.6875)_{10} = (1100001.1011)_2$$
$$= (0.11000011011)_2 \times 2^7$$

因此,其 54 位尾数原码 S 与 11 位(阶码 N−2)的偏移码分别为

$$S = (0110000110110000000000000000000000000000000000000000000)_{原码}$$

$$(阶码 N−2) = (10000000101)_{偏移码}$$

将尾数原码 S 的符号位"0"存放到最高位,其后 11 位存放(阶码 N−2)的偏移码,接着再存放去掉尾数原码 S 符号位后面一个"1"的剩余部分,就可以得到

0 1000000 0101 1000 01101100 00000000 00000000 00000000 00000000 00000000

尾数符号 (阶码 N−2)的偏移码　　尾数 S 原码数值部分的后 52 位

用十六进制表示为 40 58 6C 00 00 00 00 00,共占 8 字节(64 位)。

同样的道理,十进制实型数 −97.6875(与前面的 97.6875 只差一个符号)在计算机中的存放形式为

1 1000000 0101 1000 01101100 00000000 00000000 00000000 00000000 00000000

尾数符号 (阶码 N−2)的偏移码　　尾数 S 原码数值部分的后 52 位

用十六进制表示为 C0 58 6C 00 00 00 00 00,共占 8 字节(64 位)。

在上面所述的实型数存放形式中,一个实型常量具有 15~16 位十进制有效数字。并且,当(阶码 N−2)的 11 位偏移码均为 0(即阶码 N 为最小值 $-2^{10}+2$)时,不管尾数为多少,该实型数的绝对值已经小到无法表示,系统默认为 0.0。

由于计算机系统分配给一个数据的存储空间是有限的。一般来说,一个实型常量无法转换成与之等值的有限位的二进制数据,其有限位以后的数字将被舍去,由此就会产生舍入误差。下面的例子说明了这个问题。

例 2.15 下列 C 程序的功能是将 10 个实型数 0.1 进行累加,然后将累加结果输出。

```
# include < stdio. h >
main()
{ int k;                                /* 定义整型变量 k */
  double x,z;                           /* 定义双精度实型变量 x 与 z */
  z = 1.0;                              /* 实数 1.0 赋给变量 z */
  x = 0.0;
  for (k = 0; k < 10; k++) x = x + 0.1; /* 10 个 0.1 累加到变量 x 中 */
  printf("z =    % 20.17f\n",z);        /* 输出变量 z 的值 */
  printf("x =    % 20.17f\n",x);        /* 输出变量 x 的值 */
}
```

运行这个程序后,输出的结果如下:

z =   1.00000000000000000

x =   0.99999999999999989

由运行结果可以看出,10 个实型数 0.1 累加后并不等于 1.0。

由上述例子可以得知,实数 0.1 确实无法精确地转换成计算机中的二进制数据,即实型常量 0.1 在计算机中只能近似表示。因此,在进行实型数据运算时要注意其舍入误差的影响。

2.3.3 字符型常量

在 C 语言中,字符型常量是指由一对单引号(单引号)括起来的单个字符,如'A','＊','a'等都是字符型常量。

另外,在 C 语言中还定义了一些特殊字符,又称为转义字符,它们都是以反斜杠开头的。这些特殊字符的意义如下:

'\n'   换行
'\r'   回车(不换行)
'\b'   退格
'\a'   响铃
'\t'   制表(横向跳格)
'\''   单引号(单撇号)
'\"'   双引号(双撇号)
'\ddd'   1~3 位八进制数所代表的 ASCII 码字符
'\xhh'   1~2 位十六进制数所代表的 ASCII 码字符
'\f'   走纸换页
'\\'   反斜杠字符

在 C 语言中,一个字符型常量在计算机中用 1 字节来存放,且存放的是该字符的 ASCII 码值。例如,字符型常量'A'在计算机中存储的是其 ASCII 码值 65,也可以写作'\101'或'\x41'。但'101'或'x41'是错误的。特别需要注意的是数字字符与整型常量的区别。例如,6 是整型常量,在计算机中存储的就是数值 6,且占 4 字节;而'6'是数字字符,它是字符型常量,在计算机中存储的是其 ASCII 码值 54,且只占 1 字节。

2.4 基本数据类型变量的定义

2.4.1 整型变量的定义

在程序设计语言中,用于存放整型数据的变量称为整型变量。

在 C 语言中,可以定义有符号与无符号的基本整型、长整型、短整型等类型的整型变量。它们的定义方式如下。

1. 基本整型变量

定义基本整型变量的形式为:

int   变量表列;

例如,说明语句

int x, y, z;

定义了 3 个基本整型变量 x,y,z,在程序中它们都可以用来存放整型数据。

2. 长整型

定义长整型变量的形式为:

```
long [int] 变量表列;
```

其中 int 可以省略。例如,

```
long  a1, x;
```

与

```
long int  a1, x;
```

是等价的,它们都定义了两个长整型变量 a1 与 x。

长整型常量与一般的整型常量没有明显的区别,在 32 位编译系统中,长整型变量与一般整型变量都占用 4 字节的内存空间,因此,所能表示的数值大小也完全一样。

3. 短整型

定义短整型变量的形式为:

```
short [int] 变量表列;
```

其中 int 可以省略。例如,

```
short  int  b2, x1;
```

与

```
short  b2, x1;
```

是等价的,它们都定义了两个短整型变量 b2 与 x1。

短整型变量用于存放比较小的整型数据,使用短整型变量的目的是为了节省内存空间。但一个短整型变量所占的字节数也与使用的编译系统有关,在有的计算机系统中,短整型变量所占用的存储空间少于一般整型变量所占用的存储空间,但在有的编译系统中,短整型变量与一般整型变量所占用的字节数是相同的。现在大部分 32 位编译系统中短整型变量占 2 字节。

4. 无符号整型

定义无符号基本整型变量的形式为:

```
unsigned [int] 变量表列;
```

其中 int 可以省略。

定义无符号长整型变量的形式为:

```
unsigned long [int] 变量表列;
```

其中 int 可以省略。

5. 超长整型

定义超长整型变量的形式为:

```
_int64 变量表列;
```

或

```
long long  变量表列;
```

下面对变量的定义作几点说明。

(1) 一个类型说明语句可以同时定义多个同类型的变量,各变量之间用逗号(,)分隔。多个同类型的变量也可以用多个类型说明语句定义。例如,说明语句

```
int  x, y, z;
```

与

```
int  x, y;
int  z;
```

是等价的。

(2) 用类型说明语句定义的变量只是说明了为这些变量分配了存储空间,以便用于存放与之相同类型的数据,在未对这些变量赋值前,这些变量中(即存储空间中)的值是随机的。例如,说明语句

```
int  x, y, z;
```

定义了3个基本整型变量 x,y,z。这个说明语句只表示为3个基本整型变量 x,y,z 各分配4字节的存储空间,而其中的数值是随机的。

(3) C语言允许在定义变量的同时为变量赋初值。例如,说明语句

```
int  x, y = 1, z;
```

定义了3个基本整型变量 x,y,z,同时又为变量 y 赋了初值1。在这种情况下,在没有为这3个变量赋值之前,变量 x 与 z 只是各分配到4字节的存储空间,而其中的值是随机的;但变量 y 不仅分配到4字节的存储空间,且其中的值为1。又如,说明语句

```
long  a1, x = 100L;
```

定义了两个长整型变量 a1 与 x(各分配到4字节的存储空间),并且还为长整型变量 x 赋了初值100。

在 C 语言中,在定义变量的同时为变量赋初值称为初始化。经初始化的变量在程序中还可以通过重新赋值来改变它的值。

(4) 在为长整型变量初始化或赋值时,如果被赋数据为基本整型常量,则 C 编译系统自动将被赋数据转换成与相应变量的类型一致。例如,说明语句

```
long  a1, x = 100;
```

与

```
long  a1, x = 100L;
```

是等效的。

例 2.16　阅读下列 C 程序:

```
# include < stdio. h >
main()
{ long x, y, z;
```

```
x =- 0xffffL; y =- 0xffL; z =- 0xffffffffL;
printf("x = % 6ld    y = % 6ld    z = % 6ld\n", x, y, z);
}
```

该程序运行后,输出的结果为:

```
x =- 65535    y =    - 255   z =       1
```

在上述程序中,定义了 3 个长整型变量 x,y,z。首先分别用长整型常量为 x,y,z 赋值:

```
x =- 0xffffL; y =- 0xffL; z =- 0xffffffffL;
```

其中,0xffffL 为长整型常量,等价于 0x0000ffff,其十进制值为 65 535,因此,−0xffffL 的十进制值为−65 535,即赋给变量 x 的值为−65 535;0xffL 为长整型常量,等价于 0x000000ff,其十进制值为 255,因此,−0xffL 的十进制值为−255,即赋给变量 y 的值为−255;0xffffffffL 为长整型常量,其十进制值为−1,因此,−0xffffffffL 的十进制值为 1,即赋给变量 z 的值为 1。因此,第一次赋值后,输出的 x,y,z 值分别为:

```
x =- 65535    y =    - 255   z =       1
```

　(5) 由于各种整型变量所占的字节数有限,因此,它们所能存放的整数有一定的范围。一个短整型变量所能表示的整数范围是−32 768(-2^{15})～32 767($2^{15}-1$),超过这个范围的整数就无法表示了。

　　例 2.17　有如下 C 程序:

```
# include < stdio. h >
main()
{ short  x;
  unsigned short  y;
  long z;
  x = 65535;
  y = 65535;
  z = 65535;
  printf("x = % d\n", x);
  printf("y = % u\n", y);
  printf("z = % ld\n", z);
}
```

这个程序的输出结果为(其中%d 为基本整型输出格式说明符,%u 为无符号基本整型输出格式说明符,%ld 为长整型输出格式说明符):

```
x =- 1
y = 65535
z = 65535
```

显然,输出的 x 值与赋的值不一致,而输出的 y 与 z 值是正确的,分析如下。

变量 x 定义为短整型(占 2 字节),y 定义为无符号短整型(占 2 字节),z 定义为长整型(占 4 字节)。在程序中给这 3 个变量均赋值 65 535,其对应的二进制值为

$$1 1 1 1 1 1 1 1 1 1 1 1 1 1 1 1$$

即 16 位全是"1",它们在计算机中用二进制表示为

变量 x　　1 1 1 1 1 1 1 1 1 1 1 1 1 1 1 1

变量 y　　　1111111111111111

变量 z　　　00000000000000001111111111111111

显然,对于短整型变量 x 来说,虽然 2 字节正好能存放 65 535 的二进制值,但由于最高位应是符号位,但赋值后却是"1",变成了负数,按补码表示,其值变为一1。对于无符号短整型变量 y 来说,2 字节也刚好能存放 65 535 的二进制值,但由于无符号整型本来就没有符号位,其16 位全是数值,其值仍为 65 535。对于长整型变量 z 来说,4 字节中只用了 2 字节就能存放所赋的值。

现在,如果将程序改为:

```
#include <stdio.h>
main()
{ short  x;
  unsigned short  y;
  long z;
  x = 75535;
  y = 75535;
  z = 75535;
  printf("x = % d\n", x);
  printf("y = % u\n", y);
  printf("z = % ld\n", z);
}
```

其输出结果为:

```
x = 9999
y = 9999
z = 75535
```

在程序中给这 3 个变量均赋值 75 535,对应的二进制值为

$$10010011100001111$$

它们在计算机中用二进制表示为

变量 x　　　0010011100001111

变量 y　　　0010011100001111

变量 z　　　00000000000000010010011100001111

显然,对于短整型变量 x 来说,2 字节存放不下 75 535 的二进制值,而只能存放后 16 位的二进制值,其十进制值为 9999。对于无符号短整型变量 y 来说,2 字节也存放不下 75 535 的二进制值,而只能存放后 16 位的二进制值,其十进制值为 9999。对于长整型变量 z 来说,4 字节中能存放所赋的值。

由此可见,在对整型变量赋整型数据时,一定要注意整型变量所能表示的数值范围。

2.4.2　实型变量的定义

在程序设计语言中,用于存放实型数据的变量称为实型变量。

在 C 语言中,实型变量有单精度与双精度两种。其中单精度型具有 6～7 位有效数字,双精度型具有 15～16 位有效数字。C 编译系统中区分单精度与双精度,1.23f 表示此实型常量用单精度表示,占 4 字节内存。而默认实型常量 1.23 用双精度表示,占 8 字节内存。凡是不带后缀 f 的实型常量,统一按双精度型来处理。

单精度实型变量的定义形式为：

```
float  变量表列;
```

双精度型变量的定义形式为：

```
double  变量表列;
```

例如，说明语句

```
float  f1, f2;
```

定义了两个单精度实型变量 f1 与 f2。而说明语句

```
double  a1, a2;
```

定义了两个双精度实型变量 a1 与 a2。

在一般的 C 语言中，定义一个单精度实型变量，实际上给分配了 4 字节的存储空间，而定义一个双精度实型变量，实际上给分配了 8 字节的存储空间。

与整型变量的定义一样，一个实型类型说明语句可以同时定义多个同类型的变量，各变量之间用逗号(,)分隔，多个同类型的变量也可以用多个类型说明语句定义；用类型说明语句定义的变量只是说明了为这些变量分配了存储空间，在未对这些变量赋值前，这些变量中（即存储空间中）的值是随机的；在定义变量的同时也可以为实型变量赋初值。实际上，这些原则对于后面其他变量的定义都适用，在后面就不再赘述了。

2.4.3　字符型变量的定义

字符型变量用于存放字符型常量。
字符型变量的定义形式为：

```
char  变量表列;
```

例如，语句

```
char  c1, c2;
c1 = 'A'; c2 = ' * ';
```

定义了两个字符型变量 c1 与 c2，并用赋值语句分别为它们赋以字符 A 与 * 。

特别要注意的是，在 C 语言中，一个字符型变量只能存放一个字符。

C 编译系统为字符型变量分配 1 字节存放字符的 ASCII 码。因此，所谓字符型变量存放字符常量，实际上就是存放该字符的 ASCII 码。由于字符常量的存储形式与整型常量的存储形式类似，因此，在 C 语言中的字符数据与整数之间可以通用。一个字符型数据既可以以字符形式输出，也可以以整数形式输出。当字符型数据以整数形式输出时，实际上是输出该字符的 ASCII 码。

例 2.18　字符型数据与整型数据的输出。

```
# include < stdio. h >
main()
{ int x;
  char y;
  x = 65;
```

```
    y = 'B';
    printf("x = % c\n", x);
    printf("y = % c\n", y);
    printf("y = % d\n", y);
}
```

程序的输出结果为：

```
x = A
y = B
y = 66
```

在这个程序中,定义了一个整型变量 x,并赋值 65;还定义了一个字符型变量 y,并赋值为大写英文字母 B。其中第一个输出语句

```
printf("x = % c\n", x);
```

以字符形式(%c 为输出字符型数据的格式说明符)输出整型变量 x 的值,由于 x 的值为 65,它刚好是大写英文字母 A 的 ASCII 码,因此,这个输出语句的输出结果为 x＝A。

第二个输出语句

```
printf("y = % c\n", y);
```

以字符形式输出字符型变量 y 的值,现由于 y 中存放的是大写英文字母 B,因此,这个输出语句的输出结果为 y＝B。

第三个输出语句

```
printf("y = % d\n", y);
```

以整数形式(%d 为输出整型数据的格式说明符)输出字符型变量 y 的值,现由于变量 y 中存放的字符是大写英文字母 B,它的 ASCII 码值为 66,因此,这个输出语句的输出结果为 y＝66。

但需要说明的是,一个整型数据占 4 字节,而字符型数据只占 1 字节,因此,在将整型数据以字符形式输出时,只取低字节中的数据作为 ASCII 码字符输出。例如:

```
# include < stdio. h>
main()
{ int x;
  x = 1348;    /* 0x544 */
  printf("x = % c\n", x);
}
```

该程序运行后输出结果为：

```
x = D
```

这是因为,整型数据 1348 转换成二进制为

$$10101000100$$

其低 8 位为

$$01000100$$

它是英文大写字母 D 的 ASCII 码(十进制值为 68,十六进制为 0x44)。

同样,由于有符号字符型数据只占 1 字节,它只能存放－128～127 内的整数。

　　由于 C 语言中的字符数据与整数之间可以通用,因此,字符型数据与整型数据之间可以进行混合运算,可以将字符型数据赋给整型变量,也可以将整型数据赋给字符型变量。

　　例 2.19　英文大小写字母的转换。

```
# include < stdio. h>
main()
{ char x, y, c1, c2;
  x = 'A';
  y = 'B';
  c1 = x + 32;
  c2 = y + 32;
  printf("x = % c, y = % c\n", x, y);
  printf("c1 = % c, c2 = % c\n", c1, c2);
}
```

程序的输出结果为:

```
x = A, y = B
c1 = a, c2 = b
```

　　由附录 A 中的基本 ASCII 码表可以看出,每一个英文小写字母比它相应的大写字母的 ASCII 码大 32。在上述程序中,对字符型变量 x 与 y 分别赋以大写英文字母 A 与 B,然后都加上 32 后分别赋给字符型变量 c1 和 c2,因此,c1 与 c2 中的字符分别为小写英文字母 a 与 b。

练习 2

1. 将下列两组十进制数转换成 16 位二进制补码,并用相应的十六进制表示:

(1) 1,15,16,127,128,255,256,356,32 767

(2) $-1,-15,-16,-127,-128,-255,-256,-356,-32 767$

2. 将下列用十六进制表示的 C 整型数用十进制表示(设一个 C 整型数占 4 字节):

0x234,$-$0x234,0xff00,$-$0xff00,0xffffff00,$-$0xffffff00

3. 下列标识符中,哪些是合法的 C 变量名?

a_qwe	zx-123	$ a234	_a_sdf	qw. c	x/y
a * b	%jkh	xy%c	_1234	1234_	12_34
c1_2	x4_5_6	new_r	root_1	_root1	12345

4. 在使用 32 位编译器的情况下,设有如下说明语句:

```
short  x = 0xffff;
long   y = 0xffffL;
```

实际赋给变量 x 与 y 的值(十进制)为多少?

第3章

数据的输入与输出

　　在编程解决实际问题时，一般都会有一些数据的输入以及结果的输出，即使没有输入也一定会有输出。因此，一个程序一般都要包含数据的输入与输出过程。

　　数据的输入与输出应包括以下几项。

　　(1) 用于输入或输出的设备。

　　(2) 输入或输出数据的格式。

　　(3) 输入或输出的具体内容。

　　C 语言提供了用于输入与输出的函数，在这些函数中，键盘是标准输入设备，显示器是标准输出设备。因此，在没有特别指定输入或输出设备时，默认其输入设备是键盘，输出设备是显示器。

　　另外要注意，如果在程序中要使用 C 语言所提供的输入或输出函数，在程序的开头应该使用包含命令

```
# include < stdio.h >
```

将 C 语言中标准输入输出库函数包含进来。

　　本章将具体介绍一些 C 语言中的输入与输出函数。

3.1　格式输出函数

3.1.1　基本的格式输出语句

在 C 语言中，格式输出语句的一般形式为：

```
printf("格式控制",输出表);
```

其中 printf() 是 C 编译系统提供的格式输出函数。格式控制部分要用一对双引号括起来，用于说明输出项目所用的格式。输出表中的各项目指出了所要输出的内容。

　　在格式控制中，用于说明输出数据格式的格式说明符总是以％开头，后面紧跟的是具体的格式。用于输出的常用格式说明符有以下几种。

1. 整型格式说明符

整型格式说明符用于说明整型数据的输出格式。在 C 语言中，整型常量可以用十进制、十六进制以及八进制 3 种形式表示，因此，对于整型数据的输出也具有这 3 种格式。

1) 十进制形式

以十进制形式输出整型数据,其格式说明符为:

- %d 或 %md 用于基本整型。
- %ld 或 %mld 用于长整型。
- %hd 或 %mhd 用于短整型。
- %u 或 %mu 用于无符号基本整型。
- %lu 或 %mlu 用于无符号长整型。
- %I64d 或 %lld 用于 64 位超长整型。

2) 八进制形式

以八进制形式输出整型数据,其格式说明符为:

- %o 或 %mo 用于基本整型。
- %lo 或 %mlo 用于长整型。

3) 十六进制形式

以十六进制形式输出整型数据,其格式说明符为:

- %x 或 %mx 用于基本整型。
- %lx 或 %mlx 用于长整型。

在以上各种整型格式说明符中,m 表示输出的整型数据所占总宽度(即列数),当实际数据的位数不到 m 位时,数据前面将用空格补满。如果在格式说明符中没有用 m 说明数据所占的宽度,则以输出数据的实际位数为准。如果在格式说明符中说明了宽度 m,但实际输出的数据位数大于 m,则也以输出数据的实际位数为准进行输出,不受宽度 m 的限制。

2. 实型格式说明符

实型格式说明符用于说明实型数据的输出格式。

如果以十进制数形式输出实型数据,其格式说明符为 %f 或 %m.nf;如果以指数形式输出实型数据,其格式说明符为 %e 或 %m.ne。

在输出实型数据时,格式说明符中的 m 表示整个数据所占的宽度,n 表示小数点后面的位数。如果在小数点后取 n 位后,所规定的数据宽度 m 不够输出数据前面的整数部分(包括小数点),则按实际的位数进行输出,不受宽度 m 的限制。

需要指出的是,在 printf 中,用于输出单精度实型数据与双精度实型数据格式说明符是一样的。

3. 字符型格式说明符

字符型格式说明符用于说明字符型数据的输出格式,其格式说明符为 %c 或 %mc。其中 m 表示输出的宽度,即在这种情况下,会在输出字符的前面补 m−1 个空格。

下面对各种基本类型数据的格式输出做几点说明。

(1) 输出表中可以有多个输出项目,但各输出项目之间要用逗号(,)分隔,各输出项目可以是常量、变量以及表达式。

(2) 格式输出函数中的"格式控制"是一个字符串,其中每一个 % 后面的字符是格式说明符,用于说明相应输出数据的输出格式,而每一个格式说明符的结束符分别为 d(整型)、f(实型)、c(字符型)、s(字符串,将在 9.3.3 节中介绍)。而格式控制中除格式说明符外的其他字符将按原样输出。

例 3.1 设有以下程序：

```
# include < stdio.h>
main()
{ int   a, b;
  float   x, y, s;
  a = 34; b = - 56;
  x = 2.5f; y = 4.5f; s = x * x + y * y;
  printf("a = % d,b = % d\n", a, b);
  printf("x = % 6.2f,y = % 6.2f,s = % 6.2f\n", x, y, s);
}
```

程序经编译、连接后,运行的结果为(‿表示一个空格)：

```
a = 34,b = - 56
x = ‿‿2.50,y = ‿‿4.50,s = ‿26.50
```

在上述程序中的第一个格式输出语句

```
printf("a = % d,b = % d\n", a, b);
```

中,其输出顺序为：输出字符串"a＝",以％d的格式输出变量 a 的值,再输出字符串",b＝",以％d的格式输出变量 b 的值,最后输出一个换行(即下一次的输出将另起一行)。

(3) 格式输出函数的执行过程如下：

① 在计算机内存中开辟一个输出缓冲区,用于存放输出项目表中各项目数据。

② 依次计算项目表中各项目(常量或变量或表达式)的值,并按各项目数据类型应占的字节数自右至左依次将它们存入输出缓冲区中。

③ 根据"格式控制"字符串中的各格式说明符依次从输出缓冲区中取出若干字节的数据(如果是非格式说明符,则将按原字符输出),转换成对应的指定进制数据进行输出。其中从输出缓冲区中取多少字节的数据是按照对应格式说明符说明的数据类型。例如,格式说明符％hd 为短整型,应取 2 字节；格式说明符％ld 为长整型,应取 4 字节；格式说明符％f 用于输出时为双精度型(以后会知道,在 C 语言中,实型数据均转换成双精度计算),应取 8 字节；以此类推。

下面举例说明格式输出语句的执行过程。

例 3.2 设有如下 C 程序：

```
# include < stdio.h>
main()
{ int xx, yy, zz;
  xx = 1; yy = - 65535; zz = 1;
  printf("xx = % ld, yy = % ld, zz = % ld\n", xx, yy, zz);
  printf("xx = % hd, yy = % hd, zz = % hd\n", xx, yy, zz);
  printf("xx = % d, yy = % d, zz = % d\n", xx, yy, zz);
}
```

程序的运行的结果为：

```
xx = 1, yy = - 65535, zz = 1
xx = 1, yy = 1, zz = 1
xx = 1, yy = - 65535, zz = 1
```

在这个程序中,为整型变量 xx 赋的值为 1,在计算机内存中占 4 字节,其十六进制补码(正数的补码为原码本身)表示为 0x00000001;为整型变量 yy 赋的值为 −65 535,在计算机内存中占 4 字节,其十六进制补码(负数的补码为反码加 1)表示为 0xffff0001;为整型变量 zz 赋的值为 1,在计算机内存中占 4 字节,其十六进制补码(正数的补码为原码本身)表示为 0x00000001。在计算机中,存储的基本单位是字节,一般来说,如果一个数据占多字节时,则数据的低字节部分存放在存储空间的后面,而数据的高字节部分存放在存储空间的前面。因此,整型变量 xx,yy,zz 经赋值后,这 3 个整型数在计算机中的存放顺序如下(每个数据占 8 位十六进制位,每两个十六进制位为 1 字节,并且,低字节在后,高字节在前):

xx:01 00 00 00   对应十六进制数 0x 0 0 0 0 0 0 0 1

yy:01 00 f f f f   对应十六进制数 0x f f f f 0 0 0 1

zz:01 00 00 00   对应十六进制数 0x 0 0 0 0 0 0 0 1

现在考虑第一个格式输出语句

```
printf("xx = % ld, yy = % ld, zz = % ld\n", xx, yy, zz);
```

的执行情况。首先,在这个输出语句的输出项目表中有 3 项 xx,yy,zz,每个项目均为整型数据。因此,将输出项目表中的这 3 个整型输出项目依次存入输出缓冲区后,缓冲区的存储情况如下:

$$01000000\underline{}100ffff\underline{}01000000\underline{}$$
$$\text{xx}\qquad\qquad\text{yy}\qquad\qquad\text{zz}$$

然后,根据这个输出语句中的"格式控制",依次有 3 个长整型格式说明符%ld,它们与输出缓冲区中数据的对应情况如下(每个长整型格式说明符%ld 对应 4 字节的数据):

$$01000000\underline{}100ffff\underline{}01000000\underline{}$$
$$\%\text{ld}\qquad\qquad\%\text{ld}\qquad\qquad\%\text{ld}$$

因此,依次从输出缓冲区中取出 3 个长整型数据,分别转换成十进制形式输出,其中格式说明符以外的字符在相应的位置上输出,其输出结果为:

xx = 1, yy = − 65535, zz = 1

与实际情况相符合。

现在考虑第二个格式输出语句

```
printf("xx = % hd, yy = % hd, zz = % hd\n", xx, yy, zz);
```

的执行情况。首先,在这个输出语句的输出项目表中有 3 项 xx,yy,zz,每个项目均为基本整型数据,即现在输出项目表中的这 3 个基本整型输出项目依次存入输出缓冲区后,缓冲区的存储情况如下(与前面的相同):

$$01000000\underline{}100ffff\underline{}01000000\underline{}$$
$$\text{xx}\qquad\qquad\text{yy}\qquad\qquad\text{zz}$$

然后,根据这个输出语句中的"格式控制",依次有 3 个短整型格式说明符%hd,它们与输出缓冲区中数据的对应情况如下(每个短整型格式说明符%hd 对应 2 字节的数据):

$$01000000\underline{}100ffff\underline{}01000000\underline{}$$
$$\%\text{hd}\qquad\qquad\%\text{hd}\qquad\qquad\%\text{hd}$$

即,依次从输出缓冲区中取出 3 个基本整型数据(因为短整型数据处理时一定转换成基本整

型),并分别将每个数据的前两个字节转换成十进制形式输出,其中格式说明符以外的字符在相应的位置上输出,其输出结果为:

xx = 1, yy = 1, zz = 1

显然,在这种情况下,输出结果与实际情况不符合。

现在考虑第三个格式输出语句

```
printf("xx = % d, yy = % d, zz = % d\n", xx, yy, zz);
```

的执行情况。由于在 32 位编译系统中,int 等价于 long,%d 与 %ld 也完全相同,因此其输出结果为:

xx = 1, yy = - 65535, zz = 1

输出结果与实际情况符合。

由这个例子可以看出,在格式输出语句中,格式控制中的各格式说明符与输出表中的各输出项目在个数、次序、类型等方面必须一一对应,否则会造成错误的输出结果。

下面再举一个例子来说明这个问题。

例 3.3　设有如下 C 程序:

```
# include < stdio. h >
main()
{ double   x = 34. 567;
  printf("x = % f\n", x);
  printf("x = % d\n", x);
}
```

程序实际运行的结果为:

x = 34. 567000
x = 1958505087

显然,这个程序中的第二个格式输出语句输出的结果是错误的,这是因为在第二个格式输出语句中,格式说明符%d 是基本整型格式说明符,而输出项目是双精度型的数据,它们是不匹配的。

(4) 在"格式控制"的格式说明符中,如果带有宽度说明,则在左边没有数字的位置上用空格填满(即输出的数字是右对齐)。但如果在宽度说明前加一个负号(-),则输出为左对齐,即在右边补空格。例如,如果将例 3.1 中的程序改为:

```
# include < stdio. h >
main()
{ int   a, b;
  float   x, y, s;
  a = 34; b = - 56;
  x = 2.5f; y = 4.5f; s = x * x + y * y;
  printf("a = % d, b = % d\n", a, b);
  printf("x = % - 6.2f, y = % - 6.2f, s = % - 6.2f\n", x, y, s);
}
```

则这个程序经编译、连接后,运行的结果为:

a = 34, b = - 56

x = 2.50 ⌴⌴ , y = 4.50 ⌴⌴ , s = 26.50 ⌴

即在输出的宽度范围内,空格补在数据的后面。

3.1.2　printf()函数中常用的格式说明

格式控制中,每个格式说明都必须用"%"开头,以一个格式字符作为结束,在此之间可以根据需要插入宽度说明、左对齐符号(一)、前导零符号(0)等。

1. 格式字符

%后允许使用的格式字符及其功能如表 3.1 所示。在某些系统中,可能不允许使用大写字母的格式字符。因此为了使程序具有通用性,在写程序时,尽量不用大写字母的格式字符。

表 3.1　格式字符和它们的功能

格式字符	说　　明
c	输出一个字符
d 或 i	输出带符号的十进制整型数,%ld 为长整型(16 位编译器上必须使用),%hd 为短整型,%I64d 或%lld 为 64 位超长整数(VC6 以上版本输出_int64 类型的整数)
o	以八进制格式输出整型数,%o 不带先导 0。例如十进制数 15 用%o 输出为 17;% # o 加先导 0,例如十进制数 15 用 % # o 输出为 017
x 或 X	以十六进制格式输出整型数,但不带先导 0x 或 0X。例如十进制数 2622 用%x 数据格式输出为 a3e,用%X 数据格式输出为 A3E。% # x 或 % # X 输出带先导 0x 或 0X 的十六进制数。例如十进制数 2622 用 % # x 数据格式输出为 0xa3e,而用 % # X 数据格式输出为 0XA3E
u	以无符号十进制形式输出整型数
f	以带小数点的数学形式输出浮点数(单精度和双精度数)
e 或 E	以指数形式输出浮点数(单精度和双精度数),格式是:[-]m. dddddde ± xxx 或 [-]m. dddddE±xxx。小数位数(d 的个数)由输出精度决定,隐含的精度是 6。若指定的精度为 0,则包括小数点在内的小数部分都不输出。xxx 为指数,保持 3 位,不足补 0。若指数为 0,输出指数是 000
g 或 G	由系统根据输出数据决定采用%f 格式还是采用%e(或%E)格式输出,以使输出宽度最小
s	输出一个字符串,直到遇到"\0"。对%ms 若字符串长度超过指定的输出宽度 m 则自动突破,不会截断字符串;对%.ms 若字符串长度超过指定的输出宽度 m,则只输出字符串前 m 个字符
p	输出变量的内存地址
%	也就是%%形式,输出一个%

2. 长度修饰符

在%和格式字符之间可以加入长度修饰符,以保证数据输出格式的正确和对齐。对于长整型数(long)应该加 l,如%ld。对于短整型数(short)可以加 h,如%hd。对于超长整型数(long long)应该加 ll,如%lld。

3. 输出数据所占的宽度说明

当使用%d,%c,%f,%e,%s……的格式说明时,输出数据所占的宽度(域宽)由系统决定,通常按照数据本身的实际宽度输出,前后不加空格,并采用右对齐的形式。但可以用以下3 种方法人为控制输出数据所占的宽度(域宽),按照用户的意愿进行输出。

(1) 在%和格式字符之间插入一个整数常数来指定输出的宽度 n(如%4d,n 代表整数

4）。如果指定的宽度 n 不够，输出时将会自动突破，保证数据完整输出。如果指定的宽度 n 超过输出数据的实际宽度，输出时将会右对齐，左边补以空格，填满指定的宽度。

（2）对于 float 和 double 类型的实数，可以用"n1. n2"的形式来指定输出宽度（n1 和 n2 分别代表一个整常数），其中 n1 指定输出数据的宽度（包括小数点和符号位），n2 指定小数点后小数位的位数，n2 也称为精度（如%12.4f，n1 代表整数 12，n2 代表整数 4）。

对于 f、e 或 E，当输出数据的小数位多于 n2 位时，截去右边多余的小数，并对截去部分的第一位小数做四舍五入处理；当输出数据的小数位少于 n2 时，在小数的最右边补 0，使得输出数据的小数部分宽度为 n2。若给出的总宽度 n1 小于 n2 加上整数位数、小数点（e 或 E 格式还要加上指数的 5 位）和符号位，则自动突破 n1 的限制；反之，数字右对齐，左边补空格。也可以用". n2"格式（如%.6f），不指定总宽度，仅指定小数部分的输出位数，由系统自动突破，按照实际宽度输出。如果采用"n1.0"或".0"格式（如%12.0f 或%.0f），则不输出数据的小数点和小数部分。

对于 g 或 G，可以用%m. ng 或%m. nG 的形式来输出（m 和 n 分别是一个常整数），其中 m 指定输出数据的宽度（包括小数点），n2 指定输出的有效数字位数。若宽度超过数字的有效数字位数，则左边自动补空格；若宽度不足，则自动突破。若用%g，%G，%mg，%mG 的形式不指定输出的有效数字位数，将自动按照最多 6 位有效数字输出，截去右边多余的小数，并对截去部分的第一位小数做四舍五入处理。若指定或默认的输出有效数字位数超过实际数字的有效位数，则把实际数字原样输出。

（3）对于整型数，若输出格式是"0n1"或". n2"格式（如%05d 或%.5d），如果指定的宽度超过输出数据的实际宽度，输出时将会右对齐，左边补以 0。

对于 float 和 double 类型的实数，若用"0n1. n2"格式输出（如%012.4f），若给出的总宽度 n1 大于 n2 加上整数位数和小数点（e 或 E 格式还要加上指数的 5 位），则数字右对齐，左边补 0。

对于字符串，格式"n1"指定字符串的输出宽度，若 n1 小于字符串的实际长度，则自动突破，输出整个字符串；若 n1 大于字符串的实际长度，则右对齐，左边补空格。若用". n2"格式指定字符串的输出宽度，则若 n2 小于字符串的实际长度，将只输出字符串的前 n2 个字符。

注意：输出数据的实际精度并不完全取决于格式控制中的域宽和小数的域宽，而是取决于数据在计算机内的存储精度。通常计算机系统只能保证 float 类型有 7 位有效数字，double 类型有 15 位有效数字。若指定的域宽和小数的域宽超过相应类型数据的有效数字，输出的多余数字是没有意义的，只是系统用来填充域宽而已。

4. 输出数据左对齐

由于输出数据都隐含右对齐，如果想左对齐，可以在格式控制中的"%"和宽度之间加一个"－"号来实现。

5. 使输出数据总带＋号或－号

通常输出数据，如果负数，前面有符号位"－"，但正数的"＋"都省略了。如果要每一个数前面都带正负号，可以在%和格式字符间加一个"＋"号来实现。

若 k 为 int 型，值为 1234，f 为 float 型，值为 123.456。表 3.2 列举了各种输出宽度和不指定宽度情况下的输出结果（表中输出结果中的符号_代表一个空格）。

表 3.2　各种输出宽度情况下的输出结果

输 出 语 句	输 出 结 果
printf("%d\n", k);	1234
printf("%6d\n", k);	␣␣1234
printf("%2d\n", k);	1234
printf("%f\n", f);	123.456000
printf("%12f\n", f);	␣␣123.456000
printf("%12.6f\n", f);	␣␣123.456000
printf("%2.6f\n", f);	123.456000
printf("%.6f\n", f);	123.456000
printf("%12.2f\n", f);	␣␣␣␣␣␣123.46
printf("%12.0f\n", f);	␣␣␣␣␣␣␣␣␣123
printf("%.0f\n", f);	123
printf("%e\n", f);	1.234560e+002
printf("%13e\n", f);	1.234560e+002
printf("%13.8e\n", f);	1.23456000e+002
printf("%3.8e\n", f);	1.23456000e+002
printf("%.8e\n", f);	1.23456000e+002
printf("%13.2e\n", f);	␣␣␣␣1.23e+002
printf("%13.0e\n", f);	␣␣␣␣␣␣␣1e+002
printf("%.0e\n", f);	1e+002
printf("%g\n", 123.4);	123.4
printf("%g\n", 123.4567);	123.457
printf("%5g\n", 123.4567);	123.457
printf("%10g\n", 123.4567);	␣␣␣123.457
printf("%g\n", 1234567.89);	1.23457e+006
printf("%5G\n", 1234567.89);	1.23457e+006
printf("%10.8g\n", 1234567.89);	␣1234567.9
printf("%10.7G\n", 1234567.89);	␣␣␣1234568
printf("%10.5G\n", 1234567.89);	1.2346E+006
printf("%06d\n", k);	001234
printf("%.6d\n", k);	001234
printf("%012.6f\n", f);	00123.456000
printf("%013.2e\n", f);	00001.23e+002
printf("%s\n", "abcdefg");	abcdefg
printf("%10s\n", "abcdefg");	␣␣␣abcdefg
printf("%5s\n", "abcdefg");	abcdefg
printf("%.5s\n", "abcdefg");	abcde
printf("%−6d\n", k);	1234␣␣
printf("%−12.2f\n", f);	123.46␣␣␣␣␣␣
printf("%−13.2e\n", f);	1.23e+002␣␣␣␣
printf("%+−6d%+−12.2f\n",k,−f);	+1234␣−123.46␣␣␣␣␣
printf("%4.1f%%\n", 12.5);	12.5%

3.1.3　使用 printf() 函数时的注意事项

(1) printf() 的输出格式为自由格式,是否在两个数之间留逗号、空格、Tab 或回车,完全取决于格式控制,如果不注意这个问题,很容易造成数字连在一起,使得输出的结果没有意义。例如:

```
printf("%d%d%f\n", k, k, f);
```

语句的输出结果是:

```
12341234123.456
```

无法分辨其中的数字含义。而如果改为

```
printf("%d %d %f\n", k, k, f);
```

输出结果是:

```
1234 1234 123.456
```

看起来就一目了然。

(2) 格式控制中必须含有与输出项一一相对应的输出格式说明,类型必须匹配。若格式说明与输出项的类型不一一对应匹配,则不能输出正确结果。而且编译时还不会报错。若格式说明个数少于输出项个数,则多余的输出项不予输出;若格式转换说明个数多于输出项个数,则将输出一些毫无意义的数字或乱码。

(3) 在格式控制中,除了前面要求的输出格式,还可以包含任意的合法字符(包括汉字和转义符),还可利用'\n'(回车)、'\r'(回行但不回车)、'\t'(制表)、'\a'(响铃)等控制格式。这些字符输出时将"原样照印"。

(4) 如果要输出 % 符号,可以在格式控制中用 %% 表示,将输出一个 % 符号。

(5) printf() 函数有返回值,返回值是本次调用输出字符的个数,包括回车等控制符。

(6) 尽量不要在输出语句中改变输出变量的值,因为可能会造成输出结果的不确定性。例如:

```
int  k = 8; printf("%d, %d, %d\n", k, ++k, ++k);
```

用微软 VS 系列编译器,输出结果不是 8,9,10,而是 10,10,10。这是因为在调用 printf() 函数之前,先执行了两次 ++k。但如果换一个非微软编译器执行结果可能就不一样,这种现象属于 C 语言国际标准中的未定义行为(undefined behavior),国际标准中并没有规定一定要怎么做,由各家的 C 编译器自行确定。

(7) 输出数据时的域宽可以改变。若变量 m、n、i 和 f 都已正确定义并赋值,则语句

```
printf("%*d", m, i);
```

将按照 m 指定的域宽输出 i 的值,但不输出 m 的值。而语句

```
printf("%*.*f", m, n, f);
```

按照 m 和 n 指定的域宽输出浮点型变量 f 的值,但不输出 m、n 的值,这被称作变场宽输出。

3.2 格式输入函数

3.2.1 基本的格式输入语句

在 C 语言中,格式输入的一般形式为:

```
scanf("格式控制",内存地址表);
```

其中 scanf()是 C 编译系统提供的格式输入函数。格式控制部分要用一对双引号括起来,用于说明输入数据时应使用的格式。内存地址表中的各项目给出各输入数据所存放的内存地址。

与格式输出一样,在格式控制中,用于说明输入数据格式的格式说明符总是以％开头,后面紧跟的是具体的格式。用于数据输入的常用格式说明符有以下几种。

1. 整型格式说明符

整型格式说明符有以下几种。

1) 十进制形式

十进制形式的格式说明符用于输入十进制形式的整型数据,其格式说明符为:

- ％d 或％md 用于一般整型。
- ％ld 或％mld 用于长整型。
- ％lld 或％I64d 或％mlld 用于超长整型。
- ％hd 或％mhd 用于短整型。
- ％u 或％mu 用于无符号基本整型。
- ％lu 或％mlu 用于无符号长整型。

2) 八进制形式

八进制形式的格式说明符用于输入八进制形式的整型数据,其格式说明符为:

- ％o 或％mo 用于一般整型。
- ％lo 或％mlo 用于长整型。

3) 十六进制形式

十六进制形式的格式说明符用于输入十六进制形式的整型数据,其格式说明符为:

- ％x 或％mx 用于一般整型。
- ％lx 或％mlx 用于长整型。

由此可以看出,用于输入与输出整型数据的格式说明符是完全一样的,m 表示输入数据时的宽度(即列数)。

与输出情形一样,对于八进制形式与十六进制形式的输入格式,主要用于输入无符号整型的数据。

2. 实型格式说明符

用于输入的实型格式说明符与用于输出的情形稍有不同。并且,单精度实型与双精度实型的输入格式说明符是不同的。

用于输入的单精度实型格式说明符为％f 或％e,用于输入的双精度实型格式说明符为％lf 或％le。

由此可以看出,与输出不同,在用于输入时,无论是单精度实型还是双精度实型,都不能用 m.n 来指定输入的宽度和小数点后的位数。

3. 字符型格式说明符

用于输入的字符型格式说明符为％c 或％mc。

下面是用到格式输入的一个程序：

```
#include<stdio.h>
main()
{ int  a;
  float  b;
  char  c;
  scanf("%d%f%c", &a, &b, &c);
}
```

下面对格式输入做几点说明。

（1）在格式输入中，内存地址表中的各项目必须是变量地址，而不能是变量名，且彼此间用","分隔。为此，C语言专门提供了一个取地址运算符 &。例如，&a,&b,&c 分别表示变量 a，b，c 在内存中的首地址。

（2）当用于输入整型数据的格式说明符中没有宽度说明时，则在具体输入数据时分以下两种情况。

① 如果各格式说明符之间没有其他字符，则在输入数据时，两个数据之间可以用"空格""Tab"或"回车"来分隔。

② 如果各格式说明符之间包含其他字符，则在输入数据时，应输入与这些字符相同的字符作为间隔。例如，设有如下说明

```
int  a, b;
float  c, d;
```

现要利用格式输入函数输入 a=12 ,b=78 ,c=12.5 ,d=7.6。采用不同的格式说明，其输入数据的形式也是不同的。

如果输入语句为：

```
scanf("%d%d%f%f", &a, &b, &c, &d);
```

即格式说明符中没有宽度说明，各格式说明符之间也没有其他字符，则输入数据的形式应为：

```
12  78  12.5  7.6↵
```

即在输入的两个数据之间用空格来分隔，当然也可用"Tab"或"回车"来分隔。

如果输入语句为：

```
scanf("%d, %d, %f, %f",&a,&b,&c,&d);
```

即格式说明符中没有宽度说明，但各格式说明符之间有其他字符，即逗号，则输入数据的形式应为：

```
12,78,12.5,7.6↵
```

即在输入的两个数据之间同时要输入逗号。

如果输入语句为：

```
scanf("a=%d,b=%d,c=%f,d=%f",&a,&b,&c,&d);
```

即格式说明符中没有宽度说明，但各格式说明符之间有其他字符，则输入数据的形式应为：

a = 12,b = 78,c = 12.5,d = 7.6 ↵

即在输入的两个数据之间同时要输入这些非格式说明符的字符。

（3）当整型或字符型格式说明符中有宽度说明时，按宽度说明截取数据。

例 3.4 设有以下程序：

```
#include <stdio.h>
main()
{ int  a, d;
  char  b, c;
  printf("input a, b, c, d: ");
  scanf("%3d%3c%2c%2d", &a, &b, &c, &d);
  printf("a=%d, b=%c, c=%c, d=%d\n", a, b, c, d);
}
```

若从键盘输入如下（其中"input a，b，c，d："为输出的字符串）：

input a, b, c, d: 123 456 78 90 123456
                  3d 3c 2c 2d

则它们与各格式说明符之间的对应关系如上，最后赋给各变量的值应为：

a = 123, b = 4, c = 7, d = 90

但此程序运行时会出现致命错误。因为一个字符型变量只能存放一个字符。在截取的字符中取第一个字符赋给字符型变量，但其后的字符会赋值到 b、c 内存单元以外的地方，产生内存越界的致命错误。

（4）在用于输入的实型格式说明符中不能用 m.n 来指定输入的宽度和小数点后的位数（这是与输出的不同之处）。例如，下列用法是错误的：

```
scanf("%7.2f", &a);
```

（5）为了便于程序执行过程中从键盘输入数据，在一个 C 程序开始执行时，系统就在计算机内存中开辟了一个输入缓冲区，用于暂存从键盘输入的数据。开始时该输入缓冲区是空的。

当执行到一个输入函数时，就检查输入缓冲区中是否有数据。

如果输入缓冲区中已经有数据（上一个输入函数剩下的），则依次按照格式控制中的格式说明符从输入缓冲区中取出数据转换成计算机中的对应表示形式（二进制），最后存放到内存地址表中指出的对应地址中。

如果输入缓冲区中没有数据（即输入缓冲区位空），则等待用户从键盘输入数据并依次存放到输入缓冲区中。当输入一个<回车>或<换行>符后，将依次按照格式控制中还未用过的格式说明符从输入缓冲区中取出数据转换成计算机中对应的表示形式（二进制），最后存放到内存地址表中指出的对应地址中。

无论上述哪一种情况，在从输入缓冲区中取数据时，如果遇到<回车>或<换行>符，则将输入缓冲区清空。此时如果格式控制中的格式说明符还未用完，则继续等待用户从键盘输入数据并依次存放到输入缓冲区中，直到输入一个<回车>或<换行>符后，再依次按照格式控制中还未用过的格式说明符从输入缓冲区中取出数据转换成计算机中对应的表示形式（二进制），最后存放到内存地址表中指出的对应地址中。这个过程直到格式控制中的格式说明符用完为止。此时如果输入缓冲区中的数据还未取完，则将留给下一个输入函数使用。

从以上输入函数的执行过程可以看出,从键盘输入数据是以<回车>或<换行>符作为结束的。当一行输入的数据不够时,可以在下一行继续输入;当一行上的数据用不完时,可以留给下一个输入函数使用。

需要注意的是,由于<回车>或<换行>符是作为键盘输入数据的结束符,因此,在输入函数的格式控制中,最后不能加换行符'\n'。

（6）与格式输出一样,格式输入格式控制中的各格式说明符与内存地址表中的变量地址在个数、次序、类型方面必须一一对应。

下面举一个例子来说明这个问题。

例 3.5   设有 C 程序如下:

```
# include < stdio.h>
main()
{ double   x;
  printf("input x: ");
  scanf("% f", &x);
  printf("x = % f\n", x);
}
```

程序的运行结果为(其中有下画线的部分为键盘输入):

```
input x: 123.456
x =- 9255960494528170100000000000000000000000000000000000000.000000
```

显然,输出语句输出的 x 值是错误的。这是因为,x 定义为双精度型的实型变量(占 8 字节),但它使用的是单精度实型的输入格式说明符。当输入一个实型数 123.456 后,将按照单精度输入格式说明符将它转换成计算机中的表示形式(只占 4 字节),最后存放到为双精度实型变量 x 所分配的存储空间的低 4 字节中,而为双精度实型变量 x 所分配的存储空间的高 4 字节中的各位均是未初始化的随机数,输出结果将是一个毫无意义的数。

3.2.2   scanf 函数中常用的格式说明

每个格式说明都必须用%开头,以一个格式字符作为结束。

通常允许用于输入的格式字符和相应功能如表 3.3 所示。

表 3.3   用于输入的格式字符和相应功能

格式字符	说　　明
c	输入一个字符
d	输入带符号的十进制整型数
i	输入整型数,整型数可以是带先导 0 的八进制数,也可以是带先导 0x(或 0X)的十六进制数
o	以八进制格式输入整型数,可以带先导 0,也可以不带
x	以十六进制格式输入整型数,可以带先导 0x 或 0X,也可以不带
u	以无符号十进制形式输入整型数
f(lf)	以带小数点的数学形式或指数形式输入浮点数(单精度用 f,双精度数用 lf)
e(le)	以带小数点的数学形式或指数形式输入浮点数(单精度用 f,双精度数用 lf)
s	输入一个字符串,直到遇到"\0"。若字符串长度超过指定的场宽则自动突破,不会截断字符串

说明：

(1) 在格式串中，必须含有与输入项一一相对应的格式转换说明符。若格式说明与输入项的类型不一一对应匹配，则不能正确输入，而且编译时不会报错。若格式说明个数少于输入项个数，scanf 函数结束输入，则多余的输入项将无法得到正确的输入值；若格式转换说明个数多于输入项个数，scanf 函数也结束输入，多余的数据作废，不会作为下一个输入语句的数据。

(2) 在 32 位编译器上，输入 short 型整数，格式控制必须用%hd。要输入 double 型数据，格式控制必须用%lf(或%le)。否则，数据不能正确输入。

(3) 在 scanf 函数的格式字符前可以加入一个正整数指定输入数据所占的宽度，但不可以对实数指定小数位的宽度。

(4) 由于输入是一个字符流，scanf 从这个流中按照格式控制指定的格式解析出相应数据送到指定地址的变量中。因此当输入的数据少于输入项时，运行程序等待输入，直到满足要求为止。当输入的数据多于输入项时，多余的数据在输入流中没有作废，而是等待下一个输入操作语句继续从此输入流读取数据。

(5) scanf 函数有返回值，其值就是本次 scanf 调用正确输入的数据项的个数。

3.2.3 通过 scanf 函数从键盘输入数据

当用 scanf 函数从键盘输入数据时，每行数据在未按下回车键(Enter 键)前，可以任意修改。但按下回车键后，这一行数据就送入了输入缓冲区，不能再回去修改。

1. 输入数值数据

在输入整数或实数这类数值型数据时，输入的数据之间必须用空格、回车符、制表符(Tab 键)等间隔符隔开，间隔符个数不限。即使在格式说明中人为指定了输入宽度，也可以用此方式输入。例如，若 k 为 int 类型变量，a 为 float 类型变量，y 为 double 类型变量，有以下输入语句：

```
scanf("%d%f%le", &k, &a, &y);
```

若要给 k 赋值 10，a 赋值 12.3，y 赋值 1234567.89，输入格式可以是(输入的第一个数据之前可有任意空格)：

```
10   12.3   1234567.89 <CR>
```

此处<CR>表示回车键。也可以是：

```
10 <CR>
12.3 <CR>
1234567.89 <CR>
```

只要能把 3 个数据正确输入，可以按任何形式添加间隔符。

2. 指定输入数据所占的宽度

可以在格式字符前加入一个正整数指定输入数据所占的宽度。例如上面代码改为：

```
scanf("%3d%5f%5le", &k, &a, &y);
```

若从键盘上从第 1 列开始输入：

```
123456.789.123
```

用 printf("%d　%f　%f\n", k, a, y);打印的结果是:

```
123　456.700000　89.120000
```

可以看到,由于格式控制是%3d,因此把输入数字串的前 3 位 123 赋值给了 k;由于对应于变量 a 的格式控制是%5f,因此把输入数字串中随后的 5 位数(包括小数点)456.7 赋值给了 a;由于格式控制是%5e,因此把数字串中随后的 5 位(包括小数点)89.12 赋值给了 y。

由以上示例可知,数字之间不需要间隔符,若插入了间隔符,系统也将按指定的宽度来读取数据,从而会引起输入混乱。除非数字是已经"粘联"在一起,否则不提倡指定输入数据所占的宽度。

3. 跳过某个输入数据

可以在%和格式字符之间加入"＊"号,作用是跳过对应的输入数据。例如:

```
int   x, y, z;
scanf("%d%*d%d%d", &x, &y, &z);
printf("%d  %d  %d\n", x, y, z);
```

若是输入:

```
12  34  56  78
```

则输出是:

```
12  56  78
```

系统将 12 赋给 x,跳过 34,把 56 赋给 y,把 78 赋给 z。

4. 在格式控制字符串中插入其他字符

scanf 函数中的格式控制字符串是为了输入数据用的,无论其中有什么字符,也不会输出到屏幕上,因此若想在屏幕上输出提示信息,应该首先使用 printf 函数输出。例如:

```
int   x, y, z;
scanf("Please input x,y,z: %d%d%d", &x, &y, &z);
```

屏幕上不会输出 Please input x,y,z:,而是要求输入数据时按照一一对应的位置原样输入这些字符。必须从第一列起以下面的形式进行输入:

```
Please input x,y,z: 12 34 56
```

包括 Please input x,y,z、字符的大小写、字符间的间格等必须与 scanf 中的完全一致,这些字符又被称为通配符。

但如果使用以下的形式:

```
int   x, y, z;
printf("Please input x,y,z: ");
scanf("%d%d%d", &x, &y, &z);
```

运行时,由于 printf 语句的输出,屏幕上将出现提示:Please input x,y,z:,只需按常规输入下面的数即可:

```
12  34  56
```

如果在以上 scanf 中,在每个格式说明之间加一个逗号作为通配符:

```
scanf("%d,%d,%d", &x, &y, &z);
```

则输入数据时,必须在前两个数据后面紧跟一个逗号,以便与格式控制中的逗号一一匹配,否则就不能正确读入数据。例如,输入:

```
12,34,56
```

能正确读入。输入:

```
12,    34,    56
```

也能正确读入。因为空格是间隔符,将全部被忽略掉。但输入:

```
12    ,34    ,56
```

将不能正确读入,因为逗号没有紧跟在输入数据后面。

需要提醒的是,为了减少不必要的麻烦,尽量不要在输入格式中使用通配符。

3.3　字符输出函数

3.1 节和 3.2 节介绍了几种基本类型数据的输入与输出,其中包括了字符型数据的输入与输出。为了使用方便,C 语言还提供了专门用于字符输入与输出的函数。本节先介绍字符输出函数,3.4 节再介绍字符输入函数。

字符输出函数的形式为:

```
putchar(c)
```

这个函数的功能是,在显示屏的当前光标位置处输出项目 c 所表示的一个字符。其中 c 可以是字符型常量、字符型变量、整型变量或整型表达式。

字符输出函数的执行过程与格式输出函数的执行过程完全相同。

例 3.6　设有如下 C 程序:

```
# include < stdio.h>
main()
{ int x = 68;
  char y = 'B';
  putchar('A');
  putchar(y);
  putchar(67);
  putchar(x);
  putchar(34 + 25);
}
```

程序的运行结果为:

```
ABCD;
```

在上述程序中,第 1 个字符输出函数输出字符型常量'A';第 2 个字符输出函数输出字符型变量 y 的值,为字符型数据'B';第 3 个字符输出函数输出以整型常量 67 作为 ASCII 码的字符,即字符型数据'C';第 4 个字符输出函数输出以整型变量 x 中的值为 ASCII 码的字符,由于整型变量 x 的值为 68,即字符型数据'D'的 ASCII 码;第 5 个字符输出函数输出以整型表达式 34+25 的值为 ASCII 码的字符,由于该表达式的值为 59,即字符型数据';'的 ASCII 码。

字符输出函数 putchar()也可以输出转义字符。

例 3.7　设有 C 程序如下:

```
#include<stdio.h>
main()
{ int x=68;
  char y='B';
  putchar('A'); putchar('\n');
  putchar(y); putchar('\n');
  putchar(67); putchar('\n');
  putchar(x); putchar('\n');
  putchar(34+25); putchar('\n');
}
```

在这个程序中,在输出每一个字符后,紧接着输出一个换行,最后运行结果为:

```
A
B
C
D
;
```

3.4　字符输入函数

在 C 语言中,字符输入函数的形式为:

```
getchar()
```

这个函数的功能是接收从键盘输入的一个字符。

字符输入函数的执行过程与格式输入函数完全相同。例如,下面的程序执行过程中,将等待从键盘输入一个字符赋给字符型变量 x:

```
#include<stdio.h>
main()
{ char  x;
  x=getchar();
}
```

需要说明的是,在执行字符输入函数时,由键盘输入的字符(依次存放在输入缓冲区中)同时也在屏幕上显示,并且以<回车>结束,但一个字符输入函数只顺序接收一个字符,输入缓冲区中剩下的字符数据(包括回车符)将留给下面的字符输入函数或格式输入函数使用。

在 C 语言中,还有字符输入函数_getch()或_getche()。这两个函数的功能是在按下相应键的同时接收从键盘输入的一个字符。

特别需要指出的是,getch()和_getche()不是 stdio.h 中的函数,而是 conio.h 中的函数。使用字符输入函数_getch()时,由键盘输入的字符不在屏幕上显示;但使用字符输入函数

_getche( )时,由键盘输入的字符同时也在屏幕上显示。并且这两个函数都不等待<回车>符,在按下相应键的同时,此函数就读取(接收)了相应字符。

例如,下面的程序执行过程中,将等待从键盘输入一个字符赋给字符型变量 x,只要按下键盘上任何一个键,_getch()将会立刻把这个字符读入赋值给 x。

```
# include < conio. h >            /* 注意: 这里引用的不是 stdio.h */
main()
{   char  x;
    x = _getch();
}
```

还有一个比较有趣的函数可以将刚读入的字符放回输入流,使得输入流看起来未被读过。函数形式为:

```
_ungetch(c);
```

这个函数的功能是把刚从键盘接收(输入)的一个字符 c 回写到输入流。

例如,有如下程序:

```
# include < stdio. h >
# include < conio. h >
main()
{   char  x, y;
    x = _getche();              /* 读入一个字符 */
    _ungetch(x);                /* 将读入的字符放回输入流中 */
    y = _getche();              /* 读入一个字符 */
    putchar(y);                 /* 输出字符 */
}
```

程序运行时,只需输入一个字符就会出现结果,而且是输入的相应字符。

练习 3

1. 在下列 C 程序的前两行中填入应包含的文件名:

```
# include <        >
# include <        >
main()
{ double a, b, z;
  printf("input a and b :");
  scanf(" % lf, % lf", &a, &b);
  z = exp(a * a + b * b);
  printf("z = % f\n", z);
}
```

2. 设有下列定义和输入语句:

```
int   x, y;
char  c, d;
scanf(" % d % d", &x, &y);
scanf(" % c % c", &c, &d);
```

如果要求变量 x，y，c，d 的值分别为 20，30，X，Y,则正确的数据输入格式是什么？

3. 设有下列 C 程序：

```
# include < stdio. h >
main()
{ int   x = 4617;
  printf("x = % 8d\n", x);
  printf("x = % - 8d\n", x);
}
```

这个程序运行的结果是什么？

4. 设有输入语句如下：

```
scanf("x = % d, y = % d, z = % d", &x, &y, &z);
```

为使变量 x 的值为 12,变量 y 的值为 34,变量 z 的值为 62,则从键盘输入数据的正确格式是什么？

5. 编写一个 C 程序,从键盘输入直角三角形的斜边 c 与一条直角边 a 的长,计算并输出另一条直角边 b 的长。

6. 编写一个 C 程序,从键盘输入一个数字字符('0'～'9'),然后将它转换为相应的整数后再输出。如输入数字字符'5',然后将它转换为十进制整数 5 后输出。

7. 编写一个 C 程序,将从键盘输入的小写字母转换为大写字母后输出。

8. 分析下列 C 程序的输出结果：

```
# include < stdio. h >
main()
{ double x;
  int  a = 1, b = 1, c = 1, d = 1;
  x = 97. 6875;
  printf("x = % f\n", x);
  printf("x = % d\na = % d\nb = % d\nc = % d\nd = % d\n", x, a, b, c, d);
}
```

第4章

C语言表达式与宏定义

数据处理是程序的核心部分。在数据处理中,各种运算又是最主要的部分。在 C 语言中,除了一些控制语句以及输入输出操作外,几乎所有的基本操作都作为运算来处理,都有相应的运算符,它们都可以出现在表达式中,如常用的赋值操作符"="就可以作为赋值运算符,其赋值表达式可以出现在任何其他表达式中。本章主要介绍 C 语言中最基本的几种运算符及相应的表达式。

4.1 赋值运算及其表达式

赋值运算符为"=",赋值表达式为:

变量名 = 表达式

赋值表达式的功能是,首先计算"="右边的表达式值,然后将计算结果赋给左边的变量,最后该赋值表达式的值也就是该运算结果。赋值表达式可以出现在另一个表达式中参与运算。

例如,假设 x 与 y 都是已定义的整型变量,表达式

x = y = 4 + 5

等价于

x = (y = 4 + 5)

在执行这个表达式时,首先计算赋值表达式(y=4+5)的值,即计算 4+5 的值为 9,将计算结果赋给变量 y,而赋值表达式(y=4+5)的值也为 9;然后再将赋值表达式(y=4+5)的值(即 9)赋给变量 x。因此,通过这个赋值表达式将 4+5 的计算结果同时赋给了变量 x 与 y。

如果在赋值表达式的最后加一个";",就变成了赋值语句。即赋值语句的形式为:

变量名 = 表达式;

最后对赋值表达式或赋值语句做几点说明。

(1) 在 C 语言中,"="为赋值运算符,不是等号。

(2) 赋值运算符"="左边必须是变量名,不能是表达式。

(3) 赋值运算符"="两端的类型不一致时,系统将自动进行类型转换,但编译时有时会给

出警告性错误提示。

　　为了简化程序,提高编译效率,C语言允许在赋值运算符"="之前加上其他运算符,构成复合的赋值运算符。例如,x=x+7可以写成 x += 7,x=x*(a+4)可以写成 x *= a+4。

　　一般来说,凡是需要两个运算对象的运算符(即双目运算符),都可以与赋值运算符一起组成复合的赋值运算符。常用的复合赋值运算符有+=,-=,*=,/=,%=,其中%为模余运算符。

4.2　算术运算及其表达式

　　在解决数值型问题时,算术表达式是必不可少的。

　　在C语言中,基本的算术运算符如下。

　　+　　加法运算符(双目运算符),或正值运算符(单目运算符)。如 3+z,+y。

　　-　　减法运算符(双目运算符),或负值运算符(单目运算符)。如 y-8,-z。

　　*　　乘法运算符(双目运算符)。如 y*d。

　　/　　除法运算符(双目运算符)。如 c/d。

　　%　　模余运算符(双目运算符)。只适用于整型数据,如 12%5 的值为 2,32%11 的值为10,(-12)%5 的值为-2,12%(-5)的值为 2,(-12)%(-5)的值为-2。

　　这些算术运算符的运算顺序与数学上的运算顺序相同,即先乘除后加减;乘、除、求余运算优先级相同,加、减运算优先级相同,同一优先级运算自左至右。但表达式 a+b+c*d 是先执行 r1=a+b,再执行 r2=c*d,最后执行 r1+r2 得到最后结果,而不是先执行 c*d,因为表达式执行是自左至右,在不破坏优先级的前提下,能先执行的就会被执行。

　　算术表达式是指用算术运算符将运算对象连接起来的式子。例如,b*c/d+0.7+'B'。

　　对于算术表达式要注意以下几个问题。

　　(1)注意表达式中各种运算符的运算顺序,必要时应加括号。例如,(a+b)/(c+d)≠a+b/c+d。

　　(2)注意表达式中各运算对象的数据类型,特别是整型相除。C语言规定,两个整型量相除,其结果仍为整型。例如,7/6 的值为 1;4/7 的值为 0;(1/2)+(1/2)的值为 0,而不是 1;"int n;"当 n 大于 1 时,1/n 总是 0。

　　(3)C语言允许在表达式中进行混合运算,系统将自动进行类型转换,转换的原则是从低到高。

　　在C语言中,字符型数据都是用该字符的 ASCII 码进行运算的。例如,'A'+'B'=65+66=131,其中字符 A 的 ASCII 码为 65(十进制),字符 B 的 ASCII 码为 66(十进制)。在附录A 中列出了基本字符 ASCII 码的十进制、八进制、十六进制值。并且,短整型数据也都转换成基本整型数据后才参与运算。

　　在C语言中,所有实型数据都是用双精度进行运算的,因此,如果表达式中有单精度实型变量,系统也都将其中的值转换成双精度后才参与运算。

　　在其他情况下,当基本整型与无符号整型数据进行运算时,则将基本整型转换成无符号整型;当无符号整型与长整型数据进行运算时,则将无符号整型转换成长整型;当长整型与双精度实型数据进行运算时,则将长整型转换成双精度实型。

　　上述类型的转换原则表示如下:

（低）int → unsigned int→ long → double（高）

　　↑必定转换　　　　　　　　　↑必定转换（即 C 语言统一用双精度运算）

char 或 short　　　　　　　　　float

　　特别需要说明的是，在混合运算过程中，系统所进行的类型转换并不改变原数据的类型，只是在运算过程中将其值变成同类型后再运算。例如，说明语句

　　int　x = 5;

将 x 说明为整型，并赋初值 5。在作"1.0/x"运算时，将变量 x 中的值转换成实型数 5.0 后再作运算，即实际计算的是"1.0/5.0"。但变量 x 还是整型变量（占 4 字节的存储空间），其中的值还是整型数据 5。

　　另外，虽然 C 语言允许在表达式中进行混合运算，并自动进行类型转换，但并不是将表达式中的所有量统一进行转换后才进行运算，而是在运算过程中逐步进行转换。例如，为了计算表达式"10/4＋2.5"的值，首先执行运算"10/4"，两个整型数据相除，其结果仍为整型，计算值为整型数 2。然后执行运算"2＋2.5"，发现类型不一致，进行类型转换，将整型数 2 转换成实型数 2.0 后再运算，即 2.0＋2.5，最后计算结果为实型数 4.5。而并不是首先将表达式中的数据统一转换成实型数据后作运算"10.0/4.0＋2.5"，这样计算结果就变为 5.0 了。实际上 C 语言不是这样执行的。表达式中的数据是否转换成实型数，只看当前运算符两侧的数据项的类型，若其中一个为实型，而另一个不是，则把不是实型的数据转换为实型后进行运算。若运算符两侧的数据项的类型一致，则不做任何类型转换。

　　（4）C 语言提供了强制类型转换。强制类型转换的形式为：

（类型名）（表达式）

例如：

（int)(x－y)

将表达式 x－y 的计算结果强制转换成整型。又如：

（double)x/y

将变量 x 的值强制转换成双精度实型后与变量 y 的值相除。必须注意，这里只是将变量 x 的值强制转换成双精度实型后再与后面的量进行运算，但并不改变变量 x 原来的类型。

　　需要指出的是，虽然 C 语言允许在表达式中进行混合运算，并自动进行类型转换，但当表达式比较复杂时，系统也有可能转换不了。因此，在表达式比较复杂的情况下，建议读者尽量使用强制类型转换。

4.3　关系运算及其表达式

　　对于任何实际问题的解决，几乎都离不了逻辑判断。下面举一个例子来说明这个问题。

　　例 4.1　已知 A，B，C，D 4 个人中有一人是小偷，并且，这 4 个人中每人要么说真话，要么说假话。在审问过程中，这 4 个人分别回答如下：

　　A 说：B 没有偷，是 D 偷的。

　　B 说：我没有偷，是 C 偷的。

C 说：A 没有偷,是 B 偷的。

D 说：我没有偷。

现要求根据这 4 个人的回答,写出能确定谁是小偷的条件。

假设用整型变量 a,b,c,d 分别代表 A,B,C,D 4 个人,且变量只取值为 0 和 1,值为 1 表示该人为小偷,值为 0 表示该人不是小偷。

由于 4 个人中只有一人是小偷,而且无论是不是小偷,他的回答要么是真话,要么是假话。因此,可以作如下分析。

A 说:"B 没有偷,是 D 偷的。"如果 A 说的是真话,则应有"b=0(B 不是小偷),d=1(D 是小偷)",即有 b+d=1;如果 A 说的是假话,则应有"b=1(B 是小偷),d=0(D 不是小偷)",同样有 b+d=1。因此,无论 A 说的是真话还是假话,根据 A 的回答可以得到条件为

$$b+d=1$$

B 说:"我没有偷,是 C 偷的。"如果 B 说的是真话,则应有"b=0(B 不是小偷),c=1(C 是小偷)",即有 b+c=1;如果 B 说的是假话,则应有"b=1(B 是小偷),c=0(C 不是小偷)",同样有 b+c=1。因此,无论 B 说的是真话还是假话,根据 B 的回答可以得到条件为

$$b+c=1$$

C 说:"A 没有偷,是 B 偷的。"如果 C 说的是真话,则应有"a=0(A 不是小偷),b=1(B 是小偷)",即有 a+b=1;如果 C 说的是假话,则应有"a=1(A 是小偷),b=0(B 不是小偷)",同样有 a+b=1。因此,无论 C 说的是真话还是假话,根据 C 的回答可以得到条件为

$$a+b=1$$

D 说:"我没有偷。"如果 D 说的是真话,则应有"d=0(D 不是小偷),a,b,c 3 人中必有一个等于 1,其余两个等于 0(A,B,C 3 人中必有一个是小偷,其余两人不是小偷)",因此有 a+b+c+d=1;如果 D 说的是假话,则应有"d=1(D 是小偷),a=b=c=0(A、B、C 3 人都不是小偷)",同样有 a+b+c+d=1。因此,无论 D 说的是真话还是假话,根据 D 的回答可以得到条件为

$$a+b+c+d=1$$

综上所述,为了确定 A,B,C,D 4 个人中谁是小偷,只需穷举变量 a,b,c,d 取值 0 或 1 的各种情况,同时满足上述 4 个条件的取值中,对应变量值为 1 的那个人就是小偷。由此可以得到确定谁是小偷的总条件为

$$b+d=1 \text{ 且 } b+c=1 \text{ 且 } a+b=1 \text{ 且 } a+b+c+d=1$$

显然,上述条件不能直接写在 C 程序中,因为上述条件中的符号"="在 C 语言中是赋值运算符,不能作为"等于"来使用,而且,还应提供表示若干个子条件同时成立的运算符。实际上,在 C 语言中提供了这些运算符。用两个连续的数学上的等号"=="表示"等于"运算符,以区别于赋值运算符"="。用"&&"来连接若干个子条件,以表示这若干个子条件"同时成立",这个运算符称为"与"运算符。其中"等于"运算符"=="属于 C 语言中的关系运算符,"与"运算符"&&"属于 C 语言中的逻辑运算符。

有了这两个运算符后,上述确定谁是小偷的总条件就可以写成如下的 C 逻辑表达式

$$b+d==1 \text{ \&\& } b+c==1 \text{ \&\& } a+b==1 \text{ \&\& } a+b+c+d==1$$

C 语言提供了 6 个基本的关系运算符和 3 个基本的逻辑运算符。本节先介绍关系运算符,逻辑运算符放在 4.4 节介绍。

在 C 语言中,基本的关系运算符有以下 6 个。

(1) ＜　小于。

(2) ＜＝　小于或等于。

(3) ＞　大于。

(4) ＞＝　大于或等于。

(5) ＝＝　等于。

(6) !＝　不等于。

注意：在这6个关系运算符中，前4个(即＜、＜＝、＞、＞＝)运算符的优先级要高于后两个(即＝＝、!＝)运算符的优先级。并且要特别注意，"等于"的关系运算符是"＝＝"，而"＝"是赋值运算符，要注意这两个运算符的区别。

关系表达式是指用关系运算符将两个表达式连接起来的有意义的式子。例如，下列各式子都是有意义的关系表达式：

c>a+b	等效于	c>(a+b)
a>b!=c	等效于	(a>b)!=c
a==b<c	等效于	a==(b<c)

关系表达式的值可以赋给整型变量或字符型变量。例如：

a＝b＞c

是一个赋值表达式，它等效于

a＝(b＞c)

即关系运算符"＞"的优先级要高于赋值运算符"＝"。

在C语言中，用1表示关系表达式的值为"真"(即条件满足)，0表示关系表达式的值为"假"(即条件不满足)。即关系表达式的值要么是1(条件满足)，要么是0(条件不满足)。

特别需要指出的是，C语言中的关系表达式与数学中的不等式其意义是完全不一样的，因此，不能简单地将数学中的不等式作为关系表达式来使用。例如，数学中的不等式

$$-5<x<5$$

表示变量x(设为整型变量)的一个取值范围，显然对于区间(-5,5)内的一切整数都满足这个不等式，在此区间外的所有整数都不满足这个不等式。但在C语言中：

-5＜x＜5

是一个合法的关系表达式，这个关系表达式等价于

(-5＜x)＜5

其中关系表达式(-5＜x)的值要么是1(条件满足)，要么是0(条件不满足)，但无论关系表达式(-5＜x)的值是1还是0，都小于5。即无论x的取值是多少，关系表达式

(-5＜x)＜5

的值恒为1。即关系表达式

-5＜x＜5

的值恒为1。这说明，无论x的取值范围为何，该条件表达式的值恒为1。

由前面的分析可以看出,数学中的不等式与 C 语言中的关系表达式其意义是不同的,在使用过程中应多加小心。

4.4　逻辑运算及其表达式

在 C 语言中,逻辑型常量只有两种:值非零表示"真",值为零表示"假",其基本的逻辑运算符有以下 3 个。

(1) &&(逻辑与)　两个量都为真时为真(1),否则为假(0)。

(2) ||(逻辑或)　两个量中只要有一个为真时为真(1),只有都为假时为假(0)。

(3) !(逻辑非)　一个量为真时为假(0),假时为真(1)。

逻辑表达式是指用逻辑运算符将关系表达式或逻辑量连接起来的有意义的式子。例如:

(a <= b) && (c > d)

就是一个逻辑表达式,当(a <= b)与(c > d)这两个关系表达式的值均为 1(即"真")时,这个逻辑表达式的值为 1,这两个关系表达式中只要有一个值为 0(即"假"),该逻辑表达式的值就为 0。

需要说明的是,在 C 语言中,无论是整型常量还是实型常量,都可以作为逻辑常量,并且是非 0 即真(1)。例如:

0.3 && 0.4 的值为 1	0.3 && 0 的值为 0	0 && 0 的值为 0
0.3 || 0 的值为 1	0 || 0 的值为 0	0.3 || 0.4 的值为 1
! 0.3 的值为 0	! 0 的值为 1	

前面曾经提到,数学中的不等式"a > b > c"与 C 语言中的关系表达式"a > b > c"的意义是不等价的。为了表示数学中的不等式"a > b > c",在 C 语言中可以用逻辑表达式"a > b && b > c"来表示。

一般来说,在一个逻辑表达式中,包括了关系表达式和逻辑常量,而在一个关系表达式中,包括了算术表达式和算术常量。因此,在一个逻辑表达式中,可以同时有逻辑运算符、关系运算符和算术运算符。

逻辑表达式中各种运算符(也就是前面介绍的各种基本运算符)的优先级顺序如下:

!(逻辑非)→算术运算符→关系运算符→ && → || →赋值运算符

需要注意的是,&&(逻辑与)的运算优先级高于||(逻辑或),写逻辑表达式时一定要小心。

但逻辑表达式的计算与算术表达式一样,是按照自左至右的顺序执行,例如,5 > 3 && 0 || 2 < 4 − !0 表达式计算时不会先执行! 0 和 4 − !0,而是先执行 5 > 3,这和执行算术表达式 a + b + c * d 先执行 a + b 的道理是一样的。

例 4.2　逻辑表达式"5 > 3 && 2 || 8 < 4 − !0"的运算顺序如下:

<u>5 > 3</u> && 2 || 8 < 4 − !0
　<u>1 && 2</u> || 8 < 4 − !0
　　　1 || 8 < 4 − !0
　　　　　1

注意:对于||,前一个项为 1 已经可以断定整个逻辑表达式结果为 1,不再执行 8 < 4 − !0。

例 4.3　逻辑表达式"5＞3　&&　0　||2＜4－!0"的运算顺序如下：

```
5＞3　&&　0　||2＜4－!0
  1　&&　0　||2＜4－!0
        0　||2＜4－!0
        0　||2＜4－1
        0　||2＜3
        0　||1
        1
```

利用逻辑表达式可以表示各种各样的条件。

例 4.4　写出判断某一年 year 是否是闰年的逻辑表达式。

闰年的条件为：

(1) 能被 4 整除，但不能被 100 整除。或

(2) 能被 400 整除。

用逻辑表达式表示为：

(year % 4 == 0 && year % 100!= 0) || year % 400 == 0

根据这个逻辑表达式的值就可以判断某年是否为闰年。对于某一个年份 year，如果上述表达式的值为 1，则表示该年是闰年；如果值为 0，则表示该年不是闰年。

同样的道理，也可以写出非闰年的逻辑表达式为：

!((year % 4 == 0 && year % 100!= 0) || year % 400 == 0)

或

(year % 4!= 0) || (year % 100 == 0 && year % 400!= 0)

利用这两个逻辑表达式的值也可以判断某年是否为闰年。对于某一个年份 year，如果上述两个表达式的值为 1，则表示该年不是闰年；如果值为 0，则表示该年是闰年。

由例 4.4 可以看出，在实际问题中，为了做出一种判断，可以将判断的条件写成 C 逻辑表达式，也可以将相反的条件写成 C 逻辑表达式，但它们的取值刚好相反，这在程序设计时要特别注意。

例 4.5　有甲、乙、丙 3 人，每人说一句话如下：

甲说：乙在说谎。

乙说：丙在说谎。

丙说：甲和乙都在说谎。

试写出能确定谁在说谎的条件（即逻辑表达式）。

分别用整型变量 a、b、c 表示甲、乙、丙 3 个人，且变量值为 1 表示该人说的是真话，值为 0 表示该人在说谎。

甲说：乙在说谎。这有两种可能：甲说的是真话，而乙确实在说谎。用逻辑表达式表示为：

a == 1 && b == 0　　　等价于　　　a && !b

或者是甲在说谎，而乙说的是真话。用逻辑表达式表示为：

　　　a==0 && b==1　　　等价于　　　!a && b

因此,根据甲的这句话,可以得到如下逻辑表达式:

　　　a && !b || !a && b

　　　乙说:丙在说谎。这有两种可能:乙说的是真话,而丙确实在说谎。用逻辑表达式表示为:

　　　b==1 && c==0　　　等价于　　　b && !c

或者是乙在说谎,而丙说的是真话。用逻辑表达式表示为:

　　　b==0 && c==1　　　等价于　　　!b && c

因此,根据乙的这句话,可以得到如下逻辑表达式:

　　　b && !c || !b && c

　　　丙说:甲和乙都在说谎。这有两种可能:丙说的是真话,而甲和乙确实都在说谎。用逻辑表达式表示为:

　　　c==1 && a+b==0　　　等价于　　　c && !(a+b)

或者丙在说谎,而甲和乙不都在说谎(即甲和乙中至少有一个说的是真话)。用逻辑表达式表示为:

　　　c==0 && a+b!=0　　　等价于　　　!c && a+b

因此,根据丙的这句话,可以得到如下逻辑表达式:

　　　c && !(a+b) || !c && a+b

　　　上述 3 个逻辑表达式(条件)是"与"的关系,最后可以得到确定谁在说谎的逻辑表达式如下:

　　　(a&&!b||!a&&b)&&(b&&!c||!b&&c)&&(c&&!(a+b)||!c&&a+b)

　　　穷举每个人说真话或说谎话的各种情况(即变量 a,b,c 分别取值为 0 与 1 的各种组合),代入上述表达式进行计算,当上述表达式的值为 1(真)时,输出变量 a,b,c 的值。当变量值为 1 时,表示该人说的是真话,变量值为 0 时,表示该人说谎话。

　　　最后要说明一点,C 语言规定,C 语言编译系统在对逻辑表达式的求解中,并不是所有的运算符都被执行。C 语言为了提高执行效率而采用的规则如下。

　　　(1) 在有连续几个 && 的表达式中,从左向右,只要有一个关系运算结果为假,整个结果将为假,不再执行后面的关系运算。例如:a=5,b=4,c=3,d=3;当执行语句:if (b>a && (d=c>a))时,由于 b>a 为假,故不再执行(d=c>a),所以此语句执行完 d 仍为 3,而不是 0。

　　　(2) 在有连续几个 || 的表达式中,从左向右,只要有一个关系运算结果为真,整个结果将为真,不再执行后面的关系运算。例如:a=5,b=4,c=3,d=3;当执行语句:if (a>b || (d=a>c))时,由于 a>b 为真,故不再执行(d=a>c),所以此语句执行完 d 仍为 3,而不是 1。

　　　因此,为避免出现某个赋值可能执行也可能不执行的不确定性问题,尽量不要在 if 语句或其他语句的条件表达式中使用赋值运算、＋＋和－－运算。

例 4.6 阅读下列 C 程序,问输出的 m,n,p 分别为多少?

```
# include < stdio. h>
main()
{ int  a = 1, b = 2, c = 3, d = 4;
  int  p, m = 1, n = 1;
  p = (m = a > b) && (n = c > d);
  printf("m = % d\nn = % d\np = % d\n", m, n, p);
}
```

在这个程序中,有一个逻辑表达式"(m＝a＞b) && (n＝c＞d)"。这个逻辑表达式的原意是:将关系表达式"a＞b"的值(为 0)赋给整型变量 m,关系表达式"c＞d"的值(也为 0)赋给整型变量 n,然后做"与"运算,其结果(为 0)赋给整型变量 p。但在实际执行时,首先计算赋值表达式"(m＝a＞b)"的值为 0(即"假"),因此,赋给变量 m 的值为 0;现由于后面的是逻辑与(&&)运算符,无论后面一个赋值表达式"(n＝c＞d)"的值为多少,已经可以确定整个表达式的值为 0(即"假"),因此,赋给变量 p 的值也为 0;为此,赋值表达式"(n＝c＞d)"也就不必再执行了,即变量 n 的值没有改变,仍然为 1。因此,实际输出结果为:

```
m = 0
n = 1
p = 0
```

由这个例子可以看出,在书写逻辑表达式时,一定要注意逻辑表达式中有可能改变某些变量值的子表达式是否真正被执行。如果出现这种情况,建议将这些子表达式作为独立的表达式或语句来执行。例如,在上述程序的逻辑表达式"(m＝a＞b) && (n＝c＞d)中,将子表达式"(m＝a＞b)"和"(n＝c＞d)"写成独立的语句,即将语句

```
p = (m = a > b) && (n = c > d);
```

分解为以下 3 个语句:

```
m = a > b;  n = c > d;  p = m && n;
```

此时,程序运行的结果为:

```
m = 0
n = 0
p = 0
```

4.5 其他运算符

4.5.1 增 1 与减 1 运算符

增 1 运算符"＋＋"和减 1 运算符"－－"是两个单目运算符(只有一个运算对象),它们的运算对象只能是整型或字符型变量。

增 1 运算符是将运算对象的值增 1;减 1 运算符是将运算对象的值减 1。它们既可位于运算对象的后面,如 n＋＋,m－－;也可位于运算对象的前面,如＋＋n,－－m。但这两个运

算符位于运算对象的前面和后面的效果是不同的。

当增 1 运算符或减 1 运算符位于运算对象的前面时,表示在使用该运算对象之前使它的值先增 1 或减 1,然后再使用它,即使用的是增 1 或减 1 后的值。例如,语句

```
x = ++n;
```

相当于以下两个语句的运算结果:

```
n = n + 1;
x = n;
```

当增 1 运算符或减 1 运算符位于运算对象的后面时,表示在使用该运算对象之后才使它的值增 1 或减 1,即使用的是增 1 或减 1 前的值。例如,语句

```
x = n++;
```

相当于以下两个语句的运算结果:

```
x = n;
n = n + 1;
```

由此可以看出,如果只需要对变量本身进行增 1 或减 1 运算,则增 1 或减 1 运算符出现在变量的前面和后面其效果是相同的,但当它用在表达式中时,这两种运算符出现在变量前面和后面对表达式求值的效果是不一样的,这其中存在时序。

在使用增 1 运算符和减 1 运算符时还要注意以下几个问题。

(1) 增 1 与减 1 运算符不能用于常量或表达式。例如,――5,(i+j)++等都是非法的。

(2) 操作符++和――是一元操作符,两个符号之间不能有空格。

(3) 一元操作符的执行优先级高于所有二元操作符,包括 *、/和%运算符。

(4) 在表达式中尽量用空格隔开各个量,增加程序可读性。

例如,k=i+++++j;不但可读性差,而且是错误的,应该写成:k=i++ + ++j;。

4.5.2 sizeof 运算符

前面曾经提到,C 语言中各种类型的数据所占的内存空间(即字节数)是不同的,并且,同一种数据类型,在不同的编译系统中所占的内存空间也有可能不同。那么用户怎样才能知道某种类型的数据或变量在本编译系统中所占的字节数呢? C 语言提供的 sizeof 运算符可以得到一个变量或某种数据类型的量在计算机内存中所占的字节数。

sizeof 运算符有以下两种用法。

(1) 用于求得表达式计算结果所占内存的字节数,其一般形式为:

```
sizeof(表达式)
```

或

```
sizeof  表达式
```

例如,如果 x 为整型变量,则"sizeof x"的值为整型变量 x 在计算机内存中所占的字节数(32 位编译器上为 4)。

（2）用于求得某种数据类型的量所占内存的字节数，其一般形式为：

sizeof(类型名)

例如，"sizeof(float)"的值为单精度实型的数据在计算机内存中所占的字节数（一般为 4）。
sizeof 运算符也可以出现在表达式中。例如：

```
x = sizeof(float) - 2;
printf("%d", sizeof(double));
```

（3）但结构体的位段（bit-field）变量，不能用 sizeof 求所占内存的字节数。关于位段，将在第 13 章中详细讲解。

下面的 C 程序用于输出 C 语言中各种数据类型的量在计算机中所占的字节数：

```
# include < stdio. h>
main()  /* 输出各种类型的量在计算机中占的字节数 */
{ printf("sizeof(char) = %d\n",sizeof(char));
    /* 输出字符整型量在计算机中占的字节数 */
 printf("sizeof(int) = %d\n",sizeof(int));
    /* 输出整型量在计算机中占的字节数 */
 printf("sizeof(long) = %d\n",sizeof(long));
    /* 输出长整型量在计算机中占的字节数 */
 printf("sizeof(short) = %d\n",sizeof(short));
    /* 输出短整型量在计算机中占的字节数 */
 printf("sizeof(float) = %d\n",sizeof(float));
    /* 输出单精度实型量在计算机中占的字节数 */
 printf("sizeof(double) = %d\n",sizeof(double));
    /* 输出双精度实型量在计算机中占的字节数 */
 printf("sizeof(3) = %d\n",sizeof(3));
    /* 输出整型数在计算机中占的字节数 */
 printf("sizeof(3L) = %d\n", sizeof(3L));
    /* 输出长整型数在计算机中占的字节数 */
 printf("sizeof(3.46) = %d\n",sizeof(3.46));
    /* 输出双精度实数在计算机中占的字节数 */
 printf("sizeof(3.46f) = %d\n",sizeof(3.46f));
    /* 输出单精度实数在计算机中占的字节数 */
}
```

该程序在 32 位编译器上运行的结果为：

```
sizeof(char) = 1          字符整型量在计算机中占 1 字节
sizeof(int) = 4           整型量在计算机中占 4 字节
sizeof(long) = 4          长整型量在计算机中占 4 字节
sizeof(short) = 2         短整型量在计算机中占 2 字节
sizeof(float) = 4         单精度实型量在计算机中占 4 字节
sizeof(double) = 8        双精度实型量在计算机中占 8 字节
sizeof(3) = 4             整型数在计算机中占 4 字节
sizeof(3L) = 4            长整型数在计算机中占 4 字节
sizeof(3.46) = 8          双精度实数在计算机中占 8 字节
sizeof(3.46f) = 4         单精度实数在计算机中占 4 字节
```

语句 printf("%d\n",sizeof('\n'));的输出结果是 4 而不是 1，原因是，在 C 语言中，常量数只有两种：整数和浮点数。C 编译器默认所有整数常量是 int 型，浮点数常量是 double 型。

'\n'虽然是字符型,但对于 C 编译器,这个字符的 ASCII 值 10,也就是 int 型 10,因此 sizeof('\n')的值为 4。只有写为 sizeof((char)'\n'),结果才为 1。

4.5.3　逗号运算符

逗号","是 C 程序中常见的符号。但是,逗号在 C 程序的不同位置上,其意义是不同的。在 C 语言中,逗号常见的一种用法是作为分隔符使用。

例如,在 C 程序中,一个变量说明语句可以同时定义多个相同类型的变量,这些变量之间就用逗号来分隔。如:

```
int   x, y, z;
```

变量 x,y,z 之间用逗号分隔。

又如,函数参数表中的各参数之间也是用逗号来分隔的。如输出语句

```
printf("x = % d\ny = % d\nz = % d\n", x, y, z);
```

中,"x=%d\ny=%d\nz=%d\n", x,y,z 分别是输出函数 printf() 的 4 个参数,它们之间也用逗号分隔。其中双引号中的字符串用于控制输出格式,x,y,z 是具体的输出项。

在 C 语言中,逗号除作为分隔符使用外,还可以作为运算符来使用,称为逗号运算符。

将逗号作为运算符使用的情况,通常是将若干个表达式用逗号连接成一个表达式,称为逗号表达式。逗号表达式的一般形式为:

子表达式 1, 子表达式 2, …, 子表达式 n

逗号表达式的求解过程是:按从左到右的顺序分别计算各子表达式的值,其中最后一个子表达式 n 的值就是逗号表达式的值。因此,逗号运算符又称为顺序求值运算符。例如:

3 + 4, 5 + 7, 10 * 4

就是一个逗号表达式,其值为 10 * 4,即 40。又如:

x = (3 + 4, 5 + 7, 10 * 4)

是一个赋值表达式,它的作用是将逗号表达式(3+4, 5+7, 10 * 4)的值赋给变量 x,即将 40 赋给变量 x。

在使用逗号运算符(逗号表达式)时,要注意以下几点。

(1) 逗号运算符是所有运算符中级别最低的一种运算符。例如,下面两个表达式的意义是不同的:

① x = 3 + 4, 5 + 7, 10 * 4

② x = (3 + 4, 5 + 7, 10 * 4)

表达式①是逗号表达式,由于赋值运算符的优先级高于逗号运算符,因此,在求解该逗号表达式时,先将 3+4 的值 7 赋给变量 x,然后顺序计算 5+7 的值和 10 * 4 的值。

表达式②是赋值表达式,它的作用是将逗号表达式(3+4, 5+7, 10 * 4)的值赋给变量 x,即将 10 * 4 的值 40 赋给变量 x。

又如,如果 x 与 a 都是整型变量,下面两个输出语句的作用也是不同的:

① printf("% d\n", x = (a = 3, 4 * a));

② printf("% d, % d\n", x = a = 3, 4 * a);

第①个输出语句中只有一个输出项,输出赋值表达式 x＝(a＝3,4＊a)的值。其中该赋值表达式的求解过程是:先计算逗号表达式(a＝3,4＊a)的值,第一个子表达式为赋值表达式 a＝3,执行后 a 的值为 3,第二个子表达式 4＊a 的值为 4＊3＝12,即逗号表达式(a＝3,4＊a)的值为 12;然后将逗号表达式(a＝3,4＊a)的值 12 赋给变量 x。赋值表达式 x＝(a＝3,4＊a)的值也为 12。最后输出结果为 12。

第②个输出语句中有两个输出项 x＝a＝3 与 4＊a(它们之间的逗号为分隔符)。其中 x＝a＝3 为赋值表达式,将 3 赋给变量 a 后再赋给变量 x,且该赋值表达式的值为 3。4＊a 为算术表达式,计算结果为 12(因为 a 的值已变为 3)。最后输出结果为 3,12(有两项,输出格式控制由逗号分隔)。

(2) 一个逗号表达式又可以与另一个表达式(可以是逗号表达式,也可以不是逗号表达式)连接成新的逗号表达式。如:

```
(a = 2 * 4, a * 5), a-3
```

先将 2＊4 的值 8 赋给变量 a,再计算 a＊5 的值为 40(因为 a 的值为 8),得到逗号表达式(a＝2＊4,a＊5)的值为 40。然后计算 a－3 的值为 5(因为 a 的值为 8)。最后得到整个逗号表达式的值为 5。

(3) 在许多情况下,使用逗号表达式的目的仅仅是为了得到各个子表达式的值,而并不一定要得到或使用整个逗号表达式的值。例如,为了实现交换 a 与 b 两个变量中的值,就可以使用下列逗号表达式:

```
t = a, a = b, b = t;
```

它等价于:

```
t = a;a = b;b = t;
```

4.6　标准函数

在 C 语言中定义了一些标准函数,称为 C 库函数,用户在设计程序时可以很方便地调用它们。在本书的附录 B 中列出了 C 语言常用的一些库函数。

在使用 C 编译系统所提供的库函数时,必须要将相应的头文件包含到源程序文件中来,否则,在编译连接时会出错。引用这些头文件的目的是为了函数的向前引用说明和常量符号的说明。例如:

```
# include < stdio. h >
# include < stdlib. h >
# include < math. h >
# include < string. h >
```

4.7　宏定义

C 语言中的宏定义有两种形式:符号常量定义与带参数的宏定义。

4.7.1　符号常量定义

在 C 语言中,允许将程序中多处用到的"字符串"定义成一个符号常量。这样的符号常量又称为标识符。

在 C 语言中定义符号常量的一般形式为：

```
#define   符号常量名   字符串
```

例 4.7 在下面的程序中,定义了一个符号常量 P 代表字符串"printf",一个符号常量 Q 代表字符串"sizeof"。

```
# include < stdio. h >
# define P printf
# define Q sizeof
main()
{ P(" % d\n", Q(int));                /*输出整型量在计算机中占的字节数*/
  P(" % d\n", Q(long int));           /*输出长整型量在计算机中占的字节数*/
  P(" % d\n", Q(short int));          /*输出短整型量在计算机中占的字节数*/
  P(" % d\n", Q(float));              /*输出单精度实型量在计算机中占的字节数*/
  P(" % d\n", Q(double));             /*输出双精度实型量在计算机中占的字节数*/
  P(" % d\n", Q(3.46));               /*输出实型数 3.46 在计算机中占的字节数*/
}
```

上述程序等价于：

```
# include < stdio. h >
main()
{ printf(" % d\n", sizeof(int));         /*输出整型量在计算机中占的字节数*/
  printf(" % d\n", sizeof(long int));    /*输出长整型量在计算机中占的字节数*/
  printf(" % d\n", sizeof(short int));   /*输出短整型量在计算机中占的字节数*/
  printf(" % d\n", sizeof(float));       /*输出单精度实型量在计算机中占的字节数*/
  printf(" % d\n", sizeof(double));      /*输出双精度实型量在计算机中占的字节数*/
  printf(" % d\n", sizeof(3.46));        /*输出实型数 3.46 在计算机中占的字节数*/
}
```

在程序中定义符号常量的好处是,可以减少程序中重复书写某些字符串的工作量。例如,在上面的程序中,用一个简单的大写英文字母 P 代表输出函数名 printf,既好记又不容易写错。

使用符号常量便于程序的调试。当需要改变一个常量时,只需改变#define 命令行中的字符串,则程序中所有带有符号常量名的地方全部被修改,而不必每处都要进行修改。

在定义符号常量时要注意以下几个问题。

(1) 由于 C 语言中的所有保留关键字一般使用小写字母,因此,符号常量名一般用大写字母表示,以便与 C 语言中的保留关键字有所区别。如：

```
#define  PI  3.14159
```

(2) C 编译系统对定义的符号常量的处理只是进行简单的替换,不做任何语法检查。但要注意,程序中用双引号(")括起来的字符串,即使与定义中需要替换的字符串相同,也不进行替换。

(3) #define 是一个预处理命令,而不是语句,因此在行末不能加";",并且应独立占一行。

(4) #define 命令一般应放在程序中函数的外面,其作用域范围是从宏定义处开始：

```
#define   符号常量名   字符串
```

到取消宏定义为止：

```
#undef   符号常量名(或文件末)
```

例如：

```
#define   G   9.8
main()
{
   …
}
   …
#undef   G
   …
```

符号常量 G 的有效范围

（5）一个 #define 的定义如果一行写不下，可以在下一行继续写，本行行尾加续行符'\'，这种续行可以一直进行下去。例如：

```
#define   ABCDE   234567888 * 234 + 1234567 + 7654321 + 888888 + \
                  7777777 + 666666 + 5555555
```

4.7.2　带参数的宏定义

在用 #define 命令定义符号常量时，C 编译系统只是简单地进行字符串替换。但如果在定义的符号常量后带有参数，则不仅要对字符串进行替换，还要进行参数替换。这种带有参数的符号常量简称为宏。

带参数的宏定义的一般形式为：

```
#define   宏名(参数表)   字符串
```

其中，字符串中应包含在参数表中所指定的参数，并且，当参数表中的参数多于一个时，各参数之间要用逗号分隔。

例 4.8　下面是计算两个长方体体积之和的程序。其中第一个长方体各边的边长分别为 3,4,5，第二个长方体各边的边长分别为 11,23,45。

其 C 程序如下：

```
#include <stdio.h>
#define   V(a, b, c)   a * b * c
main()
{ double  vsum;
   vsum = V(3.0, 4.0, 5.0) + V(11.0, 23.0, 45.0);
   printf("vsum = % f\n", vsum);
}
```

在这个程序中，将计算长方体体积定义为宏。这个程序经编译宏替换展开后，赋值语句

```
vsum = V(3.0, 4.0, 5.0) + V(11.0, 23.0, 45.0);
```

就变为：

```
vsum = 3.0 * 4.0 * 5.0 + 11.0 * 23.0 * 45.0;
```

其中,V(3.0,4.0,5.0)被替换为3.0 * 4.0 * 5.0,将宏定义中的参数 a 替换成了 3.0,参数 b 替换成了 4.0,参数 c 替换成了 5.0;V(11.0,23.0,45.0)被替换为 11.0 * 23.0 * 45.0,将宏定义中的参数 a 替换成了 11.0,参数 b 替换成了 23.0,参数 c 替换成了 45.0。即上述程序等价于:

```
# include < stdio. h >
main()
{ double  vsum;
    vsum = 3.0 * 4.0 * 5.0 + 11.0 * 23.0 * 45.0;
    printf("vsum = % f\n", vsum);
}
```

在使用带参数的宏定义时,应注意以下两个问题。

(1) 在使用带参数的宏定义时,一般应将宏定义字符串中的参数用括号括起来,否则经过宏展开后,可能会出现意想不到的错误。下面的例子说明了这个问题。

例 4.9　计算下列函数值。

$$f(x) = x^3 + (x+1)^3$$

其中自变量 x 的值从键盘输入。

如果将计算 x^3 的值定义为一个带参数的宏,即

```
# define  F(x)  x * x * x
```

则计算函数值 f(x) 的 C 程序如下:

```
# include < stdio. h >
# define  F(x)  x * x * x
main()
{ double  f, x;
    printf("input x:");
    scanf("% lf", &x);
    f = F(x) + F(x + 1);
    printf("f = % f\n", f);
}
```

运行时,当输入 1 后,结果为 5.0,而不是期望的 8.0。因为当 C 编译系统编译预处理 F(x+1)时,经宏替换展开后,等价于"x+1 * x+1 * x+1",而不是等价于"(x+1) * (x+1) * (x+1)"。因此,为了使定义的宏替换展开后结果正确,就必须将宏定义字符串中的参数都用括号括起来,即将上述程序改为:

```
# include < stdio. h >
# define  F(x)  (x) * (x) * (x)
main()
{ double  f, x;
    printf("input x:");
    scanf("% lf", &x);
    f = F(x) + F(x + 1);
    printf("f = % f\n", f);
}
```

经编译预处理后的程序等价于：

```
# include < stdio. h>
main()
{ double  f, x;
  printf("input x:");
  scanf("% lf", &x);
  f = (x) * (x) * (x) + (x + 1) * (x + 1) * (x + 1);
  printf("f = % f\n", f);
}
```

（2）在使用带参数的宏定义时，除了应将宏定义字符串中的参数都用括号括起来以外，还需要将整个字符串部分也用括号括起来，否则经过宏展开后，还有可能出现意想不到的错误。下面的例子说明了这个问题。

例 4.10 计算下列函数值。

$$f(x, y) = [x^3 + x^2][(y+1)^3 + (y+1)^2]$$

其中自变量 x 与 y 的值从键盘输入。

如果将计算 $x^3 + x^2$ 的值定义为一个带参数的宏，即：

```
# define  F(x)   (x) * (x) * (x) + (x) * (x)
```

此时，在程序中就可以将 $x^3 + x^2$ 写成 F(x)，将 $(y+1)^3 + (y+1)^2$ 写成 F(y+1)。计算函数值 f(x,y) 的 C 程序就可以写成如下形式：

```
# include < stdio. h>
# define  F(x)   (x) * (x) * (x) + (x) * (x)
main()
{ double  f, x, y;
  printf("input x, y:");
  scanf("% lf, % lf", &x, &y);           /* 输入的两个数据之间用逗号分隔 */
  f = F(x) * F(y + 1);
  printf("f = % f\n", f);
}
```

这个程序经编译预处理宏替换展开后，赋值语句

```
f = F(x) * F(y + 1);
```

变成：

```
f = (x) * (x) * (x) + (x) * (x) * (y + 1) * (y + 1) * (y + 1) + (y + 1) * (y + 1);
```

这显然是错误的。正确的形式应该是：

```
f = ((x) * (x) * (x) + (x) * (x)) * ((y + 1) * (y + 1) * (y + 1) + (y + 1) * (y + 1));
```

由例 4.10 可以看出，为了使定义的宏替换展开后结果正确，不仅需要将宏定义字符串中的参数都用括号括起来，还必须将整个字符串用括号括起来。即将上述程序改为：

```
# include < stdio. h>
# define  F(x)  ((x) * (x) * (x) + (x) * (x))
main()
{ double  f, x, y;
```

```
        printf("input x, y:");
        scanf("%lf,%lf", &x, &y);              /*输入的两个数据之间用逗号分隔*/
        f = F(x) * F(y + 1);
        printf("f = %f\n", f);
}
```

此时,上述程序等价于:

```
# include < stdio. h>
main()
{ double  f, x, y;
  printf("input x, y:");
  scanf("%lf,%lf", &x, &y);              /*输入的两个数据之间用逗号分隔*/
  f = ((x) * (x) * (x) + (x) * (x)) * ((y + 1) * (y + 1) * (y + 1) + (y + 1) * (y + 1));
  printf("f = %f\n", f);
}
```

由上面的分析可以看出,在使用带参数的宏定义时,一般应将宏定义字符串中的参数都用括号括起来,并且,整个字符串部分也要用括号括起来,这样才能保证在任何替代情况下,把宏定义作为一个整体来看待,从而得到一个合理的计算结果,否则经过宏展开后,可能会出现意想不到的错误。

在 C 程序中,可以利用带参数的宏定义来表示一些比较简单的函数表达式。

4.7.3　带 # 的宏定义

define 中有两种情况可以使用 # 。

(1) 一种是变量的字符串化(stringizing)。即:

```
#标识符 -> "标识符"
```

例如,若有程序:

```
# include < stdio. h>
# define   PR(x)    printf("%s = %d\n", #x, x)
main()
{   int a = 15, b2 = 123;
    PR(a);
    PR(b2);
}
```

经编译预处理后的程序为:

```
# include < stdio. h>
main()
{   int a = 15, b2 = 123;
    printf("%s = %d\n", "a", a);
    printf("%s = %d\n", "b2", b2);
}
```

程序的运行结果为:

```
a = 15
b2 = 123
```

不但打印出变量的值,还打印出了变量的名字。

(2) 另一种是所谓字符串连接(token-pasting),即:

<标识符> ＃＃ <宏变量>　－＞　<标识符><宏变量>

例如,若有程序:

```
# include < stdio. h>
# define   MP(x)  printf("%d", a##x)
main()
{    int a1 = 2, a5 = 4;
     MP(1);
     MP(5);
}
```

经编译预处理后的程序为:

```
# include < stdio. h>
main()
{    int a1 = 2, a5 = 4;
     printf("%d", a1);
     printf("%d", a5);
}
```

编译预处理将"MP(1);"替换为"printf("%d", a1);",其中的 a＃＃x 将标识符 a 与宏变量 x 的值串 1 连接起来,形成变量名 a1;将"MP(5);"替换为"printf("%d", a5);",其中的 a＃＃x 将标识符 a 与宏变量 x 的值串 5 连接起来,形成变量名 a5。

若把上面的程序改为:

```
# include < stdio. h>
# define   MP(x)  printf("%d", a##x)
main()
{    int a1 = 2, a5 = 4, i;
     i = 1; MP(i);
     i = 5; MP(i);
}
```

编译时,会出现编译错误: error C2065: "ai":未声明的标识符。这是因为"MP(i);"宏展开后变为"printf("%d\n", ai);",预编译时只是把 a 和 i 进行了字符串连接,生成 ai,而不是预想中的 a1 和 a4。

练习 4

1. 设 a=3,b=4,c=5。试确定下列 C 表达式的值:

(1) a+b>c && b==c

(2) a && b+c || b−c

(3) !(a+b)+c−1 && b+c/2

(4) a||b+c && b−c

(5) !(x==a) && (y==b) && 0

2. 试确定下列 C 表达式的值：

(1) 3<x<5 || y>3 && y<2

(2) −10<a<−5 && b==c

(3) 5>3 && 2 || 8<4 − !0

(4) !4<y<5 && 5<b<6

(5) !x || x!=0

(6) !x && x!=0

3. 分别写出满足下列各条件的 C 表达式：

(1) x 为偶数且 y 为奇数。

(2) a 与 b 同时为偶数或同时为奇数。

(3) a 与 b 之一为 0，但不能同时为 0。

(4) 10<x<100 或 x<0 但 x≠−2.0。

(5) $\dfrac{1}{\sqrt{2\pi}}e^{-\frac{x^2}{2}}$。

(6) 圆心在原点，大圆半径为 r_2、小圆半径为 r_1 的圆环（包括两个圆周）。

(7) m 能被 5 或 7 整除，但不能同时被 5 和 7 整除。

(8) m 与 n 同时能被 p 整除但都不能被 q 整除。

(9) $\dfrac{1}{2}\left(x\times y+\dfrac{x+y}{4a}\right)$。

(10) $\dfrac{1}{3}\sin(x^2+y^2)\cos(x+y)$。

4. 设有 C 程序如下：

```
#include <stdio.h>
main()
{ int  a = 10, b = 29, c = 5, d, e;
  d = (a + b)/c;  e = (a + b) % c;
  printf("d = % d, e = % d\n", d, e);
}
```

这个程序的运行结果是什么？

5. 设有 C 程序如下：

```
#include <stdio.h>
main()
{ int  x = 20, z;
  z = ++x;  z += x;
  printf("Z1 = % d\n", z);
  z = x-- ;  z += x;
  printf("Z2 = % d\n", z);
}
```

这个程序的运行结果是什么？

6. 设有 C 程序如下：

```
#include <stdio.h>
main()
{ int  a, b;
  float  f;
  scanf("%3d%4d", &a, &b);
  f = a/b;
  printf("f = %5.2f\n", f);
}
```

在运行上述程序时，如果从键盘输入

2345678901 ↵

则输出结果是什么？

7. 设有 C 程序如下：

```
#include <stdio.h>
main()
{ char  a, b;
  scanf("%3c%4c", &a, &b);
  printf("a = %c, b = %c\n", a, b);
  printf("a = %d, b = %d\n", a, b);
  ++a; --b;
  printf("C1 = %c, C2 = %c\n", a, b);
  printf("C1 = %d, C2 = %d\n", a, b);
}
```

在运行上述程序时，如果从键盘输入

ABCDEFGH ↵

则输出结果是什么？

8. 设有 C 程序如下：

```
#define  PQ  4.5
#define  ABC(x)  PQ + (x * x)
#include <stdio.h>
main()
{ int  a = 3, b, c, d;
  b = ABC(a);
  c = ABC(a + 1);
  d = 2.0 * ABC(a);
  printf("b = %d, c = %d, d = %d\n", b, c, d);
}
```

上述程序的运行结果是什么？

9. 若将第 8 题程序中的宏定义命令

```
#define  ABC(x)  PQ + (x * x)
```

改为

```
#define  ABC(x)  PQ+(x)*(x)
```

则该程序的运行结果是什么？

10. 若将第 8 题程序中的宏定义命令

```
#define  ABC(x)  PQ+(x*x)
```

改为

```
#define  ABC(x)  (PQ+(x)*(x))
```

则该程序的运行结果是什么？

11. 编写计算圆台上下底面积之和的 C 程序。要求将计算圆面积定义为带参数的宏，上下底的半径从键盘输入。

12. 设圆柱体的底圆半径 r＝3.5cm，高 h＝4.6cm。分别计算并输出该圆柱体的侧面积 s、总面积（包括上、下底面积以及侧面积）ssum、圆柱体的体积 v。

具体要求如下。

（1）圆柱体的底圆半径 r 与高 h 从键盘输入，且在输入前要有提示信息。

（2）输出结果要有文字说明（用英文或汉语拼音），每个输出值占一行，在输出结果的小数点后取 4 位。

（3）所有变量均定义为双精度类型。

13. 将一个小于 256 的十进制正整数转换成八位二进制数形式输出。

具体要求如下。

（1）十进制正整数从键盘输入，且在输入前要有提示信息。

（2）若转换成的二进制数不够八位，则在前面添"0"补足八位。例如，十进制数 53 转换成的二进制数为 110101，应输出为 00110101。

（3）输出结果的形式为：十进制数———＞二进制数。例如，53 ———＞ 00110101。

（4）分别输入十进制数 43,78,145,236,255，运行你的程序。

方法说明如下。

在具体实现时，可以设置 8 个变量 $a_0,a_1,a_2,a_3,a_4,a_5,a_6,a_7$，在转换过程中依次（从低位到高位）存放二进制数中的各位。在需要输出二进制数时，只要依次输出 $a_7,a_6,a_5,a_4,a_3,a_2,a_1,a_0$ 即可。

另外，为了使输出的二进制数中各位数字不仅依次连续，而且比较清晰，在输出二进制数的各位时应使用格式说明符%2d（即各二进制数字之间留一空格）。

14. 求一元二次方程 $ax^2+bx+c=0$ 的两个实根，其中 $a=1,b=-(10^{12}+1),c=10^{12}$。

具体要求如下。

（1）所有变量使用 float 类型，并采用如下的方法①。

（2）所有变量使用 float 类型，并采用如下的方法②。

（3）所有变量使用 double 类型，并采用如下的方法①。

（4）所有变量使用 double 类型，并采用如下的方法②。

（5）对以上 4 种情况下的结果进行分析。

方法说明如下。

求一元二次方程两个实根有以下两种方法。

① 利用求根公式

$$x_1 = (-b + \sqrt{b^2 - 4ac})/(2a)$$

$$x_2 = (-b - \sqrt{b^2 - 4ac})/(2a)$$

② 先利用求根公式计算一个实根

$$x_1 = (-b - \mathrm{sign}(b)\sqrt{b^2 - 4ac})/(2a)$$

然后根据韦达定理计算另一个实根

$$x_2 = c/(ax_1)$$

其中 $\mathrm{sign}(b)$ 为取 b 的符号。当 b>0 时，$\mathrm{sign}(b)=1$；当 b<0 时，$\mathrm{sign}(b)=-1$。$\mathrm{sign}(b)$ 的值可以用 C 语言中的绝对值函数来计算，即

$$\mathrm{sign}(b) = \mathrm{fabs}(b)/b$$

第5章

选 择 结 构

选择结构是结构化程序的 3 种基本控制结构之一，也是程序设计中被广泛使用的一种基本结构。选择结构的作用是根据给定的条件来决定进行什么样的操作。在 C 语言中，分别用 if 语句、if…else 结构、if…else if 结构、switch 结构来实现各种形式的选择结构。

在具体介绍选择结构之前，首先介绍 C 语言中的语句与复合语句的概念。

5.1 语句与复合语句

C 程序是以语句为基本单位的。在 C 语言中，最常用的是表达式语句。所谓表达式语句是一个表达式后面跟随一个分号所构成的语句。例如：

```
y = x * x + 3;
c = getchar();
```

它们都是在赋值表达式后面跟随了一个分号而构成了赋值语句。又例如：

```
printf("%d, %d\n", a, b);
```

这是在一个输出函数(本质上也是一个表达式)后面跟随了一个分号而构成了一个输出语句。

需要指出的是，在 C 语言中，分号";"是表达式语句的终结符，而不是语句之间的分隔符，也就是说，分号是表达式语句的一个组成部分，只不过它位于表达式的后面。

在 C 语言中，除了表达式语句外，还有空语句、流程控制语句、函数返回语句以及复合语句等。其中空语句(;)中只包括一个分号，即实现空操作，后面会看到循环体等经常需要这种什么也不做的空语句；流程控制语句(如"break;""continue;"等)与函数返回语句("return;")中的分号前不是表达式，只是实现某种控制操作，但它们也都是以分号结束的。这些语句在后面的章节中将陆续介绍。

以上所说的这些语句都是简单语句。在 C 语言中，还允许使用复合语句。

在一个函数体内部，由左、右花括号括起来的语句称为复合语句，它的一般形式为：

{说明部分；语句部分；}

其中说明部分是一系列以分号结束的说明，如变量类型说明等；语句部分是由一系列可执行的语句所组成。需要强调的是，C 语言中说明部分和语句部分必须严格分开，一旦出现可执行语句，就不能在其后面再进行变量说明。

由此可以看出,在 C 程序中,一个函数的函数体实际上就是一个复合语句。

下面对于复合语句做几点说明。

(1) 一个复合语句在语法上等同于一个独立的语句,因此,在程序中,凡是单个语句(如表达式语句)能够出现的地方都可以出现复合语句,并且,复合语句作为一个语句又可以嵌套出现在其他复合语句的内部。

例 5.1 设有下列 C 程序:

```
# include < stdio. h>
main()
{ int y;
  y = 100;
  { int x;
    x = 20;
    { int a;
      a = y;
      printf("a = % d\n", a);
      printf("x = % d\n", x);
    }
  }
  printf("y = % d\n", y);
}
```

在这个程序主函数的函数体内部包含了一个复合语句:

```
{ int x;
  x = 20;
  { int a;
    a = y;
    printf("a = % d\n", a);
    printf("x = % d\n", x);
  }
}
```

在这个复合语句中,又包含了一个复合语句:

```
{ int a;
  a = y;
  printf("a = % d\n", a);
  printf("x = % d\n", x);
}
```

由此可以看出,在 C 语言中,复合语句是可以嵌套的。

(2) 复合语句是以右花括号为结束标志的,因此,在复合语句右括号的后面不必加分号,但在复合语句内的最后一个非复合语句是要以分号作为结束的。

(3) 在复合语句的嵌套结构(将函数体也看成是一个复合语句,而且是最外层的复合语句)中,一个复合语句内所进行的说明只适合于本层中该说明语句以后的部分(包括其内层的复合语句),在该复合语句外不起作用。

在例 5.1 中,变量 y 在整个函数体内都起作用;变量 x 只在第二层与第三层的复合语句中起作用;变量 a 只在第三层的复合语句中起作用。

例 5.2　设有下列 C 程序：

```c
#include <stdio.h>
main()
{ int  y;
  y = 100;
  { int x;
    x = 20;
    printf("x = % d\n", x);
  }
  printf("y = % d\n", y);
  printf("x = % d\n", x);
}
```

在这个程序主函数的函数体内部包含了一个复合语句：

```c
{ int x;
  x = 20;
  printf("x = % d\n", x);
}
```

在这个复合语句内部定义了一个整型变量 x。但由于在该复合语句外的函数体内没有定义整型变量 x，因此，在编译过程中就会出现如下错误：

```
05 - 02.c(10) : error C2065: 'x' : 未声明的标识符
```

即在主函数中没有定义符号'x'。

例 5.2 说明，在复合语句内所定义的整型变量只适合于该复合语句内部，其作用域到复合语句的右花括号为止，而在复合语句外不能使用。在这里需要注意变量的作用域和生命周期。

（4）在复合语句的嵌套结构中，如果在内层与外层定义了同名的变量，则按照局部优先的原则，内层复合语句中的变量掩蔽外层复合语句的同名变量，直到内层复合语句结束，外层复合语句的同名变量才可以访问到。而且内层复合语句中对内层定义的变量的执行结果也不带回到外层。在这里需要注意变量的掩蔽现象。

例 5.3　设有下列 C 程序：

```c
#include <stdio.h>
main()
{ int  x, y;
  x = 10;
  y = 100;
  { x = 20;
    printf("y = % d\n", y);
    printf("x = % d\n", x);
  }
  printf("x = % d\n", x);
}
```

在这个程序主函数的函数体中包含了复合语句：

```c
{ x = 20;
  printf("y = % d\n", y);
  printf("x = % d\n", x);
}
```

由于在复合语句中没有单独对变量 x 进行说明,因此,复合语句外对变量 x 的说明有效,在复合语句内对变量 x 的改变可以带回到复合语句外。程序的输出结果为:

```
y = 100
x = 20
x = 20
```

但如果将上述程序改为:

```
# include < stdio. h >
main()
{ int   x, y;
  x = 10;
  y = 100;
  { int x;
    x = 20;
    printf("y = % d\n", y);
    printf("x = % d\n", x);
  }
  printf("x = % d\n", x);
}
```

此时,在这个程序主函数的函数体内部包含的复合语句变为:

```
{ int x;
  x = 20;
  printf("y = % d\n", y);
  printf("x = % d\n", x);
}
```

复合语句中重新定义了变量 x。在这种情况下,复合语句内定义的变量 x 与复合语句外定义的变量 x 同名,但不是同一个变量。因此,虽然在复合语句内对变量 x 赋值 20,只是对复合语句中新定义的变量 x 赋值,并不改变复合语句外变量 x 的值,在复合语句外输出的 x 值仍为 10。因此程序的输出结果为:

```
y = 100
x = 20
x = 10
```

5.2 if 语句

选择结构中最简单的是单路分支选择结构。在这种结构中,首先判定给定的条件是否满足,然后根据判定的结果来决定是否执行给出的操作。

在 C 语言中,可以用 if 语句实现这种最简单的分支选择结构。if 语句的形式为:

```
if (表达式)  语句
```

其中,表达式一般是一个逻辑表达式,它表示一个条件,其取值为"1"或"0"。"1"表示条件成立,"0"表示条件不成立。

　　if 语句的功能是：若表达式值为 1（或非 0），则执行表达式后面的语句，执行完该语句后继续执行 if 语句后的其他语句；若表达式值为 0，则不执行表达式后面的语句而直接执行 if 语句后的其他语句。如果表达式后面的是复合语句，则要用一对花括号{}括起来。这种选择结构的流程图如图 5.1 所示。

图 5.1　if 语句的流程图

　　例如，if 语句：

```
if (a!= 0)  printf("% d\n", a);
```

的功能是：如果变量 a 的值不等于 0，则打印输出变量 a 的值。

　　又如，if 语句：

```
if (a > b)  { t = a; a = b; b = t; }
```

的功能是：如果变量 a 的值大于变量 b 的值，则将变量 a 与 b 的值借助变量 t 交换。

在 C 语言程序中，常会看到：

```
if (a) printf("% d\n", a);
```

其语义是：若 a 不等于 0，则打印 a 的值，它等价于：

```
if (a!= 0) printf("% d\n", a);
```

　　同样：

```
if (!a) printf("% d\n", a);
```

等价于：

```
if (a == 0) printf("% d\n", a);
```

　　例 5.4　计算并输出下列分段函数值：

$$y = \begin{cases} -2 & x < 0 \\ 2 & x \geqslant 0 \end{cases}$$

其中 x 由键盘输入。

　　其 C 程序如下：

```
# include < stdio. h >
main()
{ double  x, y;
  printf("input x:");
  scanf("% lf", &x);
  y = - 2;
  if (x > = 0) y = 2;
  printf("y = % f\n", y);
}
```

在上述程序中,if 语句中的表达式(条件)为"x>=0",表达式后的语句为"y=2;"。该 if 语句执行的过程是:首先计算表达式"x>=0"的值,如果这个表达式的值为 1(即条件成立),则将 2 赋给变量 y 后再继续执行其后的输出语句;否则不执行"y=2;"这个语句,变量 y 的值将保持前面赋的值(-2),并继续执行其后的输出语句。

下面对 if 语句做几点说明。

(1) if 语句中的逻辑表达式(即条件)必须要用一对圆括号括起来。例如,如果将例 5.4 程序中的 if 语句

```
if (x >= 0) y = 2;
```

写成

```
if x >= 0 y = 2;
```

是错误的。

(2) if 语句后的语句可以是复合语句。例如,下列 if 语句是合法的:

```
    ⋮
x = 3; y = 4;
if (a > b)  { x = 1; y = 2; }
    ⋮
```

在这个程序段中,首先为变量 x 与 y 赋值 3 与 4,然后判断变量 a 与 b 的大小,如果变量 a 的值大于变量 b 的值,则同时将变量 x 与 y 的值修改为 1 与 2。但要注意,if 语句的作用范围与它后面语句出现的位置无关。例如,下列 if 语句是合法的:

```
if (a > b)  x = 1; y = 2;
```

千万不要误认为只有当 a>b 为真时,才执行"x=1; y=2;",其实"y=2;"虽然写在 if 条件的后面,根本不受 if 条件约束,无论 a>b 值为真或假都会被执行。if 条件只约束"x=1;",当 a>b 为真时,才执行"x=1;",否则"x=1;"不会被执行。

(3) 在使用 if 语句时,一定要注意逻辑表达式的正确写法,特别是在进行数值型数据比较时,一定要注意"=="比较运算符的使用。由于计算机中的实数一般都是近似的,对实数进行不同的运算过程其结果可能是不同的,它们之间有一定的误差,因此,对于理论上应该相等的两个实数,在用等于运算符"=="进行比较时,得到的结果可能是不相等的。下面的例子就说明了这个问题。

例 5.5 下面的 C 程序的功能是计算 10 个实数 0.1 进行累加,并比较计算结果是否为 1.0。

```
# include < stdio. h >
main()
{ int   flag;
  double  x, y;
  /* 用赋值语句直接赋值 1.0 */
  x = 1.0;
  /* 用 10 个赋值语句逐步累加 */
  y = 0.0;
  y = y + 0.1; y = y + 0.1; y = y + 0.1; y = y + 0.1; y = y + 0.1;
  y = y + 0.1; y = y + 0.1; y = y + 0.1; y = y + 0.1; y = y + 0.1;
  flag = 0;
```

```
    if (x - y == 0.0)　flag = 1;                    /* 如果 x 与 y 值相等则置 flag 的值为 1 */
    printf("flag = % d\n", flag);
}
```

程序的运行结果为：

```
flag = 0
```

显然,这个输出结果与理论上的预期不符合。理论上 x 与 y 的值应该是相同的,即表达式
"x—y==0.0"的值应为 1(条件满足),通过执行 if 语句

```
    if (x - y == 0.0)　flag = 1;
```

后,整型变量 flag 的值应变为 1。但实际输出的 flag 值却为 0,这说明计算得到的结果与预期
值是不一样的,实际的 x 与 y 值并不相同。如果在程序中增加两个输出 x 与 y 值的语句,则程
序改为：

```
# include < stdio. h >
main()
{ int  flag;
  double  x, y;
  /* 用赋值语句直接赋值 1.0 */
  x = 1.0;
  /* 用 10 个赋值语句逐步累加 */
  y = 0.0;
  y = y + 0.1; y = y + 0.1; y = y + 0.1; y = y + 0.1; y = y + 0.1;
  y = y + 0.1; y = y + 0.1; y = y + 0.1; y = y + 0.1; y = y + 0.1;
  printf("x = % 20.17f\n", x); /* 输出 x 值 */
  printf("y = % 20.17f\n", y); /* 输出 y 值 */
  flag = 0;
  if (x - y == 0.0)　flag = 1; /* 如果 x 与 y 值相等则置 flag 的值为 1 */
  printf("flag = % d\n", flag);
}
```

此时,程序的运行结果为：

```
x = 1.00000000000000000
y = 0.99999999999999989
flag = 0
```

由修改后程序的输出结果可以看出,果然 x 与 y 的值不同,这是因为 0.1 在计算机中的表
示是近似的,导致计算结果可能与实际不符,并且,不同的计算过程所得到的结果可能也是不
同的。因此,不能直接判断两个计算结果是否相等(即两者相减后的结果是否等于 0),而利用
一个参考值,当它们相减后的绝对值小于这个参考值时,就认为它们相等。如果将上面的程序
改为：

```
# include < stdio. h >
# include < math. h >
main()
{ int  flag;
  double  x, y;
  /* 用赋值语句直接赋值 1.0 */
```

```
    x = 1.0;
    /* 用 10 个赋值语句逐步累加 */
    y = 0.0;
    y = y + 0.1; y = y + 0.1; y = y + 0.1; y = y + 0.1; y = y + 0.1;
    y = y + 0.1; y = y + 0.1; y = y + 0.1; y = y + 0.1; y = y + 0.1;
    printf("x = % 20.17f\n", x);              /* 输出 x 值 */
    printf("y = % 20.17f\n", y);              /* 输出 y 值 */
    flag = 0;
    if (fabs(x - y) < 1.0e - 10)  flag = 1;
      /* 如果 x 与 y 值的差小于 10⁻¹⁰,则置 flag 的值为 1 */
    printf("flag = % d\n", flag);
}
```

此时,程序的运行结果为:

```
x = 1.00000000000000000
y = 0.99999999999999989
flag = 1
```

在实际应用中,这个参考值应为多大,可以视具体情况(精度的要求)而定。

(4) 用多个 if 语句也可以实现多路分支选择结构,但要特别注意条件表达式的正确写法。下面用一个例子来说明这个问题。

例 5.6 从键盘输入一个成绩,如果成绩为 $85\sim100$ 分,则输出"Excellent!";如果成绩为 $70\sim84$ 分,则输出"Good!";如果成绩为 $60\sim69$ 分,则输出"Pass!";如果成绩为 60 分以下,则输出"No pass!"。

这是一个多路分支选择结构,共有 4 种不同的条件,根据各自的条件输出不同的信息。如果使用 if 语句,则 C 程序如下:

```
# include < stdio. h >
main()
{ float   grade;
  printf("input grade :");
  scanf(" % f", &grade);
  if (grade > = 85.0)  printf("Excellent!\n");
  if (grade > = 70.0 && grade < 85.0)  printf("Good!\n");
  if (grade > = 60.0 && grade < 70.0)  printf("Pass!\n");
  if (grade < 60.0)  printf("No pass!\n");
}
```

由上述程序可以看出,每一个条件是一个分数段,在书写逻辑表达式时要将每一个分数段的上限和下限都表示出来。如果写成下面的程序:

```
# include < stdio. h >
main()
{ float   grade;
  printf("input grade :");
  scanf(" % f", &grade);
  if (grade > = 85.0)   printf("Excellent!\n");
  if (grade > = 70.0)   printf("Good!\n");
  if (grade > = 60.0)   printf("Pass!\n");
  if (grade < 60.0)   printf("No pass!\n");
}
```

因为在执行这个程序时,如果输入的成绩为 85 分以上,则第一个 if 语句中的条件成立,但同时第二与第三个 if 语句中的条件也都成立,此时将连续输出信息"Excellent!""Good!"与"Pass!"。显然,这是不符合题意的。同样,如果输入的成绩为 70～84 分,则第二个 if 语句中的条件成立,但同时第三个 if 语句中的条件也成立,此时将连续输出信息"Good!"与"Pass!"。只有当输入的成绩为 60～74 分,才只有第三个 if 语句中的条件成立,输出信息"Pass!";或当输入的成绩为 60 分以下时,只有第四个 if 语句中的条件成立,输出信息"No pass!"。由此可知,当读入的成绩为 70 分以上时,输出的结果都是错误的。

5.3　if…else 结构

由 5.2 节可知,用 if 语句可以实现简单的分支选择结构;用多个 if 语句,也可以实现多个分支的选择结构。但在用多个 if 语句实现多路分支选择结构时,每一个 if 语句中的逻辑表达式就可能比较复杂,如例 5.6 中的程序所示。

为了更方便地实现多路分支选择结构,C 语言还提供了 else 语句,用 if 语句与 else 语句共同构成 if…else 结构,可以很方便地实现两路分支结构,继而实现多路分支结构。

在 C 语言中,if…else 结构的语句形式为:

```
if（表达式） 语句1
else  语句2
```

在 if…else 结构中,可以没有 else 语句而只有 if 语句,这就是 5.2 节中介绍的 if 语句;但不能没有 if 语句而只有 else 语句。即 else 语句只能与 if 语句配对组成 if…else 结构,else 语句本身不能单独存在。

if…else 结构的功能是:若表达式值为 1(非 0),则执行语句 1,否则执行语句 2,其中语句 1 与语句 2 均可以是复合语句。这种结构的流程图如图 5.2 所示。

图 5.2　if…else 结构的流程图

例如,下面是合法的 if…else 结构:

```
if (x >= y)  printf("%d\n", x);
else  printf("%d\n", y);
```

这个 if…else 结构的功能是:如果条件 x>=y 成立,则输出整型变量 x 的值;否则输出整型变量 y 的值。即在整型变量 x 与 y 中输出值大者。

由图 5.2 可以看出,if…else 结构可以实现两路分支选择结构。C 语言允许 if…else 结构的嵌套。即在 if…else 结构中,语句 1 与语句 2 中又可以包含完整的 if 语句或 if…else 结构,并且,这种嵌套可以多层。利用 if…else 结构的嵌套,可以实现多路分支选择结构。如例 5.6 中的问题也可以用 C 语言提供的 if…else 结构来解决,其 C 程序如下:

```
# include < stdio. h>
main()
{ float   grade;
  printf("input grade :");
  scanf(" % f", &grade);
  if (grade >= 85.0)  printf("Excellent!\n");
  else if (grade >= 70.0)  printf("Good!\n");
      else if (grade >= 60.0)  printf("Pass!\n");
          else  printf("No pass!\n");
}
```

由此可以看出,if…else 结构使每一个 if 语句中的逻辑表达式变得简单了。在这个程序的第二个 if 语句中的条件"grade >=70.0"是在第一个 if 语句中的条件"grade >=85.0"不成立的前提下进行处理的,因此,实际隐含的条件是"grade < 85.0 && grade >=70.0"。同样,第三个 if 语句中的条件"grade >=60.0"是在第二个 if 语句中的条件"grade >=70.0"不成立的前提下进行处理的,因此,实际隐含的条件是"grade < 70.0 && grade >=60.0"。最后一个else 语句是否定了第三个 if 语句中的条件"grade >=60.0",即实际隐含的条件是"grade < 60.0"。

例 5.7   计算并输出下列分段函数值:

$$y=\begin{cases} 0 & x < -10 \\ 2x+20 & -10 \leqslant x < 0 \\ 20 & 0 \leqslant x < 20 \\ 30-0.5x & 20 \leqslant x < 40 \\ 50-x & 40 \leqslant x < 50 \\ 0 & x \geqslant 50 \end{cases}$$

其中 x 从键盘输入。

如果用 if…else 结构来实现,其 C 程序如下:

```
# include < stdio. h>
main()
{ double   x, y;
  printf("input x:");
  scanf(" % lf", &x);
  if (x >= 50.0) y = 0.0;
  else if (x >= 40.0) y = 50 - x;
      else if (x >= 20.0) y = 30 - 0.5 * x;
          else if (x >= 0.0) y = 20.0;
              else if (x >= -10.0) y = 2 * x + 20;
                  else y = 0.0;
  printf("x = % f, y = % f\n", x, y);
}
```

在上述程序中,由于第二个 if 语句中的条件"x >= 40.0"是在第一个 if 语句中的条件"x >=50.0"不成立的前提下进行处理的,因此,实际隐含的条件是"x >=40.0 && x < 50.0"。后面几个 if 语句中的条件与此类似。

例 5.7 的 C 程序也可以写为:

```
# include < stdio. h>
main()
```

```
{ double   x, y;
  printf("input x:");
  scanf("% lf", &x);
  if (x < - 10.0) y = 0.0;
  else if (x < 0.0) y = 2 * x + 20;
      else if (x < 20.0) y = 20.0;
          else if (x < 40.0) y = 30 - 0.5 * x;
              else if (x < 50.0) y = 50 - x;
                  else y = 0.0;
  printf("x = % f, y = % f\n", x, y);
}
```

上述两个程序的作用虽然相同,但它们的执行效率是不一样的。如果输入的 x 值大于 50,则在执行第一个程序时只需要判断 1 次就可以得到结果,而在执行第二个程序时需要判断 5 次才能得到结果。如果输入的 x 值小于 -10,则情况刚好相反。由此可以看出,在处理多路分支选择时,应尽量将出现概率高的条件写在前面,以提高程序的执行效率。

把上面的程序再改写一下:

```
# include < stdio. h>
main()
{ float x, y;
  printf("input x: ");
  scanf("% f", &x);
  if (x >= 20.0)
  {   if (x >= 50.0) y = 0.0;
      else if (x >= 40.0) y = 50 - x;
              else   y = 30 - 0.5 * x;
  }
  else
  {   if (x >= 0.0) y = 20.0;
       else if (x >= - 10.0) y = 2 * x + 20;
               else   y = 0.0;
  }
  printf("x = % f, y = % f\n", x, y);
}
```

这时会发现,无论输入的 x 值是什么,最多需要判断 3 次即可得出结果。通过这个例子,希望大家多运用程序设计的技巧,以提高程序的执行效率。

例 5.8　由键盘输入 3 个整数 A,B,C,然后按从小到大的顺序输出。

首先判断 A 与 B 的值。

如果 A≤B。则再判断 A 与 C 的值,若 A≤C,则 A 为 3 个数中最小者,输出 A;接着判断 B 与 C 的值,若 B≤C,则依次输出 B 与 C,否则依次输出 C 与 B。若 A>C,则依次输出 C,A 与 B。

如果 A>B。则再判断 B 与 C 的值,若 B≤C,则 B 为 3 个数中最小者,输出 B;接着判断 A 与 C 的值,若 A≤C,则依次输出 A 与 C,否则依次输出 C 与 A。若 B>C,则依次输出 C,B 与 A。流程图如图 5.3 所示。

相应的 C 程序如下:

```
# include < stdio. h>
```

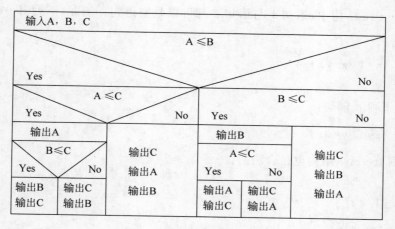

图 5.3 例 5.8 的流程图

```
#define  PR(x)  printf("%d\n", x)
main()
{ int a, b, c;
  printf("input a, b, c:");
  scanf("%d%d%d", &a, &b, &c);
  if (a<=b)
  {  if (a<=c)
     {  PR(a);
        if (b<=c) { PR(b); PR(c); }
        else { PR(c); PR(b); }
     }
     else
     { PR(c); PR(a); PR(b); }
  }
  else
  {  if (b<=c)
     {  PR(b);
        if (a<=c) { PR(a); PR(c); }
        else { PR(c); PR(a); }
     }
     else
     { PR(c); PR(b); PR(a); }
  }
}
```

下面对 if…else 结构做几点说明。

（1）if…else 结构中的语句 1 与语句 2 都可以是复合语句。例如：

    …
if (a>b) {x=1; y=2; }
else {x=3; y=4; }
    …

在这个程序段中,当条件 a>b 成立时,执行复合语句"{x=1; y=2; }";否则执行复合语句"{x=3; y=4; }"。

（2）在 if…else 结构中，语句 1 与语句 2 都可以是空语句。例如，下列 if…else 结构是合法的：

```
if (a > b)   {x = 1; y = 2; }
else;
```

它等价于下列 if 语句：

```
if (a > b)   {x = 1; y = 2; }
```

又如，下列 if…else 结构也是合法的：

```
if (a > b);
else   {x = 3; y = 4; }
```

它等价于下列 if 语句：

```
if (a <= b) {x = 3; y = 4; }
```

注意：在这个 if 语句中的条件刚好与原来的条件相反。

再如，下列 if…else 结构也是合法的：

```
if (a > b);
else;
```

它等价于一个空操作语句，只判断一次。

（3）在 if…else 结构中，如果在 else 前面有多个 if 语句，则 else 与同层最近的 if 配对。

例 5.9   设有下列 C 程序：

```
#include < stdio. h >
main( )
{ int   x, y;
  scanf(" % d", &x);
  y = -1;
  if (x != 0)
      if (x > 0)   y = 1;
  else   y = 0;
  printf("y = % d\n", y);
}
```

在运行上述程序时，如果从键盘输入

```
-1 ↵
```

则运行结果为：

```
y = 0
```

这是因为 else 与第二个 if 语句配对，即 else 与语句"if（x > 0）   y = 1；"配对。如果需要 else 与第一个 if 语句配对，即要与"if（x! = 0）"配对，则应将语句"if（x > 0）   y = 1；"用一对花括号{ }括起来。即程序应改为：

```
#include < stdio. h >
main( )
```

```
{ int  x, y;
  scanf("% d", &x);
  y = - 1;
  if (x! = 0)
  { if (x > 0)   y = 1; }
  else     y = 0;
  printf("y = % d\n", y);
}
```

此时,当输入-1时,输出为 y=-1。

(4) 如果有多个 if…else 结构嵌套如下:

```
if (表达式 1)  语句 1
else
    if (表达式 2)  语句 2
    else
        ⋮
        else
            if (表达式 n)  语句 n
            else   语句 n + 1
```

则书写时可以不缩进,简写成:

```
if (表达式 1)  语句 1
else if (表达式 2)  语句 2
        ⋮
else if (表达式 n)  语句 n
else   语句 n + 1
```

这种结构又称为 if…else if 结构,其流程图如图 5.4 所示。

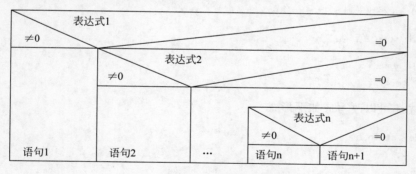

图 5.4 if…else if 结构的流程图

5.4 条件运算符

在 if…else 结构中,如果语句 1 与语句 2 都是单一的赋值语句,并且都是给同一个变量赋值,则可以用条件运算符来进行处理。例如,有下列 if…else 结构:

```
if (x > y)  z = x;
else   z = y;
```

可以用下列语句来代替：

```
z = (x > y) ? x:y;
```

其中，"(x > y) ? x:y"是一个条件表达式。该赋值语句的执行过程为：如果 x > y 的值为 1（即条件成立），则取变量 x 的值，否则取变量 y 的值，然后将取的值赋给变量 z。

条件表达式的一般形式为：

表达式 1 ? 表达式 2 : 表达式 3

其执行的过程是：当表达式 1 的值为"真"（即非零）时，取表达式 2 的值，否则取表达式 3 的值。"?:"条件运算符是 C 语言唯一的一个三目运算符。

例 5.10 从键盘输入一个 x，计算并输出下列分段函数值：

$$y = \begin{cases} x^2 - 1 & x < 0 \\ x^2 + 1 & x \geq 0 \end{cases}$$

其 C 程序如下：

```
# include < stdio. h>
main()
{ float x, y;
  printf("input x:");
  scanf("% f", &x);
  y = (x < 0) ? (x * x - 1) : (x * x + 1);
  printf("y = % f\n", y);
}
```

在这个程序中，用一个赋值语句

```
y = (x < 0) ? (x * x - 1) : (x * x + 1);
```

代替了一个 if…else 结构：

```
if (x < 0)   y = x * x - 1;
else   y = x * x + 1;
```

这个程序还可以改写成如下形式：

```
# include < stdio. h>
main()
{ float x;
  printf("input x:");
  scanf("% f", &x);
  printf("y = % f\n", (x < 0) ? (x * x - 1) : (x * x + 1));
}
```

在这个程序中，直接将条件表达式"(x < 0) ? (x * x - 1) : (x * x + 1)"作为输出项。

下面对条件表达式做几点说明。

（1）条件运算符优先级要比赋值运算符高。例如，赋值表达式：

```
y = (x < 0) ? (x * x - 1) : (x * x + 1);
```

等价于

```
y = ((x<0) ? (x*x-1) : (x*x+1));
```

（2）条件运算符的优先级比关系运算符与算术运算符都要低，因此，条件表达式中的"表达式1""表达式2"与"表达式3"都不必用括号括起来。例如，条件表达式：

```
(x<0) ? (x*x-1) : (x*x+1)
```

可以写成：

```
x<0 ? x*x-1 : x*x+1
```

（3）条件运算符的结合方向为"从右到左"。例如，条件表达式：

```
a>b ? a : c>d ? c : d
```

的执行过程是：先计算条件表达式"c>d ? c : d"的值，设值为 x；然后再计算条件表达式"a>b ? a : x"的值，即上式等价于

```
a>b ? a : (c>d ? c : d)
```

最后再举一个用条件运算表达式解决问题的例子。

例5.11 从键盘输入一个字符，如果输入的是英文大写字母，则将它转换成英文小写字母后输出，否则输出原来输入的字符。

判断字符型变量 ch 中存放的是否是英文大写字母的条件为：

```
ch >= 'A' && ch <= 'Z'
```

如果字符型变量 ch 中存放的是英文大写字母，为了将它转换成对应的英文小写字母，则只需在它的 ASCII 码值的基础上减去'A'再加上'a'。

实现上述判断且转换的操作可以用下列赋值语句来实现：

```
ch = (ch >= 'A' && ch <= 'Z') ? ch - 'A' + 'a' : ch;
```

其中赋值运算符右边的表达式为条件表达式。

综上所述，实现本例功能的 C 程序如下：

```
# include < stdio.h >
main()
{ char ch;
  printf("input ch:");
  scanf("%c", &ch);
  ch = (ch >= 'A' && ch <= 'Z') ? ch - 'A' + 'a' : ch;
  printf("%c\n", ch);
}
```

在执行本程序时，如果从键盘输入（有下画线的为键盘输入）：

input ch:B<回车>

输出为：

b

若键盘输入为：

```
input ch:g<回车>
```

则输出为：

```
g
```

又例如，求 a，b，c 中最大值赋值给 d。

如果用 if 语句书写为：

```
if (a > b)
    if (a > c)   d = a;
    else         d = c;
else
    if (b > c)   d = b;
    else         d = c;
```

如果改为用三目运算符写为：

```
d = a > b ? (a > c ? a : c) : (b > c? b : c);
```

就可以写在一行内而且不影响可读性，也可以写为：

```
d = a > b ? a > c? a : c : b > c? b : c;
```

但很明显可读性不好。

此外，条件运算符还有其他写法和用途。例如，有程序段：

```
scanf(" % d", &flag);
if (flag == 0 ? a > b : a < b)
{  语句 1 }
```

含义是：若 flag 为 0，则判断是否 a > b，否则判断是否 a < b。上述程序段等价于：

```
if (flag == 0)
{   if (a > b)
    {  语句 1  }
}
else
{   if (a < b)
    {  语句 1     }
}
```

此写法可以使得同一个程序即能从小到大排序，又能从大到小排序，取决于 flag 开关量的值。

5.5   switch 结构

首先看一个例子。

例 5.12   从键盘输入一个学生成绩，然后输出对应的等级，其等级规定如下：

90～100 分　　　　A

80～89 分　　　　B

70～79 分　　　　C

60～69分　　　　　D

60分以下　　　　　E

如果用 if…else if 结构来实现,其 C 程序如下:

```
# include < stdio. h>
main()
{   int   grade;
    printf("input grade = ");
    scanf(" % d", &grade);
    if (grade > = 90)  printf("A\n");
    else if (grade > = 80)  printf("B\n");
    else if (grade > = 70)  printf("C\n");
    else if (grade > = 60)  printf("D\n");
    else  printf("E\n");
}
```

如果分析上述程序的执行过程,可以发现,对于每次输入的成绩,为了判断它属于哪个等级,所需要的判断次数是不一样的。即:

如果输入的成绩为 90～100 分,则需要判断 1 次;

如果输入的成绩为 80～89 分,则需要判断 2 次;

如果输入的成绩为 70～79 分,则需要判断 3 次;

如果输入的成绩为 60～69 分,则需要判断 4 次;

如果输入的成绩为 60 分以下,则需要判断 4 次。

由此可以看出,对于不同的输入,为了输出相应的等级,程序执行的效率是不一样的。

有没有一种方法,对于不同的输入,为了确定输入成绩的等级,其判断的次数相同,甚至通过一次判断计算就可以确定并输出结果呢?

在 C 语言中提供了一个直接实现多路分支选择的结构,称为 switch 结构,其一般形式为:

```
switch(表达式)
{   case 常量表达式 1: 语句 1
    case 常量表达式 2: 语句 2
        ⋮
    case 常量表达式 n: 语句 n
    default: 语句 n + 1
}
```

在这种结构中,当"表达式"的值等于某个 case 后的"常量表达式值"时,就将执行其后的语句,这种结构的流程如图 5.5 所示。

表达式				
情况1	情况2	…	情况n	其他
语句1	语句2	…	语句n	语句n+1

图 5.5　switch 结构的流程图

如果用 switch 结构来实现,则例 5.12 中问题的 C 程序如下:

```
# include < stdio. h>
main()
```

```
{   int   grade;
    printf("input   grade = ");
    scanf("%d", &grade);
    switch(grade/10)
    {   case 10: ;
        case  9: printf("A\n"); break;
        case  8: printf("B\n"); break;
        case  7: printf("C\n"); break;
        case  6: printf("D\n"); break;
        default: printf("E\n");
    }
}
```

在执行上述程序时,对于输入的任何成绩都只需要计算表达式"grade/10"一次就可以了,从而提高了程序的执行效率。

结合上面的程序,下面对 switch 结构做几点说明。

(1) switch 结构中的"表达式""常量表达式 1,常量表达式 2,…,常量表达式 n"必须是整型或字符型常量。这是因为,在 switch 结构中,其分支数一般是有限的,并且是离散的,因此,其表达式的值也应是有限的,且是离散的。

在用 switch 结构实现多路分支选择结构时,其关键是要设计一个合适的"表达式",使其取值范围即是各 case 语句中常量表达式的值。在例 5.12 中,对于输入的成绩 grade,经计算后,表达式"grade/10"可能值为 10(输入的成绩 grade 为 100 分)、9(输入的成绩 grade 为 90~99 分)、8(输入的成绩 grade 为 80~89 分)、7(输入的成绩 grade 为 70~79 分)、6(输入的成绩 grade 为 60~69 分),而其他情况为输入的成绩 grade 低于 60 分。由此可以看出,当从键盘输入成绩 grade 后,通过表达式"grade/10"的一次计算就可以确定应该输出的等级。

(2) 同一个 switch 结构中的各个 case 的常量表达式值必须互不相同,否则就会出现矛盾的现象,即对于"表达式"的同一个值对应多种执行方案,编译器会报错。

(3) 在 switch 结构中,case 与 default 的顺序可以任意,各 case 之间的顺序也可以任意。例如,如果将例 5.12 中的 switch 结构改写为:

```
switch(grade/10)
{ default: printf("E\n"); break;
  case 10: ;
  case  9: printf("A\n"); break;
  case  6: printf("D\n"); break;
  case  8: printf("B\n"); break;
  case  7: printf("C\n");
}
```

不影响执行的效果。但需要注意,当 case 与 default 的顺序或各 case 之间的顺序改变后,有关 case 或 default 后面的语句可能要做一些修改。例如,在上述修改中,要在原 default 中的语句后加一个 break 语句,原"case 7"后面的 break 语句可以去掉。其原因见(4)中的说明。

(4) 在执行 switch 结构时,当执行完某 case 后的语句后,将顺序执行后面 case 后的语句,直到遇见 break 语句才退出整个 switch 结构的执行。因此,多个 case 可共用一组执行语句。例如,在例 5.12 中,当输入的成绩为 100 分时,表达式"grade/10"的值为 10,将执行"case 10"后面的语句,但"case 10"后面的语句为空操作语句,此时就顺序执行"case 9"后面的语句,输出等级 A,此时遇到 break 语句,退出 switch 结构。在这个例子中,"case 10"与"case 9"共用了等级 A 的输出语句。

由此可以看出,switch 结构中 break 语句的功能是退出 switch 结构的执行。因此,在 switch 结构中,各 case 后的语句最后一般应加 break 语句,除非需要共用下面 case 后的语句。在例 5.12 中,如果各 case 后的语句后面都没有 break 语句,即改成:

```
switch(grade/10)
{ case 10: ;
  case  9: printf("A\n");
  case  8: printf("B\n");
  case  7: printf("C\n");
  case  6: printf("D\n");
  default: printf("E\n");
}
```

则当输入成绩 100 分时,将连续输出

```
A
B
C
D
E
```

这显然是不对的。

在(3)的修改中,将 default 移到了最前面,如果在其原来的语句后不加 break 语句,则将顺序执行下面 case 后的语句,其逻辑功能就错了。同样,在(3)的修改中,原"case 7"后面的 break 语句去掉或不去掉其执行效果是相同的,因为它被移到了最后。

(5) 在 switch 结构中,如果没有 default 且"表达式"值不等于任何 case 后常量表达式的值,则直接退出 switch 结构而转到其后的语句执行。

例 5.13 编制一个 C 程序,其功能是:首先从键盘依次输入两个实数作为运算对象(两个实数之间用逗号分隔),然后从键盘再输入一个运算符,最后输出运算结果。其中运算符的符号分别为:

加法运算符"+";

减法运算符"-";

乘法运算符" * "或点".";

除法运算符"/"。

在做除法运算时,如果第二个实数为 0 时,要求输出信息"error!"。如果输入的运算符不是上述所定义的运算符,要求输出信息"Incorrect symbol!"。

根据题意,可以用 switch 结构来实现。其中 switch 结构中的"表达式"即是字符型变量(即存放输入运算符字符的变量),各"常量表达式"即是题目中定义的运算符字符常量。由于乘法运算符有" * "和"."两种,因此,这两种情况下的处理语句(即输出语句)可以共用。并且,在考虑除法运算符时,应判断分母是否为 0,如果第二个数为 0,则输出出错信息"error!",否则输出运算结果。

综上所述,所编写的 C 程序如下:

```
# include < stdio.h >
```

```
main()
{ double  x, y;
  char   ch;
  printf("input x, y:");                 /* 输入两个实数前的提示 */
  scanf(" %lf,%lf", &x, &y);             /* 输入两个实数 */
  scanf(" %c", &ch);                     /* 吃掉输入缓冲区中上次输入中最后一个回车符 */
  printf("input ch:");                   /* 输入运算符字符前的提示 */
  scanf(" %c", &ch);                     /* 输入运算符字符 */
  switch(ch)
  { case '+' : printf("%f + %f = %f\n", x, y, x + y); break;
    case '-' : printf("%f - %f = %f\n", x, y, x - y); break;
    case '*' :
    case '.' : printf("%f * %f = %f\n", x, y, x * y); break;
    case '/' : if (y == 0.0) printf("error!\n");   /* 分母为 0 */
               else  printf("%f / %f = %f\n", x, y, x/y);
               break;
    default :  printf("Incorrect symbol!\n");
  }
}
```

下面对上述程序中的一个具体问题做简要说明。

为了"吃掉输入缓冲区中上次输入中最后一个回车符号",在程序中用了如下输入语句：

```
scanf(" %c", &ch);                      /* 吃掉输入缓冲区中上次输入中最后一个回车符 */
```

这是因为，在前面输入两个实数的时候，是以回车作为结束符的，但回车符号并不是数字字符，因此，该回车符号仍保留在"输入缓冲区"中，作为下一次输入字符型数据的第一个字符。如果在程序中没有上述这个用于"吃掉输入缓冲区上次输入中最后一个回车符"的输入语句，则这个回车符号将作为"输入运算符字符"输入语句的输入字符，这就导致在输入完两个实数后，实际上还没有输入运算符字符，程序就运算结束，并输出信息："Incorrect symbol!"（因为回车不是运算符字符）。

因此，这个输入语句看似多余，实际是很必要的。读者可以思考一下，还有没有别的办法来解决这个问题。在第 12 章会讲到其他清除当前"输入缓冲区"的方法。

下面列出上述程序在各种输入（有下画线的为键盘输入）情况下的输出结果：

加法运算：

```
input x, y:2.0, 3.0
input ch: +
2.000000 + 3.000000 = 5.000000
```

减法运算：

```
input x, y:2.0, 3.0
input ch: -
2.000000 - 3.000000 = -1.000000
```

运算符为" * "的乘法运算：

```
input x, y:2.0, 3.0
input ch: *
2.000000 * 3.000000 = 6.000000
```

运算符为点"."的乘法运算：

```
input x, y:2.0, 3.0
input ch:.
2.000000 * 3.000000 = 6.000000
```

除法运算：

```
input x, y:2.0, 3.0
input ch:/
2.000000/3.000000 = 0.666667
```

分母为 0 的除法运算：

```
input x, y:2.0, 0.0
input ch:/
error!
```

不正确（即不存在）的运算符"，"：

```
input x, y:2.0, 3.0
input ch:,
Incorrect symbol!
```

例 5.14 某运输公司的运费按如下方法进行计算：每公里每吨货物的基本运费为 10 元，但对于路程较远者进行运费优惠，优惠的标准为：如果路程 s<50 公里，则不优惠；如果路程 50≤s<100 公里，则总运费优惠 2％；如果路程 100≤s<200 公里，则总运费优惠 5％；如果路程 200≤s<400 公里，则总运费优惠 8％；如果路程 400≤s<800 公里，则总运费优惠 11％；如果路程 s≥800 公里，则总运费优惠 15％。

编制一个计算并输出运费的 C 程序，其中路程 s 与货物的重量 w（吨）由键盘输入。

设总运费为 p。根据题中给定的条件，有：

（1）若路程 s<50 公里，总运费为 p＝10×s×w。

（2）若路程 50≤s<100 公里，总运费为 p＝10×s×w×（1-2％）。

（3）若路程 100≤s<200 公里，总运费为 p＝10×s×w×（1-5％）。

（4）若路程 200≤s<400 公里，总运费为 p＝10×s×w×（1-8％）。

（5）若路程 400≤s<800 公里，总运费为 p＝10×s×w×（1-11％）。

（6）若路程 s≥800 公里，总运费为 p＝10×s×w×（1-15％）。

总运费 p 与路程 s、货物重量 w 的关系可以写成如下分段函数的形式：

$$p=\begin{cases} 10\times s\times w & s<50 \\ 10\times s\times w\times(1-2\%) & 50\leqslant s<100 \\ 10\times s\times w\times(1-5\%) & 100\leqslant s<200 \\ 10\times s\times w\times(1-8\%) & 200\leqslant s<400 \\ 10\times s\times w\times(1-11\%) & 400\leqslant s<800 \\ 10\times s\times w\times(1-15\%) & s\geqslant800 \end{cases}$$

其流程图如图 5.6 所示。

根据流程图 5.6，用 if…else if 结构写出 C 程序如下：

```
# include < stdio.h >
```

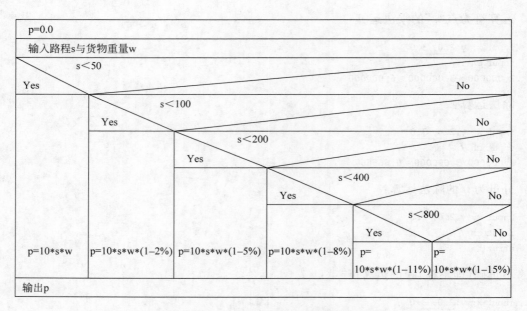

图 5.6　例 5.14 中 if…else if 结构的流程图

```
main()
{ double  p, s, w;
  printf("input s = :");
  scanf("% lf", &s);
  printf("input w = :");
  scanf("% lf", &w);
  if (s <= 0||w <= 0)  p = 0.0;
  else if (s < 50)  p = 10 * s * w;
  else if (s < 100)   p = 10 * s * w * (1 - 0.02);
  else if (s < 200)   p = 10 * s * w * (1 - 0.05);
  else if (s < 400)   p = 10 * s * w * (1 - 0.08);
  else if (s < 800)   p = 10 * s * w * (1 - 0.11);
  else  p = 10 * s * w * (1 - 0.15);
 printf("p = % f\n", p);
}
```

本例也可以用 switch 结构来解决。根据对题意的分析,路程 s 的变化转折点为 50,100,200,400,800,它们都是 50 的倍数。利用这个特点,可以设置一个整型变量 k,其中 k 的计算公式为:

$$k = (int)(s/50) + 1$$

显然,k 的值与路程 s 之间存在如下关系:

k=1 等价于路程 s<50 公里;

k=2 等价于路程 50≤s<100 公里;

k=3,4 等价于路程 100≤s<200 公里;

5≤k≤8 等价于路程 200≤s<400 公里;

9≤k≤16 等价于路程 400≤s<800 公里;

k≥17 等价于路程 s≥800 公里。

上述总运费 p 与路程 s、货物重量 w 的关系可以写成以下关于 k 的分段函数形式:

$$p=\begin{cases} 10\times s\times w & k=1 \\ 10\times s\times w\times(1-2\%) & k=2 \\ 10\times s\times w\times(1-5\%) & k=3,4 \\ 10\times s\times w\times(1-8\%) & 5\leqslant k\leqslant 8 \\ 10\times s\times w\times(1-11\%) & 9\leqslant k\leqslant 16 \\ 10\times s\times w\times(1-15\%) & k\geqslant 17 \end{cases}$$

由上述总运费 p 与 k 的分段函数表达式可以看出,当 k=3 与 4 时共用一个表达式;当 k=5,6,7,8 时也共用一个表达式;当 k=9~16 时也共用一个表达式;当 k≥17 时也共用一个表达式。为了使 switch 结构简练,减少 case 语句的个数,可以事先做如下处理:

当 9≤k≤16 时,置 k=9;

当 k≥17 时,置 k=17;

当 k=3 与 4 时,用两个 case 语句,但它们共用一个赋值语句;

当 k=5,6,7,8 时,用 4 个 case 语句,但它们共用一个赋值语句。

综上所述,可以画出用 switch 结构处理的流程图,如图 5.7 所示。

p=0.0					
输入路程s与货物重量w					
k=(int)(s/50)+1					
若9≤k≤16,置k=9					
若k≥17,置k=17					
k					
1	2	3或4	5或6或7或8	9	17
p=10*s*w	p=10*s*w*(1-2%)	p=10*s*w*(1-5%)	p=10*s*w*(1-8%)	p=10*s*w*(1-11%)	p=10*s*w*(1-15%)
输出p					

图 5.7 例 5.14 中 switch 结构的流程图

根据图 5.7,用 switch 结构写出 C 程序如下:

```
#include <stdio.h>
main()
{ double p, s, w;
  int k;
  printf("input s = :");
  scanf("%lf", &s);
  printf("input w = :");
  scanf("%lf", &w);
  if (s<=0||w<=0)  p=0.0;
  else
      { k = (int)(s/50) + 1;
        if (k>=9 && k<=16)  k=9;
        if (k>=17)  k=17;
        switch(k)
        { case 1 : p = 10 * s * w; break;
          case 2 : p = 10 * s * w * (1 - 0.02); break;
          case 3 :
```

```
                case 4 : p = 10 * s * w * (1 - 0.05); break;
                case 5 :   case 6 :   case 7 :
                case 8 : p = 10 * s * w * (1 - 0.08); break;
                case 9 : p = 10 * s * w * (1 - 0.11); break;
                case 17 : p = 10 * s * w * (1 - 0.15);
            }
        }
    printf("p = % f\n", p);
}
```

5.6　程序举例

本节讨论一般一元二次方程的求解问题。

设一元二次方程为

$$Ax^2 + Bx + C = 0$$

求解一元二次方程要考虑各种特殊情况,其过程如下。

首先考虑系数 A 是否等于 0。

如果 A=0,此时方程变为 Bx+C=0,则还要考虑以下两种情况。

(1) 若 B=0,则该方程无意义(因为 A 与 B 都为 0),输出"error",结束。

(2) 若 B≠0,则方程只有一个实根,即输出 x=−C/B,结束。

如果 A≠0,需要考虑以下两种情况。

(1) B=0,此时方程变为 $Ax^2 + C = 0$。

在这种情况下,如果 A 与 C 异号,则方程有两个实根为

$$x_{1,2} = \pm \sqrt{-C/A}$$

如果 A 与 C 同号,则方程有两个虚根为

$$x_{1,2} = \pm j \sqrt{C/A}$$

其中 $j = \sqrt{-1}$。

(2) B≠0,在这种情况下,如果 C=0,则方程变为 $Ax^2 + Bx = 0$,两个实根分别为

$$x_1 = 0, \quad x_2 = -B/A$$

否则计算判别式 $D = B^2 - 4AC$,再考虑以下两种情况。

① 如果 D≥0,则表示方程有两个实根。在此要特别指出,习惯上求一元二次方程两个实根的公式为

$$x_{1,2} = (-B \pm \sqrt{D})/(2A)$$

但考虑到受计算机中有效数字位数的限制,在求根公式中总会有一个要涉及两个数相减的问题,而两个相近的近似数相减会严重丢失有效数字。例如,设有两个近似数 31.6347 和 31.6234,它们均具有 6 位有效数字,但这两个数相减后得 31.6347−31.6234=0.0113,结果只有 3 位数字,而且是否都有效还不一定。因此,在用数学公式进行计算时,一定要注意这个问题,即尽量避免两个相近的数相减。

在求一元二次方程两个实根时,首先用求根公式求出一个实根 x_1,然后再用韦达定理计算另一个实根 $x_2 = \dfrac{C}{Ax_1}$。其中在求 x_1 时用如下公式

$$x_1 = (-B - \text{sgn}(B)\sqrt{D})/(2A)$$

其中 sgn(B)表示取 B 的符号,即

$$\text{sgn}(B) = \begin{cases} 1 & B \geqslant 0 \\ -1 & B < 0 \end{cases}$$

由此可以看出,在求 x_1 时,就不会遇到两个同号数相减的问题了。

② 如果 D<0,则表示一元二次方程有两个共轭复根,其求根公式为

$$x_{1,2} = (-B \pm j\sqrt{-D})/(2A)$$

综上所述,可以得到求一元二次方程根的流程图,如图 5.8 所示。

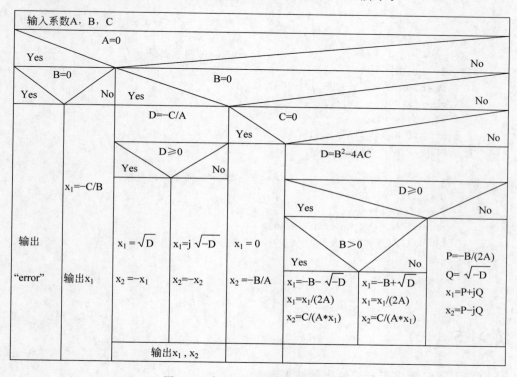

图 5.8　求一元二次方程根的流程图

根据图 5.8 所示流程图,可以写出相应的 C 程序如下:

```
#include<stdio.h>
#include<math.h>
main()
{   double  a, b, c, d, x1, x2, p;
    printf("input a, b, c:");
    scanf("%lf%lf%lf", &a, &b, &c);
    if (a==0.0)
    {   if (b==0.0)  printf("error\n");  /* 方程为 C = 0,错误 */
        else  printf("X=%f\n", -c/b);    /* 方程为 Bx = C */
    }
    else if (b==0.0)                     /* 方程为 Ax² + C = 0 */
    {   d=c/a;
        if (d<=0.0)                      /* 两个实根 */
```

```
    {    printf("X1 = % f\n", sqrt( - d));
         printf("X2 = % f\n",  - sqrt( - d));
    }
    else                                    /* 两个虚根 */
    {    printf("X1 = + j % f\n", sqrt(d));
         printf("X2 =- j % f\n", sqrt(d));
    }
}
else if (c == 0.0)                         /* 方程为 Ax² + Bx = 0 */
{    printf("X1 = 0.0\n");
     printf("X2 = % f\n",  - b/a);
}
else                                       /* 方程为 Ax² + Bx + C = 0 */
{    d = b * b - 4 * a * c;
     if (d >= 0.0)                          /* B² - 4AC≥0,两个实根 */
     {   d = sqrt(d);
         if (b > 0.0) x1 = ( - b - d)/(2 * a);
         else   x1 = ( - b + d)/(2 * a);
         x2 = c/(a * x1);
         printf("X1 = % f\n", x1);
         printf("X2 = % f\n", x2);
     }
     else                                   /* B² - 4AC < 0,两个共轭复根 */
     {   d = sqrt( - d)/(2 * a);
         p =- b/(2 * a);
         printf("X1 = % f + j % f\n", p, d);
         printf("X2 = % f - j % f\n", p, d);
     }
   }
}
```

练习 5

1. 给出下列 C 程序运行后输出的结果：

```
# include < stdio. h >
main()
{  int   k, m, n;
   k = (m = 5, n = 3);
   { int   m, n;
     k = k + 1;
     m = n = k;
   }
   m = k + n;
   printf(" % d\n", m);
}
```

2. 给出下列 C 程序运行后输出的结果：

```
# include < stdio. h >
main()
```

```
{   int   m = 5;
    if (m++>5)  printf("%d\n", m);
    else  printf("%d\n", m-- );
}
```

3. 给出下列 C 程序运行后输出的结果：

```
#include <stdio.h>
main()
{ int a = -1, b = 3, c = 3, s = 0, w = 0, t = 0;
  if (c > 0)   s = a + b;
  if (a <= 0)
  {   if (b > 0)
          if (c <= 0)   w = a - b;
  }
  else if (c > 0) w = a - b;
  else   t = c;
  printf("%d, %d, %d\n", s, w, t);
}
```

4. 给出下列 C 程序运行后输出的结果：

```
#include <stdio.h>
main()
{ int a = 1, b = 2;
  printf("%d\n", a > b ? a : b + 1);
}
```

5. 给出下列 C 程序运行后输出的结果：

```
#include <stdio.h>
main()
{ int a = 1, b = 2, c = 3, d = 4;
  printf("%d\n", a > b ? a : c > d ? c : d);
}
```

6. 给出下列 C 程序运行后输出的结果：

```
#include <stdio.h>
main()
{ int a = 10, c = 9;
  printf("%d\n", ( --a != c++) ? --a : ++c);
}
```

7. 给出下列 C 程序运行后输出的结果：

```
#include <stdio.h>
main()
{ int x = 1, y = 2, z = 3;
  printf("%d\n", (x < y ? x : y) == z++);
}
```

8. 编写一个 C 程序，从键盘输入整数 a 与 b，如果 $a^2 + b^2$ 大于 100，则输出 $a^2 + b^2$ 百位以上的数字，否则输出两数之和。

9. 编写一个 C 程序,用条件表达式实现下列功能:

$$y=\begin{cases}-1 & x<0 \\ 0 & x=0 \\ 1 & x>0\end{cases}$$

其中 x 由键盘输入。

10. 编写一个 C 程序,从键盘输入一个字符,判断它是否是小写字母,若是,则将其转换成大写字母,否则不进行转换,最后输出该字符。

11. 编写一个 C 程序,从键盘输入年和月,计算并输出这一年的这一月共有多少天。

12. 编写一个 C 程序,计算并输出下列分段函数值:

$$y=\begin{cases}x^2+2x-6 & x<0,x\neq-3 \\ x^2-5x+6 & 0\leqslant x<10,x\neq 2,x\neq 3 \\ x^2-x-15 & x=-3,x=2,x=3,x\geqslant 10\end{cases}$$

其中 x 从键盘输入。

13. 一个工人的月工资按如下方法计算:在正常工作时间内每小时为 15 元,如果超出正常工作时间,则在超过的时间内每小时加 14 元。其中每月正常工作时间为 160 小时。请编写一个 C 程序,计算并输出一个工人的月工资,其中月工作时间从键盘输入。

14. 编写一个 C 程序,从键盘输入一个实数 x,判断它是否是方程

$$x^4-3x^2-8x-30=0$$

的实根。若是方程的实根,则输出"Y",否则输出"N"。

15. 编写一个 C 程序,从键盘输入 A,B,C,D 4 个数,然后按从大到小的顺序将它们输出。

16. 当企业利润 P 等于或低于 0.5 万元时,奖金为利润的 1%;当 0.5<P≤1 万元时,超过 0.5 万元部分的奖金按利润的 1.5% 计算,0.5 万元以下部分仍按 1% 计算;当 1<P≤2 万元时,1 万元以下部分仍按前面的方法计算,超过 1 万元部分的奖金按利润的 2% 计算;当 2<P≤5 万元时,2 万元以下部分仍按前面的方法计算,超过 2 万元部分的奖金按利润的 2.5% 计算;当 5<P≤10 万元时,5 万元以下部分仍按前面的方法计算,超过 5 万元部分的奖金按利润的 3% 计算;当 P>10 万元时,10 万元以下部分仍按前面的方法计算,超过 10 万元部分的奖金按 3.5% 计算。其中 P 由键盘输入,编写 C 程序计算并输出相应的奖金数 W。

17. 编写一个 C 程序,计算并输出下列分段函数值:

$$f(x)=\begin{cases}1/(x+2) & -5\leqslant x<0 \text{ 且 } x\neq-2 \\ 1/(x+5) & 0\leqslant x<5 \\ 1/(x+12) & 5\leqslant x<10 \\ 0 & \text{其他}\end{cases}$$

其中 x 由键盘输入。

具体要求如下。

(1) 所有变量均用双精度类型。

(2) 在从键盘输入数据前要有提示。

(3) 结果的输出采用以下形式:

$$x=\text{具体值}, \quad f(x)=\text{具体值}$$

(4) 分别输入 x=-7.0,-2.0,-1.0,0.0,2.0,5.0,8.0,10.0,11.0 运行程序。

18. 从键盘输入一个月号,显示输出该月号的英文名称。

具体要求如下。

(1) 键盘输入的整数值为 1~12。

(2) 键盘输入整数值前要有提示,输入后要检查数据的合法性,若输入的整数不是 1~12 之间的整数,则输出错误信息。

(3) 分别用 if 和 switch 语句实现。

(4) 输出结果的格式如下:

　　　　　输入整数值———>该月号的英文名称(或错误信息)

19. 编写一个 C 程序,从键盘输入一个 4 位正整数。首先分离出该正整数中的每一位数字,并按逆序显示输出各位数字;然后用分离出的每位数字组成一个最大数和一个最小数,并显示输出。

例如,若输入的 4 位正整数为 3175。按逆序显示输出分离出的各位数字为 5713;组成的最大数为 7531,组成的最小数为 1357。

具体要求如下。

(1) 输入前要有提示,并检查输入数据的合法性,若输入的数据不合法,则显示输出错误信息。

(2) 对输出结果要有具体说明(用英文字母或汉语拼音)。

方法说明如下。

首先分离出该 4 位正整数的 4 位数字依次(从千位数字到个位数字)为 a,b,c,d,按逆序显示输出为 dcba。

然后对 4 位数字 a,b,c,d 按从大到小进行排序,按该顺序组成一个最大数,按逆序组成一个最小数。

第6章

编译预处理

编译预处理是 C 语言的一个重要功能。所谓编译预处理,是指 C 语言编译系统首先对程序模块中的编译预处理命令进行处理,对预处理过的程序模块再进行进一步的真正编译。

C 语言提供的编译预处理命令主要有以下 5 种。

(1) 宏定义。

(2) 文件包含命令。

(3) 条件编译命令。

(4) ♯pragma。

(5) ♯line。

编译预处理命令一般是在函数体的外面。正确使用编译预处理命令,可以编写出易读、易于调试、易于移植的程序模块。

在 C 语言中,为了与一般的 C 语句相区别,所有的编译预处理命令都是以"♯"开头的。

宏定义已经在 4.7 节中介绍过了,本章主要介绍文件包含命令、条件编译命令等。

6.1　文件包含命令

一个 C 语言程序可以由多个函数组成。一个 C 程序中的多个函数模块可以放在同一个文件中;也可以将各函数模块分别放在若干个文件中。C 语言的这种机制,有利于进行模块化程序设计。

文件包含是指一个源文件可以将另一个指定的源文件包括进来。

文件包含命令的一般形式为:

♯include <文件名>

或

♯include "文件名"

其功能是将指定文件中的全部内容插入到该命令所在的位置后一起被编译。

例如,文件 file1.c 的内容如下:

```
int    x, y, z;
float  a, b, c;
char   c1, c2;
```

文件 file2.c 的内容如下：

```
# include "file1.c"
main()
{
    …
}
```

编译系统在对文件 file2.c 进行编译处理时，将首先对其中的 ＃include 命令进行"文件包含"处理，将文件 file1.c 中的全部内容插入到文件 file2.c 中的 ＃include "file1.c"预处理命令处，也就是将文件 file1.c 中的内容包含到文件 file2.c 中。经过编译预处理后，最终实际的程序内容为：

```
int   x, y, z;
float  a, b, c;
char  c1, c2;
main()
{
    …
}
```

在文件包含命令中，<文件名>通常是编译系统提供的系统文件，如果被包含的文件名是用尖括号(即小于号<与大于号>)括起来的，系统预编译时直接到系统目录下找相关文件；"文件名"通常是用户文件，系统文件也可以这么引用。如果被包含的文件名是用双引号(")括起来的，则系统预编译时首先到用户当前工作目录和指定目录下找相关文件，找不到再到系统目录下找相关文件。因此，使用双引号的 ＃include 命令的检索路径将包含使用尖括号的 ＃include 命令的检索路径。

在 C 编译系统中，有许多以.h 为扩展名的文件，这些文件一般被称为头文件。在这些头文件中，对相应函数的原型与符号常量等进行了说明和定义。因此，如果要在程序中使用 C 编译系统提供的库函数，则在源程序的开头应包含相应的头文件。例如，如果在一个程序中要用到输入或输出函数时，则在该程序前要用如下的包含命令将相应的头文件包含进来：

```
# include < stdio. h>
```

使用不同的 C 库函数，将需要包含不同的头文件。在附录 B 中列出了各头文件中所包含的库函数。

在使用文件包含命令时，要注意以下几个问题。

(1) 当 ＃include 命令指定的文件中的内容改变时，包含这个文件的所有源文件都应该重新进行编译处理。

(2) 一个 ＃include 命令只能指定一个被包含文件，如果需要包含多个文件，则可以用多个 ＃include 命令实现。

(3) 被包含的文件应该是 C 源程序文件，不能是经编译后的目标文件或可执行文件。

(4) 文件包含可以嵌套使用，即被包含的文件中还可以使用 ＃include 命令。但不能出现递归引用，也就是 A 文件用 ＃include 命令文件包含 B 文件，则 B 文件不能再通过 ＃include 命令直接或间接文件包含 A 文件。

(5) 由 ＃include 命令所指定的文件中可以有任何语言成分。因此，通常可以将经常使用的、具有公用性质的符号常量、带参数的宏定义、函数说明以及外部变量等集中起来放在这种文件中,以尽量避免一些重复操作。

6.2　条件编译命令

一般情况下,C 源程序中的所有命令行与语句都要进行编译。如果希望对 C 源程序中的部分内容只在满足一定条件时才进行编译;或者希望当满足某条件时对一部分语句进行编译,而当条件不满足时对另一部分语句进行编译,这就是条件编译。C 语言的编译预处理程序提供了条件编译能力,使得同一个源程序在不同的编译条件下能够产生不同的目标代码文件。

条件编译命令有以下几种形式。

1.　#ifdef,#else,#endif

其一般形式为:

```
#ifdef　标识符
    程序段 1
#else
    程序段 2
#endif
```

其作用是,如果"标识符"已经定义过(一般是指用 #define 命令定义过),则程序段 1 参加编译,而程序段 2 不参加编译;否则(即"标识符"没有定义过)程序段 2 参加编译,而程序段 1 不参加编译。其中程序段 1 和程序段 2 均可以包含任意条语句(不需要用花括号括起来)。

其中 #else 部分可以省略,即可以写为:

```
#ifdef　标识符
    程序段 1
#endif
```

其作用是,如果"标识符"已经定义过,则程序段 1 参加编译,否则程序段 1 不参加编译。

例 6.1　有下列 C 程序:

```
#include <stdio.h>
#define   LOW   1
main()
{ char ch;
  printf("input ch:");
  scanf("%c", &ch);
#ifdef  LOW
  if (ch>='A' && ch<='Z') ch=ch - 'A' + 'a';      /* 大写字母转换成小写字母 */
#else
  if (ch>='a' && ch<='z') ch=ch - 'a' + 'A';      /* 小写字母转换成大写字母 */
#endif
  printf("%c\n", ch);
}
```

这个程序的功能是,对于由键盘输入的字符,将英文大写字母转换成小写字母,其他字符不变。

在上述程序中,由于开头有一个宏定义

```
#define  LOW  1
```

即定义了一个标识符"LOW",而定义的这个标识符表示什么是无关紧要的(在现在的程序中为1)。甚至如下形式:

```
#define  LOW
```

LOW 未定义为任何内容,但是 LOW 已经被定义了,这会使得 #ifdef LOW 为真。因此,条件编译命令中的程序段 1(即大写字母转换成小写字母的程序段):

```
if (ch>='A' && ch<='Z') ch=ch - 'A' + 'a';
```

被编译,而程序段 2(即小写字母转换成大写字母的程序段):

```
if (ch>='a' && ch<='z') ch=ch - 'a' + 'A';
```

不被编译。在这种情况下,C 编译系统相当于编译了如下的 C 源程序:

```
#include <stdio.h>
main()
{ char ch;
  printf("input ch:");
  scanf("%c", &ch);
  if (ch>='A' && ch<='Z') ch=ch - 'A' + 'a';      /* 大写字母转换成小写字母 */
  printf("%c\n", ch);
}
```

由此可以看出,编译所生成程序的功能是将键盘输入的大写字母转换成小写字母(其他字符不变)输出。

如果将例 6.1 源程序中的宏定义命令去掉,即程序变为:

```
#include <stdio.h>
main()
{ char ch;
  printf("input ch:");
  scanf("%c", &ch);
#ifdef  LOW
  if (ch>='A' && ch<='Z') ch=ch - 'A' + 'a';      /* 大写字母转换成小写字母 */
#else
  if (ch>='a' && ch<='z') ch=ch - 'a' + 'A';      /* 小写字母转换成大写字母 */
#endif
  printf("%c\n", ch);
}
```

由于在条件编译命令之前没有定义过标识符"LOW",因此,条件编译命令中的程序段 1(即大写字母转换成小写字母的程序段):

```
if (ch>='A' && ch<='Z') ch=ch - 'A' + 'a';
```

不被编译,而程序段 2(即小写字母转换成大写字母的程序段):

```
if (ch>='a' && ch<='z') ch=ch - 'a' + 'A';
```

被编译。在这种情况下,C 编译系统相当于编译了如下的 C 源程序:

```
#include <stdio.h>
main()
{ char ch;
  printf("input ch:");
  scanf("%c", &ch);
  if (ch>='a' && ch<='z') ch=ch - 'a' + 'A';          /* 小写字母转换成大写字母 */
  printf("%c\n", ch);
}
```

编译所生成程序的功能是将键盘输入的小写字母转换成大写字母(其他字符不变)输出。

由例 6.1 可以看出,条件编译命令利用"标识符"是否定义作为条件,在两个程序段中选择一个进行编译。可能有人会说,根据条件选择执行不同的程序段,利用选择结构就可以解决,不需要使用条件编译命令。就从程序的功能而言,确实如此。但是,由于选择结构中的各程序段不管最后是否被执行,都需要进行编译,形成的目标程序就会很长。而且,在实际运行时,要对条件进行测试后才能决定执行哪个程序段,因而运行时间也变长。而如果采用条件编译命令来处理,由于在编译过程中根据条件决定对哪一段程序进行编译,另外的程序段就不编译了,从而减少了实际被编译的语句,也减少了目标程序的长度,并且在实际执行过程中不必再测试条件,减少了运行时间。因此,当条件编译段比较多时,会大大提高程序的运行效率。

2.　#ifndef，#else，#endif

其一般形式为:

```
#ifndef   标识符
    程序段 1
#else
    程序段 2
#endif
```

其作用是,如果"标识符"没有定义过,则程序段 1 参加编译,而程序段 2 不参加编译;否则(即"标识符"定义过)程序段 2 参加编译,而程序段 1 不参加编译。程序段 1 和程序段 2 均可以包含任意条语句(不需要用花括号括起来)。

同样,#else 部分也可以省略,即:

```
#ifndef   标识符
    程序段
#endif
```

其作用是,如果标识符没有定义过,则程序段参加编译,否则程序段不参加编译。

这种形式的条件编译命令与上一种差不多,只是条件刚好相反,在实际应用中,可以根据具体情况任选一种。

如果将例 6.1 程序中的条件编译命令 #ifdef 改成 #ifndef,即程序改为:

```
#define  LOW  1
#include <stdio.h>
main()
{ char ch;
  printf("input ch:");
  scanf("%c", &ch);
```

```
#ifndef LOW
  if (ch>= 'A' && ch<= 'Z') ch= ch - 'A' + 'a';       /* 大写字母转换成小写字母 */
#else
  if (ch>= 'a' && ch<= 'z') ch= ch - 'a' + 'A';       /* 小写字母转换成大写字母 */
#endif
  printf("%c\n", ch);
}
```

这个程序的功能是,对于由键盘输入的字符,将英文小写字母转换成大写字母,其他字符不变。

如果将程序中的宏定义命令"#define LOW 1"去掉,程序变为:

```
#include <stdio.h>
main()
{ char ch;
  printf("input ch:");
  scanf("%c", &ch);
#ifndef LOW
  if (ch>= 'A' && ch<= 'Z') ch= ch - 'A' + 'a';       /* 大写字母转换成小写字母 */
#else
  if (ch>= 'a' && ch<= 'z') ch= ch - 'a' + 'A';       /* 小写字母转换成大写字母 */
#endif
  printf("%c\n", ch);
}
```

此时,程序的功能是,对于由键盘输入的字符,将英文大写字母转换成小写字母,其他字符不变。

3. #if,#else,#endif

其一般形式为:

```
#if  常量表达式
   程序段 1
#else
   程序段 2
#endif
```

其作用是,如果常量表达式的值为"真"(值非 0),则程序段 1 参加编译,而程序段 2 不参加编译;否则(即常量表达式的值为 0)程序段 2 参加编译,而程序段 1 不参加编译。程序段 1 和程序段 2 均可以包含任意条语句(不需要用花括号括起来)。

同样,#else 部分也可以省略,即:

```
#if  常量表达式
   程序段
#endif
```

其作用是,如果常量表达式的值为"真"(值非 0),则程序段参加编译,否则程序段不参加编译。

如果将例 6.1 程序中的条件编译命令#ifdef 改成#if,即程序改为:

```
#define  LOW  1
#include <stdio.h>
main()
```

```
{ char ch;
  printf("input ch:");
  scanf(" % c", &ch);
#if  LOW
  if (ch>= 'A' && ch<= 'Z') ch= ch - 'A' + 'a';          /* 大写字母转换成小写字母 */
#else
  if (ch>= 'a' && ch<= 'z') ch= ch - 'a' + 'A';          /* 小写字母转换成大写字母 */
#endif
  printf("% c\n", ch);
}
```

这个程序的功能是,对于由键盘输入的字符,将英文大写字母转换成小写字母,其他字符不变。

需要注意的是,#if 后面的 LOW 是作为常量表达式,LOW 经替换后其值为 1,从而只编译"大写字母转换成小写字母"的程序段。这个程序等价于

```
# include < stdio. h>
main()
{ char ch;
  printf("input ch:");
  scanf(" % c", &ch);
#if  1
  if (ch>= 'A' && ch<= 'Z') ch= ch - 'A' + 'a';          /* 大写字母转换成小写字母 */
#else
  if (ch>= 'a' && ch<= 'z') ch= ch - 'a' + 'A';          /* 小写字母转换成大写字母 */
#endif
  printf("% c\n", ch);
}
```

但如果将程序中的宏定义命令"# define LOW 1"改成"# define LOW 0",程序变为:

```
#define  LOW  0
# include < stdio. h>
main()
{ char ch;
  printf("input ch:");
  scanf(" % c", &ch);
#if  LOW
  if (ch>= 'A' && ch<= 'Z') ch= ch - 'A' + 'a';          /* 大写字母转换成小写字母 */
#else
  if (ch>= 'a' && ch<= 'z') ch= ch - 'a' + 'A';          /* 小写字母转换成大写字母 */
#endif
  printf("% c\n", ch);
}
```

此时,程序的功能是,对于由键盘输入的字符,将英文小写字母转换成大写字母,其他字符不变。这是因为符号常量 LOW 的值为 0,从而只编译"小写字母转换成大写字母"的程序段。这个程序等价于

```
# include < stdio. h>
main()
```

```
{ char ch;
  printf("input ch:");
  scanf("% c", &ch);
#if  0
  if (ch>= 'A' && ch<= 'Z') ch=ch - 'A' + 'a';          /* 大写字母转换成小写字母 */
#else
  if (ch>= 'a' && ch<= 'z') ch=ch - 'a' + 'A';          /* 小写字母转换成大写字母 */
#endif
  printf("% c\n", ch);
}
```

条件编译通常用来防止出现多个文件引用同一个头文件时，出现多重定义同一个外部变量或说明的问题，例如，有一个头文件 EXAMPLE. h：

```
/* EXAMPLE. h —Example header file */
#if !defined(EXAMPLE_H)
  #define EXAMPLE_H
  struct Example { … };
#endif
```

若多个 C 文件都包含头文件 EXAMPLE. h，加上此条件编译后，每个 C 文件编译时，首先判断开关量 EXAMPLE_H 是否已经宏定义过了，若没定义过，则宏定义 EXAMPLE_H，同时说明结构体 Example。一旦某个文件已经引用过 EXAMPLE. h，则开关量 EXAMPLE_H 已经宏定义过了，结构体 Example 也说明过了。这个文件再次包含 EXAMPLE. h，则不会再重复定义 EXAMPLE_H，也不会重复说明结构体 Example。

4.　#undef

其一般形式为：

#undef　标识符

其作用是，将 #define 已经定义的标识符变为未定义。

6.3　#pragma 命令

#pragma 命令的一般形式为：

#pragma token - string

其中 token-string 有多种，像 alloc_text, auto_inline, bss_seg, check_stack, code_seg, const_seg, comment, component, data_seg, function, hdrstop, include_alias, init_seg1, inline_depth, inline_ recursion, intrinsic, message, once, optimize, pack, pointers _ to _ members1, setlocale, vtordisp1, warning 等。其作用是，指示编译器如何进行编译，比如如何处理某文件被多次 include，如何进行内存存放处理，比如紧缩方式 pack，等等。本书将仅介绍 once、warning 和 pack 的使用。而且 pack 涉及结构体的成员对齐方式，将留到第 11 章再介绍。

1.　#pragma once

其作用是让编译器把指定的文件只包含一次，防止连接时多个文件多次引用出现的重复定义等错误。通常放在头文件的开始处，例如打开文件 stdio. h，会看到开头几行代码为：

```
# if _MSC_VER > 1000
# pragma once
# endif
```

作用是当一个文件多次包含文件 stdio. h 时，让编译器把文件 stdio. h 只文件包含一次，防止连接时多次引用出现重复定义等错误。

2. ＃pragma warning（disable：4996）

其作用是将 4996 类警告错误置为失效，让编译器不再显示这类警告错误。因为微软的 VS 系列编译器在 2005 版本后引入了所谓安全函数，把 C 语言的标准函数 scanf 等提示为不安全函数。例如，对于程序：

```
# include < stdio. h>
main()
{ int x;
  scanf(" % d",&x);
  printf(" % d\n",x);
}
```

会出现如下的编译警告错误：

warning C4996: 'scanf': This function or variable may be unsafe. Consider using scanf_s instead. To disable deprecation, use _CRT_SECURE_NO_WARNINGS. See online help for details.

在程序的开头加上：

```
# pragma warning(disable:4996)
```

编译时将不再显示这类错误，例如下面的程序：

```
# include < stdio. h>
# pragma warning(disable:4996)
main()
{ int x;
  scanf(" % d",&x);
  printf(" % d\n",x);
}
```

将不会再出现这类警告性错误，对于 VS2012 以后的版本尤其重要。

6.4　＃line 命令

＃line 命令的一般形式为：

```
# line　数字　["文件名"]
```

其中"文件名"是任选项，其作用是让编译器编译显示错误信息时，改变当前所显示的行号和文件名，以便于调试与追踪。

例如在文件 test. c 中，插入

```
# line 151
```

从此行后,编译信息显示是 test.c 的 151 行开始的计数,实际上尽管♯line 151 所在的行可能是第 1 行。

而在文件 test.c 中,插入

```
#line  151  "copy.c"
```

从此行后,编译信息显示是 copy.c 的 151 行开始的计数。

第7章

循 环 结 构

7.1 当型循环与直到型循环

循环结构是结构化程序设计中的 3 种基本结构之一。循环结构可以分为当型循环与直到型循环两种基本形式,它们的共同特点是根据某个条件来决定是否重复执行某些操作(即某些语句)。

1. 当型循环结构

当型循环结构的流程图如图 7.1 所示。

在图 7.1 中,循环中的条件一般是一个逻辑表达式,条件满足是指逻辑表达式的值为真。循环体可以是单个语句,也可以是由若干个可执行语句组成的复合语句。

当型循环的执行过程是:当条件满足(即逻辑表达式的值为真)时,执行一次循环体中所包括的操作,当循环体执行完后,将再次判断条件,直到条件不满足(即逻辑表达式的值为假)为止,从而退出循环结构。

由上述执行过程可以看出,如果在开始执行这个结构时条件就不满足,则当型循环结构中的循环体一次也不会被执行。

2. 直到型循环结构

直到型循环结构的流程图如图 7.2 所示。

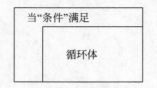

图 7.1 当型循环结构的流程图

图 7.2 直到型循环结构的流程图

直到型循环的执行过程是:首先执行一次循环体,然后判断条件(即计算逻辑表达式),如果条件满足(即逻辑表达式值为真),则退出循环结构;如果条件不满足(即逻辑表达式值为假),则继续执行循环体。

由上述的执行过程可以看出,对于直到型循环结构来说,由于首先执行循环体,然后再判断条件,因此,其循环体至少要执行一次。这是直到型循环与当型循环最明显的区别。

在 C 语言中,用来实现循环结构的语句有 while 语句、do…while 语句与 for 语句。

7.2 while 语句

while 语句的形式为:

while(表达式) 循环体

while 语句的执行过程是:首先计算表达式的值,当表达式值为非 0 时,则认为表达式结果为真,执行循环体,执行完循环体中所有的语句后,继续计算表达式的值。只有当表达式值为 0 时,则认为结果为假,不再继续执行循环体,退出循环体继续执行循环结构后面的语句。

从 while 语句的执行过程可以看出,由 while 语句所构成的循环结构就是当型循环结构。

在 while 语句中,循环体可以是单个语句,也可以是复合语句。

下面举例说明 while 语句的使用。

例 7.1 计算并输出下列级数和:

$$SUM = 1 + \frac{1}{2} + \frac{1}{3} + \frac{1}{4} + \cdots + \frac{1}{50}$$

其流程图如图 7.3 所示。

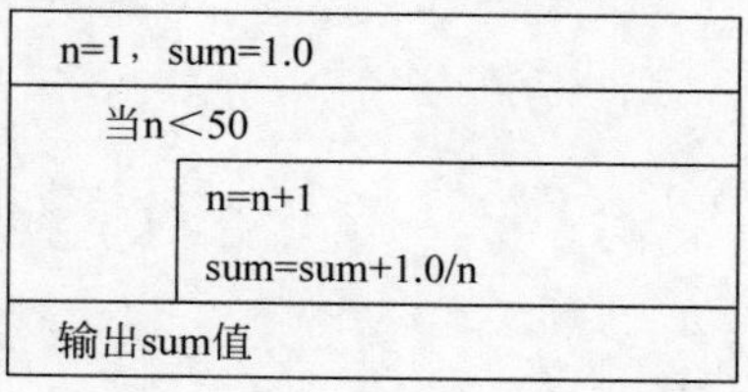

n=1,sum=1.0		
当n<50		
	n=n+1	
	sum=sum+1.0/n	
输出sum值		

图 7.3 例 7.1 的流程图

由流程图 7.3 可以看出,该循环结构中的条件是 n<50,其中 n 的初值为 1,共循环 49 次。在循环体中有两个语句,每次循环 n 的值都增加 1,然后按要求进行累加,从而实现计算级数和的功能。

根据流程图 7.3,可以写出相应的 C 程序如下:

```
#include<stdio.h>
main()
{ int n;
  double sum;
  sum=1.0; n=1;
  while(n<50)
  { n=n+1;
    sum=sum+1.0/n;
  }
  printf("sum=%lf\n", sum);
}
```

程序的运行结果为:

```
sum=4.499205
```

在上述程序中,由于将级数中的第一项作为初值,因此,在循环体中只需累加 49 次。实际上也可以将级数中的第一项也放在循环体中累加,此时,累加器 sum 的初值为 0,n 的初值也为 0。虽然条件 n<50 不变,循环就要执行 50 次。其 C 程序如下:

```
# include < stdio. h >
main()
{ int   n;
  double   sum;
  sum = 0.0; n = 0;
  while(n < 50)
  {  n = n + 1;
     sum = sum + 1.0/n;
  }
  printf("sum = % lf\n", sum);
}
```

在上述两个程序的循环体中,n 的增加作为循环体的第一个语句,在退出循环体时,n 的值为 50,且当 n 为 50 时,该项的值也已经累加。实际上,在循环体中,也可以先累加,后将循环控制变量 n 加 1,此时需要改变循环控制变量 n 的初值以及判断的"条件"。例如,上述第二个程序可以改为:

```
# include < stdio. h >
main()
{ int   n;
  double   sum;
  sum = 0.0; n = 1;
  while(n < = 50)
  {   sum = sum + 1.0/n;
      n = n + 1;
  }
  printf("sum = % lf\n", sum);
}
```

由上面的分析可以看出,要构成一个逻辑功能正确的循环结构,必须将构成循环的初值、条件表达式和循环体这三者统筹考虑。一旦改变了循环的初值,循环的条件表达式以及循环体中各语句的顺序可能也要随之改变。同样,如果改变了循环的条件或循环体中各语句的顺序,其他两个也要随之改变。

最后要指出的是,在这个程序中,语句

```
sum = sum + 1.0/n;
```

也可以写成:

```
sum = sum + 1/(double)n;
```

但不能写成:

```
sum = sum + 1/n;
```

因为 1 和 n 都是整型变量,当 n>1 时,1/n 的值总为 0。

特别需要指出的是,在用 while 语句构成循环结构的时候,在循环体内一定要有改变"表达式"(循环条件)值的语句,否则将造成死循环(即表达式值恒为 1)。例如,在例 7.1 的程序

中,循环体中的语句

    n = n + 1;

有两个作用:一方面是将级数的项数逐次增 1;另一方面也起到了改变"表达式"值的作用,使 n 增加到 50 时,"表达式"的值变为 0(循环条件不满足),循环将终止。

    例 7.2   从键盘输入各学生成绩,并对成绩不及格(60 分以下)的学生人数进行计数,直到输入的成绩为负为止,最后输出成绩不及格的学生人数。

    其流程图如图 7.4 所示,其中变量 count 为整型,用于对成绩不及格的学生人数进行计数。

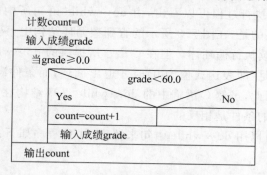

图 7.4　例 7.2 的流程图

根据图 7.4 所示的流程图,可以写出相应的 C 程序如下:

```c
# include < stdio. h >
main( )
{  int   count;
   float   grade;
   count = 0;
   scanf(" % f", &grade);
   while (grade > = 0.0)
   {   if (grade < 60.0)
          count = count + 1;
       scanf(" % f", &grade);
   }
   printf("count = % d\n", count);
}
```

    在例 7.2 中,变量 count 只起到计数的作用(计成绩不及格的个数),而改变循环条件 "grade >=0.0"是由输入语句

    scanf(" % f", &grade);

提供的,当循环体中输入的成绩 grade 为负数时,下次计算得到 while 的条件表达式"grade >= 0.0"值为 0,将不再进行循环。然后打印出 count 值,程序结束。

7.3　do…while 语句

    在 7.2 节介绍的用 while 语句所构成的循环结构中,首先判断循环条件是否成立,从而决定是否执行循环体。因此,在由 while 语句构成的循环结构中,循环体有可能一次也不执行

（一开始循环条件就不满足）。C语言还提供了另外一种循环结构的形式，它先执行循环体，然后再判断循环条件是否成立，从而决定是否再执行循环体。这就是do…while语句。

do…while语句的形式为：

```
do  循环体  while(表达式);
```

do…while语句的执行过程是，首先执行循环体，然后判断表达式的值，若表达式值为非0，则认为表达式结果为真，则再次执行循环体，如此循环下去，直到表达式值等于0，也就是为假为止。

由do…while语句的执行过程可以看出，由do…while语句所构成的循环结构类似于直到型循环。但特别要指出的是，在图7.2所示的直到型循环结构中，只有当条件满足时才退出循环，而条件不满足时继续执行循环体。但在C语言所提供的do…while循环结构中，与此刚好相反，只有当条件不满足（即表达式值为0）时才退出循环，而条件满足（即表达式的值不为0）时继续执行循环体。因此，虽然C语言中的do…while循环结构在某些书中也被称为直到型循环结构，但要注意它的条件是相反的。

例7.1中的问题也可以用do…while语句来解决，其C程序如下：

```
# include < stdio. h>
main()
{ int  n;
  double  sum;
  sum = 1.0; n = 1;
  do
  {   n = n + 1;
      sum += 1.0/n;
  } while(n < 50);
  printf("sum = % lf\n", sum);
}
```

例7.3　计算并输出下列级数和：

$$SUM = 1 - \frac{1}{3} + \frac{1}{5} - \cdots + \frac{(-1)^k}{(2k+1)} + \cdots$$

直到某项的绝对值小于10^{-4}为止。

相应的流程图如图7.5所示，其中f是一个开关量，值只取{1，－1}，用于改变每一项的符号，因为这是一个各项符号相间的级数。

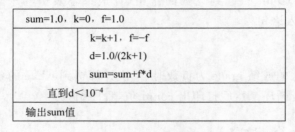

图7.5　例7.3的流程图

根据图7.5所示的流程图，可以写出相应的C程序如下：

```
# include < stdio. h>
```

```
main()
{ int  k, f;
  double  sum, d;
  sum = 1.0; k = 0; f = 1;
  do
  {   k = k + 1;
      f = - f;
      d = 1.0/(2 * k + 1);
      sum += f * d;
  } while(d >= 1.0e - 4);
  printf("sum = % lf\n", sum);
}
```

程序的运行结果为：

sum = 0.785448

需要注意的是，在图 7.5 中，循环的条件是"直到 $d < 10^{-4}$"，表示循环体要执行到满足条件"$d < 10^{-4}$"时才退出。但在程序中，do…while 中的条件是"$d >= 1.0e - 4$"，它表示，当满足条件"$d >= 1.0e - 4$"时还要执行 do…while 中的循环体。因此，在用 C 语言中的 do…while 结构实现直到型循环结构时一定要注意这个区别。

下面总结一下用 while 语句与 do…while 语句所实现的两种循环结构的区别与联系。

（1）在用 while 语句实现的循环结构中，其循环体可以一次也不执行（即执行当型循环结构的一开始，其条件就不满足）。而在用 do…while 语句实现的循环结构中，其循环体至少要执行一次，这是因为条件的判断是在执行循环体之后。因此，在有些问题中，如果其重复的操作（即循环体）有可能一次也不执行（即开始时条件就不满足），则要用 while 语句来处理，一般不用 do…while 语句来处理。下面的例子就说明了这个问题。

例 7.4　下列 C 程序的功能是计算并输出 n!（阶乘）值，其中 n 从键盘输入。

```
# include < stdio. h >
main()
{ int  n, k;
  double  s;
  printf("input  n :");
  scanf(" % d", &n);
  k = 1; s = 1.0;
  while (k < n)
  {   k = k + 1;
      s = s * k;
  }
  printf("n!= % f\n ", s);
}
```

这是一个用 while 语句实现循环结构的程序。现在，如果把它改写成用 do…while 语句来实现循环结构，其 C 程序为：

```
# include < stdio. h >
main()
{ int  n, k;
  double  s;
```

```
        printf("input  n :");
        scanf(" % d", &n);
        k = 1; s = 1.0;
        do
        {    k = k + 1;
             s = s * k;
        } while (k < n);
        printf("n!= % f\n ", s);
    }
```

但仔细分析这个程序,就可以发现,当输入的 n 值为 0 或 1 时,计算输出的值为 2,但实际上,0 的阶乘值与 1 的阶乘值均为 1,即结果是错误的。只有把赋初值的 k=1 改为 k=0,结果才正确。

(2) 不管是用 while 语句还是用 do…while 语句实现循环结构,在循环体内部必须要有能改变条件(即逻辑表达式值)的语句,否则将造成死循环。例如,如果将例 7.1 中的 C 程序改成如下:

```
    # include < stdio. h>
    main()
    { int  n;
      double   sum;
      sum = 1.0; n = 1;
      while(n < 50)
          sum += 1.0/n;
      printf("sum = % lf\n", sum);
    }
```

即在循环体中缺少了语句"n=n+1;",则将造成死循环,因为,在 while 循环执行的过程中,n 的值始终没有改变,保持原来的初值 1,循环的条件 n<50 始终满足。

(3) 有些问题既可以用 while 语句来处理,也可以用 do…while 语句来处理。

例如,例 7.3 中是用 do…while 语句实现循环结构来计算并输出下列级数和。

$$SUM = 1 - \frac{1}{3} + \frac{1}{5} - \cdots + \frac{(-1)^k}{(2k+1)} + \cdots$$

实际上,这个问题也可以用 while 语句实现的循环结构来处理,其 C 程序如下:

```
    # include < stdio. h>
    main()
    { int  k, f;
      double   sum, d;
      sum = 1.0; k = 0; f = 1; d = 1.0;
      while(d >= 1.0e - 4)
      {    k++;
           f = - f;
           d = 1.0/(2 * k + 1);
           sum += f * d;
      }
      printf("sum = % lf\n", sum);
    }
```

相应的流程图如图 7.6 所示。

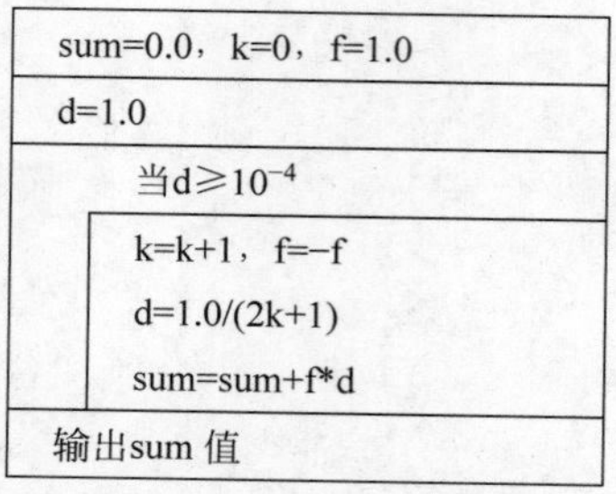

| sum=0.0, k=0, f=1.0 |
| d=1.0 |
| 当d≥10⁻⁴ |
| k=k+1, f=-f |
| d=1.0/(2k+1) |
| sum=sum+f*d |
| 输出 sum 值 |

图 7.6 例 7.3 的当型循环结构流程图

（4）不管是用 while 语句还是用 do…while 语句实现循环结构,其循环体如果包含一个以上的语句,应以复合语句形式出现。

7.4 对键盘输入的讨论

在第 3 章中曾经提到,不管用格式输入函数 scanf()还是用字符输入函数 getchar(),当从键盘输入数据后,如果当前的输入函数用不完这些数据,即输入缓冲区中的数据还未取完,则将留给下一个输入函数使用。C 编译系统的这种处理过程有时会带来不必要的麻烦。下面举例说明这个问题。

例 7.5 编写一个 C 程序实现如下功能：从键盘输入一个英文字母,如果输入的英文字母为'y'或'Y',则输出"yes!";如果输入的英文字母为'n'或'N',则输出"no!"。

这个问题看起来很简单,通过输入函数从键盘输入一个字符赋给字符型变量,然后再判断该字符型变量的值是否是'y'或'Y',若是则输出"yes!",否则输出"no!",其 C 程序如下：

```
# include < stdio. h >
main()
{ char  ch;
  printf("Please input(y/n)?");              /* 输入提示 */
  scanf("%c", &ch);                          /* 输入一个字符 */
  if (ch == 'y' || ch == 'Y')  printf("yes!\n");
  else  printf("no!\n");
}
```

程序运行结果如下（带下画线的为键盘输入）：
第 1 次运行结果：

```
Please input(y/n)?y<回车>
yes!
```

第 2 次运行结果：

```
Please input(y/n)?Y<回车>
yes!
```

第 3 次运行结果：

```
Please input(y/n)?n<回车>
no!
```

第 4 次运行结果：

```
Please input(y/n)?N<回车>
no!
```

第 5 次运行结果：

```
Please input(y/n)?a<回车>
no!
```

由上述 5 次的运行结果可以看出，前 4 次的运行结果是满足题意的，但第 5 次运行结果就不符合题意了。在第 5 次运行时，从键盘输入的既不是"y"或"Y"，也不是"n"或"N"，而是小写英文字母'a'，但输出的信息是"no!"，这显然是不合理的。

由此可以看出，上述程序在正常输入的情况下（要么输入"y"或"Y"，要么输入"n"或"N"），其输出结果是正确的；但在输入错误的情况下，其输出的结果与题意不符，因为题意要求在输入"n"或"N"时才输出"no!"，而现在当输入"a"时就输出"no!"。为了使程序的输出结果与题意相符合，在程序中还需要增加判断输入合理性的环节，如果输入的字母既不是"y"或"Y"，也不是"n"或"N"，则应重新输入。为此，将上述程序改写成如下：

```c
# include < stdio.h >
main()
{ char   ch;
  do
  {   printf("Please input(y/n)?");           /* 输入提示 */
      scanf("%c",&ch);                          /* 输入一个字符 */
  } while( ch!= 'y' && ch!= 'n' && ch!= 'Y' && ch!= 'N');
  if (ch == 'y'||ch == 'Y')  printf("yes!\n");
  else  printf("no!\n");
}
```

在这个程序中，利用 do…while 语句将键盘输入作为循环体。当输入的字符既不是"y"或"Y"，也不是"n"或"N"时，do…while 语句中的条件"(ch!='y' && ch!='n' && ch!='Y' && ch!='N')"成立，将重复执行循环体，从键盘输入新的字符。

程序经上述修改后，是否就没有问题了呢？下面看一个运行结果（带下画线的为键盘输入）：

```
Please input(y/n)?a<回车>
Please input(y/n)?Please input(y/n)?ay<回车>
Please input(y/n)?yes!
```

由这个运行结果看出，当输入为"a<回车>"后，程序在下一行上连续输出了两个提示输入信息，要求重新输入新的字符；此时又输入了"ay<回车>"，程序又在下一行上输出了一个提示输入的信息，然后输出"yes!"。这是为什么呢？

实际上，在 3.2 节中已经指出，在执行输入函数（不管是格式输入函数 scanf()，还是字符输入函数 getchar()）时，首先判断输入缓冲区中是否有数据，如果输入缓冲区中已经有数据（上一个输入函数剩下的），则直接从输入缓冲区中取数据，只有当输入缓冲区为空时才等待从键盘输入；并且，如果当前的输入函数用不完从键盘输入的数据，即输入缓冲区中的数据还未取完，则将留给下一个输入函数使用。

　　根据输入函数的这个执行过程,不难分析上述运行结果。当第 1 次键盘输入"a<回车>"后,输入函数读取的字符为'a',即输入的字符既不是'y'或'Y',也不是'n'或'N',do…while 语句中的条件"(ch!='y' && ch!='n' && ch!='Y' && ch!='N')"成立,将重复执行循环体,输出提示信息后又执行输入函数,但由于现在在输入缓冲区中还剩下一个字符<回车>未取,因此就直接从输入缓冲区中读取字符<回车>,此时,do…while 语句中的条件"(ch!='y' && ch!='n' && ch!='Y' && ch!='N')"仍然成立,又将重复执行循环体,输出提示信息后再次执行输入函数,此时缓冲区为空,等待从键盘输入新的字符。

　　由此可以看出,第 1 次输入"a<回车>"后,程序在下一行上连续输出了两个提示输入信息,要求重新输入新的字符。当第 2 次输入"ay<回车>"后,输入函数读取的字符为'a',即输入的字符既不是'y'或'Y',也不是'n'或'N',do…while 语句中的条件"(ch!='y' && ch!='n' && ch!='Y' && ch!='N')"成立,将重复执行循环体,输出提示信息后又执行输入函数,但由于现在在输入缓冲区中还剩下字符'y'与<回车>未取,因此就直接从输入缓冲区中读取字符'y',此时,do…while 语句中的条件"(ch!='y' && ch!='n' && ch!='Y' && ch!='N')"不成立,退出循环结构,此时变量 ch 中存放字符'y'。执行随后的 if…else 结构后,将输出信息"yes!"。

　　通过对原程序的修改,在用户输入错误的情况下,虽然会再次输出提示信息要求重新输入,但这种提示方式对于不了解输入函数执行过程的用户来说会很不理解。为此,还需要对程序做修改,在用户输入错误的情况下,只需在下一行上提示一次,这就需要在读取输入缓冲区中的一个字符后,立即"吃"掉输入缓冲区中剩下的所有字符。根据这个想法,可以将程序再次修改如下:

```
# include < stdio. h>
main()
{ char  ch;
  do
  {    printf("Please input(y/n)?");
       scanf("%c",&ch);
       while(getchar()!='\n');
  } while(ch!='y' && ch!='n' && ch!='Y' && ch!='N');
  if (ch=='y'||ch=='Y')  printf("yes!\n");
  else  printf("no!\n");
}
```

　　在这个程序中,当执行输入语句

```
scanf("%c",&ch);
```

时,将等待从键盘输入数据,直到输入<回车>为止,读取输入的第 1 个字符赋给字符型变量 ch后,利用 while 语句构成的循环

```
while(getchar()!='\n');
```

将输入缓冲区中的剩余数据全部读完,使输入缓冲区变为空。关于清空输入缓冲区还有更方便更简单的方法,将在第 12 章介绍。

　　特别要指出的是,在这个循环结构中,循环体为空操作,它的功能只是通过字符输入函数 getchar()不断地读取输入缓冲区中剩下的字符,直到读出<回车>(注:键盘上的<回车>键中

包括了换行字符'\n')为止。

下面是修改后的程序的运行结果(带下画线的为键盘输入):

第 1 次运行结果:

```
Please input(y/n)?asfdy<回车>
Please input(y/n)?y<回车>
yes!
```

第 2 次运行结果:

```
Please input(y/n)?zxcvN<回车>
Please input(y/n)?Yabcde<回车>
yes!
```

很明显,输入 Yabcde 输出了 yes!,这还是不完全符合题目的要求,再次修改程序为:

```
#include <stdio.h>
main()
{   char ch,ch2;
    do
    {   printf("Please input(y/n)?");
        scanf(" %c", &ch);
        scanf(" %c", &ch2);
        if (ch2 !=  '\n')
            while(getchar() != '\n');
    } while(ch2!= '\n'||(ch!= 'y'&& ch!= 'n'&& ch!= 'Y'&& ch!= 'N'));
    if (ch == 'y' || ch == 'Y')
        printf("yes!\n");
    else
        printf("no!\n");
}
```

增加一个字符变量 ch2,每次同时读入 2 个字符,即使第 1 个字符是 n 或 N 或 y 或 Y,如果第 2 个字符不是回车符则提示输入错误,这样可以彻底避免上面的错误。

还可以把程序修改为:

```
#include <stdio.h>
#include <conio.h>
main()
{   char  ch;
    do
    {    printf("Please input(y/n)?");
         ch = _getche();
         putchar('\n');
    } while(ch!= 'y'&&ch!= 'n'&&ch!= 'Y'&&ch!= 'N');
    if (ch == 'y' || ch == 'Y')
        printf("yes!\n");
    else
        printf("no!\n");
}
```

程序运行时按下键盘上任意一个键的同时,会给出相应结果。

7.5 for 语句

在 7.2 节、7.3 节中分别介绍了由 while 语句与 do…while 语句构成的循环结构。这两种形式的循环结构,对于循环体执行的次数事先无法估计的情况下是十分有效的。但在有些实际问题中,循环体的执行次数是可以事先估计出来的。在这种情况下,虽然也可以用前面介绍的两种循环结构来实现,但在 C 语言中还提供了另一种实现循环的形式,即用 for 语句来实现循环结构,简称 for 循环。

C 语言提供的 for 循环属于当型循环结构,其一般形式为:

for(表达式 1; 表达式 2; 表达式 3)　循环体

它等价于下列由 while 语句构成的当型循环结构:

```
表达式 1;
while(表达式 2)
{    循环体
     表达式 3;
}
```

在 for 循环结构中,一般来说,表达式 1 用于进行循环的初始值,表达式 2 是循环的条件,表达式 3 用于改变循环的条件中有关量的值。

for 循环的执行过程如下。

(1) 计算"表达式 1"。

(2) 计算"表达式 2";若其值为非 0,转步骤(3);若其值为 0,转步骤(5)。

(3) 执行一次 for 循环体。

(4) 计算"表达式 3";转向步骤(2)。

(5) 结束循环。

下面是用 for 循环求解例 7.1 中问题的 C 程序:

```
# include < stdio.h >
main()
{ int  n;
  double  sum;
  sum = 1.0;
  for (n = 2; n < = 50; n++)
    sum += 1.0/n;
  printf("sum = % lf\n", sum);
}
```

下面再看一个用 for 循环结构处理的例子。

例 7.6　计算并输出 1~19 之间各自然数的阶乘值。

相应的 C 程序如下:

```
# include < stdio.h >
main()
{ int n;
  double  p;
```

```
    p = 1.0;
    for (n = 1; n <= 19; n++)
    {   p = p * n;
        printf("%d!= %f\n", n, p);
    }
}
```

该程序的运行结果为：

```
1!= 1.000000
2!= 2.000000
3!= 6.000000
4!= 24.000000
5!= 120.000000
6!= 720.000000
7!= 5040.000000
8!= 40320.000000
9!= 362880.000000
10!= 3628800.000000
11!= 39916800.000000
12!= 479001600.000000
13!= 6227020800.000000
14!= 87178291200.000000
15!= 1307674368000.000000
16!= 20922789888000.000000
17!= 355687428096000.000000
18!= 6402373705728000.000000
19!= 121645100408832000.000000
```

下面对 for 循环语句做几点说明。

（1）在 for 语句中，表达式 1 与表达式 3 均可省略，但其中的两个";"不能省略。例如，下列 4 种循环形式是等价的：

① `for (i = 1; i <= 100; i = i + 1)    循环体`

② `i = 1;`
　　`for (; i <= 100; i = i + 1)    循环体`

在这种形式中，将 for 循环中用于提供循环初值的表达式 1 放在了外面。

③ `i = 1;`
　　`for (; i <= 100; ) { 循环体;    i = i + 1; }`

在这种形式中，不仅将 for 循环中用于提供循环初值的表达式 1 放在了外面，而且将 for 循环中用于改变循环条件的表达式 3 作为循环体的最后一个语句。

④ `i = 1;`
　　`while (i <= 100) {    循环体;    i = i + 1; }`

在这种形式中，将 for 循环用等价的 while 结构来实现。

（2）在 for 语句中如果没有表达式 2，则将构成死循环。例如，下列两个循环都是死循环：

`for(表达式 1; ; 表达式 3)    循环体`

与

`for(; ; )    循环体`

因为它们都没有用于判断循环是否结束的条件(即表达式 2)。在 C 语言中,for 语句中如果省略了表达式 2,约定空的表达式 2 的值一直为非 0(即循环的条件成立),从而导致死循环。

(3) for 循环本质上也是当型循环结构,只不过它对于事先可以确定循环次数的问题特别方便。例如,例 7.4 中的问题可以很方便地用 for 循环来解决,因为一旦从键盘输入 n 值后,为了计算 n! 值,需要连续将 n 个自然数(1,2,3,…,n)相乘,即需要循环 n 次,因此,在这个问题中,其循环次数是确定的。

下面是用 for 循环来实现计算并输出 n! (阶乘)值的 C 程序:

```
# include < stdio.h >
main()
{ int  n, k;
  double  s;
  printf("input  n :");
  scanf("% d", &n);
  s = 1.0;
  for (k = 1; k < = n; k = k + 1)
     s = s * k;
  printf("n!= % f\n ", s);
}
```

显然,这个程序要比例 7.4 中的那个程序简练很多。

在 C 语言中,虽然 for 循环的形式很灵活,但从程序的可读性考虑,常用的 for 循环形式有以下两种:

for(i = 初值; i < = 终值; i = i + 步长) 循环体

与

for(i = 初值; i > = 终值; i = i - 步长) 循环体

(4) 在 for 循环中,循环体也可以是复合语句,即用一对花括号{ }括起来的语句组。

7.6 循环的嵌套与其他有关语句

7.6.1 循环的嵌套

所谓循环的嵌套是指一个循环体内又包含了另一个完整的循环结构。C 语言允许循环结构嵌套多层。循环的嵌套结构又称为多重循环。

在 C 语言中,while 循环、do…while 循环与 for 循环都可以嵌套或相互嵌套。并且,在一个循环体内还可以包括各种完整的选择结构,在一个选择结构的某个独立部分中也可以包括完整的循环结构。

下面举例说明循环结构与选择结构之间的各种嵌套关系。

例 7.7 在马克思数学手稿中有这样一段话:

有 30 个人,其中有男人、女人和小孩,在一家小饭馆里吃饭共花了 50 先令;每个男人花 3 先令,每个女人花 2 先令,每个小孩花 1 先令。问男人、女人和小孩各有多少?

设男人数为 p,女人数为 q,小孩数为 r,则根据给定的条件可以列出如下方程组:

$$\begin{cases} p+q+r=30 \\ 3p+2q+r=50 \end{cases}$$

有 3 个未知数, 2 个方程, 因此这是一个不定方程组。

现在用列举法来解决这个问题, 在所有可能的方案中选出满足上述两个条件的男人、女人和小孩数。首先写出了如下的程序:

```
# include < stdio. h >
main()
{ int  p,q,r;
  for (p = 0; p < = 30;  p++)
    for (q = 0; q < = 30;  q++)
      for (r = 0; r < = 30;  r++)
        if (p + q + r == 30 && 3 * p + 2 * q + r == 50)
          printf(" % 5d % 5d % 5d\n", p, q, r);
}
```

程序的运行结果为:

```
 0   20   10
 1   18   11
 2   16   12
 3   14   13
 4   12   14
 5   10   15
 6    8   16
 7    6   17
 8    4   18
 9    2   19
10    0   20
```

循环体的循环次数为:

$$31 \times 31 \times 31 = 29791$$

能否进一步优化程序提高执行效率呢? 考虑到每个男人花 3 先令, 50 先令最多供 16 个男人吃饭; 每个女人花 2 先令, 50 先令最多供 25 个女人吃饭。由此可以画出确定吃饭人数的流程图, 如图 7.7 所示。

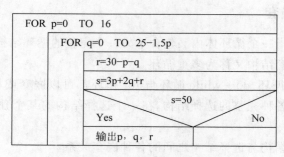

图 7.7   例 7.7 的流程图

由图 7.7 所示的流程图可以看出, 这也是一个两重循环结构。对于男人数 p 的循环在最外层, 对于女人数 q 的循环在第二层。由于在考虑女人数时已经有了 p 个男人, 而 1 个男人所花的钱数相当于1.5个女人所花的钱数,因此,在这种情况下,女人最多有 25-1.5p 个。又由于已经考虑了 p 个男人和 q 个女人,因此,小孩只能有 30-p-q 个,即对于小孩数的情况就不必循环了。此时,总人数已经满足条件,只需判断所需的钱数是否满足条件就行了。如果此时钱数等于50,则输出此时的男人、女人和小孩数 p、q、r。

根据图7.7所示的流程图,可以写出相应的 C 程序如下:

```
# include < stdio. h >
main()
{ int p, q, r, s;
  for (p = 0; p < = 16; p++)
    for (q = 0; q < = 25 - 1.5 * p; q++)
    {   r = 30 - p - q;
        s = 3 * p + 2 * q + r;
        if (s = = 50)
          printf(" % 5d % 5d % 5d\n", p, q, r);
    }
}
```

此程序循环体的循环次数应小于 442(17×26),实际循环次数仅为 234。

在例7.7中,for 循环中嵌套了一个 for 循环,而且在内层的 for 循环中还嵌套了一个选择结构。

例7.8　顺序输出 3~100 的所有素数。

判断一个正整数 N 是否是素数,可以采用以下方法:

用 $2\sim\sqrt{N}$ 的所有整数 K 去除 N,若所有的 K 均除不尽 N,则 N 为素数,否则 N 不是素数。

为了输出 3~100 的所有素数,只要对于 3~100 的每一个正整数 N,判断其是否是素数,若是素数,则输出这个素数,其流程图如图1.4所示。

由流程图1.4可以看出,这是一个两重循环。第一层循环是对于 3~100 的所有正整数 N 进行的。由于偶数肯定不是素数,因此,在第一层 for 循环中,其初值从3开始,终值为99,步长为2。第一层循环的循环体是用于判断每一次的循环变量 N 是否是素数,在这个循环体中又包含了另一个循环(即第二层循环)。在第二层循环的循环体中,主要是判断 $2\sim\sqrt{N}$ 中的某一个整数 K 是否能整除 N,若能整除,则置标志 flag 为1(在开始执行第二层循环前先置 flag 为0)。由此可以看出,第二层循环应为当型循环结构,执行循环体的条件为 $K\leqslant\sqrt{N}$ 且 flag=0。退出第二层循环有两种可能:一是对于 $2\sim\sqrt{N}$ 中的所有整数都已判断,且均不能整除 N,在这种情况下,说明 N 为素数;二是标志变量 flag=1,这表示在 $2\sim\sqrt{N}$ 中已发现了一个整数 K 能整除 N,此时,虽然 K 以后的整数还未判断,但已说明 N 不是素数了。

根据图1.4所示的流程图,可以写出相应的 C 程序如下:

```
# include < stdio. h >
# include < math. h >
main()
{ int  j = 0, n, k, i, flag;
  for (n = 3; n < 100; n = n + 2)
  {   k = (int)sqrt((double)n);
      i = 2; flag = 0;
```

```
    while ((i <= k)&&(flag == 0))
    {   if (n % i == 0) flag = 1;
        i = i + 1;
    }
    if (flag == 0)
    {   j = j + 1; printf("% d  ", n);
        if (j % 10 == 0) printf("\n");    /* 每行打印 10 个数 */
    }
  }
  printf("\n");
}
```

程序运行结果为:

```
3   5   7   11  13  17  19  23  29  31
37  41  43  47  53  59  61  67  71  73
79  83  89  97
```

需要注意的是,对第一层 for 循环的每个 n,i 都要重新赋值为 2,flag 都要重新赋值为 0,以便重新从头判断 n 是否为素数。

7.6.2 break 语句

在介绍 switch 结构时,曾经提到 break 语句,它的功能是退出 switch 结构。实际上,C 语言中的 break 语句有以下两个功能。

(1) 跳出 switch 结构。

(2) 退出当前循环结构,包括 while 结构、do…while 结构和 for 循环结构。

下面举例说明。

例 7.9 下列 C 程序的功能是输出三位数中最大的 5 个素数。

```
# include < stdio. h >
# include < math. h >
main()
{   int  j = 0, n, k, i, flag;
    for (n = 999; n >= 101; n = n - 2)
    {   k = (int)sqrt((double)n); i = 2; flag = 0;
        while ((i <= k)&&(flag == 0))
        {   if (n % i == 0) flag = 1;
            i = i + 1;
        }
        if (flag == 0)
        {   j = j + 1; printf("% d  ", n); }      /* 对素数个数进行计数并输出该素数 */
        if (j == 5)  break;                        /* 已求出 5 个素数,退出循环 */
    }
    printf("\n");
}
```

程序运行结果为:

```
997  991  983  977  971
```

这个例子是要输出三位数(即 101~999)中最大的 5 个素数,由于事先不知道这 5 个素数中的最小者,因此不能确定 for 循环中的循环终值,需要通过计数来实现,当已经求出 5 个素数后,就用 break 语句退出循环。

但必须注意,在循环结构中的 break 语句只是退出当前循环结构。在程序中如果有多层循环的嵌套时,break 语句只是退出本层循环,而不是退出整个循环。例如,有下列循环的嵌套的程序段(其中的所有变量都已定义):

```
for (k = 1; k < 20; k++)
{    ⋮
    while (n < k)
    {    ⋮
        printf("input c: ")
        scanf("%c", &c);
        if (c == '\n')  break;
        ⋮
    }
    ⋮
}
```

在执行这个程序段中的 while 循环体时,如果从键盘输入的字符是'\n'时,将退出循环体的执行。由于 break 语句在 while 循环结构这一层内,因此,break 语句退出的是 while 循环结构,而外层的 for 循环照常执行。

结构化程序设计要求,程序中的每一个结构应只有一个入口和一个出口。而循环结构中的 break 语句是一个非正常出口,从理论上讲是不符合结构化程序设计原则的,建议读者在循环结构中尽量少用 break 语句退出,而利用正常的条件判断来退出。例如,在上面的程序段中,可以利用一个标志变量(整型)flag。在 while 循环开始前,置 flag 的值为 0,在 while 循环体中,如果键盘输入的字符为'\n'时,则将 flag 置为 1。此时,while 循环的条件应改为"n < k && flag == 0"。即原来的程序段变为如下:

```
for (k = 1; k < 20; k++)
{    ⋮
    flag = 0;
    while (n < k && flag == 0)
    {    ⋮
        printf("input c: ")
        scanf("%c", &c);
        if (c == '\n')  flag = 1;
        else
        {
            ⋮
        }
    }
    ⋮
}
```

7.6.3　continue 语句

continue 语句的功能是立即结束本次循环体的执行,但不退出循环结构。

下面举两个例子来说明 continue 语句的使用。

例 7.10　输出 $100\sim 200$ 的所有能被 7 或 9 整除的自然数。

相应的 C 程序如下：

```
#include <stdio.h>
main()
{ int  n;
  for (n=100; n<=200; n=n+1)
  {  if ((n%7!=0)&&(n%9!=0))
       continue;                    /* 结束本次循环,继续进行下次循环 */
     printf("%d \n", n);
  }
}
```

由这个程序可以看出，当某个 n 既不能被 7 整除又不能被 9 整除时，就利用 continue 语句结束本次循环（即不执行其后的输出语句），但不退出 for 循环结构，接着对下一个数 n 进行判断。

实际上，上述程序等价于：

```
#include <stdio.h>
main()
{  int  n;
  for (n=100; n<=200; n=n+1)
  {  if ((n%7==0)||(n%9==0))
       printf("%d \n", n);
  }
}
```

显然，后者的程序更直接一些。前者的程序只是说明 continue 语句的使用。

在例 7.8 中要求输出 $3\sim 100$ 的所有素数，其 C 程序也可以写为：

```
#include <stdio.h>
#include <math.h>
main()
{ int  j=0, n, k, i, flag;
  for (n=3; n<=100; n=n+2)
  {   k=(int)sqrt((double)n);
      i=2; flag=0;
      while ((i<=k)&&(flag==0))
      {  if (n%i==0) flag=1;
         i=i+1;
      }
      if (flag!=0) continue;            /* 结束外层的本次循环,继续进行外层的下次循环 */
      j=j+1;  printf("%d  ", n);
      if (j%10==0) printf("\n");        /* 每行打印 10 个 */
  }
  printf("\n");
}
```

在上述程序中，将原来的程序段：

```
if (flag==0)
{   j=j+1;  printf("%d  ", n);
```

```
    if (j % 10 == 0) printf("\n");              / * 每行打印 10 个 * /
    }
```

改为：

```
    if (flag!= 0) continue;                     / * 结束外层的本次循环,继续进行外层的下次循环 * /
    j = j + 1; printf(" % d  ", n);
    if (j % 10 == 0) printf("\n");              / * 每行打印 10 个 * /
```

由这个程序可以看出,当对于某个 n 已经发现有因子后,将标志变量 flag 置 1,并利用 continue 语句结束本次循环,从而不再执行其后的打印输出,但不退出最外层的 for 循环结构,以便判断下一个数是否是素数。

利用 continue 语句可以在循环体的任何位置上结束本次循环而开始下一次的循环,但这破坏了循环结构的正常执行顺序。因此,严格来说,它也是一个不符合结构化原则的语句,建议少用 continue 语句。

在 7.4 节中曾提到,一个 for 循环结构

for(表达式 1; 表达式 2; 表达式 3)　循环体语句

等价于下列的当型循环结构：

```
表达式 1;
while(表达式 2)
{    循环体语句
     表达式 3;
}
```

这种等价关系只是在循环结构符合结构化原则的前提下才成立。如果在循环体内包含有 continue 语句,这个等价关系就不成立了,并且还会导致死循环。例如,对于例 7.10 中的程序,如果按上面等价的方法,将其中的 for 循环用 while 循环来表示,即将程序改写成如下形式：

```
# include < stdio. h >
main()
{ int  n;
  n = 100;
  while(n <= 200)
  {   if ((n % 7!= 0)&&(n % 9!= 0))
        continue;                               / * 结束本次循环,继续进行下次循环 * /
      printf(" % d  \n", n);
      n = n + 1;
  }
}
```

在执行该程序时,如果遇到一个既不能被 7 整除也不能被 9 整除的数后,就在语句

if (n % 7!= 0)&&(n % 9!= 0)) continue;

中的 continue 语句处结束本次循环,但在执行下次循环时,由于循环控制变量 n 没有增 1,保持原来的值不变,即该 n 的值仍然既不能被 7 整除也不能被 9 整除,从而还在原来的地方结束本次循环。以此类推,程序将无限制地执行下去,变成了死循环。

但如果程序中不用 continue 语句,就可以将 for 循环等价地用 while 循环表示。例如,例 7.10 中的不用 continue 语句的 for 循环程序,可以等价地改写成 while 循环程序如下:

```
#include<stdio.h>
main()
{ int  n;
  n=100;
  while(n<=200)
  {  if ((n%7==0)||(n%9==0))
         printf("%d \n", n);
     n=n+1;
  }
}
```

7.7   程序举例

1. 列举法

列举法的基本思想是,根据提出的问题,列举所有可能的情况,并用问题中给定的条件检验哪些是需要的,哪些是不需要的。因此,列举法常用于解决"是否存在"或"有多少种可能"等类型的问题,例如求解不定方程的问题。

列举法的特点是算法比较简单。但当列举的可能情况较多时,执行列举法的计算量将会很大。因此,在用列举法设计算法时,使方案优化,尽量减少运算工作量,是应该重点注意的。通常,在设计列举算法时,只要对实际问题进行详细的分析,将与问题有关的知识条理化、完备化、系统化,从中找出规律;或对所有可能的情况进行分类,引出一些有用的信息,是可以大大减少列举量的。

列举原理是计算机应用领域中十分重要的原理。许多实际问题,若采用人工列举是不可想象的,但由于计算机的运算速度快,擅长重复操作,可以很方便地进行大量列举。列举法虽然是一种比较笨拙而原始的方法,其运算量比较大,但在有些实际问题中(如寻找路径、查找、搜索等问题),局部的使用列举法却是很有效的。因此,列举法是计算机算法中的一个基础算法。例 7.7 就是一个列举法的实例。

下面再举例说明列举法在实际问题中的应用。

例 7.11   某参观团按以下条件限制从 A,B,C,D,E 5 个地方中选定若干参观点:

(1) 如果去 A,则必须去 B。

(2) D 和 E 两地中只能去一地。

(3) B 和 C 两地中只能去一地。

(4) C 和 D 两地要么都去,要么都不去。

(5) 如果去 E,则必须去 A 和 D。

问该参观团能去哪几个地方?

用 a,b,c,d,e 5 个整型变量分别表示 A,B,C,D,E 是否去的状态。若变量值为 1,则表示去该地;若变量值为 0,则表示不去该地。

根据限制条件,可以得到如下相应的表达式。

(1) 如果去 A,则必须去 B。这句话表示:A 与 B 都去或 A 不去而 B 随便。相应的表达式为：

```
a && b || !a
```

（2）D和E两地中只能去一地。相应的表达式为：

```
d + e == 1
```

（3）B和C两地中只能去一地。相应的表达式为：

```
b + c == 1
```

（4）C和D两地要么都去，要么都不去。相应的表达式为：

```
c + d == 2 || c + d == 0
```

（5）如果去E，则必须去A和D。这句话表示：E、A、D都去或E不去而A和D随便，相应的表达式为：

```
e && a + d == 2 || !e
```

上述5个表达式之间是"与"的关系，最终可以得到总的表达式如下：

```
(a && b || !a) && d + e == 1 && b + c == 1 &&
(c + d == 2 || c + d == 0) && (e && a + d == 2 || !e)
```

穷举每个地方去（变量值为1）或不去（变量值为0）的各种可能情况，用上述逻辑表达式进行判断，使逻辑表达式值为真的情况就是最后结果。

C程序如下：

```c
# include < stdio. h >
main()
{ int a, b, c, d, e;
  for (a = 0; a <= 1; a++)
   for (b = 0; b <= 1; b++)
    for (c = 0; c <= 1; c++)
     for (d = 0; d <= 1; d++)
      for (e = 0; e <= 1; e++)
       if ((a && b || !a) && d + e == 1 && b + c == 1 && (c + d == 2 || c + d == 0) &&
          (e && a + d == 2 || !e))
       { printf("will % s go to A.\n", a ? "" : "not");
         printf("will % s go to B.\n", b ? "" : "not");
         printf("will % s go to C.\n", c ? "" : "not");
         printf("will % s go to D.\n", d ? "" : "not");
         printf("will % s go to E.\n", e ? "" : "not");
       }
}
```

在上述程序的每一个输出语句中，其输出项是一个条件表达式，当对应变量值为1时，条件表达式值为一个空字符串，此时输出

```
will go to X.        （去）
```

而当对应变量值为0时，条件表达式值为字符串"not"，此时输出

will not go to X.　　　(不去)

程序的运行结果为：

```
will not go to A.         (不去)
will not go to B.         (不去)
will    go to C.          (去)
will    go to D.          (去)
will not go to E.         (不去)
```

2. 试探法

在前面所讨论的列举法中,一般总是知道列举量,其列举的情况总是有限的。而在另外一些问题中,可能其列举总量事先并不知道,只能从初始情况开始,往后逐步进行试探,直到满足给定的条件为止。这就是逐步试探的方法,简称试探法。

下面举例说明试探法。

例 7.12　某幼儿园按如下方法依次给 A,B,C,D,E 5 个小孩发苹果。将全部苹果的一半再加二分之一个苹果发给第一个小孩；将剩下苹果的三分之一再加三分之一个苹果发给第二个小孩；将剩下苹果的四分之一再加四分之一个苹果发给第三个小孩；将剩下苹果的五分之一再加五分之一个苹果发给第四个小孩；将最后剩下的 11 个苹果发给第五个小孩。每个小孩得到的苹果数均为整数。

编制一个 C 程序,确定原来共有多少个苹果？每个小孩各得到多少个苹果？

采用逐步试探的方法。

设当前试探的苹果数为 n。则 n 应满足下列条件：

第 k 个小孩得到全部剩下苹果的 $(k+1)$ 分之一再加 $(k+1)$ 分之一个苹果,即 $(n+1)/(k+1)$ 个苹果。根据题意,这个数应是整数,即 $n+1$ 应能被 $k+1$ 整除。

发完第 k 个小孩后,余下的苹果数为 $n-(n+1)/(k+1) \Rightarrow n$。

按上述策略连续进行 4 次($k=1,2,3,4$)分配,如果每次分配时均满足其中的条件,并且最后剩下 11 个苹果(给第五个小孩),则试探的 n 即为原来的苹果数 x。

为了第一次能分配,试探从 $n=11$ 开始。

根据分配策略,最后 A,B,C,D,E 5 人得到的苹果数可以按如下公式依次计算：

```
a = (x + 1)/2
b = (x - a + 1)/3
c = (x - a - b + 1)/4
d = (x - a - b - c + 1)/5
e = 11
```

根据以上分析,可以写出如下 C 程序：

```c
# include < stdio. h>
main()
{ int n, flag, k, x, a, b, c, d, e;
  n = 11;                          /* 试探初值 */
  flag = 1;
  while(flag)                      /* 进行试探 */
  { x = n;                         /* 保存当前试探值 */
    flag = 0;                      /* 清标志值 */
    for (k = 1; k < = 4 && flag == 0; k++)   /* 模拟 4 次发放过程 */
```

```
        if ((n + 1) % (k + 1) == 0)              /* 该小孩得到的是整数个苹果 */
            n = n - (n + 1)/(k + 1);             /* 计算余下的苹果数 */
          else flag = 1;                          /* 该小孩得到的不是整数个苹果, 置标志值 */
      if (flag == 0 && n!= 11)
          flag = 1;                   /* 每次分配都得到整数个苹果, 且最后剩下 11 个苹果, 置标志值 */
      n = x + 1;                                  /* 下一次的试探值 */
    }
    printf("Total number of apple = % d\n", x);   /* 输出总的苹果数 */
    a = (x + 1)/2;                                /* 第一个小孩分到的苹果数 */
    b = (x - a + 1)/3;                            /* 第二个小孩分到的苹果数 */
    c = (x - a - b + 1)/4;                        /* 第三个小孩分到的苹果数 */
    d = (x - a - b - c + 1)/5;                    /* 第四个小孩分到的苹果数 */
    e = 11;                                       /* 第五个小孩分到的苹果数 */
    printf("A = % d\n", a);
    printf("B = % d\n", b);
    printf("C = % d\n", c);
    printf("D = % d\n", d);
    printf("E = % d\n", e);
}
```

在上述程序中, 用 while 循环进行试探, 用 for 循环模拟 4 次的发放。当在 4 次模拟发放中均满足条件, 且最后剩下 11 个苹果, 则当前试探的 n 即为原来的苹果数 x。

程序的运行结果为:

```
Total number of apple = 59
A = 30
B = 10
C = 5
D = 3
E = 11
```

请考虑: 能否通过改变试探初值与步长, 以便减少循环次数?

3. 密码问题

在报文通信中, 为使报文保密, 发报人往往要按一定规律将其加密, 收报人再按约定的规律将其解密(即将其译回原文)。

最简单的加密方法是, 将报文中的每一个英文字母转换为其后的第 k 个字母, 而非英文字母不变。例如, 当 k=5 时, 字母 a 转换为 f, B 转换为 G 等。这种转换是将该字母的 ASCII 码加上 5(k 的值)即可。在转换过程中, 如果某大写字母其后的第 k 个字母已经超出大写字母 Z, 或某小写字母其后的第 k 个字母已经超出小写字母 z, 则将循环到字母表的开始。例如, 大写字母 V 转换为 A, 大写字母 Z 转换为 E, 小写字母 v 转换为 a, 小写字母 z 转换为 e 等。

由加密的过程不难推出解密的方法。

下面举例说明上述这种加密和解密的方法。

例 7.13 从键盘输入一行字符, 将其中的英文字母进行加密输出(非英文字母不用加密)。

根据上述加密的方法, 可以写出 C 程序如下:

```
# include < stdio. h >
main()
```

```
{ char c;
  int k;
  printf("input k:");                       /* 输入 k 的提示 */
  scanf(" % d", &k);                        /* 输入 k 值 */
  getchar();                                /* 吃掉上次输入的回车符 */
  c = getchar();                            /* 输入一行字符,并读取第 1 个字符 */
  while(c!= '\n')                           /* 一行字符未读完 */
  {   if ((c >= 'a' && c <= 'z') || (c >= 'A' && c <= 'Z'))   /* 对英文字母加密 */
      {   c = c + k;
          if (c >'z' || (c >'Z' && c <= 'Z' + k))
              c = c - 26;
      }
      printf(" % c", c);                    /* 依次输出加密后的字符 */
      c = getchar();                        /* 依次读取下一个字符 */
  }
}
```

在这个程序中,k 是由键盘输入的。

程序的运行结果如下(有下画线的为键盘输入):

```
input k:5
are you ready? .     (原文)
fwj dtz wjfid?        (加密后)
```

例 7.14　从键盘输入一行经加密过的字符,将其中的英文字母进行解密输出(非英文字母不用解密)。

C 程序如下:

```
# include < stdio. h >
main()
{ char c;
  int k;
  printf("input k:");                       /* 输入 k 的提示 */
  scanf(" % d", &k);                        /* 输入 k 值 */
  getchar();                                /* 吃掉上次输入的回车符 */
  c = getchar();                            /* 输入一行字符,并读取第 1 个字符 */
  while(c!= '\n')                           /* 一行字符未读完 */
  {   if ((c >= 'a' && c <= 'z') || (c >= 'A' && c <= 'Z'))   /* 对英文字母解密 */
      {   c = c - k;
          if ((c <'a' && c >= 'a' - k) || c <'A')
              c = c + 26;
      }
      printf(" % c", c);                    /* 依次输出解密后的字符 */
      c = getchar();                        /* 依次读取下一个字符 */
  }
}
```

程序的运行过程如下(有下画线的为键盘输入):

```
input k:5
fwj dtz wjfid?        (密码)
are you ready?        (解密后得到的原文)
```

4. 方程求根

（1）对分法求方程实根。

假设已知非线性方程 $f(x)=0$ 的左端函数 $f(x)$ 在区间 $[a,b]$ 上连续，并满足

$$f(a)f(b)<0$$

则该非线性方程在区间 $[a,b]$ 上至少有一个实根。对分法求非线性方程实根的基本思想是：逐步缩小这个有根的区间，当这个区间长度减小到一定程度时，就取这个区间的中点作为根的近似值。

对分法的要点可以描述如下。

① 取有根区间的中点，即令 $x=(a+b)/2$。

② 若 $f(x)=0$，则 x 即为方程的实根，过程结束。

③ 若 $f(a)f(x)<0$，则说明实根在区间 $[a,x]$ 内，令 $b=x$；

若 $f(b)f(x)<0$，则说明实根在区间 $[x,b]$ 内，令 $a=x$。

④ 若 $|a-b|<\varepsilon$（ε 为预先给定的精度要求），则过程结束，$(a+b)/2$ 即为根的近似值（已满足精度要求）；否则从①开始重复执行。

显然，只要在区间 $[a,b]$ 内有实根，且 $f(a)f(b)<0$，则上述过程总能很好地终止，并且最后总能求得一个满足精度要求的实根。

利用对分法使根逐步精确化，其优点是算法简单，且对方程左端函数 $f(x)$ 的要求比较低（只要求函数 $f(x)$ 连续就可以了）。

特别需要指出的是，如果在区间 $[a,b]$ 内有多个实根，则单独利用对分法只能得到其中的一个实根。在实际应用中，可以将逐步扫描与对分法结合起来使用，以便尽量搜索给出区间内的所有实根。这种方法的要点如下。

从区间左端点 $x=a$ 开始，以 h 为步长，逐步往后进行搜索。

对于在搜索过程中遇到的每一个子区间 $[x_k,x_{k+1}]$（其中 $x_{k+1}=x_k+h$）做如下处理。

① 若 $f(x_k)=0$，则 x_k 为一个实根，从 $x_k+h/2$ 开始往后继续搜索。

② 若 $f(x_{k+1})=0$，则 x_{k+1} 为一个实根，从 $x_{k+1}+h/2$ 开始往后继续搜索。

③ 若 $f(x_k)f(x_{k+1})>0$，则说明在当前子区间内无实根或 h 选得过大，放弃本子区间，从 x_{k+1} 开始往后继续搜索。

④ 若 $f(x_k)f(x_{k+1})<0$，则说明在当前子区间内有实根，此时利用对分法求出这个实根，然后从 x_{k+1} 开始往后继续搜索。

特别要注意，在进行根的搜索过程中，要合理选择步长，尽量避免根的丢失。

对分法求方程实根的流程图如图 7.8 所示。

下面用一个具体的例子来编制对分法求方程实根的 C 程序。

例 7.15 用对分法求方程

$$f(x)=x^2-6x-1=0$$

在区间 $[-10,10]$ 上的实根，即 $a=-10,b=10$。取扫描步长 $h=0.1$，精度要求 $\varepsilon=10^{-6}$。

相应的 C 程序如下：

```
# include < stdio. h >
# include < math. h >
# define  F(x)  ((x) * (x) - 6.0 * (x) - 1.0)
main()
```

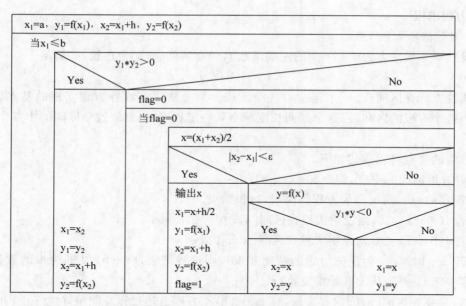

图 7.8　对分法求方程实根的流程图

```
{ int  flag;
  double  a =- 10.0, b = 10.0, h = 0.1, x1, y1, x2, y2, x, y;
  x1 = a; y1 = F(x1);
  x2 = x1 + h; y2 = F(x2);
  while (x1 <= b)
  {   if (y1 * y2 > 0.0)                        /* 此子区间两端点函数值同号,无根 */
      { x1 = x2; y1 = y2; x2 = x1 + h; y2 = F(x2); }
      else                       /* 此子区间两端点函数值异号,在该子区间内用对分法求实根 */
      {   flag = 0;
          while (flag == 0)
          {   x = (x1 + x2)/2;                  /* 取子区间中点 */
              if (fabs(x2 - x1)< 0.000001)      /* 满足精度要求 */
              {   printf("x = %11.7f\n", x);    /* 输出实根值 */
                  x1 = x + 0.5 * h; y1 = F(x1); /* 搜索下一子区间 */
                  x2 = x1 + h; y2 = F(x2);
                  flag = 1;
              }
              else                              /* 不满足精度要求,继续对分 */
              {   y = F(x);
                  if (y1 * y < 0.0)  { x2 = x; y2 = y; }
                  else  { x1 = x; y1 = y; }
              }
          }
      }
  }
}
```

程序的运行结果为:

```
x =  - 0.1622776
x =    6.1622780
```

即方程有两个实根。

（2）迭代法求方程实根。

设非线性方程为

$$f(x)=0$$

用迭代法求一个实根的基本方法如下：

首先将方程

$$f(x)=0$$

改写成便于迭代的格式

$$x=\Phi(x)$$

然后初步估计方程实根的一个初值 x_0，做如下迭代

$$x_{n+1}=\Phi(x_n),\quad n=0,1,2,\cdots$$

直到满足条件

$$|x_{n+1}-x_n|<\varepsilon$$

或者迭代了足够多的次数还不满足这个条件为止。其中 ε 为事先给定的精度要求。

反映上述过程的流程图如图 7.9 所示。

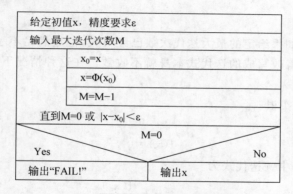

图 7.9　迭代法求方程实根流程图

下面举一个具体的例子。

例 7.16　求非线性方程 $x-1-\arctan x=0$ 的一个实根。取初值 $x_0=1.0$，精度要求 $\varepsilon=0.000\,001$，并改写成如下迭代式

$$x_{n+1}=1+\arctan x_n$$

相应的 C 程序如下：

```
# include < stdio. h >
# include < math. h >
main()
{ int  m;
  double  x = 1.0, eps = 0.000001, x0;
  printf("input  m: ");
  scanf(" % d", &m);                    /* 输入最大迭代次数 */
  do
  {  x0 = x; x = 1.0 + atan(x0); m = m - 1;
  } while ((m!= 0)&&(fabs(x - x0)>= eps));
  if (m == 0)  printf("FAIL!\n ");
```

```
      else  printf("x = % 11.7f\n", x);
   }
```

在运行上述程序时,首先提示:

```
input  m:
```

此时如果从键盘输入

```
10 ↵
```

其输出结果为:

```
FAIL!
```

这说明迭代次数太少,达不到精度要求。但如果输入

```
20 ↵
```

其输出结果为:

```
x =  2.1322676
```

这就是方程的一个实根。

最后要指出的是,如果给定的最大迭代次数已经很大,但还满足不了精度要求,这有可能是初值选得不合适,或者改写成的迭代式本身就不收敛。在这种情况下,可以重新取初值,或改写迭代式再试一下。

(3) 牛顿法求方程实根。

设非线性方程为

$$f(x) = 0$$

在选取一个初值 x_0 后,牛顿迭代式为

$$x_{n+1} = x_n - \frac{f(x_n)}{f'(x_n)}$$

实际上牛顿迭代式是一种特殊的简单迭代式,相当于

$$\Phi(x_n) = x_n - \frac{f(x_n)}{f'(x_n)}$$

上述迭代过程一直进行到满足条件

$$|x_{n+1} - x_n| < \varepsilon$$

或者迭代了足够多的次数还不满足这个条件为止,其中 ε 为事先给定的精度要求。

牛顿迭代法求方程根的流程图与迭代法求方程根的流程图类似,只需把迭代式 $x = \Phi(x_0)$ 替换为 $x = x_0 - f(x_0)/f'(x_0)$ 即可,这里不再给出。

下面举一个具体的例子。

例 7.17　求非线性方程 $x - 1 - \cos x = 0$ 的一个实根。取初值 $x_0 = 1.0$,精度要求 $\varepsilon = 0.000\,001$,其牛顿迭代式为

$$x_{n+1} = x_n - \frac{x_n - 1 - \cos x_n}{1 + \sin x_n}$$

其中,$f(x_n) = x_n - 1 - \cos x_n$; $f'(x_n) = 1 + \sin x_n$。

相应的 C 程序如下:

```
# include < stdio. h>
# include < math. h>
main()
{  int   m;
   double   x = 1.0, eps = 0.000001, x0;
   printf("input  m: ");
   scanf("% d", &m);                              /* 输入最大迭代次数 */
   do
   {  x0 = x;
      x = x0 - (x0 - 1.0 - cos(x0))/(1.0 + sin(x0));
      m = m - 1;
   } while ((m!= 0)&&(fabs(x - x0)> = eps));
   if (m == 0)  printf("FAIL!\n ");
   else  printf("x = % 10.7f\n", x);
}
```

程序的运行结果为:

```
input  m: 10 ↵
x =  1.2834287
```

这就是方程的一个实根。

例 7.18   编写程序计算下列级数和:

$$S(x) = 1 + x + \frac{x^2}{2!} + \frac{x^3}{3!} + \cdots + \frac{x^n}{n!}$$

直到 $\frac{x^n}{n!} < 10^{-6}$, n 和 x 从键盘读入。

分析: 设级数的第 n 项为

$$T_n = \frac{x^n}{n!}$$

则第 n+1 项为

$$T_{n+1} = \frac{x^{n+1}}{(n+1)!} = \frac{x^n}{n!}\frac{x}{n+1} = T_n\frac{x}{n+1}$$

从而得到递推式

$$T_{n+1} = T_n\frac{x}{n+1}, \quad T_0 = 1$$

由此编写的 C 程序为:

```
# include < stdio. h>
# include < math. h>
main()
{   double s = 1.0, t = 1.0, x = 2.0;           /* S = T₀, T₀ = 1 */
    int n = 1;
    do {
       t = t * x / n;                           /* T_{n+1} = T_n × x/(n+1) */
       s += t;
       n++;
    } while (t > 1e - 6);
    printf("% 12.6f % 12.6f\n", s, exp(2.0));   /* eˣ */
}
```

程序的运行结果为：

```
7.389057   7.389056
```

例 7.19　编写程序打印出所有的"四叶玫瑰数"以及"四叶玫瑰数"之和。

所谓"四叶玫瑰数"是指一个四位数，其各位数字的四次方之和等于该数。例如，1634 是一个"四叶玫瑰数"，因为 $1634 = 1^4 + 6^4 + 3^4 + 4^4$。

分析：可以从 1000 开始，直到 9999，把每一个四位数的每一位数取出来，求每一位数的四次方之和，判断是否等于那个四位数，是则打印并求和。

按此思路写出的 C 程序为：

```c
# include < stdio. h >
# define F(x)   ((x) * (x) * (x) * (x))
main()
{  int sum = 0, n, a, b, c, d;
    for (n = 1000; n <= 9999; n++)
    {     a = n % 10;                              /* 个位数 */
          b = n/10 % 10;                           /* 十位数 */
          c = n/100 % 10;                          /* 百位数 */
          d = n/1000;                              /* 千位数 */
          if (F(a) + F(b) + F(c) + F(d) == n)
          {    printf(" % d\n", n);
               sum += n;
          }
    }
    printf("sum = % d\n", sum);
}
```

程序的运行结果为：

```
1634
8208
9474
sum = 19316
```

由此可以得知，"四叶玫瑰数"一共有 3 个。

另外一种思路写出的求"四叶玫瑰数"的 C 程序为：

```c
# include < stdio. h >
# define F(x) ((x) * (x) * (x) * (x))
main()
{   int sum = 0, n, a, b, c, d;
    for (a = 1; a <= 9; a++)
     for (b = 0; b <= 9; b++)
      for (c = 0; c <= 9; c++)
       for (d = 0; d <= 9; d++)
       {    n = a * 1000 + b * 100 + c * 10 + d;
            if (F(a) + F(b) + F(c) + F(d) == n)
            {   printf(" % d\n", n);
                sum += n;
            }
       }
```

```
        printf("sum = % d\n", sum);
    }
```

其基本思想是用四重循环变量 a, b, c, d 分别代表千、百、十、个位数,用

$$n＝a*1000＋b*100＋c*10＋d$$

产生出一个四位数 n 来验证是否符合四叶玫瑰数的定义。

例 7.20 一个正整数有可能被表示为 m 个连续正整数之和,例如

$$15 = 1+2+3+4+5$$
$$15 = 4+5+6$$
$$15 = 7+8$$

请编写程序,根据输入的正整数 n,如果 n 能表示成 m 个连续正整数之和,则打印出符合这种要求的所有连续正整数序列;否则给出提示信息,说明此数不能分解为连续正整数之和。

如何设计算法实现呢? 由上面整数 15 的三组求和结果,可以做如下设想。

设置一个标志量 flag 初值为 0,根据输入的正整数 n:

(1) 设一个变量 b 从 1 开始循环,每次加 1,直到 n/2,转(6)。

(2) 让 m＝n, c＝b。

(3) 当 m>＝c 时循环执行:m＝m－c, c＝c+1。

(4) 若 m==0 说明 n 能分解为从 b~c 的整数之和,打印出整数之和;同时将 flag 加 1,表示此数 n 可以分解。

(5) 转(1)继续循环,求下一个可能的整数序列之和。

(6) 若 flag 为 0,说明 n 不能分解为连续正整数之和,打印出不可分解的信息。

根据上面的算法写出的 C 程序为:

```
# include < stdio. h>
main()
{   int j, b,c,m, n, flag = 0;
    printf("Input a number:");
    scanf(" % d", &n);
    for (b = 1; b <= n/2; b++)          /* 从 1 开始试,直到 n 的一半 */
    {   m = n;
        c = b;                          /* 从 b 开始,求连续正整数求和的最后一个整数 */
        while (m >= c)                  /* 若 m 仍能分解,继续循环 */
        {   m = m － c;      c++;    }
         c－－;                          /* 多加了 1,减去 */
        if (m == 0)                     /* 能分解为正整数连加之和 */
        {   printf(" % d = ", n);       /* 打印连续正整数之和 */
            for (j = b; j < c; j++)     /* 注意:c 不打印 */
                printf(" % d + ", j);
            printf(" % d\n", j);        /* 打印 c */
            flag++;
        }
    }
    if (!flag)                          /* 若未打印过连加之和 */
        printf(" % d can't be splitted!\n", n);
}
```

程序的运行结果为:

```
Input a number: 99
99 = 4 + 5 + 6 + 7 + 8 + 9 + 10 + 11 + 12 + 13 + 14
99 = 7 + 8 + 9 + 10 + 11 + 12 + 13 + 14 + 15
99 = 14 + 15 + 16 + 17 + 18 + 19
99 = 32 + 33 + 34
99 = 49 + 50

Input a number: 100
100 = 9 + 10 + 11 + 12 + 13 + 14 + 15 + 16
100 = 18 + 19 + 20 + 21 + 22

Input a number: 128
128 can't be splitted!
```

由上面的结果分析可知,当 n>1 时,整数 2^n 都不能分解为连续正整数之和。

练习 7

1. 编写一个 C 程序,从键盘输入一个正整数,如果该数为素数,则输出该素数,否则输出该数的所有因子(除去 1 与自身)。

2. 编写一个 C 程序,从键盘输入一个正整数 N,再计算并输出

$$S = 1 + 2^1 + 2^2 + \cdots + 2^{|N|}$$

最后计算并输出

$$T = 1 - \frac{1}{2} + \frac{1}{3} - \cdots + (-1)^{k+1} \frac{1}{k}$$

其中 $K = \sqrt{S}$ 的整数部分。

3. 编写一个 C 程序,计算并输出多项式的值

$$S_n = 1 + 0.5x + \frac{0.5(0.5-1)}{2!}x^2 + \frac{0.5(0.5-1)(0.5-2)}{3!}x^3 + \cdots + \frac{0.5(0.5-1)\cdots(0.5-n+1)}{n!}x^n$$

的值,直到 $|S_n - S_{n-1}| < 0.000001$ 为止,其中 x 从键盘输入。

4. 编写一个 C 程序,计算下列级数和

$$s_n = 1 + (2/1) + (3/2) + (5/3) + (8/5) + (13/8) + \cdots + (a_n/a_{n-1})$$

其中 $n \geqslant 1$,由键盘输入,$s_1 = 1$。

5. 编写一个 C 程序,输出能写成两个数平方之和的所有三位数。

6. 如果一个数恰好等于它的所有因子(包括 1 但不包括自身)之和,则称为"完数"。例如,6 的因子为 1,2,3,且 1+2+3=6,即 6 是一个"完数"。编写一个 C 程序,计算并输出 1000 以内的所有"完数"之和。

7. 编写一个 C 程序,从键盘输入 30 个实数,分别计算并输出以下 5 个量:所有正数之和,所有负数之和,所有数的绝对值之和,正数的个数,负数的个数。

8. 100 元钱买 100 只鸡,母鸡 3 元/只,公鸡 2 元/只,小鸡 1 元 3 只。试编写一个 C 程序,给出所有买鸡方案。

9. 设 A,B,C,D,E 5 人,每人额头上贴了一张黑纸或白纸。5 人对坐,每人都可以看到其他人额头上的纸的颜色,但都不知道自己额头上的纸的颜色。5 人相互观察后开始说话:

A 说:我看见有 3 人额头上贴的是白纸,1 人额头上贴的是黑纸。

B 说：我看见其他 4 人额头上贴的都是黑纸。

C 说：我看见有 1 人额头上贴的是白纸，其他 3 人额头上贴的是黑纸。

D 说：我看见 4 人额头上贴的都是白纸。

E 什么也没说。

现在已知额头上贴黑纸的人说的都是真话，额头上贴白纸的人说的都是假话。编写一个 C 程序，确定这 5 人中谁的额头上贴白纸，谁的额头上贴黑纸？

10. 寻找 1000 以内最小的 10 个素数与最大的 10 个素数（去掉重复的素数），计算并输出这 20 个素数之和。

具体要求如下。

（1）画出计算过程的结构化流程图。

（2）虽然 1000 以内素数个数超过 20 个，但仍要求考虑 1000 以内不够 10 个最小素数与 10 个最大素数，以及最小的 10 个素数与最大的 10 个素数有重复的情况。

（3）输出要有文字说明。输出形式为：

最小素数： 素数 1，素数 2，…，素数 10
最大素数： 素数 1，素数 2，…，素数 10
素数之和： 和的具体值

（4）在程序内部加必要的注释（至少有 3 处）。

方法说明如下。

对于某个（从小到大与从大到小）自然数 k，开始时置标志 flag 为 0，然后对 $2\sim\sqrt{k}$ 中的自然数 j 进行检测，当发现 j 是 k 的因子，就置 flag 为 1，表示不必再对别的自然数进行检测，因为此时已经可以确定 k 不是素数了，只有当 $2\sim\sqrt{k}$ 中的所有自然数都不是 k 的因子（即 flag 保持为 0）时，说明 k 为素数，输出 k，并进行累加。

11. A，B，C，D，E 5 人分苹果。A 将所有的苹果分为 5 份，将多余的一个苹果吃掉后再拿走自己的一份苹果；B 将剩下的苹果分为 5 份，将多余的一个苹果吃掉后再拿走自己的一份苹果；C，D，E 依次按同样的方法，将剩下的苹果分为 5 份，吃掉多余的一个苹果后拿走自己的一份苹果。编程计算原来至少有多少个苹果？A，B，C，D，E 各得到多少个苹果？

具体要求如下。

（1）画出计算过程的结构化流程图。

（2）输出要有文字说明。

（3）在程序内部加必要的注释（至少有 3 处）。

方法说明如下。

（1）采用逐步试探的方法。

（2）设当前试探的苹果数为 n。如果 n 满足下列条件：

① n－1（多余的一个被吃掉）后要能被 5 整除；

② 拿走一份后，余下的 4 份苹果数为 $4*(n-1)/5$。

（3）按上述策略连续进行五次分配，如果每次分配时均满足其中的条件，则试探的 n 即为原来的苹果数 x。

（4）为了第一次能分配，试探从 6 开始。

（5）根据分配策略，最后 A，B，C，D，E 5 人得到的苹果数（不包括吃掉的一个苹果）可以按如下公式依次计算：

$$a = (x - 1)/5$$
$$b = (4 * a - 1)/5$$
$$c = (4 * b - 1)/5$$
$$d = (4 * c - 1)/5$$
$$e = (4 * d - 1)/5$$

12. 某单位要在 A,B,C,D,E,F 6 人中选派若干人去执行一项任务,选人的条件如下。

(1) 若 C 不去,则 B 也不去。

(2) C 和 D 两人中去一个。

(3) D 和 E 要么都去,要么都不去。

(4) A,B,F 三人中要去两个。

(5) C 和 F 不能一起去。

(6) E 和 F 两人中至少去一个。

问应该选哪几个人去? 试编程确定。

具体要求如下。

(1) 画出计算过程的结构化流程图。

(2) 输出要有文字说明。

(3) 在程序内部加必要的注释(至少有 3 处)。

第8章

模块(函数)设计

8.1 模块化程序设计与 C 函数

8.1.1 模块化程序设计的基本概念

模块化程序设计是指把一个大程序按功能和人们易于理解的大小规模进行分解。由于经过分解后的各模块比较小,因此容易实现,易于理解,也容易调试。

在进行模块化程序设计时,应重点考虑以下两个问题。

(1) 按什么原则划分模块?

(2) 如何组织好各模块之间的联系?

1. 按功能划分模块

划分模块的基本原则是使每个模块都易于理解。尽量依照人类思维的特点,按功能来划分模块最为自然。在按功能划分模块时,要求各模块的功能尽量单一,各模块之间的联系尽量的少。满足这些要求的模块有以下几个优点。

(1) 模块间的接口关系比较简单,并且每个模块都是人的智力所能及的。因此,这种程序的可读性(readability)和可理解性(intelligibility)都比较好。

(2) 各模块的功能比较单一,当需要修改某一功能时,一般只涉及一个模块,不会影响到其他模块。因此,这种程序的可修改性(modifiability)和可维护性(maintainability)比较好。

(3) 脱离程序的上、下文也能单独地验证一个模块的正确性。因此,这种程序的可验证性(verifiability)比较好。

(4) 在扩充系统或建立新系统时,可以充分利用已有的一些模块,用搭积木的方法进行开发。因此,这种程序的可重组性(reconfigurability)和可重用性(reusability)比较好。

2. 按层次组织模块

采用模块化方法得到的系统是由互相连接的模块所构成的。按什么样的结构来组织各模块是模块化程序设计的另一关键。

结构化程序设计方法要求在设计程序时按层次结构组织各模块。

在按层次组织模块时,一般上层模块只指出"做什么",只有在最底层的模块中才精确地描述"怎么做"。在如图 8.1 所示的层次结构中,主模块只需要指出总任务就可以了,而

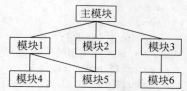

图 8.1 按层次组织模块

模块 1、模块 2 与模块 3 分别指出各自的子任务,模块 4、模块 5 与模块 6 才精确描述"怎么做"。

根据模块化设计的原则,一个较大的程序一般应分为若干个程序模块,每一个模块用于实现一个特定的功能。在不同的程序设计语言中,模块实现的方式有所不同。例如,在FORTRAN 语言中,模块用子程序和函数来实现;在 Pascal 语言中,模块用过程和函数来实现;在 C 语言中,模块都用函数来实现。

在 C 语言中,函数分为以下两种。

(1) 标准库函数

这种函数用户不必定义,即可直接使用。例如 scanf(),printf(),fabs(),sqrt(),exp(),sin(),cos()等都是 C 语言中常用的库函数。

(2) 用户自己定义的函数

这种函数用以解决用户的专门问题,一般由用户自己编写。

8.1.2　函数的定义

首先看一个程序的例子。

例 8.1　计算 1～5 之间各自然数的阶乘值。

其 C 程序如下:

```c
# include < stdio. h>
main()                          /* 主函数 */
{ int  m;
  int  p(int);                  /* 说明要调用的函数 p 是 int 型,有一个 int 型形参 */
  for (m = 1;m < = 5;m++)
      printf(" % d!= % d\n", m, p(m));
}
int  p(int n)                   /* p 是计算阶乘值的函数,函数返回值为 int 型 */
{ int k, s;
  s = 1;
  for (k = 1; k < = n; k++)
    s = s * k;
  return(s);
}
```

在这个程序中共有两个函数:一个是主函数 main(),它的功能是通过循环调用函数 p()计算并输出 p(m)(即 m!)的值;另一个是函数 p(),它的功能是计算阶乘值。

下面再举一个例子。

例 8.2　下列 C 程序的功能是计算并输出一个圆台两底面积之和。

```c
# include < stdio. h>
main()
{ double r1, r2;
  double q(double);
   /* 说明要调用的函数 q()是 double 型,有一个 double 型形参 */
  printf("input  r1,r2: ");      /* 提示输入 */
  scanf(" % lf % lf", &r1, &r2);   /* 读入 r1 与 r2 */
  printf("s = % f\n", q(r1) + q(r2));
}
```

```
double q(double r)                    /* q是计算圆面积的函数,为 double 型 */
{ double  s;
  s = 3.1415926 * r * r;
  return s;
}
```

其中 q 函数可以简化为:

```
double q(double r)
{  return  3.1415926 * r * r;
}
```

在这个程序中,在主函数中读入圆台的两底半径,然后两次调用计算圆面积的函数 q()将它们加起来。在主函数中用语句

```
double q(double);
```

说明了被调用函数的类型是 double 型,有一个 double 型形参。

在 C 语言中,函数定义的一般形式为:

```
函数类型标识符    函数名(形参表列及类型说明)
{   说明部分
    语句部分
}
```

在定义 C 函数时要注意以下几点。

(1) 函数类型标识符同变量类型说明符,它表示返回的函数值类型。在例 8.1 中,定义的函数 p()为 int 型;在例 8.2 中,定义的函数 q()为 double 型。

此外,在 C 语言中还可以定义无类型(即 void 类型)的函数,这种函数不返回函数值,而只是完成某种功能。

(2) 如果省略函数的类型标识符,则默认为是 int 型。但现在的 C 语言标准不提倡这种省略方法,C++更是不允许。例如,在例 8.1 中,可以省略 p(k)前面的类型标识符 int,即函数 p()也可以定义如下:

```
p(int n)                              /* 计算阶乘值的函数,默认为 int 型 */
{ int k, s;
  s = 1;
  for (k = 1; k <= n; k = k + 1)
    s = s * k;
  return(s);
}
```

(3) C 语言允许定义空函数。如:

```
void dummy(){ }
```

在程序中调用空函数时,实际上什么操作都没有做,即空函数不起任何作用。但是,空函数在程序设计过程中是很有用的。在程序设计中,往往首先建立一个程序框架,函数的功能由各函数模块分别实现。但在开始时一般不可能将所有的函数模块都完整地设计好,只能将一些最重要、最基本的函数设计出来,而对于一些次要的模块在程序设计的后期再慢慢补充。因此,在程序设计的开始阶段,为了程序的完整性,写一些空函数先放在那里,这些空函数的具体

功能已初步设计好,只不过函数程序代码还未编制好。由此可以看出,在程序设计的初期,利用空函数使程序的结构一开始就比较完整,可读性比较好,以后扩充功能也比较方便。因此,空函数在程序设计中是有用的。

(4) 函数中返回语句的形式为:

```
return (表达式);
```

或

```
return 表达式;
```

其作用是将表达式的值作为函数值返回给调用函数。其中表达式的类型应与函数类型一致。如果函数是无类型(即 void 型)的,则 return 后的表达式可以省略,甚至 return 语句也可以省略。

(5) 如果"形参表列"中有多个形式参数,则它们之间要用","分隔。

(6) 现在 C 语言标准提倡在形参表中直接对形参的类型进行说明。如在例 8.1 中的函数 p()中,也可以定义如下:

```
int p(n)
int n;
{ int k, s;
  s = 1;
  for (k = 1; k <= n; k = k + 1)
    s = s * k;
  return(s);
}
```

但这是旧的 C 程序写法,现在已经不提倡了。

但必须注意,如果形参表中有多个形参,即使它们的类型是相同的,在形参表中也只能逐个进行说明。例如,在函数 sab(a, b)中有两个形参,它们的类型虽然都是双精度实型,则应该写为:

```
double sab(double a, double b)
{ … }
```

千万不要参照普通变量定义的方式,以为形参 a 与 b 的类型相同而写为:

```
double sab(double a, b)
{ … }
```

这是错误的。

(7) 一个完整的 C 程序可以由若干个函数组成,其中必须有一个且只能有一个主函数 main()。C 程序总是从主函数开始执行(不管它在程序中的什么位置),而其他函数只能被调用。例如,在例 8.1 中,程序是从主函数开始执行的,只有执行到输出 p(m)(printf()中的输出项)值时,才调用函数 p()来计算 p(m)的值并打印。

(8) 一个完整 C 程序中的所有函数可以放在一个文件中,也可以放在多个文件中。例如,在例 8.1 中,C 程序中的两个函数可以分别放在两个文件中(主函数的文件名为 sp. c,函数 p()的文件名为 sp1. c):

```
/* 主函数 main()放在文件 sp.c 中 */
# include  <stdio.h>
main()                              /* 主函数 */
{ int  m;
  int   p(int);                     /* 说明要调用的函数 p()是 int 型,有一个 int 型形参 */
  for (m = 1;m <= 5;m = m + 1)
      printf(" % d!= % d\n", m, p(m));
}
/* 函数 p()放在文件 sp1.c 中 */
int   p(int n)                      /* 计算阶乘值的函数,为 int 型 */
{ int k, s;
  s = 1;
  for (k = 1; k <= n; k = k + 1)
    s = s * k;
  return(s);
}
```

如果一个 C 程序中的多个函数分别放在多个不同的文件中,在微软 VS 编译环境下,需要建立一个项目,把文件 sp.c 和 sp1.c 插入到项目中,编译连接时,同一个项目内的 C 源程序文件会被逐个编译,并最后连接起来生成一个可执行文件。关于项目的建立和有关操作可参考有关书籍中的有关内容。

(9) C 语言中的函数没有从属关系,各函数之间互相独立,可以互相调用。但 C 函数不能嵌套定义,不能在一个函数中定义另一个函数,每一个函数都是独立定义的。

8.1.3 函数的调用

函数调用的一般形式为:

函数名(实参表列)

例如,在例 8.1 中,如果要计算 5! 并赋给变量 s,则调用语句为:

s = p(5);

函数的调用要注意以下几个问题。

(1) 函数调用可以出现在表达式中(有函数值返回);也可以单独作为一个语句(无返回值函数的调用)。

(2) 在调用函数中,通常要对被调用函数进行说明(一般在调用函数的函数体中的说明部分),包括函数值的返回类型、函数名以及形参的类型。这种说明被称为**函数的向前引用说明**。在调用函数中对被调用函数进行向前引用说明的一般形式为:

函数类型   函数名(形参 1 类型,形参 2 类型, …);

或

函数类型   函数名(形参 1 类型   形参名 1, 形参 2 类型   形参名 2, …);

其中前一种形式是基本的。在后一种形式中,各"形参名"可以是任意的,可以与被调用函数中的形参名一样,也可以不一样。但说明中的函数类型以及各形参类型(包括形参个数)必须要与被调用函数定义中的一致。最简单的办法就是将原函数的头部直接复制在行尾加一个分号

";"作为函数向前引用说明。

在 C 语言中,这种对被调用函数的说明也称为函数原型。

例如,在例 8.1 的主函数中,用说明语句

```
int p(int);
```

说明了本函数中所要调用的函数 p()为 int 型,有一个 int 型形参。这个说明与

```
int p(int x);
```

等价,其中标识符 x 的名字可以是任意的。又如,在例 8.2 的主函数中,用说明语句

```
double q(double);
```

说明了本函数中所要调用的函数 q()为 double 型,有一个双精度实型形参。这个说明与

```
double q(double x);
```

等价,其中标识符 x 也可以改为其他任意标识符,在这里不起任何作用。

在程序中使用函数原型(即在调用函数中对被调用函数进行说明)的主要作用是便于编译器在编译源程序时对调用函数的合法性进行全面检查,当编译器发现与函数原型不匹配的函数调用(如函数类型不匹配、参数个数不一致、参数类型不匹配等)时,就会给出错误信息或警告性质的错误信息,用户可以根据提示的错误信息发现并改正函数调用中的错误。千万不能对这类编译警告性错误提示视而不见。

需要说明的是,在以前的 C 语言标准中,在调用函数中对被调用函数进行说明时不是采用函数原型,而只说明函数名和函数类型,即采用如下形式:

```
函数类型 函数名();
```

在这种说明方式下,编译系统也就无法检查参数的个数和类型。C 语言的新标准也兼容这种用法,但不提倡这种用法,因为这种用法很容易出错。下面举一个例子来说明这个问题。

设有以下 C 程序:

```
# include < stdio.h >
main()
{ float x;
  double  y, f();
  x = 1.0;
  y = f(x);
  printf("y = % f\n", y);
}
double f(float x)
{ double y;
  y = 2 * x + 1.0;
  return(y);
}
```

程序的运行结果为:

```
y = 1.000000
```

这个运行结果显然是错误的。这个错误是什么原因引起的呢? 在 C 语言中,实型运算统

一默认为双精度运算。因此,实参中的实型表达式的值一定是双精度型的,其对应的形参必须也是双精度型的。也就是说,在 C 语言中,函数中的实型形参类型必须是双精度实型(即 double 型),而不能是单精度实型(即 float 型)。而现在,在主函数中的变量 x 虽然被定义为 float 型,但在调用语句"y＝f(x);"中,首先取实参表达式 x 的值,然后转换成双精度型。因此,最后传送给函数 f()的值是双精度型的,而函数 f()中的形参却是 float 型的,其实参与形参的类型不一致,导致形参接收到的数据是错误的,从而计算得到的返回值也是错误的。而这种实参类型与形参类型的不一致,编译系统无法发现,因为在主函数中只说明了被调用函数 f()的返回值类型,而没有说明其形参的类型,即没有用函数原型说明。

当然,在这种情况下,如果将函数 f()中的形参定义成双精度型,即程序改为:

```
# include < stdio.h >
main()
{ float x;
  double  y, f();
  x = 1.0;
  y = f(x);
  printf("y = % f\n", y);
}
double f(double x)
{ float y;
  y = 2 * x + 1.0;
  return(y);
}
```

程序的运行结果为:

y = 3.000000

在这种情况下,虽然在主函数中没有对函数 f()的形参类型进行说明,但由于实参与形参的类型恰好一致,运行结果就正确了。这个例子也说明了另外一个问题,即在进行数值运算时,建议将所有的实型变量定义成 double 型,因为在 C 语言中所有的实型运算都是采用双精度运算的。

在上面的例子中,如果在主函数中采用函数原型对被调用函数进行说明,即程序改为:

```
# include < stdio.h >
main()
{ float x;
  double  y, f(float x);          /* 采用函数原型说明 */
  x = 1.0;
  y = f(x);
  printf("y = % f\n", y);
}
double f(float x)
{ double y;
  y = 2 * x + 1.0;
  return(y);
}
```

程序的运行结果为:

```
y = 3.000000
```

在这种情况下,由于主函数中说明了被调用函数 f() 的形参类型是 float 型,因此在调用语句"y＝f(x);"中的实参表达式 x 值按说明应是 float 型。因此,最后传送给函数 f() 的值是 float 型的,函数 f() 中的形参也是 float 型的,其实参与形参的类型一致,所以其运行结果是正确的。

综上所述,在调用函数中应采用函数原型对被调用函数进行说明。

但 C 语言规定,在以下两种情况下可以不在调用函数中对被调用函数做说明。

(1) 被调用函数的定义出现在调用函数之前。例如,如果将例 8.2 中的主函数放在函数 q() 的后面,即程序改为:

```
# include < stdio. h >
double q(double r)                      /∗ 计算圆面积的函数,为 double 型 ∗/
{   return 3. 1415926 ∗ r ∗ r;
}
main( )
{ double r1, r2;
  /∗ 没有说明本函数中要调用的函数 q() ∗/
  printf("input   r1,r2: ");            /∗ 输入前的提示 ∗/
  scanf("% lf % lf", &r1, &r2);         /∗ 输入 r1 与 r2 ∗/
  printf("s = % f\n", q(r1) + q(r2));
}
```

在这种情况下,由于被调用函数 q() 的定义出现在调用它的主函数之前,主函数中早已知道了函数 q() 的原型概况,因此向前引用说明语句"double q(double);"也就可以省略了。

在此需要说明一点,所谓执行 C 程序,是指执行已经编译连接好的可执行程序。因此,所谓的 C 程序总是从主函数开始执行,指的是在执行可执行程序时是从主函数开始执行的。但在编译一个 C 源程序时,一般是按程序中语句出现的先后次序进行处理的,即所谓自上向下逐行扫描,并不是一定从主函数开始编译的。如果主函数在前面,则先编译主函数;如果主函数在其他函数的后面,则先编译其他函数后再编译主函数。因此,当一个被调用函数的定义出现在调用它的主函数之前的情况下,由于先编译的是被调用函数,当编译到主函数时,系统已经知道了该被调用的函数原型,也就没有必要再进行说明了。

若被调用函数与调用它的函数分别存放在两个源程序文件中,就一定要在调用函数中说明被调用的函数原型。

(2) 在调用函数之前的外部说明中说明被调用的函数原型。在文件开始处用外部函数向前引用说明了被调用的函数原型后,其后整个文件中所有调用此函数的函数中都不需要再进行说明。例如上例改为:

```
# include < stdio. h >
double q(double);
main( )
{ double r1,r2;
  printf("input   r1,r2: ");
  scanf(" % lf % lf",&r1,&r2);
  printf("s = % f\n",q(r1) + q(r2));
}
double q(double r)
```

```
{   return 3.1415926 * r * r;
}
```

实参表中的各实参可以是表达式,但它们的类型和个数应与函数中的形参一一对应。各实参之间也要用","分隔。

C语言虽不允许嵌套定义函数,但可以嵌套调用函数。例如,在例 8.1 中,表达式 p(p(3))实际上是计算 6!。因为 p(p(3))=p(3!)=p(6)=6!。

下面再举一个例子来说明函数的应用。

例 8.3 编写一个函数,其功能是判断给定的正整数是否是素数,若是素数则函数返回 1,否则返回 0。

其 C 函数如下:

```
# include < math.h >
int sushu( int n)
{ int   k, i, flag;
  k = (int)sqrt((double)n);
  i = 2;
  flag = 1;
  while ((i <= k) && (flag == 1))
  {   if (n % i == 0)
        flag = 0;
      i = i + 1;
  }
  return   flag;
}
```

在这个函数中,因为要调用求平方根的函数 sqrt(),因此要包含 C 库函数头文件< math.h >。至此应该明白,C 库函数头文件< math.h >中主要是各个数学函数的原型说明。有了这个函数 sushu()后,如果需要输出 3~100 的所有素数,可以用下列主函数来调用它:

```
# include < stdio.h >
main()
{ int   k, sushu(int);
  /* 如果主函数在函数 sushu()之后,就可以不说明 int sushu(int) */
  for (k = 3; k < 100; k = k + 2)
    if (sushu(k))   printf(" % d\n", k);
}
```

8.2　模块间的参数传递

8.2.1　形参与实参的结合方式

在模块化程序中,当一个模块需要调用另一个模块时,总是要将一些数据传送给被调用模块,而被调用模块执行完后,一般也需要将执行的结果或一些有关信息返回到调用模块。这就涉及被调用模块中的形参与调用模块中的实参互相结合的问题。在程序设计语言中,一般来说,形参与实参的结合方式有以下两种。

1．地址结合

所谓地址结合，是指在一个模块调用另一个模块时，并不是将调用模块中的实参值直接传送给被调用模块中的形参，而只是将存放实参的地址传送给形参。在这种结合方式下，被调用程序在执行过程中，当需要存取形参值时，实际上是通过形参找到实参所在的地址后，直接存取实参地址中的数据。因此，如果在被调用程序中改变了形参的值，实际上也就改变了调用模块中实参的值，因为形参和实参的地址相同，它们共享同一内存单元，被调用程序中对形参的操作实际上就是对调用程序中实参的操作。显然，当被调用程序执行完返回调用程序时，被调用程序中形参的新值早就通过访问实参的地址所指的内存单元传回了调用程序。

由此可以看出，在形参与实参为地址结合的方式下，被调用程序中对形参的操作实际上就是对实参的操作，实现了数据的双向传递。

在这种方式中，由于被调用函数中改变了形参值，同时也就改变了调用函数中的实参值。因此，在这种结合方式中的实参一般只能为变量（左值量）。因为在一般的程序设计语言中，只有变量（左值量）才给分配实际的内存地址，表达式或符号常量一般不给分配固定的地址。

2．数值结合

所谓数值结合，是指调用模块中的实参内存单元与被调用模块中的形参内存单元是互相独立的，在一个模块调用另一个模块时，直接将实参值传送到形参所在的内存单元中。在这种结合方式下，被调用程序在执行过程中，当需要存取形参值时，直接存取形参内存单元中的数据，而不影响实参内存单元中的值。因此，如果在被调用程序中改变了形参的值，是不会改变实参的值的，因为形参和实参的内存单元是互不相同的。显然，当被调用程序执行完返回调用程序时，被调用程序中形参的新值也就不会传回到调用程序对应实参的内存单元中。

由此可以看出，在形参与实参为数值结合的方式下，被调用程序中对形参的操作不影响调用程序中的实参值，因此只能实现数据的单向传递，即在调用时将实参值传送给形参。在这种方式中，由于被调用函数中形参值改变不影响调用函数中的实参值，因此，在这种结合方式中的实参可以是变量，也可以是表达式或符号常量。

C语言函数之间的参数传递是传值，是通过栈来传递的，是单向传递。压栈顺序是函数参数从右向左传递。结果是：一个函数可以通过参数把变量值传递给被调用函数，但被调用函数不能通过参数把变量值传回调用它的函数。例如：

```c
# include < stdio. h >
main()
{    int a = 3, b = 2, c = 1,f (int, int, int);
     f(a,b,c);
     printf("c = % d\n", c);
}
int f( int a, int b, int c)
{    c =  a + b;
     printf("c = % d\n", c);
     return c;
}
```

程序的运行结果为：

```
c = 5
c = 1
```

函数中的赋值 c＝a＋b 并没有影响主程序中的 c 值。

在 C 语言中,当函数形参为非指针或数组类型的变量时,均采用数值结合。在这种情况下,一个函数只能通过函数名返回一个函数值。

为了说明这个问题,下面看一个例子。

例 8.4 用迭代法求方程

$$x-1-\arctan x=0$$

的一个实根。精度要求为 $\varepsilon=0.000\ 001$。

在 7.3.3 节介绍了用迭代法求方程实根的问题,例 7.16 给出了求方程

$$x-1-\arctan x=0$$

实根的 C 程序,其迭代格式为

$$x_{n+1}=1+\arctan x_n$$

现在用函数来编写这个 C 程序。

为了通用性,首先编写一个用迭代法求实根的函数如下:

```
# include < stdio. h >
# include < math. h >
int subroot(double x, double eps)        /* 函数返回值为整型 */
{ int  m;
  double x0,f(double);                   /* 说明计算迭代值的函数 f 为 double 型,一个 double 型形参 */
  m = 0;
  do
  {  m = m + 1;                          /* 迭代次数加 1 */
     x0 = x;                             /* 保存上次迭代值 */
     x = f(x0);                          /* 计算新的迭代值 */
  } while((m < = 100)&&(fabs(x - x0) > = eps));
   /* 当迭代次数没有超过 100 次且不满足精度要求则继续迭代 */
  if (m > 100)  printf("FALL!\n");       /* 迭代次数超过 100 次,显示错误信息 */
  printf("x = % f\n", x);                /* 输出最后迭代值 */
  return(m);                             /* 返回迭代次数 */
}
```

这个函数中有两个形参变量 x 与 eps。x 总是存放最新的迭代值,在函数返回时,x 中存放的是最后的迭代值。函数的返回值为迭代次数。

然后编写一个主函数以及计算迭代值的函数 f(x)如下:

```
# include < stdio. h >
# include < math. h >
main( )
{ int  m, subroot(double, double);
  double  x, eps;
  x = 1.0;
  eps = 0.000001;
  m = subroot(x, eps);
  printf("m = % d\n", m);                /* 输出迭代次数 */
  printf("x = % f\n", x);                /* 输出方程根 */
}
double f(double x)                       /* 计算迭代值的函数 */
```

```
{ return(1.0 + atan(x)); }
```

在主函数中,将迭代的初值 x＝1.0 以及精度要求 eps＝0.000 001 作为实参调用函数 subroot(),返回后输出迭代次数(函数 subroot()的返回值)以及 x 的值。

由此可以看出,这个程序共有 3 个函数组成。经编译连接后,程序的运行结果如下:

```
x = 2.132268
m = 10
x = 1.000000
```

上述运行结果的第 1 行是在函数 subroot()中输出的结果,它是最后的迭代值(也是满足精度要求的一个实根)。第 2 行是在主函数中输出的结果,它是由函数 subroot()返回的迭代次数。第 3 行也是在主函数中输出的结果,它是迭代初值。

由上述运行结果可以看出,在主函数中调用函数 subroot()时,只是将实参 x 和 eps 的值分别传递给了函数 subroot()中的形参 x 和 eps,但由于主函数中的实参 x 与函数 subroot()中的形参 x 在计算机中的存储地址是不同的,因此,在函数 subroot()中虽然计算得到了满足精度要求的最后迭代值 x＝2.132 268,但主函数中的实参 x 值实际上没有改变。即被调用函数中改变了的形参值并没有传回给实参变量,只通过函数返回一个函数值(本例中为迭代次数)。

由此可以看出,在形参与实参为数值结合的情况下,实参与形参在计算机内存中的存储地址不是同一个,因此,即使在被调用函数中改变了形参值,调用函数中的实参值也不会被改变。

8.2.2　局部变量与全局变量

前面提到,在 C 语言中,函数调用时其实参与形参是采用数值结合的方式。因此,除了能将函数值通过函数名返回给调用函数外,不能将形参值传递给调用函数中的实参。但在 C 语言中,可以通过定义全局变量的方法来实现各函数之间的数值传递。

1. 局部变量

在函数内部或复合语句中定义的变量被称为局部变量。函数内部或复合语句中定义的变量只在该函数或该复合语句范围内有效,因此,不同函数或复合语句中的局部变量可以重名,互不混淆也互不相干。

特别要指出的是,函数中的形参也是局部变量。例如,在例 8.3 中,主函数 main()中的 m,x 和 eps 是在主函数内部定义的,它们是只在主函数内有效的局部变量。而函数 subroot()中的形参 x 和 eps 是只在函数 subroot()内有效的局部变量;同样,函数 f()中的形参 x 也是只在函数 f()内有效的局部变量。因此,它们互不相干,也不能双向传递值,即在调用时只能将实参值传送给形参,在返回时不能将形参值传回给实参变量。

2. 全局变量

在函数外定义的变量被称为全局变量。

如果将例 8.4 程序中函数 subroot()的形参 x 与主函数中的实参 x 统一定义为全局变量,即程序变为:

```
# include < stdio.h >
# include < math.h >
double  x;
int subroot(double  eps)
```

```
{ int   m;
  double x0, f(double);                  /* 说明计算迭代值的函数为 double 型,一个 double 型形参 */
  m = 0;
  do
  {    m = m + 1;                          /* 迭代次数加 1 */
       x0 = x;                             /* 保存上次迭代值 */
       x = f(x0);                          /* 计算新的迭代值 */
  } while((m < = 100)&&(fabs(x − x0) > = eps));
      /* 当迭代次数没有超过 100 次且不满足精度要求则继续迭代 */
  if (m > 100)   printf("FALL! \n");      /* 迭代次数超过 100 次,显示错误信息 */
  printf("x = % f \n", x);                 /* 输出最后迭代值 */
  return(m);                               /* 返回迭代次数 */
}
main()
{ int   m, subroot(double);
  double   eps;
  x = 1.0;
  eps = 0. 000001;
  m = subroot(eps);
  printf("m = % d \n", m);                 /* 输出迭代次数 */
  printf("x = % f \n", x);                 /* 输出方程根 */
}
double f(double x)                         /* 计算迭代值的函数 */
{ return(1.0 + atan(x)); }
```

在上述程序中,变量 x 是在程序中的开头、主函数之外定义的,该程序中的所有函数都可以直接访问外部变量 x。因此,在主函数 main()与被调用函数 subroot()中使用的实际上是同一个外部变量 x。

在这种情况下,程序的运行结果为:

```
x = 2. 132268
m = 10
x = 2. 132268
```

由此可以看出,在主函数中输出的 x 值与在函数 subroot()中输出的 x 值一样,达到了将最后迭代值带回主函数的目的。原因是函数 subroot()中的变量 x 与主函数中的变量 x 实际是同一个外部全局变量。

全局变量的有效范围是从定义变量的位置开始到本源文件结束。如果在上述程序中,将全局变量 x 的定义放在函数 subroot()的后面、main()的前面,则应在程序开头处加上全局变量的向前引用说明:

```
extern double   x;
```

其功能不是定义变量,只是先说明 x 是 double 型,其目的是让 subroot()函数在使用 x 时知道其类型是 double,否则编译时会出现 x 未定义的错误信息。即程序变为如下:

```
# include < stdio. h >
# include < math. h >
extern double   x;
int subroot(double   eps)                  /* 函数默认为整型 */
{ int   m;
```

```
                double x0, f(double);              /＊说明计算迭代值的函数为双精度实型,一个双精度型形参＊/
                m = 0;
                do
                {   m = m + 1;                      /＊迭代次数加 1＊/
                    x0 = x;                          /＊保存上次迭代值＊/
                    x = f(x0);                       /＊计算新的迭代值＊/
                } while((m <= 100)&&(fabs(x - x0) >= eps));
                        /＊迭代次数没有超过 100 次且不满足精度要求则继续迭代＊/
                if (m > 100)  printf("FALL!\n");/＊迭代次数超过 100 次,显示错误信息＊/
                printf("x = ％f\n", x);           /＊输出最后迭代值＊/
                return(m);                        /＊返回迭代次数＊/
        }
        double  x;
        main()
        { int  m, subroot(double);
          double  eps;
          x = 1.0;
          eps = 0.000001;
          m = subroot(eps);
          printf("m = ％d\n", m);              /＊输出迭代次数＊/
          printf("x = ％f\n", x);              /＊输出方程根＊/
        }
        double f(double x)                      /＊计算迭代值的函数＊/
        { return(1.0 + atan(x)); }
```

　　另外,如果局部变量与全局变量同名,则在该局部变量的作用范围内,局部变量会掩蔽全局变量,全局变量不起作用。例如,在上述程序中,计算迭代值的函数 f()中的形参变量 x 是局部变量,它只适用于函数 f()。因此,在调用函数 f()时,在函数 f()中使用的形参 x 的值是在调用时由实参传送过来的值,而不是全局变量 x 的值。

　　由此可以看出,利用全局变量可以实现各函数之间的数据传递。但是要指出,除非十分必要,一般不提倡使用全局变量,原因有以下几点。

　　(1) 由于程序中的所有函数都可以访问全局变量,可能会出现全局变量被无意间修改而难以追踪的问题。而且,在程序的执行过程中,全局变量始终都需要占用存储空间(即使实际正在执行的函数中根本用不着这些全局变量)。

　　(2) 在函数中使用全局变量后,要求在所有调用该函数的调用程序中都要使用这些全局变量,从而会降低函数的通用性。

　　(3) 在函数中使用全局变量后,使各函数模块之间的互相影响比较大,甚至产生“副作用(side effect)”,从而使函数模块的“内聚性”差,而与其他模块的“耦合性”强。

　　(4) 在函数中使用全局变量后,会降低程序的清晰度,可读性差。

8.2.3　动态存储变量与静态存储变量

　　一个 C 程序经编译连接后,形成一个计算机实际可以执行的程序。当需要运行一个程序时,首先要将该程序调到计算机内存中来。一般来说,一个用户程序在计算机中的存储分配如图 8.2 所示。

　　(1) 程序区用于存放程序。

| 动态存储区 |
| 静态存储区 |
| 程序区 |

图 8.2　用户程序在计算机
中的存储分配

（2）静态存储区是在程序开始执行时就分配的固定存储单元。例如，为全局变量分配的存储空间就在静态存储区中。

（3）动态存储区是在函数调用过程中进行动态分配的存储单元。例如，函数的形参、局部变量、函数调用时的现场保护和返回地址等所占用的存储空间就在动态存储区(栈)中。

下面简要介绍与存储有关的一些变量属性。

1. 变量的存储类型

在此以前对变量与函数的类型说明，实际上只说明了变量与函数的数据类型。但实际上，C语言中的变量与函数有以下两个基本属性。

（1）数据类型。如整型(int)、字符型(char)、实型(float)、双精度型(double)等。

（2）数据的存储类型。分为自动类型(auto)、静态类型(static)、寄存器类型(register)、外部类型(extern)。数据的存储类别决定了该数据的存储区域。

C语言规定，如果不做存储类型说明，则默认是自动类型变量。例如：

```
auto  int  x, y = 5;
```

与

```
int  x, y = 5;
```

是等价的。即在此之前所定义的变量实际上都是自动类型变量。自动类型的变量被分配在动态存储区(栈)中。

用static说明的局部变量称为局部静态变量。例如：

```
static  int  a, b = 3;
```

说明了两个静态存储类型的整型变量a与b被分配在静态存储区中。

局部静态变量在函数调用结束后其值不会消失而保留原值，即其占用的存储单元不释放，在下一次调用时为上次调用结束时的值。

下面看一个例子。

例8.5　设有如下C程序：

```
# include < stdio. h>
int  ksum(int  n)
{ static  int  x = 0;
  x = x + n;
  return(x);
}
main()
{ int  k, ksum(int);
  for (k = 1; k <= 5; k = k + 1)
     printf("sum( % d) = % d\n", k, ksum(k));
}
```

程序的运行结果为：

```
sum(1) = 1
sum(2) = 3
sum(3) = 6
sum(4) = 10
sum(5) = 15
```

在上述程序中,函数 ksum(n)中的变量 x 被定义成静态存储类型,因此,在程序编译时为它赋初值 0 以后,均保留每次调用后的值,在下一次调用时为上次调用结束时的值,函数 ksum(n)就起到了累加的作用。

现在如果将程序中的 static 去掉,即 x 定义成自动类型变量,其他语句都不变,即程序改成如下:

```
# include < stdio.h>
int  ksum( int  n)
{ int  x = 0;
  x = x + n;
  return(x);
}
main()
{ int  k, ksum(int);
  for (k = 1; k < = 5; k = k + 1)
     printf("sum( % d) = % d\n", k, ksum(k));
}
```

在这种情况下,程序的运行结果为:

```
sum(1) = 1
sum(2) = 2
sum(3) = 3
sum(4) = 4
sum(5) = 5
```

这是因为此时的变量 x 属于自动类型,在每次调用函数 ksum()时,变量 x 均会被重新分配内存赋以初值 0。

下面对静态存储变量做几点说明。

(1) 形参不能定义成静态存储类型。

(2) 对局部静态变量赋初值是在编译时进行的,在调用时不再赋初值;而对自动变量赋初值是在调用时进行的,每次调用将重新赋初值,如例 8.4 所示。

(3) 定义局部静态变量时若不赋初值,则在编译时将自动赋初值 0;但在定义自动变量时若不赋初值,则其初值为随机值,编译时会有警告性错误,运行也可能因未赋初值而使用变量出现致命错误。

(4) 由于局部静态变量有"副作用",造成多次运行函数的结果之间有关联效应,若无多大必要,建议尽量不用局部静态变量。

2. 外部变量

全局变量如果在文件开头定义,则在整个文件范围内的所有函数都可以使用该变量。但如果不在文件开头定义全局变量,则只限于在定义点到文件结束范围内的函数使用该变量。如果在全局变量的有效范围之外需要使用全局变量,则应事先用 extern 加以说明。用 extern说明的变量称为外部变量。

由此可以看出,用 extern 说明的外部变量提供了使用全局变量的一种途径。

一般来说,全局变量有以下几种用法。

(1) 在同一文件中,为了使全局变量定义点之前的函数中也能使用该全局变量,则应在函

数中用 extern 加以说明。例如,下列程序可以实现两个变量值交换:

```
# include < stdio. h>
main()
{ extern  int  x, y;                    /* x 与 y 定义为外部变量 */
  void swap();
  scanf(" % d % d", &x, &y);
  swap();
  printf("x = % d, y = % d\n", x, y);
}
int  x, y;
void swap()
{ int t;
  t = x; x = y; y = t;
  return;
}
```

在上述程序中,虽然全局变量 x 和 y 的定义在主函数的后面,但由于在主函数中用 extern 说明了变量 x 和 y 是外部变量,因此,后面定义的全局变量也适用于主函数。

但下列程序就不能实现两个变量值的交换:

```
# include < stdio. h>
main()
{ int  x, y;                            /* x 与 y 不是外部变量 */
  void swap();
  scanf(" % d % d", &x, &y);
  swap();
  printf("x = % d, y = % d\n", x, y);
}
int  x, y;
void swap()
{ int t;
  t = x; x = y; y = t;
  return;
}
```

在上述程序中,全局变量 x 和 y 的定义在主函数的后面,而在主函数中说明的变量 x 和 y 是局部变量。因此,后面定义的全局变量 x 和 y 不适用于主函数,即主函数中的变量 x 和 y 是只适用于主函数的局部变量。

(2) 使一个文件中的函数也能用另一个文件中的全局变量。例如,在下列程序中,两个函数分别存放在两个文件中:

```
/ * file1.c * /
# include < stdio. h>
int  x, y;
main()
{ void swap();
  scanf(" % d % d", &x, &y);
  swap();
  printf("x = % d, y = % d\n", x, y);
}
```

```
/* file2.c */
extern  int  x, y;
void swap()
{ int t;
  t = x; x = y; y = t;
  return;
}
```

其中在主函数所在的文件 file1.c 中定义了全局变量 x 与 y,在函数 swap()所在的文件 file2.c 中将 x 与 y 说明为外部变量,此时,在函数 swap()中就可以使用文件 file1.c 中定义的全局变量 x 与 y。

特别需要说明的是,在微软 VS 编译系统上,同一程序的两个文件中可以同时定义相同的全局变量。系统会自动认为是同一个全局变量,相当于其中一个全局变量前面自动加了 extern。例如,下列程序中:

```
/* file1.c */
# include < stdio.h >
int  x, y;
main()
{ void swap();
  scanf(" % d % d", &x, &y);
  swap();
  printf("x = % d, y = % d\n", x, y);
}

/* file2.c */
int  x, y;
void swap()
{ int t;
  t = x; x = y; y = t;
  return;
}
```

两个文件中都定义了全局变量 x, y,在编译连接上述程序时,不会出现任何错误。

(3) 利用静态外部变量,使全局变量只能被本文件中的函数引用。例如,下列程序是错误的:

```
/* file1.c */
# include < stdio.h >
static  int  x, y;                    /* x 与 y 只是适用于本文件的全局变量 */
main()
{ void swap();
  scanf(" % d % d", &x, &y);
  swap();
  printf("x = % d, y = % d\n", x, y);
}

/* file2.c */
extern int  x, y;                    /* 只是外部引用说明,实际上 x, y 没有定义 */
void swap()
{ int t;
```

```
    t = x; x = y; y = t;
    return;
}
```

这是因为,虽然在主函数所在的文件 file1.c 中定义了全局变量 x 与 y,但它们只适用于本文件,而在函数 swap()所在的文件中企图将它们说明为外部变量而使用它们,这是不可能的。因此,上述程序在编译连接时会出现"x,y 为未定义变量或未解决的外部符号"的错误。也不能用:

```
extern static int  x,y;
```

进行说明。

如果将文件 file2.c 中"int x,y;"前面的 extern 去掉,即程序改成如下:

```
/* file1.c */
# include < stdio. h >
static  int  x, y;                 /* x 与 y 只是适用于本文件的全局变量 */
main()
{ void swap();
  scanf("% d % d", &x, &y);
  swap();
  printf("x = % d, y = % d\n", x, y);
}


/* file2.c */
int   x, y;
void swap()
{ int t;
  t = x; x = y; y = t;
  return;
}
```

虽然不会有任何编译连接错误,但上述程序实际上也没有实现两个变量值的交换。这是因为,在这个程序中,函数 swap()所在的文件 file2.c 中定义了两个全局变量 x 与 y。主函数所在的文件 file1.c 中定义了只适用于本文件的两个静态全局变量 x 与 y,显然它们不适用于函数 swap(),因为函数 swap()与主函数在不同的文件中。因此,虽然全局变量名字相同,但不是同一个变量。

8.2.4 内部函数与外部函数

在 C 语言中,函数可以分为内部函数与外部函数。

1. 内部函数

只能被本文件中其他函数调用的函数称为内部函数,内部函数又称为静态函数。

定义内部函数的形式如下:

```
static  类型标识符  函数名(形参表)
```

例如:

```
static  int  fac(n)
```

定义的函数 fac()是一个内部函数,它只能被与它在同一文件中的函数调用,而其他文件中的函数不能调用它。

2. 外部函数

能被其他文件中函数调用的函数称为外部函数。

定义外部函数的形式如下:

[extern]　类型标识符　函数名(形参表)

如果省略 extern 说明符,则默认为是外部函数。例如:

int　fac(n)

定义的函数 fac()是一个外部函数,它不仅能被本文件中的函数所调用,而且也可以被其他文件中的函数所调用。

例 8.6　设有如下 C 程序:

```
/* file.c */
# include < stdio.h >
main()
{ int x = 10, y, z, f(int), g(int);
  y = f(x);    z = g(x);
  printf("x = % d\ny = % d\n",x,y);
  printf("z = % d\n",z);
}


/* file1.c */
static int f(int   x)
{ int y;
  y = x * x;
  return(y);
}
/* g 调用本文件中的内部函数 f */
int g(int x)
{   return f(x);
}


/* file2.c */
int   f(int   x)
{ int y;
  y = x * x * x;
  return(y);
}
```

在这个程序中共有 3 个函数,它们分别放在 3 个文件中。其中在文件 file1.c 中存放的是主函数,其功能是调用函数 f()计算并输出 f(x)的值;文件 file1.c 中存放的是一个内部函数 f(),其功能是计算 f(x)=x² 的值;文件 file2.c 中存放的是一个外部函数 f(),其功能是计算 f(x)=x³ 的值。

现在建立一个项目,将 3 个文件逐个插入到项目中,将它们编译连接,同一个项目中虽然有同名函数 f(),但因为其中一个是 static 类型的内部函数,因此编译连接时不会出现重名错误。运行结果为:

```
x = 10
y = 1000
z = 100
```

由这个运行结果可以看出,主函数中实际调用的是文件 file2.c 中的函数 f(),而没有调用文件 file1.c 中的函数 f()。这是因为,文件 file2.c 中定义的函数 f()是外部函数,它允许被文件 file.c 中的主函数调用;而文件 file1.c 中定义的函数 f()是内部函数,它不允许被文件 file.c 中的主函数调用,而只能由本文件中的函数 g()调用。

由上例可以看出,如果要求一个函数只能被本文件中的函数调用,而其他文件中的函数不能调用它,则可以将此函数定义为内部函数(前面加 static 说明);如果要求一个函数能被所有的函数(不管是在哪个文件中)调用,则应将它定义为外部函数。

8.3 模块的递归调用

人们在解决一些复杂问题时,为了降低问题的复杂程度(如问题的规模等),一般总是将问题逐层分解,最后归结为一些最简单的问题。这种将问题逐层分解的过程,实际上并没有对问题进行求解,而只是当解决了最后那些最简单的问题后,再沿着原来分解的逆过程逐步进行综合最终解决复杂问题,这就是递归的基本思想。

下面用一个简单的例子来说明递归的基本思想。

例 8.7 编写一个 C 函数,对于输入的参数 n,依次打印输出自然数 1~n。

这是一个很简单的问题,实际上不用递归就能解决,其 C 函数如下:

```
# include < stdio.h >
void wrt(int   n)
{ int   k;
  for (k = 1;k < = n;k++)
     printf(" % d\n", k);
  return;
}
```

解决这个问题还可以用以下的递归函数来实现,思想是:如果能递归先打印出前 n−1 个数,这里可以打印出 n,从而完成打印 n 个自然数,程序如下:

```
# include < stdio.h >
void wrt1(int n)
{   if (n!= 0)
    {   wrt1(n−1);
        printf(" % d\n", n);
    }
    return;
}
```

在递归函数 wrt1()中,n 是函数的形参。在开始执行函数 wrt1()时,首先要判断形参变量值(开始时为 n)是否不等于 0,如果不等于 0,则将形参值减 1(即 n−1)后作为新的实参再调用函数 wrt1();在调用函数 wrt1()时,又需判断形参值(此时已变为 n−1)是否不等于 0,如果不等于 0,则又将形参值减 1(即 n−2)后作为新的实参再次调用函数 wrt1()……这个过程一直进行下去,直到函数 wrt1()的形参值等于 0 为止。此时,由于在先前各层的函数调用中,函数 wrt1()实际上没有执行完,即各层中的形参值还没有打印输出,这就需要逐层返回,以便打印输出各层中的输入参数 $1, 2, \cdots, n$。为此,在递归函数的执行过程中,需要用栈(stack)操作来记忆各层调用中的参数,以便在逐层返回时恢复这些参数继续进行处理。具体来说,在函数 wrt1()开始执行后,随着各次的递归调用,逐次入栈记忆各层调用中的输入参数 $n, n-1, n-2, \cdots, 2, 1$,在逐层返回时,又依次出栈(按入栈的相反次序)将这些参数打印输出。栈的操作规则是先进后出。

在程序设计中,递归是一个很有用的工具。对于一些比较复杂的问题,设计成递归算法其结构清晰,可读性也很强。

在 C 语言中,自己调用自己的函数称为递归函数。递归分为直接递归与间接递归两种。

所谓直接递归,是指直接调用函数本身。例 8.7 中的函数 wrt1()就是一个直接递归函数。

所谓间接递归,是指通过别的函数调用自身。例如,下面两个函数之间的调用关系就属于间接递归调用:

```
int f1(int x)              int f2(int x)
{ int  y, z;               {  int  a, b;
     ⋮                          ⋮
  z = f2(y);                  b = f1(a);
     ⋮                          ⋮
  return(z * z);              return(3 * b);
}                          }
```

在函数 f1()中需要调用函数 f2(),而在函数 f2()中需要调用函数 f1(),因此,函数 f1()实际上是通过函数 f2()来调用了自身,这种递归调用称为间接递归调用。

递归是一种很重要的算法设计方法之一。实际上,递归过程能将一个复杂的问题归结为若干个较简单的问题,然后将这些较简单的每一个问题再归结为更简单的问题,这个过程可以一直做下去,直到分解到最简单的问题为止。

如果将上面例子中的打印语句放在递归语句之前:

```
# include < stdio. h >
void wrt1(int n)
{    printf(" % d\n",n);
     if (n > 1)
         wrt1(n - 1);
}
```

输出结果将是:$n, n-1, \cdots, 2, 1$。因此在编写递归程序时一定要注意递归与操作的时序问题。

```
# include < stdio. h >
void wrt1(int n)
{    if (n > 1)
         wrt1(n - 1);
     printf(" % d\n",n);
}
```

仔细看上面的递归函数会注意到 printf 语句前没有 else,就是说,这个 printf 语句对于任意 n 都要执行一次,不同于一般的递归程序中的 if 语句二择一(不能省略 else 语句)。如果在 printf 语句前加上 else,此函数将不能打印出 $1, 2, \cdots, n-1, n$,而只是打印出 1。

编写递归程序的关键是,对于一个问题,要找出其递归关系和初始值。方法之一是利用归纳法,把一个问题归纳总结出递归式,加上初始条件,从而编写出递归函数。

对于单变量的递归问题 f(n),基本步骤如下。

(1) 当 n＝1 或 0 时,可以得到 f(n)的值。

(2) 假设 x 小于或等于 n－1 时,都可以得到 f(x)的值。

(3) 则对于 n,找出 f(n)与 f(n－1),f(n－2)……的关系式

$$f(n) = F(f(n-1), f(n-2), \cdots)$$

(4) 开始编写递归程序。

例 8.8　上楼梯问题。用递归方法编写函数 f(n):某人上楼一步可以跨 1 个台阶,也可以跨 2 个台阶,一共有 n 个台阶,问一共有多少种走法,详细解释思路和算法。

分析:

(1) 当 n＝1 时,共 1 种走法;f(1)＝1。

(2) 当 n＝2 时,可以一步 1 个台阶,也可以一步走完 2 个台阶,共 2 种走法;f(2)＝2。

(3) 假设已经知道 n－1 时的走法(当然也知道 n－2 时的走法),那么当 n＞2 时,可以归结为两种情况。

① 一步 1 个台阶,剩 n－1 个台阶。

② 一步 2 个台阶,剩 n－2 个台阶。

因此得到递归式

$$f(n)=f(n-1) + f(n-2)$$

由此可以编写出如下程序:

```c
#include <stdio.h>
int f(int n)
{    if (n==1)
         return 1;
     else if (n==2)
         return 2;
     else
         return f(n-1) + f(n-2);
}
main()
{   int m,n;
    scanf("%d", &n);
    printf("T = %d\n", f(n));
}
```

运行结果为(带下画线的为键盘输入):

<u>3</u>
T = 3

<u>10</u>
T = 89

<u>30</u>
T = 1346269

$$\frac{40}{}$$
T = 165580141

例 8.9 全组合问题。用递归方法编写函数：从 $1,2,\cdots,n$ 这 n 个整数中取 k 个的全组合（有 C_n^k 种组合）的个数,详细解释思路和算法。

分析：

(1) 当 $k=1$ 时,即从 n 个数中取 1 个,很显然,是这 n 个数的每 1 个,共 n 种取法。

(2) 当 $n=k$ 时,即从 k 个数中取 k 个,很显然,是这 k 个数的全部,共 1 种取法。

(3) 假设已经知道如何从 $n-1$ 个数中取 k 个的方法(当然也知道从 $n-1$ 个数中取 $k-1$ 个的方法),那么当从 n 个中取 k 个时,可以归结为两种情况。

① 从前 $n-1$ 个数中取 k 个。

② 先从前 $n-1$ 个数中取 $k-1$ 个,再加上第 n 个数,一共取 k 个。

由此可以编写出如下程序：

```c
# include < stdio. h>
int combine(int n, int k)
{   if (n > k && k > 1)                 /* 当 n 大于 k 并且 k 大于 1 时,递归 */
        return combine(n-1, k-1) + combine(n-1, k);
    /* 递归后,把 n 个元素取 k 个的组合问题,变成了 n-1 个中取 k 个、
     n-1 个中取 k-1 个的组合问题,这样递归下去,前一个会变成 n
     等于 k 的组合问题,后一个会变成 k 等于 1 的问题 */
    else if (k == 1)                    /* 若 k 为 1,则取其中每个元素作为一个组合,共 n 种 */
        return n;
    else if (n == k)                    /* 若 n 等于 k,则将这 n 个元素作为一个组合,共 1 种 */
        return 1;
}
main()
{   int   n,k,c;
    printf("Input n and k:");
    scanf("%d%d", &n, &k);
    c = combine(n, k);
    printf("C(%d, %d) = %d\n", n, k, c);
}
```

程序的运行结果为(带下画线的为键盘输入)：

```
Input n and k:5 3
C(5,3) = 10

Input n and k:33 7
C(33,7) = 4272048

Input n and k:36 7
C(36,7) = 8347680

Input n and k:49 6
C(49,6) = 13983816
```

例 8.10 上楼梯问题拓展。用递归方法编写函数 $f(n,m)$：某人上楼梯可能一步可以跨 1 个台阶,也可以一步跨 2 个台阶……最多一步跨 m 个台阶,楼梯一共有 n 个台阶,问有多少

种不同走法。请详细解释思路和算法。

分析：

(1) 当 n＝1 或者 m＝1 时，共 1 种走法。

(2) 当 n＜m 时，一步最多 n 个台阶，因此 f(n,m)＝f(n, n)。

(3) 当 n＝m 时，可以一步跨 m 个台阶，共 1 种走法，也可以不一步跨 m 个台阶，有 f(n, m−1)种走法，因此 f(n, m)＝f(n, m−1)+1。

(4) 当 n＞m 时，可以一步跨 1 个台阶，有 f(n−1, m)种走法；也可以一步跨 2 个台阶，有 f(n−2,m)种走法……直到一步跨 m 个台阶，有 f(n−m, m)种走法。因此

$$f(n, m)＝f(n−1, m) + f(n−2, m) + \cdots + f(n−m, m)$$

由此可以编写出如下程序：

```c
#include <stdio.h>
int f(int n, int m)
{
    if (n == 1 || m == 1) return 1;
    else if (n < m) return f(n, n);
    else if (n == m) return f(n, m-1) + 1;
    else
    {   int s = 0, i;
        for (i = 1; i <= m; i++)
            s += f(n-i, m);
        return s;
    }
}
main()
{   int m,n;
    scanf("%d%d", &n, &m);
    printf("T = %d\n", f(n, m));
}
```

程序的运行结果为(带下画线的为键盘输入)：

<u>3 2</u>
T = 3

<u>10 2</u>
T = 89

<u>30 3</u>
T = 53798080

<u>30 4</u>
T = 201061985

例 8.11 苹果摆放问题。用递归方法编写函数：把 m 个同样的苹果放在 n 个同样的盘子里，允许有的盘子空着不放，问共有多少种不同的放法？当 m＝7,n＝3 时，视 5,1,1 和 1,5,1 为同一种放法。请详细解释思路和算法。

分析：

所有不同的摆放方法可以分为两类，至少有一个盘子空着和所有盘子都不空。分别计算这两类摆放方法的数目，然后把它们加起来。

设 $f(m, n)$ 为 m 个苹果 n 个盘子的摆法数，如果 $n>m$，必定有 $n-m$ 个盘子要空着，去掉它们对摆法数不产生影响；即 $n>m$ 时，$f(m, n)=f(m, m)$。当 $n \leqslant m$ 时，不同的摆法可以分成两类：即有至少一个盘子空着，相当于 $f(m, n)=f(m, n-1)$；或者所有盘子都有苹果，每个盘子至少要先放一个苹果，即 $f(m, n)=f(m-n, n)$。苹果的放法总数等于两者的和，即

$$f(m, n) = f(m, n-1) + f(m-n, n)$$

由此可以写出如下算法。

(1) 当 $m=1$ 或 $n=1$ 时，只有 1 种摆法，因此 $f(m, n)=1$。

(2) 当 $m=n$ 时，可以分为两种情况：一是每个盘子放 1 个，只有 1 种摆法；二是第 n 个盘子不放，有 $f(m, n-1)$ 种摆法。因此 $f(m,n)=f(m, n-1)+1$。

(3) 当 $n>m$ 时，必定有 $n-m$ 个盘子要空着。因此 $f(m, n)=f(m, m)$。

(4) 当 $n<m$ 时，可以分成两类：一是至少一个盘子空着，相当于 $f(m, n)=f(m, n-1)$；二是所有盘子都有苹果，每个盘子至少要先放一个苹果，即 $f(m, n)=f(m-n, n)$。总的摆法数等于两者的和，因此 $f(m, n)=f(m, n-1)+f(m-n, n)$。

由此可以编写出如下程序：

```c
# include < stdio. h>
int f( int m, int n)
{
    if(m == 1||n == 1)
        return 1;
    else if(m == n)
        return f(m,n - 1) + 1;
    else if(n > m)
        return f(m,m);
    else
        return f(m,n - 1) + f(m - n,n);
}
void main()
{   int   m,n,c;
    printf("Input   m and n:");
    scanf(" % d % d", &m, &n);
    c = f(m, n);
    printf("C = % d\n", c);
}
```

程序的运行结果为(带下画线的为键盘输入)：

```
Input   m and n:5 3
C = 5


Input   m and n:7 3
C = 8


Input   m and n:10 4
C = 23
```

```
Input  m and n:50 10
C = 62740
```

8.4 程序举例

1. 梯形法求定积分

设定积分为

$$S = \int_a^b f(x)dx$$

由微积分的知识可以知道,该积分值的几何意义是在区间$[a,b]$内的曲线$f(x)$下的面积,如图 8.3 所示。

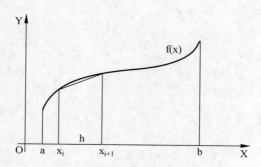

图 8.3　定积分几何意义

梯形法求定积分的基本思想是:

(1) 首先将积分区间$[a,b]$ n 等分,得到 n 个子区间$[x_i,x_{i+1}]$$(i=0,1,2,\cdots,n-1)$,每一个子区间的长度为 $h=(b-a)/n$,如图 8.3 所示,其中 $x_i=a+i\times h$。

(2) 然后在每一个子区间上用梯形的面积

$$S_i = \frac{h}{2}[f(x_i)+f(x_{i+1})]$$

来近似代替该子区间上小长条的面积。

(3) 最后将所有小长条的面积近似值 S_i 累加就可得到积分值的近似值。即

$$S = \int_a^b f(x)dx$$

$$\approx \frac{h}{2}\sum_{i=0}^{n-1}[f(x_i)+f(x_{i+1})]$$

$$= \frac{h}{2}[f(a)+f(b)]+h\sum_{i=1}^{n-1}f(x_i)$$

其流程图如图 8.4 所示。

根据图 8.4 所示的流程图,将梯形法求定积分的功能编写成一个独立的 C 函数 tab(),其中 a 为积分的下限,b 为积分的上限,n 为等分数,函数返回积分值。函数如下:

```
double  tab(double a, double b, int n)
{ int  k;
  double  h, s, p, x, f(double);
```

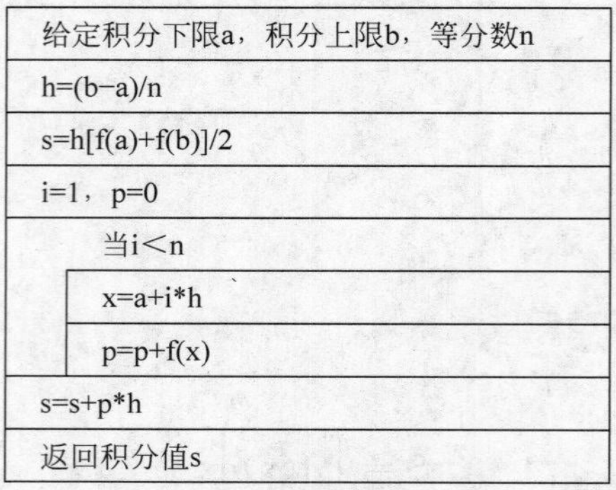

给定积分下限a，积分上限b，等分数n
h=(b−a)/n
s=h[f(a)+f(b)]/2
i=1，p=0
当i<n
x=a+i*h
p=p+f(x)
s=s+p*h
返回积分值s

图 8.4　梯形法求定积分的流程图

```
h = (b − a)/n;
s = h * (f(a) + f(b))/2;
p = 0.0;
for (k = 1;k < n;k = k + 1)
  { x = a + k * h;p = p + f(x);}
s = s + p * h;
return(s);
}
```

下面举一个具体的例子。

例 8.12　用梯形法求积分

$$S = \int_0^1 e^{-x^2} \, dx$$

即 $a = 0, b = 1, f(x) = e^{-x^2}$。

为了求上面的定积分，只需再编写一个主函数以及计算被积函数 e^{-x^2} 值的函数 $f()$ 即可。这两个函数的程序如下：

```
# include < stdio. h >
# include < math. h >
main()
{ int  n;
  double  a = 0.0, b = 1.0, s, tab(double, double, int);
  printf("input n: ");
  scanf(" % d", &n);                    / * 输入等分数 n * /
  s = tab(a, b, n);
  printf("s = % 15.12f\n", s);
}
double  f(double x)
{ double  y;
  y = exp( − x * x);
  return(y);
}
```

程序的执行结果为(带下画线的为键盘输入)：

```
input n: 50 ↵
s = 0.746799607189
```

```
input n: 500 ↵
s = 0.746823887559


input n: 5000 ↵
s = 0.746824130360


input n: 50000 ↵
s = 0.746824132788


input n: 100000000 ↵
s = 0.746824132812


input n: 1000000000 ↵
s = 0.746824132812
```

由上述运行结果可以看出,对于不同的等分数,其输出的结果(即积分的近似值)是不同的。一般来说,等分数越多,其精度就越高。并由上述结果还可以看出,等分数达到一定程度时,再增加等分数,其积分值就基本不变了。

如果需要计算其他函数的积分,则只需要修改主函数中的积分下限 a 与积分上限 b,以及重新编写计算被积函数值的函数 f()。

2. Hanoi 塔问题

相传古代印度有一座 Bramah 庙,庙中有 3 根插在黄铜板上的宝石柱,在其中的一根柱子上放了 64 个金盘子,大盘在下,小盘在上,称为 Hanoi 塔。庙里的和尚们想把这些盘子从一根柱子上移到另一根柱子上,规定每次只允许移动一个盘子,并且,在移动过程中都不允许出现大盘子压在小盘子上面的现象,但在移动盘子的过程中可以利用三根柱子中的任何一根。

为了使问题具有普遍性,假设圆盘数为 n,按直径从小到大依次编号为 $1,2,\cdots,n$;3 根柱子的名称分别为 a,b,c。开始时,n 个圆盘按从大到小的顺序(即下面放大圆盘,上面放小圆盘)放在 a 柱子上,现在要将 a 柱子上的 n 个圆盘移到 c 柱子上,其移动的原则如上所述。这个问题称为 n 阶 Hanoi 塔问题。

对于这个问题,当 n 很小时(如 n=3),可以构造出一个移动方案。但当 n 很大时,问题就比较复杂,很难直接构造出一个正确的移动方案。下面利用递归的方法来设计一个移动圆盘的算法。

设函数 hanoi(n,a, b, c)实现的功能是:将 a 柱子上的 1 到 n 号圆盘通过中间柱子 b 移到 c 柱子上。其中参数 n(整型)表示圆盘的个数,编号分别为 1 到 n;a,b,c 为字符型变量,其中分别存放柱子的名称,初始时,a='A',b='B',c='C'。

显然,当 n=1 时,可以直接将 a 柱子上的 n(=1)号圆盘移到 c 柱子上。而当 n>1 时,可以这样考虑。

(1)设法将 a 柱子上的上面 n-1(编号从 1~n-1)个圆盘借助于 c 柱子先移到 b 柱子上。这个过程实际上还是一个 Hanoi 塔问题,只不过其规模变小了一些,可以表示为:

```
hanoi(n-1, a, c, b);
```

(2)经上面一步的操作后,a 柱子上只剩下了第 n 号圆盘。此时就可以直接将 a 柱子上的第 n 号圆盘移到 c 柱子(之前 c 柱子为空)上。即这个操作表示为:

```
move(a, n, c);
```

(3) 经前面两步的操作后,a 柱子为空,b 柱子上放有 n−1(编号从 1~n−1)个圆盘,c 柱子上放有第 n 号圆盘。此时再设法将 b 柱子上的 n−1(编号从 1~n−1)个圆盘借助于 a 柱子移到 c 柱子上。这个过程实际上也是一个 Hanoi 塔问题,同样其规模变小了一些,可以表示为

```
hanoi(n−1, b, a, c);
```

由此可以看出,一个 n 阶 Hanoi 塔的问题可以分解为两个 n−1 阶 Hanoi 塔的问题。按照前面的方法,同样可以将每一个 n−1 阶 Hanoi 塔的问题分解为两个 n−2 阶 Hanoi 塔的问题……这个过程可以一直做下去,直到需要移动的圆盘数为 1 时,问题就全部解决了。

综上所述,可以写出如下 C 函数,程序中增加了一个全局变量 Step 来统计搬动步数:

```c
# include < stdio. h>
int   Step = 1;
void move(int n, char a, char c)
{    printf("Step % 2d:  Disk % d   % c ---> % c\n", Step, n, a, c);
     Step++;
}
void Hanoi(int n, char a, char b, char c)        /* 递归程序 */
{   if (n > 1)
    {   Hanoi(n−1, a, c, b);                      /* 先将前 n−1 个盘子从 a 通过 c 搬到 b */
        move(n, a, c);                            /* 将第 n 个盘子从 a 搬到 c */
        Hanoi(n−1, b, a, c);                      /* 再将前 n−1 个盘子从 b 通过 a 搬到 c */
    }
    else   move(n, a, c);                         /* 将第 1 个盘子从 a 搬到 c */
}
main()
{   int n;
    printf("input n = ");
    scanf(" % d", &n);
    Hanoi(n, 'A', 'B', 'C');
}
```

函数 hanoi()是一个自递归函数,它是将问题的规模逐步减小(但性质不变),从而调用函数 hanoi()本身(即递归调用),直到只剩下一个圆盘为止。

函数 move(a, n, c)的功能是实现一个圆盘的移动,打印出移动信息。

对于二阶 hanoi 塔问题,程序的运行结果如下(有下画线的为键盘输入):

```
input n = 2
Step  1:   Disk 1   A ---> B
Step  2:   Disk 2   A ---> C
Step  3:   Disk 1   B ---> C
```

对于三阶 hanoi 塔问题,程序的运行结果如下(有下画线的为键盘输入):

```
input n = 3
Step  1:   Disk 1   A ---> C
Step  2:   Disk 2   A ---> B
Step  3:   Disk 1   C ---> B
Step  4:   Disk 3   A ---> C
Step  5:   Disk 1   B ---> A
Step  6:   Disk 2   B ---> C
```

```
Step 7:  Disk 1  A ---> C
```

对于四阶 hanoi 塔问题,程序的运行结果如下(有下画线的为键盘输入):

```
input n = 4
Step  1:  Disk 1  A ---> B
Step  2:  Disk 2  A ---> C
Step  3:  Disk 1  B ---> C
Step  4:  Disk 3  A ---> B
Step  5:  Disk 1  C ---> A
Step  6:  Disk 2  C ---> B
Step  7:  Disk 1  A ---> B
Step  8:  Disk 4  A ---> C
Step  9:  Disk 1  B ---> C
Step 10:  Disk 2  B ---> A
Step 11:  Disk 1  C ---> A
Step 12:  Disk 3  B ---> C
Step 13:  Disk 1  A ---> B
Step 14:  Disk 2  A ---> C
Step 15:  Disk 1  B ---> C
```

容易证明,对于 n 阶 hanoi 塔问题,需要搬动盘子的次数为 2^n-1。

练习 8

1. 编写一个函数 sabc(),根据给定的三角形三条边长 a,b,c,函数返回三角形的面积。

2. 编写一个计算阶乘值的函数 p()(该函数为双精度实型);再编写一个主函数,从键盘输入两个正整数 m 与 n(m≥n),通过调用函数 p(),计算 $\dfrac{m!}{(m-n)!}$ 的值(即求 A_m^n)。

3. 编写一个函数,计算并返回给定正整数 m 与 n 的最大公约数。

4. 编写一个主函数,调用例 8.3 中的函数 sushu(),输出小于 1000 的最大 5 个素数。

5. 编写一个主函数,调用例 8.3 中的函数 sushu(),验证 6~1000 中的所有偶数均能表示成两个素数之和。

6. 编写一个递归函数,计算并返回菲波那契(Fibonacci)数列中第 n 项的值。菲波那契数列的定义为

$$Fib(1) = 1, Fib(2) = 1$$
$$Fib(n) = Fib(n-1) + Fib(n-2)$$

7. 编写一个递归函数,计算并返回阿克玛(Ackermann)函数值。阿克玛函数的定义为

$$Ack(n,x,y) = \begin{cases} x+1 & n=0 \\ x & n=1 \text{ 且 } y=0 \\ 0 & n=2 \text{ 且 } y=0 \\ 1 & n=3 \text{ 且 } y=0 \\ 2 & n\geqslant4 \text{ 且 } y=0 \\ Ack(n-1,Ack(n,x,y-1),x) & n\neq0 \text{ 且 } y\neq0 \end{cases}$$

其中 n,x,y 均为非负整数。

8. 编写计算 n! 的递归函数。

9. 编写一个递归函数,其功能是将一个正整数 n 转换成字符串(要求各字符之间用一个空格分隔)输出。例如,输入的正整数为 735,应输出字符串"7 3 5"。其中正整数在主函数中从键盘输入,要求判断其输入的合理性。

10. 计算并输出 500 以内的所有"亲密数"对,并输出所有"完数"之和。

具体要求如下。

(1) 编写一个函数 facsum(n),返回给定正整数 n 的所有因子(包括 1 但不包括自身)之和。

(2) 编写一个主函数,调用(1)中的函数 facsum(n),寻找并输出 500 以内的所有"亲密数"对以及计算所有"完数"之和。

(3) 分别画出函数 facsum(n)和主函数计算过程的结构化流程图。

(4) 在输出每对"亲密数"时,要求小数在前、大数在后,并去掉重复的数对。例如,220 与 284 是一对"亲密数",而 284 与 220 也是一对"亲密数",此时只要求输出 220 与 284 这对"亲密数"。

(5) 输出要有文字说明(英文或汉语拼音)。输出时每对"亲密数"用一对圆括号括起来,两数之间用逗号分隔,且所有的"亲密数"对占一行。输出形式为:

各对"亲密数"
"完数"之和

(6) 在程序内部加必要的注释(至少有 3 处)。

(7) 将两个函数分别放在两个文件中进行编译、连接并运行。

(8) 将两个函数放在一个文件中进行编译、连接并运行。

方法说明如下。

如果自然数 M 的所有因子(包括 1 但不包括自身,下同)之和为 N,而 N 的所有因子之和为 M,则称 M 与 N 为一对"亲密数"。例如,6 的所有因子之和为 $1+2+3=6$,因此,6 与它自身构成一对"亲密数";又如,220 的所有因子之和为 $1+2+4+5+10+11+20+22+44+55+110=284$,而 284 的所有因子之和为 $1+2+4+71+142=220$,因此,220 与 284 为一对"亲密数"。

如果一个自然数的所有因子之和恰好等于它自身,则称该自然数为"完数"。例如,6 不仅与它自身构成一对"亲密数",且 6 也是一个"完数"。

11. 计算并输出 $\sum\limits_{k=m}^{n} k!$ 的值。

具体要求如下。

(1) 编写一个计算 k! 的递归函数,其函数名返回 k! 的值。

(2) 编写一个主函数,首先从键盘输入 m 和 n 的值(要求 $n \geq m \geq 0$),然后调用(1)中的函数计算 $\sum\limits_{k=m}^{n} k!$ 的值。

(3) 在计算 k! 的递归函数中,要检查形参 k 的合理性,当 $k<0$ 时,应打印出错信息,并返回 0 值。

(4) 在主函数中应检查从键盘输入的数据的合理性,对于不合理的输入,应打印出错信息,并不再调用计算。

(5) 分别输入(m, n)=(-3, 7), (0, 0), (1, 7), (9, 13), (9, 4)并运行程序。

12. 利用变步长梯形求积法计算定积分。

具体要求如下。

(1) 编写一个函数 st(a, b, eps)(要求该函数放在独立的文件中),其功能是利用变步长梯形求积法计算下列定积分

$$s = \int_a^b f(x)dx$$

其中 eps 为精度要求。

要求画出该函数处理的结构化流程图。

(2) 编写一个主函数以及计算被积函数值的函数 fun(x),在主函数中调用(1)中的函数 st(a, b, eps),计算并输出下列积分值

$$s = \int_4^8 \frac{1}{x}dx$$

精度要求为 eps＝0.0001。

要求主函数与函数 fun(x)放在同一个文件中。

(3) 编写另一个主函数以及计算被积函数值的函数 fun(x),在主函数中调用(1)中的函数 st(a, b, eps),计算并输出下列积分值

$$s = \int_{-1}^1 \frac{1}{x^2+1}dx$$

精度要求为 eps＝0.000 01。

同样要求主函数与函数 fun(x)放在同一个文件中。

方法说明如下。

变步长梯形求积法的基本步骤如下。

① 利用梯形公式计算积分。即取

$$n=1, \quad h=b-a$$

则有

$$T_n = \frac{h}{2}\sum_{k=0}^{n-1}[f(x_k)+f(x_{k+1})]$$

其中 $x_k=a+k*h$。

② 将求积区间再二等分一次(即由原来的 n 等分变成 2n 等分),在每一个小区间内仍利用梯形公式计算。即有

$$T_{2n} = \frac{h}{2}\sum_{k=0}^{n-1}\left[\frac{f(x_k)+f(x_{k+0.5})}{2}+\frac{f(x_{k+0.5})+f(x_{k+1})}{2}\right]$$

$$= \frac{h}{4}\sum_{k=0}^{n-1}[f(x_k)+f(x_{k+1})]+\frac{h}{2}\sum_{k=0}^{n-1}f(x_{k+0.5})$$

$$= \frac{1}{2}T_n+\frac{h}{2}\sum_{k=0}^{n-1}f(x_{k+0.5})$$

③ 判断二等分前后两次的积分值之差的绝对值是否小于所规定的误差。若条件

$$|T_{2n}-T_n|<eps$$

成立,则二等分后的积分值 T_{2n} 即为结果;否则做如下处理:

$$h=h/2, \quad n=2*n, \quad T_n=T_{2n}$$

然后重复②。

第9章

数　组

9.1　数组的基本概念

数组(array)是相同数据类型元素的集合,用统一的数组名来表示,数组中的每一个元素通过下标来区分。数组元素的下标可以用一个整型变量表示,这种变量又称为下标变量,而以前的变量称为简单变量。在实际应用中,当需要处理大量同类型的数据时,利用数组是很方便的。

在 C 语言中,凡是一般简单变量可以使用的地方都可以使用数组元素。下面举例说明。

例 9.1　已知 A,B,C,D 4 个人中有一人是小偷,并且,这 4 个人中每人要么说真话,要么说假话。在审问过程中,这 4 个人分别回答如下。

A 说：B 没有偷,是 D 偷的。

B 说：我没有偷,是 C 偷的。

C 说：A 没有偷,是 B 偷的。

D 说：我没有偷。

现在需要编制一个 C 程序来确定谁是小偷。

在 4.3 节的例 4.1 中曾经讨论过这个小偷问题。如果用整型变量 a,b,c,d 分别表示 A,B,C,D 4 个人是否是小偷的状态,且变量只取值为 0 和 1,值为 1 表示该人为小偷,值为 0 表示该人不是小偷。

然后根据 4 个人中的每一个人无论是不是小偷,他的回答要么是真话,要么是假话。因此,通过分析每一个人的回答,得到确定谁是小偷的条件为(见 4.3 节中的例 4.1)

```
b+d==1 && b+c==1 && a+b==1 && a+b+c+d==1
```

如果用整型变量 a,b,c,d 分别表示 A,B,C,D 4 个人是否是小偷的状态,则为了确定 A,B,C,D 4 个人中谁是小偷,只需穷举变量 a,b,c,d 取值 0 或 1 的各种情况,然后用条件

```
b+d==1 && b+c==1 && a+b==1 && a+b+c+d==1
```

来判断,满足条件的取值中,对应变量值为 1 的那个人就是小偷,其 C 程序如下：

```
# include < stdio. h>
main()
{ int a, b, c, d;
```

```
    for (a = 0; a <= 1; a++)
     for (b = 0; b <= 1; b++)
      for (c = 0; c <= 1; c++)
       for (d = 0; d <= 1; d++)
        if (b + d == 1 && b + c == 1 && a + b == 1 && a + b + c + d == 1)
        {     printf("The thief is ");
              if (a == 1)  printf(" A.\n");
              if (b == 1)  printf(" B.\n");
              if (c == 1)  printf(" C.\n");
              if (d == 1)  printf(" D.\n");
        }
    }
```

这个程序有 4 重循环,每层循环 2 次,因此共列举 $2^4 = 16$ 种情况。但在这种情况下,实际上列举了诸如"4 个人中有 3 人是小偷""4 个人中有 2 人是小偷"等完全不符合题意的可能情况。

如果考虑到 4 个人中只有一人是小偷,因此,可以只考虑变量 a,b,c,d 中同时只有一个变量值为 1(因为 4 人中只有一个是小偷)的情况,则确定谁是小偷的逻辑表达式可以简化为

    b + d == 1 && b + c == 1 && a + b == 1

这个条件是以"4 个人中只有一个小偷"为前提的,在实际列举时,只能假设 1 个是小偷而其余 3 人不是小偷。但在用简单变量的情况下,满足上述条件的列举很难用简单的循环结构来实现。

现在,改用数组来解决这个问题。分析的方法与上面一样。

首先,定义具有 4 个元素的整型一维数组 a,其数组元素(即下标变量)a[0],a[1],a[2],a[3] 分别表示 A,B,C,D 4 个人是否是小偷的状态,且每一个元素只取值为 0 和 1,值为 1 表示该人为小偷,值为 0 表示该人不是小偷。

然后根据 4 个人中的每一个人无论是不是小偷,他的回答要么是真话,要么是假话。因此,通过分析每一个人的回答,得到确定谁是小偷的条件为

    a[1] + a[3] == 1 &&
    a[1] + a[2] == 1 &&
    a[0] + a[1] == 1 &&
    a[0] + a[1] + a[2] + a[3] == 1

由于 4 个人中只有一人是小偷,因此,可以只考虑数组的 4 个元素中同时只有一个元素值为 1(因为 4 人中只有一个是小偷)的情况,则确定谁是小偷的逻辑表达式可以简化为

    a[1] + a[3] == 1 && a[1] + a[2] == 1 && a[0] + a[1] == 1

最后写出 C 程序如下:

```
# include < stdio.h >
main()
{ int k, j, a[4];
  for (k = 0; k <= 3; k++)
  {   for (j = 0; j <= 3; j++)
      {   if (j == k) a[j] = 1;          /* 假设 a[k]为小偷 */
          else a[j] = 0;                 /* 其余 3 人都不是小偷 */
```

```
        }
        if (a[1] + a[3] == 1 && a[1] + a[2] == 1 && a[0] + a[1] == 1)
            printf("The thief is %c.\n", k + 'A');
    }
}
```

程序的运行结果为：

The thief is B.　　　　　(B是小偷)

在上述程序中，共列举了 4 种情况，对于 k 循环了 4 次。在每次循环中，首先假设一个人是小偷（在程序中假设 a[k]为小偷），其余 3 人都不是小偷；然后用条件

a[1] + a[3] == 1 && a[1] + a[2] == 1 && a[0] + a[1] == 1

判断，当条件成立（即表达式值为 1）时，输出结果。在条件成立的情况下，显然 a[k]是小偷。例如，当 a[0]＝1 时，说明 A 是小偷；a[1]＝1 时，说明 B 是小偷；a[2]＝1 时，说明 C 是小偷；a[3]＝1 时，说明 D 是小偷。一般来说，当 a[k]＝1 时，说明第 k 个人是小偷。由于第 1 个人（即 k=0）是 A，因此，当用字符型格式说明符输出时，应输出 k+'A'。

由上述例子可以看出，当处理大量具有相同类型的数据时，用数组是很方便的。

9.2　数组的定义与引用

与使用变量一样，C 语言规定，程序中用到的数组也必须先进行说明（定义）。数组说明包括要说明数组的名字、类型、维数与大小。

9.2.1　一维数组

定义一维数组的一般形式为：

类型说明符　数组名[常量表达式];

其中类型说明符是定义数组中各元素的数据类型，常量表达式是说明数组的大小（即数组中元素的个数）。

数组的说明与变量的说明一样，其作用是为数组分配存储空间。

例如，说明语句：

```
int   x[10], z2[45];
double  xy[20];
```

共定义了 3 个一维数组：整型一维数组 x，共包括 10 个元素（x[0]～x[9]），数组中的每一个元素均为整型；整型一维数组 z2，共包括 45 个元素（z2[0]～z2[44]），其中的每一个元素也都为整型；双精度实型一维数组 xy，共包括 20 个元素（xy[0]～xy[19]），其中的每一个元素均为双精度实型。

关于数组的说明要注意以下几个问题。

（1）数组名的命名规则与变量名相同。

（2）说明数组大小的常量表达式必须为整型，并且用方括号括起来（不能用圆括号）。

（3）说明数组大小的常量表达式中可以包含符号常量，但不能是变量。例如，下面的数组

定义是允许的:

```
#define  N  20
main()
{ int  c[N+5];
      ⋮
}
```

其中 N 是宏定义的符号常量,它代表整数 20,因此,定义的整型数组 c 共有 25 个元素(c[0]~c[24])。而下面的数组定义是不允许的:

```
main()
{ int n;
  scanf("%d", &n);
  int  a[n];
      ⋮
}
```

注意:在 C 语言中,数组元素的下标是从 0 开始的。例如:

```
int  a[15];
```

定义了一个长度为 15 的整型一维数组,在这个数组中的 15 个元素分别为 a[0],a[1],…,a[14],其中并不包含元素 a[15]。如果存取 a[15],将产生数组越界错误。

在 C 语言中,只能逐个引用数组元素,不能一次引用数组中的全部元素。

例 9.2　下面的程序说明了如何对数组定义和引用数组元素:

```
#include<stdio.h>
#define  N  10
main()
{ int  i,  a[N];
  for (i=0; i<N; i++)  a[i]=i;
  for (i=0; i<N; i++)
     printf("%5d", a[i]);
  printf("\n");
}
```

在这个程序中,首先定义了一个长度为 10 的整型一维数组 a,然后利用 for 循环对其中的每一个元素(a[0]~a[9])进行赋值,最后利用 for 循环输出这 10 个元素值。但不能指望通过

```
printf("%5d", a);
```

一次性将 a 数组的 10 个元素输出,这种写法是错误的。同样也不能指望通过

```
scanf("%d", a);
```

一次性将 a 数组的 10 个元素从键盘读入,这种写法等价于

```
scanf("%d", &a[0]);
```

将只读入 a[0]元素。

9.2.2　二维数组

定义二维数组的一般形式为:

  类型说明符　数组名[常量表达式1][常量表达式2];

  例如,说明语句

```
double  a[3][4], b[5][10];
```

定义了两个二维数组:3 行 4 列的双精度实型数组 a,共有 12 个元素;5 行 10 列的双精度实型数组 b,共有 50 个元素。

  注意:在 C 语言中,二维数组在计算机中的存储顺序是以行为主的,即第一维的下标变化慢,第二维的下标变化快。

  例如,由说明语句

```
double  a[3][4];
```

定义的数组 a,在计算机中存储的顺序如下:

```
a[0][0]→a[0][1]→a[0][2]→a[0][3]→
a[1][0]→a[1][1]→a[1][2]→a[1][3]→
a[2][0]→a[2][1]→a[2][2]→a[2][3]
```

  与一维数组一样,二维数组元素中的各维下标也都是从 0 开始的;也只能逐个引用二维数组中的元素,不能一次引用二维数组中的全部元素。

  利用二维数组可以很方便地表示与处理数学中的矩阵。

  类似地,在 C 语言中还可以定义和使用多维数组。

9.2.3　数组的初始化

1. 一维数组的初始化

在 C 语言中,给数组元素提供数据的方法有以下 3 种。

(1) 利用赋值语句逐个对数组中的元素进行赋值。

(2) 利用输入函数逐个输入数组中的各个元素。例如:

```
# include < stdio. h>
main()
{ int  i,  a[10];
  for (i = 0; i < 10; i = i + 1)  scanf(" % d", &a[i]);
      ⋮
}
```

其中 &a[i]表示取数组元素 a[i]的地址。

(3) 初始化。即在定义数组时直接为各个元素赋初值。

  数组的初始化与对变量的初始化类似,对数组元素赋予初值后,在程序中还可以以其他方式(如赋值语句、输入函数等)重新赋值。例如:

```
int  a[5] = {1, 3, 4, 5, 7};
```

不仅定义了一个长度为 5 的整型一维数组 a,并同时对其中的元素赋予了初值。

  下面对一维数组的初始化做几点说明。

  (1) 可以只给数组的前若干个元素赋初值,此时后面的元素均将自动赋以初值 0。例如:

```
int  a[20] = {1, 2, 3, 6, 9};
```

定义了一个整型一维存储的数组 a,并对前 5 个元素(a[0]~a[4])分别赋以初值 1,2,3,6,9,而后 15 个元素(a[5]~a[19])均赋以初值 0。

　　需要指出的是,静态存储的数组在对程序进行编译连接的时候就给予分配存储空间,并进行赋初值。而函数中定义的局部数组是在运行时才分配存储空间,并且不会自动赋初值,如果不赋初值,其中各元素的初值是任意的。例如,要注意下面出现在函数中的两个说明语句的区别:

```
static  int  a[20];
```

与

```
int   a[20];
```

其中第 1 个说明语句不仅定义了一个长度为 20 的整型数组 a,而且还同时给其中的每一个元素(a[0]~a[19])赋了初值 0;而第 2 个说明语句只定义了一个长度为 20 的整型数组 a,在没有给其中的元素赋值以前其初值是随机的。

　　(2) 在对全部元素赋初值时,说明语句中可以不指定数组长度,其长度默认为与初值表中数据的个数相同。例如,下列两个语句是等价的:

```
int  a[5] = {1, 2, 3, 4, 5};
```

与

```
int  a[] = {1, 2, 3, 4, 5};
```

其中第 2 个说明语句中虽然没有说明数组的长度,但从初值表中所提供的数据个数(5 个)就可以确定该数组的长度为 5。

　　但这只适用于对数组中的全部元素赋初值的情况。如果不是对全部元素赋初值,则在说明语句中必须说明数组的长度。例如,下列两个说明语句是不等价的:

```
int  a[10] = {1, 2, 3, 4, 5};
```

与

```
int  a[] = {1, 2, 3, 4, 5};
```

其中前一个说明语句定义了长度为 10 的整型数组,其前 5 个元素赋予初值 1,2,3,4,5,后 5 个元素均隐含赋予初值 0。但后一个说明语句只定义了长度为 5 的整型数组,并为这 5 个元素分别赋予初值 1,2,3,4,5。

　　例 9.3 分析下列程序的输出结果:

```
# include < stdio. h>
main()
{ int k, x[5];
  static int y[5];
  int z[5] = {0, 0, 0};
  for (k = 0; k < 5; k++)
     printf(" % 5d % 5d % 5d\n", x[k], y[k], z[k]);
}
```

程序的运行结果为：

```
- 858993460    0    0
- 858993460    0    0
- 858993460    0    0
- 858993460    0    0
- 858993460    0    0
```

在上述程序中，分别以 3 种不同的形式定义了 3 个数组。

数组 x 是一个局部数组，从输出结果（输出结果中的第 1 列）来看，由于程序中没有对该数组中的元素赋初值，因此，其输出值是随机的。

数组 y 是一个用 static 说明的局部静态数组，虽然没有赋初值，但编译系统会自动为静态数组初始化，其中每一个元素都会被赋初值为 0，因此输出结果（输出结果中的第 2 列）均为 0。

数组 z 在定义时是局部数组，但在该说明语句中有为数组赋初值的部分，前 3 个元素赋了初值 0，后 2 个元素也自动赋以默认初值 0，因此，输出结果（输出结果中的第 3 列）均为 0。

如果程序改为：

```
# include < stdio. h >
int k, x[5];                              /* 外部数组会自动初始化为 0 */
main()
{    static int y[5];
     int z[] = {0,0,0,0,0};              /* 不写长度,由初值个数确定数组长度 */
     for (k = 0; k < 5; k++)
         printf(" % 5d % 5d % 5d\n", x[k], y[k], z[k]);
}
```

程序的运行结果为：

```
0    0    0
0    0    0
0    0    0
0    0    0
0    0    0
```

数组 x 是一个外部数组，虽然没有赋初值，但编译系统会自动为外部数组初始化，其中每一个元素都会被赋初值为 0。

例 9.4　从键盘输入年、月、日，计算并输出该日是该年的第几天。

由于一年中除二月以外，各个月的天数是固定的，因此，可以用一个一维数组来存放各个月的天数，而二月份的天数由输入的年份来决定（闰年为 29 天，其他年份均为 28 天），其 C 程序如下：

```
# include < stdio. h >
main()
{ int year, month, day, k, sum;
  int t[] = {31, 28, 31, 30, 31, 30, 31, 31, 30, 31, 30, 31};
  printf("input year, month, day:");
  scanf(" % d % d % d", &year, &month, &day);
  if ((year % 4 == 0 && year % 100 != 0) || year % 400 == 0)
     t[1]++;                              /* 闰年二月份加 1 天 */
  sum = day;
```

```
        for (k = 0; k < month - 1; k++)
            sum = sum + t[k];
        printf("Days = % d\n", sum);
    }
```

2. 二维数组的初始化

与一维数组一样,也可以对二维数组进行初始化。在对二维数组进行初始化时要注意以下几点。

(1) 在分行给二维数组赋初值时,对于每一行都可以只对前几个元素赋初值,后面未赋初值的元素系统将自动赋初值0;并且,还可以只对前几行元素赋初值,后面未赋初值的几行元素系统也将自动赋初值0。例如,下列各说明语句都是合法的:

```
int   a[3][4] = {{1, 2, 3, 4}, {5, 6, 7, 8}, {9, 10, 11, 12}};
int   b[3][4] = {{1}, {2, 3}, {4, 5, 6}};
int   c[3][4] = {{1, 2}, {0}, {4, 5}};
int   d[3][4] = {{1, 2, 3, 4}, {5, 6}};
```

在第一个说明语句中给数组a的每一个元素赋初值。

在第二个说明语句中,第1行中4个元素(b[0][0]～b[0][3])的初值分别为1,0,0,0;第2行4个元素(b[1][0]～b[1][3])的初值分别为2,3,0,0;第3行4个元素(b[2][0]～b[2][3])的初值分别为4,5,6,0。

在第三个说明语句中,第1行中4个元素(c[0][0]～c[0][3])的初值分别为1,2,0,0;第2行4个元素(c[1][0]～c[1][3])的初值分别为0,0,0,0;第3行4个元素(c[2][0]～c[2][3])的初值分别为4,5,0,0。

在第四个说明语句中,第1行中4个元素(d[0][0]～d[0][3])的初值分别为1,2,3,4;第2行4个元素(d[1][0]～d[1][3])的初值分别为5,6,0,0;第3行4个元素(d[2][0]～d[2][3])的初值分别为0,0,0,0。

(2) 在给全部元素赋初值时,说明语句中可以省略第一维的长度说明(但一对方括号不能省略)。例如,下列3个说明语句是等价的:

```
int   a[3][4] = {{1, 2, 3, 4}, {5, 6, 7, 8}, {9, 10, 11, 12}};
int   a[3][4] = {1, 2, 3, 4, 5, 6, 7, 8, 9, 10, 11, 12};
int   a[][4] = {1, 2, 3, 4, 5, 6, 7, 8, 9, 10, 11, 12};
```

第3行中由于初值个数为12个,是4的3倍,因此编译系统自动确定a的第一维长度为3。a数组是3行4列共12个元素。如果说明语句为:

```
int   a[][4] = {1, 2, 3, 4, 5, 6, 7, 8, 9, 10, 11, 13};
```

第3行中由于初值个数为13个,是4的3倍还多1个,因此编译系统自动确定a的第一维长度为4。a数组是4行4列共16个元素。最后3个元素自动赋初值为0。

(3) 在分行赋初值时,也可以省略第一维的长度说明。例如,下列两个语句是等价的:

```
int   a[3][4] = {{1, 2}, {0}, {4, 5}};
int   a[][4] = {{1, 2}, {0}, {4, 5}};
```

并且,下列两个语句也等价:

```
int   a[3][4] = {{1, 2, 3}, {4, 5}};
```

```
int  a[][4] = {{1, 2, 3}, {4, 5}, {0}};
```

下面举一个例子说明二维数组的定义以及元素的使用。

例 9.5　求下列两个矩阵的乘积矩阵 C＝AB。

$$A=\begin{bmatrix} 1 & 2 & 3 & 4 \\ 5 & 6 & 7 & 8 \end{bmatrix} \quad B=\begin{bmatrix} 1 & 2 & 3 \\ 4 & 5 & 6 \\ 7 & 8 & 9 \\ 10 & 11 & 12 \end{bmatrix}$$

C 程序如下：

```
# include < stdio. h>
main()
{ int  i, j, k, c[2][3];
  int  a[2][4] = {1, 2, 3, 4, 5, 6, 7, 8};
  int  b[4][3] = {1, 2, 3, 4, 5, 6, 7, 8, 9, 10, 11, 12};
  for (i = 0; i < 2; i++)                       /* 矩阵相乘 */
    for (j = 0; j < 3; j++)
    {  c[i][j] = 0;
       for (k = 0; k < 4; k++)
         c[i][j] += a[i][k] * b[k][j];
    }
  for (i = 0; i < 2; i++)                       /* 输出乘积矩阵 C */
  {   for (j = 0; j < 3; j++)
         printf(" % 6d", c[i][j]);
      printf("\n");
  }
}
```

程序的运行结果为：

```
 70    80    90
158   184   210
```

9.3　字符数组与字符串

用于存放字符型数据的数组称为字符数组。特别要注意，在 C 语言中，字符数组中的一个元素只能存放一个字符。

9.3.1　字符数组的定义与初始化

定义字符数组的一般形式为：

```
[unsigned] char   数组名[常量表达式];                   一维字符数组
[unsigned] char   数组名[常量表达式 1][常量表达式 2];      二维字符数组
```

例如：

```
char   c[14];
c[0] = 'G'; c[1] = 'o'; c[2] = 'o'; c[3] = 'd'; c[4] = 'b'; c[5] = 'y'; c[6] = 'e';
c[7] = '!'; c[8] = '\0';
```

定义了具有 14 个字符元素的字符数组 c。字符数组元素经上述赋值语句赋值后,在计算机内存中的存放形式如下(其中后 5 个数组元素未赋值为随机字符):

c[0]	c[1]	c[2]	c[3]	c[4]	c[5]	c[6]	c[7]	c[8]
G	o	o	d	b	y	e	!	\0

字符数组的初始化与一般数组的初始化一样。

(1)当对字符数组中所有元素赋初值时,数组的长度说明可以省略。例如,下列两个说明语句是等价的:

```
char a[14] = {'h', 'o', 'w', ' ', 'd', 'o', ' ', 'y', 'o', 'u', ' ', 'd', 'o', '?'};
char a[] = {'h', 'o', 'w', ' ', 'd', 'o', ' ', 'y', 'o', 'u', ' ', 'd', 'o', '?'};
```

(2)可以只对前若干元素赋初值。例如:

```
char   b[10] = {'A', 'B', ' ', 'C', 'D'};
```

此时后 5 个元素自动为'\0'(ASCII 码值为 0 的字符)。

下列两个外部说明语句也是等价的,结果所有元素全为'\0':

```
unsigned char   b[10] = {'\0'};
unsigned char   b[10];                    /* 外部字符数组的全部元素自动赋初值为 0 */
```

但是,下列两个局部说明语句的效果是不同的:

```
static   char   a[10];
char   a[10];
```

其中第一个局部说明语句不仅定义了一个长度为 10 的字符型静态数组 a,而且还同时给其中的每一个元素(a[0]~a[9])都赋予'\0';而第二个局部说明语句只定义了一个长度为 10 的字符型数组 a,在没有给其中的元素赋值以前其初值是随机的(不一定是 0)。

9.3.2 字符串

C 语言规定,字符串常量(简称字符串)要用一对双引号括起来。例如,"how do you do?"是一个长度为 14 的字符串常量。但必须注意,在一个字符串常量中,最后还包括一个结束符'\0'。即在上面这个字符串常量中,实际包含 15 个字符,最后一个为结束符'\0'。

C 语言允许用字符串常量对字符数组进行初始化。

例如,下列 4 个语句是等价的:

```
char   a[15] = {"how do you do?"};
char   a[15] = "how do you do?";
char   a[] = "how do you do?";
char a[] = {'h','o','w',' ','d','o',' ','y','o','u',' ','d','o','?','\0'};
```

而

```
char a[] = {104,111,119,32,100,111,32,121,111,117,32,100,111,63,0};
```

与上面 4 个语句也是等价的,可以直接用字符的 ASCII 值对字符数组进行初始化。

下列 3 个语句也是等价的(后 9 个字符都为'\0'):

```
char   b[15] = "China";
```

```
char   b[15] = { 'C', 'h', 'i', 'n', 'a', '\0'};
char   b[15] = { 'C', 'h', 'i', 'n', 'a'};
```

但下列两个语句不等价：

```
char   b[15] = "China";          数组长度为 15
char   b[] = "China";            数组长度为 6
```

需要说明的是，字符串的长度与字符数组的长度是不相同的。例如，说明语句

```
char   b[15] = "China";
```

所定义的字符数组 b 的长度为 15，该数组内存放的字符串"China"的长度为 5，但该字符串中实际有 6 个字符。即通常所说的字符串的长度不包括字符串结束符'\0'。

特别需要指出的是，利用字符串常量可以对字符数组进行初始化，但不能用字符串常量为字符数组赋值。例如，下列初始化语句是允许的：

```
char   b[15] = "China";
```

但下面的用法都是错误的：

```
char   b[15], c[15];
b[15] = "China";
c = "China";
```

9.3.3 字符数组与字符串的输入与输出

字符数组的输入与输出有两种方法：一种是对数组中的每一个字符元素逐个进行输入或输出；另一种是将数组中的所有字符作为一个字符串进行输入或输出。因此，用于字符数组输入与输出的格式说明符有以下两个。

(1) 格式符％c 用于输入输出一个字符。

(2) 格式符％s 用于输入输出一个字符串。

1. 输入输出一个字符（格式说明符为％c）

在用于输入时，输入项为数组元素地址。在键盘输入时，各字符之间不要分隔符，字符也不要用单引号括起来。

在用于输出时，输出项为数组元素。

例 9.6 在下列 C 程序中，首先分别为字符数组元素 a[1]与 a[2]读入字符，然后输出数组元素 a[2]中的字符。

```
# include < stdio. h >
main()
{ char   a[5];
  scanf(" % c % c", &a[1], &a[2]);
  a[0] = 'a'; a[3] = 'd'; a[4] = '\0';
  printf(" % c\n", a[2]);
}
```

在运行上述程序时，如果从键盘输入

bc ↵

则输出结果为：

　　c

2. 输入输出一个字符串（格式说明符为%s）

在用格式说明符%s进行输入输出时，其输入输出项均为数组名。但在输入时，相邻两个字符串之间要用空格分隔，系统将自动在字符串最后加结束符'\0'。在输出时，若遇到结束符'\0'则将其作为输出结束标志。

例9.7 下面的C程序是对数组进行输入与输出操作：

```
# include < stdio. h>
main()
{ char  a[6], b[6];
  scanf("% s% s", a, b);
  printf("a = % s, b = % s\n", a, b);
}
```

在这个程序中定义了两个字符型数组a与b，其长度均为6。首先用格式说明符%s分别为数组a与b输入字符型数据，其输入项就是数组名。然后再用格式说明符%s分别输出数组a与b中的字符串。

下面分析在程序运行时各种输入输出的情况。

（1）如果键盘输入

ab cd ↙

由于在输入的"ab"与"cd"之间有一个空格分隔，因此，输入的结果是将"ab"作为一个字符串赋给数组a，并且在后面自动加一个字符串结束符'\0'。将"cd"作为一个字符串赋给数组b，并且在后面自动加一个字符串结束符'\0'。

输出结果为：

a = ab, b = cd

（2）如果键盘输入

abcd efghkmn ↙

同样，输入的结果是将"abcd"作为一个字符串赋给数组a，并且在后面自动加一个字符串结束符'\0'，此时，"abcd"与字符串结束符'\0'占数组a的存储空间。将"efghkmn"作为一个字符串赋给数组b，并且在后面自动加一个字符串结束符'\0'，因为存储字符串"efghkmn"连同字符串结束符需要8个char型内存单元，此时已经超出了数组b的存储空间，会产生数组越界，导致致命错误终止程序的运行。但如果凑巧后面不是系统保护区而是空闲内存空间，将不影响程序的运行，或者运行打印出结果后再出现致命运行错误。

输出结果为：

a = abcd, b = efghkmn

但随后弹出了致命错误窗口，提示：

Run - time Check Failure #2 - Stack around the variable 'b' was corrupted.

这是数组 b 越界导致的。由这个输出结果可以看出,字符数组按字符串输出时并不受字符数组空间的限制,而是从字符数组空间中的第一个字符开始,直到遇字符串结束符'\0'为止。

(3) 如果键盘输入

abcdefg kmnp ↲

输出结果为:

a = abcdefg, b = kmnp

随后同样弹出了致命错误窗口,这是数组 a 越界导致的。

需要说明的是,如果数组越界,对上面的程序,不同编译系统的出错信息和运行结果可能会不同。

通过对上面例子的分析,下面强调说明两点。

(1) 在用格式说明符%s 为字符型数组输入数据时,字符串的分隔符是空格符,因此,如果在输入的字符串中包括空格符时,只截取空格前的部分作为字符串赋给字符数组。下面的例子说明了这个问题。

例 9.8　设有 C 程序如下:

```
# include < stdio. h >
main()
{ char str1[] = "how do you do";
  char str2[20];
  scanf(" % s", str2);
  printf(" % s\n", str2);
  printf(" % s\n", str1);
}
```

在运行上述程序时,如果从键盘输入

HOW DO YOU DO <回车>

输出结果会是什么?

在这个程序中,定义了一个静态字符型数组 str1,并赋了字符串初值为"how do you do"。程序中还定义了一个长度为 20 的动态字符型数组 str2,并通过键盘输入字符数据。在为字符数组 str2 输入字符数据时,格式说明符为%s,而在具体输入的字符数据中,由于 HOW 后面是一个空格符,因此只将字符串"HOW"赋给字符数组 str2。

由上分析可以知道,由第一个输出语句输出的字符串为:

HOW

由第二个输出语句输出的字符串为:

how do you do

如果需要输入将包含空格符的字符串赋给字符数组,不能用 scanf,而应该用 gets()函数整行读入字符串,9.3.4 节将说明如何使用 gets()函数。

(2) 在为字符型数组输入字符串时,输入字符串的长度不能大于数组的长度,否则会产生数组越界,导致致命错误而终止程序的运行。特别要注意的是,字符串中还有一个字符串结束符'\0',它虽然不计入字符串的长度,但它实际需要占一字节空间(即占一个字符元素的空间)。

9.3.4 字符串处理函数

在 C 语言中,提供了一些专门处理字符串的库函数,在调用这些库函数时,需要包含头文件 string.h。

下面简要介绍一些常用的字符串处理函数。

1. puts(字符数组名)

功能:输出一个字符串到终端。例如:

```
char   str[] = "China\nBeijing";
puts(str);
```

输出结果为:

```
China
Beijing
```

其中'\n'为换行符。

2. gets(字符数组名)

功能:从键盘输入一行字符到字符数组(包括空格),直到遇到回车符结束,并返回字符数组的地址。例如:

```
char   s[80];
gets(s);
puts(s);
```

如果输入

```
How do   you do?↙
```

则输出结果为:

```
How do   you do?
```

3. strcat(字符数组 1,字符串 2)

功能:将字符串 2 连接到字符串 1 的后面,并返回字符串 1 的地址。例如:

```
char   s1[20] = "abcd";
char   s2[] = "cdef";
printf(" % s\n", strcat(s1, s2));
```

输出结果为:

```
abcdcdef
```

此时,s1 中字符串为"abcdcdef",s2 中字符串未改变,仍为"cdef"。

在使用 strcat 函数时要注意以下几个问题:

(1) 字符数组 1 的长度必须足够大,以便能容纳连接后的字符串。

(2) 连接后系统将自动取消字符串 1 后面的结束符'\0'。

(3) 字符串 2 可以是字符数组名,也可以是字符串常量。如 strcat(s1,"cdef")。

4. strcpy(字符数组 1,字符串 2)

功能：将字符串 2 复制到字符数组 1 中。例如：

```
char   s2[] = "abcde";
char   s1[10];
strcpy(s1, s2);
printf("%s\n", s1);
```

输出结果为：

```
abcde
```

在使用这个函数时要注意以下几个问题。

(1) 字符数组 1 的长度必须足够大，以便能容纳字符串 2。

(2) 字符串 2 可以是字符数组名，也可以是字符串常量。如 strcpy(s1, "abcde")。

(3) 字符串只能用复制函数，不能用赋值语句进行赋值。例如，下列语句都是非法的：

```
s1 = s2;        s1 = "abcde";
```

但单个字符可以用赋值语句赋给字符变量或字符数组元素。

5. strncpy(字符数组 1,字符串 2,要复制的字符个数 n)

功能：将字符串 2 中的前若干个字符复制到字符数组 1 中。例如：

```
char   s2[] = "abcde";
char s1[10];
strncpy(s1, s2, 3);
s1[3] =  '\0';
printf("%s\n", s1);
```

输出结果为：

```
abc
```

注意：strncpy 函数只复制指定的前 n 个字符，不自动添加字符串结束符'\0'，这需要用户自己去添加字符串结束符'\0'。

6. strcmp(字符串 1,字符串 2)

功能：按照字典顺序比较字符串的大小，函数的返回值如下。

(1) 若字符串 1＝字符串 2,则返回值为 0。

(2) 若字符串 1＞字符串 2,则返回值为 1。

(3) 若字符串 1＜字符串 2,则返回值为－1。

实际上 strcmp 函数是比较字符串 1 和字符串 2 自左至右第 1 个不同字符之间 ASCII 值的大小。

例如，有程序：

```
# include < stdio.h >
# include < string.h >
main()
{   char   a[6] = "abc",b[6] = "abcd";
    if (strcmp(a, b)>0)
        printf("%s,%s\n",a,b);
```

```
    else
        printf(" % s, % s\n",b,a);
}
```

程序的运行结果为：

abcd,abc

因为两个字符串第一个不相同字符'\0' < 'd'。

在使用这个函数时要注意以下几个问题。

（1）执行这个函数时，自左到右逐个比较对应字符的 ASCII 码值，直到发现了不同字符或找到字符串结束符'\0'为止。

（2）对字符串不能直接使用关系运算符比较大小。如 if（a > b）是错误的。

（3）"字符串 1"与"字符串 2"可以是字符数组名，也可以是字符串常量。

7. strlen（字符串）

功能：返回字符串长度。例如：

```
char   s[10] = "abcde";
printf(" % d, % d\n",sizeof(s), strlen(s));
```

运行结果为：

10, 5

应该注意 strlen(s)的输出结果是 5，而不是 6，更不是 10，字符串长度不包括字符串结束符。同时应该注意 sizeof(s)与 strlen(s)的不同。

在使用这个函数时，"字符串"可以是字符数组名，也可以是字符串常量。

8. 大小写转换函数

大小写转换函数有以下两个。

（1）strlwr（字符串） 将字符串中大写字母转换成小写字母。

（2）strupr（字符串） 将字符串中小写字母转换成大写字母。

9. sprintf（字符数组名，"输出格式"，变量列表）

输出结果到字符数组中，其功能对应 printf 输出到屏幕上。

例如有程序段：

```
char   str[50]; int   k = 20; double f = 123.4;
sprintf(str, "k = % 4d f = % 8.3f", k, f);
puts(str);
```

输出结果为：

k =   20 f = 123.400

说明 sprintf 执行后，str 字符数组中字符串为"k=   20 f= 123.400"。

10. sscanf（字符数组名，"输入格式"，变量列表）

从字符数组中读入数据，其功能对应 scanf 从键盘上输入。

例如有程序段：

```
char   str[50]; int   k = 20,m; double f = 123.4, d;
```

```
sprintf(str, "k = % 4d f = % 8.3f", k, f);
sscanf(str, "k = % d f = % lf", &m, &d);
printf("m = % 4d d = % 8.3f\n", m, d);
```

输出结果为：

```
m =   20 d = 123.400
```

执行 sprintf 后,str 字符数组中字符串为"k= 20 f= 123.400"。sscanf 从字符串 str 中读入了两个数值给 m,d。

9.4 数组作为函数参数

C 语言规定,数组名也可以作为函数的形参。

9.4.1 形参数组与实参数组的结合

首先看一个例子。

例 9.9 10 个小孩围成一圈分糖果。首先,老师分给第 1 个小孩 10 块,第 2 个小孩 2 块,第 3 个小孩 8 块,第 4 个小孩 22 块,第 5 个小孩 16 块,第 6 个小孩 4 块,第 7 个小孩 10 块,第 8 个小孩 6 块,第 9 个小孩 14 块,第 10 个小孩 20 块。然后按如下方法将每个小孩手中的糖果进行调整：所有的小孩检查自己手中的糖块数,如果糖块数为奇数,则向老师再要一块,再同时将自己手中的糖分一半给下一个小孩。问需要多少次调整后,每个小孩手中的糖块数都相等? 每人各有多少块糖?

根据题意,可以分以下 3 个模块(即函数)来解决这个问题。

(1) 每次调整后检查每个小孩手中的糖果数是否相等。函数为：

```
int flag(int a[], int n)
{ int k;
  for (k = 1; k < n; k++)
    if (a[0] != a[k])
      return(1);
  return(0);
}
```

在这个函数中,形参 a 是一个数组,该数组中的每一个元素为小孩手中的糖果数,形参 n 为小孩数。采用的方法是：依次检查后 n−1 个小孩手中的糖果数与第一个小孩手中的糖果数是否相等,如果在这过程中发现某一个小孩手中的糖果数与第一个小孩手中的糖果数不等,则返回函数值 1;如果后 n−1 个小孩手中的糖果数都检查完,且都与第一个小孩手中的糖果数相等,则返回函数值为 0。

(2) 每次调整后,输出调整次数以及当前每个小孩手中的糖果数。函数为：

```
void pr(int k, int b[], int n)
{ int j;
  printf("  % 2d  ", k);
  for (j = 0; j < n; j++)
    printf("% 4d", b[j]);
  printf("\n");
```

```
        return;
    }
```

在这个函数中,形参 b 也是一个数组,该数组中的每一个元素值也是小孩手中的糖果数,形参 n 为小孩数,k 为调整的次数。

(3) 编写一个主函数,在主函数中首先初始化每个小孩手中的糖果数,输出表头信息以及开始时每个小孩手中的糖果数。然后调用函数 flag() 来检查每个小孩手中的糖果数是否相等,若不等则作如下调整。

① 每个小孩将自己的糖果分出一半(若是偶数块,则直接分出一半;若不是偶数块,则要一块后再分出一半)。

② 每个小孩将分出的一半给下一个小孩。

③ 调整次数加 1。

④ 调用函数 pr() 输出调整次数以及当前每个小孩手中的糖果数。

以上调整过程直到每个小孩手中的糖果数相等为止。

完整的 C 程序如下:

```c
# include < stdio. h>
main()
{ int s[10] = {10, 2, 8, 22, 16, 4, 10, 6, 14, 20};
  int k, t[10], n = 0, flag(int [], int);
  void pr(int, int [], int);
  printf("                          child\n");
  printf("round  1  2  3  4  5  6  7  8  9  10\n");
  printf("_____\n");
  pr(n, s, 10);                    /* 输出调整次数(从 0 开始)以及开始时每个小孩手中的糖果数 */
  while(flag(s, 10))               /* 检查每人手中的糖是否相等,若不等则继续调整 */
  { for (k = 0; k < 10; k++)       /* 每个小孩将自己的糖果分出一半 */
        if (s[k] % 2 == 0)         /* 是偶数块则直接分出一半 */
            t[k] = s[k]/2;
        else
            t[k] = (s[k] + 1)/2;   /* 不是偶数块,则加 1 后再分出一半 */
    for (k = 0; k < 9; k++)        /* 每个小孩将分出的一半给下一个小孩 */
        s[k + 1] = t[k + 1] + t[k];
    s[0] = t[0] + t[9];            /* 最后一个小孩将分出的一半给第一个小孩 */
    n = n + 1;                     /* 调整次数加 1 */
    pr(n, s, 10);                  /* 输出调整次数以及当前每个小孩手中的糖果数 */
  }
}
int flag(int a[], int n)
{ int k;
  for (k = 1; k < n; k++)
    if (a[0]!= a[k])
      return(1);
  return(0);
}
void pr(int k, int b[], int n)
{ int j;
  printf("  %2d  ", k);
  for (j = 0; j < n; j++)
```

```
            printf(" % 4d", b[j]);
    printf("\n");
    return;
}
```

程序的运行结果为：

round	1	2	3	child 4	5	6	7	8	9	10
0	10	2	8	22	16	4	10	6	14	20
1	15	6	5	15	19	10	7	8	10	17
2	17	11	6	11	18	15	9	8	9	14
3	16	15	9	9	15	17	13	9	9	12
4	14	16	13	10	13	17	16	12	10	11
5	13	15	15	12	12	16	17	14	11	11
6	13	15	16	14	12	14	17	16	13	12
7	13	15	16	13	13	13	16	17	15	13
8	14	15	16	15	14	15	17	17	15
9	15	15	16	16	15	15	17	18	17
10	17	16	16	16	16	16	17	18	18
11	18	17	16	16	16	16	17	18	18
12	18	18	17	16	16	16	17	18	18
13	18	18	18	17	16	16	17	18	18
14	18	18	18	17	17	16	17	18	18
15	18	18	18	18	17	16	17	18	18
16	18	18	18	18	18	17	17	18	18
17	18	18	18	18	18	18	18	18	18

在 C 语言中，形参数组与实参数组之间的结合要注意以下几点。

(1) 调用函数与被调用函数中分别定义数组，其数组名可以不同，但类型必须一致。例如例 9.9 中，主函数中定义的实参数组名为 s，函数 flag()中定义的形参数组名为 a，函数 pr()中定义的形参数组名为 b，尽管它们的名字不同，但它们的类型是一样的，都是整型数组。

(2) 在 C 语言中，形参变量与实参之间的结合是采用数值结合的，因此，如果在被调用函数中改变了形参的值，是不会改变实参的值的。但是，形参数组与实参数组的结合是采用地址结合的，从而可以实现数据的双向传递。在被调用函数中改变了形参数组元素的值，实际上就改变了实参数组元素的值。

在 C 语言中，数组说明语句是为数组分配存储空间，而程序中的数组名代表了该数组存储空间的首地址。例如，在执行说明语句

```
int  x[10];
```

时，就为数组 x 分配了能够存放 10 个整型数据的存储空间，在程序中，各数组元素(即下标变量)x[0]~x[9]分别表示数组中 10 个元素的值，而数组名 x 表示该数组在计算机中存储空间的首地址，即数组中第一个元素 x[0]在计算机中的存储位置。因此，调用语句中的实参数组名代表的是数组的首地址，而并不像实参变量那样代表的是变量值。

与实参数组不同，在被调用函数中说明的形参数组，系统并不为形参数组分配存储空间，只是形式上说明它是一个数组，在调用过程中，该形参数组名将与实参数组名结合，即形参数组名中存放的是实参数组的首地址。因此，在被调用函数中对形参数组元素所进行的所有操

作,实际上是对实参数组元素进行的操作,因为形参数组一旦与实参数组结合后,形参数组与实参数组是同一个数组空间。

(3) 实参数组与形参数组的大小可以一致也可以不一致,C编译系统对形参数组的大小不做检查,调用时只将实参数组的首地址传给形参数组。因此,为了通用性,函数中的形参数组通常不指定数组大小。

(4) 虽然函数中的形参数组一般不指定大小,但为了控制形参数组的使用范围,一般要在函数中另设一个传送形参数组元素个数的形参变量,如函数 flag()与 pr()中的形参 n。

(5) 在对被调用函数进行向前引用说明时,可以直接采用函数原型进行说明:

```
int flag(int a[], int n);
void pr(int k, int b[], int n);
```

也可以省略其中的形参变量名,但要注意的是,表示数组的[]不能省略:

```
int flag(int [], int);
void pr(int, int [], int);
```

9.4.2 二维数组作为函数参数

二维数组作为函数参数与一维数组完全类似。下面先举一个例子来说明二维数组作为函数参数的情况。

例 9.10 利用函数求两个矩阵的乘积矩阵。

例 9.5 说明了两个矩阵相乘的方法。但在例 9.5 中,只能对固定的两个矩阵进行相乘,没有通用性。在本例中,用函数 matmul()来实现矩阵相乘,在主函数 main()中再用具体的矩阵来调用它。

其 C 程序如下:

```
# include < stdio. h>
main()
{ int   i, j, c[2][3];
  int   a[2][4] = {1, 2, 3, 4, 5, 6, 7, 8};
  int   b[4][3] = {1, 2, 3, 4, 5, 6, 7, 8, 9, 10, 11, 12};
  void matmul(int [][4], int [][3], int [][3], int, int, int);
  matmul(a, b, c, 2, 4, 3);
  for (i = 0; i < 2; i++)
     { for (j = 0; j < 3; j++)
           printf(" % 5d", c[i][j]);
       printf("\n");
     }
  printf("\n");
}
void matmul(int a[2][4], int b[4][3], int c[2][3], int m, int n, int k)
{ int   i, j, t;
  for (i = 0; i < m; i++)
    for (j = 0; j < k; j++)
    {   c[i][j] = 0;
        for (t = 0; t < n; t++)
           c[i][j] += a[i][t] * b[t][j];
    }
```

```
    return;
}
```

程序的运行结果为：

```
 70    80    90
158   184   210
```

需要说明的是，用二维数组名作为函数参数时，在被调用函数中对形参数组说明时，可以指定每一维的大小，也可以省略第一维的大小说明。例如在例 9.10 的程序中，函数 matmul() 定义了 3 个二维形参数组 a,b,c：

```
int  a[2][4], b[4][3], c[2][3];
```

在这个定义中，对 3 个形参数组都指定了每一维的大小，它们分别与实参数组的大小相同。但也可以省略其中第一维的大小，即可以用下列方式进行定义：

```
int  a[][4], b[][3], c[][3];
```

但在定义形参数组时不能省略第二维的大小。例如，下列两种定义都是错误的：

```
int  a[2][], b[4][], c[2][];
```

与

```
int  a[][], b[][], c[][];
```

另外，在被调用函数中也不能用形参变量来定义二维数组中的各维大小。例如，在上述程序的函数 matmul() 中，虽然与形参变量 m,n 所对应的实参值是与形参数组 a 所对应的实参数组的各维大小，与形参变量 n,k 所对应的实参值是与形参数组 b 所对应的实参数组的各维大小，与形参变量 m,k 所对应的实参值是与形参数组 c 所对应的实参数组的各维大小，但以下对形参数组的定义也是错误的：

```
int  a[m][n], b[m][n], c[m][n];
```

由上述程序可以看出，当实参数组为二维数组时，虽然其形参也是二维数组，但像上面这种定义二维形参数组的方法是没有通用性的。如果实参数组中各维大小改变时，其被调用函数中的形参数组各维大小也要改变，在这种情况下，计算矩阵相乘的函数 matmul() 还是没有通用性，因为对于不同阶数矩阵相乘时，函数中的形参数组必须重新定义，这就失去了模块化程序设计的优点。

二维数组与一维数组类似，其数组名代表数组的首地址，实参数组与形参数组的结合是地址结合。因此，即使实参是二维数组，而形参是一维数组，它们的结合还是地址结合。因此，可以将二维的实参数组的存储空间看成是一个元素个数相同的一维数组的存储空间，在用二维数组作为形参时，可以转化为一维数组来处理。但 C 编译系统对实参数组与形参数组的维数以及各维的大小会做检查核对，任何一点不一致都会发出错误信息警告，因此需要强制类型转换，把二维数组的首地址强制转换为一维数组的首地址类型。

由上分析，可以将例 9.10 中的程序改为：

```
#include <stdio.h>
main()
```

```
{ int   i, j, c[2][3];
  int   a[2][4] = {1, 2, 3, 4, 5, 6, 7, 8};
  int   b[4][3] = {1, 2, 3, 4, 5, 6, 7, 8, 9, 10, 11, 12};
  void matmul(int [], int [], int [], int, int, int);
  matmul((int *)a, (int *)b, (int *)c, 2, 4, 3);
  for (i = 0; i < 2; i++)
  {   for (j = 0; j < 3; j++)
          printf("%5d", c[i][j]);
      printf("\n");
  }
  printf("\n");
}
void matmul(int a[], int b[], int c[], int m, int n, int k)
{ int   i, j, t, s;
  for (i = 0; i < m; i++)
  for (j = 0; j < k; j++)
  {   s = i * k + j; c[s] = 0;
      for (t = 0; t < n; t = t + 1)
          c[s]  += a[i * n + t] * b[t * k + j];
  }
  return;
}
```

在上述程序中,主函数与原来的一样,但函数 matmul()中的 3 个矩阵(包括乘积矩阵)均定义为一维的形参数组,在实际引用时,根据二维数组中的元素以行为主存储的原则,将二维数组元素中的两个下标(行标与列标)转换成一维数组元素的下标,从而实现一维数组元素与二维数组元素的对应。但函数调用时需要用强制类型转换(int *),把二维数组强制转换为一维数组,否则编译时,编译系统会给出类型不一致的错误信息。

一般情况下,如果一个二维数组(矩阵)的列数为 n(即一行中有 n 个元素),则该二维数组中行标为 i、列标为 j 的元素所对应的一维数组元素的下标为 i * n+j。

经过修改后的矩阵相乘函数 matmul()就具有通用性了。

下面再举一个数组名作为函数参数的例子。

例 9.11 从键盘输入 6 行 6 列二维整型数组的数据。编制一个函数,计算二维数组中每一行中各元素的平均值,并顺序存放在一个长度为 6 的一维数组中。最后按矩阵形式输出二维数组中的各元素,且各行的平均值(即一维数组中的元素)输出到相应行的右边。

具体的 C 程序如下:

```
# include < stdio. h >
main()
{ int a[6][6], i, j;
  void avg(int s[], int n, double t[]);
  double b[6];
  printf("input MAT a:");            /* 输入前的提示 */
  for (i = 0; i < 6; i++)
    for (j = 0; j < 6; j++)
      scanf("%d", &a[i][j]);         /* 逐行输入二维数组 a 的各元素 */
  avg((int *)a, 6, b);
  /* 计算二维数组 a 每一行元素的平均值,顺序存放在一维数组 b 中 */
  for (i = 0; i < 6; i++)
```

```
    {   for (j = 0; j < 6; j++)              /* 输出数组 a 中的一行元素 */
            printf(" % 7d", a[i][j]);
        printf(" % 15e\n", b[i]);            /* 输出数组 a 中一行元素的平均值 */
    }
}
void avg(int s[], int n, double t[])
/* 计算形参数组 s 中每一行元素的平均值,顺序存放在形参数组 t 中 */
{ int i, j;
  for (i = 0; i < n; i = i + 1)
  {   t[i] = 0.0;
      for (j = 0; j < n; j = j + 1)
          t[i] = t[i] + 1.0 * s[i * n + j]/n;
  }
}
```

程序运行时,输入如下数据:

```
input MAT a:
1 2 3 4 5 6
7 8 9 10 11 12
13 14 15 18 17 18
19 20 21 22 23 24
25 26 27 28 29 30
31 32 33 34 35 36
```

程序的输出结果为:

1	2	3	4	5	6	3.500000e + 000
7	8	9	10	11	12	9.500000e + 000
13	14	15	18	17	18	1.583333e + 001
19	20	21	22	23	24	2.150000e + 001
25	26	27	28	29	30	2.750000e + 001
31	32	33	34	35	36	3.350000e + 001

9.5　程序举例

1. 有序表的二分查找

二分查找只适用于顺序存储的有序表。在此所说的有序表是指线性表中的元素按值非递减排列(即从小到大,但允许相邻元素值相等)的。

设有序线性表的长度为 n,被查元素为 x,则二分查找的方法如下。

(1) 将 x 与线性表的中间项进行比较。

(2) 若中间项的值等于 x,则说明查到,查找结束。

(3) 若 x 小于中间项的值,则在线性表的前半部分(即中间项以前的部分)以相同的方法进行查找。

(4) 若 x 大于中间项的值,则在线性表的后半部分(即中间项以后的部分)以相同的方法进行查找。

这个过程一直进行到查找成功或子表长度为 0(说明线性表中没有这个元素)为止。

显然,当有序线性表为顺序存储时才能采用二分查找,并且,二分查找的效率要比顺序查找高得多。可以证明,对于长度为 n 的有序线性表,在最坏情况下,二分查找只需要比较 $\log_2 n$ 次,而顺序查找需要比较 n 次。

在 C 语言中,顺序存储的线性表就是一维数组,所谓顺序存储的有序表就是有序一维数组。

根据上述二分查找的过程可以写出 C 函数如下:

```
/* 函数返回被查找元素 x 在线性表中的序号(即一维数组下标),
   如果在线性表中不存在元素值 x,则返回 -1 */
int bisearch(ET v[], int n, ET x)
{ int  i, j, k;
  i = 0; j = n - 1;
  while (i <= j)
  {   k = (i + j)/2;
      if (v[k] == x)  return(k);
      if (v[k] > x)  j = k - 1;
      else i = k + 1;
  }
  return( - 1);
}
```

在上述函数中,ET 可以是任何数值类型标识符(char, short, int, long,long long, float, double 等),它根据线性表中实际的元素类型来确定。例如,如果线性表为整型,则应为 int;如果线性表为实型,则应为 float 或 double。

2. 冒泡排序

排序是数据处理的重要内容之一。

所谓排序是指将一个无序序列整理成按值非递减顺序排列的有序序列。排序的目的是为了便于采用 9.5.1 节中二分查找快速查找等。排序的方法有很多,根据待排序序列的规模以及对数据处理的要求,可以采用不同的排序方法。

排序可以在各种不同的存储结构上实现。在所介绍的排序方法中,其排序的对象一般认为是顺序存储的线性表,在 C 语言中就是一维数组。

下面先介绍冒泡排序,后面再介绍选择排序和插入排序。

冒泡排序是一种最简单的交换类排序方法,它是通过相邻数据元素的交换逐步将线性表变成有序。

冒泡排序的基本过程如下。

首先,从表头开始往后扫描线性表,在扫描过程中逐次比较相邻两个元素的大小。若相邻两个元素中前面的元素大于后面的元素,则将它们互换位置,称为消去了一个逆序。显然,在扫描过程中,不断地将两相邻元素中的大者往后移动,最后就将线性表中的最大者换到了表的最后,这也是线性表中最大元素应有的位置。

然后从后到前扫描剩下的线性表,同样,在扫描过程中逐次比较相邻两个元素的大小。若相邻两个元素中,后面的元素小于前面的元素,则将它们互换位置,这样就又消去了一个逆序。显然,在扫描过程中,不断地将两相邻元素中的小者往前移动,最后就将剩下线性表中的最小者换到了表的最前面,这也是线性表中最小元素应有的位置。

对剩下的线性表重复上述过程,直到剩下的线性表变空为止,此时的线性表已经变为有序。

　　在上述排序过程中,对线性表的每一次来回扫描后,都将其中的最大者沉到了表的底部,最小者像气泡一样冒到表的前头。冒泡排序由此而得名,本方法是来回扫描,因此又称为双向冒泡排序。

　　图 9.1 是冒泡排序的示意图。图中有方框的元素位置表示扫描过程中最后一次发生交换的位置。

```
原序列          5   1   7   3   1   6   9   4   2   8   6
第1遍(从前往后)   5←→1   7←→3←→1→6       9→→4→→2→→8→→6
     结果       1   5   3   1   6   7   4   2   8  [6]  9
(从后往前)       1   5←→3←→1   6←→7←→4←→2   8←→6   9
     结果       1   1  [5]  3   2   6   7   4   6  [8]  9
第2遍(从前往后)   1   1   5←→3←→2   6   7←→4←→6       9
     结果       1   1  [3]  2   5   6   4  [6]  7   8   9
(从后往前)       1   1   3←→2   5←→6←→4   6   7   8   9
     结果       1   1   2  [3]  4   5   6  [6]  7   8   9
第3遍(从前往后)   1   1   2   3   4   5   6   6   7   8   9
最后结果         1   1   2   3   4   5   6   6   7   8   9
```

图 9.1　冒泡排序过程示意图

　　从图 9.1 可以看出,整个排序实际上只用了 2 遍从前往后的扫描和 2 遍从后往前的扫描就完成了。

　　假设线性表的长度为 n,则在最坏情况下,冒泡排序需要经过 n/2 遍的从前往后的扫描和 n/2 遍的从后往前的扫描,需要的比较次数为 n(n−1)/2。但这个工作量不是必需的,一般情况下要小于这个工作量。

　　根据上面叙述的排序过程,可以写出冒泡排序的 C 函数如下:

```c
void bubsort(ET p[ ], int n)
{ int m, k, j, i;
  ET d;                           /* 用于交换数组元素的临时变量 */
  k = 0; m = n − 1;
  while (k < m)                   /* 子表未空 */
  {   j = m − 1; m = 0;
      for (i = k; i <= j; i++)    /* 从前往后扫描子表 */
        if (p[i] > p[i + 1])      /* 发现逆序进行交换 */
        { d = p[i]; p[i] = p[i + 1]; p[i + 1] = d; m = i; }
      j = k + 1; k = 0;
      for (i = m; i >= j; i−− )    /* 从后往前扫描子表 */
        if (p[i − 1] > p[i])       /* 发现逆序进行交换 */
        { d = p[i]; p[i] = p[i − 1]; p[i − 1] = d; k = i; }
  }
  return;
}
```

　　在上述函数中,ET 表示要排序数组的类型标识符,同 9.5.1 节中的 ET。

3. 选择排序

选择排序的基本思想如下。

扫描整个线性表,从中选出最小的元素,将它交换到表的最前面(这是它应有的位置);然后对剩下的子表采用同样的方法,直到子表空为止。

对于长度为 n 的序列,选择排序需要扫描 n-1 遍,每一遍扫描均从剩下的子表中选出最小的元素,然后将该最小的元素与子表中的第一个元素进行交换。图 9.2 是这种排序的示意图,图中有方框的元素是刚被选出来的最小元素。

原序列	89	21	56	48	85	16	19	47
第1遍选择	[16]	21	56	48	85	89	19	47
第2遍选择	16	[19]	56	48	85	89	21	47
第3遍选择	16	19	[21]	48	85	89	56	47
第4遍选择	16	19	21	[47]	85	89	56	48
第5遍选择	16	19	21	47	[48]	89	56	85
第6遍选择	16	19	21	47	48	[56]	89	85
第7遍选择	16	19	21	47	48	56	[85]	89

图 9.2　选择排序例

选择排序在最坏情况下需要比较 $n(n-1)/2$ 次。

根据上面叙述的排序过程,可以写出选择排序的 C 函数如下:

```
void selesort(ET p[], int n)
{ int   i, j, k;
  ET   d;
  for (i = 0; i <= n - 2; i++)
  {   k = i;
      for (j = i + 1; j <= n - 1; j++)
        if (p[j]< p[k])   k = j;
      if (k != i)
      { d = p[i]; p[i] = p[k]; p[k] = d; }
  }
  return;
}
```

在上述函数中,ET 表示要排序数组的类型标识符,同 9.5.1 节中的 ET。

4. 插入排序

所谓插入排序,是指将无序序列中的各元素依次插入到已经有序的线性表中。

可以想象,在线性表中,只包含第 1 个元素的子表显然可以看成是有序表。接下来的问题是,从线性表的第 2 个元素开始直到最后一个元素,逐次将其中的每一个元素插入到前面已经有序的子表中。一般来说,假设线性表中前 j-1 个元素已经有序,现在要将线性表中第 j 个元素插入到前面的有序子表中,插入过程如下。

首先将第 j 个元素放到一个变量 T 中,然后从有序子表的最后一个元素(即线性表中第 j-1 个元素)开始,往前逐个与 T 进行比较,将大于 T 的元素均依次向后移动一个位置,直到发现一个元素不大于 T 为止,此时就将 T(即原线性表中的第 j 个元素)插入到刚移出的空位置上,有序子表的长度就变为 j 了。

图 9.3 给出了插入排序的示意图。图中画有方框的元素表示刚被插入到有序子表中。

在插入排序中,每一次比较后最多移掉一个逆序,因此,这种排序方法的效率与冒泡排序法相同。在最坏情况下,插入排序需要 $n(n-1)/2$ 次比较。

根据上面叙述的排序过程,可以写出插入排序的 C 函数如下:

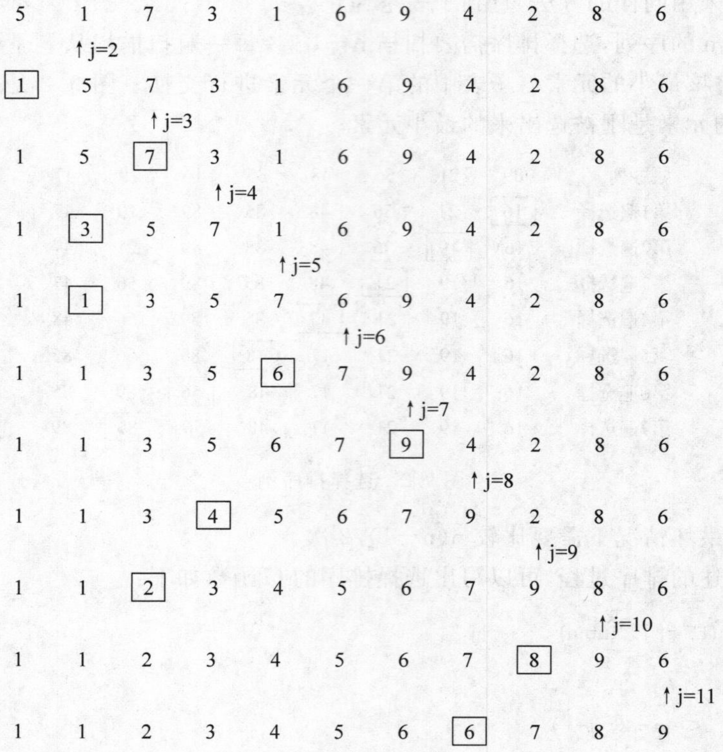

```
5    1    7    3    1    6    9    4    2    8    6
     ↑j=2

1    5    7    3    1    6    9    4    2    8    6
          ↑j=3

1    5    7    3    1    6    9    4    2    8    6
               ↑j=4

1    3    5    7    1    6    9    4    2    8    6
                    ↑j=5

1    1    3    5    7    6    9    4    2    8    6
                         ↑j=6

1    1    3    5    6    7    9    4    2    8    6
                              ↑j=7

1    1    3    5    6    7    9    4    2    8    6
                                   ↑j=8

1    1    3    4    5    6    7    9    2    8    6
                                        ↑j=9

1    1    2    3    4    5    6    7    9    8    6
                                             ↑j=10

1    1    2    3    4    5    6    7    8    9    6
                                                  ↑j=11

1    1    2    3    4    5    6    6    7    8    9
```

图 9.3　插入排序示意图

```
void insort(ET p[ ], int n)
{ int   j, k;
  ET   t;
  for (j = 1; j < n; j++)
  {   t = p[j]; k = j − 1;
      while ((k > = 0) && (p[k]>t))
      {   p[k + 1] = p[k];
          k = k − 1;
      }
      p[k + 1] = t;
  }
  return;
}
```

在上述函数中，ET 表示要排序数组的类型标识符，同 9.5.1 节中的 ET。

最后需要指出的是，本节所介绍的二分查找和 3 种排序方法只是最基本的，在实际应用中还有很多查找方法和排序方法，比如快速排序、堆排序、归并排序、基数排序等。

5. 数值与数组元素下标的映射

例 9.12　人口普查时，需要统计各个年龄段的人数，共分为 11 个年龄段：0～9 岁，10～19 岁，20～29 岁，30～39 岁，40～49 岁，50～59 岁，60～69 岁，70～79 岁，80～89 岁，90～99 岁，100 岁以上。现有 n 个人的年龄在 a 数组中，请编程统计各年龄段的人数，统计结果存入数组 c[11]。

方法 1：用 if 语句判断逐个年龄段并计数，得到如下函数：

```
void count2(int a[], int n, int c[])
{    int i = 0;
     for (i = 0; i < 11; i++) c[i] = 0;
     for (i = 0; i < n; i++)
     {    if (a[i] <= 9) c[0]++;
          else if (a[i] <= 19) c[1]++;
          else if (a[i] <= 29) c[2]++;
          else if (a[i] <= 39) c[3]++;
          else if (a[i] <= 49) c[4]++;
          else if (a[i] <= 59) c[5]++;
          else if (a[i] <= 69) c[6]++;
          else if (a[i] <= 79) c[7]++;
          else if (a[i] <= 89) c[8]++;
          else if (a[i] <= 99) c[9]++;
          else  c[10]++;
     }
}
```

方法 2：因为每个年龄段是 10 年，可以把年龄除以 10，映射到 0～10 数组下标，从而实现立即计数，而不必用 if 逐个年龄段进行判断后再计数。由此得到如下函数：

```
void count2(int a[], int n, int c[])
{    int i = 0, p;
     for (i = 0; i < 11; i++) c[i] = 0;
     for (i = 0; i < n; i++)
     {    p = a[i] /10;              /* 数值与数组元素下标的映射 */
          if (p > 10)               /* 大于等于 100 的都映射到下标 10 */
             p = 10;
          c[p]++;                   /* 相应年龄段的计数器加 1 */
     }
}
```

6. 用递归方法在数组中找最大值

如果要从长度为 n 的数组中找出最大元素，并且要求不使用循环语句，如何实现？可以用递归方法。递归方法的思想是：如果能先在前 n−1 个元素中找出最大值 t，则只需在 t 和 a[n−1] 中求最大值返回即可。由此得到如下函数：

```
ET  FindMax(ET a[], int n)
{    if (n > 1)
     {    ET  t;
          t = FindMax(a, n-1);
          return t > a[n-1] ? t : a[n-1];
     }
     else  return  a[0];
}
```

在上述函数中，ET 表示要排序数组的类型标识符，同 9.5.1 节中的 ET。

7. 用数组存超长整数并计算

由于计算机的位数有限，即使用 C 语言的超长整数，能表示的最大整数也不超过 10^{19}，如何表示更大的整数，并进行计算呢？一种方法是用数组 a[0]，a[1]，a[2]，…分别表示超长整数的个位、十位、百位…直到最后一位。由于数组可以开很大，因此所能表示的整数长度基本没有限制,可以成千上万位。

例 9.13 编程计算并输出 m!,m 从键盘上输入,要求结果精确到个位。

用数组 a 来存储阶乘后的整数,a[0],a[1],a[2],…分别表示整数的个位、十位、百位…,基本算法如下。

(1) 初值:a[0]=1。

(2) k=1,2,…,m 循环。

从个位开始乘:a[0]=a[0]*k。

(3) n 从 1 开始循环。

逐位乘 k 并加上前一位的进位:a[n]=a[n]*k+a[n-1]/10。

前一位只保留个位数:　　　　　a[n-1] %=10。

(4) 逐位打印出数组中的整数。

根据上面的算法写出的 C 程序为:

```c
# include < stdio. h >
# define   N 10000                 /* 假定整数最多为 10000 位,可视情况随时调整 */
main()
{   int a[N] = {1};                 /* a[0] = 1,其余各位全为 0 */
    int n, k, m;
    scanf(" % d", &m);
    for (k = 2; k < = m; k++)
    {    a[0] = a[0] * k;
         for (n = 1;n < N; n++)
         {    a[n] = a[n] * k + a[n - 1]/10;
              a[n - 1] % = 10;
         }
    }
    n = N - 1;
    while(a[n] == 0)
        n -- ; /* 从最高位找第一个非零数 */
    printf(" % d! = ", m);
    for (;n > = 0;n -- )
        printf(" % d", a[n]);
    printf("\n");
}
```

程序的运行结果为(下画线处为键盘输入的数据):

50
50! = 30414093201713378043612608166064768844377641568960512000000000000

100
100! =
93326215443944152681699238856266700490715968264381621468592963895217599993229915608941463
9761565182862536979208272237582511852109168640000000000000000000000000

500
500! =
122013682599111006870123878542304692625357434280319284219241358838584537315388199760549644
750220328186301361647714820358416337872207817720048078520515932928547790757193933060603772

```
960859086270429174547882424912726344305670173270769461062802310452644218878789465754777114
986349436778103764427403382736539747138647787849543848959553753799042324106127132698432770
457155463099772027810145610811883737095310163563244329870295638966289116589747695720879269
288712817800702651745077684107196243903943225364226052349458501299185715012487069615681416
253590566934238130088562492468915641267756544818865065938479517753608940057452389403357
984763639449053130623237490664450488246650759467358620746379251842004593696929810222639719
525971909452178233317569345815085523328207628200234026269078983424517120062077146409794561
161276291459512372299133401695523638509428855920187274337951730145863575708283557801587354
327688886801203998823847021514676054454076635359841744304801289383138968816394874696588175
04506926365338175055478128640000000000000000000000000000000000000000000000000000000000000
00000000000000000000000000000000000000000000000000000000000000
```

最终得到 500! 的计算结果是一个 1135 位的超长整数。

练习 9

1．编写一个 C 程序，从键盘为一个长度为 10 的整型一维数组输入数据，最后按逆序输出数组中的元素，并输出数组中最大元素的下标值。

2．编写一个 C 程序，将两个长度相同的一维数组中各下标相同的对应元素相乘，并将结果存放到另一个一维数组中。

3．编写一个 C 程序，从键盘为 5×5 的一个整型二维数组输入数据，最后输出该二维数组中的对角线元素。

4．编写一个 C 程序，从键盘为 4×6 的一个整型二维数组输入数据，最后输出该二维数组中最小元素的行下标与列下标。

5．从键盘输入 5 行 5 列二维整型数组的数据。编制一个函数，计算二维数组中每一行中的最小值，并将此最小值顺序存放在一个长度为 5 的一维数组中，最后按矩阵形式输出二维数组中的各元素，且各行中的最小值（即一维数组中的元素）输出到相应行的右边。

6．编写一个 C 函数，将一个一维数组中的元素逆转。逆转是指将数组中的第一个元素与最后一个元素进行交换，第二个元素与倒数第二个元素进行交换，以此类推，直到数组的中间一个元素为止。

7．编写一个 C 函数，将矩阵进行转置后输出。

8．设有两个整型一维有序数组（即数组中的元素按从小到大进行排列），编写一个 C 函数，将这两个有序数组合并存放到另一个一维数组中，并保证合并后的一维数组也是有序的。

9．编制一个 C 程序，从键盘输入一个由 5 个字符组成的单词，然后判断该单词是否是 China。要求给出判断结果的提示信息。

10．编写一个 C 程序，从键盘输入 50 个字符，并统计其中英文字母（不分大小写）与数字字符的个数。

11．现有一个字符串 s，请编程统计其中各个字母出现的次数，统计结果存入数组 c[26] 并最终打印。统计时字母不区分大小写。

12．中国有句俗语叫"三天打鱼，两天晒网"。现某人从 2000 年 1 月 1 日起开始"三天打鱼，两天晒网"，请编程判断此人在以后的某年某月某日是在"打鱼"还是在"晒网"。其中以后的某年某月某日从键盘输入。

13．一辆汽车在开始出发前里程表上的读数是一个对称数 95859，后匀速行驶两小时后，发现里程表上是一个新的对称数。问该新的对称数是多少？汽车的速度是多少？

注：所谓对称数是指从左向右读与从右向左读完全一样。

14. 计算多项式函数

$$P_6(x) = 1.5x^6 + 3.2x^5 - 0.8x^4 + 1.4x^3 - 6.5x^2 + 0.5x - 3.7$$

在 $x = -2.3, -1.1, -0.6, 0.8, 2.1, 3.6$ 处的函数值。

具体要求如下。

(1) 编写一个函数，其功能是：给定一个 x 值，返回多项式函数值。

(2) 编写一个主函数，定义两个一维数组，分别存放多项式的系数和需要计算的各 x 值。然后在主函数中调用(1)中的函数逐个计算各 x 值时的多项式值。

(3) 在主函数中的输出形式为：

P(x 值) = 具体的多项式值
……

方法说明如下。

设多项式为

$$P_n(x) = a_n x^n + a_{n-1} x^{n-1} + \cdots + a_1 x + a_0$$

可以表述成如下嵌套形式

$$P_n(x) = (\cdots((a_n x + a_{n-1})x + a_{n-2})x + \cdots + a_1)x + a_0$$

利用上式的特殊结构，从里往外一层一层地进行计算，即按如下递推关系进行计算

$$u = a_n$$
$$u = ux + a_k, \quad k = n-1, \cdots, 1, 0$$

最后计算得到的 u 即是多项式的值 $P_n(x)$。

15. 产生 100 个 0～1 之间均匀分布的随机数，并将这些随机数按非递减顺序进行排序，存放到一个一维数组中，最后输出该有序数组。

具体要求如下。

(1) 在产生随机数的过程中，每产生一个随机数就将它插入到前面已经有序的数组中。

(2) 输出时要求每行输出 10 个数据，并上下对齐。

方法说明如下。

产生随机数 $p_k(k = 1, 2, \cdots, 100)$ 的公式为

$$r_k = \mathrm{mod}(2053r_{k-1} + 13\,849, 2^{16})$$
$$p_k = r_k / 2^{16}$$

其中初值 $r_0 = 1$。

解决本问题的流程图如图 9.4 所示。

16. 利用高斯(Gauss)消去法求解线性代数方程组。

具体要求如下。

(1) 编写一个用高斯(列选主元)消去法求解给定线性代数方程组的函数

gauss(a, b, x)

其中：a 为系数矩阵；b 为常数向量；x 为解向量。

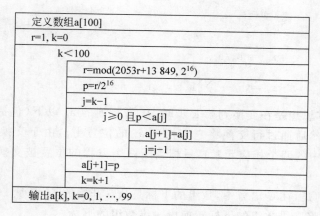

图 9.4 流程图

（2）编写一个主函数，调用（1）中的函数求解下列线性代数方程组

$$\begin{cases} 1.1161x_1 + 0.1254x_2 + 0.1397x_3 + 0.1490x_4 = 1.5471 \\ 0.1582x_1 + 1.1675x_2 + 0.1768x_3 + 0.1871x_4 = 1.6471 \\ 0.2368x_1 + 0.2471x_2 + 0.2568x_3 + 1.2671x_4 = 1.8471 \\ 0.1968x_1 + 0.2071x_2 + 1.2168x_3 + 0.2271x_4 = 1.7471 \end{cases}$$

其中系数矩阵与常数向量利用初始化赋初值。

（3）在主函数中要求输出系数矩阵与常数向量。输出形式为：

```
MAT A =
    1.1161    0.1254    0.1397    0.1490
    0.1582    1.1675    0.1768    0.1871
    0.2368    0.2471    0.2568    1.2671
    0.1968    0.2071    1.2168    0.2271
MAT B =
    1.5471    1.6471    1.8471    1.7471
```

（4）结果输出形式为：

```
x(1) = 具体值
x(2) = 具体值
x(3) = 具体值
x(4) = 具体值
```

（5）在函数 gauss() 中至少要求有 5 处加注释。

方法说明如下。

设线性代数方程组为 AX=B。高斯消去法求解线性代数方程组的步骤如下。

① 对于 k 从 1 到 n−1，做如下操作。

进行列选主元：

$$a_{kj} = a_{kj}/a_{kk}, \quad j = k+1, \cdots, n$$
$$b_k = b_k/a_{kk}$$

这一步称为归一化。然后做

$$a_{ij} = a_{ij} - a_{ik}a_{kj}, \quad i = k+1, \cdots, n; \, j = k+1, \cdots, n$$
$$b_i = b_i - a_{ik}b_k, \quad i = k+1, \cdots, n$$

这一步称为消去。

　　② 进行回代。

$$x_n = b_n / a_{nn}$$

$$x_i = b_i - \sum_{j=i+1}^{n} a_{ij} x_j, \quad i = n-1, \cdots, 2, 1$$

　　列选主元的基本思想是在变换到第 k 步时,从第 k 列的 a_{kk} 以下(包括 a_{kk})的所有元素中选出绝对值最大者,然后通过行交换将它交换到 a_{kk} 的位置上。由于交换系数矩阵中的两行(包括交换常数向量中的两个相应元素),只相当于两个方程的位置被交换了,因此,列选主元不影响求解结果。

　　最后需要说明的是,在 C 语言中,数组的下标是从 0 开始的,不是从 1 开始的。另外,注意在函数 gauss()中要将二维数组的下标转换成一维数组的下标。

第10章

指　针

10.1　指针变量

10.1.1　指针的基本概念

在 C 语言中,用类型说明语句定义变量,实际上是为变量分配存储空间。即编译系统根据程序中所定义变量的类型,为每一个变量分配相应的内存单元,以便用以存放变量的具体数据。一般来说,不同类型的变量所分配的内存单元的字节数是不一样的。例如,在 32 位编译器上,一个字符型变量占 1 字节;一个 int 变量占 4 字节,一个 long 变量占 4 字节,一个 long long 超长整型变量要占 8 字节。对于实型变量,双精度变量所占的字节数为 8,要比单精度变量所占的字节数 4 多一倍。因此,在程序中所定义的所有变量,经相应的编译系统处理后,每一个变量都对应计算机内存中的一个首地址(即为变量所分配的存储空间中第一个字节的地址),程序中的变量名只是一个首地址的符号,程序在执行过程中,对变量的存取实际上是在该地址中进行的。

由此可知,在程序中可以通过变量名来存取一个数据。由于变量所占的存储空间是系统分配的,因此,系统会知道该变量所占存储空间的首地址,当程序中用变量名为该变量存取数据时,系统也就自然地在为变量所分配的存储空间中存取数据。但如果用户能直接知道某变量所占存储空间的首地址,在程序中也就可以直接通过地址来存取数据。

在 C 语言中,除了可以定义基本类型的变量,如字符型、整型、实型变量等,直接为这些类型的变量分配内存单元地址,即在分配的这些内存单元地址中可以直接存放变量的值。还可以定义一种称为指针类型的变量,这种变量是专门用以存放其他变量所占存储空间的首地址。在程序执行过程中,当要存取一个变量值时,可以首先从存放变量地址的指针变量中取得该变量的存储地址,然后再对该地址内存存取该变量值。

由上所述,在 C 语言中,对内存数据(如变量、数组元素等)的存取有两种方法:直接存取和间接存取。

1. 直接存取

所谓直接存取,是指在程序执行过程中需要存取变量值时,直接用变量名存取变量所占内存单元中的内容。例如,下列程序段中:

```
int  x = 3, y;
```

```
y = 2 * x + 3;
```

第一个语句定义了两个整型变量 x 与 y,并且为变量 x 赋了初值 3。第二个语句是赋值语句,在计算右端的表达式值时,需要取出变量 x 所在内存单元中的内容(值为 3),然后将计算结果(即表达式值)存放到分配给变量 y 的内存单元中。这种存取操作(即取 x 值存 y 值)就是直接存取。

2. 间接存取

所谓间接存取,是指为了要存取一个变量值,首先从存放变量地址的指针变量单元中取得该变量的存储地址,然后再从该地址中存取该变量的值。简单地说,在这种存取方式中,存取变量的值是通过存取指针变量所"指向"的内存单元中的内容。在此,所谓"指向"是通过地址来体现的。例如:

```
int  x, y, * s;       /* 定义了整型变量 x 与 y,还定义了一个用于存放整型变量所占内存地址的指针
                         变量 s */
s = &x;               /* 将整型变量 x 所占的内存地址取出赋给指针变量 s */
* s = 3;              /* 在指针变量 s 所指向的内存地址(现在是整型变量 x 所占的内存地址)中赋以
                         整型值 3 */
s = &y;               /* 将整型变量 y 所占的内存地址取出赋给指针变量 s */
* s = 4;              /* 在指针变量 s 所指向的内存地址(现在是整型变量 y 所占的内存地址)中赋以
                         整型值 4 */
```

其中 &x 表示取变量 x 的地址。上述 5 个语句的效果等价于:

```
int  x, y;
x = 3; y = 4;
```

一个变量的内存单元的地址称为该变量的"地址"。如 &x 值称为变量 x 的地址。由于一个变量要占多个内存字节,因此,所谓变量的地址一般均指首地址(即变量所占单元中的第一个字节的地址)。

专门用于存放其他变量地址的变量称为指针变量。例如,s 为指针变量,它既可以存放整型变量 x 的地址,也可以存放整型变量 y 的地址。但指针变量只能存放其他变量地址,而不能存放输入的数值,"把一个数值存到指针变量中"的说法是错误的,只能把一个数值存到指针变量所指的内存单元中。像上例中,如果指针变量 s 没有赋初值,没有指向合法的内存单元,则语句" * s=3;"将会导致终止程序运行的致命错误。

由上可知,指针变量用于存放变量的地址(即指向变量),指针变量的值为地址,普通变量的值为数据。其中" * "为指针运算符。

10.1.2　指针变量的定义与引用

定义指针变量的一般形式为:

类型标识符　*指针变量名;

例如,说明语句:

```
double  * p, * q;
int   * m, * n;
```

分别定义了可指向 double 型变量的指针变量 p 与 q 以及可指向 int 变量的指针变量 m 与 n。

在程序中定义了指针变量后，可以用取地址运算符"&"将同类型变量的地址赋给指针变量，然后就可以间接存取该同类型变量的值。例如：

```
int  x, * s;
s = &x;
* s = 3;
```

第一个语句说明了 x 是一个整型变量，用以存放整型数据；而 s 是一个指针变量，用于存放其他整型变量的地址。第二个语句是赋值语句，其功能是将整型变量 x 的地址赋给指针变量 s。第三个语句也是赋值语句，其功能是将整型数据 3 赋给由指针变量 s 所指向的变量，由于 s 已指向 x，因此该赋值语句等价于语句"x=3;"。

例 10.1　设有下列 C 程序：

```
# include < stdio. h >
main()
{    double x = 0.11, y = 0.1;
     double * p, * q;                         /* 定义双精度实型指针变量 p 与 q */
     p = &x; q = &y;                          /* p 指向 x, q 指向 y */
     printf("&x = % u, &y = % u\n", &x, &y);   /* 输出变量 x 与 y 的地址 */
     printf("p = % u, q = % u\n", p, q);       /* 输出指针变量 p 与 q 中存放的地址 */
     printf("x = % f, y = % f\n", x, y);       /* 输出变量 x 与 y 的值 */
     printf(" * p = % f, * q = % f\n", * p, * q);   /* 输出指针变量 p 与 q 所指向的变量值 */
}
```

运行后输出结果为（注意，输出的变量地址会因为不同计算机，甚至同一计算机不同时刻运行而不同）：

```
&x = 4586424, &y = 4586416           变量 x 与 y 的地址
p = 4586424, q = 4586416             指针变量 p 与 q 中存放的地址值
x = 0.110000, y = 0.100000           变量 x 与 y 的值
* p = 0.110000,  * q = 0.100000       指针变量 p 与 q 所指向的变量的值
```

由上述运行结果可以看出，指针变量 p 与 q 中存放的地址分别是变量 x 与 y 的内存地址，指针变量 p 与 q 所指向的变量的值分别是变量 x 与 y 的值。

在定义指针变量时要注意以下几点。

（1）指针变量名前的"＊"只表示该变量为指针变量，以便区别于普通变量的定义，而指针变量名不包含该"＊"。例如，在说明语句

```
int  x, * s;
```

中说明了 s 是一个指针变量，但不能说 * s 是指针变量。

在表达式中，变量前加"＊"表示间接存取。例如，赋值语句

```
* s = 3;
```

表示将整型数 3 赋给由指针变量 s 所指向的变量的内存单元。

（2）一个指针变量只能指向与之同类型的变量。例如，下列用法是错误的：

```
int  x, * p;
double  y, * q;
p = &y; q = &x;
```

在此定义的指针变量 p 是一个只能指向 int 型变量的指针,它不能指向双精度类型的变量 y,即 int 型指针变量不能指向非 int 型变量;同样,定义的指针变量 q 是一个只能指向 double 型变量的指针,它不能指向 int 型的变量 x,即 double 型指针变量不能指向非 double 型变量。这是因为,不同类型的变量所占的字节数是不同的。下面的例子就说明了这个问题。

例 10.2   设有下列 C 程序:

```
# include < stdio. h >
main()
{ double x = 0.1;                    /* 定义 double 型变量 x,并赋初值为 0.1 */
  int *p;                            /* 定义 int 型指针变量 p */
  p = &x;                            /* int 型变量指针 p 指向 double 型变量 x */
  printf("x = % f\n", x);            /* 输出 double 型变量 x 的值 */
  printf(" * p = % f\n", * p);       /* 按实型格式输出 int 型指针变量 p 所指向的变量值 */
  printf(" * p = % d\n", * p);       /* 按 int 型格式输出整型指针变量 p 所指向的变量值 */
}
```

在编译上述程序时,编译系统会提示如下警告信息:

warning C4133: " = ": 从"double * "到"int * "的类型不兼容。

运行后输出结果为:

```
x = 0. 100000                      double 型变量 x 的值
 * p = 0. 000000                    按实型格式输出的整型指针变量 p 所指向的变量值
 * p = - 1717986918                 按整型格式输出的整型指针变量 p 所指向的变量值
```

由这个输出结果可以看出,由于指针类型与所指变量类型不匹配,不管是用实型格式说明符还是用整型格式说明符,输出的结果都是不正确的。

(3) 指针变量中只能存放地址,而不能将数值型数据赋给指针变量。例如,下列语句是错误的:

```
int    * p;
p = 100;
```

这是因为,将 100 赋给指针变量 p 以后,如果再对 p 所指向的内存地址赋值时,实际上就相当于在地址为 100 的内存单元中赋了值,即改变了这个单元中的数据,这就有可能破坏系统程序或数据,引起致命错误。因为在这个单元中可能存放的是计算机系统程序或数据。

(4) 只有当指针变量中具有确定的合法内存单元地址后才能被引用。例如,下列用法是错误的:

```
int    * p;
 * p = 5;
```

这是因为虽然已经定义了整型指针变量 p,但在还没有让该指针变量指向某个整型变量之前(即该指针变量中还没有确定的地址,是随机数),此时如果向该指针变量所指向的内存地址中赋值,就有可能破坏系统程序或数据,引起致命错误,因为该指针变量中的随机地址有可能是系统所占用的。而下列用法是合法的:

```
int    * p, x;
p = &x; * p = 5;                     /* 等价于赋值语句 x = 5; */
```

（5）与一般的变量一样，也可以对指针变量通过赋初值进行初始化。例如：

```
int   x, * p = &x;
* p = 5;
```

等价于

```
int   x, * p;
p = &x;  * p = 5;
```

但下列写法是错误的：

```
int   * p = &x, x;
* p = 5;
```

这是因为在对指针变量 p 进行初始化（指向变量 x）之前，变量 x 还未定义，即系统还未为变量 x 分配存储单元。

下面是使用指针的一个例子。

例 10.3 从键盘输入两个整数赋给变量 a 与 b，不改变 a 与 b 的值，要求按先小后大的顺序输出。

其 C 程序如下：

```
# include < stdio. h>
main()
{ int   a, b, * p, * p1 = &a, * p2 = &b;
  scanf(" % d % d", &a, &b);
  if (a > b)
  {   p = p1;   p1 = p2;   p2 = p;   }        /* 交换两个指针的值 */
  printf("a = % d, b = % d\n", a, b);
  printf("min = % d, max = % d\n", * p1, * p2);
}
```

在这个例子中，利用交换指针变量中指针值（即地址）的方法，使指针变量 p1 总指向其中值小的那个变量，指针变量 p2 总指向其中值大的那个变量，而变量 a 与 b 的值没有改变。

另外，在这个程序中，由于在初始情况下，已经将指针变量 p1 指向了变量 a，指针变量 p2 指向了变量 b，因此，程序中的输入语句也可以改为：

```
scanf(" % d % d", p1, p2);
```

但此时应注意，p1 与 p2 已经表示变量地址，在它们前面不能（不需要）再使用取地址运算符 &。

上述程序的运行结果为（有下画线的为键盘输入）：

```
45 23
a = 45, b = 23
min = 23, max = 45
```

另外说明一点，要注意 * r＋＋和（ * r)＋＋的区别。例如：

```
int a[5] = {1,2,3,4,5}, * r = a, n, m;
n = * r++;   r = a;   m = ( * r)++;
```

其中 n ＝ ＊r＋＋是 n 取 r 所指单元的值，r 指针加 1（指向下一个）。执行结果：n＝1，r 指向 a[1]，a 数组各个元素的值不变。而 m ＝（＊r）＋＋是 m 取 r 所指单元的值，并将 r 指针所指值内容加 1。执行结果：m＝1，r 仍指向 a[0]，但 a[0]值变为 2。

10.1.3　指针变量作为函数参数

与普通变量一样，指针变量也可以作为函数参数。利用指针变量作为函数的形参，可以使函数通过指针变量返回指针变量所指向的变量值，从而实现调用函数与被调用函数之间数据的双向传递。

在用指针变量作为函数形参时，其实参也应为指针（即地址）。

当指针作为函数参数时，由于实参是指针（即地址）在进行函数调用时，将该地址传递给对应指针类型的形参。此时，在函数执行过程中，如果改变了形参指针所指向的内存单元地址中的值，则也就改变了实参指针所指向的内存单元地址中的值。在这种情况下，当函数返回时，将被调用函数中的数据（存放在形参指针所指向的地址中）带回到了调用函数中（存放在实参地址中），因为形参指针所指向的地址与实参地址实际上是同一个内存单元。

下面通过例子来说明指针变量作为函数参数时形参与实参之间的结合关系。

例 10.4　编写一个函数，计算：

$$S(x) = x - \frac{1}{3}x^3 + \frac{1}{5}x^5 - \cdots + \frac{(-1)^n}{2n+1}x^{2n+1}$$

直到最后一项的绝对值 $\left|\frac{1}{2n+1}x^{2n+1}\right| < 0.000\,001$ 为止，并返回此时的 n 值。其中 x 在主函数中从键盘输入。

在这个问题中，根据给定的 x 值以及精度要求，不仅要求函数返回满足精度要求的多项式值，还要返回满足精度要求的多项式的项数，即要求函数返回两个值。为此，可以将多项式值作为函数值来返回，而将多项式的项数通过指针来返回。

其 C 程序如下：

```
# include < stdio. h >
# include < math. h >
double arctan(double x, double eps, int * n)    /* n 指向存放多项式项数的地址 */
{ int m = 0;
  double f, d, s;
  f = x;   s = x;
  do
  {  m = m + 1;                                 /* 项数计数 */
     f =- f * x * x;
     d = f/(2 * m + 1);
     s = s + d;                                 /* 逐项累加多项式中的各项 */
  }while (fabs(d)>= eps);                        /* 不满足精度要求时继续计算 */
  * n = m;                /* 将满足精度要求时的项数存放到 n 所指多项式项数的内存单元中 */
  return(s);                                     /* 返回满足精度要求的多项式值 */
}
main()
{ int   n;
  double   x, s;
  printf("input x:");
```

```
scanf("%lf", &x);
s = arctan(x, 0.000001, &n);
printf("n = %d\ns = %f\n", n, s);
}
```

在这个程序中,函数 arctan()不仅返回了一个函数值,还利用指针变量返回一个 n 值。如果要计算当 x＝1.0 时的值,运行结果如下(带有下画线的为键盘输入):

```
input x: 1.0
n = 5000
s = 0.785448
```

例 10.5 利用指针变量实现两个变量值的互换。

其 C 程序如下:

```
#include <stdio.h>
void swap(int *p1, int *p2)
{ int  t;
  t = *p1; *p1 = *p2; *p2 = t;
  return;
}
main()
{ int  a, b;
  scanf("%d%d", &a, &b);
  printf("a = %d, b = %d\n", a, b);
  swap(&a, &b);
  printf("a = %d, b = %d\n", a, b);
}
```

程序的运行结果为(带有下画线的为键盘输入):

```
12  34
a = 12, b = 34
a = 34, b = 12
```

在上述程序中,函数 swap()中的两个形参 p1,p2 都定义为指针变量,因此,在主函数中调用函数 swap()时,相应的实参也是指针(即变量 a 与变量 b 的地址 &a 与 &b)。在开始调用时,将变量 a 与变量 b 的地址 &a 与 &b 分别传送给函数 swap()中的形参指针变量 p1 与 p2。因此,在函数执行过程中,形参指针变量 p1 与 p2 所存放的就是实参变量 a 与 b 的地址,将形参指针变量 p1 与 p2 所指向的内存地址中的数据交换,实际上就是交换实参变量 a 与 b 中的值,从而实现了变量 a 与 b 中值的交换。

由前面两个例子可以看出,在 C 语言的函数调用中,不仅可以通过函数名返回一个函数值,还可以通过实参指针与形参指针的结合,利用形参指针与实参指针指向同一个地址,通过改变该地址中的值,实现调用函数与被调用函数之间的数据双向传递,从而使被调用函数实际可以返回多个值到调用函数。

最后需要指出的是,在用指针变量作为函数参数时,是通过改变形参指针所指向的内存地址中的值来改变实参指针所指向的内存地址中的值,因为它们所指向的地址是相同的。但如果在被调用函数中只改变了形参指针值(即地址),则不会改变实参指针的值(即地址),即形参指针值的改变不能改变实参指针的值。例如,如果将例 10.5 中的程序改为:

```
# include < stdio. h >
void swap(int   * p1, int   * p2)
{ int   * t;
  t = p1;   p1 = p2;   p2 = t;
  return;
}
main()
{ int   a, b;
  scanf(" % d % d", &a, &b);
  printf("a = % d, b = % d\n", a, b);
  swap(&a, &b);
  printf("a = % d, b = % d\n", a, b);
}
```

程序运行后输出结果为(带有下画线的为键盘输入):

```
12  34
a = 12, b = 34
a = 12, b = 34
```

由第二个输出语句的输出结果可以看出,两个变量的值没有被交换。这是因为,在函数 swap()中,只交换了指针变量 p1 与 p2 中存放的地址,而这两个指针变量所指向的地址不可能通过形参和实参的结合带回到主函数,即主函数中变量 a 与 b 的地址是不会改变的。因为实参指针变量的值是以传值方式传递给形参指针变量的,而形参指针变量的值的改变(交换)与实参指针变量毫不相干。

再举一个例子,说明交换形参指针值与交换形参指针所指单元值的区别。有如下程序:

```
# include < stdio. h >
void f(int * p)
{
    * p += 3;   printf(" % d\n", * p);
}
main()
{   int a[ ] = {10,20,30,40,50,60}, * q = a;
    printf(" % d\n", * q);
    f(q);
    printf(" % d\n", * q);
}
```

运行结果为:

```
10
13
13
```

因为 q 指向 a[0],调用函数 f 前值为 10,调用函数 f,执行" * p += 3;"。因为 p 指向 q 所指单元,也就是指向 a[0],* p 也就是单元 a[0]," * p += 3;"等价于"a[0] += 3;",因此调用函数 f 后输出结果为 13。

而如果将程序改为:

```
# include < stdio. h >
```

```
void f(int *p)
{
    p += 3;   printf("%d\n", *p);
}
main()
{   int a[] = {10,20,30,40,50,60}, *q = a;
    printf("%d\n", *q);
    f(q);
    printf("%d\n", *q);
}
```

程序的运行结果为：

```
10
40
10
```

因为 q 指向 a[0]，调用函数 f 前值为 10。因此第一个输出语句"printf("%d\n", *q);"输出 10。而调用函数 f 后，执行"p += 3;"，此时 p 指向 q+3 所指单元，也就是指向 a[4]，*p 也就是 a[4]，因此"printf("%d\n", *p);"输出 40。但"p += 3;"后 p 值的改变与 q 无关，因为 q 值是通过传值方式传递给 p 的。因此调用函数 f 后，q 值没有改变，调用函数 f 后仍输出 10。

10.1.4 指向指针的指针

指向指针的指针就是指向指针变量所占内存地址的指针。例如，有下列程序段：

```
int  x, *q, **p;
q = &x;
p = &q;
**p = 3;
```

在这个程序段中，说明语句定义了一个整型变量 x 与一个指向整型的指针变量 q，还定义了一个指向整型指针的指针变量 p。赋值语句"q = &x;"是将变量 x 的地址赋给指针变量 q。而赋值语句"p = &q;"是将指针变量 q 的地址赋给指向指针的指针变量 p。赋值语句"**p = 3;"是将整数 3 赋给由指针变量 p 指向的指针（现在是指针变量 q）所指向的变量（现在是整型变量 x）的内存单元中。

在上述程序段中，q 是指针变量，简称指针；p 是指向指针的指针变量，简称指向指针的指针，其中 **p 等价于 *(*p)。

由此可以看出，上述程序段等价于

```
int  x, *q;
q = &x;
*q = 3;
```

也等价于

```
int  x;
x = 3;
```

在 C 语言中，通过指针可以实现间接访问，称为一级间接访问；通过指向指针的指针可以实现二级间接访问。以此类推,C语言允许多级间接访问。但由于间接访问的级数越多,对程序的理解就越困难,出错的机会也会越多,因此,在 C 程序中很少使用超过二级的间接访问。下面举例说明指向指针的指针的实际用途。

　　例 10.6　有如下 C 程序:

```
# include < stdio. h>
void swap(int * a, int * b)
{    int   * t;
     t = a;   a = b;   b = t;
}
main()
{    int i = 3, j = 5, * p = &i, * q = &j;
     printf(" % d, % d, % d, % d\n", * p, * q, i, j);
     swap(p, q);
     printf(" % d, % d, % d, % d\n", * p, * q, i, j);
}
```

程序的运行结果为:

```
3,5,3,5
3,5,3,5
```

　　上面程序中 p 和 q 是指向变量 i 和 j 的指针,本来想通过调用函数 swap 把指针 p 和 q 的内容交换,使 p 指向变量 j,q 指向变量 i。但从运行结果来看,p 和 q 的内容没有交换。原因是调用函数"swap(p, q);"是把实参 p 和 q 的值传递给了形参 a 和 b,函数 swap 中 a 和 b 的值交换,与实参 p 和 q 无关。如果把程序改为:

```
# include < stdio. h>
void swap(int ** a, int ** b)
{    int   * t;
     t = * a;   * a = * b;   * b = t;
}                                          /* * a等价于p, * b等价于q */
main()
{    int i = 3, j = 5; int * p = &i, * q = &j;
     printf(" % d, % d, % d, % d\n", * p, * q, i, j);
     swap(&p, &q);
     printf(" % d, % d, % d, % d\n", * p, * q, i, j);
}
```

程序的运行结果为:

```
3,5,3,5
5,3,3,5
```

　　从运行结果来看,p 和 q 的内容交换了。成功交换的原因是:调用函数"swap(＆p,＆q);"是把实参 p 和 q 的指针单元的地址传递给了形参 a 和 b,因此 a 和 b 是指向指针 p 和 q 的指针变量,函数 swap 中 * a 和 * b 值的交换,就是 a 和 b 指针所指单元内容的交换,也就是实参 p 和 q 值的交换。因此 p 和 q 的内容成功交换了,p 指向了变量 j,q 指向了变量 i。但同时要说明,i 和 j 的值并没有改变。

　　同样道理,改写 9.1.3 节最后一个例子的程序为:

```
# include < stdio. h >
void f(int ** p)
{  * p += 3;
}
main()
{   int a[] = {10,20,30,40,50,60}, * q = a;
    f(&q);
    printf(" % d\n", * q);
}
```

程序的运行结果为：

```
40
```

从运行结果来看，调用 f 后，q 的值改变了。改变成功的原因是：调用函数"f(&q);"把实参 q 的指针单元的地址传递给了形参 p，因此 p 是指向指针 q 的指针变量，函数 f 中"* p += 3;"就是把 p 指针所指的内容加 3，也就是实参 q 值的加 3。q 原来指向 a[0]，加 3 后 q 指向了 a[3]，因此输出 * q 的结果是 40。

10.2 指针数组

每个元素均为指针类型数据的数组称为指针数组。指针数组的定义形式如下：

类型标识 * 数组名[数组长度说明];

例如：

```
int   * p[4];
```

定义了长度为 4 的一维整型指针数组 p，其中每一个数组元素 p[0]，p[1]，p[2]，p[3]为整型指针，用来存放整型变量的首地址。又如：

```
char  * name[] = {"BASIC", "FORTRAN", "COBOL", "C++", "JAVA"};
```

定义并初始化了字符型指针数组，如图 10.1 所示。

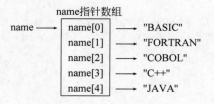

图 10.1 字符型指针数组

其中指针数组 name 长度为 5，每一个指针元素都指向一个字符串常量。

例 10.7 下列 C 程序的功能是，首先利用指针数组指向数组中的各元素，然后利用指向指针的指针输出数组中的各元素。

```
# include < stdio. h >
main()
{ int  a[5] = {1, 2, 3, 4, 5};
```

```
int    * num[5] = {&a[0], &a[1], &a[2], &a[3], &a[4]};
int    ** p, k;
p = num;                                      /* 或 p = &num[0]; */
for (k = 0; k < 5; k = k + 1)
   { printf(" % 5d", ** p); p = p + 1; }
printf("\n");
}
```

程序的运行结果为：

```
1    2    3    4    5
```

在上述程序中，用一个指针数组 num 中的各指针元素指向数组 a 中的各元素，然后再用一个指向指针的指针变量 p 依次指向数组 num 中的各指针元素，并通过输出指针 p 所指单元内容（* p，也就是 num[k]，仍是指针）的指针所指内容（** p，也就是 a[k]）的值，逐个输出数组 a 中的元素值。

上述程序中定义的指针数组 num 与普通数组 a 之间的关系如图 10.2 所示。

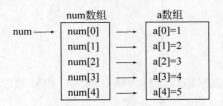

图 10.2　指针数组 num 与普通数组 a 之间的关系

10.3　数组与指针

10.3.1　一维数组与指针

所谓数组的指针是指数组的首地址。数组元素的指针是指数组元素的地址。因此，同样可以用指针变量来指向数组或数组元素。在 C 语言中，由于数组名代表数组的首地址，因此，数组名实际上也是指针。

例如，以下 4 个说明语句是等价的：

```
int  a[10], * p = a;
int  a[10], * p = &a[0];
int  a[10], * p; p = a;
int  a[10], * p; p = &a[0];
```

其中前两行是在说明语句中直接为指针变量 p 赋地址初值（即数组 a 的首地址），后两行是在说明语句中只定义了一个数组 a 与指针变量 p，然后通过赋值语句为指针变量 p 赋 a 数组的地址值（即数组 a 的首地址）。由此可以看出，为了让指针变量指向一个数组，既可以直接将数组名赋给指针变量（如"p=a;"），在这种情况下，由于数组名即代表数组的首地址，因此，在数组名前不需要使用取地址运算符 &（若"p=&a;"编译时反而会出现错误信息）。也可以将数组中下标为 0 的元素所在的地址赋给指针变量（如"p=&a[0];"）。若要取某个数组元素 a[i] 的地址，要在数组元素 a[i] 前使用取地址运算符 &（如"p=&a[i];"，当然也可以写成"p=

a+i;")。

  C 语言规定,当指针变量 p 指向数组的某一元素时,p+1 将指向下一个元素,即 p+1 也表示地址。但要注意的是,虽然指针变量 p 中存放的是地址,但 p+1 并不表示该地址加上1 字节而是加 1 个该数据类型单元的字节数,指向下一个元素。例如,如果指针变量 p 为 int型(即指向整型变量或整型数组或整型数组元素),则 p+1 表示该地址加 4(假设一个 int 型数据占 4 字节);如果指针变量 p 为 double 型(即指向 double 型变量或 double 型数组或 double型数组元素),则 p+1 表示该地址加 8(假设一个 double 型数据占 8 字节)等。

  当 p 指向数组的首地址时,p+i 指向元素 a[i]。例如,如果有下列说明语句:

```
int   a[10], * p = &a[0];
```

或

```
int   a[10], * p = a;
```

则下列赋值语句是等价的:

```
a[5] = 10;
 * (a + 5) = 10;
 * (p + 5) = 10;
p[5] = 10;
```

即 a[i], * (a+i), * (p+i), p[i] 4 种方式等价。

  但要注意,当 p 不指向 a[0] 时,只有前两个等价,与后两个不等价。例如,如果将上面的说明语句改写成

```
int   a[10], * p = &a[3];
```

则下列赋值语句:

```
 * (p + 5) = 10;
p[5] = 10;
```

等价于

```
a[8] = 10;
 * (a + 8) = 10;
```

  由此可以看出,当一个指针变量 p 指向数组 a 的首地址时,既可以用数组名的下标法和指针法表示数组元素(如 a[i] 和 * (a+i)),也可以用指针变量名的下标法和指针法表示数组元素(如 p[i] 和 * (p+i)),且它们都是等价的。但当一个指针变量 p 指向数组 a 的某一个元素时,虽然可以用数组名的下标法和指针法表示数组元素(如 a[i] 和 * (a+i)),也可以用指针变量名的下标法和指针法表示数组元素(如 p[i] 和 * (p+i)),但前两者和后两者是不等价的。

  例 10.8 下列 C 程序是通过键盘为数组元素输入数据:

```
# include < stdio. h >
main()                              /* 用数组名的下标法 */
{ int   a[10], i;
  for (i = 0; i < 10; i++)
     scanf(" % d", &a[i]);
  printf("\n");
```

```
      for (i = 0; i < 10; i++)
         printf(" % 5d\n", a[i]);
   }
```

也可以直接使用数组名,将上述程序改为:

```
# include < stdio. h >
main()                                    /* 用数组名的指针法 */
{ int  a[10], i;
   for (i = 0; i < 10; i++)
      scanf(" % d", a + i);
   printf("\n");
   for (i = 0; i < 10; i++)
      printf(" % 5d\n", *(a + i));
}
```

还可以使用指针变量,将上述程序改为:

```
# include < stdio. h >
main()                                    /* 用指针变量名的指针法 */
{ int  a[10], * p = a, i;
   for (i = 0; i < 10; i++)
      scanf(" % d", p + i);
   printf("\n");
   for (i = 0; i < 10; i++)
      printf(" % 5d\n", *(p + i));
}
```

使用指针变量后,指针变量所指向的数组元素也可以用下标的形式,将上述程序改为:

```
# include < stdio. h >
main()                                    /* 用指针变量名的下标法 */
{ int  a[10], * p = a, i;
   for (i = 0; i < 10; i++)
      scanf(" % d", &p[i]);
   printf("\n");
   for (i = 0; i < 10; i++)
      printf(" % 5d\n", p[i]);
}
```

以上 4 个程序是等价的。

下面对一维数组与指针做几点说明。

(1) 指针变量可以指向数组中的任意一个元素。例如:

```
int  x[20], * q = &x[10];
```

指针变量 q 指向数组 x 中下标为 10 的元素,即在指针变量 q 中存放的是数组元素 x[10] 的地址。

(2) 用于指向数组或数组元素的指针变量类型必须与数组类型相同。例如,下列说明语句是不合法的:

```
int  x[20];
double  * q = x;
```

数组 x 是 int 型的,而指针变量 q 是 double 型的。double 型指针变量不能指向非 double 型的数组或数组元素;同样,非 double 型的指针变量也不能指向 double 型的数组或数组元素。

(3) 数组名代表数组的首地址,它实际上就是一个常量指针。C 语言规定,在定义数组的时候,系统就已经为数组分配了存储空间,它的首地址是固定不变的,即不能对数组名再进行赋值(即赋予新的地址值)。例如,下列程序段是错误的:

```
int  x[10] = {1, 2, 3, 4, 5, 6, 7, 8, 9, 10};
int  y[10];
y = x;
```

在这个程序段中定义了一个数组 x,并赋了初值,又定义了一个数组 y,赋值语句"y＝x;"企图将数组 x 中的数据复制到数组 y 中,这是错误的。因为一旦定义了数组 y,系统就为之分配存储空间,即数组名 y 是一个地址常量,不能再将数组 x 的首地址赋给 y。

10.3.2 二维数组与指针

1. 对二维数组的理解

假设定义并初始化了下列二维数组:

```
int  a[3][4] = {{1, 2, 3, 4}, {5, 6, 7, 8}, {9, 10, 11, 12}};
```

(1) 首先,可以将定义的二维数组 a 看成定义了包含 3 个元素的一维指针数组(但首先要声明,实际上不存在此一维指针数组,只是为了便于理解):a[0],a[1],a[2]。即

$$a = \begin{bmatrix} a[0] \\ a[1] \\ a[2] \end{bmatrix}$$

因此,数组名 a 指向一维指针数组中元素 a[0] 的首地址。即:

```
  a = &a[0]              a[0] = *a
a + 1 = &a[1]            a[1] = *(a + 1)
a + 2 = &a[2]           a[2] = *(a + 2)
```

一般来说有:

```
a + i = &a[i]            a[i] = *(a + i)
```

(2) 其次,一维指针数组中的每一个元素 a[i](i＝0,1,2)(其元素值为地址,即指针)又分别指向一个一维普通数组,其中每个一维普通数组中都包含有 4 个元素。因此,a[i](i＝0,1,2)可以看成是一维普通数组名,即:

```
a[0][] = {1, 2, 3, 4}
a[1][] = {5, 6, 7, 8}
a[2][] = {9, 10, 11, 12}
```

因此,a[i]指向 a[i][0](i＝0,1,2)的首地址。即:

```
  a[i]   = &a[i][0]         a[i][0] = *a[i]
a[i] + 1 = &a[i][1]         a[i][1] = *(a[i] + 1)
a[i] + 2 = &a[i][2]         a[i][2] = *(a[i] + 2)
a[i] + 3 = &a[i][3]         a[i][3] = *(a[i] + 3)
```

一般来说有：

a[i] + j = &a[i][j]　　　　　　　　　　a[i][j] = * (a[i] + j)

即对于二维数组的理解，可以用图 10.3 来表示。

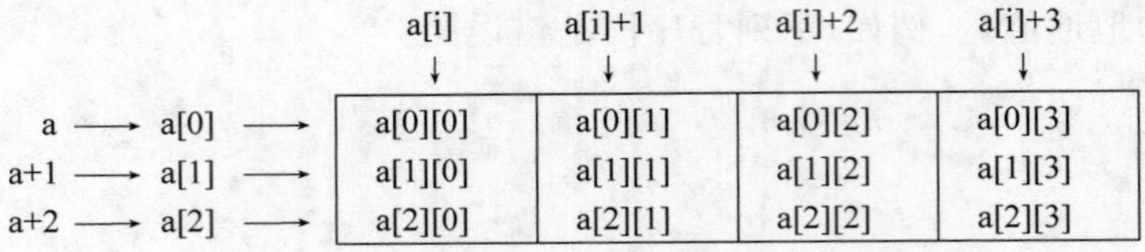

	a[i]↓	a[i]+1↓	a[i]+2↓	a[i]+3↓
a → a[0] →	a[0][0]	a[0][1]	a[0][2]	a[0][3]
a+1 → a[1] →	a[1][0]	a[1][1]	a[1][2]	a[1][3]
a+2 → a[2] →	a[2][0]	a[2][1]	a[2][2]	a[2][3]

图 10.3　二维数组的理解

由上所述，对于一般的二维数组 a，有以下关系：

* (a + i) + j = &a[i][j]　　　　　　　　a[i][j] = * (* (a + i) + j)

特别需要指出的是，对于二维数组 a 来说，虽然 a 与 a[0] 都表示数组的首地址，但它们是有区别的。因为 a+i 表示的是二维数组中第 i 行（即下标为 i 的行）中第一个元素的首地址（即 &a[i][0]）；而 a[0]+i 表示的是二维数组中第 i 个元素（以行为主排列）的首地址。例如，对于下列定义的二维数组：

int　a[3][4];

虽然 a 与 a[0] 都表示元素 a[0][0] 的首地址（即 &a[0][0]），且 a+2 与 a[2] 都表示元素 a[2][0] 的首地址（即 &a[2][0]）；但 a+5 表示的地址（即 &a[5][0]）不在该数组空间中，而 a[0]+5 却表示元素 a[1][1] 的首地址（即 &a[1][1]）。

由此可以看出，对于二维数组 a 来说，虽然 a 与 a[0] 都表示数组的首地址，它们都是指针，但数组名 a 是指向数组行的指针；a[0] 是指向数组元素的指针。

2. 二维数组的指针

由上所述，与二维数组对应的指针有两种：指向数组元素的指针和指向数组行的指针。

（1）指向数组元素的指针变量。与一维数组的情况一样，对于二维数组来说，指向数组元素的指针与一般的指向普通变量的指针变量相同。

下面举一个例子来说明。

例 10.9　下列 C 程序是将一个二维数组中的元素按矩阵方式输出。

```
# include < stdio. h>
main()
{ int　a[3][4] = {1, 2, 3, 4, 5, 6, 7, 8, 9, 10, 11, 12};
  int * p;
  for (p = a[0]; p < a[0] + 12; p++)
  {   if ((p - a[0]) % 4 == 0)
          printf("\n");
      printf(" % 5d", * p);
  }
  printf("\n");
}
```

在上述程序中，用一个指针变量 p 指向数组中的各元素。

特别需要指出的是，虽然 a, * a, a[0] 都代表二维数组 a 的首地址，但上面 for 语句中的

"p<a[0]+12;",其中的 a[0]不能用 a 替代。这是因为,a[0]+12 表示了二维数组中第 12 个元素的地址(即二维数组 a 中最后一个元素的下一个地址),但 a+12 表示了二维数组中第 12 行的首地址,这两个地址是不一样的,因为通常二维数组中每一行不止一个元素,而是有多个元素。

(2) 指向数组行的指针变量。又称为**行指针**,所谓指向数组行的指针变量 p,是指当 p 指向数组的某一行时,p+1 将指向数组的下一行。即:如果 p=&a[i]时,则 p+1=&a[i+1]。显然,在这种情况下,就不能用指向普通变量的指针作为指向数组行的指针。

定义指向数组行的指针变量的一般形式如下:

类型标识符 (*指针变量名)[数组行元素个数];

例如:

```
int (*p)[4];
```

表示 p 是一个行指针变量,用以指向每行包含 4 个元素的数组。

特别要注意,不要将

```
int (*p)[4];
```

误写成:

```
int *p[4];
```

因为后者是具有 4 个指针元素的指针数组。

例 10.9 中的程序是利用指向数组元素的指针输出二维数组中的元素,也可以把它改成用指向数组行的指针输出二维数组中的元素,C 程序如下:

```
# include <stdio.h>
main()
{   int  a[3][4] = {1, 2, 3, 4, 5, 6, 7, 8, 9, 10, 11, 12};
    int  *q, (*p)[4];
    for (p = a; p < a + 3; p = p + 1)
    {  for (q = p[0]; q < p[0] + 4; q = q + 1)
          printf(" %5d", *q);
       printf("\n");
    }
}
```

在这个程序中,为了输出数组中的一行元素,用一个指向数组行的行指针 p 作为循环变量,循环变量的初值是数组的首地址(即 p=a),终值是数组最后一行的末地址(即 p<a+3),p=p+1 表示下一行的地址。而为了输出一行中的每一个元素,用一个指向数组元素的指针 q 作为循环变量,循环变量的初值是指向该行的指针(即 q=p[0]),终值是指向下一行指针的前一个地址(即 q<p[0]+4),q=q+1 表示该行上的下一个元素的地址。

上面的程序可以改写为:

```
# include <stdio.h>
main()
{   int  a[3][4] = {1, 2, 3, 4, 5, 6, 7, 8, 9, 10, 11, 12}, i, j;
    int  (*p)[4];
    p = a;
```

```
        for (i = 0; i < 3; i++)
        {   for (j = 0; j < 4; j++)
                printf(" %5d", p[i][j]);
            printf("\n");
        }
    }
```

运行结果与上面的两个程序相同。可以看出,行指针 p 的使用 p[i][j]与数组 a 的元素 a[i][j]是完全一一对应的。因此数组 int a[3][4]中的 a 可以看成是 int (* a)[4],也就是二维数组名实际上是一个行指针,但此行指针是不可修改的常量。

10.3.3　数组指针作为函数参数

1.一维数组指针作为函数参数

前面说过,数组名表示数组的首地址,即数组名本身就是指针。因此,在用数组名作函数参数时,实际上也可以用指向数组或数组元素的指针作为函数的参数。

一般来说,在一维数组指针作函数参数时,有以下 4 种情况。

(1) 实参与形参都用数组名。例如:

```
main()                          void f(int   x[ ], int n)
{ int   a[10];                  {       …
      …                                 …
   f(a, 10);                            …
      …                                 …
}                               }
```

(2) 实参用数组名,形参用指针变量。例如:

```
main()                          void f(int    * x, int n)
{ int   a[10];                  {       …
      …                                 …
   f(a, 10);                            …
      …                                 …
}                               }
```

(3) 实参与形参都用指针变量。例如:

```
main()                          void f(int    * x, int n)
{ int   a[10], * p = a;         {    …
      ⋮                               …
   f(p, 10);                         ⋮
      ⋮                               …
}                               }
```

(4) 实参用指针变量,形参用数组名。例如:

```
main()                          void f(int   x[ ], int n)
{ int   a[10], * p = a;         {    …
      ⋮                              …
   f(p, 10);                         ⋮
      ⋮                              …
}                               }
```

但必须注意,当实参用指针变量时,该指针变量应该有确定值(即确定的地址)。

有一种现象要说明一下,就是数组名在形参中退化为指针。例如:

```c
# include < stdio. h>
void f(int  x[], int n);
void main()
{   int  a[10];
    f(a,10);
    printf("sizeof(a) = % d\n", sizeof(a));
}
void f(int  x[], int n)
{   printf("sizeof(x) = % d\n", sizeof(x));
}
```

运行结果为:

```
sizeof(x) = 4
sizeof(a) = 40
```

因为函数调用时,只是把 a 数组的首地址值传递给了 x,sizeof(x)是指针 x 的大小而不是数组 a 的大小。

例 10.10 下面的 C 程序是利用数组元素的指针来实现对数组中指定区间内的元素进行选择法排序。

```c
# include < stdio. h>
void select(int * b, int n)          /* 或 void select(int b[], int n) */
{ int i, j, k, d;
  for (i = 0; i <= n - 2; i = i + 1)
  {   k = i;
      for (j = i + 1; j <= n - 1; j = j + 1)
        if (b[j]<b[k])
          k = j;
      if (k != i)
      {   d = b[i];  b[i] = b[k];  b[k] = d; }
  }
}
main()
{ int k, * p;
  int  a[10] = {3, 5, 4, 1, 9, 6, 10, 56, 34, 12};
  for (k = 0; k < 10; k = k + 1)
      printf(" % 4d", a[k]);         /* 输出原序列 */
  printf("\n");
  p = a + 2;                         /* 将数组元素 a[2]的地址赋给指针变量 p */
  select(p, 6);                      /* 对数组 a 中的第 3~8 个(即 a[2]~a[7])元素进行排序 */
  for (k = 0; k < 10; k = k + 1)
      printf(" % 4d", a[k]);         /* 输出排序后的结果 */
  printf("\n");
}
```

在主函数中,指针变量 p 指向数组 a 中的元素 a[2],因此,在调用函数 select(p, 6)后,只对数组 a 中的第 3～8 个(即 a[2]～a[7])元素进行排序。

运行后输出的结果为(只对第 3～8 个元素进行排序):

```
3   5   4   1   9   6  10  56  34  12        /* 原序列 */
3   5   1   4   6   9  10  56  34  12        /* 排序后的结果 */
```

2. 二维数组指针作为函数参数

二维数组指针作为函数参数要比一维数组稍微复杂一些。下面以矩阵为例,说明用二维数组指针作为矩阵运算函数的参数。

例 10.11 在下面的 C 程序中,主函数中定义了一个 5×4 的矩阵,然后调用函数 asd()对该矩阵赋值,最后在主函数中按矩阵形式输出。

```
# include < stdio. h>
main()
{ int  i,  j,  a[5][4];
  void asd(int b[], int m, int n);
  asd((int *)a, 5, 4);
  for (i = 0; i < 5; i = i + 1)
  {   for (j = 0; j < 4; j = j + 1)
          printf(" % 5d", a[i][j]);
      printf("\n");
  }
}
void asd(int * b, int m, int n)                /* 或 void asd(int b[], int m, int n) */
{ int  k = 1,  i,  j;
  for (i = 0; i < m; i = i + 1)
    for (j = 0; j < n; j = j + 1)
    {   b[i * n + j] = k;  k = k + 1; }
  return;
}
```

在第 9 章中曾经提到,在用二维数组名作为实参时,在被调用函数中可以定义为一维的形参数组,根据二维数组中的元素以行为主存储的原则,将二维数组元素中的两个下标(行标与列标)转换成一维数组元素的下标,从而实现一维数组元素与二维数组元素的对应。因此,在本例的函数 asd()中,用一维形参数组 b(或指针变量 b)与主函数中的二维数组 a 对应。不过 a 作实参时,为了和 b 类型一致,需要用(int *)a 进行强制类型转换。

实际上,还可以利用指针数组来实现二维数组的传递。在主函数中除了定义一个二维数组 a(表示矩阵)以外,再定义一个一维指针数组 b,并且在该指针数组的每一个元素中对应存放二维数组 a 中每一行的首地址,即让指针数组 b 中的每个元素指向二维数组 a 的对应行。在调用函数 asd()时,实参使用一维指针数组 b,即将二维数组 a 中各行的首地址传递给函数 asd()。在这种情况下,函数 asd()中的形参也是一维指针数组,其中 b[i][j]表示 b[i]所指向的数组行中第 j 个元素,实际上就是主函数中的元素 a[i][j],其 C 程序如下:

```
# include < stdio. h>
main()
{ int  i, j, a[5][4], * b[5];
  void asd(int * b[], int m, int n);
  for (i = 0; i < 5; i = i + 1)
    b[i] = &a[i][0];
```

```
    asd(b, 5, 4);
    for (i = 0; i < 5; i = i + 1)
    {   for (j = 0; j < 4; j = j + 1)
            printf(" % 5d", a[i][j]);
        printf("\n");
    }
}
void asd(int * b[ ], int m, int n)
{ int  k = 1, i, j;
    for (i = 0; i < m; i = i + 1)
      for (j = 0; j < n; j = j + 1)
      {   b[i][j] = k;   k = k + 1;   }
    return;
}
```

利用指针数组来实现二维数组的传递还可以这样来实现：在主函数中只定义一个一维指针数组，然后利用 malloc() 函数为该指针数组中的每一个指针分配一个能存放 4 个整型元素的存储空间，每一个存储空间正好可以存放整型二维数组中一行的 4 个元素。这样，一维指针数组 b 中所有元素所指向的存储空间就可以作为二维数组的存储空间，其 C 程序如下：

```
# include < stdio. h >
# include < stdlib. h >
main()
{ int  i, j, * b[5];
    void asd(int * b[ ], int m, int n);
    for (i = 0; i < 5; i = i + 1)
        b[i] = (int * )malloc(4 * sizeof(int));
    asd(b, 5, 4);
    for (i = 0; i < 5; i = i + 1)
    {   for (j = 0; j < 4; j = j + 1)
           printf(" % 5d", b[i][j]);
        printf("\n");
    }
    for (i = 0; i < 5; i = i + 1)
        free(b[i]);
}
void asd(int * b[ ], int m, int n)
{ int  k = 1, i, j;
    for (i = 0; i < m; i = i + 1)
      for (j = 0; j < n; j = j + 1)
      {   b[i][j] = k;   k = k + 1; }
    return;
}
```

其中 malloc() 函数的功能是从内存堆上动态分配指定字节数的存储空间，并返回该存储空间的首地址。每一个 malloc 调用应该对应一个 free 释放内存到内存堆上，防止出现内存泄漏。关于 malloc() 的详细使用说明，参见 10.4 节动态内存的申请与释放。

例 10.12 编写一个函数，利用指针数组求给定 n×n 矩阵的转置矩阵，并计算对角线元素之和。

C 程序如下：

```c
#include <stdio.h>
double   trv(int n,   double * b[])
{ int k, j;
  double s, d;
  s = 0.0;
  for (k = 0; k < n - 1; k++)
  {   s = s + b[k][k];
      for (j = k + 1; j < n; j++)
      {   d = b[k][j];
          b[k][j] = b[j][k];
          b[j][k] = d;
      }
  }
  s = s + b[n - 1][n - 1];
  return(s);
}
main()
{ int k, j;
  double * p[4], a[4][4] = {{1.0, 2.0, 3.0, 4.0}, {5.0, 6.0, 7.0, 8.0},
              {9.0, 10.0, 11.0, 12.0}, {13.0, 14.0, 15.0, 16.0}};
  for (k = 0; k < 4; k++)                    /* 输出原矩阵 */
  {   for(j = 0; j < 4; j++)
        printf("%7.1f", a[k][j]);
      printf("\n");
  }
  for (k = 0; k < 4; k++)   p[k] = &a[k][0];
  printf("d = %7.1f\n", trv(4, p));          /* 输出对角线元素之和 */
  for (k = 0; k < 4; k++)                     /* 输出转置后的矩阵 */
  {   for (j = 0; j < 4; j++)
        printf("%7.1f", a[k][j]);
      printf("\n");
  }
}
```

在这个程序中，对角线元素之和通过函数值返回。

程序的运行结果为：

```
    1.0     2.0     3.0     4.0
    5.0     6.0     7.0     8.0
    9.0    10.0    11.0    12.0
   13.0    14.0    15.0    16.0
d =   34.0
    1.0     5.0     9.0    13.0
    2.0     6.0    10.0    14.0
    3.0     7.0    11.0    15.0
    4.0     8.0    12.0    16.0
```

10.4 动态内存的申请与释放

在函数内定义的局部数组,是在内存栈上分配内存空间的,通常不能开太大的数组。要想开大数组有以下两种方法。

(1) 在函数外定义外部数组或静态数组。

(2) 在内存堆上申请动态内存,建立大数组。

在函数外定义外部数组或静态数组,数组将在程序运行时先在静态存储区开辟。而且一旦定义了外部大数组或静态大数组,即使不用也会一直占用相应内存空间不释放,这会造成不能同时定义多个外部大数组或静态大数组。

能否在使用时申请内存块开辟大数组,而一旦使用完毕即释放,便于内存重复使用和再申请呢? 可以通过动态内存的申请与释放来实现。C 语言提供了 malloc(),calloc(),realloc() 等函数来进行动态内存申请,要使用这些函数必须包含头文件 stdlib.h 或 malloc.h,下面简要介绍一下如何使用这些函数。

10.4.1 malloc()函数

malloc()函数的功能是从内存堆(heap)上申请指定字节数的内存块,并返回该内存块的首地址。malloc 函数的原型为:

```
void * malloc(申请内存的字节数)
```

调用 malloc 函数时,必须进行强制类型转换:(类型 *)malloc 把返回的内存首地址转换成相应指针的类型。例如:

```
# include < stdlib.h >
char * p;
double ** q;
int ( * a)[4];
p = (char * )malloc(sizeof(char) * 20);
q = (double ** )malloc(sizeof(double * ) * 10);
a = (int ( * )[4])malloc(sizeof(int) * 4 * 5);
```

此程序段执行时,函数 malloc 从内存堆上动态申请一块 20 个 char 型大小的内存块给 p,形成一个长度为 20 的动态 char 型数组;申请一块 10 个 double 指针类型大小的内存块给 q,形成一个长度为 10 的动态 double 型指针数组;申请一块 20 个 int 型大小的内存块给 a,形成一个 4×5 动态 int 型二维数组。

函数名前圆括号"( )"内强制类型转换的类型即为指针定义格式去掉指针变量名,例如:

```
int ( * a)[4];
```

去掉指针名 a 后为 int (*)[4]。

若内存申请不成功,malloc 将返回空指针(NULL)。因此在执行 malloc 后,应该首先通过判断指针是否为 NULL 来判断内存申请是否成功,以防止对空指针进行操作导致致命错误。例如:

```
char * p;
```

```
p = (char * )malloc(sizeof(char) * 10);
if (p == NULL)
{   printf("Can't get memory!\n");
    exit(1);                             /* 强制终止当前程序的执行 */
}
free(p);
```

需要强调,每一个 malloc 调用应该对应有一个 free 释放相应内存块到动态内存堆上。在编程时,总有人设想先读入数组长度,然后按读入的长度定义数组:

```
int n;
scanf(" % d", &n);
double a[n];
```

但这是绝对不允许的,即使 C++ 也不允许这样定义静态数组。但可以利用指针生成动态一维数组,数组长度 n 由键盘输入。可以存取一维动态数组 p[i],$0 \leqslant i < n$。例如有如下程序:

```
# include < stdio. h>
# include < stdlib. h>
void main()
{   double * p;
    int n, i;
    scanf(" % d", &n);
    p = (double * )malloc(sizeof(double) * n);
    if (p == NULL)
    {   printf("Can't get memory!\n");
        exit(1);
    }
    for (i = 0; i < n; i++)
        p[i] = i;
    for (i = 0; i < n; i++)
        printf(" % 3.0f",p[i]);
    free(p);
}
```

程序的运行结果为:

<u>20</u>
0　1　2　3　4　5　6　7　8　9　10　11　12　13　14　15　16　17　18　19

可以利用指针数组生成一个 N * m 的动态二维数组,m 由键盘输入,但第一维 N 是固定的一个常量,是指针数组的长度,可以存取二维数组元素 p[i][j] $0 \leqslant i < N, 0 \leqslant j < m$。例如有如下程序:

```
# include < stdio. h>
# include < stdlib. h>
void main()
{   double * p[10];
    int k, m, i, j;
    scanf(" % d", &m);
    for (k = 0; k < 10; k++)
    {   p[k] = (double * )malloc(sizeof(double) * m);
        /* 指针数组中的每个指针指向一块 m 个 double 型数据的内存块 */
```

```
        if (p[k] == NULL)
        {   printf("Can't get memory!\n");
            exit(1);
        }
    }
    for (i = 0; i < 10; i++)
        for (j = 0; j < m; j++)
            p[i][j] = i * m + j;
    for (i = 0; i < 10; i++)
    {   for (j = 0; j < m; j++)
            printf(" % 3.0f ",p[i][j]);
        printf("\n");
    }
    for (k = 9; k >= 0; k--)   /* 内存释放顺序最好跟申请的顺序相反,以防止内存堆上产生内存
                                  碎块 */
        free(p[k]);
}
```

函数中生成了一个 10 * m 的动态二维数组。程序的运行结果为：

```
8
  0   1   2   3   4   5   6   7
  8   9  10  11  12  13  14  15
 16  17  18  19  20  21  22  23
 24  25  26  27  28  29  30  31
 32  33  34  35  36  37  38  39
 40  41  42  43  44  45  46  47
 48  49  50  51  52  53  54  55
 56  57  58  59  60  61  62  63
 64  65  66  67  68  69  70  71
 72  73  74  75  76  77  78  79
```

还可以利用行指针生成一个 m * N 的动态二维数组，m 由键盘输入，但第二维 N 是固定的一个常量，是行指针中的行长度。例如，下面的程序生成了一个 m * 10 的动态二维数组，m 由键盘输入。可以存取二维数组元素 p[i][j]   0≤i<m, 0≤j<10。例如有如下程序：

```
# include < stdio.h >
# include < stdlib.h >
void main()
{   int ( * p)[10];
    int m, i, j;
    scanf(" % d", &m);
    p = (int ( * )[10])malloc(sizeof(int) * m * 10);
    /* 指针 p 指向了一块 m * 10 个 int 型数据的内存块 */
    if (p == NULL)
    {   printf("Can't get memory!\n");
        exit(1);
    }
    for (i = 0; i < m; i++)
        for (j = 0; j < 10; j++)
            p[i][j] = i * 10 + j;
    for (i = 0; i < m; i++)
```

```
{   for (j = 0; j < 10; j++)
        printf("%3d ",p[i][j]);
    printf("\n");
}
free(p);
}
```

程序中用 malloc 申请一块 m * 10 个 int 型内存单元的内存块,构成一个 m×10 的二维数组,可以用 p[i][j]访问其中每一个数组元素,即可以把 p 当作一个普通二维数组的形式来使用。程序的运行结果为:

```
8
 0  1  2  3  4  5  6  7  8  9
10 11 12 13 14 15 16 17 18 19
20 21 22 23 24 25 26 27 28 29
30 31 32 33 34 35 36 37 38 39
40 41 42 43 44 45 46 47 48 49
50 51 52 53 54 55 56 57 58 59
60 61 62 63 64 65 66 67 68 69
70 71 72 73 74 75 76 77 78 79
```

同理可以产生动态三维数组:

```
int ( * b)[10][10], m;
scanf("%d", &m);
b = (int ( * )[10][10])malloc(sizeof(int) * m * 10 * 10);
```

用 malloc 申请一块 m * 10 * 10 个 int 型内存单元的内存块,构成一个 m×10×10 的三维数组,可以访问数组元素 b[i][j][k],其中 0≤i<m, 0≤j<10, 0≤k<10。

利用指向指针的指针,可以生成 n * m 的变长动态二维数组。例如,下面的程序生成了一个 n * m 的动态二维数组,n 和 m 都由键盘输入。可以存取二维数组元素 p[i][j],0≤i<n,0≤j<m。

```
# include < stdio. h >
# include < stdlib. h >
void main()
{   double ** p;
    int k, i, j, n, m;
    scanf("%d", &n);
    p = (double ** )malloc(sizeof(double * ) * n);          /* 申请 n 个 double 指针内存 */
    scanf("%d", &m);
    for (k = 0; k < n; k++)
        p[k] = (double * )malloc(sizeof(double) * m);       /* 申请 m 个 double 的内存 */
    for (i = 0; i < n; i++)
        for (j = 0; j < m; j++)
            p[i][j] = i * m + j;
    for (i = 0; i < n; i++)
    {   for (j = 0; j < m; j++)
            printf("%3.0f ",p[i][j]);
        printf("\n");
    }
    for (k = n - 1; k >= 0; k--)                    /* 释放每一个 m 个 double 的内存块,顺序最好跟 */
```

```
        free(p[k]);          /* 申请的顺序相反,防止内存堆上产生内存碎块 */
      free(p);               /* 释放 n 个 double 指针长度的内存块 */
}
```

程序的运行结果为：

```
4 5
   0   1   2   3   4
   5   6   7   8   9
  10  11  12  13  14
  15  16  17  18  19
```

同理利用指向指针的指针的指针,可以生成 n * m * k 的变长动态三维数组,篇幅所限不再赘述。

10.4.2　calloc()函数

函数原型为：

```
void * calloc(size_t n, size_t size);
```

其中 size_t 是一个与计算机相关的 unsigned 类型,其大小足以保证存储内存中对象的大小。32 位编译器为 4 字节(unsigned long),64 位编译器上为 8 字节(unsigned long long); size 为数据类型的长度。

calloc 的功能是在内存的动态存储区中分配 n 个长度为 size 的连续空间,函数返回一个指向分配起始地址的指针;如果申请不成功,返回 NULL。

与 malloc 的区别在于,calloc 在动态分配完内存后,自动初始化该内存空间为零,而 malloc 不初始化,内存空间里边数据是随机的垃圾数据。calloc 也可以比 malloc 申请更大的动态数组。

例如,有如下程序段：

```
# include < stdlib. h >
char * p;
double ** q;
int ( * a)[4];
p = (double * )calloc(20, sizeof(char));
q = (double ** )calloc(10, sizeof(double * ));
a = (int ( * )[4])calloc(4 * 5, sizeof(int));
```

用 calloc 函数分别为 p, q, a 申请了一块相应大小的内存空间。

calloc 的使用与 malloc 大同小异,篇幅所限不再举例。

10.4.3　realloc()函数

realloc 的原型为：

```
void * realloc(void * mem_address, size_t newsize);
```

其一般的调用格式为：

```
指针名 = (数据类型 * )realloc(指针名, 新的内存长度)
```

其中新的内存长度可大可小,如果新的内存长度大于原内存长度,则新分配部分不会被初始化;如果新的内存长度小于原内存长度,可能会导致数据丢失。

　　realloc 的功能是,在原来已经申请内存块 mem_address 的基础上,再重新申请一块更长(或更短的)内存块,便于内存块的动态增长。realloc 执行时先判断 mem_address 内存块后是否有足够的连续空间,如果有,扩大 mem_address 所指向地址的内存块,并且将 mem_address 返回;如果空间不够,先按照 newsize 指定的大小重新分配一块新的内存空间,将原有内存块上的数据从头到尾复制到新分配的内存块上,而后释放原来 mem_address 所指内存块(注意:原来内存块是隐含自动释放,不需要使用 free 来释放),同时返回新分配的内存块的首地址。如果申请不到新的内存空间,则返回空指针 NULL。

　　例如,有如下程序:

```
# include < stdio. h >
# include < stdlib. h >
main()
{   int i;
    int * pn = (int * )malloc(5 * sizeof(int));
    if (pn == NULL)
    {   printf("malloc fail!\n");
        exit( - 1);
    }
    printf("malloc % p\n",pn);
    for(i = 0;i < 5;i++)
        pn[i] = i;
    pn = (int * )realloc(pn,10 * sizeof(int));
    if (pn == NULL)
    {   printf("realloc fail\n");
        exit( - 1);
    }
    printf("realloc % p\n",pn);
    for(i = 5;i < 10;i++)
        pn[i] = i;
    for(i = 0;i < 10;i++)
        printf(" % 3d",pn[i]);
    free(pn);
}
```

　　程序的运行结果为:

```
malloc 004C1BE8
realloc 004C1BE8
  0  1  2  3  4  5  6  7  8  9
```

　　程序是先为 pn 申请了 5 个 int 内存块的基础上,又用 realloc 申请了一块 10 个 int 的内存块。从运行结果来看,realloc 获得的动态内存块首地址与原来 malloc 内存块的首地址相同,很明显是在原来 5 个 int 内存块的基础上又增加了 5 个 int,使得 pn 所指的内存块长度自动从5 个 int 扩大到了 10 个 int。

10.4.4　free()函数

free()函数原型为:

```
void free(void * ptr);
```

无论是用 malloc,calloc 还是 realloc 申请的动态内存块,都对应用 free 释放回内存堆。free 函数调用应该与 malloc、calloc 或 realloc 函数调用一一对应,以防止内存泄漏。

free 内存块的顺序最好跟 malloc,calloc 或 realloc 申请的顺序相反,以防止内存堆上产生内存碎块,影响随后的内存申请。

例如,有如下程序:

```
# include < stdio. h >
# include < string. h >
# include < stdlib. h > / * 或 # include < malloc. h > * /
main()
{   char * str;
    / * allocate memory for string * /
    str = (char * )malloc(10);
    / * copy "Hello" to string * /
    strcpy(str, "Hello");
    / * display string * /
    printf("String is % s\n", str);
    / * free memory * /
    free(str);
    str = NULL;
}
```

程序运行结果为:

```
String is Hello
```

使用 free 函数需要注意以下几个问题。

(1) 即使某个函数执行完毕,如果没有用 free 释放相应所申请的动态内存,函数内局部指针变量所指的动态内存块也不会自动释放掉,这不同于局部数组变量。

(2) 对于"free(p);"语句,如果 p 是 NULL 指针,那么 free 对 p 无论操作多少次都不会出问题。但如果 p 不是 NULL 指针,那么 free 对 p 连续操作两次就会导致程序运行产生致命错误。因此建议"free(p);"后立即将相应指针 p 置为 NULL。

(3) 对于每个"free(p);"语句,其中 p 指针必须是所申请动态内存块的首地址。如果进行过 p++等运算改变了 p 的值,p 不再指向动态内存块的首地址,那么执行"free(p);"会导致程序运行产生致命错误。

10.5 字符串与指针

10.5.1 字符串指针

在 C 语言中,表示一个字符串有以下两种形式。

(1) 用字符数组存放一个字符串。例如:

```
# include < stdio. h >
main()
{   char  s[] = "How do you do!";
```

```
        printf("%s\n", s);
   }
```

程序的输出结果为：

How do you do!

（2）用字符指针指向一个字符串。例如：

```
# include < stdio. h >
main()
{   char   * s = "How do you do!";
    printf("%s\n", s);
}
```

程序的输出结果为：

How do you do!

其中 s 为字符指针变量。

在此必须指出，s 不是字符串变量，而是字符指针变量，它指向字符型数据。例如：

```
char   * s = "How do you do!";
```

等价于

```
char   * s;                                /* 定义一个指针变量 */
s = "How do you do!";
```

它的意思是：将存放字符串"How do you do!"的首地址赋给字符型指针变量 s，而不是将字符串赋给 * s。因此，赋值语句

```
 * s = "How do you do!";
```

是错误的。

由上可知，字符数组和字符指针变量都能实现字符串的存储与运算。两者既有联系又有区别，主要体现在以下几个方面。

（1）字符数组由元素组成，每个元素中存放一个字符；而字符指针变量中存放的是字符串的首地址，也能作为函数参数。

（2）只能对字符数组中的各个元素赋值，而不能用赋值语句对整个字符数组赋值。例如，以下语句是错误的：

```
char   s[20];
s = "How do you do!";
```

而对字符指针变量赋的是字符串首地址。例如，下列程序段是合法的：

```
char   * s;
s = "How do you do!";
```

（3）字符数组名虽然代表地址，但数组名是常量，其值不能被改变。例如，下列写法是错误的：

```
char   s[ ] = "How do you do!";
```

```
s = s + 4;
printf(" % s\n", s);
```

但字符指针变量的值可以改变。例如,下列写法是合法的:

```
char   * s = "How do you do!";
s = s + 4;
printf(" % s\n", s);
```

它表示:初始化时,字符指针变量 s 指向字符串"How do you do!"的首地址,即指向该字符串中的第 1 个字符'H';执行赋值语句 s=s+4;后,字符指针变量 s 将指向字符串"How do you do!"中的第 5 个字符'd'。最后输出结果为:

```
do you do!
```

（4）可以用下标形式引用指针变量所指向的字符串中的字符。例如:

```
char   * s = "How do you do!";
printf(" % c\n", s[4]);    (相当于 * (s + 4))
```

其运行结果为:

```
d
```

每个字符串都会自动有一个首地址指针。例如,下列写法是合法的:

```
printf(" % s\n", "How do you do!" + 4);
```

其输出结果为:

```
do you do!
```

而

```
printf(" % c\n", "How do you do!"[4]);
```

其输出结果为:

```
d
```

可以用下标形式直接引用字符串中的字符。

（5）可以随意修改字符数组中元素的值,但指针所指的字符串编译后存放在程序的常量区内,是常量,因此不能修改其中的字符。例如:

```
char   s[] = "How do you do!";
s[0] = 'W';
```

是正确的,可以改变数组中元素的值。
但

```
char   * s = "How do you do!";
* s = 'W';
```

是错误的。

（6）可以通过输入字符串的方式为字符数组输入字符元素;但不能通过输入函数让字符

指针变量指向一个字符串,因为由键盘输入的字符串,系统是不分配存储空间的。

例如,在下列程序中,首先定义了两个字符数组 str1 与 str2,然后通过键盘以字符串的形式分别为这两个数组赋以新值,最后以字符串形式输出这两个数组中存放的字符串。

C 程序如下:

```c
# include < stdio. h>
main()
{ char str1[20], str2[20];
  scanf(" % s", str1);
  scanf(" % s", str2);
  printf("str1 = % s\n", str1);
  printf("str2 = % s\n", str2);
}
```

程序的运行结果为(带有下画线的为键盘输入):

```
asdfghjkl
1234567890
str1 = asdfghjkl
str2 = 1234567890
```

可见程序运行是正确的。

现在将上述程序中定义的数组改成字符指针,即程序变为:

```c
# include < stdio. h>
main()
{ char * str1, * str2;
  scanf(" % s", str1);
  scanf(" % s", str2);
  printf("str1 = % s\n", str1);
  printf("str2 = % s\n", str2);
}
```

如果对这个程序进行编译,则会出现警告错误信息,提醒程序员这两个字符指针变量没有初始化(赋初值)就使用了。在这种情况下,由于指针变量中没有正确指向合理的内存区地址,则从键盘输入的字符串无存储空间可存放,会导致致命错误。

但如果在上述程序中对定义的两个字符指针变量赋以初值,即程序变为:

```c
# include < stdio. h>
main()
{ char * str1 = "ccc1", * str2 = "ccc2";
  scanf(" % s", str1);
  scanf(" % s", str2);
  printf("str1 = % s\n", str1);
  printf("str2 = % s\n", str2);
}
```

程序的运行结果为(带有下画线的为键盘输入):

asdf

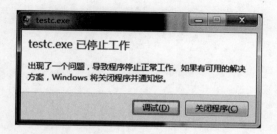

从程序运行出现致命错误可以看出,虽然两个字符指针变量中都指向了存放字符串的内存区,但由于字符指针所指的字符串都是存放在常量区中的常量字符串,常量字符串只能读而不能改写,因此 scanf 试图向常量区写导致致命错误。

如果再将上述程序中的由键盘输入字符串改成由赋值语句给字符指针赋新值(即新地址),则程序变为:

```
# include < stdio. h >
main()
{ char * str1 = "c", * str2 = "c";
  str1 = "asdfghjkl";
  str2 = "1234567890";
  printf("str1 = % s\n", str1);
  printf("str2 = % s\n", str2);
}
```

程序的运行结果为:

```
str1 = asdfghjkl
str2 = 1234567890
```

在这种情况下,程序中虽然在定义字符指针变量的同时给这两个指针均赋了初值地址(即字符串"c"的首地址),并且其中字符串的长度为1(但实际占 2 字节,还有一个字符串结束符),但在执行赋值语句

```
str1 = "asdfghjkl";
str2 = "1234567890";
```

时,系统分别为两个字符串常量"asdfghjkl"与"1234567890"分配了内存空间,存放在常量区,并分别将这两个字符串的首地址赋给字符指针变量 str1 与 str2。此时在这两个指针变量中获得了新的地址,分别指向新的字符串"asdfghjkl"与"1234567890"。

从上面的分析可以知道,字符指针只能存放字符串的首地址;并且,对于赋值语句中的字符串,编译系统会给予分配存储空间,而对于通过键盘输入的字符串,系统是不分配存储空间的。对于字符数组之所以能通过输入字符串的方式为字符数组输入字符元素,是因为在定义字符数组时已经为数组分配了存储空间。

(7) 可以用指针变量所指向的字符串表示程序中的任何字符串,如 printf 函数中的格式字符串。例如:

```
char * format;
format = "a = % d, b = % f\n";
printf(format, a, b);
```

等价于

```
printf("a = % d, b = % f\n", a, b);
```

用字符数组虽然也能实现,例如:

```
char   format[] = "a = % d, b = % f\n";
printf(format, a, b);
```

但由于不能用赋值语句对整个字符数组赋值,因此,使用起来是很不方便的。

(8) 字符型指针数组可构造紧凑型字符串数组,例如:

```
char * str[] = {"abc", "de", "fghij", "k"};
```

这里 str 是一个字符型指针数组,数组长度为 4,由字符串个数决定。每一个数组元素指针指向一个字符串。str[0], str[1], str[2], str[3]的值可以交换,但不能相互复制字符串,因此"str[1]＝str[2];"正确,而"strcpy(str[1],str[2]);"会产生致命错误,因为字符型指针所指的字符串都是常量,不能修改。也可以用字符型二维数组来存放字符串数组,例如:

```
char str[][6] = {"abc", "de", "fghij", "k"};
```

str[0],str[1],str[2],str[3]所指字符串可以互相复制交换,"strcpy(str[1],str[2]);"正确,但"str[1]＝str[2];"出错,因为 str[0],str[1],str[2],str[3]都是常量。

下面举例说明紧凑型字符串数组的应用。

例 10.13　编写程序,根据年月日判断这一天是星期几。

```
# include < stdio. h>
main()
{   char * Weeks[] = {"Sunday", "Monday", "Tuesday", "Wednesday",
                      "Thursday", "Friday", "Saturday"};
    int year, month, day, weekday, i;
    int months[12] = {0, 31, 28, 31, 30, 31, 30, 31, 31, 30, 31, 30};
    scanf("% d % d % d", &year, &month, &day);
    if (year % 4 == 0 && year % 100!= 0 || year % 400 == 0)
        months[2]++;
    for (i = 2; i < 12; i++)
        months[i]  += months[i - 1];
    year -- ;
    weekday = year + year/4 - year/100 + year/400 + months[month - 1] + day;
    weekday  % = 7;
    printf("% s\n", Weeks[weekday]);
}
```

程序运行结果为:

```
2018 11 30
Friday
```

10.5.2　字符串指针作为函数参数

与数组作为函数参数的情况一样,将一个字符串从一个函数传递到另一个函数,可以采用地址传递的方法,即可以将字符数组名或字符指针变量作为函数参数。

一般来说,当需要在两个函数之间传递字符串时,可以采用以下 4 种形式。

(1) 实参与形参都用字符数组名。例如:

```
main()                              void f(char  s[ ], char n)
{ char  str[10];                    {    …
      ⋮                                  …
  f(str, 10);                            ⋮
      ⋮                                  …
}                                   }
```

(2) 实参用字符数组名,形参用字符指针变量。例如:

```
main()                              void f(char   * s, char n)
{ char  str[10];                    {    …
      ⋮                                  …
  f(str, 10);                            ⋮
      ⋮                                  …
}                                   }
```

(3) 实参与形参都用字符指针变量。例如:

```
main()                              void f(char   * s, char n)
{ char  str[10], * p = str;         {    …
      ⋮                                  …
  f(p, 10);                              ⋮
      ⋮                                  …
}                                   }
```

(4) 实参用字符指针变量,形参用字符数组名。例如:

```
main()                              void f(char  s[ ], char n)
{ char  str[10], * p = str;         {    …
      ⋮                                  …
  f(p, 10);                              ⋮
      ⋮                                  …
}                                   }
```

下面举例说明字符串指针作为函数参数的情况。

例 10.14 编写一个能实现字符串复制以及计算字符串长度功能的函数。
C 程序如下(包括主函数):

```
# include < stdio. h >
int str_copy(char * str2, char * str1)
{ int k;
  k = 0;
  while(str1[k]!= '\0')
  {    str2[k] = str1[k];
       k = k + 1;
  }
  str2[k] = '\0';
  return(k);
}
main()
```

```
{ char str1[20], str2[20];
  int  k;
  printf("input str1: ");
  scanf(" % s", str1);
  printf("str1 = % s\n", str1);
  k = str_copy(str2, str1);
  printf("str2 = % s\n", str2);
  printf("k = % d\n", k);
}
```

程序的运行结果为(带有下画线的为键盘输入)：

input str1: qwertyuiop
str1 = qwertyuiop
str2 = qwertyuiop
k = 10

在上述程序中,函数 str_copy()中的两个形参均定义为字符指针变量,也可以定义为字符数组,即函数 str_copy()改写为：

```
int str_copy(char str2[ ], char str1[ ])
{ int k;
  k = 0;
  while(str1[k]!= '\0')
  {   str2[k] = str1[k];
      k = k + 1;
  }
  str2[k] = '\0';
  return(k);
}
```

需要说明的是,在主函数中定义的两个字符数组的长度均为 20,因此,被复制的字符串长度最大为 19。但在函数 str_copy()中,是不限制字符串长度的,它是用字符串结束符来判断是否结束复制工作的。

上面的 str_copy 函数还可改写为：

```
int str_copy(char * str1, char * str2)
{   int k = 0;
    while(str2[k] = str1[k])
        k = k + 1;
    return k;
}
```

或

```
int str_copy(char * str1, char * str2)
{   int k = 0;
    while( * str2++ = * str1++)
        k = k + 1;
    return k;
}
```

或

```
int str_copy(char * str1, char * str2)
{    char * k = str1;
     while( * str2++ =  * str1++);
     return (str1 - k - 1);
}
```

10.5.3 strstr 函数

strstr 是一个典型的字符串查找函数,函数原型为:

```
char * strstr(char * str1, char * str2)
```

strstr 的功能是,查找字符串 str2 是否在字符串 str1 中出现过,是则返回第一次出现的位置,否则返回 NULL。例如,有程序段:

```
char   * s1 = "abcdeabcdeabcdeabcde";
char   * s2 = "dea", * s3;
s3 = strstr(s1,s2);
printf(" % s\n",s3);
```

运行结果为:

deabcdeabcdeabcde

找到第一个"dea"在字符串 s1 中出现的起始位置并返回。而如果继续执行:

```
s3 = strstr(s3 + strlen(s2), s2);
printf(" % s\n",s3);
```

运行结果为:

deabcdeabcde

也就是利用 s3+strlen(s2)跳过上次找到的"dea",继续找到下一个"dea"在字符串中出现的起始位置并返回,并从此起始位置开始打印字符串。

10.6 函数与指针

10.6.1 用函数指针变量调用函数

在 C 语言中,指针不仅可以指向整型、字符型、实型等变量,还可以指向函数。一般来说,程序中的每一个函数经编译连接后,其目标代码在计算机内存中是连续存放的,该代码的首地址就是函数执行时的入口地址。在 C 语言中,函数名本身就代表该函数的入口地址。所谓指向函数的指针,就是指向函数的入口地址。

指向函数的指针变量的定义形式如下:

类型标识符   (* 指针变量名)(所指函数的参数类型说明列表);

其中即使所指函数的参数类型说明列表为空,最后的()也不能省略。例如:

```
int   ( * fp)();
```

它说明了 fp 是一个函数指针变量,所指向的函数返回值为整型,即 fp 所指向的函数只能是返回值为整型的函数。

定义了函数指针变量后,就可以通过它间接调用其所指向的函数。但同其他类型的指针一样,首先必须将一个函数名(代表该函数的入口地址,即函数的指针)赋给函数指针变量,然后才能通过函数指针间接调用该函数。

下面看一个例子。

例 10.15　从键盘输入一个大于 1 的正整数 n,当 n 为偶数时,计算

$$1 + \frac{1}{2} + \frac{1}{4} + \cdots + \frac{1}{n}$$

当 n 为奇数时计算

$$1 + \frac{1}{3} + \frac{1}{5} + \cdots + \frac{1}{n}$$

首先以正整数 n 为形参,编制以下两个函数:

当 n 为偶数时,计算

$$1 + \frac{1}{2} + \frac{1}{4} + \cdots + \frac{1}{n}$$

值的函数 even()如下:

```
double  even(int n)
{ int k;
  double  sum;
  sum = 1.0;
  for (k = 2; k <= n; k = k + 2)
     sum = sum + 1.0/k;
  return(sum);
}
```

当 n 为奇数时,计算

$$1 + \frac{1}{3} + \frac{1}{5} + \cdots + \frac{1}{n}$$

值的函数 odd()如下:

```
double  odd(int n)
{ int k;
  double  sum;
  sum = 1.0;
  for (k = 3; k <= n; k = k + 2)
     sum = sum + 1.0/k;
  return(sum);
}
```

然后编制一个主函数,从键盘输入一个正整数 n,根据 n 是偶数还是奇数决定调用函数 even()还是 odd()。其主函数如下:

```
# include < stdio.h >
main()
{ int  n;
  double even(int), odd(int);
```

```
    printf("input n:");
    scanf("%d", &n);
    if (n>1)
    {   if (n%2==0)                            /* n为偶数 */
            printf("even = %9.6f\n", even(n));
        else                                   /* n为奇数 */
            printf("odd = %9.6f\n", odd(n));
    }
    else printf("ERR!\n");
}
```

程序的运行结果为：

```
input n:10
even = 2.141667
input n:11
odd = 1.878211
```

上述问题也可以用函数指针来解决。首先定义一个指向函数的指针变量 p，然后根据 n 为偶数还是奇数，让指针变量 p 指向函数 even()还是 odd()，其主函数修改为：

```
#include<stdio.h>
main()
{ int  n;
  double even(int), odd(int), (*p)(int);
  printf("input n:");
  scanf("%d", &n);
  if (n>1)
  {   if (n%2==0)  p=even;              /* n为偶数, 指针变量 p 指向函数 even() */
      else  p=odd;                      /* n为奇数, 指针变量 p 指向函数 odd() */
      printf("sum = %9.6f\n", (*p)(n)); /* 或 printf("sum = %9.6f\n", p(n)); */
  }
  else printf("ERR!\n");
}
```

在这个主函数中，用了一个函数指针 p 指向不同函数的入口地址。

下面对指向函数的指针做几点说明。

(1) 在给函数指针变量赋值时，只需给出函数名，不必给出参数。如上例中的"p=even;"与"p=odd;"，也不必取函数名的地址赋值，如"p=&even;"编译反而会出现错误信息，因为函数名本身就是一个指针，指向相应的函数代码段的起始地址。

(2) 可以通过指向函数的指针变量来调用函数，其调用形式为：

(*函数指针变量名)(实参表)

或

函数指针变量名(实参表)

如上例中的(*p)(n)和 p(n)，但在调用前必须给函数指针变量赋值。

(3) 对函数指针变量运算是没有意义的。若 p 为函数指针变量，则 p=p+1 是没有意义的。

10.6.2 函数指针数组

除了定义函数指针,还可以定义函数指针数组,例如:

```
int ( * p[5])(), ( * proc[5][5])();
```

p 是长度为 5 的一维函数指针数组;proc 是 5×5 的二维函数指针数组。函数指针数组的主要用途是为了方便函数调用,简化程序书写。

例如,用指向函数的指针数组改写例 10-15 的主函数为:

```
# include < stdio. h >
main()
{ int   n,k;
  double even(int), odd(int);
  double ( * p[2])(int) = {even, odd};
  printf("input n;");
  scanf(" % d",&n);
  if (n > 1)
     printf("sum = % 9.6f\n", p[n%2](n));   /* 也可以写为( * p[n%2])(n) */
  else
     printf("ERR!\n");
}
```

其中,函数指针数组元素 p[0]指向 even,p[1]指向 odd。用 p[n%2](n)根据 n 的值就可以直接调用函数 even 或 odd,而不必再判断 n 的奇偶,也不必再给函数指针赋值。

10.6.3 函数指针变量作为函数参数

当函数指针作为某函数的参数时,可以实现将函数指针所指向的函数入口地址传递给该函数。在这种情况下,当函数指针指向不同函数的入口地址时,在该函数中就可以调用不同的函数,且不需要对该函数体做任何修改。

下面举例说明函数指针变量做函数参数的情况。

例 10.16 用迭代法求下列方程的实根。

(1) $x - 1 - \arctan(x) = 0$;

(2) $x - 0.5\cos(x) = 0$;

(3) $x^2 + x - 6 = 0$。

在第 7 章的算法举例这一节中,通过一个具体的方程曾经介绍了迭代法求方程实根的方法。本例将进一步讨论如何用迭代法求一般方程的实根。

根据第 7 章中介绍的迭代法求方程实根的方法,假设已经将方程

$$f(x) = 0$$

改写成便于迭代的形式

$$x = \phi(x)$$

则选取一个初值 x_0,其迭代格式为

$$x_{n+1} = \phi(x_n), \quad n = 0, 1, 2, \cdots$$

这个迭代过程直到满足条件

$$|x_{n+1} - x_n| < \varepsilon$$

或者迭代了 m 次还不满足这个条件为止。其中 ε 为事先给定的精度要求；m 为事先规定的最大迭代次数。

因此，上述 3 个方程可以改写成如下迭代形式。

(1) x＝1＋arctan(x)，即 φ(x)＝1＋arctan(x)，并取最大迭代次数 m＝50，精度要求 ε＝0.000 01。

(2) x＝0.5cos(x)，即 φ(x)＝0.5cos(x)，并取最大迭代次数 m＝50，精度要求 ε＝0.000 01。

(3) x＝(6＋3x－x²)/4，即 φ(x)＝(6＋3x－x²)/4，并取最大迭代次数 m＝50，精度要求 ε＝0.000 01。

最后写出 C 程序如下：

```
# include < stdio. h >
# include < math. h >
int root(double * x, int m, double eps, double ( * f)(double))
{ double   x0;
  do
  {    x0 = * x;
       * x = f(x0);                        /* 或 * x = ( * f)(x0); */
       m = m-1;
  } while((m!= 0) && (fabs( * x - x0)>= eps));
  if (m == 0) return(0);
  return(1);
}
main()
{ double   x, f1(double), f2(double), f3(double);
  x = 1.0;
  if (root(&x, 50, 0.00001, f1)) printf("x1 = % f\n", x);
  x = 1.0;
  if (root(&x, 50, 0.00001, f2)) printf("x2 = % f\n", x);
  x = 1.0;
  if (root(&x, 50, 0.00001, f3)) printf("x3 = % f\n", x);
}
double f1(double x)                       /* φ(x) = 1 + arctan(x) */
{ return(1.0 + atan(x)); }
double f2(double x)                       /* φ(x) = 0.5cos(x) */
{ return(0.5 * cos(x)); }
double f3(double x)                       /* φ(x) = (6 + 3x - x2)/4 */
{ return((6.0 + 3 * x - x * x)/4); }
```

程序的运行结果为：

```
x1 = 2.132267      （方程 x = 1 + arctan(x) 的实根）
x2 = 0.450183      （方程 x = 0.5cos(x) 的实根）
x3 = 2.000000      （方程 x = (6 + 3x - x2)/4 的实根）
```

在上述程序中，函数 root() 的功能是根据给定的初值 x、最大迭代次数 m、精度要求 eps 对某个方程 x＝φ(x) 用迭代法求其实根。其中函数值返回一个整型标志值，当返回值为 1 时表示成功，返回值为 0 时表示失败。形参变量 x 为指针，调用时为初值，返回时为满足精度要求的实根（如果求实根成功）。为了便于求不同方程的实根，计算 φ(x) 值的函数定义为函数指针（＊f）（double）。

利用指向函数的指针数组,上面程序的主函数可改写为:

```
main()
{   double  x, f1(double), f2(double), f3(double);
    double  ( * p[3])(double) = {f1, f2, f3};
    int  k;
    for (k = 0; k < 3; k++)
    {    x = 1.0;
         if (root(&x, 50, 0.00001, p[k]))
             printf("x % d = % f\n", k + 1, x);
    }
}
```

这可以简化程序的书写,对于同一类型函数调用次数多的情况,效果会更明显。

最后需要指出的是,在用迭代法求方程的一个实根时,对改写成的迭代形式 $x = \phi(x)$ 是有条件要求的:必须要收敛。例如,在本例中将方程(3)改写成 $x = (6 + 3x - x^2)/4$,最后用迭代法能求出其实根为 $x = 2.000\,000$,但如果将方程(3)改写成 $x = 6 - x^2$,即 $\phi(x) = 6 - x^2$,此时迭代就会失败,即这样的迭代格式是不收敛的。

10.6.4　返回指针值的函数

在 C 语言中,一个函数不仅可以返回整型、字符型、实型等数据,也可以返回指针类型的数据,即 C 语言中还允许定义返回指针值的函数,其形式如下:

```
类型标识符   * 函数名(形参表)
形参类型说明
{ 函数体 }
```

例如:

```
int   * fun()
{ int  * p;
     ⋮
  return(p);
}
```

定义的函数 fun()将返回一个指向整型指针值。

实际上,在 C 语言中可以定义返回任何类型指针的函数。下面通过一个例子说明指针函数的使用。利用函数指针重新改写 10.1.3 节最后一个例子的程序如下:

```
# include < stdio. h >
int * f( int * p)
{    p  += 3;
     return p;
}
main()
{    int a[ ] = {10,20,30,40,50,60}, * q = a;
     q =  f(q);
     printf(" % d\n",  * q);
}
```

程序的运行结果为：

40

可以看到，调用 f 后，q 的值也改变了，这是指针函数通过函数名返回了改变后的指针值。

10.7　main 函数的形参

本书前面所涉及的主函数 main() 都是没有参数的。在本书的一开始就提到，一个 C 程序总是从主函数开始执行的，那么，当主函数需要外界为之传递参数时，应如何进行呢？

实际上，C 语言中的主函数是可以有参数的。带参数 main 函数的一般形式如下：

```
main(int  argc, char  * argv[])
{  …  }
```

其中 argv 是一个字符型的指针数组，每个元素可以指向一个字符串。需要说明的是，带参数 main 函数中的两个参数名不一定非要是 argc 与 argv，也可以是别的名字。

假设一个 C 程序经编译连接后生成的可执行程序的文件名为 file(其可执行程序为 file .exe)。如果该 C 程序中的主函数没有参数，则只要输入以下命令行：

```
file<回车>
```

如果该 C 程序中的主函数有参数，则在命令行中除了要输入可执行文件名外，还应输入主函数中所需要的字符串，即需要输入以下命令行：

```
file  字符串 1  字符串 2  …  字符串 n<回车>
```

其中命令 file 与字符串 1 以及各字符串之间用空格分隔。在这种情况下，输入带有参数的命令行后，就将命令行中参数的个数 n+1(包括命令 file 本身)传递给 main 函数的第一个形参 argc，而第二个形参指针数组 argv 中的各指针元素分别依次指向命令行中的各字符串，即 argv[0] 指向 "file"，argv[1] 指向字符串 1，argv[2] 指向字符串 2，…，argv[n] 指向字符串 n。

下面通过一个具体的例子来说明带参数 main 函数的用法。

例 10.17　编写一个命令程序，其命令符为 file，用以输出命令行中除命令符外以空格分隔的所有字符串(一行输出一个字符串)。

其 C 程序如下：

```
/ * file.c * /
# include < stdio. h>
main( int argc, char * argv[])
{   int  k;
    for ( k = 1; k < = argc - 1; k++)
      printf(" % s\n", argv[k]);
}
```

将上述程序以文件名 file. c 存放，在 VS2008 编译器上设置命令行参数：在"项目"中找到"file 属性"，在弹出的"file 属性页"窗口中，找到"配置属性"，从中找到"调试"，在"命令参数"一栏输入：new good China asdf，如图 10.4 所示。

然后进行编译连接，生成可执行程序文件 file. exe。

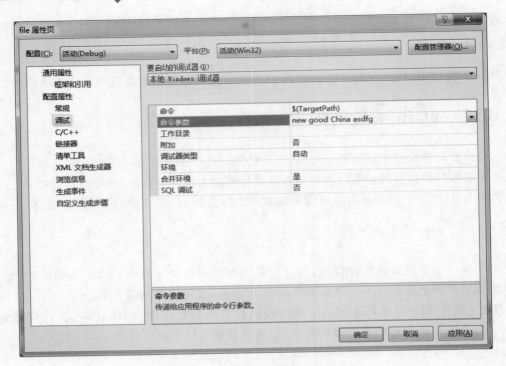

图 10.4   file 属性页

程序的运行结果为：

```
new
good
China
asdfg
```

也可以到 Win 系统的"附件"中打开一个命令提示符窗口（见图 10.5），转到 file.exe 所在的目录下，输入：

C:\file\Debug> file new good China asdfg<回车>

可以得到与上面同样的运行结果。

图 10.5   命令提示符窗口

此行即为命令行,file 为可执行命令(可执行文件),后面紧跟的是命令行参数,这也是 main 命令行参数名称的由来。

10.8 程序举例

设定积分为

$$s = \int_a^b f(x)\,dx$$

变步长梯形求积法的基本步骤如下。

(1) 利用梯形公式计算积分。即取

$$n=1, \quad h=b-a$$

则有

$$T_n = \frac{h}{2} \sum_{k=0}^{n-1} [f(x_k) + f(x_{k+1})]$$

其中

$$x_k = a + k * h$$

(2) 将求积区间再二等分一次(即由原来的 n 等分变成 2n 等分),在每一个小区间内仍利用梯形公式计算。即有

$$T_{2n} = \frac{h}{2} \sum_{k=0}^{n-1} \left[\frac{f(x_k) + f(x_{k+0.5})}{2} + \frac{f(x_{k+0.5}) + f(x_{k+1})}{2} \right]$$

$$= \frac{h}{4} \sum_{k=0}^{n-1} [f(x_k) + f(x_{k+1})] + \frac{h}{2} \sum_{k=0}^{n-1} f(x_{k+0.5})$$

$$= \frac{1}{2} T_n + \frac{h}{2} \sum_{k=0}^{n-1} f(x_{k+0.5})$$

(3) 判断二等分前后两次的积分值之差的绝对值是否小于所规定的误差。若条件

$$|T_{2n} - T_n| < eps$$

成立,则二等分后的积分值 T_{2n} 即为结果;否则做如下处理

$$h=h/2, \quad n=2*n, \quad T_n=T_{2n}$$

然后重复(2)。

由上所述,可以写出其 C 函数如下:

```
# include < math. h >
double ffts(double a, double b, double eps, double ( * f)( double))
{ int n, k;
  double fa, fb, h, t1, p, s, x, t;
  fa = ( * f)(a); fb = ( * f)(b);
  n = 1; h = b - a;
  t1 = h * (fa + fb)/2.0;                    /* 计算 T1 = [f(a) + f(b)] */
  p = eps + 1.0;
  while (p > = eps)
  {   s = 0.0;
      for (k = 0;k < = n - 1;k++)
      {   x = a + (k + 0.5) * h;              /* 每一小区间的中点 */
          s = s + ( * f)(x);
      }
```

```
        t = (t1 + h * s)/2.0;                    /* 计算 T2n */
        p = fabs(t1 - t);                        /* 计算精度 */
        t1 = t; n = n + n; h = h/2.0;
    }
    return(t);
}
```

在这个函数中,为了便于求不同被积函数的积分值,计算被积函数值的函数定义为函数指针(* f)( )。本函数返回双精度实型的积分值。

例 10.18　调用函数 ffts(a, b, eps, f),计算下列 3 个定积分值。

$$s_1 = \int_0^1 e^{-x^2} dx, \quad s_2 = \int_{-1}^1 \frac{1}{1 + 25x^2} dx, \quad s_3 = \int_0^1 \frac{\ln(1 + x)}{1 + x^2} dx$$

其中精度要求 $\varepsilon = 0.000\,01$。

主函数以及计算 3 个被积函数值的函数如下:

```
# include < stdio. h>
# include < math. h>
main( )
{  double  f1(double), f2(double), f3(double), ( * p)(double);
   p = f1; printf("s1 = % e\n", ffts(0.0, 1.0, 0.00001, p));
   p = f2; printf("s2 = % e\n", ffts( - 1.0, 1.0, 0.00001, p));
   p = f3; printf("s3 = % e\n", ffts(0.0, 1.0, 0.00001, p));
}
double   f1(double  x)                   /* 计算被积函数 e^{-x^2} 值 */
{  return(exp( - x * x)); }
double   f2(double  x)                   /* 计算被积函数 1/(1 + 25x^2) 值 */
{  return(1.0/(1 + 25 * x * x)); }
double   f3(double  x)                   /* 计算被积函数值 ln(1 + x)/(1 + x^2) 值 */
{  return(ln(1 + x)/(1 + x * x)); }
```

程序的运行结果为:

```
s1 = 7.468232e - 001
s2 = 5.493573e - 001
s3 = 2.721969e - 001
```

练习 10

1. 阅读下列 C 程序:

(1)

```
# include < stdio. h>
main( )
{ int a[4][3] = {1, 2, 3, 4, 5, 6, 7, 8, 9, 10, 11, 12};
  int ( * ptr)[3] = a, * p = a[0];
  printf("% d\n", * (p + 5) + * ( * (ptr + 1) + 2));
}
```

输出结果为(_____)。

（2）

```
# include < stdio. h >
main()
{ int a[5] = {2, 4, 6, 8, 10};
  int * p = a, ** k, z;
  k = &p;  z = * p;  p = p + 1;  z = z + ** k;
  printf(" % d\n", z);
}
```

输出结果为(_____)。

（3）

```
# include < stdio. h >
void ast(int x, int y, int * cp, int * dp)
{  * cp = x + y; * dp = x - y;
   return;
}
main()
{ int a, b, c, d;
  a = 4; b = 3;
  ast(a, b, &c, &d);
  printf(" % d\n", c + d);
}
```

输出结果为(_____)。

2. 编写一个 C 程序，从键盘输入两个字符串，然后按先小后大的顺序显示输出。

3. 编写一个 C 程序，利用指针数组，显示输出如下信息：

```
File
Edit
Write
Read
Exit
```

4. 编写函数 void disp(char * s, int n)，将在 s 指向的字符串中连续显示输出 n 个字符，若字符串中不够 n 个字符，则输出到字符串结束符为止。再编写一个主函数，从键盘输入一个字符串，调用函数 disp()，将该字符串中的第 4～10 个字符显示输出。

5. 编写一个函数，功能是计算给定字符串的长度。再编写一个主函数调用该函数来计算字符串的长度，其中字符串在执行程序时的命令行中作为参数输入。

6. 利用指针数组实现矩阵相乘 C＝AB。其中矩阵相乘函数为通用的，在主函数中对矩阵 A 与 B 进行初始化，并显示输出矩阵 A，B 与乘积矩阵 C。

7. 编写一个 C 函数，将一个字符串连接到另一个字符串的后面。

8. 编写一个 C 函数，将两个有序字符串（其中字符按 ASCII 码从小到大排列）合并到另一个有序字符串中，要求合并后的字符串仍是有序的。

9. 编写一个 C 程序，从键盘输入一个月份号，输出与之对应的英文名称。例如，输入"5"，则输出"MAY"，要求用指针数组处理。

10. 编写一个 C 函数 int str_cmp(char * str1，char * str2)，实现两个字符串的比较（即

实现 strcmp(str1，str2)的功能)。

11. 编写一个主函数,其功能是将执行该程序时所输入的命令行中所有的字符串显示输出。

12. 计算给定复数 $z=x+jy$ 的指数 e^z、对数 $\ln(z)$ 以及正弦 $\sin(z)$、余弦 $\cos(z)$。

具体要求如下。

(1) 分别编写计算给定复数的指数、对数、正弦和余弦的 4 个函数。这 4 个函数的形参分别是给定复数的实部 x、虚部 y 以及计算结果的实部 u、虚部 v。并且,在每一个函数中应允许存放计算结果的变量与给定复数的变量具有相同的存储地址。

(2) 编写一个主函数,首先调用计算复数指数的函数计算并输出复数 $z=2+j3$ 的指数,再调用复数对数的函数计算并输出该结果(为一个复数)的对数,然后调用计算复数正弦的函数计算并输出新结果(为一个复数)的正弦,最后调用计算复数余弦的函数计算并输出新结果(为一个复数)的余弦。

(3) 在主函数中输出结果的形式为(其中 x 与 y 为复数实部与虚部的具体值,u 与 v 为计算结果中实部与虚部的具体值)

$$\exp(x+jy) = u+jv$$
$$\ln(x+jy) = u+jv$$
$$\sin(x+jy) = u+jv$$
$$\cos(x+jy) = u+jv$$

方法说明:

设给定的复数为 $z=x+jy$。则

(1) 复数 z 的指数为

$$w=u+jv=e^z=e^{x+jy}=e^x(\cos(y)+j\sin(y))$$

即

$$u=e^x\cos(y),\quad v=e^x\sin(y)$$

(2) 复数 z 的对数为

$$w=u+jv=\ln(z)=\ln(x+jy)=\ln\sqrt{x^2+y^2}+j\arctan(y/x)$$

即

$$u=\ln\sqrt{x^2+y^2},\quad v=\arctan(y/x)$$

(3) 复数 z 的正弦为

$$w=u+jv=\sin(z)=\sin(x+jy)$$
$$=\sin(x)\cos(jy)+\cos(x)\sin(jy)$$
$$=\sin(x)(e^y+e^{-y})/2+j\cos(x)(e^y-e^{-y})/2$$

即

$$u=\sin(x)(e^y+e^{-y})/2,\quad v=\cos(x)(e^y-e^{-y})/2$$

(4) 复数 z 的余弦为

$$w=u+jv=\cos(z)=\cos(x+jy)$$
$$=\cos(x)\cos(jy)-\sin(x)\sin(jy)$$
$$=\cos(x)(e^y+e^{-y})/2-j\sin(x)(e^y-e^{-y})/2$$

即

$$u=\cos(x)(e^y+e^{-y})/2 \quad v=-\sin(x)(e^y-e^{-y})/2$$

特别要指出的是,根据题目的要求,应允许给定复数 z 与计算结果 w 存放在同一个存储地址中,即在调用这些函数时,计算结果的实部与虚部仍然存放在给定复数的实部变量 x 与虚部变量 y 中。因此,在每一个函数中,当给定复数的实部 x 与虚部 y 还没有使用完,不能直接将计算结果赋给 u 或 v,因为在这种情况下,函数中如果改变了 u 值,也即改变了 x 值;同样,函数中如果改变了 v 值,也即改变了 y 值。

13. 利用冒泡排序法对给定的单词序列进行排序。

具体要求如下。

(1) 编写一个函数,其功能是对由 n 个单词所构成的字符串序列按非递减顺序进行冒泡排序,其中单词序列中的各单词(即字符串)由长度为 n 的一维字符串指针数组中的各元素指向。

(2) 编写一个主函数,调用(1)中的函数,对下列单词序列进行排序:

zhang,gou,xu,zheng,mao,zhao,li,bai,qing

其中该单词序列中各单词以赋初值的方式用一维字符串指针数组的各元素指向。

(3) 在主函数中,要求先输出原序列,换行后再输出排序后的序列。输出时各单词之间用两个空格分隔。

方法说明:

使用字符串比较函数 strcmp(),需要包含头文件 string.h。

第11章

结构体与联合体

第 2 章介绍了 C 语言中基本数据类型常量和变量的定义。在 C 语言中,除了可以定义与使用这些基本数据类型的数据外,还可以定义和使用称为构造类型的数据。在第 9 章介绍的数组就是一种构造类型。在数组这种构造类型中,同一数组中的各个元素都属于同一种基本数据类型。因此,当处理大量同类型的数据时,使用数组也是很方便的。但在实际应用中,还经常会遇到若干相同类型或不同类型的成员作为一个有机整体来进行处理。例如,对日期进行处理时,年、月、日 3 个成员是一个有机的整体;对时间进行处理时,时、分、秒 3 个成员也是一个有机的整体;对学生信息进行处理时,可能要包括学号、姓名、性别、年龄以及各门课程的成绩等多个成员,并且各成员的数据类型也不同,但它们是一个有机的整体。如果将日期、时间、学生信息等单独作为一个量来进行处理,将会大大提高对这些数据的处理效率。在 C 语言中,允许用户将这些作为有机整体的量定义为结构体类型的量。

11.1 结构体类型变量

11.1.1 结构体类型变量的定义与引用

1. 结构体类型变量的定义

定义结构体变量与定义基本数据类型的变量以及数组不同。对于基本数据类型,C 编译系统都已经预先定义好了,用户只要使用系统所定义的类型名(如 int,double,char 等)直接定义这些类型的变量就可以了。数组是相同数据类型的集合,如果需要定义基本数据类型的数组,也只需要用这些基本数据类型名直接定义就可以了。但结构体类型是一个复合类型,各种不同的结构体中的成员数以及各成员的数据类型可能是各不相同的。例如,在日期结构体中,包括年、月、日 3 个成员,每个成员都是整数类型;而在学生结构体中,包括学号、姓名、性别、年龄以及各门课程的成绩等多个成员,且每个成员的数据类型也各不相同(如学号是整数类型,姓名是字符数组类型,课程成绩可能是实数类型等)。因此,日期结构体与学生结构体是两种完全不同的结构体类型。C 语言不可能也没有必要预先定义好具体的结构体类型。具体的结构体类型由用户根据实际的需要自己定义,C 语言提供了用户自己定义具体结构体类型的机制。

由此可以看出,为了在程序中定义结构类型的变量,首先根据实际需要定义具体的结构体类型,确定该类型中有哪些成员,各成员是什么数据类型;然后再利用该结构体类型定义属于该结构体类型的变量。

　　1）定义结构体类型

　　在 C 语言中,定义结构体类型的一般形式为:

```
struct 结构体类型名
{ 成员表};
```

其中 struct 是用于定义具体结构体类型的关键字,在"成员表"中可以定义该类型中有哪些成员,各成员属于什么数据类型。

　　例如,定义日期的结构体类型为:

```
struct date
{    int   year;
     int   month;
     int   day;
};
```

这个定义说明了在名为 date 的结构体类型(即结构体 date 类型)中有 3 个成员,分别是 year(年)、month(月)、day(日),并且它们都是整型数据。

　　下列定义也是正确的:

```
struct date
{ int   year, month, day ;};
```

但通常在定义结构体类型时,其中的各成员要分别说明。

　　另外还要强调的是,结构体类型名(如本定义中的 date)是定义的类型名,而不是变量名,就好像整型的类型名为 int,双精度实型的类型名为 double,字符型的类型名为 char 一样,只不过整型、双精度实型、字符型等基本数据类型是 C 编译系统已经预先定义的,用户可以直接用它们来定义相应类型的变量,而结构体类型是用户根据数据处理的需要临时定义的一种类型。

　　又例如,定义学生情况的结构体类型为:

```
struct student
{    int   num;
     char  name[10];
     char  gender;
     int   age;
     float   score;
};
```

这个定义说明了 student 结构体类型(即结构体 student 类型)中有 5 个成员：num(学号)为整型,name(姓名)是一个具有 10 个元素的字符型数组,gender(性别)为字符型,age(年龄)为整型,score(成绩)为单精度实型。

　　由此可以看出,C 语言只预先定义了几种常用的基本数据类型,用户可以直接用相应的类型名定义基本数据类型的变量,但复杂的结构体类型要由用户自己定义,系统提供了定义结构体类型的机制。

　　2）定义结构体类型变量

　　当在程序中定义了某个具体的结构体类型以后,就可以用类结构体型名定义属于该结构体类型的变量了,就好像用类型名 int 定义整型变量一样。

定义结构体类型变量的一般形式为:

```
struct 结构体类型名   变量列表;
```

例如,当前面定义了结构体 date 类型后,就可以定义该结构体类型的变量如下:

```
struct date  birthday, x, y;
```

它定义了结构体 date 类型的 3 个变量 birthday, x, y,在程序中,其中每一个变量都可以存放 date 类型的数据(每个数据包括 year,month,day)。

又例如,前面定义了结构体类型 student 后,就可以定义该类型的变量如下:

```
struct student  a, b, st;
```

它定义了 student 结构体类型的 3 个变量 a, b, st,在程序中,它们就可以被用来存放 student 类型的数据(每个数据包括 num,name,gender,age,score)。

需要说明的是,在定义结构体类型变量时,不能只使用结构体类型名而省略结构体关键字 struct,应该使用结构体类型的全称。例如,下列定义是错误的:

```
date  birthday, x, y;
student  a, b, st;
```

因为在上面两个定义中,只使用了结构体类型名 date 与 student,而它们的类型全称应该是 struct date 与 struct student。

上面这种定义结构体类型变量的方法,是将定义结构体类型与定义结构体类型变量分开说明的。C 语言还允许在定义结构体类型的同时定义结构体类型变量,其形式为:

```
struct 结构体类型名
{ 成员表 } 变量列表;
```

例如:

```
struct date
{    int  year;
     int  month;
     int  day;
} birthday, x, y;
```

在上面这个说明中,既定义了结构体 date 类型,同时又定义了结构体 date 类型的 3 个变量 birthday, x, y。

在定义某个结构体类型的同时又定义了该结构体类型变量后,如果需要,程序中还可以利用该结构体类型定义该种结构体类型的其他变量。例如,上面的例子定义了结构体 date 类型的同时又定义了结构体 date 类型的 3 个变量 birthday, x, y,在程序中还可以用 struct date 类型定义该类型的其他变量。

另外,C 语言还允许直接定义结构体类型变量,其形式为:

```
struct
{ 成员表 } 变量表;
```

例如:

```
struct
{    int   num;
     char  name[10];
     char  gender;
     int   age;
     float  score;
} a, b, st;
```

在这种情况下,由于没有定义结构体类型名,因此,在程序中就不能再定义这种类型的其他变量了。这种结构体类型被称为**无名结构体类型**。

最后需要指出的是,如果在函数体外定义了一个结构体类型,则从定义位置开始到整个程序文件结束之间的所有函数中均可利用该结构体类型定义该结构体类型的变量;但在函数体内所定义的结构体类型,只能在该函数体内能定义该结构体类型的变量。即结构体类型的定义与普通变量定义的作用域是相同的,有全局和局部之分。

2. 结构体类型变量的引用

在程序中定义了某结构体类型的变量后,这些变量就可以被引用。

结构体变量的一般引用方式为:

结构体变量名. 成员名

其中".”为结构体成员运算符,它的优先级在所有运算符中是最高的。由此可以看出,在引用结构体变量时,一般是对其中的成员逐个引用。

结构体变量中的每个成员与普通变量一样,可以进行各种运算。例如:

```
st. num = 115;
st. name[0] = 'M'; st. name[1] = 'a'; st. name[2] = '\0';
st. gender = 'M';
st. age = 19;
st. score = 95.0;
scanf(" % d", &st. num);
printf(" % s", st. name);
```

特别要指出的是,如果结构体变量中的某成员是一个数组,则在为该成员赋值时,与普通数组一样,必须对该成员的数组元素逐个赋值,例如,在上述情况下,下列赋值是错误的:

```
st. name = "Ma";
```

但下列赋值都是正确的:

```
strcpy(st. name, "Ma");
st. name[0] = 'M'; st. name[1] = 'a'; st. name[2] = '\0';
```

11. 1. 2 结构体的嵌套

C 语言规定,结构体类型的定义可以嵌套。例如,首先定义一个时间结构体类型 time 为:

```
struct time
{ int   hour;                        /* 时 */
  int   minute;                      /* 分 */
  int   second;                      /* 秒 */
};
```

然后定义一个日期结构体类型 date：

```
struct date
{ int  year;                          /* 年 */
  int  month;                         /* 月 */
  int  day;                           /* 日 */
  struct time  t;                     /* 结构体 time 类型 */
};
```

在这个定义中，结构体 date 类型中有一个成员 t 又属于前面定义的结构体 time 类型，这就是结构体的嵌套。

如果定义了结构体 date 类型变量 d：

```
struct date  d;
```

则下面是引用结构体 date 类型变量 d 中各成员的例子：

```
d.year              /* 结构体 date 类型变量 d 的成员 year(年) */
d.month             /* 结构体 date 类型变量 d 的成员 month(月) */
d.day               /* 结构体 date 类型变量 d 的成员 day(日) */
d.t.hour            /* 结构体 date 类型变量 d 的成员 t(结构体 time 类型)中的成员 hour(时) */
d.t.minute          /* 结构体 date 类型变量 d 的成员 t(结构体 time 类型)中的成员 minute(分) */
d.t.second          /* 结构体 date 类型变量 d 的成员 t(结构体 time 类型)中的成员 second(秒) */
```

11.1.3　结构体类型变量的初始化

与普通变量一样，在定义结构体类型变量的同时也可以对结构体类型变量赋初值，其初始化方式与普通数组的初始化方式类似。

例 11.1　设有下列 C 程序：

```
# include < stdio. h >
struct student
{   int num;
    char name[10];
    char gender;
    int age;
    float score;
};
struct time
{   int hour;
    int minute;
    int second;
};
struct date
{   int year;
    int month;
    int day;
    struct time t;
};
main()
{ struct student st = {101, "Zhang", 'M', 19, 89.0};
  struct date xy = {2018, 11, 15, {17, 34, 55}};
```

```
printf("st = % 6d % 8s % 3c % 4d % 7.2f\n",
        st.num, st.name, st.gender, st.age, st.score);
printf("date = % d/ % d/ % d/ % d: % d: % d\n",
        xy.year, xy.month, xy.day, xy.t.hour, xy.t.minute, xy.t.second);
}
```

程序的运行结果为：

```
st =   101   Zhang   M   19   89.00
date = 2018/11/15/17:34:55
```

在这个程序中定义了 3 个结构体类型,分别为结构体 student 类型、结构体 time 类型、结构体 date 类型。在结构体 date 类型中,其中的一个成员是结构体 time 类型。在主函数中分别定义了结构体 student 类型的变量 st 以及结构体 date 类型变量的 xy,并同时为它们赋了初值;然后输出了这两个变量的值。

由上述程序可以看出,由于一个结构体类型变量往往包括多个成员,因此,在为结构体类型变量初始化时,要用一对花括号将所有的成员数据括起来。如在上述程序中的

```
struct student st = {101, "Zhang", 'M', 19, 89.0};
```

如果是结构体的嵌套,则对内层结构体中的所有成员数据也可以用一对花括号括起来,但也可以不用花括号括起来,如在上述程序中:

```
struct date xy = {2018, 11, 15, {17, 34, 55}};
```

与

```
struct date xy = {2018, 11, 15, 17, 34, 55};
```

是等价的。

如果在结构体中有数组成员,则对成员数组中的元素可以另用一对花括号括起来,也可以不用花括号括起来。例如,若结构体类型为:

```
struct student
{   int num;
    char name[10];
    char gender;
    int age;
    float score[3];
};
```

则下列两个初始化该结构体类型变量的语句是等价的:

```
struct student st = {101, "Zhang", 'M', 19, {89.0, 93.0}};
```

与

```
struct student st = {101, "Zhang", 'M', 19, 89.0, 93.0};
```

其中最后一个成员 st.score[2] 的初值默认为 0.0。

但需要注意的是,如果上述结构体类型中的数组成员不是最后一个成员,且不是对该数组成员中的所有元素赋初值,则对成员数组中的元素必须另用一对花括号括起来。例如,假设结

构体类型定义改为：

```
struct student
{    int num;
     float score[3];
     char name[10];
     char gender;
     int age;
};
```

则下列初始化语句是合法的：

```
struct student st = {101, {89.0, 93.0}, "Zhang", 'M', 19};
```

其中成员 st. score[2]的初值默认为 0.0。但下列初始化语句是错误的：

```
struct student st = {101,89.0,93.0,"Zhang",'M',19};
```

因为这样会按顺序将字符串"Zhang"赋值给 st. score[2]，编译时会给出错误提示：

```
error C2440: "初始化": 无法从"char [6]"转换为"float"
```

总之，在对结构体类型变量进行初始化时，与普通数组一样，只不过在结构体变量中，各成员的数据类型可以不同，而普通数组中的各元素类型是相同的。

11.1.4　结构体与函数

与基本数据类型的变量一样，结构体类型的变量也可以作为函数参数，并且，还可以定义结构体类型的函数。下面分别介绍有关结构体与函数的三个问题。

1. 结构体类型变量的成员作为函数参数

在结构体类型变量中的成员作为函数参数的情况下，被调用函数中的形参是一般变量，而调用函数中的实参是结构体类型变量中的一个成员，但要求它们的类型应一致。

例 11.2　设有下列 C 程序：

```
# include < stdio. h >
struct student
{    int num;
     char name[10];
     char gender;
     int age;
     float score;
};
void change(float t)
{ printf("score = % 7.2f\n", t);
  t = 95.0;
  printf("score = % 7.2f\n", t);
}
main()
{   struct student st = {101, "Zhang", 'M', 19, 89.0};
    printf("st = % 6d % 8s % 3c % 4d % 7.2f\n",
           st. num, st. name, st. gender, st. age, st. score);
    change(st. score);
```

```
    printf("st = % 6d % 8s % 3c % 4d % 7.2f\n",
          st.num, st.name, st.gender, st.age, st.score);
}
```

程序的输出结果为：

```
st =    101    Zhang  M  19  89.00
score =    89.00
score =    95.00
st =    101    Zhang  M  19  89.00
```

在上述程序中，主函数的功能是定义了一个结构体 student 类型的变量 st，同时为之初始化，然后输出变量 st 中各成员的值，将成员 st. score 作为实参调用函数 change()后再输出变量 st 中各成员的值；函数 change()的功能是修改形参 t 的值，并输出修改前后 t 的值。

由上述输出结果可以看出，用结构体类型变量中的一个成员作为实参，与形参之间的结合是数值结合，在被调用函数中虽然改变了形参值，但没有改变对应的实参结构体类型变量中的成员值。

2. 结构体类型变量作为函数参数

在结构体类型的变量作为函数参数的情况下，被调用函数中的形参是结构体类型的变量，调用函数中的实参也是结构体类型的变量，但要求它们属于同一个结构体类型。

例 11.3 设有下列 C 程序：

```
# include < stdio. h >
# include < string. h >
struct student
{    int num;
     char name[10];
     char gender;
     int age;
     float score;
};
void change(struct student t)
{    printf("t = % 6d % 8s % 3c % 4d % 7.2f\n", t.num, t.name, t.gender, t.age, t.score);
     strcpy(t.name, "Wang");
     t. score = 95.0;
     printf("t = % 6d % 8s % 3c % 4d % 7.2f\n", t.num, t.name, t.gender, t.age, t.score);
}
main()
{    struct student st = {101, "Zhang", 'M', 19, 89.0};
     printf("st = % 6d % 8s % 3c % 4d % 7.2f\n",st.num,st.name,st.gender,st.age,st.score);
     change(st);
     printf("st = % 6d % 8s % 3c % 4d % 7.2f\n",st.num,st.name,st.gender,st.age,st.score);
}
```

程序的运行结果为：

```
st =    101    Zhang  M  19  89.00
t =    101    Zhang  M  19  89.00
t =    101    Wang  M  19  95.00
st =    101    Zhang  M  19  89.00
```

在上述程序中,主函数的功能是定义了一个结构体 student 类型的变量 st,同时为之初始化,然后输出变量 st 中各成员的值,将结构体类型变量 st 作为实参调用函数 change()后再输出变量 st 中各成员的值;函数 change()的功能是修改结构体类型形参 t 中成员 t.name 和 t.score 的值,并输出修改前后结构体类型变量 t 中各成员的值。

由上述输出结果可以看出,用结构体类型变量作为实参,与结构体类型形参变量之间的结合也是数值结合,即使其中有数组 name,也是把整个的数组 name 复制到了形参结构体变量的相应结构体成员数组 name 上。虽然在被调用函数中改变了形参变量中各成员值,但没有改变对应的实参结构体类型变量中的成员值。

3. 结构体类型的函数

与定义标准数据类型函数一样,C 语言也允许定义结构体类型的函数。结构体类型函数的返回值是结构体类型的数据。

例 11.4　设有下列 C 程序:

```
# include < stdio. h >
struct date
{    int year;
     int month;
     int day;
};
struct date f()
{   struct date t = {2018, 11, 15};
    return(t);
}
main()
{ struct date xy;
  xy = f();
  printf("date = % d/ % d/ % d\n", xy. year, xy. month, xy. day);
}
```

程序的运行结果为:

date = 2018/11/15

在上述程序中,定义了一个结构体 date 类型的函数 f(),它的功能是为结构体 date 类型的变量 t 赋初值,然后将该结构体 date 类型变量 t 的值作为函数值返回;在主函数中是调用结构体 date 类型的函数 f(),然后输出返回的函数值。从程序的运行结果看,可以把整个结构体作为一个函数的返回值返回到主函数中。

11.2　结构体数组

11.2.1　结构体类型数组的定义与引用

与整型数组、实型数组、字符型数组一样,在程序中也可以定义结构体类型的数组,并且同一个结构体数组中的元素应为同一种结构体类型。例如:

```
struct student
{    int   num;
```

```
        char   name[10];
        char   gender;
        int    age;
        float   score[3];
    } stu[10];
```

定义了 student 类型的一个数组 stu,可存放 10 个学生的情况。每一个学生的情况包括学号（num）、姓名（name[10]）、性别（gender）、年龄（age）、3 个成绩（score[3]）。实际上,定义了该结构体数组后,相当于开辟了一个如表 11.1 所示的表格空间。

表 11.1　学生情况型的数组表格空间

num 学号	name 姓名	gender 性别	age 年龄	score[0] 成绩 1	score[1] 成绩 2	score[2] 成绩 3

可以对任意存储类别的结构体类型变量或数组进行初始化。例如,定义了如下结构体 student 类型:

```
struct student
{ int   num;
  char   name[10];
  char   gender;
  int    age;
  float   score[3];
};
```

下面是定义结构体 student 类型数组 stu 并初始化:

```
struct student   stu[10] =
{ { 101, "Zhang", 'M', 19, 95.0, 64.0 },
  { 102, "Wang", 'F', 18, 92.0, 97.0 },
  { 103, "Zhao", 'M', 19, 85.0, 78.0 },
  { 104, "Li", 'M', 20, 96.0, 88.0 },
  { 105, "Gou", 'M', 19, 91.0, 96.0 },
  { 106, "Lin", 'M', 18, 93.0, 78.0 },
  { 107, "Ma", 'F', 18, 98.0, 97.0 },
  { 108, "Zhen", 'M', 21, 89.0, 93.0 },
  { 109, "Xu", 'M', 19, 88.0, 90.0 },
  { 110, "Mao", 'F', 18, 94.0, 90.0 } };
```

下面举例说明结构体类型数组的使用。

例 11.5 给定学生成绩登记表如表 11.2 所示。利用结构体数组计算表 11.2 中给定的两门课程成绩的平均成绩,最后输出该学生成绩登记表。

表 11.2 学生成绩登记表

学号	姓名	性别	年龄	成绩 1	成绩 2	平均成绩
101	Zhang	M	19	95.5	64.0	
102	Wang	F	18	92.0	97.0	
103	Zhao	M	19	85.0	78.0	
104	Li	M	20	96.0	88.0	
105	Gou	M	19	91.0	96.0	
106	Lin	M	18	93.0	78.0	
107	Ma	F	18	98.0	97.0	
108	Zhen	M	21	89.0	93.0	
109	Xu	M	19	88.0	90.0	
110	Mao	F	18	94.0	90.0	

C 程序如下:

```c
# include < stdio. h >
# define  STUDENT  struct student
STUDENT
{ int  num;
  char  name[10];
  char  gender;
  int   age;
  float  score[3];
};
main()
{ int  k;
  STUDENT  stu[10] =                /* 结构体数组初始化 */
  {  { 101, "Zhang", 'M', 19, 95.0, 64.0 },
     { 102, "Wang", 'F', 18, 92.0, 97.0 },
     { 103, "Zhao", 'M', 19, 85.0, 78.0 },
     { 104, "Li", 'M', 20, 96.0, 88.0 },
     { 105, "Gou", 'M', 19, 91.0, 96.0 },
     { 106, "Lin", 'M', 18, 93.0, 78.0 },
     { 107, "Ma", 'F', 18, 98.0, 97.0 },
     { 108, "Zhen", 'M', 21, 89.0, 93.0 },
     { 109, "Xu", 'M', 19, 88.0, 90.0 },
     { 110, "Mao", 'F', 18, 94.0, 90.0 }
  };
  for (k = 0; k <= 9; k = k + 1)          /* 计算平均成绩,并输出每个学生的全部信息 */
  {  stu[k].score[2] = (stu[k].score[0] + stu[k].score[1])/2;
     printf("% - 8d% - 10s% - 5c% - 6d% - 7.2f% - 7.2f% - 7.2f\n",
            stu[k].num, stu[k].name, stu[k].gender, stu[k].age,
            stu[k].score[0], stu[k].score[1], stu[k].score[2]);
  }
}
```

这个程序中的第一行

```
#define  STUDENT  struct student
```

是一个宏定义,将定义结构体类型的关键字 struct student 定义为标识符 STUDENT。在以后的程序中,所有的 STUDENT 都用 struct student 替换,以简化书写。

上述程序的一开始(主函数外)定义了一个名为 student 的结构体类型。在主函数中定义了结构体 student 类型的一个数组,共有 10 个元素,并对部分数据进行了初始化。利用 for 循环逐个计算每个学生两门课程的平均成绩,并同时输出每个学生的全部信息。

在输出格式说明符中的"-"号表示输出的各项左对齐,即在输出项目的实际位数小于宽度说明时,右边用空格补满。

程序的运行结果为:

```
101     Zhang     M     19     95.00  64.00  79.50
102     Wang      F     18     92.00  97.00  94.50
103     Zhao      M     19     85.00  78.00  81.50
104     Li        M     20     96.00  88.00  92.00
105     Gou       M     19     91.00  96.00  93.50
106     Lin       M     18     93.00  78.00  85.50
107     Ma        F     18     98.00  97.00  97.50
108     Zhen      M     21     89.00  93.00  91.00
109     Xu        M     19     88.00  90.00  89.00
110     Mao       F     18     94.00  90.00  92.00
```

11.2.2 结构体类型数组作为函数参数

与基本数据类型的数组一样,结构体类型数组也能作为函数参数,并且形参与实参结合的方式与基本数据类型的数组完全一样。如果在被调用函数中改变了结构体类型形参数组元素中的各成员值,实际上也就改变了结构体类型实参数组元素中的各成员值。因为结构体类型形参数组与结构体类型实参数组是同一个存储空间。

下面举例说明结构体类型数组作为函数参数的情况。

例 11.6 设有下列程序:

```
#include <stdio.h>
#define  STUDENT  struct student
STUDENT
{ int   num;
  char  name[10];
  char  gender;
  int   age;
  float  score[3];
};
void p(STUDENT  t[ ], int n)
{ int  k;
  for (k = 0; k <= n - 1; k = k + 1)
    t[k].score[2] = (t[k].score[0] + t[k].score[1])/2;
}
main()
{ int  k;
  STUDENT   stu[10] =
  {  { 101, "Zhang", 'M', 19, 95.0, 64.0 },
```

```
                { 102, "Wang", 'F', 18, 92.0, 97.0 },
                { 103, "Zhao", 'M', 19, 85.0, 78.0 },
                { 104, "Li", 'M', 20, 96.0, 88.0 },
                { 105, "Gou", 'M', 19, 91.0, 96.0 },
                { 106, "Lin", 'M', 18, 93.0, 78.0 },
                { 107, "Ma", 'F', 18, 98.0, 97.0 },
                { 108, "Zhen", 'M', 21, 89.0, 93.0 },
                { 109, "Xu", 'M', 19, 88.0, 90.0 },
                { 110, "Mao", 'F', 18, 94.0, 90.0 }
        };
    for (k = 0; k <= 9; k = k + 1)
        printf("% - 8d % - 10s % - 5c % - 6d % - 7.2f % - 7.2f % - 7.2f\n",
                 stu[k].num, stu[k].name, stu[k].gender, stu[k].age,
                 stu[k].score[0], stu[k].score[1], stu[k].score[2]);
        printf("————————————————————————————\n");
    p(stu, 10);
    for (k = 0; k <= 9; k = k + 1)
        printf("% - 8d% - 10s% - 5c% - 6d% - 7.2f% - 7.2f% - 7.2f\n",
                 stu[k].num, stu[k].name, stu[k].gender, stu[k].age,
                 stu[k].score[0], stu[k].score[1], stu[k].score[2]);
}
```

程序的运行结果为：

```
101      Zhang      M      19      95.00   64.00   0.00
102      Wang       F      18      92.00   97.00   0.00
103      Zhao       M      19      85.00   78.00   0.00
104      Li         M      20      96.00   88.00   0.00
105      Gou        M      19      91.00   96.00   0.00
106      Lin        M      18      93.00   78.00   0.00
107      Ma         F      18      98.00   97.00   0.00
108      Zhen       M      21      89.00   93.00   0.00
109      Xu         M      19      88.00   90.00   0.00
110      Mao        F      18      94.00   90.00   0.00
————————————————————————————
101      Zhang      M      19      95.00   64.00   79.50
102      Wang       F      18      92.00   97.00   94.50
103      Zhao       M      19      85.00   78.00   81.50
104      Li         M      20      96.00   88.00   92.00
105      Gou        M      19      91.00   96.00   93.50
106      Lin        M      18      93.00   78.00   85.50
107      Ma         F      18      98.00   97.00   97.50
108      Zhen       M      21      89.00   93.00   91.00
109      Xu         M      19      88.00   90.00   89.00
110      Mao        F      18      94.00   90.00   92.00
```

其中前半部分是计算平均成绩前的学生情况表,后半部分是计算平均成绩后的学生情况表。

上述程序的功能与例 11.5 中的程序功能基本一样,只是将例 11.5 中计算平均成绩的部分作为一个独立功能,专门用一个函数 p()来实现。在主函数中只完成对结构体类型数组进行初始化,并输出计算平均成绩前后的学生成绩表。从输出结果可以看到,函数 p 中对 t[k].score[2]的修改就是对主函数中 stu 结构体数组中 score[2]的修改。函数 p 中的形参 t 结构体数组和主函数中的 stu 结构体数组是同一个存储空间。

11.3 结构体与指针

11.3.1 结构体类型指针变量的定义与引用

结构体类型的指针变量指向结构体类型变量或数组(或数组元素)的起始地址。例如:

```
struct student
{   int   num;
    char  name[10];
    char  gender;
    int   age;
    float score;
};
struct student  st1, st2, st[10], * p;
```

其中定义了一个指向结构体 student 类型的指针 p。

在上述定义后,若将 p 指向结构体 student 类型的变量 st1,即令 p=&st1,则下列 4 个均表示结构体 student 类型变量 st1 中的成员 num(即学号):

```
st1.num
( * p).num
p->num
p[0].num
```

若将 p 指向结构体 student 类型的数组 st,即令 p=st,则下列 4 个均表示结构体 student 类型数组 st 中下标为 0 的元素的成员 num(即学号):

```
st[0].num
( * p).num
p->num
p[0].num
```

此时,当执行语句"p=p+1;"后,则下列 4 个均表示结构体 student 类型数组 st 中下标为 1 的元素的成员 num(即学号):

```
st[1].num
( * p).num
p->num
p[0].num
```

在上述表示中,"->"称为指向运算符。后面会看到通过这个运算符可以简化程序书写,增加程序的可读性。

由上所述,当结构体类型的指针变量 p 指向一个结构体类型变量后,下列 4 种表示是等价的:

```
结构体变量名.成员
( * p).成员
p->成员
p[0].成员
```

它们都表示结构体变量中的一个成员。

注意：当 p 定义为指向结构体类型数据后，它不能指向某一成员。例如：

p = &st1.num;

是错误的，因为这是企图让结构体指针变量 p 指向结构体变量 st1 中的 int 型成员 num。

11.3.2　结构体类型指针作为函数参数

结构体类型指针可以指向结构体类型的变量，因此，当形参是结构体类型指针变量时，实参也可以是结构体类型指针（即地址）。在结构体类型指针作为函数参数的情况下，由于传送的是地址，因此，如果在被调用函数中改变了结构体类型形参指针所指向的地址中的值，实际上也就改变了结构体类型实参指针所指向的地址中的值。因为结构体类型形参指针与结构体类型实参指针指向的是同一个存储空间。

在例 11.3 的程序中，用结构体类型变量作为实参，但由于与结构体类型形参变量之间的结合是数值结合，因此，虽然在被调用函数中改变了形参变量中的各成员值，但没有改变对应的结构体类型实参变量中的成员值。

例 11.7　设有下列 C 程序：

```
# include < stdio.h >
# include < string.h >
struct student
{    int num;
     char name[10];
     char gender;
     int age;
     float score;
};
void change(struct student * t)
{    printf("t = % 6d % 8s % 3c % 4d % 7.2f\n",
         t -> num, t -> name, t -> gender, t -> age, t -> score);
     strcpy(t -> name, "Wang");
     t -> score = 95.0;
     printf("t = % 6d % 8s % 3c % 4d % 7.2f\n",
         t -> num, t -> name, t -> gender, t -> age, t -> score);
}
main()
{    struct student st = {101, "Zhang", 'M', 19, 89.0};
     printf("st = % 6d % 8s % 3c % 4d % 7.2f\n",
          st.num, st.name, st.gender, st.age, st.score);
     change(&st);
     printf("st = % 6d % 8s % 3c % 4d % 7.2f\n",
          st.num, st.name, st.gender, st.age, st.score);
}
```

程序的运行结果为：

```
st =     101    Zhang   M   19   89.00
t =      101    Zhang   M   19   89.00
t =      101    Wang    M   19   95.00
st =     101    Wang    M   19   95.00
```

　　上述程序是将例 11.3 中的程序改成用结构体类型指针作为参数。主函数的功能是定义了一个结构体 student 类型的变量 st,同时为之初始化,然后输出变量 st 中各成员的值,将结构体类型变量 st 的地址(即 &st)作为实参调用函数 change()后再输出变量 st 中各成员的值;函数 change()的功能是修改结构体类型形参指针 t 所指向的结构体类型数据中成员 t—> name 和 t—> score 的值,并输出修改前后结构体类型指针所指向的数据中各成员的值。

　　由上述输出结果可以看出,由于采用指针作为函数参数,在被调用函数中所改变的值被传回了调用函数。

　　结构体类型指针也可以指向数组或数组元素,因此,当形参是结构体类型指针变量时,实参也可以是结构体类型数组名或数组元素的地址。因此,在用结构体类型数组名作函数参数时,实际上也可以用指向结构体类型数组或数组元素的指针作为函数的参数。

　　与标准数据类型的数组与指针一样,在结构体类型数组指针作函数参数时,也可以有以下 4 种情况。

　　(1) 实参与形参都用结构体类型数组名。

　　(2) 实参用结构体类型数组名,形参用结构体类型指针变量。

　　(3) 实参与形参都用结构体类型指针变量。

　　(4) 实参用结构体类型指针变量,形参用结构体类型数组名。

　　例 11.8　将例 11.6 程序中的结构体类型数组作为函数参数改为用结构体类型指针实现。修改后的 C 程序为:

```
# include < stdio. h >
# define   STUDENT   struct student
STUDENT
{   int   num;
    char   name[10];
    char   gender;
    int   age;
    float   score[3];
};
void p(STUDENT * t, int   n)
{   int   k;
    for (k = 0; k < = n - 1; k = k + 1)
        t[k].score[2] = (t[k].score[0] + t[k].score[1])/2;
}
main()
{   int   k;
    STUDENT   stu[10] =
    { { 101, "Zhang", 'M', 19, 95.0, 64.0 },
      { 102, "Wang", 'F', 18, 92.0, 97.0 },
      { 103, "Zhao", 'M', 19, 85.0, 78.0 },
      { 104, "Li", 'M', 20, 96.0, 88.0 },
      { 105, "Gou", 'M', 19, 91.0, 96.0 },
      { 106, "Lin", 'M', 18, 93.0, 78.0 },
      { 107, "Ma", 'F', 18, 98.0, 97.0 },
      { 108, "Zhen", 'M', 21, 89.0, 93.0 },
      { 109, "Xu", 'M', 19, 88.0, 90.0 },
      { 110, "Mao", 'F', 18, 94.0, 90.0 }
    };
```

```
    for (k = 0; k <= 9; k = k + 1)
      printf("% - 8d% - 10s% - 5c% - 6d% - 7.2f% - 7.2f% - 7.2f\n",
             stu[k].num, stu[k].name, stu[k].gender, stu[k].age,
             stu[k].score[0], stu[k].score[1], stu[k].score[2]);
      printf("——————————————————————————\n");
    p(stu, 10);
    for (k = 0; k <= 9; k = k + 1)
      printf("% - 8d% - 10s% - 5c% - 6d% - 7.2f% - 7.2f% - 7.2f\n",
             stu[k].num, stu[k].name, stu[k].gender, stu[k].age,
             stu[k].score[0], stu[k].score[1], stu[k].score[2]);
}
```

其中函数 p()也可以改为:

```
void p(STUDENT   * t, int n)
{ int k;
  for (k = 0; k <= n - 1; k = k + 1, t = t + 1)
    t -> score[2] = (t -> score[0] + t -> score[1])/2;
}
```

程序运行结果与例 11.6 完全一样。

例 11.9 设有学生情况登记表如表 11.3 所示,用选择排序法对该表按成绩从小到大进行排序。

表 11.3　学生情况登记表

学号 num	姓名 name[8]	性别 gender	年龄 age	成绩 score
101	Zhang	M	19	95.6
102	Wang	F	18	92.4
103	Zhao	M	19	85.7
104	Li	M	20	96.3
105	Gou	M	19	90.2
106	Lin	M	18	91.5
107	Ma	F	17	98.7
108	Zhen	M	21	90.1
109	Xu	M	19	89.8
110	Mao	F	18	94.9

C 程序如下:

```
# include < stdio. h >
# define STUDENT struct student
STUDENT
{   int num;
    char name[8];
    char gender;
    int age;
    double score;
};
```

```
    void sort(STUDENT * p[], int n)
{   int i, j, k;
    STUDENT * w;
    for (i = 0; i < n - 1; i++)
    {   k = i;
        for (j = i + 1; j < n; j++)
            if (p[j] -> score < p[k] -> score)
                k = j;
        if (k != i)                    /* 交换指针 p[i]和 p[k]的值 */
        { w = p[i]; p[i] = p[k]; p[k] = w;}
    }
        return;
}
main()
{   int i;
    STUDENT stu[10] = { {101, "Zhang", 'M', 19, 95.6},
                        {102, "Wang", 'F', 18, 92.4},
                        {103, "Zhao", 'M', 19, 85.7},
                        {104, "Li", 'M', 20, 96.3},
                        {105, "Gou", 'M', 19, 90.2},
                        {106, "Lin", 'M', 18, 91.5},
                        {107, "Ma", 'F', 17, 98.7},
                        {108, "Zhen", 'M', 21, 90.1},
                        {109, "Xu", 'M', 19, 89.8},
                        {110, "Mao", 'F', 18, 94.9}
                      };
    STUDENT * p[10];
    for (i = 0; i <= 9; i++)
        p[i] = &stu[i];
    printf("Before sorting:\n");
    printf("No.     Name     Gender  Age     Score\n");
    for (i = 0; i <= 9; i++)
        printf("% - 8d% - 9s% - 8c% - 8d% - 5.2f\n",
            p[i] -> num, p[i] -> name, p[i] -> gender, p[i] -> age, p[i] -> score);
    sort(p, 10);
    printf("After sorting:\n");
    printf("No.     Name     Gender  Age     Score\n");
    for (i = 0; i <= 9; i++)
        printf("% - 8d% - 9s% - 8c% - 8d% - 5.2f\n",
            p[i] -> num, p[i] -> name, p[i] -> gender, p[i] -> age, p[i] -> score);
}
```

在上述程序的排序过程中,并没有改变原信息在结构体数组中的存储位置,而是用了一个指针数组,其中每一个指针元素指向一个学生的结构体信息。排序过程中,交换的是指针而不是结构体,最后得到的结果是按指针数组中各元素所指向的学生成绩依次有序的。

最后的运行结果为:

```
Before sorting:
No.     Name     Gender  Age     Score
101     Zhang    M       19      95.60
102     Wang     F       18      92.40
103     Zhao     M       19      85.70
```

```
104       Li        M        20       96.30
105       Gou       M        19       90.20
106       Lin       M        18       91.50
107       Ma        F        17       98.70
108       Zhen      M        21       90.10
109       Xu        M        19       89.80
110       Mao       F        18       94.90
After sorting:
No.       Name      Gender   Age      Score
103       Zhao      M        19       85.70
109       Xu        M        19       89.80
108       Zhen      M        21       90.10
105       Gou       M        19       90.20
106       Lin       M        18       91.50
102       Wang      F        18       92.40
110       Mao       F        18       94.90
101       Zhang     M        19       95.60
104       Li        M        20       96.30
107       Ma        F        17       98.70
```

其中的 p[i]—> num，p[i]—> name，p[i]—> gender，p[i]—> age，p[i]—> score 如果不用—>运算符，不得不写为（ * p[i]）. num，（ * p[i]）. name，（ * p[i]）. gender，（ * p[i]）. age，（ * p[i]）. score，可读性差很多。如果结构体中还有嵌套的结构体指针 next，不得不写为（ *（ * p[i]）. next）. num，可读性就更差了，而用—>运算符重写为 p[i]—> next—> num，结构变得很清晰，可读性较好。

11.3.3　结构体的大小与♯pragma 中 pack 的关系

可以用 sizeof 求结构体所占内存单元的大小，例如有结构体：

```
struct student                    /* 描述学生档案成绩 */
{   char name[10];
    long sno;
    char gender;
    float score[4];
} a, b;
```

其中 sizeof(struct student)和 sizeof(a)按照 student 结构体中成员的构成，大小应该是：10＋4＋1＋16＝31，也就是说 sizeof(struct student)的结果应该是 31。实际情况如何呢？有如下程序：

```
# include < stdio. h >
struct student {                  /* 描述学生档案成绩 */
        char name[10];
        long sno;
        char gender;
        float score[4];
};
main()
{   struct student stu = {"Zhang", 101, 'M', 98, 95, 86, 90};
    printf("sizeof(struct student) = % d\n", sizeof(struct student));
}
```

程序的运行结果为：

```
sizeof(struct student) = 36
```

运行结果不是 31 而是 36 的原因是因为字节对齐问题。对于 32 位编译器，结构体 student 中最长成员是 4 字节，为了不出现某个结构体变量跨 4 字节倍数单元地址存放，默认以结构体 student 中最长成员的 4 字节对齐。不足 4 字节倍数的 name 后补 2 字节对齐，不足 4 字节的 gender 后补 3 字节对齐，因此结构体 student 的大小为 12＋4＋4＋16＝36。

如果在程序的开头处加上 ♯pragma pack(4)，程序改为：

```
# include < stdio. h >
# pragma   pack(4)              /* 让编译器以 4 字节对齐 */
struct student {                /* 描述学生档案成绩 */
    char name[10];
    long sno;
    char gender;
    float score[4];
};
main( )
{   struct student stu = {"Zhang", 101, 'M', 98, 95, 86, 90};
    printf("sizeof(struct student) = % d\n", sizeof(struct student));
}
```

程序的运行结果为：

```
sizeof(struct student) = 36
```

结果没有改变，仍是 36，说明原来的程序就是默认以 4 字节对齐。如果程序改为：

```
# include < stdio. h >
# pragma   pack(2)              /* 让编译器以 2 字节对齐 */
struct student {                /* 描述学生档案成绩 */
        char name[10];
        long sno;
        char gender;
        float score[4];
};
main( )
{   struct student stu = {"Zhang", 101, 'M', 98, 95, 86, 90};
    printf("sizeof(struct student) = % d\n", sizeof(struct student));
}
```

程序的运行结果为：

```
sizeof(struct student) = 32
```

结构体中成员以 2 字节对齐，不足 2 字节的 gender 后补 1 字节对齐，因此结构体 student 的大小为 10＋4＋2＋16＝32。

如果程序改为：

```
# include < stdio. h >
# pragma   pack(1)              /* 让编译器以 1 字节对齐 */
```

```
struct student {                     /* 描述学生档案成绩 */
        char name[10];
        long sno;
        char gender;
        float score[4];
};
main()
{   struct student stu = {"Zhang", 101, 'M', 98, 95, 86, 90};
    printf("sizeof(struct student) = %d\n", sizeof(struct student));
}
```

程序的运行结果为：

sizeof(struct student) = 31

结构体中成员按照 1 字节对齐,才得到了期望的结构体大小是 31 字节。利用 pack 紧缩方式可以更节省存储空间。但如果程序改为 ♯pragma pack(3),会是什么结果呢? 如下面的程序：

```
♯include <stdio.h>
♯pragma   pack(3)
struct student {                     /* 描述学生档案成绩 */
    char name[10];
      long sno;
        char gender;
        float score[4];
}
main()
{   struct student stu = {"Zhang",101,'M', 98, 95, 86, 90};
    printf("sizeof(struct student) = %d\n",sizeof(struct student));
}
```

程序的编译结果为：

warning C4086: 杂注参数应为"1"、"2"、"4"、"8"或者"16"

程序的运行结果为：

sizeof(struct student) = 36

也就是说,编译系统先给出了警告错误信息,警告 pack 括号中的参数只能是 1,2,4,8 或 16,因为 3 不是其中合法的对齐方式,因此自动忽略而按缺省方式 4 字节对齐。

♯pragma pack 的对齐方式应该是 1,2,4,8 或 16,也就是按照 $2^K(K \geqslant 0)$ 字节对齐。

如果结构体中出现 double 型成员,32 位编译器将默认以结构体中最长成员的 8 字节对齐。除非你用 ♯pragma pack 指定对齐方式。例如有下面的程序：

```
♯include <stdio.h>
struct student {                     /* 描述学生档案成绩 */
        char name[10];
        long sno;
        char gender;
        double score[4];             /* 将 float 改为 double */
};
```

```
main()
{ struct student stu = {"Zhang",101,'M', 98, 95, 86, 90};
    printf("sizeof(struct student) = % d\n",sizeof(struct student));
}
```

程序的运行结果为:

sizeof(struct student) = 56

32 位编译器默认以结构体中最长成员 double 的 8 字节对齐,name[9]后空 2 字节,sno 在第 2 个 8 字节内存单元的后 4 字节中存放,gender 后空 7 字节。简单地讲,数据摆放时,总是以数据单元大小的整倍数作为起始位置。因此结构体中成员的定义顺序会影响对齐后的结构体大小。例如上面的程序改为:

```
# include < stdio. h >
struct student {                    /* 描述学生档案成绩 */
        char name[10];
        char gender;                /* 把 sno 和 gender 的定义交换位置 */
        long sno;
        double score[4];
};
main()
{    struct student stu = {"Zhang",101,'M', 98, 95, 86, 90};
    printf("sizeof(struct student) = % d\n",sizeof(struct student));
}
```

程序的运行结果为:

sizeof(struct student) = 48

gender 紧跟在第 2 个 8 字节中 name[9]后存放,占 1 字节,gender 后空 1 字节,sno 在第 2 个 8 字节内存单元的后 4 字节。结构体中成员这样存放就自动省出了一个 8 字节空间。所以在定义结构体的时候,可以适当考虑各成员的摆放顺序,以节省内存和存放空间。

11.4 链表

11.4.1 链表的基本概念

1. 链表的一般结构

链表由结点元素组成。为了适应链表的存储结构,计算机存储空间被划分为一个一个小块,每一小块占若干字节,通常称这些小块为存储结点。

在计算机中,为了存储链表中的一个元素,一方面要存储该数据元素的值;另一方面要存储该数据元素与下一元素之间的链接关系。为此,将存储空间中的每一个存储结点分为两部分:一部分用于存放数据元素的值,称为数据域;另一部分用于存放下一个数据元素的存储序号(即下一个结点的存储地址),称为指针域。每一个结点的结构如图 11.1 所示。

在链表中,用一个专门的指针 HEAD 指向链表中第一个数据元素的结点(即存放第一个数据元素的存储结点的序号),通常称为头指针。链表中最后一个元素后面已没有结点元素,因此,链表中最后一个结点的指针域为空(用 NULL 或 0 表示),表示链表终止。链表的逻辑

| 数据域 | 存放数据元素的值 |
| 指针域 | 存放下一个结点元素的地址 |

图 11.1　链表的结点结构

结构如图 11.2 所示。特别说明,本书所讨论的链表又被称为单链表,还有很多其他类型的链表。

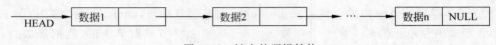

图 11.2　链表的逻辑结构

一般来说,链表中各数据结点的存储序号是不连续的,并且各结点在存储空间中的位置关系与逻辑关系也不一致,各数据元素之间的前后件关系是由各结点的指针域来指示的。当HEAD=NULL(或 0)时称为空表。

对于链表,可以从头指针开始,沿各结点的指针扫描到链表中的所有结点。

在 C 语言中,定义链表结点结构的一般形式为:

```
struct 结构体名
{  数据成员表;
    struct 结构体名  *指针变量名;
};
```

例如:

```
struct node
{  char   name[10];              /* 数据域 */
    char   gender;               /* 数据域 */
    struct node * next;          /* 指针域 */
};
```

在上述定义的结点类型中,数据域包含两个数据项成员:一是包含 10 个字符的数组name[10](即字符串)用于存放姓名;二是字符类型数据 gender,用于存放性别。其中成员next 是一个结构体 node 类型的指针,用于指向下一个结点。

2. 结点的动态分配

可以利用 malloc 函数向系统申请分配链表结点的存储空间。例如:

```
struct node
{  int   d;
    struct node * next;
};
struct node * p;
p = (struct node * )malloc(sizeof(struct node));
```

申请了一个结构体 node 类型数据的动态存储空间,并将申请得到的存储空间首地址赋给结构体 node 类型的指针变量 p。

可以用函数“free(p);”释放由 p 指向的结点存储空间。

例如,下面的程序段定义了一种结点类型 node;并定义了该类型的指针变量 p(用于指向该种结点类型的存储空间的首地址);然后申请分配该结点类型的一个存储空间,并用指针变量 p 指向这个申请得到的存储空间,存储空间用完后,最后释放该存储空间。

```
# include < stdlib. h >              /* malloc 函数需要包含头文件 stdlib. h */
struct node                          /* 定义结点类型 */
{  int d;                            /* 数据域 */
   struct node * next;               /* 指针域 */
};
main()
{  struct node * p;                  /* 定义该类型的指针变量 p */
   …
   p = (struct node * )malloc(sizeof(struct node));   /* 申请分配结点存储空间 */
   …
   free(p);                          /* 释放结点存储空间 */
}
```

例 11.10 下列 C 程序的功能是:建立一个链表,其元素值依次为从键盘输入的正整数(以输入一个非正整数结束输入),然后依次输出链表中的各元素值。

```
# include < stdio. h >
# include < stdlib. h >
struct node                          /* 定义结点类型 */
{  int  d;
   struct node * next;
};
main()
{  int x;
   struct node * head, * p, * q;
   head = NULL;                      /* 置链表空 */
   q = NULL;
   scanf(" % d", &x);                /* 输入一个正整数 */
   while(x > 0)                      /* 若输入值大于 0 */
   {    p = (struct node * )malloc(sizeof(struct node));   /* 申请一个结点 */
        p -> d = x;                  /* 置当前结点的数据域为输入的正整数 x */
        p -> next = NULL;            /* 置当前结点的指针域为空 */
        if (head == NULL)
             head = p;               /* 若链表为空,则将头指针指向当前结点 p */
        else   q -> next = p;        /* 将当前结点链接在链表最后 */
        q = p;                       /* 置当前结点为链表最后一个结点 */
        scanf(" % d", &x);
   }
   p = head;
   while(p != NULL)                  /* 从链表的第一个结点开始,打印各结点的元素值,并删除 */
   {    printf(" % 5d", p -> d);     /* 打印当前结点中的数据 */
        q = p;   p = p -> next;      /* 删除当前结点 */
        free(q);                     /* 释放删除的结点空间 */
   }
   printf("\n");
}
```

程序的运行结果为:

```
5  4  3  1  2  -1
5  4  3  1  2
```

11.4.2　链表的基本运算

可以对链表进行各种运算,下面主要介绍如何在链表中查找,如何在链表中插入一个结点、删除一个结点、打印整个链表以及链表的逆转。

1. 在链表中查找指定元素

在对链表进行插入或删除的运算中,首先需要找到插入或删除的位置,这就需要对链表进行扫描查找,在链表中寻找包含指定元素值的前一个结点。当找到包含指定元素的前一个结点后,就可以在该结点后插入新结点或删除该结点后的一个结点。

下面是在非空链表中寻找包含指定元素值的前一个结点的 C 语言描述。

```
struct node                      /* 定义结点类型 */
{   ET  d;                       /* ET 为数据元素类型名 */
    struct node * next;
};
/* 在头指针为 head 的非空链表中寻找包含元素 x 的前一个结点 p(结点 p 作为函数值返回) */
struct node * lookst(struct node * head, ET x)
{   struct node * p;             /* 注意: 调用本函数时 head 不能为 NULL */
    p = head;
    while((p->next != NULL) && (p->next->d != x))
        p = p->next;
    return p;
}
```

在这个算法中,从头指针指向的结点开始往后沿指针链进行扫描,直到后面已没有结点或下一个结点的数据域为 x 为止。因此,由这个算法返回的结点值 p 有两种可能:当链表中存在包含元素 x 的结点时,则返回的 p 指向第一次遇到的包含元素 x 的前一个结点;当链表中不存在包含元素 x 的结点时,则返回的 p 指向链表中的最后一个结点。

2. 链表的插入

链表的插入是指在原链表中的指定元素之前插入一个新元素。

为了要在链表中插入一个新元素,首先要给该元素分配一个新结点 p,以便用于存储该元素的值。新结点 p 可以用 malloc() 函数申请,然后将存放新元素值的结点链接到链表中指定的位置。

要在链表中包含元素 x 的结点之前插入一个新元素 b,其插入过程如下。

(1) 用 malloc() 函数申请取得新结点 p,并置该结点的数据域为 b,即令 p->d=b。

(2) 在链表中寻找包含元素 x 的前一个结点,设该结点的存储地址为 q,链表如图 11.3(b) 所示。

(3) 最后将结点 p 插入到结点 q 之后。为了实现这一步,只要改变以下两个结点的指针域内容。

① 使结点 p 指向包含元素 x 的结点(即结点 q 的后件结点),即令

```
p->next = q->next;
```

② 使结点 q 的指针域内容改为指向结点 p,即令

```
q->next = p;
```

这一步的结果如图 11.3(c)所示。至此插入就完成。

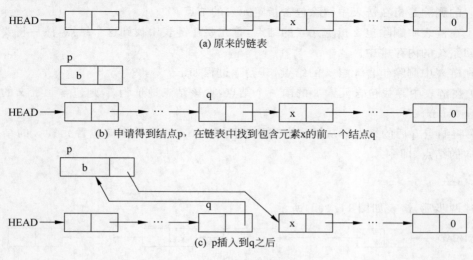

(a) 原来的链表

(b) 申请得到结点p，在链表中找到包含元素x的前一个结点q

(c) p插入到q之后

图 11.3 链表的插入

由链表的插入过程可以看出，链表在插入过程中不发生数据元素移动的现象，只需改变有关结点的指针指向即可，这比起在数组中插入元素，大大提高了执行效率。

下面给出在链表中包含元素 x 的结点之前插入新元素 b 的 C 程序：

```
# include < stdio. h >
# include < stdlib. h >
struct node                          /* 定义结点类型 */
{  ET  d;                            /* 数据元素类型 */
   struct node * next;
};
/* 在头指针为 head 的链表中包含元素 x 的结点之前插入新元素 b */
/* 注意：因为函数 inslst 中要修改 head 的值，因此给函数传来的是 head 的内存地址，
    所以出现了形参 struct node ** head,后面的删除函数也是如此 */
void inslst(struct node ** head, ET x, ET b)
{  struct node * p, * q;
   p = (struct node * )malloc(sizeof(struct node));    /* 申请一个新结点 p */
   p - > d = b;                                         /* 置结点的数据域 */
   if ( * head == NULL)                                 /* 链表为空 */
   {   * head = p;
      p - > next = NULL;
      return;
   }
   if (( * head) - > d == x)                           /* 在第一个结点前插入 */
   {   p - > next = * head;
       * head = p;
       return;
   }
   q = lookst( * head, x) ;                            /* 寻找包含元素 x 的前一个结点 q */
   p - > next = q - > next;   q - > next = p;          /* 结点 p 插入到结点 q 之后 */
   return;
}
```

3. 链表的删除

链表的删除是指在链表中删除包含指定元素的结点。

为了在链表中删除包含指定元素的结点,首先要在链表中找到这个结点,然后将要删除结点释放回系统的内存堆中。

要在链表中删除包含元素 x 的结点,其删除过程如下。

(1) 在链表中寻找包含元素 x 的前一个结点,设该结点地址为 q,则包含元素 x 的结点地址 p＝q—>next。

(2) 将结点 q 后的结点 p 从链表中删除,即让结点 q 的指针指向包含元素 x 的结点 p 的指针指向的结点,即令

```
q->next = p->next;
```

经过上述两步后,链表如图 11.4(b)所示。

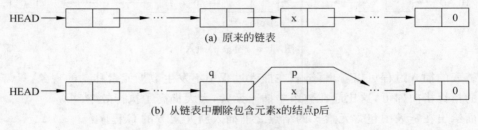

(a) 原来的链表

(b) 从链表中删除包含元素x的结点p后

图 11.4　链表的删除

(3) 将包含元素 x 的结点 p 释放。至此,链表的删除运算完成。

从链表的删除过程可以看出,在链表中删除一个元素后,不需要移动表的数据元素,只需改变被删除元素所在结点的前一个结点的指针域即可,这比起在数组中删除元素,也大大提高了执行效率。另外,当从链表中删除一个元素后,该元素的存储结点就变为空闲,应将该空闲结点释放。

下面给出在链表中删除包含元素 x 的结点的 C 程序:

```c
# include < stdio. h >
# include < stdlib. h >
struct node                              /* 定义结点类型 */
{  ET   d;                               /* 数据元素类型 */
   struct node * next;
};
/* 在头指针为 head 的链表中删除包含元素 x 的结点 */
void delst(struct node ** head, ET x)
{  struct node  * p, * q;
   if ( * head == NULL)                   /* 链表为空 */
   {   printf("This is a empty list!\n");
       return;
   }
   if (( * head) ->d == x)                /* 删除第一个结点 */
   {  p = ( * head) ->next;
       free( * head);                      /* 释放要删除的结点 */
       * head = p;
       return;
```

```
    }
    q = lookst( * head, x);                  /* 寻找包含元素 x 的前一个结点 q */
    if (q-> next == NULL)                     /* 链表中没有包含元素 x 的结点 */
    {   printf("No this node in the list!\n");
        return;
    }
    p = q-> next;   q-> next = p-> next;      /* 删除结点 p */
    free(p) ;                                 /* 释放要删除的结点 p */
    return;
}
```

4. 链表的打印

链表的打印是指在将链表中各结点的元素值顺序输出。C 程序为：

```
void printlst(struct node   * head)
{   struct node   * p = head;
    /* 从链表的第一个结点开始,打印各结点的元素值 */
    while(p != NULL)
    {   printf("% d   ", p-> data);            /* 打印当前结点中的数据 */
        p = p-> next;
    }
    printf("\n");
}
```

5. 链表的逆转

链表的逆转是指让链表的头指针 head 指向链表的最后一个结点,所有结点的指针域都指向前一个结点,而链表的头结点指针置为 NULL,变成逆转后的链表尾,如图 11.5 所示。

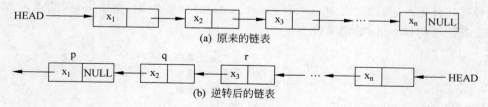

(a) 原来的链表

(b) 逆转后的链表

图 11.5 链表的逆转

C 程序为：

```
void reverselst(struct node   ** head)
{   struct node   * p, * q, * r;
    p = * head;
    if (p == NULL) return;
    q = p-> next;                             /* q 指向 p 的下一个结点 */
    p-> next = NULL;                          /* 设置原链表头结点指针为 NULL */
    while (q != NULL)
    {   r = q-> next;                         /* r 指向 q 的下一个结点 */
        q-> next = p;                         /* q 的指针域指向前一个结点 p */
        p = q;   q = r;                       /* 3 个指针依次递推,为下一次循环做好准备 */
    }
    * head = p;                               /* head 指向原链表的尾结点,完成逆转 */
    return;
}
```

11.4.3　多项式的表示与运算

设多项式为

$$P_n(x)=a_n x^n+a_{n-1}x^{n-1}+\cdots+a_1 x+a_0$$

n 次多项式共有 n+1 项,在计算机中表示这个多项式时,可以用一块连续的存储空间(例如,在 C 语言中可以用一维数组)来依次存放这 n+1 个系数 $a_i(i=0,1,\cdots,n)$。显然,在这种表示方式中,即使某次项的系数为 0,该系数也必须要存储。当多项式中存在大量的零系数时,这种表示方式就太浪费存储空间。为了有效而合理地利用存储空间,可以用链表来存放多项式。

在采用链表表示多项式时,将多项式中每一个非零系数的项构成链表中的一个结点,而对于系数为零的项就不用考虑。多项式中非零系数项所构成的结点如图 11.6 所示。其中数据域有两项:EXP(i)表示该项的指数值;COEF(i)表示该项的系数。指针域 NEXT(i)表示下一个非零系数项的结点序号。

i	EXP(i)	COEF(i)	NEXT(i)

图 11.6　多项式非零系数项的结点结构

多项式链表中的每一个非零项结点结构用 C 语言描述如下:

```
struct node                         /* 定义结点类型 */
{   int exp;                        /* 指数为正整数 */
    double coef;                    /* 系数为双精度型 */
    struct node * next;             /* 指针域 */
};
```

此种描述并不一定最好,因为 sizeof(struct node)的结果是 24,每个 node 结点占 24 字节的内存。若把结构体 node 的定义改为:

```
struct   node                       /* 定义结点类型 */
{   double coef;                    /* 系数为双精度型 */
    int exp;                        /* 指数为正整数 */
    struct node   * next;           /* 指针域 */
};
```

也就是把 exp 和 coef 的顺序交换一下,sizeof(struct node)的结果变成 16,这样做不仅不影响使用,而且不需要用♯pragma pack(4)强制对齐。

在用链表表示多项式时,多项式中各非零系数项所对应的结点按指数域降幂链接,并且可以链接成线性单链表的形式,也可以链接成循环链表的形式。

设表示非零系数项的多项式为

$$P_m(x)=a_m x^{e_m}+a_{m-1}x^{e_{m-1}}+\cdots+a_1 x^{e_1}$$

其中 $a_k\neq0(k=1,2,\cdots,m),e_m>e_{m-1}>\cdots>e_1\geqslant0$。

若用链表表示,其逻辑状态如图 11.7 所示。

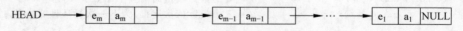

图 11.7　多项式的链表表示

多项式的运算主要有以下 4 种。

（1）多项式链表的生成。

（2）多项式链表的释放。

（3）多项式的输出。

（4）多项式的相加。

下面分别简单介绍一下。

1. 多项式链表的生成

多项式链表的生成过程如下：

按降幂顺序以数对的形式依次输入多项式中非零系数项的指数 e_k 和系数 $a_k(k=m,m-1,\cdots,1)$，最后以输入指数值 -1 为结束。对于每一次的输入，申请一个结点，填入输入的指数值与系数值后，将该结点链接到链表的末尾。算法的 C 语言描述为：

```
# include < stdio. h >
# include < stdlib. h >
struct node                                    /* 定义结点类型 */
{  double coef;                                 /* 系数为双精度型 */
   int exp;                                     /* 指数为正整数 */
   struct node * next;                          /* 指针域 */
};
struct node * inpoly()                          /* 函数返回多项式链表头指针 */
{  struct node  * head = NULL, * p, * k = NULL;
   int  e;
   double  a;
   printf("input exp and coef: ");
   scanf(" % d % lf", &e, &a);                  /* 输入指数与系数 */
   while (e > = 0)                              /* 指数值非负 */
   {   p = (struct node * )malloc(sizeof(struct node)); /* 申请一个新结点 p */
       p - > exp = e;  p->coef = a;             /* 填入指数值与系数值 */
       p - > next = NULL;
       if (head == NULL)                        /* 链表为空 */
           head = p;                            /* 头指针指向新结点 */
       else
           k - > next = p;                      /* 原链尾结点指针指向新结点 */
       k = p;                                   /* 记住新的链尾 */
       printf("input exp and coef: ");
       scanf(" % d % lf", &e, &a);              /* 输入下一对指数与系数 */
   }
   return(head);
}
```

2. 多项式链表的释放

从表头开始，逐步释放链表中的各结点。算法的 C 语言描述为：

```
# include < stdlib. h >
struct node                                    /* 定义结点类型 */
{  double coef;                                 /* 系数为双精度型 */
   int exp;                                     /* 指数为正整数 */
   struct node * next;                          /* 指针域 */
};
```

```
void delpoly(struct node * head)                          /* 多项式链表的释放 */
{   struct node * p, * k;
    k = head;
    while (k != NULL)
    {   p = k -> next;
        free(k);
        k = p;
    }
    return;
}
```

3. 多项式的输出

从表头结点开始,以数对的形式顺链输出各结点中的指数域与系数域的内容。算法的 C 语言描述为:

```
# include < stdio. h >
# include < stdlib. h >
struct node                                               /* 定义结点类型 */
{   double coef;                                          /* 系数为双精度型 */
    int exp;                                              /* 指数为正整数 */
    struct node * next;                                   /* 指针域 */
};
void outpoly(struct node * head)                          /* 多项式的输出 */
{   struct node * p;
    p = head;
    while (p != NULL)
    {   printf("( %d, %lf)\n", p -> exp, p -> coef);
        p = p -> next;
    }
    return;
}
```

4. 多项式的相加

设两个多项式分别为 $A_m(x)$ 与 $B_n(x)$,且

$$A_m(x) = a_m x^{e_m} + a_{m-1} x^{e_{m-1}} + \cdots + a_1 x^{e_1}$$

$$B_n(x) = b_n x^{e'_n} + b_{n-1} x^{e'_{n-1}} + \cdots + b_1 x^{e'_1}$$

其中 $a_i \neq 0 (i=1,2,\cdots,m)$, $b_j \neq 0 (j=1,2,\cdots,n)$,且

$$e_m > e_{m-1} > \cdots > e_1 \geqslant 0, \quad e'_n > e'_{n-1} > \cdots > e'_1 \geqslant 0$$

现在要求它们的和多项式 $C(x)$,即求

$$C(x) = A_m(x) + B_n(x)$$

假设多项式 $A_m(x)$ 与 $B_n(x)$ 已经用链表表示,其头指针分别为 ah 与 bh;和多项式 $C(x)$ 用另一个链表表示,其头指针为 ch。多项式相加的运算规则很简单,只要从两个多项式链表的第一个元素结点开始检测,对每一次的检测结果做如下运算。

(1) 若两个多项式中对应结点的指数值相等,则将它们的系数值相加。如果相加结果不为零,则形成一个新结点后链入头指针为 ch 的链表末尾,然后再检测两个链表中的下一个结点。

　　(2) 若两个多项式中对应结点的指数值不相等,则复抄指数值大的那个结点中的指数值与系数值,形成一个新结点后链入头指针为 ch 的链表末尾,然后再检测指数值小的链表中的当前结点与指数值大的链表中的下一个结点。

　　上述过程一直循环做到两个链表中的一个链表为空,则复抄另一个链表中所有剩余结点到 ch 的链表末尾。算法的 C 语言描述为:

```
# include < stdlib. h >
struct node                               /* 定义结点类型 */
{ double coef;                            /* 系数为双精度型 */
  int exp;                                /* 指数为正整数 */
  struct node * next;                     /* 指针域 */
};
struct node * addpoly(struct node * ah, struct node * bh)
/* 函数返回和多项式链表的头指针 */
{ struct node * k = NULL, * p, * m, * n, * ch = NULL;
  int   e;
  double  d;
  m = ah;
  n = bh;
  while (m!= NULL && n!= NULL)
  {   if (m -> exp == n -> exp)           /* 两个链表当前结点的指数值相等 */
      {   d = m -> coef + n -> coef;       /* 系数相加 */
          e = m -> exp;                    /* 复抄指数 */
          m = m -> next;
          n = n -> next;
      }
      else if (m -> exp > n -> exp)
      {   d = m -> coef; e = m -> exp;     /* 复抄链表 A 中结点的系数值与指数值 */
          m = m -> next;
      }
      else
      {   d = n -> coef;e = n -> exp;      /* 复抄链表 B 中结点的系数值与指数值 */
          n = n -> next;
      }
      if (d != 0)
      {   p = (struct node * )malloc(sizeof(struct node));
          p -> exp = e;   p -> coef = d;   /* 生成一个新结点 */
          p -> next = NULL;
          if (ch == NULL)                  /* 和多项式链表为空 */
              ch = p;                      /* 和多项式链表头指针指向新结点 */
          else
              k -> next = p;               /* 将新结点链接到和多项式链表的末尾 */
          k = p;                           /* 记住和多项式链表的末尾 */
      }
  }
  while(m != NULL)                         /* 复抄链表 A 中剩余结点 */
  {   d = m -> coef;   e = m -> exp;
      m = m -> next;
      if (d!= 0)
      {   p = (struct node * )malloc(sizeof(struct node));
          p -> exp = e;   p -> coef = d;   /* 生成一个新结点 */
```

```
                        p - > next = NULL;
                        if (ch == NULL)              /* 和多项式链表为空 */
                            ch = p;                  /* 和多项式链表头指针指向新结点 */
                        else
                            k - > next = p;          /* 将新结点链接到和多项式链表的末尾 */
                        k = p;                       /* 记住和多项式链表的末尾 */
                    }
                }
            while(n != NULL)                         /* 复抄链表 B 中剩余结点 */
            {   d = n - > coef;  e = n - > exp;
                n = n - > next;
                if (d != 0)
                {    p = (struct node * )malloc(sizeof(struct node));
                     p - > exp = e;  p - > coef = d; /* 生成一个新结点 */
                     p - > next = NULL;
                     if (ch == NULL)                 /* 和多项式链表为空 */
                         ch = p;                     /* 和多项式链表头指针指向新结点 */
                     else
                         k - > next = p;             /* 将新结点链接到和多项式链表的末尾 */
                     k = p;                          /* 记住和多项式链表的末尾 */
                }
            }
            return(ch);
        }
```

编写一个 main 函数调用上述各个函数,程序如下:

```
main()
{   struct node * ah,  * bh,  * ch;
    ah = inpoly();
    bh = inpoly();
    ch = addpoly(ah, bh);
    printf("A is: \n");       outpoly(ah);
    printf("B is: \n");       outpoly(bh);
    printf("C is: \n");       outpoly(ch);
    delpoly(ch);
    delpoly(bh);
    delpoly(ah);
}
```

程序的运行结果为:

```
input exp and coef: 3 5
input exp and coef: 1 3
input exp and coef: 0 2
input exp and coef: - 1  - 1
input exp and coef: 3  - 5
input exp and coef: 2 4
input exp and coef: 1 2
input exp and coef: - 1  - 1
A is:
(3, 5.000000)
(1, 3.000000)
```

```
(0, 2.000000)
B is:
(3, -5.000000)
(2, 4.000000)
(1, 2.000000)
C is:
(2, 4.000000)
(1, 5.000000)
(0, 2.000000)
```

11.5　联合体

在程序设计中,有时为了方便,要将各种不同的数据(数据类型可以相同,也可以不同)存放到同一段存储单元中,即在存储空间中它们具有相同的首地址。C语言中的联合数据类型可以满足这种需要。联合体又称为共用体,意为各种不同数据共用同一段存储空间。

与结构体类似,为了定义联合体类型变量,首先要定义联合体类型,说明该联合体类型中包括哪些成员,它们各属于哪种数据类型,再定义该类型的变量。

定义联合体数据类型的一般形式为:

```
union   联合体名
{ 成员表 };
```

例如:

```
union  w
{   int  k;
    double  d;
    char  c;
};
```

定义了一个联合体类型w,包括代表整型量的成员k、代表双精度型量的成员d和代表字符型量的成员c。这些成员的数据存放在具有相同首地址的存储单元中。定义了联合体类型w后,就可以定义该类型的变量。例如:

```
union w  x, y, z;
```

定义了联合体类型w的3个变量x, y, z,它们之中各自既可以存放整型数据,也可以存放双精度型数据,还可以存放字符型数据,具体存放何种类型的数据,视程序设计的需要而定。

虽然联合体与结构体在定义形式上类似,但它们在存储空间的分配上是有本质区别的。C编译系统在处理结构体类型变量时,按照定义中各个成员所需要的存储空间的总和来分配存储单元,其中各成员的存储位置是不同的。而C编译系统在处理联合体类型变量时,是按定义中需要存储空间最大的成员来分配存储单元,其他成员也使用该空间,它们的首地址是相同的。例如,在上面的定义中,为联合体类型w的变量x所分配的字节数与一个double变量所占的字节数相同,这样大的存储空间既能存放得下double数据,也能存放得下整型或字符型数据。

与结构体类型变量的定义类似,在定义联合体类型变量时,不仅可以将类型的定义与变量的定义分开(如前面的定义),也可以在定义联合体类型的同时定义该类型的变量,或者直接定义联合体类型变量。例如:

```
union  w
{   int  k;
    double  d;
    char  c;
} x, y, z;
```

在定义联合体类型 w 的同时又定义了该类型的 3 个变量 x,y,z。又如:

```
union
{   int  k;
    double  d;
    char  c;
} x, y, z;
```

定义了无名联合体类型的 3 个变量 x,y,z。

与结构体变量一样,在程序中不能直接引用联合体变量本身,而只能引用联合体变量中的各成员。引用的联合体变量成员的一般形式为:

联合体变量名.成员名

例如,在上面的定义下,赋值语句

```
x.d = 2.75;
```

表示将双精度常量赋给联合体类型(w)变量 x 的成员 d。又如,赋值语句

```
x.c = 'A';
```

表示将字符型常量'A'赋给联合体类型(w)变量 x 的成员 c。

下面对联合体类型变量做几点说明。

(1) 由于一个联合体变量中的各成员共用一段存储空间,因此,在任一时刻,只能有一种类型的数据存放在该变量中。即在任一时刻,只有一个成员的数据有意义,其他成员的数据是没有意义的。

(2) 在引用联合体变量中的成员时,必须保证数据的一致。例如,如果最近一次存入到联合体变量中的是整型成员的数据,则在下一次取数时,也只能取该变量中整型成员中的数据,而取该变量中的其他类型成员中的数据一般是没有意义的。例如,在上面的定义下,有两个连续的语句如下:

```
x.k = 5;   y.d = x.d;
```

其中第二个赋值语句是没有意义的,因为在取变量 x 中双精度型成员 d 的值之前,放在变量 x 中的是整型成员 k 的值。

(3) 联合体类型与结构体类型可以互相嵌套,即联合体类型可以作为结构体类型的成员,结构体类型也可以作为联合体类型的成员。

11.6 枚举类型与自定义类型名

11.6.1 枚举类型

在有些应用中,某些变量的取值是有限几个。例如,如果程序中的一个变量主要用以存放一个星期中的某一天,则该变量的取值只有 7 个。又如,用于存放颜色的变量取值也只有有限几个。在这种情况下,可以将这些变量定义为枚举类型。

在 C 语言中,定义枚举类型的变量有以下 3 种方法。

(1) 先定义枚举类型名,然后定义该枚举类型的变量。

定义枚举类型名的一般形式为:

```
enum  枚举类型名{ 枚举元素列表 };
```

其中在枚举元素列表中依次列出了该类型中所有的元素(即枚举常量),如果在定义中没有显式地给出这些元素的值,则这些元素依次取值为 0,1,2,…。

定义枚举类型名以后就可以定义该枚举类型的变量,其定义形式为:

```
enum  枚举类型名   变量表;
```

例如:

```
enum  week{sun, mon, tue, wed, thu, fri, sat};
```

定义了枚举类型 week,在这种类型中,共有 7 个常量元素,分别为 sun(表示星期日,取值为 0),mon(表示星期一,取值为 1),tue(表示星期二,取值为 2),wed(表示星期三,取值为 3),thu(表示星期四,取值为 4),fri(表示星期五,取值为 5),sat(表示星期六,取值为 6)。定义了该枚举类型 week 后,就可以定义该类型的变量了。例如:

```
enum  week  a, b;
```

定义了枚举类型 week 的两个变量 a 与 b,这两个变量中只能存放 sun,mon,tue,wed,thu,fri,sat 这 7 个常量元素之一。又如:

```
enum  color{red, yellow, blue, green, white, black};
```

定义了枚举类型 color,在这种类型中,共有 6 个常量元素,分别为 red(表示红色,取值为 0),yellow(表示黄色,取值为 1),blue(表示蓝色,取值为 2),green(表示绿色,取值为 3),white(表示白色,取值为 4),black(表示黑色,取值为 5)。定义了该枚举类型 color 后,就可以定义该类型的变量了。例如:

```
enum  color  x, y;
```

定义了枚举类型 color 的两个变量 x 与 y,这两个变量中只能存放 red,yellow,blue,green,white,black 这 6 个常量元素之一。

(2) 在定义枚举类型的同时定义该枚举类型的变量。

这种定义方法的一般形式为:

```
enum  枚举类型名{ 枚举元素列表 }变量表;
```

例如：

```
enum   week {sun, mon, tue, wed, thu, fri, sat} a, b;
```

又如：

```
enum   color {red, yellow, blue, green, white, black} x, y;
```

（3）直接定义枚举类型变量。

定义方法的一般形式为：

```
enum  { 枚举元素列表 } 变量表；
```

例如：

```
enum {sun, mon, tue, wed, thu, fri, sat} a, b;
```

又如：

```
enum {red, yellow, blue, green, white, black} x, y;
```

前面说过，枚举类型变量的取值范围仅限于枚举类型定义时在枚举元素列表中所列出的那些常量元素，在对枚举类型变量赋值时，就可以直接将这些常量元素赋给枚举类型变量。例如，在上面的定义中，下列赋值语句是合法的：

```
x = blue;   a = mon;   b = fri;   y = black;
```

在使用枚举类型数据时，要注意以下几个问题。

（1）不能对枚举元素赋值，因为枚举元素本身就是常量（即枚举常量）。在上面的定义中，下列赋值语句都是错误的：

```
mon = 1;   blue = 0;
```

（2）虽然在程序中不能对枚举元素赋值，但实际上，每个枚举元素都有一个确定的整型值。如果在定义枚举类型时没有显式地给出各枚举元素的值，则这些元素的值按列出的顺序依次取值为 $0,1,2,\cdots$。但 C 语言还允许在对枚举类型定义时显式地给出各枚举元素的值。当然各枚举元素的取值不能相同。例如：

```
enum   color{red = 4, yellow = 2, blue = 3, green = 0, white = 5, black = 1};
```

（3）C 语言允许将一个整型值经强制类型转换后赋给枚举类型变量。例如：

```
enum   week{sun, mon, tue, wed, thu, fri, sat}a, b;
a = (enum  week)1;   b = (enum  week)6;
```

等价于

```
enum   week{sun, mon, tue, wed, thu, fri, sat}a, b;
a = mon;   b = sat;
```

下面举例说明枚举类型变量的使用。

例 11.11   下列 C 程序的功能是，根据键盘输入的一周中的星期几（整数值），输出其英文名称。

```
# include < stdio. h>
main()
{ int  n;
  enum week{sun, mon, tue, wed, thu, fri, sat} weekday;
  printf("input n: ");
  scanf("%d", &n);
  if ((n> = 0) && (n< = 6))
  {    weekday = (enum week)n;
       switch(weekday)
       {   case sun: printf("Sunday\n"); break;
           case mon: printf("Monday\n"); break;
           case tue: printf("Tuesday\n"); break;
           case wed: printf("Wednesday\n"); break;
           case thu: printf("Thursday\n"); break;
           case fri: printf("Friday\n"); break;
           case sat: printf("Saturday\n"); break;
       }
  }
  else printf("ERR!\n");
}
```

程序的运行结果为:

```
input n:4
Thursday
```

需要指出的是,要实现本例的功能,不用枚举类型变量也能实现。读者可参照例 10.13 用字符指针数组来实现。

11.6.2　自定义类型名

在一个 C 程序中,可以使用 C 提供的标准数据类型名(如 int,char,float,double 等),也可以使用用户自己定义的数据类型名(如结构体类型、联合体类型、枚举类型等)。除此之外,C 语言还允许用 typedef 声明新的类型名来代表已有的类型名,称为自定义类型名。

自定义类型名的一般形式为:

```
typedef   原类型名   新类型名;
```

它指定用新类型名代表原类型名。例如:

```
typedef  int   INTEGER;
typedef  float  REAL;
```

指定了用 INTEGER 代表 int 类型,用 REAL 代表 float 类型。经过这样指定后,定义语句:

```
INTEGER  k, j;   REAL  x, y;
```

与

```
int  k, j;   float  x, y;
```

等价,同样定义了两个整型变量 k 与 j,两个单精度实型变量 x 与 y。又如:

```
typedef   struct
```

```
{    int   num;
     char   name[10];
     float   score;
}   STU;
```

指定了用 STU 代表其定义的结构体类型。经过这样指定后,就可以用 STU 来定义该结构体类型的变量了。如:

```
STU   stu[10], * p;
```

定义了一个结构体类型的数组 stu 与指向结构体变量的指针 p。

另外,还可以用 typedef 来声明数组类型。例如:

```
typedef   int   NUM[100];
```

指定了用 NUM 代表具有 100 个整型元素的整型数组类型。指定了该整型数组类型后,就可以定义该数组类型的变量了。如:

```
NUM   x, y;
```

定义了整型数组类型的两个变量 x 与 y,在这两个变量中均包含 100 个整型元素,即实际上定义了两个长度均为 100 的整型一维数组 x 与 y。

另外,还可以用 typedef 来声明指针类型。例如:

```
typedef struct node
{   int value;
    struct node * next;
}   * PNODE;
```

则 PNODE 代表 struct node * 类型。若有定义:

```
PNODE   p, * q;
```

则 p 是一个 struct node 指针,等价于定义"struct node * p;"。而 q 是一个指向 struct node 指针的指针,等价于定义"struct node ** q;"。

另外,如果有定义:

```
typedef struct node
{   int value;
    struct node * left, * right;
} node;
```

自定义类型名可以和结构体类型同名,并可以同时用来定义结构体变量,例如:

```
node a;
struct node b;
```

注意:利用 typedef 声明只是对已经存在的类型增加了一个类型名,而没有定义新的类型。另外,在用 typedef 指定新类型名时,习惯上将新类型名用大写字母表示,以便与系统提供的标准类型标识符相区别。而且,自定义类型 typedef 只是为了用户书写程序的方便,把书写复杂的类型另起一个别名,使程序简洁易读,但并不能提高程序的运行效率。

练习 11

1. 编写一个 C 程序,要求定义一个有关日期的结构体类型变量(包括年、月、日),从键盘为该变量中的各成员输入数据,然后再将输入的日期以"2018-11-15"的形式输出。

2. 建立一个学生情况登记表的表格空间(学生人数最多为 20),包括学号、姓名、5 门课程的成绩与总分。在主函数中调用以下函数实现指定的功能:

(1) 输入 n 个学生的数据(不包括总分),其中 n(≤20)在主函数中从键盘输入。

(2) 计算每个学生的总分。

(3) 按总分进行排序。

(4) 显示输出给定学号学生的所有信息,其中学号在主函数中从键盘输入。

3. 编写一个 C 程序,根据键盘输入的非负整数值,显示输出颜色的英文名称。

4. 编制一个 C 程序,定义一个长度为 10 的联合体类型数组。首先从键盘输入一个标志,标志值为 0 时表示输入五分制成绩(整型),标志值为 1 时表示输入百分制成绩(单精度实型),然后从键盘输入 10 个成绩存放到数组中,最后输出这些成绩。

5. 编写一个 C 函数,功能是计算给定链表的长度。

6. 设有两个有序线性单链表,头指针分别为 ah 与 bh。编写一个 C 函数,将这两个有序链表合并为一个头指针为 ch 的有序链表。

7. 设有一个链表,其结点值均为正整数,且按值从大到小链接。编写一个 C 函数,将该链表分解为两个链表,其中一个链表中的结点值均为奇数,而另一个链表中的结点值均为偶数,且这两个链表均按值从小到大链接。

8. 设有一个链表,其结点值均为整数,且按绝对值从小到大链接。编写一个 C 函数,将此链表中的结点按值从小到大链接。

9. 设有一个链表,其结点值均为正整数。编写一个 C 函数,反复找出链表中结点值最小的结点,并输出该值,然后将该结点从链表中删除,直到链表空为止。

10. 给定学生成绩登记表如表 11.4 所示。编写一个 C 程序,用冒泡排序对该学生成绩表按成绩(grade)从低到高进行排序。

表 11.4　学生成绩登记表

学号(num)	姓名(name)	成绩(grade)
02	Lin	92
03	Zhang	87
04	Zhao	72
05	Ma	91
09	Zhen	85
11	Wang	100
12	Li	86
13	Xu	83
16	Mao	78
17	Hao	95
20	Lu	82

学号(num)	姓名(name)	成绩(grade)
21	Song	76
22	Wu	88

具体要求如下。

(1) 定义一个结构体数组表示学生成绩登记表,其中的每个元素依次存放表 11.4 中各学生的情况。

结构体类型为:

```
struct student
{ int num;
  char name[10];
  int grade;
};
```

(2) 在程序中另外定义一个结构体指针数组,在排序前,其中每一个数组元素依次指向学生成绩登记表(为结构体类型数组)中的各学生情况。

(3) 在程序中,首先输出排序前的学生情况,然后输出排序后的结果。输出形式如表 11.4 所示,但不要表中的框线。

(4) 将冒泡排序的功能独立编写成一个函数。

方法说明:

在实际排序的过程中,并不需要交换学生成绩登记表中的各学生情况,只需要交换另一指针数组中的各指针。因此,排序的最后结果,学生成绩登记表中各学生情况之间的存储顺序并没有改变,只是指针数组中各元素顺序指向的各学生情况是按成绩有序的。

11. 链表基本操作。

具体要求如下。

(1) 定义一个结构体数组表示学生成绩登记表,其中的每个元素依次存放表 11.4 中各学生的情况。

结构体类型为:

```
struct student
{ int num;
  char name[10];
  int grade;
};
```

(2) 对于表 11.4 所示的学生成绩登记表,依次将每个学生的情况作为一个结点插入到链表的链头(即当前插入的结点将成为链表中的第一个结点)。初始时链表为空,即该链表的头指针为空。

结构体类型为:

```
struct stunode
{ int num;
  char name[10];
  int grade;
  struct stunode * next;
};
```

（3）当所有学生情况都插入到链表后，从链头开始，依次输出链表中的各结点值（即每个学生的情况）。输出格式如同表 11.4 所示，但不要表中的框线。

方法说明：

为了给每个学生情况的结点 p 动态分配存储空间，可以用如下语句：

```
p = (struct stunode * )malloc(sizeof(struct stunode));
```

其中 p 为结构体类型 struct stunode 的指针。

另外，为了使用函数 malloc()，应该包含头文件 stdlib.h。

12. 将表 11.4 所示的学生成绩登记表划分成 3 个子表，其中子表 1 登记的是成绩为 90～100 的学生情况，子表 2 登记的是成绩为 80～89 的学生情况，子表 3 登记的是成绩为 70～79 的学生情况。

具体要求如下。

（1）定义一个结构体数组表示学生成绩登记表，其中的每个元素依次存放表 11.4 中各学生的情况。

结构体类型为：

```
struct student
{ int num;
  char name[10];
  int grade;
};
```

（2）划分成的 3 个子表均采用链表结构，链表中各结点的数据域存放学生情况在原登记表中的序号（即结构体数组元素的下标），而不是直接存放学生的成绩情况。

结构体类型为：

```
struct stunode
{ struct student  * data;
  struct stunode  * next;
};
```

（3）最后输出原学生成绩登记表以及划分成的 3 个子表，输出格式如表 11.4 所示，但不要表中的框线。

方法说明：

对于表 11.4 中的各学生成绩 grade，计算

$$k = 10 - int(grade/10)$$

其中 int()表示取整。根据 k 值将学生情况插入到相应的子表中：

① 若 k=0 或 1，则插入到子表 1 中。

② 若 k=2，则插入到子表 2 中。

③ 若 k=3，则插入到子表 3 中。

初始时各子表均为空。当需要将一个学生情况插入到某子表时，首先动态申请一个结点（struct stunode 类型），将该学生情况在原表中的序号（元素下标）存放到结点的数据域中，然后将该结点链接到相应链表的链头。

第12章

文　件

12.1　文件的基本概念

文件是指存储在外存储器上数据的集合。每个文件都有一个名字，称为文件名。一般来说，不同的文件有不同的文件名，计算机操作系统就是根据文件名对各种文件进行存取并进行处理。本节介绍有关文件的几个基本概念。

12.1.1　文本文件与二进制文件

在 C 语言中，根据文件中数据的存储形式，文件一般分为文本文件和二进制文件两种。

文本文件又称为 ASCII 文件。在这种文件中，每个字节存放一个字符的 ASCII 码值。例如一个 short 整数 23145，它由 5 个数字字符组成，在文本文件中为了存储该整数就需要 5 字节，如图 12.1(a)所示。用一般的文本编辑器能编辑、人能读懂的文件是文本文件，比如 short 整数 23145 存放在一个文件中，用文本编辑器打开，就会看到 23145 这个数字串。这种文件是由 ASCII 字节流组成的，又称为流式文件。

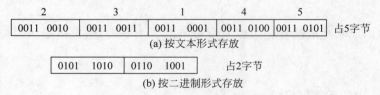

图 12.1　整数 23145 在文件中的两种存储形式

二进制文件中的数据与该数据在计算机内的二进制形式是一致的，其中 1 字节并不代表一个字符。例如，同样的一个 short 整数 23145，化成二进制数为 0101101001101001，因此，它在二进制文件中存一个 short 数只需要占 2 字节就够了，如图 12.1(b)所示。

例如，将

```
int a = 12345,b = 567890; float f = 97.6875f; double f2 = 97.6875;
```

用文本方式写到文本文件 data1.txt 中，用二进制方式写到二进制文件 data2.txt 中，则用文本编辑器打开 data1.txt（文件长度 34 字节），结果如图 12.2 所示。可以看到字符型的 ASCII 数字串：12345 567890 97.687500 97.687500。而用文本编辑器打开二进制文件 data2.txt

（文件长度 20 字节），结果如图 12.3 所示。可以说基本上是无法直接读懂的。真正的意思是：

$12345_{10} = 3039_{16} = 00\ 00\ 30\ 39_{16}$ 对应　$39\ 30\ 00\ 00$　（4 字节颠倒存放）

$567890_{10} = 8AA52_{16} = 00\ 08\ AA\ 52_{16}$ 对应　$52\ AA\ 08\ 00$　（4 字节颠倒存放）

$97.6875_{10} = (0.11000011011)_2 \times 2^7$　的 float $= 42\ C3\ 60\ 00_{16}$

对应　$00\ 60\ C3\ 42$（4 字节颠倒存放）

97.6875_{10} 的 double $= 40\ 58\ 6C\ 00\ 00\ 00\ 00\ 00$

对应 $00\ 00\ 00\ 00\ 00\ 6C\ 58\ 40$　（8 字节颠倒存放）

同样是 97.6875，其 float 和 double 的二进制表示结果是完全不同的。有关 float，double 数的二进制 IEEE 754 存放格式见 2.3.2 节。

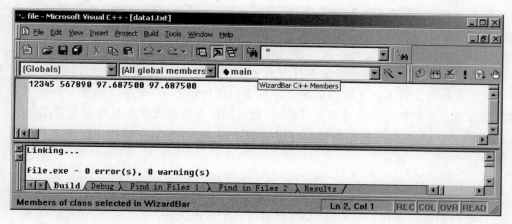

图 12.2　文本文件中的整数和实数

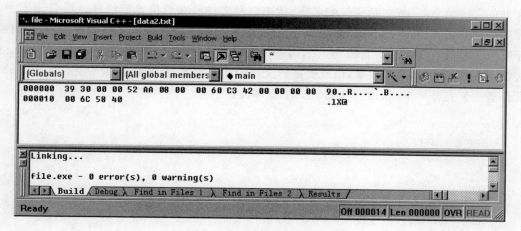

图 12.3　二进制文件中的整数和实数

12.1.2　缓冲文件系统

对文件的处理一般有两种方式，分别称为缓冲文件系统与非缓冲文件系统。

所谓缓冲文件系统是指系统自动地为正在被使用的文件在内存中开辟一个缓冲区。当需要向外存储器中的文件输出数据时，必须先将数据送到为该文件开辟的缓冲区中，当缓冲区满以后才一起送到外存储器中。当需要从外存储器中的文件读入数据进行处理时，首先一次从外存储器将一批数据读入缓冲区(将缓冲区充满),再从缓冲区中将数据逐个读出进行处理。由此可以看出,在缓冲文件系统中,对文件的输入输出是通过为该文件开辟的缓冲区进行的,对文件中数据的处理也是在该缓冲区中进行的。缓冲文件系统又称为高级文件系统。

设置文件缓冲区的好处是:减少程序直接进行 I/O 操作的次数,将每次读写一个数便进行一次 I/O 操作,合并为多次读写仅仅进行一次 I/O 操作,从而提高效率和整个程序的执行速度。因为 I/O 操作是机械操作,不可能每秒钟操作成千上万次,而 CPU 的执行速度通常都在亿次以上,因而过多的 I/O 操作会影响整个程序的执行效率。

设置文件缓冲区的缺点是:由于多次读写合并为一次 I/O 操作,可能会出现,要写出的数据因为先写进缓冲区,还没有真正写到磁盘介质上,如果此时程序非正常终止,会出现缓冲区中的数据丢失,没有真正写到文件中去。也可能出现,如果想把刚写出的数据再读入,因为写出的数据还暂留在输出缓冲区,没有真正写到磁盘介质上,使得读入错误,造成输入输出缓冲区不同步,需要进行输入输出缓冲区同步的问题。

所谓非缓冲文件系统,是指系统不自动为文件开辟缓冲区,而是由用户程序自己为文件设定缓冲区。非缓冲文件系统又称为低级文件系统。这种情况下,程序的每次 I/O 读写都直接访问磁盘介质。实例就是每次计算机开机时,加载操作系统的过程就是非缓冲文件操作。

在 C 语言中,对文件的操作都是通过库函数来实现的,本章主要介绍缓冲文件系统中的文件操作。

12.1.3 文件类型指针

在 C 语言的缓冲文件系统中,用文件类型指针来标识文件。

在缓冲文件系统中,每个被使用的文件都要在内存中开辟一个缓冲区。此缓冲区用于存放文件的有关信息,一般包括文件的名字、状态以及文件所在的位置等信息。在 C 语言中,缓冲区中的这些信息作为一个整体来组织,即每个文件对应一个结构体类型的数据,其中的成员用于存放文件的有关信息。系统将该结构体类型定义为 FILE(注意:是英文大写字母,结构体类型 FILE 在 stdio. h 中定义,因此要进行文件操作必须要 include 系统头文件 stdio. h),简称文件类型。打开 stdio. h 文件会看到如下程序段:

```
struct _iobuf {
    char    * _ptr;
    int     _cnt;
    char    * _base;
    int     _flag;
    int     _file;
    int     _charbuf;
    int     _bufsiz;
    char    * _tmpfname;
};
typedef  struct _iobuf  FILE;
```

这就是 FILE 的定义。

利用结构体 FILE 类型可以定义文件类型的变量,用于存放缓冲区中的文件信息;也可以定义文件类型的指针,用于指向存放文件信息的缓冲区。

定义文件类型指针的一般形式为:

```
FILE   *指针变量名;
```

其中指针变量名用于指向一个已经打开的文件,实际上是指向文件缓冲区的首地址。例如:

```
FILE   *fp;
```

定义了一个 FILE 类型的指针变量 fp,用它可以指向某一个被打开文件的结构体数据。

一般来说,对文件的操作有以下 3 个方面。

（1）打开文件。在计算机内存中开辟一个缓冲区,用于存放被打开文件的有关信息。

（2）文件处理。包括在缓冲区中读写数据以及定位等操作。

（3）关闭文件。将缓冲区中的内容写回到外存(磁盘、固盘、U 盘等)中,并释放缓冲区。

12.2 文件的基本操作

12.2.1 文件的打开与关闭

1. 文件的打开

在 C 语言中,打开一个文件的一般形式为:

```
FILE   *fp   (或其他指针变量名);
fp = fopen("文件名", "文件使用方式");
```

由此可以看出,为了打开一个文件,首先要为该文件定义一个文件指针,然后用 C 语言提供的 fopen 函数打开文件。fopen 函数有两个参数:"文件名"和"文件使用方式",它们均是字符串。其中"文件名"指出要打开的文件的名字;"文件使用方式"指出以何种方式打开文件。在正常情况下,fopen 函数的主要功能是为需要打开的文件分配一个缓冲区,并返回该缓冲区的首地址。

在 C 语言中,"文件使用方式"可以是如表 12.1 所示的几种对文件的访问形式。

表 12.1　文件的访问形式

文件使用方式	访问形式	说　　明
r	只读	为读打开一个文件。若指定的文件不存在,则返回空指针 NULL
w	只写	为写打开一个新文件。若指定的文件已存在,则其中原有内容被删去;否则创建一个新文件
a	追加写	向文件尾增加数据。若指定的文件不存在,则创建一个新文件
r+	读写	为读写打开一个文件。若指定的文件不存在,则返回空指针 NULL
w+	读写	为读写打开一个新文件。若指定的文件已存在,则其中原有内容被删去;否则创建一个新文件
a+	读与追加写	为读与向文件尾增加数据打开一个文件。若指定的文件不存在,则创建一个新文件

如果在后面附加"b",如:"rb","r+b","wb","w+b","ab","a+b",则表示打开的是二进制文件,否则默认为打开的是文本文件。文本文件可以在后面附加"t",如"rt","r+t","wt","w+t","at","a+t",也可以省略不写"t"。

例如,程序段:

```
FILE   *fp;
```

```
fp = fopen("ABC.TXT", "r + ");
```

与

```
FILE   * fp;
char   * fname = "ABC.TXT";
fp = fopen(fname, "r + ");
```

是等价的,它们都以读写方式打开文本文件 ABC.TXT,若文件 ABC.TXT 不存在,则返回空指针 NULL。

最后需要指出的是,在打开一个文件时,有时会出错。例如,在用"r"或"r+"方式打开一个文件时,要求被打开的文件必须存在,如果不存在,则 fopen()函数会返回一个空指针值 NULL,表示无法完成"打开"任务。或者在打开文件时,如果磁盘出现故障,或者磁盘写保护或已满无法建立新文件,此时也完不成"打开"任务,此时 fopen()函数也返回一个空指针值 NULL。在这种情况下,后面的程序也就无法对文件进行处理。

由于上述原因,在一般的 C 程序中,常采用以下方式来打开文件:

```
# include < stdio.h >
# include < stdlib.h >
FILE   * fp;
     ⋮
if ((fp = fopen("文件名", "文件使用方式")) == NULL)
{    printf("cannot open this file!\n");
     exit(0);                        /* 终止调用过程 */
}
```

在以上述方式打开文件时,如果出现"打开"错误,fopen()函数返回空指针值,程序就会显示以下信息:

```
cannot open this file!
```

并强制退出当前的调用过程。为了使用 exit()函数,必须要 include 系统头文件 stdlib.h。

2. 文件的关闭

对文件操作完成后,必须要关闭文件,否则写到文件中的数据很可能会丢失。

在 C 语言中,关闭文件的一般形式为:

```
int fclose(FILE * fp);
```

fclose 函数的主要功能是将由 fp 指向的缓冲区中的数据存放到外存文件中,然后释放该缓冲区。如果文件成功关闭,fclose 返回 0,否则返回 EOF(即 −1)。

当文件被关闭后,如果再想对该文件进行操作,则必须重新打开它。

虽然 C 语言允许打开多个文件,但由于系统资源的限制,能同时打开的文件个数是有限的。因此,如果不关闭已经处理完的文件,当打开的文件个数很多时,会影响对其他文件的打开操作。因此,建议当一个文件使用完后应立即关闭它。

12.2.2   文件的读写

对文件进行读操作,是指从指定的文件向程序输入数据。

对文件进行写操作,是指将程序中处理好的数据写到指定的文件中。

在 C 语言中,为了实现对文件的读写,提供了字符读写函数、数据块读写函数与格式读写函数等多种函数。

1. 字符读写函数

字符读写函数主要适用于文本文件的读写。

1) 读字符函数 fgetc()

读字符函数的一般形式为:

```
int fgetc(FILE * fp)
```

其中 fp 为文件类型的指针,指向已打开的文件。该函数的功能是,从指定的文件读入一个字符。若读到文件尾或读入不成功,返回值为 EOF。例如:

```
char  c;
     …
c = fgetc(fp);                          /* 假设该文件已打开 */
```

从 fp 指向的文件中读取一个字符赋给字符型变量 c。

例 12.1 从文本文件 a. txt 中顺序读入字符并在屏幕上显示输出。

C 程序如下:

```
# include < stdio. h >
# include < stdlib. h >
main()
{ FILE   * fin;
  char   c;
  if ((fin = fopen("a.txt", "r")) == NULL)
  {    printf("cannot open this file!\n");
       exit(0);
  }
  c = fgetc(fin);                       /* 从文件读取一个字符 */
  while(c != EOF)                       /* EOF 为文件的结束标志 */
  {    putchar(c);                      /* 在屏幕上显示字符 */
       c = fgetc(fin);                  /* 继续从文件读取一个字符 */
  }
  fclose(fin);                          /* 关闭文件 */
}
```

程序中的 EOF 是文本文件的结束标志。

2) 写字符函数 fputc()

写字符函数的一般形式为:

```
int fputc(int c, FILE * fp);
```

其中 fp 为文件类型的指针,指向已打开的文件;c 可以是字符型变量,也可以是字符型常量与字符型表达式。该函数的功能是,将一个字符写到指定的文件中。若写成功,则返回已输出的字符,否则返回文件结束标志 EOF。

例 12.2 从键盘输入的文本原样写到名为 abc. txt 文件中,以输入字符 ♯ 作为键盘输入结束标志。

C 程序如下：

```
# include < stdio. h>
# include < stdlib. h>
main()
{ FILE  * fout;
  char   c;
  if ((fout = fopen("abc.txt", "w")) == NULL)
  {    printf("cannot open this file!\n");
       exit(0);
  }
  c = getchar();                       /*从键盘输入一个字符*/
  while(c != '#')                      /*＃为输入的结束标志*/
  {    fputc(c, fout);                 /*将字符写入文件*/
       c = getchar();                  /*继续从键盘输入一个字符*/
  }
  fclose(fout);                        /*关闭文件*/
}
```

C 语言除了提供读写单个字符的函数外，还提供了读写字符串的函数。

3) 读字符串函数 fgets()

读字符串函数的一般形式为：

```
char * fgets(char * str, int n, FILE * fp);
```

其中 fp 为文件类型的指针，指向已打开的文件；str 是一个字符内存区首地址指针；n 是一个整型变量，也可以是整型常量或整型表达式。该函数的功能是，从指定的文件读入 n−1 个字符存放到由 str 指向的内存空间中，读入结束后，将自动在最后加一个字符串结束符'\0'。例如：

```
char  s[20];
     ⋮
fgets(s, 20, fp);                      /*假设文件 fp 已打开*/
```

从 fp 指向的文件中读取 19 个字符后再加一个字符串结束符'\0'，存放到由 s 指向的存储空间中。

需要指出的是，在执行 fgets() 的过程中，如果在未读满 n−1 个字符时，就已经读到一个换行符或文件结束标志 EOF，则将结束本次读操作，此时读入的字符就不够 n−1 个。但包括回车符也被读入到字符串 str 中。如果读入不成功，函数 fgets 的返回值为 NULL。例如有程序：

```
# include < stdio. h>
# include < string. h>
main()
{ char a[20];
  int n;
  FILE * fp;
  fp = fopen("1.txt", "r");
  for(n = 0; n < 3; n++)
  {   fgets(a ,20, fp);
      printf("% s", a);
```

```
    printf(" % d\n", strlen(a));
    }
    fclose(fp);
}
```

其中 1. txt 文件中数据为：

```
abcdefghijklmnopqr
abcdefghijklmnopqrstuvwxyz
```

最后一行数据后有回车符，运行结果为：

```
abcdefghijklmnopqr
19
abcdefghijklmnopqrs 19
tuvwxyz
8
```

从运行结果可以得知，1. txt 中第 1 行不足 19 个字符（18 个字符），因此 fgets 连回车符也读入到字符串中并输出到了屏幕上。第 2 行超过 19 个字符，因此 fgets 只读入前 19 个字符，fgets 下一次读入了第 2 行剩余的字符连同回车符。

4）写字符串函数 fputs()

写字符串函数的一般形式为：

```
int fputs(char * str, FILE * fp);
```

其中 fp 为文件类型的指针，指向已经打开的文件；str 可以是一个字符串常量，也可以是一个指向字符串的指针，还可以是存放字符串的数组名。该函数的功能是，将指定的字符串写到文件 fp 中。若成功写入一个字符串，函数返回值为非负整数；否则返回 EOF（符号常量，其值为 —1）。例如，语句

```
fputs("How do you do!", fp);                    /* 假设文件 fp 已打开 */
```

的功能是将字符串"How do you do!"写到由 fp 指向的文件中。

需要指出的是，在利用函数 fputs()将字符串写到文件的过程中，字符串中最后的字符串结束符'\0'并不写到文件中，也不会为写到文件中的字符串自动加换行符'\n'。因此，为了便于以后的读入，在写字符串到文件时，必要时可以人为地加入如"\n"这样的格式控制字符串。例如，有如下程序：

```
# include < stdio. h>
main()
{ char a[20];
  int n;
  FILE * fp, * fpout;
  fp = fopen("1. txt", "r");
  fpout = fopen("2. txt", "w");
  for (n = 0; n < 3; n++)
  {   fgets(a, 20, fp);
      fputs(a, fpout);
  }
  fclose(fp);
```

```
        fclose(fpout);
}
```

程序的功能是,循环用读字符串函数 fgets 从文件 1. txt 读入数据到字符串 a,然后用写字符串函数 fputs 写入到 2. txt 文件中。

2. 数据块读写函数

数据块读写函数主要适用于二进制文件的读写。

在具体介绍数据块读写函数之前,先介绍一个判断文件结束函数。

1) 判断文件结束函数 feof()

在前面例 12.1 的程序中读取文件字符时,曾经用文件结束标志 EOF 来判断是否遇到文件结束符。但在 C 语言中,只有文本文件才是以 EOF 作为文件结束标志的,而二进制文件不是以 EOF 作为文件结束标志的。为此,C 语言提供了一个 feof() 函数,专门用来判断文件是否结束。

判断文件结束函数的一般形式为:

```
int feof(FILE * fp)
```

其中 fp 指向已打开的文件。该函数的功能是在读 fp 指向的文件时判断是否遇到文件结束符。如果遇到文件结束,则函数 feof(fp)返回非 0 值;否则返回 0。

feof()函数既可以用来判断二进制文件,也可以用来判断文本文件。例如,例 12.1 中的程序也可以改写为:

```
# include < stdio. h >
# include < stdlib. h >
main()
{ FILE  * fin;
  char  c;
  if ((fin = fopen("a. txt", "r")) == NULL)
  {    printf("cannot open this file!\n");
       exit(0);
  }
  c = fgetc(fin);                    /* 从文件读取一个字符 */
  while(!feof(fin))                  /* 未到文件末尾继续循环 */
  {   putchar(c);                    /* 在屏幕上显示字符 */
      c = fgetc(fin);                /* 继续从文件读取一个字符 */
  }
  fclose(fin);                       /* 关闭文件 */
}
```

程序中的 while 循环的条件! feof(fin)是用来判断是否到达文件末尾。

由此可以看出,对于文本文件来说,既可以用文件结束标志 EOF 来判断文件是否结束,也可以用函数 feof()来判断文件是否结束;但对于二进制文件来说,只能用函数 feof()来判断文件是否结束。

使用函数 feof()进行文件操作,经常会导致在初学者看来莫名其妙的问题。例如,有如下程序:

```
# include < stdio. h >
# include < stdlib. h >
```

```
main()
{  FILE  * fin, * fout;
   char  a[80];
   if ((fin = fopen("a.txt","r")) == NULL)
   {  printf("cannot  open  this  file !\n");
      exit(0);
   }
   if ((fout = fopen("b.txt","w")) == NULL)
   {  printf("cannot  open  this  file !\n");
      exit(0);
   }
   while(!feof(fin))                       /* 判断文件是否结束 */
   {    fgets(a, 80, fin);                 /* 从文件读取一行字符 */
        fputs(a, fout);                    /* 写到另一个文件中 */
   }
   fclose(fout);                           /* 关闭文件 */
   fclose(fin);                            /* 关闭文件 */
}
```

此程序的本意是要完全复制 a.txt 文件的内容到 b.txt。结果如何呢？若文件 a.txt 的内容是：

```
abcdefg
12345
998e929292
ddlldldldldldlldldldldl
```

最后一行行尾有一个回车符。那么所生成的文件 b.txt 的内容会是什么呢？打开 b.txt 文件,其内容是：

```
abcdefg
12345
998e929292
ddlldldldldldlldldldldl
ddlldldldldldlldldldldl
```

看起来最后一行重复多写了一次。原因是：feof(fin)只有当读不成功才置为非 0,此时 while(!feof(fin))才终止,而 fgets 最后一次读并不成功,没有读入任何信息,字符数组 a 仍是上次的内容,因此紧跟在 fgets 后面的 fputs 把上次的字符串又写了一次。因此看起来 feof 函数的作用老是慢一拍。其实无论哪个读写函数,读写后都会有返回值指明读写是否成功。比如,fgets 如果读入不成功,将返回 NULL。可以通过 fgets 函数的返回值是否为 NULL 来确定是否成功读入。因此为了避免出现最后一行重复写的问题,上面程序可以修改为：

```
# include < stdio.h >
# include < stdlib.h >
main()
{  FILE  * fin, * fout;
   char  a[80];
   if ((fin = fopen("a.txt","r")) == NULL)
   {  printf("cannot open this file !\n");
      exit(0);
```

```
        }
        if ((fout = fopen("b.txt","w")) == NULL)
        {   printf("cannot open this file !\n");
            exit(0);
        }
        while(!feof(fin))                    /* 判断文件是否结束,可以改为: while(1) */
        {   if (fgets(a, 80, fin) == NULL)   /* 从文件读取一行字符 */
                break;                       /* 只要读不成功,立刻终止 */
            fputs(a, fout);                  /* 写到另一个文件中 */
        }
        fclose(fout);                        /* 关闭文件 */
        fclose(fin);                         /* 关闭文件 */
    }
```

2) 数据块读函数 fread()

数据块读函数 fread 的功能是,从指定的文件中以二进制格式读入一组数据到指定的内存区。若成功读入,则返回实际读取到的项数(小于或等于 count);如果不成功或读到文件末尾返回 0。

其一般形式为:

```
size_t fread(void * buffer, size_t size, size_t count, FILE * fp);
```

其中:buffer 为存放读入数据的内存首地址;size 为每个数据项的字节数,通常用 sizeof(数据项的数据类型);count 为要读入的数据项个数;fp 为文件类型指针,指向已打开的文件;size_t 是与编译系统相关的类型,32 位编译器应该是 4 字节 long 类型,64 位编译器应该是 8 字节 long long 类型。

例 12.3 编写程序,从二进制文件 b.dat 中读入 4 个整数存放到整型数组 x 中,并将 4 个整数输出到屏幕上。

```
#include <stdio.h>
#include <stdlib.h>
main()
{ FILE   * fp;
  int   x[4];
  if ((fp = fopen("b.dat", "rb")) == NULL)
  {     printf("cannot open this file!\n");
        exit(0);
  }
  fread(x,sizeof(int),4,fp);                /* 也可写为: fread(&x[0],sizeof(int),4,fp); */
  fclose(fp);
  printf("%d %d %d %d\n", x[0], x[1], x[2], x[3]);
}
```

3) 数据块写函数 fwrite()

数据块写函数的功能是,将一组数据以二进制格式写到指定的文件中。若成功写出,则返回实际写出的项数;若函数返回值是 0,则表示本次写不成功。

其一般形式为:

```
size_t fwrite(void * buffer, size_t size, size_t count, FILE * fp);
```

其中：buffer 为输出数据的首地址；size 为每个数据项的字节数，通常用 sizeof(数据项的数据类型)；count 为要写出的数据项个数；fp 为文件类型指针，指向已打开的文件。

例 12.4 编写程序，将一维数组 x 中的元素存放到二进制文件 c. dat 中。

C 程序为：

```
# include < stdio. h >
# include < stdlib. h >
main()
{ FILE  * fp;
  double  x[5] = {1.1, 2.3, 4.5, - 3.6, 9.5};
  if ((fp = fopen("c.dat", "wb")) == NULL)
  {    printf("cannot open this file !\n");
       exit(0);
  }
  fwrite(x, sizeof(double), 5, fp);
  /* 也可写为: fwrite(&x[0], sizeof(double), 5, fp); */
  fclose(fp);
}
```

3. 格式读写函数

格式读写函数主要适用于文本文件的读写。

1) fscanf()函数

该函数的功能是，从指定的文件中格式化读数据。若成功读入，则返回值为读入并进行格式转换且赋值的项数，返回的值中不包括读入但没有成功进行格式转换并赋值的项数。若没有任何项被正确读入，函数值返回 0。若读到文件尾，返回 EOF（即-1）。

其一般形式为：

```
int fscanf(文件指针, 格式控制, 地址表);
```

这个函数与格式输入函数 scanf()很相似，它们的区别就在于，scanf()函数是从键盘输入数据，而 fscanf()函数是从文件读入数据，因此在 fscanf()函数参数中多了一个文件指针，用于指出从哪个文件读入数据。标准输入的设备名为 stdin，因此：

```
fscanf(stdin, 格式控制, 地址表);
```

完全等价于：

```
scanf(格式控制, 地址表);
```

表示从键盘输入数据。

例 12.5 下列 C 程序段的功能是从文本文件 ABC. txt 中按格式读入两个整数，分别赋给整型变量 a 与 b。

```
# include < stdio. h >
# include < stdlib. h >
main()
{ FILE  * fp;
  int  a, b;
  if ((fp = fopen("ABC.txt", "r + ")) == NULL)
  {    printf("cannot  open  this  file !\n");
```

```
        exit(0);
    }
    fscanf(fp, "%d%d", &a, &b);
    printf("%d %d\n", a, b);
    fclose(fp);
}
```

2) fprintf()函数

该函数的功能是,格式化写数据到指定的文件中。若成功写出,则返回写出的项数,否则返回小于等于 0 的数。

其形式为:

```
int  fprintf(文件指针, 格式控制, 输出表);
```

这个函数与格式输出函数 printf()很相似,它们的区别就在于,printf()函数是将数据输出到显示屏幕上,而 fprintf()函数是将数据写到文件中,因此在 fprintf()函数参数中多了一个文件指针,用于指出将数据写到哪个文件中。标准输出的设备名为 stdout,因此:

```
fprintf(stdout, 格式控制, 地址表);
```

完全等价于:

```
printf(格式控制, 地址表);
```

表示将数据输出到显示屏幕上。

例 12.6　下列 C 程序段的功能是,将一个整数与一个双精度实数按格式存放到文本文件 AB. txt 中。

```
# include < stdio. h >
# include < stdlib. h >
main()
{ FILE  * fp;
  int  a;
  double x;
  a = 10; x = 11.4;
  if ((fp = fopen("AB.txt", "w + ")) == NULL)
  {   printf("cannot open this file!\n");
      exit(0);
  }
  fprintf(fp, "%d, %lf", a, x);
  fclose(fp);
}
```

必须指出的是,fprintf()函数与 fscanf()函数是对应的,即在使用 fscanf()函数从文件读数据时,其格式应与用 fprintf()函数将数据写到文件时的格式一致,否则将会导致读写错误。

有关文件读写的函数还有许多,请读者参看附录 B。

12.2.3　文件的定位

为了正确地对文件进行读写操作,在一个文件被打开后,系统就为该文件设置一个读写指针,用于指示当前读写的位置。每当进行一次读写操作后,文件的读写指针也就自动地发生改变,通常指向相应所读写数据在文件中所在位置的后面。并且,C 语言也提供了改变文件读写指针的函数,称为文件定位函数。

C 语言主要有以下几个文件定位函数。

1. rewind()函数

该函数的功能是将文件的读写指针移动到文件的开头。

其形式为:

```
void rewind(FILE * fp);
```

其中 fp 是已经打开的文件指针。rewind 函数无返回值。

2. fseek()函数

该函数的功能是将文件的读写指针移动到指定的位置。

其形式为:

```
int fseek(FILE * fp, long offset, int origin);
```

其中各参数的意义如下。

(1) origin 起始位置是指移动文件读写指针的参考位置,它有以下 3 个值。

① SEEK_SET 或 0:表示文件首。

② SEEK_CUR 或 1:表示当前读写的位置。

③ SEEK_END 或 2:表示文件尾。

(2) offset 偏移量是指以 origin 为基点,读写指针向文件尾方向移动的字节数。注意,这个参数的类型要求为长整型。例如:

```
fseek(fp, 100L, SEEK_SET);
```

表示以文件首为起点,将文件读写指针往文件尾方向移动 100 字节。又如:

```
fseek(fp, 50L, SEEK_CUR);
```

表示将文件读写指针从当前读写位置开始往文件尾方向移动 50 字节。又如:

```
fseek(fp, - 10L, SEEK_END);
```

表示以文件尾为基点,将文件读写指针往文件首方向(向前)移动 10 字节。当偏移量为正数时,表示文件读写指针往文件尾方向(向前)移动,偏移量为负数时,表示文件读写指针往文件首方向(向后)移动。

上述 3 个语句也可以写为:

```
fseek(fp, 100L, 0);
fseek(fp, 50L, 1);
fseek(fp, - 10L, 2);
```

下面通过一个例子说明 fseek 的使用,有如下程序:

```
# include < stdio. h >
# include < stdlib. h >
main()
{   FILE   * fp; int k;
    double   x[5] = {1.1, 2.3, 4.5, - 3.6, 9.5}, y[6] = {0};
```

```
    if ((fp = fopen("cc.dat","w + b")) == NULL)   /* 以二进制写读方式打开文件 */
    {  printf("cannot  open  this  file !\n");
       exit(0);
    }
    fwrite(x, sizeof(double), 5, fp);        /* 将 x 中 5 个 double 数写到文件中 */
    /* 此时文件指针指向最后一个数后的位置 */
    fseek(fp, 0L, SEEK_SET);              /* 此时文件指针移动到文件开始处,为读做好准备 */
    fread(&y[0], sizeof(double), 2, fp);    /* 读入 2 个 double 数到 y[0], y[1]中 */
    /* 此时文件指针指向文件中第 3 个 double 数的开始处 */
    fseek(fp, - 4L * sizeof(double), SEEK_END);
    /* 从文件尾向前移动 4 个 double 数的位置 */
    /* 此时文件指针指向文件中第 2 个 double 数的开始处 */
    fread(&y[2], sizeof(double), 2, fp);    /* 读入 2 个 double 数到 y[2],y[3]中 */
    /* 此时文件指针指向文件中第 4 个 double 数的开始处 */
    fseek(fp, - (long)sizeof(double), SEEK_CUR);
    /* 从文件的当前位置向前移动 1 个 double 数的位置, */
    /* 此时文件指针指向文件中第 3 个 double 数的开始处 */
    fread(&y[4], sizeof(double), 2, fp);    /* 读入 2 个 double 数到 y[4],y[5]中 */
    fclose(fp);
    for (k = 0; k < 6; k++)
       printf("% 4.1f ", y[k]);
}
```

程序的运行结果为:

```
1.1  2.3  2.3  4.5  4.5  - 3.6
```

关于 fseek 的几点注意事项。

(1) 如果成功定位,fseek 返回值为 0,否则,返回一个非零的值。对于那些不能重定位的设备,fseek 的返回值是不确定的。

(2) 可以在一个文件中用 fseek 把指针重定位在任何地方,甚至文件指针可以定位到文件结束符之外,fseek 将清除文件结束符,并忽略先前 ungetc 调用对流的作用。

(3) 若文件是以追加方式被打开的,那么当前文件指针的位置是由上一次 I/O 操作决定的,而不是由下一次写操作在那里决定的。若一个文件是以追加方式打开的,至今还没有进行 I/O 操作,那么文件指针是在文件的开始之处。

(4) 对于以文本方式打开的文件,fseek 的用途是有限的。因为 carriage return-linefeed 的转换(Windows 中对于以文本方式打开的文件,若向文件中写入回车符\n,其 ASCII 值是 0x0D,Windows 系统会自动加一个换行符 0x0A。但二进制方式下如果向文件写入回车符 \n(0x0D),Windows 系统不会自动加换行符 0x0A),会使得 fseek 产生预想不到的结果。在文本方式下,fseek 操作结果如下。

① 相对于任何起始位置,重定位的位移值是 0。

② 从文件起始位置(SEEK_SET)进行重定位,而位移的值是用 ftell 函数返回的值。

(5) 同样在文本方式下,Ctrl+Z 在输入时被当作文件结束符。对于打开进行读写的文件,fopen 和所有相关的函数都在文件尾部检测 Ctrl+Z 字符,如果可能就删除。这么做的原因是,用 fseek 和 ftell 在某个文件中移动文件指针时,若这个文件是用 Ctrl+Z 标记结束的,可能会使得 fseek 在靠近文件尾部时,行为失常(定位变得不确切)。

注意:向文件中写数据,同一个位置上,后写入的数据将覆盖并抹去以前的数据,既不可能在原来的数据前插入数据,新旧数据也不可能在同一个位置上同时存在。

3. ftell()函数

该函数的功能是返回文件的当前读写位置(出错返回-1L)。

其形式为:

```
long ftell(FILE * fp);
```

有如下程序:

```
# include < stdio. h >
main()
{ FILE  * fp;
  char * p = "Hello!";
  fp = fopen("11. txt", "a");
  printf("ftell = % d\n", ftell(fp));
  fprintf(fp, " % s\n", p);
  printf("ftell = % d\n", ftell(fp));
  fclose(fp);
}
```

第 1 次运行结果为:

```
ftell = 0
ftell = 8
```

第 2 次运行结果为:

```
ftell = 0
ftell = 16
```

第 3 次运行结果为:

```
ftell = 0
ftell = 24
```

每次运行结果不尽相同的原因是,每次运行都用追加方式向文件 11. txt 中写入字符串 "Hello!",文件 11. txt 会变得越来越长,每次追加写完后文件指针所在的位置都是文件尾,但数值各不相同。

12.2.4　文件缓冲区的清除

刷新函数 fflush 的功能是清空文件的输入输出缓冲区,即将缓冲区内容输出到文件中。如果成功刷新,fflush 返回 0,指定的流没有缓冲区或者只读打开时也返回 0 值。返回 EOF (即-1)表示出错,数据可能由于写错误已经丢失。

其形式为:

```
int fflush(FILE   * fp);
```

下面通过一个例子说明 fflush 函数的用途。程序如下:

```
# include < stdio. h >
# include < stdlib. h >
void main()
```

```
{    FILE * fp;
    char c[21];
    int i;
    if((fp = fopen("r.txt","w + ")) == NULL)
    {  printf("cannot open this file!");
        exit(0);
    }
    for(i = 0; i < 2; i++)
        fputs("1234567890", fp);
    fseek(fp,  - 18L, SEEK_CUR);
    fputs(" ", fp);
    fgets(c,20, fp);
    puts(c);
    fclose(fp);
}
```

程序的运行结果为:

2345678901234567890

如果此时打开文件 r. txt,看到的内容将为:

12 2345678901234567890

按照程序的操作,应该是向文件 r. txt 输出了 2 次字符串"1234567890",r. txt 中有 20 个字符,"fseek(fp, - 18L, SEEK_CUR);"应该使得文件指针指向第 3 个字符'3',"fputs(" ", fp);"写出一个空格字符,空格字符应该覆盖了第 3 个字符'3',此时文件指针指向第 4 个字符'4',"fgets(c,20, fp);"应该读入字符串"45678901234567890",但输出结果不是这样,同样文件 r. txt 的内容也不是所期待的:

12 45678901234567890

出现问题的原因是,向文件中写数据"fputs(" ", fp);",并不是立刻写到磁盘上的文件中,而是在文件输出缓冲区中,这时候立刻用 fgets 从文件输入缓冲区读入,会造成输入输出缓冲区与磁盘文件的不一致,从而导致混乱。

因此需要在使用 fgets 前用 fflush(fp)清空缓冲区,使得输出缓冲区的内容写到磁盘上,这样结果才会保证正确。程序改为:

```
# include < stdio. h>
# include < stdlib. h>
void main()
{    FILE * fp;
    char c[21];
    int i;
    if((fp = fopen("r.txt","w + ")) == NULL)
    {  printf("cannot open this file!");
        exit(0);
    }
    for(i = 0; i < 2; i++)
        fputs("1234567890", fp);
    fseek(fp,  - 18L, SEEK_CUR );
    fputs(" ", fp);
```

```
    fflush(fp);                    /* 关键是需要这个函数清空缓冲区 */
    fgets(c,20,fp);
    c[20] = '\0';
    puts(c);
    fclose(fp);
}
```

程序的运行结果为:

45678901234567890

再打开文件 r. txt,看到的内容将为:

12 45678901234567890

现在结果完全正确了。除了 fflush 函数外,通常 fseek(),rewind(),fclose()也具备清空缓冲区的能力。例如,上例中的"fflush(fp);"语句如果用"fseek(fp, 0L, SEEK_CUR);"代替,结果完全正确。而"fseek(fp, 0L,SEEK_CUR);"并没有真正移动指针位置,但此操作把输出缓冲区的内容清空了。

用 scanf(),getchar()等从键盘输入时,也可以用"fflush(stdin);"清空标准输入缓冲区,防止读入数据后遗留回车等控制字符对下一次读数据产生副作用。

但有趣的是,并不是 fflush 能解决所有刷新清除问题。有如下程序:

```
# include < stdio. h >
# include < stdlib. h >
main()
{   FILE * fp;
    double x[5] = {1, 2, 3, 4, 5}, y[5] = {0};
    int k;
    if((fp = fopen("a. dat","a + b")) == NULL)
    {   printf("cannot open a. dat!\n");
        exit(0);
    }
    printf("ftell = % d\n", ftell(fp));
    fwrite(x,sizeof(double),5,fp);
    printf("ftell = % d\n", ftell(fp));
    fseek(fp,0L,SEEK_SET);
    fread(&y[0],sizeof(double),2,fp);
    printf("ftell = % d\n", ftell(fp));
    fwrite(x,sizeof(double),5,fp);
    printf("ftell = % d\n", ftell(fp));
    fseek(fp, - 4L * (long)sizeof(double),SEEK_END);
    fread(&y[2],sizeof(double),2,fp);
    printf("ftell = % d\n", ftell(fp));
    fclose(fp);
    for (k = 0; k < 5; k++)
    printf(" % f ", y[k]);
}
```

程序第 1 次运行结果为:

ftell = 0

```
ftell = 40
ftell = 16
ftell = 40
ftell = 24
1.000000 2.000000 2.000000 3.000000 0.000000
```

此时文件长度为 40 字节。

程序第 2 次运行结果为：

```
ftell = 0
ftell = 80
ftell = 16
ftell = 56
ftell = 64
1.000000 2.000000 2.000000 3.000000 0.000000
```

此时文件长度为 80 字节。

每次运行时，第二个"fwrite(x,sizeof(double),5,fp);"看起来都没起任何作用。这是因为文件打开方式是"a＋b"，这种方式可在文件尾部追加写入和读入。但当写入数据后执行：

```
fseek(fp,0L,SEEK_SET);
fread(&y[0],sizeof(double),2,fp);
printf("ftell = % d\n", ftell(fp));
```

读入操作后，此时立即执行写操作：

```
fwrite(x,sizeof(double),5,fp);
printf("ftell = % d\n", ftell(fp));
```

由于没有刷新，使得输入输出缓冲区同步，因此这 5 个 double 数并没有写入到文件中，或者说文件写入不成功，文件长度仍然是 40 字节。ftell 返回的是此时文件指针在文件尾部的位置，所以是 40。因此，若文件打开方式是"a＋b"，在执行读操作后，如果想成功写入，需要先用 fseek 或 rewind 移动文件指针（移动位置不限，可以原地不动）。但要注意，此时用 fflush 并不起作用。

如果把程序的第二个 fwrite 前加入语句："fseek(fp,0L,SEEK_CUR);"或者"rewind(fp);"删掉 a.dat 文件，重新开始执行。第 1 次运行结果为：

```
ftell = 0
ftell = 40
ftell = 16
ftell = 80
ftell = 64
1.000000 2.000000 2.000000 3.000000 0.000000
```

此时文件长度为 80 字节，说明第二个 fwrite 写入成功了。

如果把程序再修改一下：先写入 5 个 double 数，然后移动文件指针到文件开始处，再读入这 5 个 double 数，此时文件指针应该就停留在文件尾部，再写入 5 个 double 数。新的程序为：

```
# include < stdio.h >
# include < stdlib.h >
main()
```

```
{   FILE * fp;
    double x[5] = {1,2,3,4,5},y[5] = {0};
    int k;
    if((fp = fopen("a.dat","a + b")) == NULL)
    {   printf("cannot open a.dat!\n");
        exit(0);
    }
    printf("ftell = % d\n", ftell(fp));
    fwrite(x,sizeof(double),5,fp);
    printf("ftell = % d\n", ftell(fp));
    fseek(fp,0L,SEEK_SET);
    fread(&y[0],sizeof(double),5,fp);
    printf("ftell = % d\n", ftell(fp));
    fwrite(x,sizeof(double),5,fp);
    printf("ftell = % d\n", ftell(fp));
    fseek(fp, - 4L * sizeof(double),SEEK_END);
    fread(&y[2],sizeof(double),2,fp);
    printf("ftell = % d\n", ftell(fp));
    fclose(fp);
    for (k = 0; k < 5; k++)
        printf(" % f ", y[k]);
}
```

再次删掉 a.dat 文件,重新开始执行,运行结果为:

```
ftell = 0
ftell = 40
ftell = 40
ftell = 40
ftell = 24
1.000000 2.000000 2.000000 3.000000 5.000000
```

此时文件长度为 40 字节,第二个 fwrite 写入不成功。这说明在读操作之后,即使文件指针已经移到了文件尾也不能写入,需要在读操作之后通过执行 fseek 或 rewind 移动文件指针,让输入输出缓冲区同步后才能正确追加写操作。

12.2.5 文件指针错误状态的清除

函数 clearerr 的功能是清除由于读写等操作失败引起文件输入输出缓冲区处于的错误状态,以保证其后其他文件操作函数的正确使用。

其一般形式为:

```
void  clearerr(FILE  * fp);
```

下面通过一个例子,说明 clearerr 函数的功能。

例 12.7 编写程序,从键盘上输入年月,告知这个月有多少天。

```
# include < stdio.h>
main()
{    int year,month,flag = 0;
     printf("Please input : year - month = ?\n");
     flag = scanf(" % d - % d",&year,&month);
```

```
        while (!flag || year <= 0 || month <= 0 || month > 12)
        {   printf("ERROR! Please input again!  year - month = ?\n");
            flag = scanf(" % d - % d",&year,&month);
        }
        switch(month)
        {   case 1:   case 3:   case 5:   case 7:   case 8:   case 10: case 12:
                printf("There are 31 days in this month. \n"); break;
            case 4:   case 6:   case 9:   case 11:
                printf("There are 30 days in this month. \n"); break;
            case 2:
                flag = 0;
                if ((year % 4 == 0 && year % 100!= 0) || year % 400 == 0)
                    flag = 1;
                printf("There are % d days in this month. \n", 28 + flag);
        }
    }
```

此程序运行时,提示:

```
Please input : year - month = ?
```

如果此时输入:

```
2018 - 12
```

不会有任何问题。但如果不小心输入了:

```
20.18 - 12
```

运行结果如图 12.4 所示。

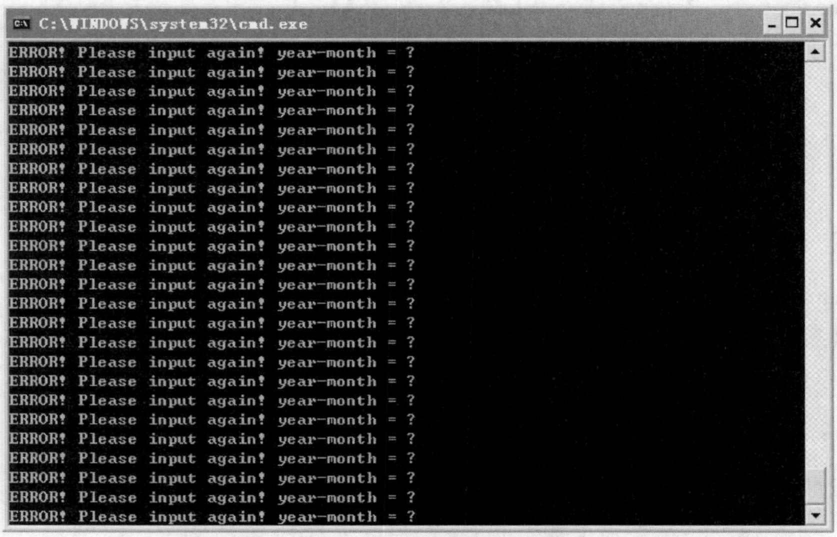

图 12.4 例 12.7 的运行结果

程序进入死循环。原因是 %d 格式遇到小数点时产生错误,无法正常读入,scanf 的返回值为 0,而且 20.18-12 一直留在输入缓冲区中,下次再读还会遇到,继续出错。

此时应该加上"fflush(stdin);"清除输入缓冲区,将输入 while 循环改为:

```
while (!flag || year < = 0 || month < = 0 || month > 12)
{    fflush(stdin);
     printf("ERROR! Please input again!   year - month = ?\n");
     flag = scanf("% d - % d",&year,&month);
}
```

再次编译运行时,提示:

Please input : year - month = ?

如果此时输入:

20.18 - 12

在 Win7 等操作系统的 VS2008 上运行的结果仍然会是死循环。但在 WinXP 等操作系统的 VS2008 上运行不再死循环。说明 fflush(stdin)并没有完全起作用。原因是 scanf 没有被正确 执行,使得标准输入流 stdin 处于错误状态,任何试图对 stdin 的操作都失效了。此时必须先 清除标准输入流 stdin 的错误状态,才能再去清除标准输入流的内容。

在 fflush 语句前加上:

clearerr(stdin);

程序在不同系统上运行都正常了,不再出现死循环的情况。

因此为了防止 fflush 在某些操作系统上不起作用,但在另外的操作系统上又可能起作用, 造成程序运行结果不确定,建议 clearerr 应该和 fflush 配对使用,先清除错误状态,再进行刷 新操作。

关于文件操作最后提醒几点注意事项。

(1)用二进制方式(打开方式中带 b)打开的文件,只能用 fread 和 fwrite 二进制的读写函 数读写,而不能用文本操作的函数读写。

(2)用文本方式打开的文件不要用 fread 和 fwrite 二进制的读写函数读写,而应该用文本 操作函数(fputc, fgetc, fputs, fgets, fscanf, fprintf 等)读写。

(3)如果打开方式与用于读写的函数的方式不匹配,结果是难以预料的,甚至出现莫名其 妙的运行结果。

12.3 程序举例

例 12.8 统计文件 letter. txt 中的字符个数。
C 程序如下:

```
# include < stdio. h >
# include < stdlib. h >
main()
{ long   count = 0; char c;
  FILE   * fp;
  if ((fp = fopen("letter.txt", "r + ")) == NULL)
  {   printf("cannot open this file!\n");
      exit(0);
  }
```

```
    c = fgetc(fp);
    while(c != EOF)
    { count++;
        c = fgetc(fp);
    }
     printf("count = % ld\n", count);
     fclose(fp);
}
```

在上述程序中,函数 fgetc(fp)的功能主要是读入文件指针所指当前位置的字符值,让文件的读写指针后移一个字符,fgetc 的返回值是,如遇文件结束,则返回 EOF;否则返回读入的字符值。

例 12.9　下列 C 程序的功能是用"追加"的形式打开文本文件 gg. txt,查看文件读写指针的位置;然后向文件写入"data",再查看文件读写指针的位置。

```
# include < stdio. h >
# include < stdlib. h >
main()
{ long   p;
  FILE   * fp;
  if ((fp = fopen("gg. txt", "a")) == NULL)
  {    printf("cannot open this file!\n");
       exit(0);
  }
  p = ftell(fp);
  printf("p = % ld\n", p);
  fprintf(fp, "data");
  p = ftell(fp);
  printf("p = % ld\n", p);
  fclose(fp);
}
```

若文本文件 gg. txt 的内容为:

```
ajjaj
skadkkd
ldldlld
```

程序的运行结果为:

```
p = 0
p = 29
```

此时文本文件 gg. txt 的内容为:

```
ajjaj
skadkkd
ldldlld
data
```

例 12.10　下列 C 程序的功能是将程序中的 10 个人的信息以二进制方式写到文件 student. dat 中。

```
# include < stdio. h>
# include < stdlib. h>
struct student
{  int num;
   char name[8];
   char gender;
   int age;
   double score;
};
main()
{  struct student stu[10] = {{101, "Zhang", 'M', 19, 95.6},
                             {102, "Wang", 'F', 18, 92.4},
                             {103, "Zhao", 'M', 19, 85.7},
                             {104, "Li", 'M', 20, 96.3},
                             {105, "Gou", 'M', 19, 90.2},
                             {106, "Lin", 'M', 18, 91.5},
                             {107, "Ma", 'F', 17, 98.7},
                             {108, "Zhen", 'M', 21, 90.1},
                             {109, "Xu", 'M', 19, 89.8},
                             {110, "Mao", 'F', 18, 94.9}};
   FILE * fp;
   if ((fp = fopen("student.dat", "wb")) == NULL)
   {    printf("cannot open student.dat!\n");
        exit(0);
   }
   fwrite(stu, sizeof(struct student), 10, fp);
   /* 将 10 个人的信息一次性写到文件中 */
   fclose(fp);
}
```

此时如果查看一下文件 student. dat 的属性,会发现文件长度是 320 字节。而不是 $25 \times 10 = 250$ 字节,原因还是自动对齐。对于结构体:

```
struct student
{      int num;
       char name[8];
       char gender;
       int age;
       double score;
}
```

因为其中单个最长的成员 double 是 8 字节,因此编译器自动以 8 字节对齐。int num 占一个 8 字节(其中后面空闲 4 字节),char name[8]占一个 8 字节,char gender 和 int age 占一个 8 字节(char gender 占 8 字节的第 1 个字节,空闲 3 字节,int age 占 8 字节从第 5 个字节开始的 4 字节),double score 占一个 8 字节,因此每个结构体占 32 字节。

若程序开头加上:

```
# pragma pack(4)
```

文件 student. dat 大小将是 280 字节。因为按 4 字节对齐,只有 char gender 占一个 4 字节(其中后面空闲 3 字节),每个结构体占 28 字节。

若程序开头加上：

```
# pragma pack(2)
```

文件 student. dat 大小将是 260 字节。因为按 2 字节对齐，只有 char gender 占一个 2 字节（其中后面空闲 1 字节），每个结构体占 26 字节。

若程序开头加上：

```
# pragma pack(1)
```

文件 student. dat 大小将是 250 字节，因为按 1 字节对齐，每个结构体占 25 字节。

例 12.11　下列 C 程序的功能是将二进制文件 student. dat 中 10 个学生的信息显示输出。

```
# include < stdio. h >
# include < stdlib. h >
typedef struct student
{ int num;
  char name[8];
  char gender;
  int age;
  double score;
} STU;
main()
{ int i;
  STU stu[10];
  FILE * fp;
  if ((fp = fopen("student. dat", "rb")) == NULL)
  {   printf("cannot open student. dat!\n");
      exit(0);
  }
  fread(stu, sizeof(STU), 10, fp);
  /* 将 10 个人的信息一次性从文件读入到内存结构体数组中 */
  fclose(fp);
  printf("No.    Name    Gender    Age    Score\n");
  for (i = 0; i < = 9; i++)
    printf(" % - 8d % - 9s % - 8c % - 8d % - 5.2f\n",
        stu[i]. num, stu[i]. name, stu[i]. gender, stu[i]. age, stu[i]. score);
}
```

如果使用例 12.10 中创建的文件,则上述程序的运行结果为：

No.	Name	Gender	Age	Score
101	Zhang	M	19	95.60
102	Wang	F	18	92.40
103	Zhao	M	19	85.70
104	Li	M	20	96.30
105	Gou	M	19	90.20
106	Lin	M	18	91.50
107	Ma	F	17	98.70
108	Zhen	M	21	90.10
109	Xu	M	19	89.80
110	Mao	F	18	94.90

需要特别说明的是,若例 12.10 中创建文件的程序中使用了♯pragma pack 方式,本例中必须使用同样的♯pragma pack 方式,才能保证正确读入数据。

练习 12

1. 编写一个 C 程序,首先从键盘输入 20 个双精度实数,并写入到文本文件 fdata.dat 中,然后将写入文件 fdata.dat 中的 10 个双精度实数显示输出。

2. 编写一个 C 程序,从键盘输入一个字符串(输入的字符串以"♯"作为结束),将其中的小写字母全部转换成大写字母,并写入到文件 upper.txt 中,然后再从该文件中的内容读出并显示输出。

3. 编写一个 C 程序,主函数从命令行得到一个文件名,然后调用函数 fgets()从文件中读入一字符串存放到字符数组 str 中(字符个数最多为 80)。在主函数中输出字符串与该字符串的长度。

4. 编写一个 C 程序,将源文件复制到目的文件中。两个文件均为文本文件,文件名均由命令行给出,并且源文件名在前,目的文件名在后。

5. 设二进制文件 student.dat 中存放着学生信息,这些信息由以下结构体描述:

```
struct student
{ long int num;
  char name[10];
  int  age;
  char gender;
  char addr[40];
};
```

请编写一个 C 程序,显示输出学号为 970101~970135 的学生学号 num、姓名 name、年龄 age 与性别 gender。

6. 设有学生情况登记表如表 12.2 所示。

表 12.2　学生情况登记表

学号(num)	姓名(name)	性别(gender)	年龄(age)	成绩(grade)
101	Zhang	M	19	95.6
102	Wang	F	18	92.4
103	Zhao	M	19	85.7
104	Li	M	20	96.3
105	Gao	M	19	90.2
106	Lin	M	18	91.5
107	Ma	F	17	98.7
108	Zhen	M	21	90.1
109	Xu	M	19	89.5
110	Mao	F	18	94.5

编写一个 C 程序,依次实现以下操作。

(1) 定义一个结构体类型。

```
struct   student
{ char   num[7];
  char   name[8];
  char   gender[3];
  char   age[5];
  char   grade[9];
};
```

(2) 为表 12.2 定义一个结构体类型(struct student)数组,并进行初始化。

(3) 打开一个可读写的新文件 stu. dat。

(4) 用函数 fwrite()将结构体数组内容写入到文件 stu. dat 中。

(5) 关闭文件 stu. dat。

(6) 打开可读写文件 stu. dat。

(7) 从文件 stu. dat 中读出各学生情况并输出,输出格式见表 12.2,但不要表格框线。

(8) 关闭文件 stu. dat。

7. 将表 12.2 中的内容按结构体类型写入到文本文件 st. dat 中;然后对该文件按成绩从低到高进行冒泡排序,并输出排序结果;最后,在排序后的文件中用对分查找法查找并输出成绩为 95.0~100 分的学生情况。

具体要求如下。

(1) 在定义的结构体类型中,各成员均为字符数组。即结构体类型的定义如下:

```
struct   student
{ char   num[8];
  char   name[8];
  char   gender[5];
  char   age[5];
  char   grade[10];
};
```

(2) 编写一个对文本文件(其中每一个记录的结构如(1)中定义)按成绩(grade)进行冒泡排序的函数 mudisk(fp,n)。其中:

① fp 为文件类型指针,指向待排序的文件。

② n 为长整型变量,存放待排序文件中的记录个数(即学生的个数)。

(3) 编写一个对有序的文件(其中每一个记录的结构如(1)中定义)按成绩(grade)进行对分查找的函数 nibsearch(fp,n,a,b,m)。其中:

① fp 为文件类型指针,指向给定的有序文件。

② n 为长整型变量,存放按成绩有序文件中的记录个数(即学生的个数)。

③ a 与 b 均为字符串指针,分别指向成绩(grade 作为字符串)值的下限与上限(即查找成绩为 a~b 的学生)。

④ m 为整型变量指针,该指针指向的变量返回成绩为 a~b 的第一个记录号(即数组元素下标)。

(4) 在主函数外定义结构体类型,且主函数放在所有函数的前面。

(5) 在主函数中依次完成以下操作。

① 为表 12.2 定义一个结构体类型(struct student)数组,并进行初始化。

② 打开可读写的新文本文件 st. dat。

③ 使用函数 fwrite()将结构体数组内容写入文件 st. dat 中。

④ 关闭文件 st. dat。

⑤ 打开可读写文件 st. dat。

⑥ 调用(2)中的函数 mudisk(fp,n),对文件 st. dat 按成绩(grade)从低到高进行冒泡排序。

⑦ 调用(3)中的函数 nibsearch(fp,n,a,b,m),查找成绩为 95.0~100 分的学生情况。

⑧ 根据查找的返回结果,使用函数 fread(),从文件中读出成绩为 95.0~100 分的学生情况并输出,输出格式如表 12.1 所示,但不要表格框线。

⑨ 关闭文件 st. dat。

第13章

位 运 算

由于 C 语言最初是为编写系统程序而设计的,因此,在 C 语言中提供了许多类似于汇编语言的处理功能,位运算就是其中之一。

在计算机中,存储单位有二进制位、字节、字、双字等。1 字节占 8 个二进制位。1 个字所占的二进制位数与计算机有关,例如,16 位系统中的一个字占 16 个二进制位(即 2 字节),32 位系统中的一个字占 32 个二进制位(即 4 字节)。在 32 位编译系统中,一个整数占 4 字节(即 32 个二进制位)。一个短整数占 2 字节(即 16 个二进制位)。位运算是指对二进制位进行的运算。每个二进制位中只能存放 0 或 1。因此,位运算就是对二进制数的运算。通常,将一个数据用二进制数表示后,最右边的二进制位称为最低位(第 0 位),最左边的二进制位为最高位。例如,32 位编译系统中的一个短整数所占的存储空间如图 13.1 所示,其最高位为第 15 位。

15	14	13	12	11	10	9	8	7	6	5	4	3	2	1	0

图 13.1　短整数的二进制位表示

13.1　二进制位运算

C 语言共提供了 6 种位运算符,如表 13.1 所示。

表 13.1　位运算符

位运算符	意义	位运算符	意义
&	按位与	~	按位取反
|	按位或	≪	左移
^	按位异或	≫	右移

在进行位运算时,要注意以下几个问题。

(1) 在这 6 种位运算符中,其中按位取反是单目运算符,只有一个运算对象,其他均为双目运算符,有两个运算对象。

(2) 位运算的运算对象只能是整型(包括 int,short,long,unsigned int,unsigned short,unsigned long,long long)或字符型(包括 char,unsigned char)数据,而不能是实型数据。

（3）各位运算符的优先级比较分散，与其他运算符一起，其优先级从高到低如下：

！（逻辑非）→按位取反～ →算术运算符→左移运算符≪与右移运算符≫→

关系运算符→按位与 &、按位异或^、按位或 | → && 与 ||→赋值运算符

下面分别介绍 C 语言中的这 6 种位运算符。

1. "按位与"运算符（&）

"按位与"的运算符为"&"。其运算规则是：若两个运算对象的对应二进制位均是 1，则结果的对应位是 1，否则为 0。即对应二进制位上可能的"按位与"运算组合为

$$0\&0=0, \quad 0\&1=0, \quad 1\&0=0, \quad 1\&1=1$$

例如，字符型数（假设一个字符型数占 8 位二进制位）13（十六进制表示为 0x0d）与字符型数 21（十六进制表示为 0x15）进行"按位与"如下：

```
      00001101      13 的二进制数
 (&)  00010101      21 的二进制数
      00000101
```

因此，13&21＝5，即 0x0d & 0x15＝0x05。

特别要指出的是，如果参加"按位与"运算的对象为负整数，则在计算机中是以补码形式表示的。例如，负字符型数−13（二进制补码的十六进制表示为 0xf3）与字符型数 21（十六进制表示为 0x15）进行"按位与"如下：

```
      11110011      −13 的二进制数补码表示
 (&)  00010101      21 的二进制数补码(正数的补码是其本身)
      00010001
```

因此，−13&21＝17，即 0xf3 & 0x15＝0x11。

利用"按位与"运算可以实现以下功能。

1）取出数据中指定的位

如果要取短整型 short 变量 x 的低字节（即低 8 位），则可以作如下运算：

```
x & 0x00ff
```

如果要取短整型 short 变量 x 的高字节（即高 8 位），则可以作如下运算：

```
x & 0xff00
```

又如，如果要判断整型变量 x 的第 3 位（应注意：最低位为第 0 位）是否是 1，则可以作如下运算：

```
if ((x & 0x08) != 0)        /* 或 if (x & 0x08) */
    ⋮
```

若条件表达式"(x & 0x08)!＝ 0"的值为 1（真），则表示 x 的第 3 位为 1，否则表示 x 的第 3 位为 0。特别要注意，由于"按位与"运算符"&"的优先级要低于关系运算符"!＝"，因此，表达式"(x & 0x08)"外面的一对圆括号不能省略。

判断某一位是否为 1，经常用来判断是否满足某个特性。比如，判断一个从文件目录中读入的某文件属性是否是子目录：

```
if (Win32_Find_Data.dwFileAttributes & FILE_ATTRIBUTE_DIRECTORY)
```

此语句绝对不能写成：

```
if (Win32_Find_Data.dwFileAttributes == FILE_ATTRIBUTE_DIRECTORY)
```

因为一个文件的属性包含多种情况，比如，可能为：

```
Win32_Find_Data.dwFileAttributes = 0x00000011
```

表示此文件既是目录（FILE_ATTRIBUTE_DIRECTORY＝0x00000010）又是只读的（FILE_ATTRIBUTE_READONLY＝0x00000001）。

2）将数据中的指定位清零

例如，要将短整型 short 变量 x 的低字节（即低 8 位）清零，则可以用如下赋值语句：

```
x = x & 0xff00;      或      x & = 0xff00;
```

这里 0xff00 被称为掩码（mask）。如果要将短整型 short 变量 x 的高字节（即高 8 位）清零，则可以用如下赋值语句：

```
x = x & 0x00ff;      或      x & = 0x00ff;
```

如果要将整型 int 变量 x 的高 16 位清零，则可以用如下赋值语句：

```
x = x & 0x0000ffff;      或      x & = 0x0000ffff;
```

又如，为了将短整型 short 变量 x 的第 4 位清零，则可以用如下赋值语句：

```
x = x & 0xffef;      或      x & = 0xffef;
```

例 13.1　编制一个 C 程序，其功能是将正整型数组中所有元素转换为不大于它的最大偶数，并逐个输出。

为了将一个正整数转换为不大于它的最大偶数，只需将该正整数所对应的二进制数的最低位清零即可，即用 0xfffffffe 与该正整数作"按位与"运算。其 C 程序如下：

```
# include < stdio. h >
main()
{ int k, a[10] = {23, 14, 24, 31, 46, 55, 33, 68, 27, 40};
  for (k = 0; k < 10; k++)
    printf(" % 5d", a[k]);
  printf("\n");
  for (k = 0; k < 10; k++)
    a[k] & = 0xfffffffe;          / * 将正整数转换为不大于它的最大偶数 * /
  for (k = 0; k < 10; k++)
    printf(" % 5d", a[k]);
  printf("\n");
}
```

上述程序的运行结果为：

```
23   14   24   31   46   55   33   68   27   40
22   14   24   30   46   54   32   68   26   40
```

2. "按位或"运算符（|）

"按位或"的运算符为"|"。其运算规则是：若两个运算对象的对应二进制位中有一个是

1,则结果的对应位是 1,否则为 0。即对应二进制位上可能的"按位或"运算组合为

$$0|0=0, \quad 0|1=1, \quad 1|0=1, \quad 1|1=1$$

例如,char 型数 13(十六进制表示为 0x0d)与 char 型数 21(十六进制表示为 0x15)进行"按位或"如下：

$$
\begin{array}{ll}
0\,0\,0\,0\,1\,1\,0\,1 & \text{13 的二进制数} \\
\underline{(|)\,0\,0\,0\,1\,0\,1\,0\,1} & \text{21 的二进制数} \\
0\,0\,0\,1\,1\,1\,0\,1 &
\end{array}
$$

因此,13|21=29,即 0x0d | 0x15=0x1d。

又如,char 型数 −13(二进制补码的十六进制表示为 0xf3)与 char 型数 21(十六进制表示为 0x15)进行"按位或"如下：

$$
\begin{array}{ll}
1\,1\,1\,1\,0\,0\,1\,1 & \text{−13 的二进制数补码表示} \\
\underline{(|)\,0\,0\,0\,1\,0\,1\,0\,1} & \text{21 的二进制数补码(正数的补码是其本身)} \\
1\,1\,1\,1\,0\,1\,1\,1 &
\end{array}
$$

因此,−13|21=−9,即 0xf3 | 0x15=0xf7。

"按位或"运算通常用于把一个数据的某些位强置为 1,而其余位不变。

例如,要将 short 型变量 x 的低字节(即低 8 位)置 1,而高字节(即高 8 位)不变,则可以用如下赋值语句：

x = x | 0x00ff;　　或　　x |= 0x00ff;

如果要将 short 型变量 x 的高字节置 1,而低字节不变,则可以用如下赋值语句：

x = x|0xff00;　　或　　x |= 0xff00;

又如,为了将 int 型变量 x 的第 0 位与第 4 位强置 1,而其余位不变,则可以用如下赋值语句：

x = x | 0x00000011;　　或　　x |= 0x00000011;

例 13.2　编制一个 C 程序,其功能是将正整型数组中所有元素转换为不小于它的最小奇数,并逐个输出。

为了将一个正整数转换为不小于它的最小奇数,只需将该正整数所对应的二进制数的最低位置 1 即可,即用 0x00000001 与该正整数作"按位或"运算。其 C 程序如下：

```c
# include < stdio. h>
main()
{ int k, a[10] = {23, 14, 24, 31, 46, 55, 33, 68, 27, 40};
  for (k = 0; k < 10; k++)
    printf(" % 5d", a[k]);
  printf("\n");
  for (k = 0; k < 10; k++)
    a[k] | = 0x00000001;           /* 将正整数转换为不小于它的最小奇数 */
  for (k = 0; k < 10; k++)
    printf(" % 5d", a[k]);
  printf("\n");
}
```

上述程序的运行结果为：

23	14	24	31	46	55	33	68	27	40
23	15	25	31	47	55	33	69	27	41

3. "按位异或"运算符(^)

"按位异或"的运算符为"^"。其运算规则是：若两个运算对象的对应二进制位不相等，则结果的对应位是1，否则为0。"按位异或"又被称为"不进位加"。对应二进制位上可能的"按位异或"运算组合为

$$0\wedge0=0,\quad 0\wedge1=1,\quad 1\wedge0=1,\quad 1\wedge1=0$$

例如，char 型数 13(十六进制表示为 0x0d)与 char 型数 21(十六进制表示为 0x15)进行"按位异或"如下：

```
      0 0 0 0 1 1 0 1        13 的二进制数
 (^)  0 0 0 1 0 1 0 1        21 的二进制数
      ─────────────
      0 0 0 1 1 0 0 0
```

因此，$13\wedge21=24$，即 $0x0d\wedge0x15=0x18$。

又如，char 型数 -13(二进制补码的十六进制表示为 0xf3)与 char 型数 21(十六进制表示为 0x15)进行"按位异或"如下：

```
      1 1 1 1 0 0 1 1        -13 的二进制数补码表示
 (^)  0 0 0 1 0 1 0 1        21 的二进制数补码(正数的补码是其本身)
      ─────────────
      1 1 1 0 0 1 1 0
```

因此，$-13\wedge21=-26$，即 $0xf3\wedge0x15=0xe6$。

"按位异或"运算具有以下几个性质。

(1) 使数据中的某些位取反，即将 0 变为 1，1 变为 0。

例如，要将 short 型变量 x 的低字节(即低 8 位)按位取反，而高字节(即高 8 位)不变，则可以用如下赋值语句：

```
x = x ^ 0x00ff;
```

如果要将 short 型变量 x 的高字节按位取反，而低字节不变，则可以用如下赋值语句：

```
x = x ^ 0xff00;
```

又如，为了将 short 型变量 x 的第 0 位与第 4 位取反，而其余位不变，则可以用如下赋值语句：

```
x = x ^ 0x0011;
```

(2) 一个数据与自身进行异或运算后，其结果为 0。利用异或运算的这个性质，可以将变量清零。

例如，为了将整型变量 x 清零，则可以用如下赋值语句：

```
x = x ^ x;
```

(3) 设 x 与 y 均为整型数据，则有

$$(x\wedge y)\wedge y=x$$

利用"按位异或"的这个性质，可以实现交换两个整型变量的值：

```
x = x ^ y; y = x ^ y; x = x ^ y;
```

4.“按位取反”运算符(～)

“按位取反”的运算符为“～”。其运算规则是:将运算对象中的各二进制位值取反,即将 0 变为 1,1 变为 0。对应二进制位上可能的“按位取反”运算组合为

$$\sim 0 = 1, \quad \sim 1 = 0$$

例如,对 char 型数 13(十六进制表示为 0x0d)进行“按位取反”运算如下:

$$\frac{(\sim)0\,0\,0\,0\,1\,1\,0\,1}{1\,1\,1\,1\,0\,0\,1\,0} \qquad 13 \text{ 的二进制数}$$

因此,$\sim 13 = -14$,即 $\sim 0x0d = 0xf2$。

5.“左移”运算符(≪)

“左移”运算符为“≪”。其运算规则是:将运算对象中的每个二进制位向左移动若干位,从左边移出去的高位部分被丢弃,右边空出的低位部分补 0。

例如,x≪3 表示将 x 中的各二进制位左移 3 位。

在整数范围内,将一个整数左移 1 位,相当于将该整数乘以 2;左移 2 位,相当于将该整数乘以 4;一般来说,将整数左移 k 位,相当于将该整数乘以 2^k。

6.“右移”运算符(≫)

“右移”运算符为“≫”。其运算规则是:将运算对象中的每个二进制位向右移动若干位,从右边移出去的低位部分被丢弃。但左边空出的高位部分是补 0 还是补 1,要视下列具体情况而定。

(1)若右移对象为无符号整型数,则右移后左边空出的高位部分补 0。

(2)当右移对象为一般整型数或字符型数据时,若该数据的最高位为 0(对于一般整型来说即为正数),则右移后左边空出的高位部分补 0。若该数据的最高位为 1(对于一般整型来说即为负数),则与使用的编译系统有关,有的编译系统将右移后左边空出的高位部分补 1,称为“算术右移”;有的编译系统将右移后左边空出的高位部分补 0,称为“逻辑右移”。在 32 位微软 VS 系列编译系统中,属于“算术右移”。

例如,x≫3 表示将 x 中的各二进制位右移 3 位。

在整数范围内,将一个整数算术右移 1 位,相当于将该整数除以 2;算术右移 2 位,相当于将该整数除以 4;一般来说,将整数算术右移 k 位,相当于将该整数除以 2^k。

13.2 位段

在程序设计中,经常要用到一些标志信息(如“真”“假”等),这些标志信息往往仅占一个或几个二进制位,在这种情况下,如果用整型变量来表示这些标志信息,将会浪费存储空间(因为一个整型变量要占 32 个二进制位)。C 语言提供的位段(bit-field)操作将解决这个问题。

在 C 语言中,定义位段结构类型的一般形式为:

```
struct   位段结构类型名
   { 成员表 };
```

例如:

```
struct   packed_d
{ unsigned short f1:2;
```

```
    unsigned short f2:1;
    unsigned short f3:3;
    unsigned short f4:2;
    unsigned short f5:5;
};
```

定义了一个位段结构类型,名为 packed_d,共包含 5 个成员(又称为位段),每个成员均为无符号类型,其中成员 f1 占 2 个二进制位,f2 占 1 个二进制位,f3 占 3 个二进制位,f4 占 2 个二进制位,f5 占 5 个二进制位。至于这些位段在存储单元中的具体存放位置,是由编译系统来分配的,一般用户不必考虑。在微软 VS 系列编译系统中,各位段在存储单元中一般是从右到左(即从低位到高位)顺序分配的。例如,上述定义的位段结构类型需要占 2 字节(即 16 个二进制位),其存储结构如图 13.2 所示。

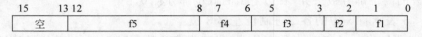

图 13.2　位段结构类型的存储结构

定义了位段结构类型后,就可以定义位段结构类型的变量。例如:

```
struct  packed_d  x, y;
```

定义了属于位段结构类型 packed_d 的两个变量 x 与 y。

与定义结构体类型变量一样,不仅可以将位段结构类型与该类型的变量分开定义,也可以在定义位段结构类型的同时定义该类型的变量,例如:

```
struct   packed_d
{ unsigned short f1:2;
  unsigned short f2:1;
  unsigned short f3:3;
  unsigned short f4:2;
  unsigned short f5:5;
} x, y;
```

还可以直接定义无名位段结构类型的变量,例如:

```
struct
{ unsigned short f1:2;
  unsigned short f2:1;
  unsigned short f3:3;
  unsigned short f4:2;
  unsigned short f5:5;
} x, y;
```

对位段结构成员的引用方式,与引用一般结构体成员的方式相同。例如:

```
x.f4 = 3;
```

表示将 3 赋给位段结构类型变量 x 的位段(即成员)f4 中。

但必须注意,在对位段进行赋值时,要考虑到该位段所占用的二进制位数,如果所赋的数值超过了位段的表示范围,则自动取其低位数字。例如:

```
x.f4 = 5;
```

由于 f4 位段只占 2 个二进制位,因此,实际赋给 f4 位段的是 5 的二进制表示(即 101)中的低 2 位,也就是 1。

在定义位段与使用位段时,要注意以下几个问题。

(1) 位段成员的类型必须是 unsigned 型。

(2) 在位段结构类型中,可以定义无名位段,这种无名位段具有位段之间的分隔(或占位)作用。例如:

```
struct  packed_data
{ unsigned short f1:2;
  unsigned short f2:1;
  unsigned short:2;
  unsigned short f3:3;
};
```

在这个位段结构定义中的第 3 个位段(成员)是无名位段,它占有 2 个二进制位,在位段 f2 与 f3 之间起分隔(或占位)作用。无名位段所占用的空间不起作用。

如果无名位段的宽度值为 0,则表示下一个位段从一个新的字节开始存放。例如:

```
struct  packed_data
{ unsigned short f1:2;
  unsigned short f2:1;
  unsigned short:0;
  unsigned short f3:3;
};
```

这个位段结构要占 2 字节。

(3) 每个位段(成员)所占的二进制位数一般不能超过一个编译器字长(比如 32 位)。

(4) 位段不能说明为数组,也不能用指针指向位段成员。例如:

```
struct {
  char   a:3;
  char   b:2;
  char   c:3;
} byte;
byte.a = 07; byte.b = 02; byte.c = 06;
char * p; p = &byte.a;
```

编译时,会出现错误信息:

```
error C2104: 位域上的"&"被忽略
```

(5) 不能用 sizeof 求段位成员的大小,因为通常段位都不够一字节长。例如:

```
struct {
  char   a:3;
  char   b:2;
  char   c:3;
} byte;
byte.a = 07; byte.b = 02; byte.c = 06;
sizeof(byte.a);
```

编译时,会出现错误信息:

error C2070: "char": 非法的 sizeof 操作数

（6）在位段结构类型定义中，可以包含非位段成员。例如：

```
struct  packed_x
{ int  n;
  unsigned int f1:2;
  unsigned int f2:1;
  unsigned int f3:2;
};
```

其中 n 为非位段成员，它单独占 4 字节。非位段成员也可以在两个位段成员之间，例如：

```
struct  packed_x
{ unsigned int f1:2;
  int  n;
  unsigned int f2:1;
  unsigned int f3:2;
};
```

非位段成员 n 在位段成员 f1 与 f2 之间。非位段成员也可以在所有位段成员之后，例如：

```
struct  packed_x
{ unsigned int f1:2;
  unsigned int f2:1;
  unsigned int f3:2;
  int  n;
}
```

非位段成员 n 在位段成员 f1、f2 与 f3 之后。但无论位段成员在两个位段成员之间，或非位段成员在所有位段成员之后，非位段成员总是从下一个本类型所占长度整数倍的位置开始存放，当前字节的位空间甚至当前数据类型剩下的字节空间不再使用。

非位段成员的引用方式与普通结构体成员的引用方式完全相同。

（7）位段结构体类型变量中的位段成员可以在一般的表达式中被引用，并被自动转换为相应的整数。例如，下列赋值语句是合法的：

```
p = x.f4 + 2 * x.f2;
```

13.3　程序举例

例 13.3　编写一个 C 程序，其功能是：从键盘输入一个无符号整数 m 以及位移位数 n，当 n>0 时，将 m 循环右移 n 位；当 n<0 时，将 m 循环左移|n|位。

将一个无符号整数 m 循环移 n 位的方法如下：

首先用 sizeof 函数确定一个无符号整数所占的字节数，乘以 8 得到其所占的二进制位数 k。

如果是循环右移，则先将 m 右移 n 位（即将原数的高 k−n 位移到低位），再将 m 左移 k−n 位（即将原数的低 n 位移到高位），然后将它们作按位或运算（即将它们合并）。

如果是循环左移，则先将 m 左移 n 位（即将原数的低 k−n 位移到高位），再将 m 右移 k−n

位(即将原数的高 n 位移到低位),然后将它们作按位或运算(即将它们合并)。

其 C 程序如下:

```
# include < stdio. h>
int moveright(unsigned int m, int n)          /* 将 m 循环右移 n 位 */
{ unsigned int z;
  int k;
  k = 8 * sizeof(unsigned int);
  z = (m >> n) | (m << (k - n));
  return(z);
}
int moveleft(unsigned int m, int n)           /* 将 m 循环左移 n 位 */
{ unsigned int z;
  int k;
  k = 8 * sizeof(unsigned int);
  z = (m << n) | (m >> (k - n));
  return(z);
}
main()
{ unsigned int m;
  int n;
  printf("input m:");
  scanf(" % x", &m);                          /* 以十六进制方式读入要位移的无符号整数 */
  printf("input n:");
  scanf(" % d", &n);                          /* 输入位移量 */
  if (n > 0)                                   /* 循环右移 */
    printf("moveright = % x\n", moveright(m, n));
  else                                         /* 循环左移 */
    printf("moveleft = % x\n", moveleft(m, - n));
}
```

程序的运行结果为:

```
input m:ABCDEFAB
input n:8
moveright = ABABCDEF
input m:ABCDEFAB
input n: - 8
moveleft = CDEFABAB
```

例 13.4 设位段的空间分配是从右到左的(即从低位到高位),给出下列 C 程序的输出结果。

```
# include < stdio. h>
struct packed_bit
{ unsigned short a:2;
  unsigned short b:3;
  unsigned short c:4;
  short   k;
} x;
main()
{ x. a = 1;  x. b = 2;  x. c = 3;  x. k = 10;
  printf(" % x\n", x);
```

```
    printf("sizeof x = %d\n", sizeof x);
    printf("%x\n", x.k);
    printf("sizeof x.k = %d\n", sizeof x.k);
}
```

在上述程序的位段结构类型中定义了 3 个位段 a,b,c 以及非位段成员 k,当为位段结构类型变量 x 中的各成员赋值后,它们在计算机内存中被分配的存储单元以及为各位段赋值后的状态如图 13.3 所示(右边为低位,左边为高位)。

```
00000000000010100000000001101001
|←---------------------→|          |←---→| |←---→| |←---→|
            x.k                       x.c    x.b    x.a
```

图 13.3 位段存储空间的分配

第一个输出语句

```
printf("%x\n", x);
```

中的格式说明符为整型格式说明符%x,而输出项为位段结构体类型变量(x 是一个无符号的 int 型变量),其十进制值为 655465,即十六进制值输出为 a0069。

第二个执行语句

```
printf("sizeof x = %d\n", sizeof x);
```

其输出项为位段结构体类型变量的大小,x 中位段 a,b,c 共 9 位,可以存放在一个 unsigned short 中,同非位段 short 成员 k,组成一个无符号的 int 型变量。因此输出结果为 sizeof x = 4。

第三个执行语句

```
printf("%x\n", x.k);
```

是按整型格式说明符%x 输出结构体类型变量 x 中 short 型成员 x.k 的值,即输出为 a。

第四个执行语句

```
printf("sizeof x.k = %d\n", sizeof x.k);
```

其输出项为位段结构体类型变量的同非位段 short 成员 k。因此输出结果为 sizeof x.k = 2。

因此,该程序运行的全部输出结果为:

```
a0069
sizeof x = 4
a
sizeof x.k = 2
```

练习 13

1. 写出下列表达式的值:

(1) 0x13 & 0x17

(2) 0x13 | 0x17

(3) 56 & 056

(4) ~0x13

(5) 3^6≪2

(6) ~(~0≪4)

(7) 0x00ff ^(~(~0≪4) ≪ 4)

(8) -1|0377

2. 编写一个 C 程序,计算并输出 C 语言中为一个整型变量所分配存储空间的二进制位数。

3. 阅读下列 C 程序:

```
# include < stdio. h >
main()
{ int  a = 0x95, b, c;
  b = (a & 0xf) << 4;
  c = (a & 0xf0) >> 4;
  a = b | c;
  printf("a = % x\n", a);
}
```

运行上述程序后,输出的结果是什么?

4. 阅读下列 C 程序:

```
# include < stdio. h >
main()
{ char  a = 0x95, b, c;
  b = (a & 0xf) << 4;
  c = (a & 0xf0) >> 4;
  a = b | c;
  printf("a = % x\n", a);
}
```

(1) 如果系统为"算术右移",则运行上述程序后,输出的结果是什么?

(2) 如果系统为"逻辑右移",则运行上述程序后,输出的结果是什么?

5. 编写一个 C 程序,分别计算并输出 C 语言中为一个短整型、长整型、无符号整型和字符型变量所分配存储空间的二进制位数。

具体要求如下。

(1) 编写 4 个函数,分别计算短整型、长整型、无符号整型和字符型变量所分配存储空间的二进制位数。

(2) 编写一个主函数,调用(1)中的 4 个函数,输出短整型、长整型、无符号整型和字符型变量所分配存储空间的二进制位数。

方法说明:

以短整型变量为例。

首先将该短整型变量所占的存储空间中按位置 1,即为该短整型变量赋值 -1。然后逐次将该值左移 1 位,并对移位次数进行计数,直到该值变为非负(即符号位为 0)为止。最后的移位次数即是为短整型变量所分配存储空间的二进制位数。

利用这种方法也可以确定长整型、无符号整型与字符型变量所占的二进制位数。

6. 设有下列 C 程序:

```
# include < stdio. h >
main()
{ int  a = 0x95, b, c;
  b = (a & 0xf) << 4;
  c = (a & 0xf0) >> 4;
  a = b | c;
```

```
    printf("a = % x\n", a);
}
```

具体要求如下。

（1）首先阅读分析上述程序。

如果系统为"算术右移"，则运行上述程序后，输出的结果是什么？

如果系统为"逻辑右移"，则运行上述程序后，输出的结果是什么？

（2）然后将上述程序输入进计算机，实际运行上述程序。根据实际输出结果，如果系统为"算术右移"，则编写一个实现"逻辑右移"的函数；如果系统为"逻辑右移"，则编写一个实现"算术右移"的函数。

（3）将上述程序中实现"右移"的操作改为调用自己编写的"算术右移"函数，并运行该程序。

（4）将上述程序中实现"右移"的操作改为调用自己编写的"逻辑右移"函数，并运行该程序。

下 篇

第14章

C++类与对象

14.1　从 C 语言到 C++ 语言

本书上篇中,系统地介绍了 C 语言及其面向过程(Procedure-Oriented Programming, POP)的编程方法。C 语言是 1972 年由美国贝尔实验室的 D. M. Ritchie 研制成功的,目前许多著名的系统软件和应用软件都是用 C 语言编写的。但是随着软件规模的增大,C 语言编写程序的能力就渐渐变得力不从心了。在这样的背景下,AT&T Bell(贝尔)实验室的 Bjarne Stroustrup 等人在 20 世纪 80 年代初,以 C 语言为基础,成功地研发了 C++(C plus plus)语言。C++语言保留了 C 语言原有的所有优点,同时提出了一个创造性特点,即增加了面向对象程序(Object-Oriented Programming, OOP)设计的机制。

通过分析 C++语言的产生背景和过程,我们可以很清晰地了解 C 语言和 C++语言之间的关系:C 语言是 C++语言的子集,C++语言是 C 语言的超集。因此 C++语言完全与 C 语言兼容。也就是说,用 C 语言编写的程序几乎可以不加修改地可以在 C++编译器中进行编译。所以,C++语言既可以像 C 语言那样,采用面向过程的结构化程序设计思想来进行开发,又可用于面向对象的程序设计,可以说是一种功能强大的混合型的程序设计语言。C++语言对 C 语言的"增强",最主要的表现在如下几点:

(1) 在原来面向过程程序设计机制的基础上,对 C 语言的功能做了一些扩充。例如,变量的引用概念、例外处理机制等。

(2) 增加了面向对象程序设计的机制。面向对象程序设计是针对大规模程序开发而提出的一种编程方法,其根本目的是提高软件开发的效率和代码重用。

(3) 增加了泛型程序设计方法。例如,C++语言引入了函数模板、类模板和容器等编程方法。

(4) 增加了多种程序数据保护安全机制。例如,C++语言引入了 const 属性变量,以及 I/O 数据类型检测机制,对象的封装性以及访问属性控制等机制。

(5) 提高了代码重用性。例如,引入了运算符重载、函数重载、继承与派生等机制。

14.2　面向对象的程序设计方法

在本书的上篇中,已经讲授了面向过程的程序设计方法。下面将面向过程的程序设计方法的思想总结为几个主要特点。

(1) 设计范式。程序＝算法＋数据结构。

(2) 设计思路。将程序看作是一个"事件"的过程,对过程进行"自顶而下,逐步细分"的模块(子过程)划分。这样就将一个程序按"功能"分解为多个子过程,在 C/C++语言中,子过程是通过函数来实现。因此,面向过程的程序设计基本思路是以算法(函数)为中心。

(3) 设计特点。程序中的函数与数据是分离;数据都是公用的:即一个函数可以使用任何一组数据,而一组数据又能被多个函数所使用。整个程序以 main()为中心,通过函数之间的函数调用,从而来"串成"程序。面向过程的程序组成结构如图 14.1 所示。

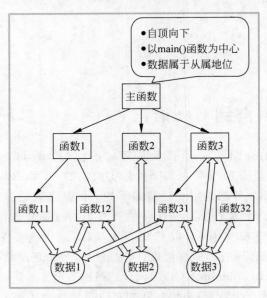

图 14.1　面向过程的程序组成结构

(4) 设计核心问题。算法(函数)确定和数据定义。

长期编程实践证明了面向过程程序设计方法存在以下问题:

(1) 难以满足大型复杂程序设计,对程序进行修改、扩展复杂,程序代码的重用性较差等。

(2) 程序中的数据安全性保障机制弱。

(3) 程序调试和测试过程比较困难和繁杂。

(4) 程序设计的组织思想与现实世界的实际结构有些不吻合。

为了使读者对面向过程程序编程与面向对象程序编程之间的差别有一个直观的认识,下面通过一个程序实例来对比说明。

例 14.1　采用面向过程程序编程方法编写一个有关"栈操作"的程序。

```c
# include < stdio. h >
# define STACK_SIZE 100
struct Stack
{
    int top;
    int buffer[STACK_SIZE];
};

bool stack_push(struct Stack * s, int i)
{
```

```
        if (s -> top == STACK_SIZE - 1)
        {
            printf("Stack is overflow.\n");
            return false;
        }
        else
        {
            s -> buffer[++(s -> top)] = i;
            return true;
        }
    }


bool stack_pop(struct Stack * s, int * i)
{
        if (s -> top == -1)
        {
            printf("Stack is empty.\n");
            return false;
        }
        else
        {
            * i = s -> buffer[(s -> top)--];
            return true;
        }
}


int main()
{
        struct Stack st1,st2;
        int x;
        st1.top = -1;
        st2.top = -1;

        stack_push(&st1,12); stack_pop(&st1,&x);
        stack_push(&st2,20); stack_pop(&st2,&x);

        return 0;
}
```

例 14.2　采用面向对象程序编程方法，重新编写程序来实现与例 14.1 完全相同的功能。

```
# include < iostream >
using namespace std;
# define STACK_SIZE 100
class Stack
{
private:
    int top;
    int buffer[STACK_SIZE];
public:
    Stack() { top = -1; }
    bool push(int i);
    bool pop(int& i);
```

```
    };
    bool Stack::push(int i)
    {
        if (top == STACK_SIZE - 1)
        {
            cout << "Stack is overflow.\n";
            return false;
        }
        else
        {
            buffer[++top] = i;
            return true;
        }
    }
    bool Stack::pop(int& i)
    {
        if (top == -1)
        {
            cout << "Stack is empty.\n";
            return false;
        }
        else
        {
            i = buffer[top--];
            return true;
        }
    }
    int main()
    {
        Stack st1,st2;
        int x;
        st1.push(12); st1.pop(x); st2.push(20); st2.pop(x);
        return 0;
    }
```

从上述两段程序实例可以看出,C++面向对象程序编程方法有如下特征:

(1) 引入了一种称为"类(class)"的数据结构。这种自定义的数据类型将一组相关的数据以及对其操作的一组函数封装在一起。例如,例14.2中声明了一种 Stack 类,在该类中,封装了 int top 和 int buffer[STACK_SIZE]两种数据类型,同时还封装了与这些数据相关的2个函数 bool push(int i)和 bool pop(int& i)。因此,可以将这种称为类的用户自定义数据类型理解为是对结构体(struct)数据类型的发展。在上篇中,结构体数据类型只是将一组相关数据封装在一起,而没有将与这些数据相关的函数封装进来。

(2) 引入了"对象"(object)概念。对象可以理解为某一类数据类型的变量。因此,对象类似例14.1中采用 Stack 结构体类型定义的结构体变量 st1 和 st2。例14.2中的 st1 和 st2 就是采用 Stack 类构建的2个对象。

(3) 引入了"对象的消息"的概念。所谓"对象的消息"就是通过对象来调用的函数。这些消息体现了对象之间的相互作用机制。例如,在例14.2中,在 main 函数中采用"st1.push(12);"和"st2.push(20);"语句分别调用对象 st1 和对象 st2 的消息 push()。因此,也称"st1.push(12);"

和"st2. push(20);"语句为主函数 main()向对象 st1 和 st2 发 push()消息。

通过对比分析例 14.1 和例 14.2,可以归纳出 C++面向对象程序设计过程大致分为两个阶段。

第 1 阶段:类的封装(声明)。设计程序所需的各种数据类,即决定把哪些数据和操作(算法)封装在一起。

第 2 阶段:消息调用。采用类来构建程序所需的对象及其消息调用。编写 main()或其他函数来实现对象间消息交互。消息交互(函数调用)来实现对象之间通信。各个对象的操作完成了,整个软件的任务也就完成了。

通过上述对比分析,可以将面向对象程序设计的思想总结为如下几个方面。

(1) 设计范式。程序=对象+消息,如图 14.2 所示。

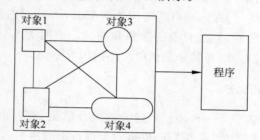

图 14.2 面向对象的程序组成

(2) 基本思路。将程序看作是有各种事物(对象)组成的系统,任何系统都是由若干对象组成,对象之间通过消息作用构成一个有序系统(软件)。整个程序设计以数据(对象)为中心,通过对象相互作用(消息交互)来构成完整程序。

(3) 基本特点。对象有两大特征,分别是静态属性(数据)和动态行为(方法/函数)。对象属性(数据)和行为(函数)是捆绑的,即属性和行为是对象不可分离两特征。

(4) 核心问题。类(对象)的设计与封装。

14.3 类与对象

在现实世界中,任何一个系统都是由许多对象组成的。例如,一辆汽车可以理解为由发动机、汽车底盘、电子控制装置、车轮等对象组成的系统;一次教学活动是由学生、教师、教学设施等对象组成的系统等。同样,一套程序也可理解为多个对象组成的系统。因此,面向对象的程序设计方法,真实地反映了自然界万事万物的生成法则,完全符合自然界的组成规律。那么,如何构建程序中的对象呢? 这是面向对象程序设计的首要任务。

14.3.1 类和对象的概念

对象是构成一个系统的基本单位。任何具备属性(attribute)和行为(behavior)两种要素的事物都可看作对象(object),例如,学生甲和教师乙等。对象可大可小,可以根据系统设计的要求,将一个系统划分为不同大小的对象,进而通过对象之间的发送和接收消息来实现对象之间互相联系和交互,从而来构成一个完整系统。

同理,在 C++语言中,一套程序也可以理解为由不同对象及其相互作用而构成的系统。C++的对象都是由数据(属性)和函数(方法)两部分组成。例如,在例 14.2 中主要由 2 个对象

(st1 和 st2)构成。

那么,如何在 C++ 语言中描述对象呢? 为此,C++ 语言引入了"类"的概念。

类(class)是 C++ 语言新增加的重要的数据类型,也是 C++ 对 C 语言最重要的发展。有了类的概念,就可以实现面向对象程序设计方法中的封装、继承、多态等三大重要特性。因此,类可以理解为是一种用户自定义的数据类型,用来描述相同对象的共同特征。也就是说:类是对象的抽象(abstraction);对象是类的具体实例(instance)。例如,可以声明一个"大学生"类来描述所有大学生的共同特征,"大学生甲"或"大学生乙"是具有"大学生"类特征的具体学生个体,称为对象。

关于类与对象两者之间的关系,类似于结构体类型和结构体变量。前面学习过,一般是先声明一个结构体类型,再用结构体类型去定义结构体变量。因此,一个结构体类型也可以理解为同类的结构体变量的描述。另外,在声明结构体类型时,不分配内存空间,只有定义了结构体变量才分配内存空间。同样,类是对象的抽象和描述。声明类不分配内存;对象是类的具体实现,在构建一个对象时,需要为其分配相应大小的内存空间。

14.3.2　类的声明方法

类(class)可以广义地理解为一种用户自定义的组合数据类型,也就是某种对象的数据类型。如果程序中要用到"类"类型,必须自己根据需要进行类的声明。当然,用户也可以使用第三方声明好的类,包括 C++ 编译系统等提供的一些标准类库中的类。

由前面的类比分析可以知道,类与结构体类型很相似,但类对结构体进行了两方面的发展:

(1) 类不仅是多种数据的组合,还包含处理数据的函数。

(2) 类对这些数据和函数的访问属性进行了限定。

因此,类声明一般格式为:

```
class 类名
{ public :
    公用的数据;
    公用的成员函数;
private :
    私有的数据;
    私有的成员函数;
};
```

其中,private 和 public 称为成员访问限定符(member access specifier)。除了 private 和 public 之外,还有一种成员访问限定符 protected(受保护的),用 protected 声明的成员称为受保护的成员。private 数据成员和成员函数只能被类内(类的申明中)的成员函数和数据成员所调用。public 数据成员和成员函数不仅能被类内(类的申明中)的成员函数和数据成员所调用,还能在类外通过对象来调用。有关 protected 成员性质将在后面章节中介绍。

在声明"类"类型时,理论上,声明为 private 的成员和声明为 public 的成员的次序是任意的。关键字 private 和 public 可以分别出现多次,每个部分的有效范围到出现另一个访问限定符或类体结束时(最后一个右花括号)为止。另外,如果在类体中没有指明 private 或 public,则默认为 private。但是为了使程序清晰,养成良好的编程习惯,应注意以下几点:

(1) 使每一种成员访问限定符在类定义体中只出现一次。

(2) 先写 public 部分,把 private 部分放在类体的后部。这样可以使用户将注意力集中在能被外界调用的成员上,使阅读者的思路更清晰一些。

(3)用户把自己或本单位经常用到的类放在一个专门的类库中,采用专门的头文件来声明类,需要使用这些类定义对象时,只需要将该头文件包含在相应的 *.cpp 中,然后使用类直接定义对象等。这样就减少了程序设计的工作量,且程序结构清晰。

例 14.3 在某头文件 employee.h 中声明一个类 Employee,并在程序 employee.cpp 文件中采用 Employee 类定义 2 个对象。

```
//employee.h 头文件
class Employee                          //声明类的类型 Employee
{
public :                                //声明以下部分为公用的
    void show()
    {
        cout <<"num:"<< num << endl;     //在类内访问私有数据成员 num
        cout <<"name:"<< name << endl;
        cout <<"sex:"<< sex << endl;
    }
private :                               //声明以下部分为私有的
    int num;
    char name[20];
    char sex;
};
//employee.cpp 程序文件
# include < iostream >
# include "employee.h"                   //包含类申明的头文件
using namespace std;

int main()
{
    Employee emp1,emp2;                  //定义了 2 个 Employee 类的对象
    emp1.show();                         //在类外通过对象 stud1 来访问 show()
    emp2.show();
    return 0;
}
```

在例 14.3 中,show()是公有成员函数,可以在类内和类外访问;而 num,name,sex 是私有数据成员,只能在类内访问,例如,被成员函数 show()访问。

14.3.3 对象的定义

有了类声明后,就可以根据程序需求来定义一些对象。只有在构建(定义)一个对象之后,编译系统才会为这些对象分配存储空间,以存放对象中成员的值。对象定义方法类似变量的定义,可以归纳下列 3 种方法。

(1)方法 1:先声明类类型,再定义对象。在 C++ 中,声明了"类"后,构建对象有两种形式。

① class 类名 对象名。例如:

class Employee emp1, emp2;   //把 class 和 Employee 合起来作为类名来定义对象 emp1,emp2

② 类名　对象名。例如：

```
Employee emp1, emp2;                  //直接用类名定义对象 emp1,emp2,省略 class
```

这两种形式是等效的。但第一种形式是从 C 语言继承下来的，第二种形式是 C++ 的特色，而且更为简捷方便。

（2）方法 2：类声明和对象定义同时完成。

```
class Employee                        //声明类类型
{public:                              //先声明公用部分
void show()
{cout <<"num:"<< num << endl;
 cout <<"name:"<< name << endl;
 cout <<"sex:"<< sex; } endl;}
 private :                            //后声明私有部分
 int num;
 char name[20];
 char sex;
 }emp1, emp2;                         //定义了两个 Employee 类的对象 emp1,emp2
```

上述实例在定义 Employee 类的同时，定义了两个 Employee 类的对象。

（3）方法 3：直接定义对象，声明类时忽略类名。

```
class                                 //无类名
{private : //声明以下部分为私有的
 ⋮
public : //声明以下部分为公用的
 ⋮
}emp1, emp2;                          //定义了无类名类的 2 个对象 emp1,emp2
```

在 C++ 中直接定义对象是合法的、允许的，但却很少用。在实际的程序开发中，一般都采用上面 3 种方法中的第一种。

14.3.4　对象的引用

采用一个类定义了一些对象后，在程序中就可以引用（使用）这些对象。注意，引用对象就是引用对象中的成员，包括成员函数和数据成员。在类外引用对象中的成员可以有以下 3 种方法。

1. 通过对象名和成员运算符来引用对象中的成员

一般形式为：

对象名.成员名

其中，成员名包括数据成员和成员函数。只要是类中 public 成员都可以通过对象在类外引用。但 private 成员不能通过对象在类外引用。

例如，在例 14.3 中声明 Employee 类的程序中可以写出以下语句：

```
emp1.num = 1001;                      //假设 num 已定义为公用的整型数据成员
emp1.sex = 'F';                       //假设 sex 是私有数据成员,不能被外界引用
emp1.show();                          //正确,调用对象 stud1 的公用成员函数
show() ;                              //错误,没有指明是哪一个对象的 show 函数
```

其中"."是成员运算符,用来对成员进行限定,指明所访问的是哪一个对象中的成员。注意不能只写成员名而忽略对象名。在上例中,由于没有指明对象名,编译时把 show()作为普通函数处理。

2. 通过指向对象的指针来引用对象中的成员

采用某个类定义一个对象后,该对象就被分配相应的内存空间。因此,可以定义一个某种类型的指针变量来指向该对象的内存空间首地址。然后就可以用指针来引用对象中的成员。例如:

```
class Date
{
    public :   //数据成员是公用的
    int month;
    int day;
};
Date d, * p;                      //定义对象 d 和指针变量 p
p = &d;                           //使 p 指向对象 d
cout << p -> month;               //输出 p 指向对象中的成员 hour
```

在 p 指向 d 的前提下,p—> month,(* p). month 和 d. month 三者等价。

3. 通过对象的引用变量来引用对象中的成员

如果为一个对象定义了一个引用变量,则引用和原变量名共同标记同一段存储空间,实际上它们是同一个对象的两个名称而已。因此,完全可以通过引用变量来引用对象中的成员。

例如,假设已声明了 Date 类,构建了 d1 对象,则:

```
Date d1;                          //定义对象 d1
Date &d2 = d1;                    //定义 Date 类引用变量 d2,并使之初始化为 d1
cout << d2. month;                //输出对象 d1 中的成员 month
```

由于 d2 与 d1 共占同一段存储单元(即 d2 是 d1 的别名),因此 d2. month 等同于 d1. month。有关对象的指针变量和对象的引用变量的概念将在 14.6 节中详细讨论。

14.4　类的成员函数

在类中声明的函数称为该类的成员函数(简称类函数)。而在任何类之外声明的函数是非成员函数(简称为普通函数)。类的成员函数的定义、使用及作用与前面介绍的普通函数基本上是一样的,它也有返回值、函数类型和函数参数等属性。但成员函数与普通函数也存在一些区别,主要体现为如下几点:

(1) 成员函数是属于一个类的成员,只能在类体中声明,但函数的定义可以在类体内或类外进行。例如,例 14.3 中的 Employee 类中公有成员函数 show()是在类内中定义的。

(2) 成员函数有访问属性限定,可以被指定为 private(私有的)、public (公用的)或 protected(受保护的)。这些访问属性限定了它的权限使用范围,同数据成员。例如私有的成员函数只能被本类中的其他成员函数所调用,而不能在类外通过对象来调用。但成员函数(无论私有还是公有)都可以访问本类中任何成员(包括私有的和公用的)。

一般的做法是将需要被外界调用的成员函数指定为 public,它们是类的对外接口。不需要被外界调用的成员函数指定为 private,这些 private 函数只能被本类中的其他成员函数所调用。因此,private 成员函数是类中其他成员的工具函数(utility function)。目的是提升程序结构化性能。

14.4.1 成员函数的声明与定义

在声明类时,对类中成员函数声明格式和普通函数声明格式相同,其格式为:

函数类型 函数名(参数列表及类型);

至于成员函数的定义,既可以在类体中定义,也可以在类体中只写成员函数的声明,而在类体外面对函数进行定义。例如,对于例 14.3 中定义的成员函数,如果改写为在函数外定义,其代码如例 14.4 所示。

例 14.4 Employee 类中的成员函数 show()在类外进行定义。

```
//头文件: employee.h
class Employee                        //声明类类型 Employee
{
public:                              //声明以下部分为公用的
    void show();                     //公用成员函数原型声明
private:                             //声明以下部分为私有的
    int num;
    char name[20];
    char sex;
};

//在类外定义 show 类函数
void Employee::show()
{
    cout <<"num:"<< num << endl;     //函数体
    cout <<"name:"<< name << endl;
    cout <<"sex:"<< sex << endl;
}

//employee.cpp
# include < iostream >
using namespace std;
# include "employee.h"

int main()
{
    Employee emp1,emp2;              //定义了两个 Employee 类的对象
    emp1.show();                     //在类外通过对象 stud1 来访问 show()
    emp2.show();
    return 0;
}
```

通过对比分析例 14.3 和例 14.4 中的程序代码,可以总结出如下两点规则:

(1) 在类体中直接定义函数时,不需要在函数名前面加上类名(为什么?)。但成员函数在类外定义时,必须在函数名前面加上类名和作用域限定符(field qualifier)“::”。“::”也称为作用域运算符,用来声明函数是属于哪个类的。

(2) 如果在作用域运算符“::”的前面没有类名,或者函数名前面既无类名又无作用域运算符“::”,如::show()或 show(),则表示 show 函数不属于任何类,这个函数不是成员函数,

而是普通函数。

另外,良好编程素养的一种做法是:在类体内部对成员函数作声明,而在类体外部定义成员函数。对于函数体比较长的成员函数,更是建议在类外定义。

14.4.2 inline 成员函数

在前面章节中已经介绍过 C++程序的函数调用机制和过程。由于调用时会在主调函数中产生断点保护、程序执行权从主调函数到被调函数的转移,以及主调函数断点恢复等过程,因此,函数调用时需要一定的时间和空间的开销。图 14.3 所示为函数调用的过程。

C++语言提供了一种提高程序执行效率的方法,即在编译时将所调用函数的代码直接替换到主调函数的代码中,而不是将执行流程转出去。这种替换到主调函数中的函数称为内置函数(inline function),也称为内嵌函数。

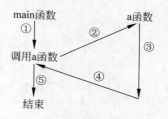

图 14.3 函数调用的过程

那么如何声明内置函数呢? 其基本方法是在函数首行的左端加一个关键字 inline 即可。

例 14.5 内置函数 min 声明。

```cpp
#include <iostream>
using namespace std;
inline int min(int, int, int);        //声明函数,注意左端有 inline
int main()
{
    int i = 10, j = 20, k = 30, m;
    m = min(i,j,k);
    cout <<"min = "<< m << endl;
    return 0;
}

inline int min(int a, int b, int c)    //定义 min()为内置函数
{
    if(b < a) a = b;                   //求 a,b,c 中的最大者
    if(c < a) a = c;
    return a;
}
```

由于函数在定义时声明为内置函数,因此编译系统在遇到函数调用 min(i,j,k)时,就用 min 函数体的代码代替 min(i,j,k),同时将实参代替形参。这样,程序第 7 行"m = min(i,j,k);"就被置换成

```cpp
if (j < i) i = j;
if(k < i) i = k;
m = i;
```

注意:可以在声明函数和定义函数的同时写 inline,也可以只在声明时写 inline,定义时可省略,这样也能按内置函数处理。内置函数中不能包括复杂的控制语句,如循环语句和 switch 语句等。

那么,类的成员函数是否也可以声明为内置函数呢? 答案是肯定的。

在 C++程序中,为了减少时间开销,如果在类体中定义的成员函数中不包括循环等控制结

构,C++编译系统会自动将它们作为内置(inline)函数来处理。也就是说,在程序调用这些成员函数时,并不是真正地执行函数的调用过程(如保留返回地址等处理),而是把函数代码嵌入程序的调用点。因此,C++要求对一般的内置函数要用关键字 inline 声明,但对类内定义的成员函数,可以省略 inline,因为这些成员函数已被隐含地指定为内置函数。例如,例 14.3 中的 show()成员函数,已被隐含地指定为内置函数。

例 14.6 成员函数 show()为隐含内置函数。

```
//头文件
class Employee                        //声明类的类型 Employee
{
public:                               //声明以下部分为公用的
    void show()                       //show 函数为隐含内置函数,缺省 inline 标识符
    {
        cout <<"num:"<< num << endl;  //在类内访问私有数据成员 num
        cout <<"name:"<< name << endl;
        cout <<"sex:"<< sex << endl;
    }
private:                              //声明以下部分为私有的
    int num;
    char name[20];
    char sex;
};

//employee.cpp
# include < iostream >
# include "employee.h"
using namespace std;

int main()
{
    Employee emp1,emp2;               //定义了两个 Employee 类的对象
    emp1.show();                      //在类外通过对象 stud1 来访问 show()
    emp2.show();
    return 0;
}
```

其中第 4 行 void show()也可以写成 inline void show()。将 show 函数显式地声明为内置函数时,以上两种写法是等效的。对在类体内定义的函数,一般都省略 inline。但在类体外定义,系统并不把它默认为内置(inline)函数,调用这些成员函数的过程和调用一般函数的过程是相同的。如果想将这些成员函数指定为内置函数,应当用 inline 作显式声明。例如,对于例 14.4 中的成员函数 show(),如果是在类外定义的,且需要将其定义内置函数,则程序需要修改为例 14.7 所示。

例 14.7 类外定义的 show()需要显式声明为内置函数。

```
//employee.h
class Employee                        //声明类类型 Employee
{
public :                              //声明以下部分为公用的
    inline void show();               //声明此成员函数为内置函数
```

```
    private :                          //声明以下部分为私有的
        int num;
        char name[20];
        char sex;
    };

inline void Employee::show()          //在类外定义 show 函数为内置函数
{
    cout <<"num:"<< num << endl;      //函数体
    cout <<"name:"<< name << endl;
    cout <<"sex:"<< sex << endl;
}

//employee.cpp
# include < iostream >
using namespace std;
# include "employee.h"

int main()
{
    Employee emp1,emp2;               //定义了两个 Employee 类的对象
    emp1.show();                      //在类外通过对象 emp1 来访问 show()
    emp2.show();
    return 0;
}
```

注意：如果在类体外定义 inline 函数，则必须将类的定义和成员函数的定义都放在同一个头文件中（或者写在同一个源文件中），否则编译时无法进行置换。但是这样做又不利于类的接口与类的实现分离，也不利于类的信息隐蔽。因此引入内置函数，虽然程序的执行效率提高了，但从软件工程质量的角度来看，却破坏了良好的程序结构。两者平衡需要根据程序设计优化目标而特别考虑。

14.4.3　成员函数的存储方式和 this 指针

使用类来构建（定义）对象时，系统会为每一个对象分配一定大小的内存空间。假设用同一个类定义了 10 个对象，那么是否需要分别为 10 个对象的数据和函数代码分配独立的内存空间呢？

答案是否定的。C++编译系统会为这 10 个对象的数据成员分别分配独立的内存空间，但只用一段空间来存放这个 10 对象的共同函数代码。在调用各对象的函数时都去调用这个公用的函数代码，如图 14.4 所示。

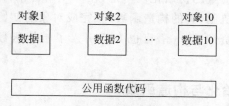

图 14.4　对象的数据和函数代码的分配方法

显然,这样做会大大节约存储空间。因此,每个对象所占用的存储空间只是该对象的数据部分所占用的存储空间,而不包括函数代码所占用的存储空间。采用下面的方法可以进行验证。声明一个类(如 class employee),该类中包含一些数据成员和成员函数。然后使用"cout << sizeof(employee)<< endl;"语句来测试该类对象所占用的字节数。测试结果表明:一个对象所占的空间大小只取决于该对象中数据成员所占的空间,而与成员函数无关。

根据对象内存分配机制,有读者会问:不同对象的成员函数代码相同,但是为什么执行结果是不相同的? 这就需要了解 C++语言的 this 指针机制。C++语言为一个类中每个成员函数专门设立了一个 this 的指针。this 指向本类对象,它的值是当前被调用的成员函数所在的对象的起始地址。例如,对于例 14.4 程序中定义的 employee 类,假设采用 employee 类定义了两个对象,分别为 emp1 和 emp2。如果有语句 emp1. show(),该语句应该是显示对象 emp1 中的 num,name 和 sex;而 emp2. show()则是引用对象 emp2 中的 num,name 和 sex。这是因为编译系统在编译 emp1. show()语句时,对象 stud1 的起始地址赋给 this 指针。在成员函数引用数据成员时,按照 this 找到对象 emp1 的数据成员。因此,实际上的 show()函数体隐式表达形式为:

```
Employee∷show()
{cout <<"num:"<< this - > num << endl;
cout <<"name:"<< this - > name << endl;
cout <<"sex:"<< this - > sex << endl;}
```

由于 this 指向当前对象,因此 emp1. show()函数体相当于执行:

```
cout <<"num:"<< (emp1.num)<< endl;
cout <<"name:"<< (emp1.name)<< endl;
cout <<"sex:"<< (emp1.sex)<< endl;
}
```

而 emp2. show()函数体相当于执行:

```
cout <<"num:"<< (emp2.num)<< endl;
cout <<"name:"<< (emp2.name)<< endl;
cout <<"sex:"<< (emp2.sex)<< endl;
}
```

14.5 类的构造函数和析构函数

在用类构建对象时,需要对每个对象的内存空间进行初始化。例如,需要给对象中的数据成员赋初值,其作用类似于变量的初始化。但是,在 C++语言中,考虑到对象成员的访问属性等限定,专门引入一种新的机制(类的构造函数)来完成对象的初始化工作。相对应地,在对象使用完后,需要释放内存等资源,C++语言也专门引入了析构函数机制来完成对象释放清理工作。

14.5.1 对象的初始化与构造函数

C++语言提供了构造函数(constructor)来处理对象的初始化。构造函数是类中一种特殊的成员函数,它与其他成员函数不同的特殊性表现为如下 4 点:

（1）不需要用户来调用它,而是在构建对象时自动执行。

（2）构造函数的名字必须与类名同名,不能由用户任意命名,以便编译系统能识别。

（3）不具有函数类型,也没有返回值。

（4）构造函数的功能是由用户定义的,用户根据初始化的要求设计函数体和函数参数。如果用户没有为某个类定义构造函数,编译系统会为其产生一个缺省构造函数,且缺省构造函数的函数体为空,即不执行任何操作。

例 14.8　类的构造函数。

```cpp
//date.cpp
# include < iostream >
using namespace std;
class Date
{
public:
    Date()
    {
        year = 2018;
        month = 1;
        day = 1;
    }
    void show_date();
private:
    int year;
    int month;
    int day;
};

void Date::show_date()
{
    cout << year <<"/"<< month <<"/"<< day << endl;
}

int main()
{
    date dt1;
    dt1.show_date();
    return 0;
}
```

程序运行结果为：

2018/1/1

14.5.2　构造函数类型

根据对象构建的不同需求,C++编译系统定义了多种类型的构造函数。

（1）系统默认构造函数(即空构造函数)。如果用户自己没有定义构造函数,则 C++编译系统会自动生成一个构造函数,但这个构造函数的函数体是空的,也没有参数,不执行初始化操作。

（2）用户自定义构造函数。这类函数进一步可以分为不带参数的构造函数和带参数的构造函数两类。对于带参数的构造函数，根据参数传递方式不同，还可以进一步分为如下 3 种情况：

① 函数体传递参数。

② 通过参数初始化表来传递。

③ 指定默认参数。

下面重点介绍带参数构造函数的定义方法。

在例 14.8 中定义了一个不带参数的构造函数。构造函数在函数体中对数据成员赋初值。使用无参构造函数会使得该类构建的每一个对象都会初始化一组数值，这就无法体现对象初始值的个性化需求。因为有时用户希望对不同的对象赋予不同的初值。

要解决上述问题，可以采用带参数的构造函数。有参构造函数在构建不同对象时，从外面将不同的数据传递给构造函数，以实现不同对象的不同初始化。

有参构造函数首部的一般格式为：

构造函数名(类型 1 形参 1,类型 2 形参 2,…);

在使用有参构造函数构建对象时，如何将外面不同的数据传递给构造函数呢？因为用户是不能调用构造函数的，无法采用常规的调用函数方式给出实参。为此，C++规定构造函数的实参是在定义对象时给出的。有参构造函数构建对象的一般格式为：

类名 对象名(实参 1,实参 2,…);

例 14.9 编一个在类中用带参数的构造函数构建对象的程序。

```cpp
# include < iostream >
using namespace std;
class Cube
{
public:
    Cube( int, int, int);              //声明带参数的构造函数
    int volume();
private:
    int height;
    int width;
    int length;
};

Cube::Cube( int h, int w, int len)    //在类外定义带参数的构造函数
{
    height = h;
    width = w;
    length = len;
}

int Cube::volume()                    //定义计算体积的函数
{
    return (height * width * length);
}
```

```
int main()
{
    Cube cube1(10,20,30);              //建立对象 cube1,并指定 cube1 长、宽、高的值
    cout <<"The volume of cube1 is "<< cube1. volume()<< endl;
    Cube cube2(15,25,35);              //建立对象 cube2,并指定 cube2 长、宽、高的值
    cout <<"The volume of cube2 is "<< cube2. volume()<< endl;
    return 0;
}
```

通过上述实例可以归纳如下两个特点：

（1）带参数的构造函数中的形参，其对应的实参在定义对象时给定。

（2）这种方法是通过函数体的赋值语句来实现对不同的对象进行不同的初始化。

另外，C++还提供一种参数初始化表的有参数构造函数，用来实现给对象数据成员的初始化。其特点是不在函数体内通过赋值语句对数据成员初始化，而是在函数首部通过参数初始化列表来实现，从而简化构造函数的函数体，函数体可以为空。

例 14.9 中定义构造函数可以改用以下形式：

```
Cube::Cube(int h, int w, int len):height(h), width(w), length(len){ }
```

其中 height(h)，width(w)，length(len)称为参数初始化列表。因此，带参数初始化表的有参数构造函数的一般声明格式为：

【类名∷】函数名(参数列表)：初始化列表{ }

14.5.3　构造函数的重载

所谓函数重载(function overloading)是指对一个函数名重新赋予它新的含义，用同一函数名定义多个函数。这些函数的参数个数和参数类型不同。例如，"int max(int a，int b，int c)；"和"double max(double a，double b，double c)；"这两个函数功能不同，分别为求 3 个整数中的最大者和求 3 个双精度数中最大者，因此，参数类型和返回值也不同，但函数名相同。这就是 C++语言引入的重载机制。

C++语言这种函数重载机制也适用于构造函数。在一个类中可以定义多个构造函数，以便对类对象提供不同的初始化的方法。这些构造函数具有相同的名字，而参数的个数或参数的类型不相同。

例 14.10　类中声明了多个构造函数。

```
//date.cpp
# include < iostream >
# include < iomanip >
using namespace std;
class Date
{
private:
    int day, month, year;
public:
    Date(int dd, int mm, int yy) : day(dd), month(mm), year(yy) { };
    Date(int dd, int mm) : day(dd), month(mm) { year = 2018; };
```

```cpp
        Date(int dd) : day(dd) { month = 1; year = 2018; };
        Date() { day = 1; month = 1; year = 2018; };
        Date(const char * strDate);
        ~Date();
        void show() { cout << setw(4)<< setfill('0')<< year <<'-'
                           << setw(2)<< setfill('0')<< month <<'-'
                           << setw(2)<< setfill('0')<< day << endl; };
    };

    Date::Date(const char * strDate)
    {
        int i = 0;
        int buffer[3] = {0};

        for(int cnt = 0; strDate[cnt] != '\0'; cnt++)
        {
            if(strDate[cnt] == '-')
            {
                i++;
            }
            else
            {
                buffer[i] = buffer[i] * 10 + strDate[cnt] - '0';
            }
        }

        year = buffer[0];
        month = buffer[1];
        day = buffer[2];
    }

    Date globalDay;                        //构建全局对象 globalday

    int main()
    {
        Date today(1);
        Date Oct1(1, 10);
        Date RDay(1, 9, 2015);
        Date now;
        Date guy("1990-2-20");
        return 0;
    }
```

在例 14.10 的程序中定义了 5 个重载的构造函数,其实还可以定义其他重载构造函数。在主函数中构建 5 个不同对象,分别调用相应的构造函数来实现初始化。

建议:①分析这些对象分别调用哪些构造函数? ②试着完成这些构造函数定义代码。

说明:

(1) 调用时不必给出实参的构造函数,称为默认构造函数(default constructor)。显然,无参的构造函数属于默认构造函数。注意,一个类只能有一个默认构造函数。

（2）尽管在一个类中可以包含多个构造函数，但是对于每一个对象来说，建立对象时只执行其中一个构造函数，并非每个构造函数都被执行。

14.5.4 使用默认参数的构造函数

一般情况下，在函数调用时形参从实参那里取得值。因此，实参的个数应与形参相同。C++语言还提供一种使用默认参数机制，即在函数声明时，给形参一个默认值，这样形参就不必一定要从实参取值了。例如：

```
int max1(int a = 1, int b = 2, int c = 3);
```

其中3个参数都给予默认值。如果在调用此函数时，确认使用全部或部分参数的默认值，则可以不必给出这些实参的值。如果不想使形参取此默认值，则通过实参另行给出。例如：

```
max1(6, 2, 5);                    //实际是 max1(6,2,5);
max1(6, 4);                       //实际是 max1(6,4,3);
max1(6);                          //实际是 max1(6,2,3);
max1();                           //实际是 max1(1,2,3);
```

可以看到，在调用有默认参数的构造函数时，实参的个数可以与形参的个数不同。如果实参未给定的，从形参的默认值得到值。利用这一特性，可以使构造函数的使用更加灵活。另外，用带有默认参数的函数可以减少或者不用重载函数。

由于实参与形参的结合是从左至右顺序进行的，因此指定默认值的参数必须放在形参表列中的最右端，否则出错。例如：

```
void f1(float a, int b = 0, int c, char d = 'a');    //不正确
void f2(float a, int c, int b = 0, char d = 'a');    //正确
```

在 C++语言中，默认参数的机制也同样适用于类的构造函数。在构造函数中形参也可以指定为某些默认值，即如果用户不指定实参值，编译系统就使形参取默认值。

例 14.11 采用默认值参数的构造函数，将例 14.10 中的 Date 类的 4 个重载构造函数合并为一个构造函数，并实现同样的功能。

```
//date.cpp
# include < iostream >
# include < iomanip >
using namespace std;

class Date
{
private:
    int day, month, year;
public:
    Date(int dd = 1, int mm = 1, int yy = 2018) : day(dd), month(mm), year(yy) { };    //初始化
                                                                                       //d, m, y
     Date(const char * strDate);                      //用字符串日期初始化
~Date();

    void show() { cout << setw(4)<< setfill('0')<< year <<' - '
                       << setw(2)<< setfill('0')<< month <<' - '
```

```
                            << setw(2)<< setfill('0')<< day << endl; };
        };

        Date::Date(const char * strDate)
        {
            int i = 0;
            int buffer[3] = {0};

            for(int cnt = 0; strDate[cnt] != '\0'; cnt++)
            {
                if(strDate[cnt] == '-')
                {
                    i++;
                }
                else
                {
                    buffer[i] = buffer[i] * 10 + strDate[cnt] - '0';
                }
            }

            year = buffer[0];
            month = buffer[1];
            day = buffer[2];
        }

        int main()
        {
            Date today(1);
            Date Oct1(1, 10);
            Date RDay(1, 9, 2015);
            Date now;
            Date guy("1990-2-20");

            return 0;
        }
```

可以看到,在构造函数中使用默认参数是方便而有效的,它提供了建立对象时的多种选择,其作用相当于好几个重载的构造函数。也就是说,默认参数构造函数是利用 C++ 对默认参数的支持,可以将多个版本的构造函数合并为一个。另外,它还有一个好处是:即使在调用构造函数时没有提供实参值,不仅不会出错,而且还确保按照默认的参数值对对象进行初始化,在希望对每一个对象都有同样的初始化时用这种方法尤其方便。

说明:

(1) 应该在声明构造函数时指定默认值,而不能只在定义构造函数时指定默认值。

(2) 如果构造函数的全部参数都指定了默认值,则在定义对象时可以给一个或几个实参,也可以不给出实参。

14.5.5　类的析构函数

析构函数(destructor)也是一个特殊的成员函数,它的作用与构造函数相反。它的名字是类名的前面加一个位取反运算符"～"符号。从取名规则可以体会到:析构函数是与构造函数作用相反的函数。

当对象的生命期结束时,会自动执行析构函数。具体来说,在下列情况下程序就会执行析构函数:

(1) 如果在一个函数中定义了一个对象(它是 auto 对象),当这个函数被调用结束时,对象应该被释放,在对象释放前自动执行析构函数。

(2) static 局部对象在函数调用结束时对象并不释放,因此,也不调用析构函数。只在 main 函数结束或调用 exit 函数结束程序时,才调用 static 局部对象的析构函数。

(3) 如果定义了一个全局对象,则在程序的流程离开其作用域(如 main 函数结束或调用 exit 函数)时调用该全局对象的析构函数。

(4) 如果用 new 运算符动态地建立了一个对象,当用 delete 运算符释放该对象时,先调用该对象的析构函数。

析构函数的作用并不是删除对象,而是在撤销对象占用的内存之前完成一些清理工作,使这部分内存可以被程序分配给新对象使用。析构函数也是一种特殊的类成员函数,其特点如下:

(1) 析构函数不返回任何值,没有函数类型,也没有函数参数。因此,它不能被重载。一个类可以有多个构造函数,但只能有一个析构函数。

(2) 实际上,析构函数的作用并不仅限于释放资源方面。它还可以被用来执行用户希望在最后一次使用对象之后所执行的任何操作。例如,输出有关的信息。

(3) 如果用户没有定义析构函数,C++编译系统会自动生成一个析构函数,但它只是徒有析构函数的名称和形式,实际上什么操作都不进行。

例 14.12　包含缺省构造函数和析构函数的 C++程序。

```cpp
//date.cpp
# include < iostream >
# include < iomanip >
using namespace std;

class Date
{
private:
    int day, month, year;
public:
    void show() { cout << setw(4) << setfill('0') << year << '-'
                    << setw(2) << setfill('0') << month << '-'
                    << setw(2) << setfill('0') << day << endl; };
//Date();编译系统自动生成缺省构造函数
//~Date();编译系统自动生成缺省析构函数
};

int main()
{
    Date A;                          //隐藏地先调用 A.Date()初始化对象 A
    return 0;

                                     //隐藏地先调用 A.~Date()释放资源
}
```

例 14.13　包含构造函数和析构函数的 C++ 程序。

```cpp
// Employee.cpp
# include < string >
# include < iostream >
using namespace std;

class Employee                                    //声明 Employee 类
{public:
    Employee( int n, string nam, char s)          //定义构造函数
    {
        num = n;
        name = nam;
        sex = s;
        cout <<"Constructor called."<< endl;      //输出有关信息
    }

    ~Employee()                                   //定义析构函数
    {cout <<"Destructor called."<< endl;}         //输出有关信息
    void show()                                   //定义成员函数
    {
        cout <<"num: "<< num << endl;
        cout <<"name: "<< name << endl;
        cout <<"sex: "<< sex << endl << endl;
    }
private:
    int num;
    string name;
    char sex;
};

int main()
{
    Employee emp1(10010,"Wang_li",'f');           //建立对象 emp1
    emp1.show();                                  //输出员工的数据
    Employee emp2(10011,"Zhang_fun",'m');         //定义对象 emp2
    emp2.show();                                  //输出员工的数据
    return 0;
}
```

程序的运行结果为：

```
Constructor called.
num: 10010
name:Wang_li
sex: f
Constructor called.
num: 10011
name:Zhang_fun
sex:m
Destructor called.
Destructor called.
```
(执行 emp1 的构造函数)(执行 emp1 的 show 函数)

（执行 emp2 的构造函数）（执行 emp2 的 show 函数）
（执行 emp2 的析构函数）（执行 emp1 的析构函数）

通过分析例 14.13 的执行结果可以发现：调用析构函数的次序正好与调用构造函数的次序相反，即最先被调用的构造函数，其对应的（同一对象中的）析构函数最后被调用，而最后被调用的构造函数，其对应的析构函数最先被调用，如图 14.5 所示。但并不是在任何情况下都是按这一原则处理的。因为对象和前面介绍的变量一样，存在着作用域和存储类别等属性。对象可以在不同的作用域中定义，可以有不同的存储类别。例如，例 14.14 中分别构建了全局对象 globalDay、局部对象 today，以及动态临时无名对象等，这些会影响调用构造函数和析构函数的时机。

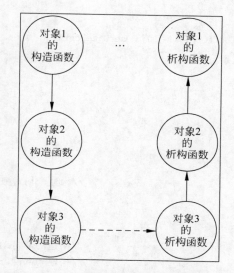

图 14.5　构造函数和析构函数的执行顺序

例 14.14　对象的作用域和存储类型。

```
//DATE.CPP
# include < iostream >
# include < iomanip >
using namespace std;

class Date
{
private:
    int day, month, year;
public:
    Date(int dd = 1, int mm = 1, int yy = 2018) : day(dd), month(mm), year(yy) { };  //初始化
                                                                                      //d, m, y
    Date(const char * strDate);                        //用字符串日期初始化

    //~Date();

    void show() { cout << setw(4)<< setfill('0')<< year <<'-'
                      << setw(2)<< setfill('0')<< month <<'-'
                      << setw(2)<< setfill('0')<< day << endl; };
};
```

```
Date::Date(const char * strDate)
{
    int i = 0;
    int buffer[3] = {0};

    for(int cnt = 0; strDate[cnt] != '\0'; cnt++)
    {
        if(strDate[cnt] == '-')
        {
            i++;
        }
        else
        {
            buffer[i] = buffer[i] * 10 + strDate[cnt] - '0';
        }
    }

    year = buffer[0];
    month = buffer[1];
    day = buffer[2];
}

Date globalDay;                            //构建全局对象

int main()
{
    Date today;                            //构建局部自动对象
    Static Date today1;                    //构建局部静态对象
    Date * pDate = new Date;               //构建局部动态临时对象
    delete pDate;
    return 0;
}
```

下面归纳一下什么时候调用构造函数和析构函数。

(1) 在全局范围中定义的对象(即在所有函数之外定义的对象,如 globalDay),它的构造函数在文件中的所有函数(包括 main 函数)执行之前调用,即在编译时构建。但如果一个程序中有多个文件,而不同的文件中都定义了全局对象,则这些对象构造函数的执行顺序是不确定的。但都是当 main 函数执行完毕或调用 exit 函数时(此时程序终止),调用析构函数。

(2) 如果定义的是局部自动(auto)对象(例如在函数中定义对象,如 today),则在建立对象时调用其构造函数。如果函数被多次调用,则在每次建立对象时都要调用构造函数。在函数调用结束、对象释放时先调用析构函数。

(3) 如果在函数中定义静态(static)局部对象,则只在程序第一次调用此函数建立对象时调用构造函数一次,在调用结束时对象并不释放。只在 main 函数结束或调用 exit 函数结束程序时才调用析构函数。

(4) 如果在函数中使用 new 运算符,构建了一个动态临时对象,其生命期从 new 运算符开始,此时调用构造函数。在执行的指针采用 delete 运算符释放时,对象生命期结束,此时调用析构函数。

14.6 对象数组和对象指针

14.6.1 对象数组

前面学习过简单变量构成的数组。其实,对象也可以构建一个数组结构,对象数组就是若干同类的对象集合。

在日常生活中,有许多实体的属性是共同的,只是这些实体的属性值不同而已。例如,某公司有 40 名员工,每个员工的属性包括姓名、性别、年龄、工号等。如果为每一名员工建立一个对象,这时可以定义一个"员工类"对象数组,每一个数组元素是一个"员工类"对象。例如:

```
Employee em[40];                    //假设已有 Employee 类,定义一个长度为 40 的 em 对象数组
```

上例中,在构建数组 em 时同样要调用构造函数。因为有 40 个元素,则需要调用 40 次构造函数。那么如何对这些对象进行初始化呢? 一般方法是在花括号中分别写出带有实参的构造函数。如果没有提供参数,则调用无参构造函数。例如:

```
Employee em[3] = {              //定义对象数组
Employee(1001,25,1),            //调用第 1 个元素的构造函数,为它提供 3 个实参
Employee(1002,27,2),            //调用第 2 个元素的构造函数,为它提供 3 个实参
Employee(1003,22,3)            //调用第 3 个元素的构造函数,为它提供 3 个实参
};
```

因此,可以归纳出对象数组定义和初始化的一般格式为:

类名 对象名[长度] = {构造函数(实参列表 1),构造函数(实参列表 2),… }

在建立对象数组时,分别调用构造函数,对每个元素初始化。而且,每一个元素的实参分别用括号包起来,对应构造函数的一组形参。

例 14.15 对象数组的构建与初始化(见图 14.6)。

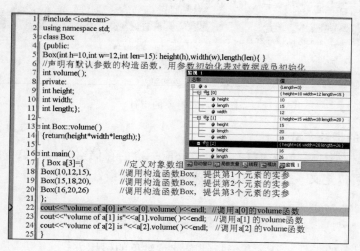

图 14.6 对象数组的构建与初始化

在上述代码实例中,在第 22 条语句设立的一个断点,断点调试的结果见图 14.6 中的断点调试视图。从图中可以看出,程序运行到第 22 条语句时,已经在内存中构建了 3 个对象,并且

每个对象都有了确定的初始化。

14.6.2 对象指针

1. 对象的相关指针类型

前面介绍过,当程序构建一个对象时,需要给该对象在内存中分配一定大小的连续空间,用来保存对象中的成员函数和数据成员。这些数据和函数所占用的内存单元的起始地址被称为相关的指针,如图14.7所示。一个对象的相关指针类型有对象指针(如对象box1的指针为0x0012ff58,表示为&box1);对象box1的数据成员width的指针为0x0012ff5c,表示为&(box1.width);对象box1的成员函数volume()的指针为0x004115b0等。因此,可以定义相应类型的指针变量来保存对象的不同类型指针。下面分别介绍对象的指针变量。

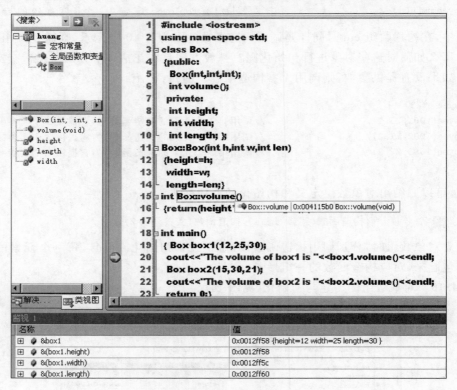

图14.7　对象的指针

2. 指向对象的指针变量

在建立对象时,编译系统会为每一个对象分配一定的存储空间。对象空间的起始地址就是对象的指针。可以定义一个指针变量,用来存放对象的指针。例如:

```
employee em(1001,25,1);
employee * pt = &em;                  //pt 是指向对象 em 的指针变量
```

例 14.16 对象的指针变量及基于指针变量对对象的引用方式。

```
# include < iostream >
using namespace std;
class Date
```

```
{
public:
    Date(int d, int m, int y)
    {
        day = d;
        month = m;
        year = y;
    }
    void get_date();
private:
    int day;
    int month;
    int year;
};

void Time::get_time()
{
    cout << hour <<':'<< minute <<':'<< sec << endl;
}

int main()
{
    Time * pt;                    //定义 pt 为指向 Time 类对象的指针变量
    Time t1(12, 39, 23);          //定义 t1 为 Time 类对象
    pt = &t1;                     //将 t1 的起始地址赋给 pt
    pt -> get_time();
    ( * pt).get_time();
    return 0;
}
```

在该实例中,分别了构建对象 t1 以及定义了指向对象 t1 的指针变量 pt,并通过指针变量 pt 引入对象 t1 的成员函数 get_time()。因此,可以归纳出指向类对象的指针变量的一般形式为:

类名 * 对象指针名;

还可以归纳出通过对象指针访问对象和对象的成员的一般形式为:

(* 指针变量名).数据成员(或成员函数); 或者: 指针变量名 ->数据成员(或成员函数);

3. 指向对象成员的指针

对象有地址,对象中的成员也有地址,存放对象成员地址的指针变量就是指向对象成员的指针变量。

定义指向对象数据成员的指针变量的定义方法和指向普通变量的指针变量的方法相同,如例 14.17 所示。

注意:定义指向对象成员函数的指针变量的方法和定义指向普通函数的指针变量的方法有所不同。因为成员函数是某类中的一个成员,因此,编译系统要求,成员函数的指针变量的类型在以下 3 方面都要匹配:

(1) 函数参数的类型和参数个数。

(2) 函数返回值的类型。

（3）所属的类。

因此，可以归纳出定义指向公用（public）成员函数的指针变量的一般形式为：

数据类型名（类名∷＊指针变量名）（参数表列）；

该指针变量的初始化方法为：

指针变量名＝＆类名∷成员函数名；　　　//注意初始化时，指针变量还未与对象绑定，此时称为相对地址

例 14.17　对象成员的指针变量及引用方式。

```
# include < iostream >
using namespace std;
class clock
{
public:
    clock(int h, int m, int s)
    {
        hour = h;
        minute = m;
        sec = s;
    }
    void get_clock();
//private:
    int hour;
    int minute;
    int sec;
};

void clock::get_clock()
{
    cout << hour <<':'<< minute <<':'<< sec << endl;
}

int main()
{
    clock * pt;
    clock t1(12, 39, 23);
    int * p1 = &t1.hour;          //定义指针变量 p1 指向对象 t1 的数据成员 hour
    * p1 = 15;                    //通过 p1 来修改 hour
    pt = &t1;                     //将 t1 的起始地址赋给 pt
    pt -> get_clock();
    void (clock::* p3)();         //定义指向 clock 类成员函数的指针变量 p3
    p3 = &clock::get_clock;       //使 p3 指向 Time 类公用成员函数 get_clock
    (t1.* p3)();                  //在调用时 p3 才和 t1 对象地址绑定
    return 0;
}
```

如果例 14.17 中的 clock 类的数据成员是私有的，即 private 没有注释掉，情况会如何？另外，需要特别注意成员函数指针变量在初始化和调用时地址绑定问题。

14.7　共用数据的保护

C++相对于 C 语言来说，最大的特点是提高了数据的安全性，引入了多种有效的数据安全保护措施。例如，设置了对象成员的 private 访问属性等，还引入了对象的常变量属性。

所谓常变量属性(const)是指某一变量在初始化之后,只能被读取,不能被修改。这样使得变量既能在一定范围内共享,又保证它不被任意修改。例如,"const int a=12;"表示常变量 a 在初始化为 12 之后,在程序中任何地方都只能读取,不能被修改,实现安全共享。注意变量的常属性是代码编译的安全机制。

14.7.1 常对象及常成员函数

在常变量概念的基础上,C++引入了常对象的概念。凡是希望保证某对象中的数据成员不被改变,就可以声明该对象为常对象。常对象定义的一般形式为:

类名 const 对象名[(实参表列)]; 或者 const 类名 对象名[(实参表列)];

在定义对象时指定对象为常对象。常对象必须要有初值,如:

clock const t1(1,10,6);

这样,在所有的场合中,对象 t1 中的所有成员的值都不能被修改。

注意:如果一个对象被声明为常对象,则不能调用该对象的非 const 型的成员函数(除了由系统自动调用的隐式的构造函数和析构函数)。

例如,对于例 14.17 中已定义的 Time 类,如果有

const clock t1(1,5,6);

若在程序中出现:

t1.get_clock();

则该语句是错误的。因为企图调用常对象 t1 中的非 const 型成员函数(get_clock();)是非法的。这是为了防止这些函数可能修改常对象中数据成员的值。

考虑到程序设计者会无意中修改常对象中的数据成员的情况,编译系统引入了对象的常成员函数概念。常成员函数专门用来访问常对象中的数据成员。编译系统只检查函数的声明,只要发现调用了常对象的成员函数,而且该函数未被声明为 const,就报错,以此来提示编程者注意。

对象的常成员函数的定义一般格式为:

函数类型 函数名(参数类型及列表)const ;

注意:const 的位置在函数名和括号之后,const 是函数类型的一部分,在声明函数和定义函数时都要有 const 关键字,在调用时不必加 const。例如:

void get_clock( ) const ;

如果将成员函数声明为常成员函数,则只能引用本类中的数据成员,而不能修改它们,例如只用于输出数据等。常成员函数可以引用 const 数据成员,也可以引用非 const 的数据成员。

特别说明:

(1) 不要误认为常对象中的成员函数都是常成员函数。如果在常对象中的成员函数未加 const 声明,编译系统把它作为非 const 成员函数处理。

(2) 常对象只保证其所有的数据成员是常数据成员(见后面说明),其值不被修改。

(3) 还有一点要指出:常成员函数不能调用另一个非 const 成员函数。

在编程时有时一定要修改常对象中的某个数据成员的值。ANSI C++ 考虑到实际编程时的需要,引入 mutable 机制,就是将需要修改的数据成员声明为 mutable,如语句"mutable int count;"把 count 声明为可变的数据成员,这样就可以用声明为 const 的成员函数来修改它的值。

14.7.2　对象的常数据成员

如果只需要将对象中部分数据进行常变量属性保护,就没有必要将整个对象定义为常对象。只需要将对象中部分成员声明为 const,即对象的常数据成员。常数据成员作用和用法与一般常变量相似,用关键字 const 来声明常数据成员。例如,在 Time 类中,如果要将数据成员 hour 声明为常数据成员,其格式为:

```
const int hour;
```

常数据成员的值是不能改变的。因此,只能通过构造函数的参数初始化表对常数据成员进行初始化,不能采用在构造函数中对常数据成员赋初值的方法。

即使在类外定义构造函数,也应通过参数初始化表对常数据成员 hour 初始化。例如,如果需要 clock 类中的常数据成员 hour 初始化,构造函数在类外定义时,其格式为:

```
clock::clock(int h):hour(h){}
```

另外需要说明的是,const 数据成员可以被 const 成员函数引用,也可以被非 const 的成员函数引用。

同理,常对象的数据成员都是常数据成员。因此,常对象的构造函数只能用参数初始化表对数据成员进行初始化。

既然 C++ 同时引入了常对象和对象的常数据成员,那么在程序设计时,如何选择常对象和常数据成员呢?基本原则可以归纳如下。

(1) 如果在一个类中,有些数据成员的值允许改变,另一些数据成员的值不允许改变,则可以将一部分数据成员声明为 const,以保证其值不被改变。此时,可以用非 const 的成员函数读取这些数据成员的值,或者修改非 const 数据成员的值。当然也可以采用常成员函数来读取常数据成员。

(2) 如果要求所有的数据成员的值都不允许改变,则将对象声明为 const(常对象)。此时,只能用 const 成员函数引用数据成员,这样起到"双保险"的作用,切实保证数据安全。因为,如果已定义了一个常对象,只能调用其中的 const 成员函数,而不能调用非 const 成员函数(不论这些函数是否会修改对象中的数据)。

14.7.3　指向对象的常指针和指向常对象的指针变量

1. 指向对象的常指针

指针变量也是变量。如果希望指针变量在初始化之后也不被改变,则可以将指针变量也声明为 const 型。定义指向对象的常指针的一般形式为:

```
类名 * const 指针变量名;
```

注意:在定义指针变量时使之初始化。

例如：

```
clock t1(1,2,5), t2;        //定义两个对象
clock * const pt1 = &t1;    //定义一个指向clock类型的常指针变量pt1,ptr1指向对象t1,此后不能
                            //再改变指向
pt1 = &t2;                  //错误,ptr1不能改变指向
```

需要特别说明：

（1）指向对象的常指针变量的值不能改变，即始终指向同一个对象，但其所指向对象（如t1）的值可以改变。

（2）如果想将一个指针变量固定地与一个对象相联系（即该指针变量始终指向一个对象），可以将它指定为 const 型指针变量。

2. 指向常对象的指针变量

定义指向常变量（常对象）的指针变量的一般形式为：

const 类型名 *指针变量名;

例如：

const char * ptr;   //定义了一个指向常变量的指针变量 ptr

注意：const 的位置在最左侧，它与类型名 char 紧连，表示指针变量 ptr 指向的 char 变量是常变量，不能通过 ptr 来改变其值的。

需要特别说明：

（1）如果一个变量已被声明为常变量，只能用指向常变量的指针变量指向它，而不能用一般的（指向非 const 型变量的）指针变量去指向它。此时不能通过此指针变量改变该变量的值。

（2）指向常变量的指针变量除了可以指向常变量外，还可以指向未被声明为 const 的变量。

（3）如果函数的形参是指向非 const 型变量的指针，实参只能用指向非 const 变量的指针，而不能用指向 const 变量的指针。这样，在执行函数的过程中可以改变形参指针变量所指向的变量（也就是实参指针所指向的变量）的值。

（4）如果函数的形参是指向 const 型变量的指针，在执行函数过程中显然不能改变指针变量所指向的变量的值，因此，允许实参是指向 const 变量的指针，或指向非 const 变量的指针。

上述的对应关系与在（2）中所介绍的指针变量和其所指向的变量的关系是一致的：指向常变量的指针变量可以指向 const 和非 const 型的变量，而指向非 const 型变量的指针变量只能指向非 const 的变量。

以上介绍的是指向常变量的指针变量。同理，指向常对象的指针变量的概念和使用是与此类似的，只要将变量换成对象即可。

（1）如果一个对象已被声明为常对象，只能用指向常对象的指针变量指向它，而不能用一般的（指向非 const 型对象的）指针变量去指向它。

（2）如果定义了一个指向常对象的指针变量，并使它指向一个非 const 的对象，则其指向的对象是不能通过指针来改变的。

（3）如果定义了一个指向常对象的指针变量，是不能通过它改变所指向的对象的值的，但是指针变量本身的值是可以改变的。因此，指向常对象的指针常用于函数的形参，目的是在保

护形参指针所指向的对象,使它在函数执行过程中不被修改。

编程小技巧:当希望在调用函数时对象的值不被修改,就应当把形参定义为指向常对象的指针变量,同时用对象的地址作实参(对象可以是 const 或非 const 型)。如果要求该对象不仅在调用函数过程中不被改变,而且要求它在程序执行过程中都不改变,则应把它定义为const 型。

14.7.4　对象的常引用

所谓变量的引用就是变量的别名。实质上,变量名和引用名都是指向同一段内存单元的不同名称而已。或者说,一段内存单元表示为两个不同的名称。

在 C++中引入"变量引用"的目的是进一步提高函数参数传递的效率。如果形参为变量的引用名,实参为变量名,则在调用函数进行虚实结合时,并不是为形参另外开辟一个存储空间(常称为建立实参的一个拷贝),而是把实参变量的地址传给形参(引用名),这样引用名也指向实参变量。

在 C++面向对象程序设计中,经常用指向常对象(变量)的指针和常引用作函数参数。这样既能保证数据安全,使数据不能被随意修改,同时能提高程序运行效率,在调用函数时又不必建立实参的拷贝。

例 14.18　对象的常引用举例。

```cpp
# include < iostream >
using namespace std;

class Date
{
    int d, m, y;
public:
    Date(int dd = 1, int mm = 1, int yy = 2018) : d(dd), m(mm), y(yy) {};
    int Day()    const { return d; }      //常成员函数
    int Month() const { return m; }      //常成员函数
    int Year()    const { return y; }      //常成员函数
};

int Greater(const Date & D1, const Date & D2)
{
    if (D1.Year() != D2.Year())
        return D1.Year() - D2.Year();
    else if (D1.Month() != D2.Month())
        return D1.Month() - D2.Month();
    return D1.Day() - D2.Day();
}

const Date & MaxDay(const Date & D1, const Date & D2)
{
    return Greater(D1, D2) > 0 ? D1 : D2;
}

int main()
```

```
{
    Date day1(1, 1, 1900);
    Date day2(2, 3, 2000);
    const Date & max_dat = MaxDay(day1, day2);

    return 0;
}
```

在本实例中,函数参数使用了常引用,这样在函数参数传递时,实参 day1 与形参 d1、实参 day2 与形参 d2 共用一段内存空间。但因为形参 d1 和 d2 声明为常引用,这样使得 MaxDay() 函数的函数体中不能改变 d1 和 d2 的值,也就是不能改变其对应的实参 day1 和 day2 的值。

14.7.5 const 型数据的小结

在本节中引入了多种常类型数据概念,比较繁杂。但只要仔细体会和梳理,原理还是很简单明晰的,最核心的思想总结如下:

(1) 为了提高程序运行效率,C++ 函数通过引用和指针变量来传递类对象。如要保证传入的对象内容不被改变,可以使用常引用或常对象指针变量。

(2) 如果返回值也是一个对象,也可以通过返回引用和指针变量来提高程序效率。如要确保返回的对象内容不被改变,可以返回常引用或者常对象指针变量。

(3) 在 C++ 语言中,常引用比指向常对象的指针变量使用得更多。

(4) 为了保证对象数据不被修改,可以使用常对象或对象中常数据成员,也可以通过使用对象中的常成员函数,显式表明该函数只能作为对象属性的只读访问接口。

(5) 对于常对象,除了隐式地调用构造和析构函数之外,不能使用常对象的非 const 成员函数,如表 14.1 所示。

表 14.1 C++ 中的常数据类型

数 据 成 员	非 const 成员函数	const 成员函数
非 const 的数据成员	可读,也可写	可读,不可写
const 数据成员	可读,不可写	可读,不可写
const 对象的数据成员	不能访问	可读,不可写

另外,各种常变量(对象)的定义格式看起来好像比较复杂,其实只要认真体会,也很简单,如图 14.8 和图 14.9 所示。

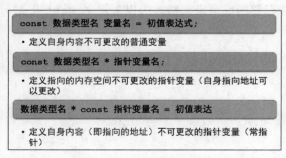

图 14.8 常变量及其指针

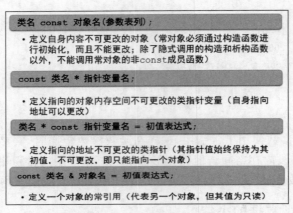

图 14.9　常对象及其指针或引用

14.8　同类对象间的数据共享及类的静态成员

从前面介绍的对象内存分配机制可以看出：如果有 n 个同类的对象，那么每一个对象都分别有自己的数据成员，不同对象的数据成员有各自的值，分配的内存空间互不相干。但是，在实际编程时，有时希望有某一个或几个数据成员能为所有对象所共有，这样可以实现同类对象之间的数据共享。那该如何实现呢？

在面向过程的程序设计中，通过引入全局变量可以实现函数间数据共享。其基本原理是：在一个程序中设置一个或多个全局变量。如果程序中有多个函数，在每一个函数中都可以改变全局变量的值，全局变量可实现函数间通信。但是，全局变量的安全性有风险，由于程序中各个函数都可能修改全局变量的值。很有可能造成修改内容的冲突，因此，在实际工作中不提倡使用全局变量。

当然，原则上也可以通过定义全局对象，在同类的多个对象之间实现数据共享。但建议尽量少使用。比较常用的方法是引入类的静态数据成员。

14.8.1　类的静态数据成员

静态数据成员是一种特殊的数据成员。其特殊性在于：同类所有对象的静态数据成员在内存中只占一份空间。同类的每个对象都可以引用这个静态数据成员。静态数据成员的值对所有对象都是一样的。如果改变它的值，则在各对象中这个数据成员的值都同时被改变了。

在声明一个类时，静态数据成员定义格式为以关键字 static 开头。例如：

```
class Cube
{
public:
    int volume();
    private:
    static int height;              //把 height 定义为静态的数据成员
    int width;
    int length;
};
```

如果希望 Cube 类的每个对象中 height 的值相同，就可以把它定义为静态数据成员，这样它就为各对象所共有,而不只属于某个对象的成员,所有对象都可以引用它。

需要特别关注点:

(1)前面曾强调,如果只声明了类而未定义对象,则类的一般数据成员是不占内存空间的,只有在定义对象时才为对象的数据成员分配空间。但是静态数据成员不属于某一个对象,在为对象所分配的空间中不包括静态数据成员的空间。静态数据成员是在所有对象之外单独分配空间。而且只要在类中定义了静态数据成员,即使不定义对象,静态数据成员也分配空间。

(2)前面介绍过静态变量的概念。函数中定义的静态变量,在函数结束时并不释放,仍然存在并保留其值。因此,类中静态数据成员与此类同,它不随对象的建立而分配空间,也不随对象的撤销而释放空间。类中静态数据成员是在程序编译时被分配空间的,到程序结束时才释放空间。

(3)静态数据成员的初始化。方法与非静态成员完全不同。只能在类体外进行初始化,不能使用构造函数来初始化。如果未对静态数据成员赋初值,则编译系统会自动赋予初值0。其一般形式为:

数据类型 类名::静态数据成员名 = 初值;

注意:不必在初始化语句中加 static。

例如,上例 Cube 类中的 height 静态成员初始化语句为:

```
int Cube::height = 10;
```

(4)静态数据成员既可以通过对象名引用,也可以通过类名来引用。例如:

```
cout << a.height << endl;          //通过对象名 a 引用静态数据成员
cout << Cube::height << endl;      //通过类名引用静态数据成员
```

即使没有定义类对象,也可以通过类名引用静态数据成员。这说明静态数据成员并不是属于对象的,而是属于类的,但类的对象可以引用它。

注意:静态数据成员只是存储类型不同,访问属性没有变。即如果静态数据成员被定义为私有的,则不能在类外直接引用,而必须通过公有的成员函数引用。

有了静态数据成员,各对象之间的数据有了沟通的渠道,实现对象间数据通信。因此可以不使用全局变量。全局对象和静态数据成员差异在于作用域的大小不同。静态数据成员的作用域只限于定义该类的作用域内(如果是在一个函数中定义类,那么其中静态数据成员的作用域就是此函数内)。图 14.10 分析了两者之间作用域的差异。但两者的生命期相同。

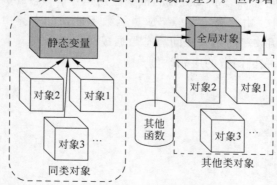

图 14.10　全局对象和静态成员数据的作用域的差异

例 14.19 类中的静态数据成员的定义、引用和初始化方法举例(见图 14.11)。

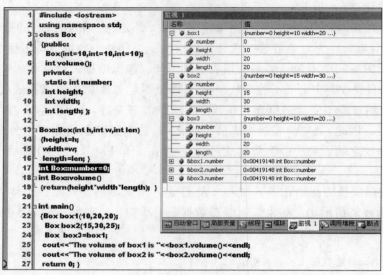

图 14.11 例 14.19 用图

在上述程序实例中第 27 行语句设立了断点,从程序运行到断点调试的视窗口可以看出,程序构建的 3 个对象(box1,box2,box3)中的静态数据成员 number 都是相同的地址空间(0X00419148),因此,值也相同(为 0)。

14.8.2 类的静态成员函数

为了能使得程序清晰地处理类的静态数据成员,可以将类中的成员函数也定义为静态的。在类中声明函数时,在前面加 static 就成了静态成员函数。如"static int volume();"。和静态数据成员一样,静态成员函数是类的一部分。因此,在类外调用公用的静态成员函数,要用类名和域运算符"::"。

实际上也允许通过对象名调用静态成员函数,如"desk. volume( );"。

前面学习过,当调用一个对象的成员函数(非静态成员函数)时,系统会把该对象的起始地址赋给成员函数的 this 指针。但是静态成员函数并不属于某一对象,因此静态成员函数没有 this 指针。

因此,静态成员函数与非静态成员函数的根本区别是:非静态成员函数有 this 指针,而静态成员函数没有 this 指针。由此决定了静态成员函数不能访问本类中的非静态成员。所以,在 C++ 程序中,静态成员函数专门用来访问静态数据成员。

例 14.20 类的静态成员函数的应用举例。

```cpp
// Employee.cpp
# include < iostream >
using namespace std;

class Employee
{
public:
    Employee(int n, int a, float s):num(n),age(a),salary(s){ }
```

```
        void total();
        static float average();          //声明静态成员函数
    private:
        int num;
        int age;
        float salary;
        static float sum;                //静态数据成员
        static int count;                //静态数据成员
    };

    void Employee::total()               //定义非静态成员函数
    {
        sum += salary;
        count++;
    }

    float Employee::average()            //定义静态成员函数
    {
        return (sum/count);
    }

    float Employee::sum = 0;             //对静态数据成员初始化
    int Employee::count = 0;             //对静态数据成员初始化

    int main()
    {
        Employee emp[3] = {Employee(100, 22, 5000), Employee(101, 25, 8000), Employee(102, 28,
                        11000)};
        int n;
        cout <<"please input the number of employees:";
        cin >> n;
        for(int i = 0; i < n; i++)
            emp[i].total();
        cout <<"the average salary of "<< n <<" employees is "<< Employee::average()<< endl;//调用静态
                                                                            //成员函数
        return 0;
    }
```

程序的运行结果为：

```
please input the number of employees:3
the average salary of 3 employees is 8000
```

说明：

(1) 在 Employee 类中定义了两个静态数据成员 sum 和 count，这是由于这两个数据成员的值是需要进行累加，并不是只属于某一个对象元素，而是由各对象共享的。它们的值是在程序运行中不断累加，而且无论对哪个对象而言，都是相同的。

(2) total()是公有的成员函数，其作用是将一个员工的工资累加到 sum 中。公有的成员函数可以引用本对象中的一般数据成员（非静态数据成员），也可以引用类中的静态数据成员。salary 是非静态数据成员，sum 和 count 是静态数据成员。

（3）average()是静态成员函数，它可以直接引用私有的静态数据成员（不必加类名或对象名），函数返回工资（salary）的平均值。

（4）在 main 函数中，引用 total()函数要加对象名，引用静态成员函数 average()函数要用类名或对象名。

建议在 C++程序中最好养成这样的习惯：只用静态成员函数引用静态数据成员，而不引用非静态数据成员。这样逻辑清楚，不易出错。

14.9　对象的动态构建和释放

前面介绍的对象构建方法是静态方式。静态方式构建的对象在程序运行过程中，对象所占的空间直至对象的生存期结束时才由系统自动释放。在实际程序设计中，为了提高内存空间的利用率，程序设计者希望在需要用到对象时才建立对象，在不需要用该对象时就撤销它，释放它所占的内存空间，这就是所谓的对象动态方式构建。

下面介绍如何使用 new 运算符动态地为对象分配内存，用 delete 运算符释放对象内存空间。即使用 new 运算符动态建立对象，用 delete 运算符撤销对象。

如果已经声明了一个 Cube 类，可以用语句（new Cube；）动态地构建一个对象。此时编译系统会开辟一段内存空间，并在此内存空间中存放一个 Cube 类对象，同时，调用该类的构造函数，对该对象进行初始化。

然而，此时用户还无法访问这个对象，因为这个对象既没有对象名，用户也不知道它的地址，这种对象称为无名对象。如何使用动态对象呢？

一般做法是：用 new 运算符动态地分配内存后，将返回一个指向该对象的指针值，即所分配的内存空间的起始地址。用户可以获得这个地址，并通过这个地址来访问这个对象。因此，需要定义一个指向本类的对象的指针变量来存放该地址。例如：

```
Cube * pt;                       //定义一个指向 Cube 类对象的指针变量 pt
pt = new Cube(10,13,22);         //pt 存放新建对象起始地址,并对对象进行初始化
```

在程序中就可以通过 pt 访问这个新建的对象。例如：

```
cout << pt -> height;            //输出该对象的 height 成员
cout << pt -> volume();          //调用该对象的 volume 函数,计算并输出体积
```

在执行 new 运算时，如果内存不足，则无法开辟所需的内存空间，这种情况下，目前大多数 C++编译系统都使 new 返回一个 0 指针值。只要检测返回值是否为 0，就可判断分配内存是否成功。

注意：不同的编译系统对 new 故障的处理方法是有差异的。

在不再需要使用由 new 建立的对象时，可以用 delete 运算符予以释放。例如：

```
delete pt;                       //释放 pt 指向的内存空间
```

一旦撤销了 pt 指向的对象，此后程序不能再使用该对象。执行 delete 运算符时，在释放内存空间之前，自动调用析构函数，完成有关善后清理工作。

提示：如果用一个指针变量 pt 先后指向不同的动态对象，应特别清晰指针变量的当前指向，以免删错了对象。这是程序设计中很容易犯的错误。

14.10 对象的赋值和复制

1. 对象的赋值

如果对一个类定义了两个或多个对象,则这些同类的对象之间可以互相赋值。或者说,一个对象中所有数据成员的值可以赋给另一个同类的对象相应数据成员。对象之间的赋值也是通过赋值运算符"="进行的。对象赋值的一般形式为:

对象名 1 = 对象名 2;

注意:对象名 1 和对象名 2 必须属于同一个类。例如:

```
Employee emp1,emp2;          //定义两个同类的对象
emp2 = emp1;                 //将 emp1 赋给 emp2
```

2. 对象的复制

当需要用到多个完全相同的对象,可以使用对象赋值。但是,对象赋值必须先定义同类对象,然后在对象之间进行赋值。如果需要将对象的定义和赋值合并成一条语句,则就需要使用对象的复制。所谓对象的复制就是使用一个已有的对象快速地复制出多个完全相同的对象。其一般形式为:

类名 对象 2(对象 1); 或者 类名 对象名 1 = 对象名 2;

可以看到:它与前面介绍过的定义对象方式类似,但是括号中给出的参数不是一般的变量,而是对象。例如:

```
Cube cube2(cube1);           //用已有对象 cube1 去复制出一个新对象 cube2
```

或者:

```
Cube cube2 = cube1;          //用已有对象 cube1 去复制出一个新对象 cube2
```

注意:对象复制过程中需要建立一个新对象。此时,系统自动调用一个特殊的构造函数,即复制构造函数(copy constructor)。复制构造函数也是一种构造函数,它的特点是只有一个参数,而且必须是本类的对象(不能是其他类的对象)。

以"Cube cube2(cube1);"语句为例,编译系统会自动生成如下的复制构造函数

```
Cube::Cube(const Cube& b)
{height = b.height; width = b.width; length = b.length; }
```

这种缺省复制构造函数的作用只是简单地复制类中每个数据成员。

由于在括号内给定的实参是对象,因此编译系统就调用复制构造函数(它的形参也是对象)。实参 cube1 的地址传递给形参 b(b 是 cube1 的引用)。因此,执行复制构造函数的函数体时,将 cube1 对象中各数据成员的值赋给 cube2 中各数据成员。

需要注意:

(1) 如果程序设计者不希望使用编译系统自动提供缺省的复制构造函数,则用户可以定义一个复制构造函数,函数体实现的具体操作由用户来确定。

(2) 对象的赋值和复制在概念上和语法上的不同。对象的赋值是对一个已经存在的对象

赋值。因此,必须先定义被赋值的对象,才能进行赋值。而对象的复制则是从无到有地建立一个新对象,并使它与一个已有的对象完全相同(包括对象的结构和成员的值)。

(3) 普通构造函数和复制构造函数的区别。在函数声明形式上不同:普通构造函数的声明为:

```
类名(形参表列);
```

如

```
Cube(int h, int w, int len);
```

而复制构造函数的声明为:

```
类名(类名 & 对象名);
```

如

```
Cube(Cube &b);
```

由复制构造函数的形参类型可以看出,在建立对象时,系统会根据实参的类型决定调用普通构造函数或复制构造函数。如

```
Cube cube1(12,15,16);
```

实参为整数,调用普通构造函数。

```
Cube cube2(cube1);
```

实参是对象名,调用复制构造函数。

(4) 普通构造函数在程序中建立对象时被调用,复制构造函数在用已有对象复制一个新对象时被调用。这种调用一般分为以下 3 种情况:

① 程序中需要新建立一个对象,并用另一个同类的对象对它初始化。

② 当函数的参数为类的对象时,在调用函数时需要将实参对象完整地传递给形参,即需要建立一个实参的拷贝。系统是通过调用复制构造函数来实现的,这样能保证形参具有和实参完全相同的值。例如:

```
void fun(Cube b)                 //形参是类的对象
{ … }
int main()
{
    Cube cube1(12,15,18);
    fun(cube1);                  //实参是类的对象,调用复制构造函数时将复制一个新对象 b
    return 0;
}
```

③ 函数的返回值是类的对象。在函数调用完毕将返回值带回函数调用处时,此时,需要将函数中的对象复制一个临时对象并传给该函数的调用处。例如:

```
Cube f()                         //函数 f 的类型为 Cube 类类型
{
    Cube cube1(12,15,18);
    return cube1;                //返回值是 Cube 类的对象 cube1
```

```
}
int main()
{
    Cube cube2;                        //定义 Cube 类的对象 cube2
    cube2 = f();    //调用 f 函数,在返回时,由 cube1 复制一个 Cube 类的临时无名对象,并将它赋值
                    //给 cube2
}
```

以上几种调用复制构造函数的情况都是由编译系统隐含地自动完成。

例 14.21　对象的赋值和复制。

```
//cube.cpp
# include < iostream >
using namespace std;

class Cube
{
public:
    Cube( int = 10, int = 10, int = 10);    //声明有默认参数的构造函数
    int volume();
private:
    int height;
    int width;
    int length;
};

Cube::Cube( int h, int w, int len)
{
    height = h;
    width = w;
    length = len;
}
int Cube::volume()
{
    return (height * width * length);    //返回体积
}

int main()
{
    Cube cube1(15,30,25),cube2;        //定义两个对象 cube1 和 cube2
    cout <<"The volume of cube1 is "<< cube1. volume()<< endl;
    cube2 = cube1;                     //将 cube1 的值赋给 cube2
    Cube cube3 = cube2;                //使用 cube2 来复制 cube3
    cout <<"The volume of cube2 is "<< cube2. volume()<< endl;
    cout <<"The volume of cube3 is "<< cube3. volume()<< endl;
    return 0;
}
```

程序的运行结果为:

```
The volume of cube1 is 11250
```

```
The volume of cube2 is 11250
The volume of cube3 is 11250
```

说明：

（1）对象的赋值只对其中的数据成员赋值，而不对成员函数赋值。

（2）对象的赋值和复制在形式上很类似，但在本质上是不同的。

（3）类的数据成员中不能包括动态分配的数据，否则在赋值时可能出现严重后果，即会产生所谓的"浅拷贝"问题。

例 14.22   存在"浅拷贝"错误的程序（见图 14.12）。

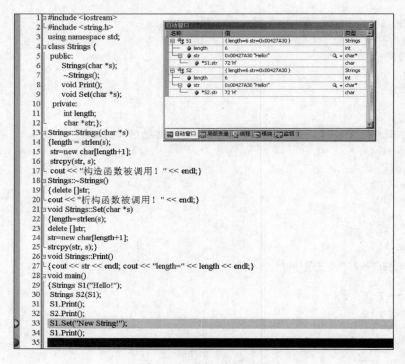

图 14.12   例 14.22 用图

在上述实例程序的第 33 行语句设立断点，从断点的监控视图中可以看出：第 30 行语句是利用 S1 对象来复制产生新的对象 S2。但是在 String 类中存在一个指针数据成员 str。因此，在用 S1 对象复制 S2 对象时，也只是将 S1.str 的指针值复制到 S2.str 中，使得 S1.str 和 S2.str 指向同一内存空间。此时，如果对＊(S1.str)进行修改，也就影响到＊(S2.str)。这就是编译系统自动提供的缺省构造函数所产生的"浅拷贝"问题。

在这种情况下，需要由程序设计者自己编写一个复制构造函数，针对这种指针类的数据成员的复制，实现所谓的"深拷贝"。

例 14.23   深拷贝问题的实现。

```
// Strings.CPP
# include < iostream >
# include < string.h >
using namespace std;

class Strings
```

```cpp
{
public:
    Strings(char * s);
    Strings(Strings &p);
    ~Strings();
    void Print();
    void Set(char * s);
private:
    int length;
    char * str;
};

Strings::Strings(char * s)
{
    length = strlen(s);
    str = new char[length + 1];
    strcpy(str, s);
    cout <<"构造函数被调用!"<< endl;
}


Strings::Strings(Strings &p)
{
    length = strlen(p.str);
    str = new char[length + 1];
    strcpy(str, p.str);
    cout <<"拷贝构造函数被调用!"<< endl;
}


Strings::~Strings()
{
    delete []str;
    cout <<"析构函数被调用!"<< endl;
}


void Strings::Set(char * s)
{
    length = strlen(s);
    delete []str;
    str = new char[length + 1];
    strcpy(str, s);
}


void Strings::Print()
{
    cout << str << endl;
    cout <<"length = "<< length << endl;
}


int main()
{
    Strings S1("Hello");
    Strings S2(S1);
```

```
        S1.Print();
        S2.Print();
        S1.Set("New String");
        S1.Print();
        //S2.Print();

        return 0;
    }
```

在上述程序中设计者定义了复制构造函数(语句第 19～23 行),实现了 ∗(S1.str)到 ∗(S2.str)的复制,即所谓的"深拷贝"。而编译系统自己提供的复制构造函数,只能实现了 S1.str 到 S2.str 的复制,即所谓"浅拷贝"。

建议:读者自己采用上述类似断点调试方式,看看拷贝对象的内存分配情况以及 S1.str 和 S2.str 指向的地址是否相同。

14.11   友元和友元类

在一个类中可以有公用的(public)成员和私有的(private)成员。公用成员在类外或类内均可访问;但私有成员只能在类内访问。但在某些特殊情况下,不同类之间的成员或外部函数希望能实现互访,因此,C++语言引入了友元(friend)和友元类的概念。

通过友元机制,可以访问与其有好友关系的类中的私有成员。友元包括友元函数和友元类。

14.11.1   友元函数

如果在本类以外的其他地方定义了一个函数,这个函数可以是普通函数,也可以是其他类的成员函数。在类体中用 friend 对其进行声明,此函数就称为本类的友元函数。友元函数可以访问这个类中的私有成员和公有成员。

1. 将普通函数声明为友元函数

通过下面的例子可以了解友元函数的性质和作用。

例 14.24   将外部函数声明为类的友元。

```
class Date{
    int d,m,y;
public:
    friend void Print(const Date& D);   //类外的普通函数
    ...
};
void Print(const Date& D)
{ //注意友元函数是外部函数,必须通过对象来访问各成员
    cout << D.d <<","<< D.m <<","<< D.y << endl;
}
```

在本例中,将类外普通函数 Print()声明为 Date 类的友元函数,Print()就可以访问 Date 类中的私有数据成员 d,m,y 等。但需要注意:在引用这些私有数据成员时,必须加上对象名,不能写成

```
cout << d <<":"<< m <<":"<< y << endl;
```

因为 Print()不是 Date 类的成员函数,不能默认引用 Date 类的数据成员,必须指定要访问的
对象。

2. 友元成员函数

friend 函数不仅可以是普通函数(非成员函数),而且可以是另一个类中的成员函数。

例 14.25 友元成员函数的声明和使用方法。

```
//Date.cpp
# include < iostream >
using namespace std;

class Date;                          //对 Date 类的提前引用声明
class Time
{
public:
    Time(int, int, int);
    void show(Date &);               //show 是 Time 类的成员函数,形参是 Date 类对象的引用
private:
    int hour;
    int minute;
    int sec;
};

class Date
{
public:
    Date(int, int, int);
    friend void Time::show(Date &);  //声明类 Time 中的 show 函数为 Date 类的友元成员函数
private:
    int month;
    int day;
    int year;
};

void Time::show(Date &d)
{
cout << d. month <<"/"<< d. day <<"/"<< d. year << endl;//引用 Date 类对象私有数据
cout << hour <<":"<< minute <<":"<< sec << endl;         //引用本类对象中的私有数据
}

Time::Time(int h, int m, int s)
{
    hour = h; minute = m; sec = s;
}

Date::Date(int m, int d, int y)
{
    month = m; day = d; year = y;
}
```

```
int main()
{
    Time t1(10,27,56);                  //构建 Time 类对象 t1
    Date obj(1,1,2018);                 //构建 Date 类对象 obj
    t1.show(obj);                       //调用 t1 对象中的 show 函数,实参是对象 d1
    return 0;
}
```

程序的运行结果为:

1/1/2018 (输出对象 obj 中的私有数据)
10:28:56 (输出对象 t1 中的私有数据)

在分析上述程序时,需要关注如下几点:

(1) 程序中定义了两个类 Time 和 Date。一般情况下,两个不同的类是互不相干的。但在本例中,由于在 Date 类中声明了 Time 类中的 show() 成员函数是 Date 类的"朋友",因此,该函数可以引用 Date 类中所有的数据。

(2) 程序第 4 行是对 Date 类的提前声明问题。因为在第 9 行和第 19 行中对 show() 函数的声明和定义中要用到类名 Date,而对 Date 类的定义却在其后面。这就需要将用到类的提前引用声明。提前引用声明,只包含类名,不包括类体。在对一个类做提前引用声明后,可以用该类的名字去定义指向该类型对象的指针变量或对象的引用变量(如在本例中,定义了 Date 类对象的引用变量)。

(3) 需要重点注意 Time::show() 函数的定义和正式声明 Date 类之间先后顺序。顺序不对,编译就通不过。为什么? 请读者自己分析。

(4) 在程序中调用友元函数访问有关类的私有数据方法。在函数名 show() 的前面要加 show() 所在的对象名(t1);show() 成员函数的实参是 Date 类对象 obj,否则就不能访问对象 obj 中的私有数据;在 Time::show() 函数中引用 Date 类私有数据时必须加上对象名,如 obj.month。

(5) 一个函数(包括普通函数和成员函数)可以被多个类声明为"朋友"。例如,可以将上述程序中的 show() 函数不放在 Time 类中,而作为类外的普通函数,然后分别在 Time 和 Date 类中将 show() 声明为朋友。在主函数中调用 show() 函数,show() 函数分别引用 Time 和 Date 两个类的对象的私有数据。请读者自己修改试试。

14.11.2　友元类

在 C++ 语言中,不仅可以将一个函数声明为一个类的"朋友",而且可以将一个类(例如 B 类)声明为另一个类(例如 A 类)的"朋友"。这时 B 类就是 A 类的友元类。友元类 B 中的所有函数都是 A 类的友元函数,可以访问 A 类中的所有成员。

注意:友元的关系是单向的而不是双向的;友元的关系不能传递。

声明友元类的一般形式为:

```
friend 类名;
```

如以下程序：

```
class Date{
    friend Employee;                              //外部类
    ...
};
class Employee{
    Date birthday;
public:
    void Print();
    void Copy();
    ...
};
void Employee::Print()
{
    //可以访问 birthday 的私有成员
}
void Employee::Copy()
{
    //可以访问 birthday 的私有成员
}
```

在实际工作中，除非确有必要，一般并不把整个类声明为友元类，而只将确实有需要的成员函数声明为友元函数，这样更安全一些。

需要说明：面向对象程序设计的一个基本原则是对象的封装性，而友元却可以访问其他类中的私有成员，这是对封装原则的破坏。但是它能实现对象间的数据共享，提高程序的效率。另一方面，从程序设计整体架构来思考，采用友元类，相反可以提升程序设计的对象封闭性。请思考为什么？

14.12 应用程序举例——公司人事管理系统

某公司需要研发一套人事管理软件，要求如下。

（1）对公司雇员信息进行封装为类 employee。通过 employee 类抽象为私有数据成员 individualEmpNo（编号）、grade（级别）和 accumPay（月薪）。

（2）编写了一套相应的操作函数，实现对私有数据访问。如设置编号、级别和月薪，输出每个雇员的基本信息。

（3）程序分为两个独立文档：employee.h（类声明）和 employee.cpp（实现）。

（4）公司目前有 5 名员工，在主程序定义 5 个对象，调用相关函数实现 I/O 录入和展示 5 名员工信息。

（5）分别定义无参构造和有参构造函数，来实现对 5 名员工对象的初始化（初始化值自己确定）。要求：程序设计体现构造函数的重载；5 个对象初始值不同。另外，要求通过析构函数来实现程序退出时，显示"欢迎使用，再见！"。

（6）职工增加时自动编号。每增加一个职工，就构造一个 employee 对象，自动将该对象的 individualEmpNo 自动加 1。

根据上述的需求，程序参考代码如下（程序中关键语句和重点知识点在代码中有相应的注

释,请读者通过阅读和分析代码,对本节重要知识点进行融会贯通):

```cpp
/ ***************************************************************************

    Copyright: Tsinghua University
    Author: Huaizhou Tao
    Date:2014 - 10 - 02
    Description: employee 类的声明

 *************************************************************************** /
# ifndef EMPLOYEE_H
# define EMPLOYEE_H

//employee 类,对公司的雇员信息进行封装
class employee
{
private:
    //3 个私有数据成员,分别代表雇员的编号(individualempNo)、等级(grade)与月薪(accumPay)
    int individualEmpNo;
    int grade;
    int accumPay;

    //这个静态私有成员用于在新加入雇员时使编号自动增加
    static int currentEmpNo;
public:
    //无参构造函数与有参构造函数
    employee();
    employee(int inputGrade, int inputPay);

    //析构函数
    ~employee();

    //访问数据成员的接口函数,分别是
    //设置等级: setGrade(int)
    //设置月薪: setAccumPay(int)
    //获取编号: int getempNo()
    //获取等级: int getGrade()
    //获取月薪: int getAccumPay()
    //注: 雇员编号是构造时自动生成的,为避免编号冲突,操作者无法设置编号
    void setGrade(int inputGrade){grade = inputGrade;};
    void setAccumPay(int inputPay){accumPay = inputPay;};
    int getEmpNo(){return individualEmpNo;};
    int getGrade(){return grade;};
    int getAccumPay(){return accumPay;};

    //该函数的功能是打印雇员的基本信息
    void printInfo();
};

# endif
/ ***************************************************************************
```

```
  Copyright: Tsinghua University
  Author: Huaizhou Tao
  Date:2014 - 10 - 02
  Description: employee 类的定义

  ******************************************************************* /
# include < iostream >
# include "employee. h"
using namespace std;

//设置静态变量的初始值
int employee::currentEmpNo = 2014001;

//Summary: 输出雇员的基本信息
//
//Parameters:
//          None
//Return: None
//Detail: 该函数首先输出一条提示信息,然后按照编号、等级
//              与月薪的顺序输出雇员的基本信息
void employee::printInfo()
{
    cout <<"输出个人信息: "<< endl;
    cout <<"编号: "<< individualEmpNo << endl;
    cout <<"等级: "<< grade << endl;
    cout <<"月薪: "<< accumPay << endl << endl;
}


//Summary: 无参构造函数
//
//Parameters:
//          None
//Return: None
//Detail: 无参构造函数首先完成新雇员的自动编号功能
//              再设置雇员的等级和月薪
employee::employee()
{
    individualEmpNo = currentEmpNo;
    currentEmpNo++;
    grade = 1;
    accumPay = 3000;

}

//Summary: 有参构造函数
//
//Parameters:
//          inputGrade: 输入的雇员等级
//          inputPay:    输入的雇员月薪
//Return: None
//Detail: 有参构造函数首先完成新雇员的自动编号功能
//              之后根据输入的参数设置雇员等级与月薪
```

```cpp
//注：未添加合法性判断，请勿输入非正数
employee::employee(int inputGrade, int inputPay)
{
    individualEmpNo = currentEmpNo;
    currentEmpNo++;
    grade = inputGrade;
    accumPay = inputPay;
}


//Summary: 析构函数
//
//Parameters:
//        None
//Return: None
//Detail: 释放对象，并输出提示信息
employee::~employee()
{
    cout <<"欢迎使用，再见!"<< endl;
}


/ ****************************************************************************

Copyright: Tsinghua University
Author: Huaizhou Tao
Date:2014 - 10 - 02
Description: 程序主函数文件

**************************************************************************** /
# include < iostream >
# include "employee. h"
using namespace std;

//Summary: 主函数
//
//Parameters:
//        None
//Return: int
int main()
{
    //使用无参构造函数构造两个雇员对象 emp1, emp2
    employee emp1,emp2;

    //使用有参构造函数构造 3 个雇员对象 emp3, emp4, emp5
    employee emp3(2,5000);
    employee emp4(3,7000);
    employee emp5(5,11000);

    int emp1_Grade = 4;
    int emp1_Pay = 9000;

    //通过接口设置 emp1 的等级与月薪
    emp1. setGrade(emp1_Grade);
    emp1. setAccumPay(emp1_Pay);

    //输出 5 位雇员的基本信息
```

```
    emp1.printInfo();
    emp2.printInfo();
    emp3.printInfo();
    emp4.printInfo();
    emp5.printInfo();

    return 0;
}
```

本章小结

本章重点介绍 C++ 面向对象编程的核心概念之一，即类的封装性。类的封装性主要体现如下。

1. 类的公用接口与私有实现的分离

C++ 语言通过类来把数据和与这些数据有关的操作函数封装在一个类中。或者说，类的作用是把数据和算法封装在用户声明的抽象数据类型中。而且，在声明了一个类时，一方面通过调用公用的成员函数来实现类的功能。公用成员函数是用户使用类的公用接口（public interface）。另一方面，通过设置私有数据成员或成员函数来限制类的一些私有实现（private implementation）不允许用户在类外直接访问。这种"类的公用接口与私有实现的分离"形成了类封装性特点。

2. 类声明和成员函数定义的分离

在面向对象的程序开发中，一般做法是将类的声明（其中包含成员函数的声明）放在指定的头文件中，用户如果想用该类，只要把有关的头文件包含进来即可。由于在头文件中包含了类的声明，因此，在程序中就可以用该类来定义对象。由于在类体中包含了对成员函数的声明，在程序中就可以调用这些对象的公用成员函数。而对类成员函数的定义一般放在一个或多个 cpp 文件中，并将这些文件编译为目标文件，这样就对用户隐藏了相关实现细节。

3. 类的封装性相关概念

本章围绕着类的封装性引入了一些 C++ 语言的核心概念。例如，为了实现共享数据的保护，引入常对象和常数据成员等 const 属性数据。为了实现同类对象的数据共享，引入了静态数据成员和成员函数等。为了提高程序效率，引入了对象复制，特别是隐含的对象复制等概念。另外，不同类型的构造函数也体现了类的封装性特点。友元是破坏类封装性的机制，在不得已编程场景下才使用。

练习 14

1. 分析什么是类的封装性？类的封装性体现在哪个方面？试举例说明。

2. 什么是类的构造函数？其主要用途是什么？本章学习了哪些构造函数类型？它们各有什么特点？

3. 复制构造函数在什么时候会被自动调用？在哪些情况下会产生所谓的"浅拷贝"问题？

4. 类的静态数据成员和静态成员函数各有什么用途？为什么说它们是类的属性，不是对象的属性？总结出它们与类的非静态成员的不同之处？

5. 五子棋程序设计中,需要声明两个类:

(1) ChessBoard(棋盘)类,至少包含棋子位置坐标信息及其棋子位置显示函数,如 show()等。

(2) playerU 类,至少包含玩家的姓名(name)、棋子类型(chesstype)、下棋位置等信息;以及下子函数 setchess()等。

6. 声明一个 CPU 类,包含等级(rank)、频率(frequency)、电压(voltage)等属性,有两个公有成员函数:enter()输入对象 CPU-1 的属性值;display()显示对象 CPU-1 属性值。其中 rank 为枚举类型 CPU_Rank,声明为:

```
enum CPU_Rank = {P1 = 1, P2, P3, P4, P5, P6, P7};
```

其中,frequency 为单位是 MHz 的整型数;voltage 为浮点型的电压值,并编写程序调试。

7. 建立一个对象数组,内放 5 个学生的数据(学号、成绩)。用指针指向数组首元素,输出第 1、3、5 个学生的数据,并编写程序调试。

8. 建立一个对象数组,内放 10 个学生的数据(姓名、学号、成绩),建立一个函数 max,用指向对象的指针做函数参数,在 max 函数中找出 10 个学生中成绩最高者,并输出其学号。根据学号,将对象的姓名、成绩等信息使用拷贝构造函数,拷贝到一个新对象中。对对象进行打印输出,并编写程序调试。

9. 商店销售某一商品,每天公布统一折扣(discount),同时允许销售人员销售时灵活掌握价格(price)。在此基础上,对每一次购 10 件以上者,可以享受 9.8 折扣优化。现已知当天的 3 名售货员的销售情况如表 14.2 所示。

表 14.2　3 名售货员的销售情况

销售员号	销售件数	销售价格
101	5	23.5
102	12	24.5
103	100	21.5

编写程序,计算当日此商品的总销售款(sum),以及每件商品的平均售价,并打印计算结果。要求:使用静态数据成员和静态成员函数。

10. 上机调试下列程序。

(1) 通过断点调试以及程序运行结果,分析在程序运行中有几处会构建对象? 为什么会构建这些对象? 这些对象构建和析构顺序是什么?

```
class Date{
int d,m,y;
public:
Date(int dd = 0, int mm = 0, int yy = 0);
Date(Date& D);                                //拷贝构造函数
~Date();
};
Date::Date(int dd, int mm, int yy):d(dd),m(mm),y(yy)
{
cout <<"Constructor Called! Address = 0x"<< hex << setw(8)<< setfill('0')<< this << endl;
}
Date::Date(Date& D)
{
```

```
d = D. d;m = D. m;y = D. y;
cout <<"Copy Constructor Called! Address  =  0x"<< hex << setw(8)<< setfill('0')<< this << endl;
}
Date::~Date()
{
cout <<"Destructor Called! Address  =  0x"<< hex << setw(8)<< setfill('0')<< this << endl;
}
Date func(Date A)
{
    return Date(A);
}
void main()
{
    Date today;
    today = func(today);
}
```

（2）将上述程序中的 func()函数分别改为下列 3 种情况，上机运行结果。

```
① Date func(Date A)
    {
        Date B(A);
        return B;
    }
    void main()
    {
        Date today;
        today = func(today);
    }
② Date & func(Date A)
    {
        Date B(A);
        return B;
    }
    void main()
    {
        Date today;
        today = func(today);
    }
③ Date func(Date A)
    {
        return A;
    }
    void main()
    {
        Date today;
        today = func(today);
    }
```

11. 分析 14.12 节中的程序代码，划出程序设计基本框架，分析该程序使用了本章学习到的哪些知识点。

第15章

运算符重载

所谓重载,就是重新赋予新的含义。重载机制在各种语言中都普遍使用。如目前网络语言就是采用"重载"机制,对某些词汇的传统意义赋予了"新的含义"。例如,"杯具"一词,其传统意义是喝茶的器具,但现在在网络语言中将其重载为"悲伤"或"悲剧"等含义,从而实现了"一词多义"。在 C++语言中,对运算符、函数名等标识也可以引入重载机制。例如,函数重载就是对一个已有函数赋予新的含义,使之实现新功能。第 14 章介绍的构造函数重载就是函数重载的典型实例。本章将重点介绍 C++语言中的运算符重载。

15.1 运算符重载的一般方法

前面章节中已经学习过,C++语言所有运算符的操作数据都有类型限定,且对不同类型的数据分别有不同的操作功能呢。目前,编译系统主要是对基本类型数据(如 int, float, char 等)进行操作功能的定义。但对用户自定义类型数据(如结构体变量)就无法直接使用这些运算符来进行运算。例如,无法采用"+"运算符对两个结构体变量直接相加。那么,如何使得 C++语言的这些运算符也能对用户自定义类型数据或对象直接运算呢? 这就要使用 C++语言的运算符重载机制。下面就通过一个实际例子来进一步阐述什么是运算符重载。

例 15.1 声明一个二维向量类(vector),并实现对两个二维向量对象实现坐标相加运算。

```
# include < iostream >
using namespace std;

class Vector                                //声明向量类 Vector
{
public:
    Vector(){x = 0;y = 0;}                   //定义向量类的无参构造函数
    Vector(double xx,double yy){x = xx;y = yy;}  //定义有参构造函数
    Vector vector_add(Vector &v2);          //声明向量对象相加函数
    void display();
private:
    double x;
    double y;
};

Vector Vector::vector_add(Vector &v2)       //向量相加函数的定义
```

```
{
    Vector v;
    v. x = x + v2. x;
    v. y = y + v2. y;
    return v;
}

void Vector::display()                          //向量输出函数的定义
{cout <<"("<< x <<","<< y <<")"<< endl;}

int main()
{
    Vector vec1(3,4),vec2(5, - 10),vec3;
    vec3 = vec1. vector_add(vec2);              //调用向量相加函数实现几个对象相加
    cout <<"vec1 = "; vec1.display();           //输出 vec1 的值
    cout <<"vec2 = "; vec2.display();           //输出 vec2 的值
    cout <<"vec1 + vec2 = "; vec3.display();    //输出 vec3 的值
    return 0;
}
```

程序的运行结果为:

```
vec1 = (3,4)
vec2 = (5,10)
vec1 + vec2 = (8, - 6)
```

在上述程序中,vector_add()函数的函数体中有两条语句"v. x＝x＋v2. x;"和"v. y＝y＋v2. y;",分别是采用"＋"运算符来直接对两个坐标(double)数据相加,这是 C++编译系统规定的"＋"运算符基本功能。但是否可以采用"vec3＝vec1＋vec2;"来代替"vec3＝vec1. vector_add(vec2);"来直接实现两个向量对象的相加呢？为此,C++引入了运算符重载机制。

所谓运算符重载是对已有的运算符赋予多重含义,使同一个运算符作用于不同类型的数据导致不同类型的行为。运算符重载的实质是函数重载。在实现过程中,首先把指定的运算表达式转化为对运算符函数的调用,运算对象转化为运算符函数的实参,再根据实参的类型来确定需要调用相应函数,这个过程在编译过程中完成。

可能有同学还会问:既然将两个对象相加可以采用一个函数 vector_add()来完成,为什么还要引入运算符重载机制呢？原因有二:①虽然重载运算符所实现的功能完全可以用函数实现。但通过 vector_add()函数调用来实现两个数相加很不直观,使用也不方便。使用运算符重载能使用户程序易于编写和阅读。②在实际工作中,类的声明和类的使用往往是分离的。假如在声明 Vector 类时,对运算符"＋、－、＊"都进行了重载,那么使用这个类的用户在编程时可以完全不必了解函数是如何实现的,直接使用"＋、－、＊"进行复数的运算即可,十分方便。

重载运算符的函数一般格式为:

函数类型 operator 运算符名称(形参列表)
{ 对运算符的重载操作语句 }

例如,对于上述程序中,如果需要将"＋"用于 Vector 类(向量)对象的加法运算,该运算符重载的声明语句为:

```
Vector operator + (Vector & c1, Vector & c2);
```

在该语句中,可以将 operator+(Vector & c1,Vector & c2)看作一个特殊函数名,可以说:
采用 operator+()函数来重载运算符"+"。因此,运算符"+"可以自动调用 operator()函数。
下面采用运算符重载机制重新改写例 15.1。

例 15.2 基于运算符重载机制的向量类声明及其对象相加操作。

```cpp
# include < iostream >
using namespace std;

class Vector
{
public:
    Vector(){x = 0;y = 0;}
    Vector(double xx,double yy){x = xx;y = yy;}
    Vector operator + (Vector &v2);          //声明重载运算符"+"的函数
    void display();
private:
    double x;
    double y;
};

Vector Vector::operator + (Vector &v2)       //定义重载运算符的函数
{
    Vector v;
    v.x = x + v2.x;
    v.y = y + v2.y;
    return v;
}

void Vector::display()
{cout <<"("<< x <<","<< y <<")"<< endl;}

int main()
{
    Vector vec1(3,4),vec2(5, - 10),vec3;
    vec3 = vec1 + vec2;                      //运算符"+"用于向量运算
    cout <<"vec1 = "; vec1.display();
    cout <<"vec2 = "; vec2.display();
    cout <<"vec1 + vec2 = "; vec3.display();
    return 0;
}
```

程序的运行结果与例 15.1 完全相同:

```
vec1 = (3,4)
vec2 = (5,10)
vec1 + vec2 = (8, - 6)
```

通过分析例 15.1 和例 15.2,两者差异如下:

(1) 在例 15.2 中,使用 operator+()函数取代了例 15.1 中的 vector_add()函数。而且,
只是函数名不同,函数体和函数返回值的类型都是相同的。

（2）在 main 函数中，以"vec3＝vec1＋vec2;"取代了例 15.1 中的"vec3＝vec1. vector_add (vec2);"。在将运算符"＋"重载为类的成员函数后,C++编译系统将程序中的表达式 vec1＋vec2 解释为 vec1. vector_add(vec2),即以对象 vec2 为实参调用对象 vec1 的运算符重载函数 operator＋(Vector ＆v2)进行求值,得到两个对象之和。

对 C++运算符重载规则总结如下：

（1）运算符被重载后,其原有的功能仍然保留。通过运算符重载,只是扩大了 C++已有运算符的作用范围,使之能用于类对象或自定义数据类型。运算符重载是针对新类型数据的实际需要,对原有运算符进行适当的改造。一般来说,重载的功能应当与原有功能相类似,不能改变原运算符的操作对象个数,而且至少要有一个操作对象是自定义类型。

（2）C++不允许用户自己定义新的运算符,只能对已有的 C++运算符进行重载。重载之后运算符的优先级和结合性都不会改变。

（3）C++中绝大部分的运算符允许重载,具体情况如表 15.1 所示,但也有 5 个运算符不能重载,分别是成员访问运算符"."、成员指针访问运算符"＊"、域运算符"::"、长度运算符（sizeof）、条件运算符"?:"。

表 15.1　C++允许重载的运算符

双目算术运算符	＋(加),－(减),＊(乘),/(除),％(取模)
关系运算符	＝＝(等于),!＝(不等于),＜(小于),＞(大于),＜＝(小于或等于),＞＝(大于或等于)
逻辑运算符	‖(逻辑或),＆＆(逻辑与),!(逻辑非)
单目运算符	＋(正),－(负),＊(指针),＆(取地址)
自增自减运算符	＋＋(自增),－－(自减)
位运算符	｜(按位或),＆(按位与),～(按位取反),^(按位异或),≪(左移),≫(右移)
赋值运算符	＝,＋＝,－＝,＊＝,/＝,％＝,＆＝,｜＝,^＝,≪＝,≫＝
空间申请与释放	new,delete,new[],delete[]
其他运算符	()(函数调用),－>(成员访问),－>＊(成员指针访问),,(逗号),[](下标)

（4）用于类对象的运算符一般必须重载。但运算符"＝"和"＆"不必用户重载,编译器内置了自动重载机制。赋值运算符(＝)可以用于任何类的同类对象之间相互赋值。地址运算符(＆)可以返回任何类对象在内存中的地址。

C++运算符的重载对机制很好地把运算符重载和类结合起来,使 C++语言具有更强大的功能、更好的可扩充性和适应性。

15.2　运算符重载函数作为类的成员函数或友元函数

在例 15.2 中对运算符"＋"进行了重载,使之能用于两个向量(对象)的相加。在该例中运算符重载函数 operator＋作为 Vector 类中的成员函数。那么"＋"是双目运算符,为什么其重载函数中只有一个参数呢？

究其原因,有一个参数是隐含的。由于重载函数是 Vector 类中的成员函数,运算符函数是用 this 指针隐式地访问类对象的成员。另一个是形参对象中的成员。如 this－> x＋ vec2. x。其中 this－> x 就是 vec1. x。

因此,如果将运算符函数重载为类的成员函数后,会隐含一个操作数,即本类的对象。这样不是很直观。是否可以使运算符重载函数显式地指明两个操作数呢？答案是肯定的。因为

C++规定,运算符重载函数可以是类的成员函数,也可以是类的友元函数。

下面就将例 15.2 中"＋"运算符重载函数改写为 Vector 类的友元函数来实现,注意对比两者差异。

例 15.3 采用友元函数来实现"＋"运算符重载。

```cpp
#include <iostream>
using namespace std;

class Vector
{
public:
    Vector(){x = 0;y = 0;}
    Vector(double xx,double yy){x = xx;y = yy;}
    friend Vector operator + (Vector &v1, Vector &v2);      //作为友元函数
    void display();
private:
    double x;
    double y;
};

Vector operator + (Vector &v1, Vector &v2)                 //友元函数的定义
{
    return Vector(v1.x + v2.x, v1.y + v2.y);
}

void Vector::display()
{cout <<"("<< x <<","<< y <<")"<< endl;}

int main()
{
    Vector vec1(6,8),vec2(15, - 10),vec3;
    vec3 = vec1 + vec2;
    cout <<"vec1 = "; vec1.display();
    cout <<"vec2 = "; vec2.display();
    cout <<"vec1 + vec2 = "; vec3.display();
    return 0;
}
```

对比分析可以发现:程序中只做了一处改动,即将运算符重载函数不作为类的成员函数,而是把它放在类外作为普通函数来声明,再在 Vector 类中声明它为友元函数。这时,该运算符函数就必须有两个参数。在这样的情况下,C++编译系统将程序中的表达式 vec1＋vec2 解释为 operator＋(vec1,vec2),即执行以下函数:

```cpp
Vector operator + (Vector &v1, Vector &v2)
{return Vector(v1.x + v2.x, v1.y + v2.y);}
```

提问:运算符重载函数是否可以是既非类的成员函数也不是友元函数的普通函数? 例如,在例 15.3 中,如果不将 Vector operator ＋ (Vector &v1, Vector &v2)声明为类的友元,是否可以?

原则上是可以的。但一般情况下,极少使用既不是类的成员函数也不是友元函数的普通

函数。原因是普通函数不能直接访问类的私有成员。违背对象的封闭性原则。

那么,运算符重载如何选择成员函数还是友元函数呢?选择成员函数的准则有二:①如果将运算符重载函数作为成员函数,它可以通过 this 指针自由地访问本类的数据成员。因此,可以少写一个函数的参数。但必须要求运算表达式第一个参数(即运算符左侧的操作数)是同类对象。因为必须通过类的对象去调用该类的成员函数。②只有运算符重载函数返回值与该对象同类型,运算结果才有意义。有关这个问题在后面介绍类型转换构造函数时还将深入讨论。

如果实际需要在使用重载运算符时,运算符左侧的操作数是其他类型(如表达式 i * v2,i 是整数),这时运算符重载函数不能作为成员函数,只能作为非成员函数。如果函数需要访问类的私有成员,则必须声明为友元函数。可以在 Vector 类中声明:friend Vector operator * (int &i,Vector &v)。

注意:将双目运算符重载为友元函数时,在函数的形参表列中必须有两个参数,形参的顺序任意,不要求第一个参数必须为类对象。但在使用运算符的表达式中,要求运算符左侧的操作数与函数第一个参数对应,运算符右侧的操作数与函数的第二个参数对应。此时,数学上的交换律在此不适用。如果希望适用交换律,则应再重载一次运算符。如 Vector operator * (Vector &v, int &i)。这样使用表达式 i * v2 和 v2 * i 都合法,编译系统会根据表达式的形式选择调用与之匹配的运算符重载函数。当然,也可以采用后面介绍的类型转换重载函数等机制来满足交换律。

另外,C++语言有些运算符就只能是类成员函数,或者友元等。例如,C++语言规定:赋值运算符、下标运算符、函数调用运算符等必须定义为类的成员函数。而流插入运算符"<<"、流提取运算符">>"和类型转换运算符等则只能定义友元函数,其中原因在相关章节将会介绍。

15.2.1 双目运算符的重载应用举例

由于友元的使用会破坏类的封装,因此,从原则上说,要尽量将运算符函数作为成员函数。但考虑到各方面的因素,一般将单目运算符重载为成员函数,将双目运算符重载为友元函数。下面结合一个字符串类 String 来介绍双目运算符的重载应用方法。

例 15.4 继续为前面出现过的 Vector 类添加更多的运算符。不妨规定,向量的大小可以通过模的长短来进行比较,从而对"=="、"<"和">"运算符的含义进行约定。下面将通过运算符重载机制来实现两个向量的等于、小于和大于的比较运算。

```
# include < iostream >
using namespace std;

class Vector
{
public:
    Vector(){x = 0;y = 0;}
    Vector(double xx,double yy){x = xx;y = yy;}
    friend bool operator >(Vector &vec1,Vector &vec2);      //运算符">"重载
    friend bool operator <(Vector &vec1,Vector &vec2);      //运算符"<"重载
    friend bool operator == (Vector &vec1,Vector &vec2);    //运算符" == "重载
    void display();
```

```
    private:
        double x;
        double y;
};

bool operator >(Vector &vec1, Vector &vec2)
{
        double r1 = vec1.x * vec1.x + vec1.y * vec1.y;
        double r2 = vec2.x * vec2.x + vec2.y * vec2.y;
        if(r1 > r2)
            return true;
        else
            return false;
}

bool operator <(Vector &vec1, Vector &vec2)
{
        double r1 = vec1.x * vec1.x + vec1.y * vec1.y;
        double r2 = vec2.x * vec2.x + vec2.y * vec2.y;
        if(r1 < r2)
            return true;
        else
            return false;
}

bool operator == (Vector &vec1, Vector &vec2)
{
        double r1 = vec1.x * vec1.x + vec1.y * vec1.y;
        double r2 = vec2.x * vec2.x + vec2.y * vec2.y;
        if(r1 == r2)
            return true;
        else
            return false;
}

void Vector::display()
{cout <<"("<< x <<","<< y <<")";}

void compare(Vector &vec1, Vector &vec2)
{
        if(operator >(vec1, vec2) == 1)
            {vec1.display(); cout <<">"; vec2.display();}
        else if(operator <(vec1, vec2) == 1)
            {vec1.display(); cout <<"<"; vec2.display();}
        else if(operator == (vec1, vec2) == 1)
            {vec1.display(); cout <<" = "; vec2.display();}
        cout << endl;
}

int main()
{
        Vector vec1(1,2), vec2(1,1), vec3(2,3);
```

```
        compare(vec1, vec2);
        compare(vec2, vec3);
        compare(vec1, vec1);
        return 0;
}
```

程序的运行结果为：

```
(1,2)>(1,1)
(1,1)<(2,3)
(1,2) = (1,2)
```

通过上述程序分析，可以感受到 C++语言运算符重载功能的方便和好处。

15.2.2 单目运算符的重载举例

单目运算符只有一个操作数，如最常用的＋＋i 和－－i。重载单目运算符的方法与重载双目运算符的方法是类似的。但由于单目运算符只有一个操作数，因此，运算符重载函数只有一个参数。如果运算符重载函数作为成员函数，则还可省略此参数。下面以自增运算符"＋＋"和下标运算符"[]"等为例介绍单目运算符的重载。

1. 自增运算符的重载

例 15.5 声明一个 Clock 类，包含数据成员 minute(分)和 sec(秒)。模拟秒表，每次走一秒，满 60 秒进一分钟。此时秒又从 0 开始算，并采用"＋＋"或"－－"对 Clock 类对象求进行自增或自减运算。

```
# include < iostream >
# include < iomanip >
# include < Windows. h >
using namespace std;

class Clock
{
public:
    Clock(){minute = 0;sec = 0;}                              //默认构造函数
    Clock(int m,int s):minute(m),sec(s){ }                    //构造函数重载
    Clock operator++();                                       //声明运算符重载函数
    void display(){cout << setw(2)<< setfill('0')<< minute <<":"
                       << setw(2)<< setfill('0')<< sec << endl;}  //定义输出时间函数
private:
    int minute;
    int sec;
};

Clock Clock::operator++()                                     //定义运算符重载函数
{
    if(++sec >= 60)
    {
        sec -= 60;                                           //秒满 60 进分钟
        ++minute;
    }
    return * this;                                           //返回当前对象值
```

```
    }

    int main()
    {
        Clock time1(34,0);
        for (int i = 0;i < 61;i++)
        {
            ++time1;                              //对象 time1 自增
            time1.display();
            Sleep(1000);                          //延迟一段时间
            system("cls");                        //系统清除屏幕
        }
        return 0;
    }
```

程序的运行结果为：

```
34:01
34:02
  ⋮
34:59
35:00
35:01
```

可以看到：在程序中对运算符"++"进行了重载，使它能用于 Clock 类对象。然而，上述程序中使用的是"++"的前置形式。前面章节中学习过："++"和"--"运算符有两种使用方式，前置自增（自减）运算符和后置自增（自减）运算符。它们的作用是不一样的，在重载时怎样区别这二者呢？ C++约定：在自增（自减）运算符重载函数中，增加一个 int 型形参，就是后置自增（自减）运算符函数。下面通过例 15.6 来介绍"++"的后置形式的重载方法。

例 15.6　自增运算符"++"的后置形式的重载应用。

```
    # include < iostream >
    using namespace std;
    class Clock
    {
    public:
        Clock(){minute = 0;sec = 0;}
        Clock(int m, int s):minute(m),sec(s){}
        Clock operator++();                //声明前置自增运算符"++"重载函数
        Clock operator++(int);             //声明后置自增运算符"++"重载函数
        void display(){cout << minute <<":"<< sec << endl;}
    private:
        int minute;
        int sec;
    };

    Clock Clock::operator++()              //定义前置自增运算符"++"重载函数
    {
        if(++sec > = 60)
        {
            sec -= 60;
```

```
        ++minute;
    }
    return * this;              //返回自加后的当前对象
}

Clock Clock::operator++(int)    //定义后置自增运算符"++"重载函数
{
    Clock temp( * this);        //用当前值拷贝一个临时对象 temp
    sec++;
    if(sec >= 60)
    {
        sec -= 60;
        ++minute;
    }
    return temp;                //返回的是自加前的对象
}

int main()
{
    Clock time1(34,59),time2;
    cout <<" time1 : ";
    time1.display();
    ++time1;
    cout <<"++time1: ";
    time1.display();
    time2 = time1++;            //将自加前对象的值赋给 time2
    cout <<"time1++: ";
    time1.display();
    cout <<" time2 :";
    time2.display();
    return 0;
}
```

程序的运行结果为：

```
time1 : 34:59(time1 原值)
++time1: 35:0(执行++time1 后 time1 的值)
time1++ : 35:1(再执行 time1++后 time1 的值)
time2 : 35:0 (time2 保存的是执行 time1++前 time1 的值)
```

重载后置自增运算符时多了一个 int 型的参数，这个参数只是为了与前置自增运算符重载函数有所区别，只是起标志性作用，不能理解为函数参数。编译系统在遇到重载后置自增运算符时，会自动调用此函数。另外，对比分析例 15.5 和例 15.6，注意前置自增运算符和后置自增运算符差异。前者是先自加，返回的是修改后的对象本身（return * this;）；后者返回的是自加前的临时对象（return temp），然后对象自加。

2. 下标运算符(□)的重载

下标运算符是 C 语言和 C++语言常用的数据运算符。但是，在 C 语言中，下标运算符[]没有定义下标越界的检测功能，而这种下标越界的错误很容易产生。因此，通过运算符重载，对下标运算符增加一个越界检测功能。

例 15.7 下标运算符"[]"的重载应用。

```cpp
# include < iostream >
# include < assert. h >
using namespace std;

class Vector
{
    int * data;
    int size;
public:
    Vector();
    Vector(int * pData, int n);
    ~Vector();
    int SetSize(int n);
    int GetSize() const;
    int & operator [](int n);
};

Vector::Vector()
{
    data = NULL;
    size = 0;
}

Vector::Vector(int * pData, int n)
{
    data = pData;
    size = n;
}

Vector::~Vector()
{
    delete []data;
}

int Vector::GetSize() const
{
    return size;
}

int Vector::SetSize(int n)
{
    delete []data;
    data = new int[n];
    size = n;
    return size;
}

int & Vector::operator[](int n)
{
    assert(n >= 0 && n < size);
```

```
        return data[n];
    }

int main()
{
    Vector v;
    int size = 10;
    v.SetSize(size);

    for(int i = 0; i < size; i++)
        v[i] = i;

    cout << v[3]<< endl;
    cout << v[10]<< endl;

    return 0;
}
```

3. 函数调用运算符"()"的重载

下面通过对函数调用运算符"()"的重载,使得能实现矩阵类的多重下标访问。

例 15.8 函数调用运算符"()"的重载应用。

```
# include < iostream >
# include < assert.h >
using namespace std;

class Matrix
{
    double * data;
    int row;
    int col;
public:
    Matrix();
    Matrix(double * pData, int r, int c);
    ~Matrix();
    double & operator()(int r, int c);
};

Matrix::Matrix()
{
    data = NULL;
    row = 0;
    col = 0;
}

Matrix::Matrix(double * pData, int r, int c)
{
    data = pData;
    row = r;
    col = c;
}
```

```
Matrix::~Matrix()
{
    delete []data;
}

double & Matrix::operator()(int r, int c)
{
    assert(r >= 0 && r < row && c >= 0 && c < col);
    return data[col * r + c];
}

int main()
{
    double * pData = new double[9];
    int row = 3;
    int col = 3;
    Matrix m(pData, row, col);

    int cnt = 1;
    for(int i = 0; i < row; i++)
    {
        for(int j = 0 ; j < col; j++)
        {
            m(i, j) = cnt++;
            cout << m(i, j)<<' ';
        }
        cout << endl;
    }

    return 0;
}
```

15.2.3   流插入运算符和流提取运算符的重载

在本书最后章节中将会详细地介绍：所有 C++ 编译系统都在类库中提供输入流类 istream 和输出流类 ostream。cin 和 cout 分别是 istream 类和 ostream 类的对象。在类库提供的头文件中已经对"<<"和">>"这两个运算符进行了重载,使之作为流插入运算符和流提取运算符,能用来输出和输入 C++标准类型的数据。这就是为什么在本书前面几章中,凡是用 cout <<和 cin >>对标准类型数据进行输入输出时都必须使用 #include < iostream >头文件包含语句。

但是用户自己定义的类型的数据,是不能直接用"<<"和">>"来输出和输入的。也就是说,对用户自定义类型的数据(包括类对象),如果想用它们输出和输入,用户必须对它们重载。而且只能将重载">>"和"<<"的函数作为友元函数,而不能将它们定义为成员函数。因此,"<<"和">>"重载的函数形式为如下：

```
istream & operator >> (istream &,自定义类 &);
ostream & operator << (ostream &,自定义类 &);
```

说明：至于为什么要使用上述格式,会在后面流 I/O 操作的章节中进行深入分析。

其中：重载运算符"＞＞"函数的第一个参数和函数的类型都必须是 istream& 类型,第二个参数是要进行输入操作的类。重载运算符"＜＜"函数的第一个参数和函数的类型都必须是 ostream& 类型,第二个参数是要进行输出操作的类。

下面通过前面的向量操作实例来介绍这两个运算符的重载方法。

例 15.9 在例 15.2 的基础上,用重载"＜＜"和"＞＞"运算符进行向量的输入和输出。

```cpp
# include < iostream >
using namespace std;

class Vector
{
public:
    Vector(){x = 0;y = 0;}
    Vector(double xx,double yy){x = xx;y = yy;}
    Vector operator + (Vector &v2);                    //运算符"+"重载为成员函数
    friend ostream& operator << (ostream&,Vector&);    //重载运算符"<<"
    friend istream& operator >> (istream&,Vector&);    //重载运算符">>"
private:
    double x;
    double y;
};

Vector Vector::operator + (Vector &v2)                 //定义重载运算符的函数
{
    Vector v;
    v.x = x + v2.x;
    v.y = y + v2.y;
    return v;
}

ostream& operator << (ostream& output,Vector & v)      //定义重载运算符"<<"
{
    output <<"("<< v.x <<","<< v.y <<")";
    return output;
}

istream& operator >> (istream& input,Vector & v)       //定义重载运算符">>"
{
    cout <<"input x and y of vector:";
    input >> v.x >> v.y;
    return input;
}

int main()
{
    Vector vec1,vec2,vec3;
    cin >> vec1 >> vec2;
    vec3 = vec1 + vec2;
    cout <<"vec1 = "<< vec1 << endl;
    cout <<"vec2 = "<< vec2 << endl;
    cout <<"vec3 = "<< vec3 << endl;
```

```
        return 0;
    }
```

程序的运行结果为：

```
input x and y of vector:5 5
input x and y of vector:6 6
vec1 = (5,5)
vec2 = (6,6)
vec3 = (11,11)
```

分析上述程序可以发现：在对运算符"<<"和">>"重载后，在程序中用"<<"不仅能进行标准类型数据输入和输出。而且，可以进行用户自己定义数据（类对象）的输入和输出。与例 15.2 中使用 display() 函数来进行复数对象（如 vec3）的输出相比，形式直观，可读性好，易于使用。

另外，通过对运算符"<<"和">>"重载应用实例分析还需要体会到，在运算符重载中使用引用（reference）的重要性。采用引用作为函数的形参可以在调用函数的参数传递过程中不是传递值，而是通过传址。此时，形参别名与实参表示同一内存空间。因此不生成临时变量（实参的副本），减少了程序执行的时间和空间的开销。

如果重载函数的返回值也是使用对象的引用，返回的是引用所表示的对象，可以被赋值或参与其他操作（如保留 cout 流的当前值以便能连续使用"<<"输出）。

一般来说，函数的返回值大体可以分为 3 种：返回非引用、返回引用、返回引用左值，具体介绍如下。

1. 返回非引用

函数的返回值用于初始化在跳出函数时创建的临时对象。用函数返回值来初始化临时对象与用实参初始化形参的方法是一样的。如果返回类型不是引用，在函数返回处会将返回值复制给临时对象，且其返回值既可以是局部对象，也可以是表达式的结果。例如：

```
string make_plural(size_t i,const string &word,const string &ending)   //string 是类名
{ return (i == 1)?word:word + ending; }
```

以上函数当 i 等于 1 时，函数返回 word 形参的副本；当 i 不等于 1 时函数返回一个临时的 string 对象，这个临时对象是由字符串 word 和 ending 相加而成的。这两种情况下，return 都在调用该函数的地方复制了返回的 string 对象。

2. 返回引用

当函数返回引用类型时，没有复制返回值，而是返回对象的引用（即对象本身）。函数返回引用时，可以利用全局变量（作为函数返回），或者在函数的形参表中有引用或者指针（作为函数返回），这两者有一个共同点，就是返回执行完毕以后，对象依然存在，那么返回的引用才有意义。因此，不允许返回局部对象的引用。另外，当不希望返回的对象被修改的时候，可以添加 const。例如：

```
const string &shorterString(const string &s1,const string &s2)     //string 是类名
{
return s1.size()< s2.size()?s1:s2;
}
```

以上函数的返回值是引用类型。无论返回 s1 或是 s2,调用函数和返回结果时，都没有复制这

些 string 对象。

注意：不要返回局部对象的引用，例如：

```
const string &mainip(const string &s)
{    string ret = s;
        return ret;
}
```

当函数执行完毕，程序将释放分配给局部对象的存储空间。此时，对局部对象的引用就会指向不确定的内存。同理，也不能返回局部对象的指针。

3. 返回引用左值

函数返回引用实际上是一个变量的内存地址。既然是内存地址，那么肯定可以读写该地址所对应的内存区域的值，就是"左值"，可以出现在赋值语句的左边。例如：

```
char &get_val(string &str,unsigned int ix)
{
    return str[ix];
}
```

使用语句调用：

```
string s("123456");
cout << s << endl;
get_val(s,0) = 'a';                            //返回引用左值
cout << s << endl;
```

把函数应用于赋值语句的左值。

15.3 类对象与标准类型数据之间的转换方法

15.3.1 类型转换构造函数

在 C++中，某些不同类型数据之间可以自动转换，例如：

```
int i = 8; i = 8.5 + i;
```

编译系统对 8.5 是作为 double 型数处理的。在求解表达式时，先将 5 转换成 double 型，然后与 8.5 相加，得到和为 16.5，在给整型变量 i 赋值时，将 16.5 转换为整数 16，然后赋给 i。这种转换是由 C++编译系统自动完成的。这种转换也称为隐式类型转换。

另外，C++还提供强制类型转换，程序员在程序中指定将一种指定的数据转换成另一指定的类型，如 int(88.5)，编译系统将 88.5 转换为整型数 88。

那么，如果需要某标准类型数据转换为某类的对象，编译系统能进行处理吗？解决这个问题的关键是让编译系统知道怎样去进行这些转换，需要定义专门的函数来处理，即所谓的类型转换构造函数（conversion constructor function）。

转换构造函数也是类的构造函数一种，其作用是将一个其他类型的数据转换成本类的对象。例如，如果需要将一个标准 int 数据转为复数 Complex-Data 类的对象，则需要为 Complex-Data 类定义一个类型转换构造函数。例如：

```
Complex-Data(double r) {real = r; imag = 0;}
```

其作用是将 double 型的参数 r 转换成 Complex 类的对象,将 r 作为复数的实部,虚部为 0。用户可以根据需要定义转换构造函数,在函数体中告诉编译系统转换规则。

转换构造函数的特点如下:

(1) 转换构造函数是类的构造函数一种,符合构造函数的所有特征。

(2) 转换构造函数只有一个形参,它是需要被转换的数据类型。在函数体中指定转换的方法。

(3) 在该类的作用域内可以用以下格式进行类型转换:类名(指定类型的数据)。如:

```
Complex_Data data;
data = Complex_Data(3.7);
```

这样就可以将指定类型(如 double)的数据 3.7 转换为 Complex_Data 类的一个对象 data。

转换构造函数不仅可以将一个标准类型数据转换成类对象,也可以将另一个类的对象转换成转换构造函数所在的类对象。例如,假设有一个学生类 Student 的对象 s,如果需要将 s 转换为教师类 Teacher 的对象,可以在 Teacher 类中声明如下的转换构造函数:

```
Teacher(Student& s){num = s.num;strcpy(name,s.name);sex = s.sex;}
```

注意:Student 类对象 s 中的 num,name,sex 必须是公用成员,否则不能被 Teacher 类中声明的转换构造函数引用。

提问:类型转换构造函数与复制构造函数有什么区别与联系?

15.3.2　基于运算符重载机制的类型转换函数

用转换构造函数可以将一个指定类型的数据转换为类的对象。如果需要反过来将一个类的对象转换为一个标准类型数据(例如将一个 Complex_Data 类对象转换成 double 类型数据),又该如何办呢?

回顾一下前面介绍的标准类型的强制转换方式,例如:

```
double(3);
```

C++编译系统能将整型或其他标准类型的数据转换为 double。如果将标准类型符(例如 double())也理解为运算符(姑且称为类型运算符),是否可以采用运算符重载机制来扩展这些类型运算符的强制类型转换功能,使得它们不仅能在标准类型之间进行转换,而且还可以将用户自定义的类对象数据也转换为某一标准类型呢?

答案是肯定的。C++提供类型转换函数(type conversion function)就基于运算重载机制,将一个类的对象转换成另一标准类型的数据。例如,假设在前面介绍的 Complex_Data 类中,可以定义一个类型转换函数:

```
operator double()        //将类型标识符看运算符
{return real;}
```

该函数 double() 就可以将 Complex_Data 类对象转换为 double 类型数据。double 类型转换经过重载后,除了原有的含义外,还获得新的含义(将一个 Complex_Data 类对象转换为 double 类型数据,并指定了转换方法)。

因此,类型转换函数定义的一般格式为:

```
operator 类型名()
```

{实现转换的语句}

需要特别注意：

（1）在函数名前面不能指定函数类型，函数没有参数，其返回值的类型是由函数名指定的类型名来确定的。

（2）类型转换函数只能作为成员函数。因为转换的主体是本类的对象，不能作为友元函数或普通函数。

（3）转换构造函数和类型转换运算符有一个共同的功能：当需要时，编译系统会自动调用这些函数，建立一个无名的临时对象（或临时变量）。

例 15.10　使用类型转换函数的程序举例。

```cpp
# include < iostream >
using namespace std;

class Vector
{
public:
    Vector(){x = 0;y = 0;}
    Vector(double xx,double yy){x = xx;y = yy;}
    friend Vector operator + (Vector v1,Vector v2);      //定义运算符" + "重载函数
    operator double(){return sqrt(x * x + y * y);}        //类型转换函数
private:
    double x;
    double y;
};

Vector operator + (Vector v1,Vector v2)                  //定义重载运算符的函数
{
    Vector v;
    v.x = v1.x + v2.x;
    v.y = v1.y + v2.y;
    return v;
}

int main()
{
    Vector vec1(3,4),vec2(5, - 10);
    double d1,d2;
    d1 = 2.5 + vec1;                    //要求将一个 double 数据与 Vector 类数据相加
    d2 = vec1 + vec2;                   //要求将两个 Vector 类对象相加,赋值给 d
    cout << d1 << endl;
    cout << d2 << endl;
    return 0;
}
```

分析：

（1）如果在 Vector 类中没有定义类型转换函数 operator double，程序编译将在"d1＝2.5＋vec1;"和"d2＝vec1＋vec2;"语句出错，为什么？

（2）语句"d1＝2.5＋vec1;"执行时，编译系统自动调用类型转换函数 double，先将 vec1

转为 double 类型数据,然后与 2.5 相加,结果为 double 且赋值给 double 型变量 d。

（3）语句“d2＝vec1＋vec2;”执行时,编译系统将 vec1 与 vec2 两个类对象相加,得到一个临时的 Vector 类对象,由于它不能赋值给 double 型变量,而又有对 double 的重载函数,于是调用此函数,把临时类对象转换为 double 数据,然后赋给 d。

使用类型转换函数的好处:假如程序中需要对一个 Vector 类对象和一个 double 型变量进行＋,－,＊,/等算术运算,以及关系运算和逻辑运算,如果不用类型转换函数,就要对多种运算符进行重载,以便能进行各种类型数据的运算。这样工作量较大,程序显得冗长。如果用类型转换函数对 double 进行重载(使 Vector 类对象转换为 double 型数据),就不必对各种运算符进行重载,因为 Vector 类对象可以被自动地转换为 double 型数据,而标准类型数据的运算,是可以使用系统提供的各种运算符的。

15.3.3　综合程序举例

例 15.11　以下程序中引入了转换构造函数、运算符重载函数和类型转换函数,分析这些函数在程序的作用。

```cpp
# include < iostream >
using namespace std;

class Vector
{
public:
    Vector(){x = 0;y = 0;}                      //默认构造函数
    Vector(double xx,double yy){x = xx;y = yy;}  //实现初始化的构造函数
    Vector (double r){x = r;y = 0;}             //转换构造函数
    friend Vector operator + (Vector v1,Vector v2);
    Vector & operator = (Vector &v1);
    void display();
private:
    double x;
    double y;
};

Vector operator + (Vector v1,Vector v2)
{
    return Vector(v1.x + v2.x,v1.y + v2.y);
}

Vector & Vector::operator = (Vector &v1){
    return v1;
}

void Vector::display()
{
    cout <<"("<< x <<","<< y <<")"<< endl;
}

int main()
{
```

```
        Vector vec1(3,4),vec2(5, - 10),vec3;
        vec3 = vec1 + 5.5;                              //向量与 double 数据相加
        vec3.display();
        return 0;
}
```

程序分析：

（1）如果没有定义转换构造函数，则此程序编译出错。现在，在类 Vector 中定义了转换构造函数。由于已重载了运算符"＋"，在处理表达式 vec1＋5.5 时，编译系统把它解释为 operator＋(vec1, 5.5)。由于 5.5 不是 Vector 类对象，系统先调用转换构造函数 Vector(5.5)，建立一个临时的 Vector 类对象。上面的函数调用相当于 operator＋(vec1,Vector(5.5))。

（2）如果把 vec3＝vec1＋5.5 改为 vec3＝5.5＋vec1，程序可以通过编译和正常运行，过程与前相同。

从上述分析可知：在已定义了相应的转换构造函数情况下，将运算符"＋"函数重载为友元函数，在进行两个复数相加时，适用于交换律。如果"＋"运算符函数重载为成员函数，它的第一个参数必须是本类的对象。当第一个操作数不是类对象时，不能将运算符函数重载为成员函数。如果将运算符"＋"函数重载为类的成员函数，交换律不适用。由于考虑交换律问题，所以前面有一个基本建议：一般情况下将双目运算符函数重载为友元函数。单目运算符则多重载为成员函数。

（3）在上面程序的基础上增加类型转换函数：

```
operator double(){return sqrt(x * x + y * y);}
```

其余部分不变。程序在编译时出错，为什么？如何修改？

提示：可以使用显示类型转换规则。

（4）如果在（3）的基础上，将

```
friend Vector operator + (Vector vec1,Vector vec2);
```

语句注释掉。程序是否可以编译通过？"vec3＝vec1＋5.5;"语句的执行过程如何？

提示：先调用类型转换重载函数，再调用类型转换构造函数。

例 15.12 在实际应用中，一个系统中的对象数量会经常发生变化。例如，一个班级中的同学可能转入或转出等。如何管理这些动态变化的数据对象呢？这就需要使用动态产生对象。本实例通过介绍对多个结点的管理方法来综合展示本章学过的运算符重载一些知识。引入动态结点的管理也是为后续"数据结构"课程承接奠定基础。

下面实例定义一个学生类来描述众多的学生对象。为了对这些众多的学生对象进行管理，还定义一个学生管理类，在该学生管理类中，定义学生对象所需的主要操作。为了简单起见，本实例规定只能在学生管理类的对象数据最大下标处进行插入和删除操作。实例中类及对象之间关系如图 15.1 所示。

在上述实例中，由于采用动态对象的构建，在释放对象时，需要特别注意的是：先释放学生对象中的学生名字空间和学生性别空间，即 delete []m_lpszName 和 delete []m_lpszGender。然后，释放学生对象，即 delete m_pStudent [ ]，否则就会造成内存溢出。其中的原因，请读者自己分析。

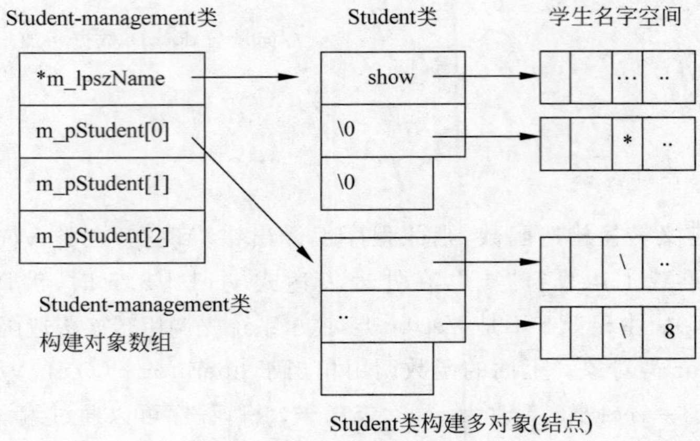

图 15.1 实例中类及对象之间关系

```
/ ************************************************************************
Filename: student.h
Copyright: Tsinghua University
Author: Huaizhou Tao
Date:2015 - 04 - 10
Description: Student 类的声明,管理一位学生的个人信息

************************************************************************ /
# ifndef __STUDENT__
# define __STUDENT__

# include < iostream >
# include < assert. h >
using namespace std;

//学生管理类前向声明
class StudentManagement;

//学生类,管理一位学生的个人信息
class Student
{
    //友元类声明
    friend StudentManagement;
public:
    //构造函数与析构函数
    Student(char * lpszName, char * lpszGender, int iScore = 0);
    Student(const Student &oStudent);
    virtual ~Student();

    //重载" = "符号运算符
    Student &operator = (const Student &oStudent);
public:
    //三个成员分别代表姓名、性别、成绩
    char * m_lpszName;
    char * m_lpszGender;
    int m_iScore;
```

```
};

    #endif

/*********************************************************************
Filename: studentManagement.h
Copyright: Tsinghua University
Author: Huaizhou Tao
Date:2015 - 04 - 10
Description: StudentManagement 类的声明,构成一个学生管理栈

********************************************************************* /
#ifndef __STUDENT_MANAGEMENT__
#define __STUDENT_MANAGEMENT__

#include < iostream >
using namespace std;

//学生类前向声明
class Student;
//常量定义,意义为栈的最大长度
const int P_LENGTH = 20;

//学生管理栈类,以栈的数据结构管理多位学生的信息
class StudentManagement
{
public:
    //构造函数与析构函数
    StudentManagement( int iTotalStudentNum = P_LENGTH);
    StudentManagement(const StudentManagement &oStudentManagement);
    virtual ~StudentManagement( void);

    //插入与删除函数
    bool Insert(const Student &oStudent);
    bool Del(void);

    //判断是否为空的函数
    bool IsEmpty(void);

    //",""[]"" = "运算符的重载函数
    const StudentManagement &operator,(const StudentManagement &oStudentManagement);
    char * operator[](int i);
    StudentManagement &operator = (const StudentManagement &oStudentManagement);

    //new, delete 运算符的重载函数
    void * operator new(size_t size);
    void operator delete(void * p);

    //"<<"">>"运算符的重载函数
    friend ostream &operator << (ostream &cout, StudentManagement obj);
    friend istream &operator >> (istream &cin, StudentManagement &obj);
private:
```

```
        Student * m_pStudent[P_LENGTH];              //管理栈
        int m_aLength;                               //栈长度
        int m_aCurrentTop;                           //当前栈顶位置
    };

    #endif

/ ***************************************************************************
Filename: main.cpp
Copyright: Tsinghua University
Author: Huaizhou Tao
Date:2015 - 04 - 10
Description: 程序主函数

*************************************************************************** /
# include "Student. h"
# include "Student_Management. h"

//Summary: 主函数
//
//Parameters:
//        None
//Return: None
//Detail:
void main()
{
    //使用复合语句形成 3 个作用域
    {
        //创建学生信息对象
        Student oStudent1("Tom", "F");
        Student oStudent2("Jerry", "F");

        //创建学生信息管理栈
        StudentManagement oStudentManagement1, oStudentManagement2;

        //向栈中插入
        oStudentManagement1. Insert(oStudent1);
        oStudentManagement1. Insert(oStudent2);

        //重载"[]"运算符
        cout << "[]运算符重载的结果:" << oStudentManagement1[1] << endl;

        //拷贝构造函数
        StudentManagement oStudentManagement3(oStudentManagement1);

        //重载"," "="运算符
        oStudentManagement2 = oStudentManagement1, oStudentManagement3;

        //重载">>" "<<"运算符
        cin >> oStudentManagement1;
        cout << oStudentManagement1;
```

```
        //删除学生信息
        oStudentManagement1.Del();
        oStudentManagement1.Del();
    }

    {
        //使用重载后的运算符 new, delete 进行测试
        StudentManagement * poStudentManagement = new StudentManagement;
        delete poStudentManagement;
    }

    {
        //使用全局运算符 new, delete 进行测试
        StudentManagement * poStudentManagement = ::new StudentManagement;
        ::delete poStudentManagement;
    }
}

/ ******************************************************************************
Filename: student.cpp
Copyright: Tsinghua University
Author: Huaizhou Tao
Date:2015 - 04 - 10
Description: Student 类的定义

****************************************************************************** /
# include "Student.h"

//Summary: 构造函数
//
//Parameters:
//        lpszName    姓名
//        lpszGender 性别
//        iScore      成绩,默认值为
//Return: None
//Detail:
Student::Student(char * lpszName, char * lpszGender, int iScore)
{
    //判断姓名与性别非空
    assert(lpszName);
    assert(lpszGender);

    //采用深拷贝方式复制学生姓名
    m_lpszName = new char[strlen(lpszName) + 1];
    if(m_lpszName == NULL)
    {
        cout << "内存分配失败。" << endl;
        exit(0);
    }
    strcpy_s(m_lpszName, strlen(lpszName) + 1, lpszName);

    //采用深拷贝方式复制学生性别
```

```
        m_lpszGender = new char[strlen(lpszGender) + 1];
        if(m_lpszGender == NULL)
        {
            cout << "内存分配失败。" << endl;
            exit(0);
        }
        strcpy_s(m_lpszGender, strlen(lpszGender) + 1, lpszGender);

        m_iScore = iScore;

        cout << "调用了带参构造函数 Student: " << m_lpszName << endl;
}


//Summary: 拷贝构造函数
//
//Parameters:
//          oStudent    待拷贝 Student 类对象
//Return: None
//Detail:
Student::Student(const Student &oStudent)
{
        //采用深拷贝方式复制学生姓名
        m_lpszName = new char[strlen(oStudent.m_lpszName) + 1];
        if(m_lpszName == NULL)
        {
            cout << "内存分配失败。" << endl;
            exit(0);
        }
        strcpy_s(m_lpszName, strlen(oStudent.m_lpszName) + 1, oStudent.m_lpszName);

        //采用深拷贝方式复制学生性别
        m_lpszGender = new char[strlen(oStudent.m_lpszGender) + 1];
        if(m_lpszGender == NULL)
        {
            cout << "内存分配失败。" << endl;
            exit(0);
        }
        strcpy_s(m_lpszGender, strlen(oStudent.m_lpszGender) + 1, oStudent.m_lpszGender);

        m_iScore = oStudent.m_iScore;
        cout << "调用了拷贝构造函数 Student: " << m_lpszName << endl;
}


//Summary: 析构函数
//
//Parameters:
//          None
//Return: None
//Detail:
Student::~Student()
{
        cout << "调用了析构函数 Student: " << m_lpszName << endl;
```

```
    //释放姓名与性别字符串的内存空间
    delete []m_lpszName;
    delete []m_lpszGender;
}


//Summary:"="符号运算符重载函数
//
//Parameters:
//        oStudent    "="运算符的右值,Student 类的对象
//Return: Student&   Student 类的引用,为左值赋值
//Detail:
Student &Student::operator = (const Student &oStudent)
{
    //如果语句的右值是本身,则直接返回
    if (this == &oStudent)
    {
        return * this;
    }

    //重新分配内存空间,并采用深拷贝方式复制学生姓名
    delete []m_lpszName;
    m_lpszName = new char[strlen(oStudent.m_lpszName) + 1];
    if(m_lpszName == NULL)
    {
        cout << "内存分配失败。" << endl;
        exit(0);
    }
    strcpy_s(m_lpszName, strlen(oStudent.m_lpszName) + 1, oStudent.m_lpszName);

    //重新分配内存空间,并采用深拷贝方式复制学生性别
    delete []m_lpszGender;
    m_lpszGender = new char[strlen(oStudent.m_lpszGender) + 1];
    if(m_lpszGender == NULL)
    {
        cout << "内存分配失败。" << endl;
        exit(0);
    }
    strcpy_s(m_lpszGender, strlen(oStudent.m_lpszGender) + 1, oStudent.m_lpszGender);

    m_iScore = oStudent.m_iScore;
    cout << "调用了重载' = '运算符 Student: " << m_lpszName << endl;
    return * this;
}


/ ********************************************************************************
Filename: studentManagement.cpp
Copyright: Tsinghua University
Author: Huaizhou Tao
Date:2015 - 04 - 10
Description: StudentManagement 类的定义


 ******************************************************************************** /
```

```
# include "Student_Management.h"
# include "Student.h"

//Summary: 构造函数
//
//Parameters:
//          iTotalStudentNum    栈能容纳的最大学生数目,默认值为 P_LENGTH
//Return: None
//Detail:
StudentManagement::StudentManagement(int iTotalStudentNum)
{
    //对栈的空间进行初始化
    for (int i = 0; i < iTotalStudentNum; i++)
    {
        m_pStudent[i] = NULL;
    }
    m_aLength = iTotalStudentNum;
    m_aCurrentTop = 0;
    cout << "调用了构造函数 StudentManagement: " << endl;
}


//Summary: 拷贝构造函数
//
//Parameters:
//          oStudentManagement    待拷贝对象
//Return: None
//Detail:
StudentManagement::StudentManagement(const StudentManagement &oStudentManagement)
{
    //从待拷贝对象的栈中复制学生信息
    for (int i = 0; i < oStudentManagement.m_aCurrentTop; i++)
    {
        m_pStudent[i] = new Student(oStudentManagement.m_pStudent[i]->m_lpszName,
                                    oStudentManagement.m_pStudent[i]->m_lpszGender,
                                    oStudentManagement.m_pStudent[i]->m_iScore);
        if (m_pStudent[i] == NULL)
        {
            cout << "内存分配失败!" << endl;
            exit(0);
        }
    }

    //将后续的学生信息初始化为空
    for (int i = oStudentManagement.m_aCurrentTop; i < oStudentManagement.m_aLength; i++)
    {
        m_pStudent[i] = NULL;
    }

    //复制长度与栈顶位置
    m_aLength = oStudentManagement.m_aLength;
    m_aCurrentTop = oStudentManagement.m_aCurrentTop;
    cout << "调用了拷贝构造函数 StudentManagement: " << endl;
```

```
    }

    //Summary: 析构函数
    //
    //Parameters:
    //        None
    //Return: None
    //Detail:
    StudentManagement::~StudentManagement(void)
    {
        //释放所有栈中的学生信息对象
        for (int i = 0; i < m_aCurrentTop; i++)
        {
            delete m_pStudent[i];
        }
        cout << "调用了析构函数 StudentManagement。" << endl;
    }


    //Summary: 插入函数
    //
    //Parameters:
    //        oStudent    待插入的学生信息对象
    //Return: bool        插入是否成功
    //Detail:
    bool StudentManagement::Insert(const Student &oStudent)
    {
        //检查栈容量
        if(m_aCurrentTop >= m_aLength)
        {
            cout << "对不起,已经超过了数组最大长度,不可再插入!" << endl;
            return false;
        }

        //创建新结点,复制学生信息,并插入栈中
        m_pStudent[m_aCurrentTop] = new Student(oStudent.m_lpszName, oStudent.m_lpszGender,
oStudent.m_iScore);
if (m_pStudent[m_aCurrentTop] == NULL)
        {
            cout << "创建结点失败!" << endl;
            exit(0);
        }
        m_aCurrentTop++;
        cout << "插入了一个结点: " << oStudent.m_lpszName << endl;
        return true;
}

    //Summary: 插入函数
    //
    //Parameters:
    //        None
    //Return: bool        删除是否成功
    //Detail:
```

```cpp
bool StudentManagement::Del(void)
{
    //检查栈是否为空
    if (!IsEmpty())
    {
        //若栈非空,删除栈顶的学生信息对象
        m_aCurrentTop -- ;
        cout << "删除的结点名字为: " << m_pStudent[m_aCurrentTop] -> m_lpszName << endl;
        delete m_pStudent[m_aCurrentTop];
        return true;
    }
    else
    {
        cout << "结点数组为空。不能够执行删除操作。Is Empty\n";
        return false;
    }
}


//Summary: 检查栈是否为空
//
//Parameters:
//        None
//Return: bool        栈是否为空的判断结果
//Detail:
bool StudentManagement::IsEmpty(void)
{
    //根据当前栈顶的位置判断
    if (m_aCurrentTop == 0)
    {
        return true;
    }
    else
    {
        return false;
    }
}


//Summary:",""运算符重载函数
//
//Parameters:
//        oStudentManagement              ","表达式右侧的参数
//Return: const StudentManagement &   ","表达式的返回值,为 const 的原因是","表达式返回的必为
//右值
//Detail:
const StudentManagement & StudentManagement::operator,(const StudentManagement &oStudentManagement)
{
    //直接返回右侧参数
    return oStudentManagement;
}


//Summary:"[]"运算符重载函数
//
```

```
//Parameters:
//          i            数组的下标
//Return: char *    当前下标的学生姓名
//Detail:
char * StudentManagement::operator[](int i)
{
    //判断下标是否越界
    if ((i < m_aCurrentTop)&&(m_aCurrentTop >= 0))
    {
        //返回当前下标指向的学生姓名
        return m_pStudent[i]->m_lpszName;
    }
    else
    {
        return ("数组越界。");
    }
}


//Summary: "="运算符重载函数
//
//Parameters:
//          oStudentManagement      "="表达式的右侧对象
//Return: StudentManagement &    赋值结果
//Detail:
StudentManagement & StudentManagement::operator = (const StudentManagement &oStudentManagement)
{
    //判断,如果是自身向自身赋值,则直接返回
    if (this == &oStudentManagement)
    {
        return * this;
    }
    //判断两栈长度是否相等
    if (m_aLength != oStudentManagement.m_aLength)
    {
        cout << "数组长度不等,不能够复制!" << endl;
        return * this;
    }

    //清空当前栈的内容
    for (int i = 0; i < m_aCurrentTop; i++)
    {
        delete m_pStudent[i];
        m_pStudent[i] = NULL;
    }

    //对每个学生信息对象进行深拷贝复制
    for (int i = 0; i < oStudentManagement.m_aCurrentTop; i++)
    {

        m_pStudent[i] = new Student(oStudentManagement.m_pStudent[i]->m_lpszName,
                                    oStudentManagement.m_pStudent[i]->m_lpszGender,
                                    oStudentManagement.m_pStudent[i]->m_iScore);
```

```
                    if (m_pStudent[i] == NULL)
                    {
                        cout << "内存分配失败!" << endl;
                        exit(0);
                    }
                }

            //将栈未使用的部分置为 NULL
            for (int i = oStudentManagement.m_aCurrentTop; i < oStudentManagement.m_aLength; i++)
            {
                m_pStudent[i] = NULL;
            }
            //复制长度与当前栈顶值
            m_aLength = oStudentManagement.m_aLength;
            m_aCurrentTop = oStudentManagement.m_aCurrentTop;
            cout << "调用重载运算符' = 'StudentManagement: " << endl;
            return * this;
        }


        //Summary: new 运算符重载函数
        //
        //Parameters:
        //      size        内存空间大小
        //Return: void * 分配到的内存地址
        //Detail:
        void * StudentManagement::operator new(size_t size)
        {
            cout << "自定义的 StudentManagement new\n";
            return malloc(size);
        }


        //Summary: delete 运算符重载函数
        //
        //Parameters:
        //      p       待释放的内存地址
        //Return: None
        //Detail:
        void StudentManagement::operator delete(void * p)
        {
            cout << "自定义的 StudentManagement delete\n";
            free(p);
        }


        //Summary: "<<"运算符重载函数
        //
        //Parameters:
        //      scout       输出流
        //      obj         待输出的对象
        //Return: ostream      输出流
        //Detail:
        ostream &operator << (ostream & scout, StudentManagement obj)
        {
```

```
    //输出栈顶学生的姓名、性别、成绩
    scout << obj.m_pStudent[obj.m_aCurrentTop - 1] -> m_lpszName << ",";
    scout << obj.m_pStudent[obj.m_aCurrentTop - 1] -> m_lpszGender << ",";
    scout << obj.m_pStudent[obj.m_aCurrentTop - 1] -> m_iScore << ",";
    //输出栈的长度与当前栈顶位置
    scout << obj.m_aLength << ",";
    scout << obj.m_aCurrentTop << endl;
    return scout;
}


//Summary: ">>"运算符重载函数
//
//Parameters:
//      scin           输入流
//      obj            待输入的对象
//Return: istream      输入流
//Detail:
istream &operator >> (istream &scin, StudentManagement &obj)
{
    int iTemp = 0;
    //为输入的姓名,性别分配内存空间
    char * lpszName = new char[100];
    char * lpszGender = new char[100];

    //输入待操作下标并判断是否越界
    cout << "请输入操作下标: ";
    scin >> iTemp;
    if(iTemp >= obj.m_aCurrentTop)
    {
        cout << "你输入的结点下标大于当前结点值: " << obj.m_aCurrentTop << endl;
        cout << "对不起,你的操作是错误的!" << endl;
        exit(0);
    }

    //输入学生成绩
    cout << "请输入学生成绩: ";
    scin >> obj.m_pStudent[iTemp] -> m_iScore;

    //输入学生姓名,并完成替换
    cout << "原学生姓名为: " << obj.m_pStudent[iTemp] -> m_lpszName << endl;
    cout << "请输入新学生姓名: " << endl;
    scin.get();
    scin.getline(lpszName, 20);
    delete []obj.m_pStudent[iTemp] -> m_lpszName;
    obj.m_pStudent[iTemp] -> m_lpszName = lpszName;
    cout << "现学生姓名为: " << obj.m_pStudent[iTemp] -> m_lpszName << endl;

    //输入学生性别,并完成替换
    cout << "原学生性别为: " << obj.m_pStudent[iTemp] -> m_lpszGender << endl;
    cout << "请输入新学生性别: " << endl;
    //scin.get();
    scin.getline(lpszGender, 20);
```

```
delete []obj.m_pStudent[iTemp]->m_lpszGender;
obj.m_pStudent[iTemp]->m_lpszGender = lpszGender;
cout << "现学生性别为: " << obj.m_pStudent[iTemp]->m_lpszGender << endl;
return scin;
}
```

15.4　综合程序应用——某公司人事管理系统

在前面综合程序应用的基础上,对"某公司人事管理系统"进行功能扩展和修改。要求如下:

(1) 将公司员工增加到 20 人,并采用对象数组表示。

(2) 对">>"和"<<"进行重载。重载后使用">>"可以从键盘输入一个员工对象的所有信息。根据上述的需求,程序参考代码如下:

```
/ *************************************************************************
Filename: main.cpp
Copyright: Tsinghua University
Author: Huaizhou Tao
Date:2014-10-02
Description: 程序主函数文件

 ************************************************************************* /
# include < iostream >
# include < fstream >
# include "employee.h"
using namespace std;

//Summary: 主函数
//
//Parameters:
//        None
//Return: int 一般为
int main()
{
    //使用对象数组存储人的雇员信息
    employee empArray[20];

    //使用文件进行个人信息的输入输出操作
    ifstream inputFile("emp_info.txt",ios::in);
    ofstream outputFile("emp_output.txt",ios::out);

    int count;
    //重载流输入操作符完成个人信息输入
    for(count = 0; count < 20; count++)
        inputFile >> empArray[count];

    //重载流输出操作符完成个人信息输出
    for(count = 0; count < 20; count++)
        outputFile << empArray[count];

    //关闭文件
```

```
        inputFile.close();
        outputFile.close();

        return 0;
}


/ *********************************************************************************
Filename: employee.h
Copyright: Tsinghua University
Author: Huaizhou Tao
Date:2014 - 10 - 02
Description: employee 类的声明

   ********************************************************************************* /
# ifndef EMPLOYEE_H
# define EMPLOYEE_H

//employee 类,对公司的雇员信息进行封装
class employee
{
private:
    //3 个私有数据成员,分别代表雇员的编号(individualempNo)、等级(grade)与月薪(accumPay)
    int individualEmpNo;
    int grade;
    int accumPay;

    //这个静态私有成员用于在新加入雇员时使编号自动增加
    static int currentEmpNo;
public:
    //无参构造函数与有参构造函数
    employee();
    employee(int inputGrade, int inputPay);

    //析构函数
    ~employee();

    //访问数据成员的接口函数,分别是
    //设置等级: setGrade(int)
    //设置月薪: setAccumPay(int)
    //获取编号: int getempNo()
    //获取等级: int getGrade()
    //获取月薪: int getAccumPay()
    //注:雇员编号是构造时自动生成的,为避免编号冲突,操作者无法设置编号
    void setGrade(int inputGrade){grade = inputGrade;};
    void setAccumPay(int inputPay){accumPay = inputPay;};
    int getEmpNo(){return individualEmpNo;};
    int getGrade(){return grade;};
    int getAccumPay(){return accumPay;};

    //该函数的功能是打印雇员的基本信息
    void printInfo();
```

```
        //流输入运算符重载,从流向对象输入等级与月薪
        friend std::istream& operator >>(std::istream&,employee&);

        //流输出运算符重载,向流输出对象的基本信息
        friend std::ostream& operator <<(std::ostream&,employee&);
};

#endif

/********************************************************************************
Filename: employee.cpp
Copyright: Tsinghua University
Author: Huaizhou Tao
Date:2014 - 10 - 02
Description: employee 类的定义

********************************************************************************/
#include < iostream >
#include "employee. h"
using namespace std;

//设置静态变量的初始值
int employee::currentEmpNo = 2014001;

//Summary: 输出雇员的基本信息
//
//Parameters:
//       None
//Return: None
//Detail: 该函数首先输出一条提示信息,然后按照
//       编号、等级与月薪的顺序输出雇员的基本信息
void employee::printInfo()
{
    cout <<"输出个人信息: "<< endl;
    cout <<"编号: "<< individualEmpNo << endl;
    cout <<"等级: "<< grade << endl;
    cout <<"月薪: "<< accumPay << endl << endl;
}

//Summary: 无参构造函数
//
//Parameters:
//       None
//Return: None
//Detail: 无参构造函数首先完成新雇员的自动编号功能
//       再设置雇员的等级和月薪
employee::employee()
{
    individualEmpNo = currentEmpNo;
    currentEmpNo++;
    grade = 1;
    accumPay = 3000;
```

```
    }

    //Summary: 有参构造函数
    //
    //Parameters:
    //      inputGrade: 输入的雇员等级
    //      inputPay:   输入的雇员月薪
    //Return: None
    //Detail: 有参构造函数首先完成新雇员的自动编号功能
    //         之后根据输入的参数设置雇员等级与月薪
    //注:      未添加合法性判断,请勿输入非正数
    employee::employee(int inputGrade, int inputPay)
    {
        individualEmpNo = currentEmpNo;
        currentEmpNo++;
        grade = inputGrade;
        accumPay = inputPay;
    }


    //Summary: 析构函数
    //
    //Parameters:
    //      None
    //Return: None
    //Detail: 释放对象,并输出提示信息
    employee::~employee()
    {
        cout <<"欢迎使用,再见!"<< endl;
    }


    //Summary: 流输入操作符重载函数
    //
    //Parameters:
    //      input: 输入流
    //      e:      目标雇员对象
    //Return: istream& 返回输入流本身
    //Detail: 重载函数首先给出输入提示,之后从流中输入目标对象的等级与月薪
    //注:      未添加合法性判断,请勿输入非正数
    istream& operator >> (istream& input, employee& e)
    {
        cout <<"输入编号为"<< e.individualEmpNo <<" 的雇员的等级、月薪: "<< endl;
        input >> e.grade;
        input >> e.accumPay;
        return input;
    }


    //Summary: 流输出操作符重载函数
    //
    //Parameters:
    //      output: 输出流
    //      e:      目标雇员对象
```

```
//Return: ostream& 返回输出流本身
ostream& operator << (ostream &output,employee &e)
{
    output <<"输出个人信息: "<< endl;
    output <<"编号: "<< e. individualEmpNo << endl;
    output <<"等级: "<< e. grade << endl;
    output <<"月薪: "<< e. accumPay << endl << endl;
    return output;
}
```

本章小结

本章学习了 C++ 语言的第二大重要特性: 运算符和函数的重载性。在 C++ 语言中, 运算符重载是很重要的。它使得类的设计更加丰富多彩, 扩大了类的功能和使用范围, 使程序易于理解, 易于对对象进行操作。它体现了 C++ 代码的可扩展性和重用性的思想。有了运算符重载, 在声明了类之后, 人们就可以像使用标准类型一样来使用自己声明的类, 用户在程序中就不必定义许多成员函数去完成某些运算和输入输出的功能, 使主函数更加简单易读。运算符重载能体现面向对象程序设计思想。

另外, 本章还学习一个核心概念: 类型转换函数。一方面, 采用类型转换函数可以简化代码的编写。利用隐式自动类型转换, 可以将原本多个运算符重载函数合并为一个。例如:

```
friend Vector operator + (Vector vec1,Vector vec2);
friend Vector operator + (Vector vec1,double vec2);
friend Vector operator + (double vec1, Vector vec2);
…
```

可以采用下列 2 条语句来替代。

```
Vector(double d);
friend Vector operator + (Vector vec1,Vector vec2);
```

另一方面, 使用隐式的自动类型转换给程序带来了隐患。建议编程时, 尽量多使用显式类型转换。例如 vec3＝vec1＋5.5(隐式转换), 写成 vec3＝vec1＋Vector(5.5) (显式转换)。

练习 15

1. 一个类中的友元函数是否可以声明在类中的 private? 类中声明的友元函数是否有 this 指针?

2. 分析复制构造函数与类型转换构造函数的区别与联系? 总结一下到目前为止学习了哪些类型的构造函数? 各有什么特点?

3. 在运算符重载时, 如何使得重载后运算符在实际运算时, 能符合交换律? 总结一下能用几种方案来实现。

4. 设计一个用于人事管理的 People(人员)类, 具有的属性如下: 姓名 char name[11]、编号 char number[7]、性别 char sex[3]、生日 birthday、身份证号 char id[16]。其中"出生日期"

声明为一个"日期"类内嵌子对象。用成员函数实现对人员信息的录入和显示。要求包括构造函数和析构函数、拷贝构造函数、内联成员函数、运算符重载等。在测试程序中声明。

5. 定义一个 Teacher 类和一个 Student 类,两者有一部分的数据成员是相同的,例如:num,name 和 sex。编写一个程序,将一个 Teacher 类对象转为 Student 类对象,只需将以上3个相同的数据成员移植过去。

6. 编写一个程序,用成员函数重载运算符"＋"和"－"将两个二维数组相加和相减,要求第一个二维数据的值由构造函数来设定,第二个二维数据的值由键盘输入。

7. 修改第 5 题程序,用友元函数重载运算符"＋"和"－"将两个二维数组相加和相减,要求两个二维数据的值都由键盘输入。

8. 分析 15.4 节中"人事管理系统"的程序代码,画出程序设计基本框架,分析该程序使用了本章学习到的哪些知识点。

第16章

继承与派生

面向对象的大型程序设计最重要的技术之一就是代码重用性(software reusability)。C++语言提供了类的继承(inheritance)机制,极大地提高了代码重用性。本章将重点介绍 C++语言的继承与派生技术。C++语言在面向对象程序设计中引入继承机制,使得程序的设计更符合发展规律,即事物的发展是一个从低级到高级的发展过程,类的继承也是反映由原始的简单代码到丰富的复杂代码的过程。它能帮助人们描述事物的层次关系,有效而精确地理解事物。

16.1 继承与派生的概念

类是对某一类事物的属性抽象和描述。例如,可以采用 student 类对"学生"进行描述,可以将其抽象为"学号、姓名、性别……"等属性。然而,在自然界法则中,许多相关事物之间具有一定层次关系。这种层次关系在事物的属性上体现了共性和个性的关系,如图 16.1 所示。"小学生"或"中学生"与"学生"就有一定的层次关系。"学生"属性体现"小学生"和"中学生"的共同属性。而"小学生"和"中学生"还具备自己的个体属性。

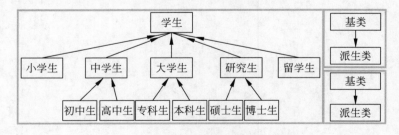

图 16.1 自然界事物层次关系实例

一个类中包含了若干数据成员和成员函数。有时两个类的内容基本相同或部分相同。假设学生类(student)中包含了若干数据成员和成员函数。中学生类(middle_school_student)中包含了类(student)部分的相同成员。如何高效地声明新的类(middle_school_student)呢?这就要使用 C++语言提供的继承机制。

在 C++语言中,所谓"继承"就是在一个已有类的基础上建立一个新类。已有类(例如学生)称为基类(base class)或父类(father class)。新建类(例如中学生等)称为派生类(derived class)或子类(son class)。

　　因此,继承与派生是从两个不同的视角来阐述同一事件。一个新类从已有的类那里获得其已有特性,这称为类的继承。通过继承,一个新建子类从已有的父类那里获得父类的属性。从另一角度说,从已有的类(父类)产生一个新的子类,称为类的派生。派生类继承了基类的所有数据成员和成员函数,同时对成员作必要的增加或修改,即所谓变异。

　　另外,一个基类可以派生出多个派生类,每一个派生类又可以作为基类再派生出新的派生类,例如,"学生"类作为基类,派生"中学生"类;然后,也可以通过"中学生"类作为基类,派生"高中生"类,因此基类和派生类是相对而言的。如图16.1所示,在该图中,介绍的是最简单的情况:一个派生类只从一个基类派生,这称为单继承(single inheritance),这种继承关系所形成的层次是一个树状结构。在本书中约定,箭头表示继承的方向,从派生类指向基类。

　　一个派生类不仅可以从一个基类派生,也可以从多个基类派生。一个派生类有两个或多个基类的称为多重继承(multiple inheritance),这种继承关系所形成的结构如图16.2所示。

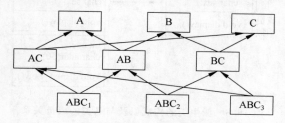

图16.2　多重继承示意图

16.2　派生类的声明

16.2.1　派生类的声明方式

　　如果在已有基类的基础上,通过继承机制,派生一个新的派生类,则这个新的派生类声明一般格式为:

```
class 派生类名: [继承方式] 基类名
{派生类新增加的成员};
```

其中:继承方式包括 public(公用的)、private(私有的)和 protected(受保护的)。此项是可选的,缺省则默认为 private(私有的)。

　　例如,假设已经声明了一个基类 Student。在此基础上,通过单继承建立一个派生类Primary_Student,程序为:

```
class Primary_Student: public Student     //声明基类是 Student
 {public:
  void display_1()                        //新增加的成员函数
  {cout <<"age: "<< age << endl;
   cout <<"address: "<< addr << endl;}
  private:
   int age;                               //新增加的数据成员
   string addr;                           //新增加的数据成员
   };
```

基类名前面有 public 的称为公用继承(public inheritance)。

16.2.2　派生类的遗传和变异

派生类 Primary_Student 中的成员包括从基类 Student 继承过来的成员和自己增加的成员两部分。在基类中包括数据成员和成员函数两部分。因此,派生类分为两部分:一部分是从基类继承来的成员;另一部分是在声明派生类时增加的部分。每一部分均分别包括数据成员和成员函数。派生类的构成以及与基类的成员关系如图 16.3 所示。

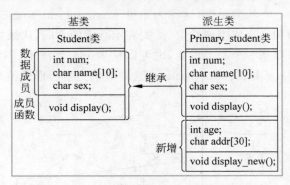

图 16.3　派生类的构成以及与基类的成员关系

从上述实例中可以看出,派生类的成员构成包括以下两部分。

1. 从基类接收成员,即遗传特征

派生类把基类全部的成员(不包括构造函数和析构函数)接收过来,也就是说是没有选择接收。因此,基类选择就特别重要。

但是,在声明派生类时,需要自己定义派生类的构造函数和析构函数,因为构造函数和析构函数是不能从基类继承的。

另外,派生类接收基类成员虽然是程序员不能选择的,但是程序员可以对这些成员的访问属性做某些调整,使得有些成员不可见或者在类内不可访问等。有关这部分的详细内容,在继承方式的学习中再具体介绍。

2. 在声明派生类时增加的成员,即变异特征

用户可以根据新的派生类的需求新增一些类成员,例如图 16.3 中增加 age. addr[]数据成员,体现派生类对基类功能的扩展。因此,一般做法是:先声明一个基类,在此基类中只提供某些最基本的功能,而另外有些功能并未实现,然后在声明派生类时加入某些具体的功能,形成适用于某一特定应用的派生类。可以说:派生类是基类定义的延续。通过对基类声明的延续,将一个基本的基类转化成具体的派生类。

第一部分体现了基类"遗传"特性,第二部分体现了派生类的"变异"特性。大自然就是在"遗传"和"变异"中繁衍出大千世界的形形色色的物种。

16.3　派生类成员的访问属性与继承方式

从 16.2 节中的派生类声明一般格式可以看出,派生类从基类继承的方式有 3 种,分别为public(公用的)、private(私有的)和 protected(受保护的)。这 3 种不同的继承方式决定着派生类中成员的关系和访问属性。

既然派生类中包含基类成员和派生类自己新增的成员，这就产生了这两部分成员的关系及其访问属性的问题。具体包括两种情况：派生类的成员函数访问基类的成员以及在派生类外访问基类的成员。

基类成员在派生类中的访问属性取决两方面因素：派生类的继承方式，以及基类成员所声明的访问属性。具体情况可以归纳为如下3种情况。

1. 公用继承（public inheritance）

基类的公用成员和保护成员在派生类中保持原有访问属性，其私有成员仍为基类私有，在派生类中不可访问。

2. 私有继承（private inheritance）

基类的公用成员和保护成员在派生类中成了私有成员，其私有成员仍为基类私有，在派生类中不可访问。

3. 受保护的继承（protected inheritance）

基类的公用成员和保护成员在派生类中成了保护成员，其私有成员仍为基类私有，在派生类中不可访问。

在此需要补充说明：前面只是介绍了类中成员访问属性 private 和 public。现在介绍第3种类成员访问属性，即 protected。保护成员的访问属性规则是：不能被外界引用，但可以被派生类的成员引用，这一点和 private 相同。但是，从上述3种继承方式来看，protected 与 private 成员访问属性在派生类中的访问属性是不一样的，这也是引入 protected 成员的目的所在。希望读者能深入领会。

表16.1概括了上述3种继承方式在派生类中对基类成员的访问属性的改变。基本规则是：基类的私有成员在派生类，无论是何种继承方式都是"无可访问"。而 public 继承没有改变访问属性，protected 继承后的基类访问属性在派生类都改变为 protected，private 继承后的基类访问属性在派生类都改变为 private。

表 16.1　3种继承方式在派生类中对基类成员的访问属性的变化

基类成员访问控制	继承访问控制	在派生类中的访问控制
public		public
protected	public	protected
private		不可访问
public		protected
protected	protected	protected
private		不可访问
public		private
protected	private	private
private		不可访问

下面结合实例分别深入讨论这3种情况。

16.3.1　公用继承方式

所谓公用继承，是指在定义一个派生类时将基类的继承方式指定为 public。用公用继承方式建立的派生类称为公用派生类（public derived class），其基类称为公用基类（public base class)。

　　基类的公用成员和保护成员在派生类中仍然保持其公用成员和保护成员的属性,而基类的私有成员在派生类中并没有成为派生类的私有成员,成为不可访问成员。也就是说:在派生类中,只有从基类继承来的成员函数可以引用它,而不能被派生类的新增成员函数引用,因此就成为派生类中的不可访问的成员。公用基类的成员在派生类中的访问属性如表 16.2 所示。

表 16.2　公用基类在派生类中的访问属性

公用基类的成员	在公用派生类中的访问属性
私有成员	不可访问
公用成员	公用
保护成员	保护

例 16.1　公用继承方式。分析下列程序,领会派生类的访问属性。

```cpp
# include < iostream >
# include < string >
using namespace std;

class Employee
{
public :                              //基类公用成员
    void get_value()
    {
        cin >> num >> name >> sex;
    }
    void show()
    {
        cout <<" num: "<< num << endl;
        cout <<" name: "<< name << endl;
        cout <<" sex: "<< sex << endl;
    }
private:                              //基类私有成员
    int num;
protected:                            //基类保护成员
    string name;
public:
    char sex;
};

class Intern: public Employee        //以 public 方式声明派生类
{
public:
    void display()                    //派生类新增成员函数
    {
        //cout <<" num: "<< num << endl;   //引用基类的私有成员,错误
        cout <<" name: "<< name << endl;   //引用基类的保护成员,正确
        cout <<" sex: "<< sex << endl;     //引用基类的公用成员,正确
        cout <<" age: "<< age << endl;     //引用派生类的新增私有成员,正确
        cout <<" address: "<< addr << endl; //引用派生类的新增公用成员,正确
```

```
    }
private:
    int age;
public:
    string addr;
};

int main()
{
    Intern stud;                  //定义派生类的对象 stud
    //stud. num = 12;             //在类外引用基类的私有成员,错误
    //stud. name = "yfh";         //在类外引用基类的保护成员,错误
    stud.show();                  //在类外引用基类的公用成员函数,正确
    stud.display();               //在类外引用派生类公用成员函数,正确
    return 0;
}
```

由于基类的私有成员对派生类来说是不可访问的,因此在派生类的 display()函数中直接引用基类的私有数据成员 num 是不允许的,只能通过基类的公用成员函数 show()来引用基类的私有数据成员。但直接引用基类的保护数据成员 name 和公用数据成员 sex 是允许的。因此,在 main 函数中可以分别调用基类的 show 函数和派生类中的 display 函数,先后输出 5 个数据。

另外,还可以在派生类的 display 函数中调用基类的 show 函数。这样在主函数中只要写一行:

```
stud.display();
```

即可输出上面数据。

16.3.2 私有继承方式

所谓私有继承方式,是指在声明一个派生类时将基类的继承方式指定为 private 的。用私有继承方式建立的派生类称为私有派生类(private derived class),其基类称为私有基类(private base class)。私有继承时,基类的公用成员和保护成员在派生类中的访问属性相当于派生类中的私有成员,即派生类的成员函数能访问它们,而在派生类外不能访问它们。而基类的私有成员在派生类中对于派生类新增成员不可访问,但派生类中从基类继承来的成员函数可以引用它们。私有继承方式的基类成员在派生类中的访问属性如表 16.3 所示。

表 16.3 私有继承方式的基类成员在派生类中的访问属性

私有基类的成员	在私有派生类中的访问属性
私有成员	不可访问
公用成员	私有
保护成员	私有

派生类的私有继承方式表示将基类原来能被外界引用的成员隐藏起来,不让外界引用。因此,基类的公用成员和保护成员理所当然地成为派生类中的私有成员。而基类的私有成员按规定只能被基类的成员函数引用。它们在派生类中是隐蔽的,不可访问的。根据私有继承方式的特点,对于不需要再往下继承的类的功能可以用私有继承方式把它隐蔽起来,这样,下

一层的派生类无法访问它的任何成员。

例 16.2 将例 16.1 中的公用继承方式改为用私有继承方式（基类 Employee 不改），分析派生类 Intern 的成员访问属性。

```
# include < iostream >
# include < string >
using namespace std;

class Employee
{
public :                              //基类公用成员
    void get_value()
    {
        cin >> num >> name >> sex;
    }
    void show()
    {
        cout <<" num: "<< num << endl;
        cout <<" name: "<< name << endl;
        cout <<" sex: "<< sex << endl;
    }
private :                             //基类私有成员
    int num;
protected :                           //基类保护成员
    string name;
public :
    char sex;
};

class Intern: private Employee       //以 public 方式声明派生类
{
public:
    void display()                   //派生类新增成员函数
    {
        //cout <<" num: "<< num << endl;      //引用基类的私有成员,错误
        cout <<" name: "<< name << endl;      //引用基类的保护成员,正确
        cout <<" sex: "<< sex << endl;        //引用基类的公用成员,正确
        cout <<"age: "<< age << endl;         //引用派生类的私有成员,正确
        cout <<"address: "<< addr << endl;    //引用派生类的私有成员,正确
    }
private:
    int age;
public:
    string addr;
};

int main()
{
    Intern stud1;                    //定义派生类的对象 stud
    //stud1. num = 12;               //在类外引用基类的私有成员,错误
    //stud1. name = "yfh";           //在类外引用基类的保护成员,错误
```

```
//stud1.show();                //私有基类公用成员在派生类中是私有,错误
stud1.display();               //Display 在 Intern 类是公有,正确
//stud1.age = 18;              //外界不能引用派生类的私有成员,错误
return 0;
}
```

通过分析上述程序,可以进一步熟悉私有继承方式的访问规则:

(1)不能通过派生类对象(如 stud1)引用从私有基类继承过来的任何成员(如 stud1.show()或 stud1.num。

(2)派生类的成员函数不能访问私有基类的私有成员,但可以访问私有基类的公用成员和保护成员。

16.3.3 保护成员和保护继承

1. 类的保护成员

在前面介绍类的声明方法时,只是重点介绍两种成员访问属性。其实还有第 3 种成员访问属性,即 protected(保护)。类中的成员访问属性声明为"受保护",则简称"保护成员"。

从类成员的访问属性角度来看,保护成员等价于私有成员。只能在类内访问,不能在类外访问(通过对象来访问)。

但从派生类的继承属性角度来看,保护成员完全不同于私有成员。因为基类的保护成员可以被派生类的成员函数引用。但基类的私有成员,在任何派生类中都是不能访问的(不可见)。

2. 保护继承方式

所谓保护继承方式,是指在定义一个派生类时将基类的继承方式指定为 protected 的。用保护继承方式建立的派生类称为保护派生类(protected derived class),其基类称为保护基类(protected base class)。

保护继承的特点是保护基类的公用成员和保护成员在派生类中都成了保护成员,其私有成员仍为基类私有,在派生类中变成不可见(不可访问)。也就是把基类原有的公用成员也保护起来,只能在派生类内访问,不让类外通过对象来访问。

比较一下私有继承和保护继承(也就是比较在私有派生类中和在保护派生类中的访问属性)可以发现,在直接派生类中,以上两种继承方式的作用实际上是相同的,即在类外不能访问任何成员,而在派生类中可以通过成员函数访问基类中的公用成员和保护成员。但是如果继续派生,在新的派生类中,两种继承方式的作用就不同了。例如,如果以公用继承方式派生出一个新派生类,原来私有基类中的成员在新派生类中都成为不可访问的成员,无论在派生类内或类外都不能访问,而原来保护基类中的公用成员和保护成员在新派生类中为保护成员;可以被新派生类的成员函数访问。

如果善于利用保护成员,可以在类的层次结构中找到数据共享与成员隐蔽之间的结合点。既可实现某些成员的隐蔽,又可方便地继承,还能实现代码重用与扩充,如表 16.4 所示。

表 16.4　保护继承方式的基类成员在派生类中的访问属性

保护基类的成员	在保护派生类中的访问属性
私有成员	不可访问
公用成员	保护
保护成员	保护

下面通过一个例子说明保护成员和保护继承方式的应用方法。

例 16.3 基类的保护成员和派生类的保护继承的应用方式举例。

```cpp
# include < iostream >
# include < string >
using namespace std;

class Employee
{
public:                              //基类公用成员
    void show()
    {
        cout <<" num: "<< num << endl;
        cout <<" name: "<< name << endl;
        cout <<" sex: "<< sex << endl;
    }
protected:                           //基类保护成员
    void show();
    int num;
    string name;
private:
    char sex;
};

class Intern: protected Employee     //以 public 方式声明派生类
{
public:
    void display()                   //派生类新增成员函数
    {
        cout <<"num: "<< num << endl;       //引用基类的保护成员,合法
        cout <<"name: "<< name << endl;     //引用基类的保护成员,合法
        //cout <<"sex: "<< sex << endl;     //引用基类的私有成员,错误
        cout <<"age: "<< age << endl;       //引用派生类的私有成员,合法
        cout <<"address: "<< addr << endl;  //引用派生类的私有成员,合法

    }
private:
    int age;
    string addr;
};

int main()
{
    Intern stud1;                    //定义派生类的对象 stud
    stud1.display();                 //类外访问派生类中的公用成员函数,合法
    //stud1.show();                  //外界不能访问基类的保护成员,错误
    return 0;
}
```

通过分析例 16.3,可以得出如下结论:

(1)基类的保护成员和私有成员不同之处在于:把保护成员的访问范围扩展到派生类

中。因此,在派生类的成员函数中引用基类的保护成员 num 和 name 是合法的,引用基类的私有成员 sex 是非法的。

（2）基类的保护成员和公用成员不同之处在于:通过公用继承方式时不能通过派生类对象名去访问基类的保护成员,但可以访问基类的公用成员。

综上所述,通过对上述 3 种继承方式的学习,可以总结如下规则,基类的成员只有 3 种访问属性,但在派生类中的成员其实有 4 种不同的访问属性。

（1）public(派生类内和派生类外都可以访问)。

（2）protected(派生类内可以访问,派生类外不能访问,其下一层的派生类也可以访问)。

（3）private(派生类内可以访问,派生类外不能访问)。

（4）不可见(派生类内和派生类外都不能访问)。

16.3.4　使用 using 声明来改变基类成员在派生类中的访问属性

按照上面介绍派生类的 3 种继承方式,基类 3 种不同访问属性的成员在派生类访问方式就不同了。如果在派生类声明中使用如下形式可改变语用属性:

using 基类::成员

通过 using 声明来改变属性的规则如下:

（1）在基类中的 private 成员,不能在派生类中任何地方用 using 声明。

（2）在基类中的 protected 成员和 public 成员,可以在派生类中任何地方用 using 声明,可以将该成员的访问属性在派生类中改为相应的 public,protected 和 private 等。

例 16.4　基类中的公有成员在私有继承后,在派生类中将其属性改为公有的方法。

```cpp
#include <iostream>
using namespace std;

class CAnimal
{
public:
    CAnimal(float iWeight = 50)
    {m_fWeight = iWeight;}
    float GetWeight();
private:
    float m_fWeight;
};

float CAnimal::GetWeight()
{
    return m_fWeight;
}

class CPig:private CAnimal
{
public:
    using CAnimal::GetWeight;            //私有访问属性公有化
    float GetPorkWeight();
    CPig(float iPorkWeight = 30)
```

```
    {m_fPorkWeight = iPorkWeight;}
private:
    float m_fPorkWeight;
};

float CPig::GetPorkWeight()
{
    return m_fPorkWeight;
}

void main(void)
{
    CPig apig;
    cout << apig.GetWeight()<< endl;
    cout << apig.GetPorkWeight()<< endl;
}
```

16.4　派生类的构造函数和析构函数

前面介绍过,基类的构造函数无法继承。而且,用户在声明类时没有定义构造函数,系统会自动产生默认构造函数,构建对象时会自动调用这个默认构造函数。

如果用户需要定义派生类的构造函数,又该如何定义呢?派生类构造函数不仅要对派生类新增的数据成员进行初始化,还要对基类的数据成员进行初始化。而且,派生类的继承方式不同,其构造函数的定义方法有所不同。下面按照不同的继承方式分别介绍派生类构造函数的定义方法。

16.4.1　单继承的派生类构造函数

任何派生类都都必须继承基类成员(构造和析构函数除外),而且派生类的数据成员中不包含基类的对象(即子对象)。这种情况下的派生类构造函数定义的一般格式为:

派生类构造函数名(总参数表列):基类构造函数名(参数表列){派生类中新增数据成员初始化语句}

对比分析发现:派生类构造函数对基类成员初始化,是采用初始化表方式来调用基类构造函数。

例 16.5　单继承的派生类构造函数应用举例。

```
# include < iostream >
# include < string >
using namespace std;

class Employee
{
    public:
        Employee( int n, string nam, char s)        //基类构造函数
        {
            num = n;
            na  = nam;
            sex = s;
```

```
        }
        ~Employee(){ }                          //基类析构函数
    protected:
        int num;
        string na;
        char sex;
};

class Intern: public Employee                   //声明公用派生类
{
public:
    Intern(int n,string nam,char s,int a,string ad):Employee(n,nam,s)//派生类构造函数,通过初
                                                    //始化表调用基类构造函数
    {
        age = a;                                //在函数体中只对派生类新增的数据成员初始化
        addr = ad;
    }
    void display()
    {
        cout <<"num: "<< num << endl;
        cout <<"name: "<< na << endl;
        cout <<"sex: "<< sex << endl;
        cout <<"age: "<< age << endl;
        cout <<"address: "<< addr << endl << endl;
    }
    ~Intern(){}                                 //派生类析构函数
private:
    int age;
    string addr;
};

int main()
{
    Intern stud1(6688,"Zhang li",'f',18,"100 Tsinghua Road,Beijing");
    Intern stud2(6699,"Li gan",'m', 20,"110 Chengfui Road,Beijing");
    stud1.display();                            //显示对象 stud1 的数据
    stud2.display();                            //显示对象 stud2 的数据
    return 0;
}
```

通过分析上述程序,可以总结出如下几点规则。

(1) 构造函数的参数传递过程。派生类在构造对象时来完成实参到形参数的传递。在main()函数中,建立对象 stud1 时指定了 5 个实参。这 5 个实际参数按顺序传递给派生类构造函数 Intern 的形参,再由派生类构造函数将前面 3 个实参传递给基类构造函数相对应的形参。

(2) 派生类构造函数的声明与定义分离。虽然上面的程序实例中,派生类构造函数的声明和定义都在类内完成的,但也可以在类内声明,在类外面定义。

类中声明构造函数形式为:

```
Intern(int n, string nam, char s, int a, string ad);
```

注意：在类中对派生类构造函数作声明时，不需要列出基类构造函数名及其参数表列。

类外定义派生类构造函数形式为：

```
Intern::Intern(int n,string nam,char s,int a,string ad):Employee(n,nam,s)
{age = a;
addr = ad; }
```

(3) 基类构造函数的直接调用。调用基类构造函数时可直接使用常量或全局变量。例如，派生类构造函数首行可以写成以下形式：

```
Intern(string nam,char s,int a,string ad): Employee(6688,nam,s)
```

上述基类构造函数 3 个实参中，有一个参数是常量(6688)，另外两个从派生类构造函数传递过来。

请读者考虑，是否可以将例 16.5 中派生类的基类构造函数的定义形式改写为：

```
Intern(int n, string nam, char s,int a, string ad):Employee(n,nam,s),age(a),addr(ad){}
```

(4) 派生类在构建对象时，构造函数的顺序是：①先调用基类构造函数；②再执行派生类构造函数本身(即派生类构造函数的函数体)。对上例来说，先初始化 num，name，sex，然后再初始化 age 和 addr。

(5) 派生类在析构对象时，先执行派生类析构函数～Intern()，再执行其基类析构函数～Employee()。

16.4.2　内嵌子对象的派生类的构造函数

类的数据成员中还可以包含类对象，即类对象中的内嵌对象，称为子对象(sub-object)。包含子对象的派生类的构造函数的初始化包括 3 部分：

(1) 对基类数据成员初始化。

(2) 对子对象数据成员初始化。

(3) 对派生类新增数据成员初始化。

派生类构造函数的一般格式为：

派生类构造函数名(总参数表列): 基类构造函数名(参数表列),子对象名(参数表列){派生类中新增数据成员初始化语句}

其中：派生类构造函数的总参数表列中的参数，应当包括基类构造函数和子对象的参数表列中的参数。

执行顺序如下：

(1) 通过调用基类构造函数来对基类数据成员初始化。

(2) 通过调用子对象构造函数来对子对象数据成员初始化。

(3) 再通过执行派生类构造函数本身来对派生类新增数据成员初始化。

下面介绍程序实例来说明包含子对象派生类的构造函数的定义方法。

例 16.6　包含子对象的派生类的构造函数应用举例。

为了简化程序以易于阅读，这里设基类 Employee 的数据成员只有两个，即 num 和 name。

```
# include < iostream >
# include < string >
```

```cpp
using namespace std;

class Employee
{
public:
    Employee(int n, string nam)                    //基类构造函数
    {
        num = n;
        na = nam;
    }
    void display()
    {cout <<"num:"<< num << endl <<"name:"<< na << endl;}
protected:
    int num;
    string na;
};

class Intern: public Employee                      //声明公用派生类
{
public:
    Intern(int n, string nam, int n1, string nam1, int a, string ad): Employee(n, nam), mentor(n1,
nam1)                                              //派生类构造函数
    {
        age = a;
        addr = ad;
    }
    void show()
    {
        cout <<"This employee is:"<< endl;
        display();
        cout <<"age: "<< age << endl;
        cout <<"address: "<< addr << endl << endl;
    }
    void show_mentor()                             //成员函数输出子对象
    {
        cout << endl <<"Mentor is:"<< endl;
        mentor.display();                          //调用基类成员函数
    }
private:
    Employee mentor;                               //定义子对象
    int age;
    string addr;
};

int main()
{
    Intern stud1(6688,"Wang - li",6699,"Li - sun",19,"115 Beijing Road,Shanghai");
    stud1.show();
    stud1.show_mentor();                           //输出子对象的数据
    return 0;
}
```

在上面的派生类构造函数中有 6 个形参,前两个形参作为基类构造函数的参数,第 3 个和第 4 个形参作为子对象构造函数的参数,第 5 个和第 6 个形参是用作派生类新增数据成员初始化的。这些参数的传递是按照相应的参数名称(而不是根据参数的顺序)来确立它们的传递关系的。因此,基类构造函数和子对象的次序可以是任意的(只是习惯上一般先写基类构造函数)。上面的派生类构造函数首部可以写成如下形式:

```
Intern(int n, string nam,int n1, string nam1,int a, string ad): mentor(n1,nam1),Student(n,nam);
```

16.4.3　多级派生类的构造函数

一个类不仅可以派生出一个派生类,而且派生类还可以还做基类继续派生,形成派生类的多级结构。

多级派生类的构造函数一般形式为:

构造函数(参数总表): 直接基类构造函数

下面通过实例来介绍多级派生类的构造函数的定义方法。

例 16.7　多级派生类的构造函数。

```cpp
# include < iostream >
# include < string >
using namespace std;

class Employee
{
public:
    Employee(int n, string nam)               //基类构造函数
    {
        num = n;
        name = nam;
    }
    void display()
    {
        cout <<"num:"<< num << endl;
        cout <<"name:"<< name << endl;
    }
protected:
    int num;
    string name;
};

class Intern: public Employee                 //声明公用派生类
{
public:
Intern( int n, string nam, int a):Employee(n,nam)  //派生类构造函数
    {age = a; }                               //在此处只对派生类新增的数据成员初始化
    void show()
    {
        display();
        cout <<"age: "<< age << endl;
```

```
        }
    private :
        int age;                                //增加一个数据成员
};

class Female_Intern :public Intern            //声明间接公用派生类
{
public:
    Female_Intern( int n, string nam, int a, int s) :Intern(n, nam, a){score = s; }
    void show_all()                           //输出全部数据成员
    {
        show();
        cout <<"score:"<< score << endl;
    }
private:
    int score;                                //增加一个数据成员
};

int main()
{
    Female_Intern stud(6688,"Li",19,99);
    stud. show_all();                         //输出全部数据
    return 0;
}
```

程序的运行结果为：

```
num:6688
name:Li
age:19
score:99
```

例16.7中的二级派生关系为：Employee 是 Intern 的直接基类，Intern 是 Employee 的直接派生类；Intern 是 Female_Intern 的直接基类，Female_Intern 是 Intern 直接派生类；Employee 是 Female_Intern 的间接基类，Intern 是 Employee 的间接派生类。

分析上述程序的执行过程可以知道：在声明 Female_Intern 类对象时，调用 Female_Intern 构造函数；在执行 Female_Intern 构造函数时，先调用 Intern 构造函数；在执行 Intern 构造函数时，先调用基类 Employee 构造函数。

因此，Female_Intern 类在构建对象时的初始化顺序如下：

（1）先初始化基类的数据成员 num 和 name。

（2）再初始化 Intern 的数据成员 age。

（3）最后再初始化 Female_Intern 的数据成员 score。

16.4.4 派生类构造函数的定义规则总结

除了上述规则之外，在定义派生类构造函数时，有以下几点规则需要注意：

（1）当派生类新增的成员不需要初始化时，派生类构造函数的函数体可以为空，即构造函数是空函数。此派生类构造函数的主要功能只是将参数传递给基类和子对象的构造函数，并调用基类构造函数和子对象构造函数，该用法常见于实际编程中。

　　（2）如果在基类（子对象类型）中没有定义构造函数，或者是定义了无参构造函数，那么在定义派生类构造函数时可不写基类（子对象）构造函数。因为此时派生类构造函数没有向基类（子对象）构造函数传递参数的任务。此时系统会自动调用它们的默认构造函数。而且，如果此时也不需对派生类自己的数据成员初始化，则不必显式地定义派生类构造函数。在建立派生类对象时，系统会自动调用系统提供的派生类的默认构造函数，还会调用基类的默认构造函数和子对象类型默认构造函数。

　　（3）相反，如果在基类或子对象类型的声明中定义了带参数的构造函数，那么就必须显式地定义派生类构造函数。

　　（4）如果在基类中既定义无参的构造函数，又定义了有参的构造函数，则在定义派生类构造函数时，既可以包含基类构造函数及其参数，也可以不包含基类构造函数。派生类构造函数调用时，根据构造函数的内容决定调用基类哪种构造函数。

16.4.5　派生类的析构函数

　　派生类也不能继承基类的析构函数。因此，在派生类中，还需要定义析构函数。派生类的析构函数主要功能体现为：①根据需要对派生类中所增加的成员进行清理工作；②调用基类和子对象的析构函数，对基类和子对象的数据成员进行析构。

　　派生类的析构函数执行顺序为：①执行派生类自己的析构函数，对派生类新增加的成员进行清理；②调用子对象的析构函数，对子对象进行清理；③调用基类的析构函数，对基类进行清理。

16.5　多重继承与虚基类

　　所谓多继承（multiple inheritance）是指一个派生类有两个或多个基类，派生类从两个或多个基类中继承所需的属性。C++语言提供了多继承机制。多继承机制下的派生类一般声明格式为：

```
class D:public A, private B, protected C        //假设已声明了类 A,B 和 C
{类 D 新增加的成员}
```

　　D 是多重继承的派生类，它以公用继承方式继承 A 类，以私有继承方式继承 B 类，以保护继承方式继承 C 类。D 按不同的继承方式的规则继承 A，B，C 的属性，确定各基类的成员在派生类中的访问权限。图 16.4 是一种典型的多继承关系。

　　根据图 16.5 选取其中的一种关系来说明多重继承的派生类声明方法。TempSalesman 类是 Temporary 类和 Salesman 类的共同派生的，其声明方法可以用图 16.5 所示。

16.5.1　多重派生类构造函数的定义方法

　　从图 16.5 可以看出，多重继承派生类的构造函数形式与单继承时的构造函数形式基本相同，只是在初始表中包含多个基类构造函数。其声明一般格式为：

```
派生类构造函数名(总参数表列)：基类 1 构造函数(参数表列)，基类 2 构造函数(参数表列)，基类 3 构
造函数(参数表列)
{派生类中新增数据成员初始化语句}
```

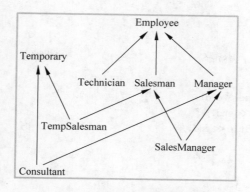

图 16.4 一种典型的多继承关系

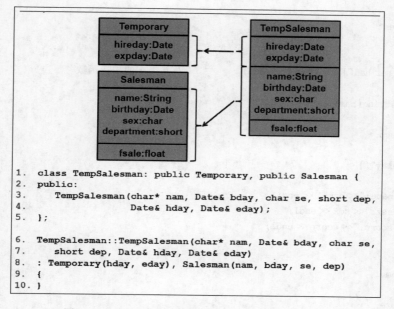

图 16.5 多重派生类的 TempSalesman 类声明方法

各基类的排列顺序任意。派生类构造函数的执行顺序同样为：先调用基类的构造函数,再执行派生类构造函数的函数体。调用基类构造函数的顺序是按照声明派生类时基类出现的顺序。

下面通过一个完整的程序来说明多重派生类的声明以及构造函数的基本方法。

例 16.8 声明一个教师(Teacher)类和一个学生(Student)类,用多重继承的方式声明一个研究生(Graduate_Student)派生类。

```
# include < iostream >
# include < string >
using namespace std;

class teacher                            //基类 1
{
public:
teacher(string nam, int old, string adr)   //构造函数
{
    name = nam;
```

```
        age = old;
        title = adr;
    }
    void display()
    {
        cout <<"name:"<< name << endl;
        cout <<"age:"<< age << endl;
        cout <<"title:"<< title << endl;
    }
protected:
    string name;
    int age;
    string title;
};
class student                                    //基类 2
{
public:
    student(char nam[],char s,float sco)         //基类 2 的构造函数
    {
        name1 = string(nam);
        sex = s;
        score = sco;
    }
    void display1()
    {
        cout <<"name:"<< name1 << endl;
        cout <<"sex:"<< sex << endl;
        cout <<"score:"<< score << endl;
    }
protected:
    string name1;
    char sex;
    float score;
};
class graduate_Student: public teacher, public student   //以公有的方式分别从 teacher 和 student
                                                         //继承
{
public:
    graduate_Student(string nam,int old,char s,string adr,float sco,float w):
        teacher(nam,old,adr),student(nam,s,sco), pay (w)
        {
        }
        void display2()
        {
        cout <<"name:"<< name << endl;
        cout <<"age:"<< age << endl;
        cout <<"sex:"<< sex << endl;
        cout <<"score:"<< score << endl;
        cout <<"title:"<< title << endl;
        cout <<" pay:"<< pay << endl;
        }
private:
```

```
  float pay;
};
```

分析上述程序实例，需要特别注意如下问题：多重继承中的重复数据成员的问题。在两个基类中分别用 name 和 name1 来代表姓名，其实这是同一个人的名字，从 Graduate_Student 类的构造函数中可以看到总参数表中的参数 nam 分别传递给两个基类的构造函数作为基类构造函数的实参。如何解决问题，请读者思考，后面章节将进行深入介绍。

16.5.2 多重继承中同名数据引起的二义性问题

多重继承可以反映现实生活中的情况，能够有效地处理一些较复杂的问题，使编写程序具有灵活性，但是多重继承也引起了一些值得注意的问题。它增加了程序的复杂度，使程序的编写和维护变得相对困难，容易出错。其中最常见的问题就是继承的成员同名而产生的二义性(ambiguous)问题。

假设类 A 和类 B 中都有成员函数 display 和数据成员 a，类 C 是类 A 和类 B 的直接派生类。3 个类的关系如图 16.6 所示。A，B，C 3 个类的声明代码如例 16.9 所示。

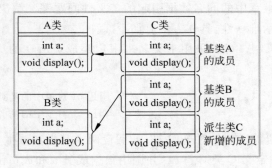

图 16.6　多重继承中同名问题

例 16.9　多重继承中的同名问题举例。

```
class A
{
public:
    int a;
    void display();
};


class B
{
public:
    int a;
    void display();
};


class C :public A,public B
{
public :
```

```
        int a;
        void display();
};

int main()
{
    C c1;
    //c1.a = 5;                                //引用 c1 对象中的数据成员 a,错误
    //c1.display();                            //引用 c1 对象中的成员函数 display(),错误
    return 0;
}
```

上述程序在编译时会出错。因为基类 A 和基类 B 都有数据成员 a 和成员函数 display,而且 C 增加新成员 display()和 a;编译系统无法判别要访问的是哪一基类的成员。这就是多重继承中的同名成员引起的二义性问题。

提问:假设构建 C 类对象 C1,则 C1 的同名成员的存储空间如何分配? 为什么?

那么如何解决多重继承中的同名数据引起的二义性问题呢? 解决二义性问题的根本措施是保证派生类成员的表示唯一性,具体方法有如下 3 种。

(1) 基类名的限定机制。可以采用基类名来限定类成员所在的类,实现成员名表示唯一性。例如:

```
c1.A::a = 53;                                //引用 c1 对象中的基类 A 的数据成员 a
c1.A::display();                             //调用 c1 对象中的基类 A 的成员函数 display
```

(2) 派生类的同名覆盖机制。对于例 16.9,假设两个基类和派生类三者都有同名成员。如果在 main 函数中定义 C 类对象 c1,并调用数据成员 a 和成员函数 display。即:

```
c1.a = 5; c1.display();
```

此时程序能通过编译,也可正常运行。

因为,C++语言引入了同名覆盖机制,当派生类新增的成员与基类成员同名时,则基类的同名成员在派生类中被屏蔽,成为"不可见"的,或者说,派生类新增加的同名成员覆盖了基类中的同名成员。因此:

```
c1.a = 5; c1.display();
```

这两条语句访问的是派生类 C 中的新增成员,即派生类优先使用原则。

需要特别注意:不同的成员函数,只有在函数名和参数个数相同、类型相匹配的情况下才发生同名覆盖。如果只有函数名相同而参数不同,不会发生同名覆盖,而属于函数重载。

(3) 虚基类机制。解决多重继承中的同名成员引入的二义性问题,C++语言还提供了一种非常普遍使用的机制,即虚基类机制。有关虚基类的概念,将在 16.5.3 节中具体介绍。

16.5.3　虚基类

在学习虚基类之前,先通过程序实例引入一种常见的多重继承中同名问题。

假设基类 A 派生了类 B 和类 C,然后,类 C 和类 B 又共同派生类 D,这样,派生了类 B 和类 C 都包含有类 A 的成员。这样类 B 和类 C 派生类 D 时,就有两套同名成员,如图 16.7 所示。

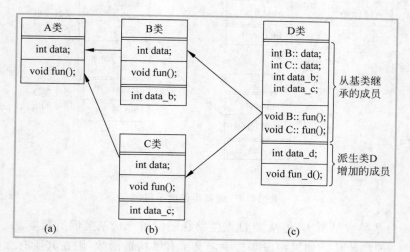

图 16.7 多重继承的二义性问题

当然,解决派生类 D 中重名二义性问题,可以使用基类限定符和同名覆盖机制来实现。但这种情况下,更多使用的是虚基类机制。

所谓虚基类机制是指 C++语言提供 virtual base class 方法,使得在继承相同间接基类时只保留一份成员,即同名成员在内存中只有一份拷贝。

声明虚基类的一般形式为:

class 派生类名: virtual 继承方式 基类名

例如,对于图 16.7 中的多重继承的二义性问题。如果采用如下的虚基类派生声明方法,就可以解决。

现在,将类 A 声明为虚基类,方法如下:

```
class A                              //声明基类 A
{ … };
class B: virtual public A            //声明类 B 是类 A 的公用派生类,A 是 B 的虚基类
{ … };
class C: virtual public A            //声明类 C 是类 A 的公用派生类,A 是 C 的虚基类
{ … };
class D: public B, public C
{ … };
```

按照上述虚基类的继承机制,派生类 D 就不会出现两套同名的成员,如图 16.8 所示。

在理解虚基类时,需要关注如下几点:

(1) 虚基类不是在声明基类时声明的,而是在声明派生类时声明的。因此,对于一个基类来说,可以在生成这个派生类时作为虚基类,而在生成另个派生类时不作为虚基类。

(2) 为了保证虚基类在派生类中只有一次副本,应当在该基类的所有直接派生类中声明为虚基类,否则有可能会出现对基类的多次继承。例如,假设在派生类 B 和 C 中将类 A 声明为虚基类,而在派生类 D 中没有将类 A 声明为虚基类。在派生类 E 中,虽然从类 B 和 C 派生

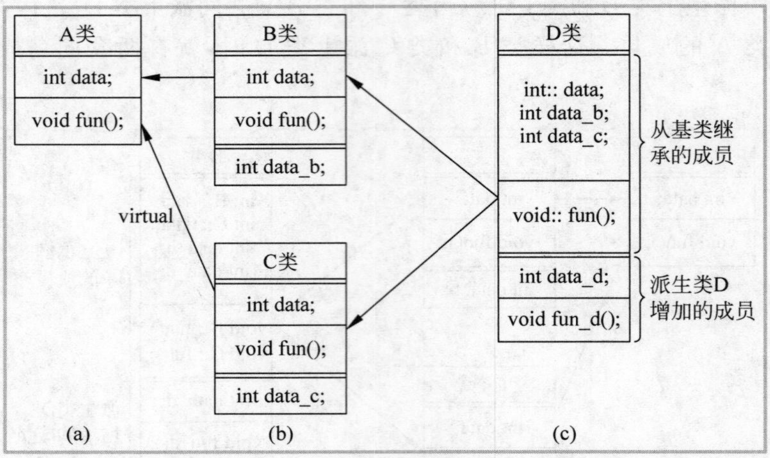

图 16.8　虚基类的继承机制

路径只保留一份基类成员副本,但从类 D 派生路径还保留一份基类成员副本。

（3）虚基类的初始化。如果在虚基类中定义了有参构造函数,则在其所有派生类(包括直接或间接派生类)中,使用构造函数的初始化表来初始化虚基类。而且构造函数的使用方法与以往不同,即要求在最后的派生类中不仅要对其直接基类进行初始化,还要对虚基类初始化。例如,上述实例中类 D 的构造函数定义形式为:

```
D(int n):A(n),B(n),C(n){}
```

注意：在执行时,C++编译系统只执行最后的派生类对虚基类构造函数的调用,而忽略其他派生类(如类 B 和类 C)对虚基类构造函数的调用,以此来确保虚基类只初始化一次。

下面通过一个完整的例子来说明虚基类的应用方法。

例 16.10　虚基类的应用示例。

```cpp
# include < iostream >
# include < string >
using namespace std;

class Person                              //声明公共基类 Person
{
public:
    Person(string nam,char s,int a)       //构造函数
    {name = nam;sex = s;age = a;}
protected:
    string name;
    char sex;
    int age;
};

class Teacher:virtual public Person       //声明 Person 为公用继承虚基类
{
public:
    Teacher(string nam,char s,int a, string t):Person(nam,s,a)   //构造函数
    {title = t;}
```

```
protected:
    string title;
};

class Student:virtual public Person              //声明 Person 为公用继承虚基类
{
public:
Student(string nam,char s,int a,float sco):Person(nam,s,a),score(sco){}    //构造函数
protected:
    float score;
};

class Graduate:public Teacher, public Student    //Teacher 和 Student 为直接基类
{
public:
    Graduate(string nam,char s,int a, string t,float sco,float w):Person(nam,s,a), Teacher(nam,
    s,a,t), Student(nam,s,a,sco), pay(w){}        //构造函数
    void display()
    {
        cout <<"name:"<< name << endl;
        cout <<"age:"<< age << endl;
        cout <<"sex:"<< sex << endl;
        cout <<"score:"<< score << endl;
        cout <<"title:"<< title << endl;
        cout <<"wages:"<< pay << endl;
    }
private:
    float pay;
};

int main()
{
    Graduate grad1("Wang-li",'f',24,"assistant",89.5,1234.5);
    grad1. display();
    return 0;
}
```

程序的运行结果为：

```
name: Wang-li
age:24
sex:f
score:89.5
title:assistant
pay:1234.5
```

从上述程序可以看到：通过 grad1. display()的函数体可以唯一地访问 Person 类中的 name,sex 和 age 3 个数据成员。虚基类机制能很好地解决多重继承中同名成员的二义性问题。

为了进一步说明虚基类在继承和派生中的特点,即基类成员的唯一性问题。下面给出了例 16.11,在程序中,类 B 和类 C 分别以虚基类的继承方式从基类 A 派生而成,然后,又以类 B

和类 C 为基类,派生了类 D。在主函数中,类 D 构建了一个对象 objD。

　　例 16.11　虚基类的使用。

```
# include < iostream >
using namespace std;

class A
{
public:
    A(void)
    {a = 10;}
void Func(void)
    {cout <<"Func of A"<< endl;}
protected:
    int a;
};

class B: virtual public A
{
public:
    B(void)
    {
        a += 10;
        cout <<"Ba = "<< a <<'\n';
    }
};

class C: virtual public A
{
public:
    C(void)
    {
        a += 10;
        cout <<"Ba = "<< a <<'\n';
    }
};

class D: B, C
{
public:
    D(void)
    {
        cout <<"a = "<< a << endl;
    }
};

 void main()
{
    D objD;
}
```

程序的运行结果为:

```
Ba = 20
Ba = 30
a = 30
```

上述程序在构建对象 objD 时,自动调用类 D 的构造函数。然而,类 D 的构造函数执行顺序是先执行类 A 的构造函数,然后是类 B 和类 C 的构造函数,最后执行类 D 的构造函数函数体。在分析上述实例时,注意以下几点:

(1) 派生类的构造函数执行顺序。

(2) 派生类的构造函数声明方法,在基类为无参构造函数时,可以不必在派生类的构造函数中显式调用,但会隐含自动调用。

(3) 虚基类在派生类 D 对象只有一份成员拷贝,因此,类 B 和类 C 的构造函数的修改都是针对一个变量来操作的。

建议:不提倡在程序中使用多重继承,只有在不易出现二义性时或实在必要时才使用多重继承,许多多重继承问题可以采用单一继承解决。因此,现在有些面向对象的程序设计语言(如 Java)不支持多重继承。

另外,分析派生类构造函数执行顺序时,需要重点关注虚基类和非虚基类构造函数的自动调用顺序,基本规则如下:

(1) 虚基类的构造函数在非虚基类之前调用。

(2) 同一层包含多个虚基类,则按声明顺序调用。

(3) 若虚基类由非虚基类派生而来,则要先调用更高级别的基类构造函数,再遵循(1)和(2)的顺序。

下面通过例 16.12 来说明虚基类的构造函数自动调用顺序。

例 16.12 虚基类和非虚基类的构造函数自动调用顺序。

```cpp
# include < iostream >
using namespace std;

class Base1
{
public:
    Base1(void)
    {cout <<"class Base1"<< endl;}
};

class Base2
{
public:
    Base2(void)
    {cout <<"class Base2"<< endl;}
};

class Level1 : public Base2, virtual public Base1
{
public:
    Level1(void)
    {cout <<"class Level1"<< endl;}
};
```

```
class Level2: public Base2, virtual public Base1
{
public:
    Level2(void)
    {cout <<"class Level2"<< endl;}
};

class Leaf: public Level1, virtual public Level2
{
public:
    Leaf(void)
    {cout << "class Leaf" << endl;}
};

void main(void)
{
    Leaf obj;
}
```

程序的运行结果为：

```
Class Base1
Class Base2
Class Level12
Class Base2
Class level11
Class Leaf
```

上述程序中，在主函数 main()构建对象 obj 时，自动调用 Leaf 类的构造函数。然而，Leaf 构造函数会优先自动执行直接虚基类 Level12 的构造函数。在执行 Level12 的构造函数时，则优先自动执行 Level12 的直接虚基类 Base1 的构造函数，然后执行非虚基类 Base2 的构造函数，接着执行 Level12 的构造函数，最后再自动执行 Leaf 类的直接非虚基类 Level11 的构造函数。在执行 Level11 的构造函数时，因为直接虚基类 Base1 的构造函数已经执行了，按照虚基类成员只有一份拷贝的特点，就不再执行了，直接执行非虚基类 Base2 的构造函数，再接着执行 Level11 的构造函数，以及 Leaf 类的构造函数。

16.6　继承与组合

前面主要介绍类的继承与派生。在 C++代码重用机制中，还有一种方法是类的组合。类的组合(composition)是指在一个类中以另一个类的对象作为数据成员。这就是所谓类中的子对象，类似结构体的嵌套声明。

在自然界中，有些类与类之间没有继承与派生关系。也就是说，这些类不是属于同一系族，属于不同范畴的对象。例如，从一个家庭系统来说，父亲与孩子这两种类有继承与派生关系，但"父亲类"和"孩子类"组成"家庭类"时，"孩子类"和"父亲类"都与"家庭类"都没有继承与派生关系，它们只存在组合关系。因此，类的组合和继承一样，都是有效地利用已有类的资源，实现代码的重用。但二者有着本质区别：继承是纵向的(属于同范畴)，组合是横向的(属于不同范畴)。

下面通过程序实例来说明包含子对象的类声明和引用方法。

例 16.13 假设已经声明了一个 Employee 类,在此基础上,通过 Employee 类的继承,声明了一个派生类 Intern。在派生类 Intern 中,新增一个数据成员 mentor。该成员是类 Employee 的一个对象,称为 Intern 的一个子对象的数据成员。因此,Intern 类既是基类 Employee 的派生,也是类 Employee 的组合。

```cpp
# include < iostream >
# include < string >
using namespace std;

class Employee                                 //声明基类
{
 public:
    Employee(int n, string nam)
    {
        num = n;
        name = nam;
    }
    void display()
    {
        cout <<"num:"<< num << endl;
        cout <<"name:"<< name << endl;
    }
protected:
    int num;
    string name;
};

class Intern : public Employee                 //声明公用派生类 Intern
{
public:
    Intern(int n, string nam, int n1, string nam1, int a, string ad)
            :Employee(n, nam), mentor(n1, nam1)  //派生类构造函数,包含基类和子对象的构造函数
    {age = a; addr = ad;}
    void show()
    {
        cout <<"This employee is:"<< endl;
        display();
        cout <<"age:"<< age << endl;
        cout <<"address:"<< addr << endl << endl;
    }
    void show_mentor()
    {
        cout << endl <<"Mentor is:"<< endl;
        mentor.display();
    }
private:
    Employee mentor;                           //定义子对象
    int age;
```

```
        string addr;
    };

    int main()
    {
        Intern stud1(7788, "Wang - li", 7878, "Li - sun", 19,"115 Beijing Road, Shanghai");
        stud1.show();
        stud1.show_mentor();
        return 0;
    }
```

在上述程序中,需要特别关注的是在组合类下构造函数的定义方法。这在前面的章节进行了介绍,在此不再赘述。

下面通过例 16.14 说明组合类的使用方法,同时注意类中静态数据成员的使用。

例 16.14　组合类的应用。

```
//类声明文件名：companyStaff.h

//编译预处理语句：如果未定义__COMPANYSTAFF_H__ 则定义它,
//直到遇到 # endif 结束。
# ifndef __ COMPANYSTAFF_H__
# define __ COMPANYSTAFF_H__

# include < iostream >                  //包含头文件,使用 iostream 库用于输入输出
# include < string >                    //包含头文件,使用字符串处理函数
using namespace std;                    //使用 std 名字空间

const int LEN = 50;                     //定义一个常变量,表示字符数组长度

//CEducation 类的声明

class CEducation                        //教育背景
{
public:
    CEducation(){};                     //构造函数

    CEducation(char cSchool[], char cDegree)  //重载构造函数,为数据成员赋初值
    {
        strcpy(m_cSchool, cSchool);
        m_cDegree = cDegree;
    }

    void GetEdu(void);                  //输入教育背景的有关数据

    void PutEdu(void);                  //输出教育背景的有关信息

private:
    char m_cSchool[LEN];                //毕业学校
    char m_cDegree;                     //最高学历：专科 H、本科 B、硕研 M、博研 D
};

//组合类的声明
```

```
class CCompanyStaff                              //员工类
{
public:
    CCompanyStaff(void){};                       //构造函数

    //重载构造函数,使用初始化列表对内嵌对象进行初始化
    CCompanyStaff(char s[], char d, char n[], float r, float b): Edu(s,d)
    {
        m_iStaffNum = ++s_iCount;
        strcpy(m_cName, n);
        m_fRateOfAttend = r;
        m_fBasicSal = b;
    }

    ~CCompanyStaff(void){ };                      //空析构函数

    void CalculateSal(void){ };                   //计算实发工资

    void OutPut(void);                            //输出员工基本信息

    void InPut(void);                             //输入员工基本信息

protected:
    CEducation Edu;                               //内嵌对象(教育背景)
    int m_iStaffNum;                              //工作编号
    char m_cName[LEN];                            //姓名
    float m_fRateOfAttend;                        //出勤率
    float m_fBasicSal;                            //基本工资
    static int s_iCount;                          //静态累加器
};

# endif                                           //结束编译预处理


//主文件: main.cpp

# include "companyStaff.h"                        //把类声明文件包含进来

//测试程序
void main(void)
{
    char flag;                                    //设置判断是否继续录入的标志

    //创建一个员工对象,通过构造函数初始化数据
    CCompanyStaff Staff("tsinghua University",'M',"SunLi",1.0,2000);
    Staff.OutPut();

    cout << "是否继续录入信息?(Y/N)";
    cin >> flag;

    //用 toupper 函数将用户输入的字符规范为大写字符来与'Y'进行比较
    if (toupper(flag) == 'Y')
```

```
    {
        CCompanyStaff staffs[100];              //创建一个能存放各员工对象的数组
        for (int i = 0; i < 100;)               //循环录入和输出数组中各员工对象的数据
        {
        staffs[i].InPut();                      //通过下标为 i 的员工对象调用接口 InPut
            staffs[i].OutPut();                 //通过下标为 i 的员工对象调用接口 OutPut

            cout << "是否继续录入信息?(Y/N)";
            cin >> flag;
            if (toupper(flag) == 'N')           //循环录入的条件
            {
                break;
            }
        }
    }
}


//类实现文件: companyStaff.cpp

# include "companyStaff.h"                      //包含类声明文件

int CCompanyStaff::s_iCount = 1000;             //在类外初始化静态数据成员 s_iCount

//实现类 CEducation 的成员函数 GetEdu,输入信息
void CEducation::GetEdu(void)
{
    cout << endl <<"   毕业学校: ";
    cin >> m_cSchool;
    cout << endl <<"   最高学历: (专科 H、本科 B、硕研 M、博研 D)";
    cin >> m_cDegree;

    //用 toupper 函数将用户输入的学历规范为大写字符
    m_cDegree = toupper(m_cDegree);

}


//实现类 CEducation 的成员函数 PutEdu,输出信息
void CEducation::PutEdu(void)
{
    cout << endl <<"   毕业学校: "<< m_cSchool << endl;
    cout << endl <<"   最高学历: ";
    switch (m_cDegree)
    {
        case 'H': cout <<"专科"<< endl;
                break;
        case 'B': cout <<"本科"<< endl;
                break;
        case 'M': cout <<"硕研"<< endl;
                break;
        case 'D': cout <<"博研"<< endl;
                break;
        default:  cout <<"空"<< endl;           //输入的学历在选项之外则为"空"
```

```
                        break;
                }
        }

//实现类 CCompanyStaff 的成员函数 InPut,输入信息
void CCompanyStaff:: InPut(void)
{
        m_iStaffNum = ++s_iCount;                   //静态累加器自加后赋给工作编号

        cout << endl << "请输入编号为"<< m_iStaffNum <<"号员工的姓名: ";
        cin >> m_cName;                             //输入员工姓名

        Edu.GetEdu();              //通过内嵌对象调用类 CEducation 的接口 GetEdu,输入教育背景相关数据

        cout << endl << "  基本工资: ";
        cin >> m_fBasicSal;                         //输入基本工资

        cout << endl <<"  出勤率: ";
        cin >> m_fRateOfAttend;                     //输入出勤率

        //规范用户输入的出勤率的值
        if (m_fRateOfAttend > 1.0)
        {
                m_fRateOfAttend = 1.0;
        }
        else
                if (m_fRateOfAttend < 0)
                {
                        m_fRateOfAttend = 0;
                }

}

//实现类 CCompanyStaff 的成员函数 OutPut,输出信息
void CCompanyStaff:: OutPut(void)
{
    cout << endl << "显示员工" << m_cName <<"的基本数据: ";
    cout << endl << "  工作编号: " << m_iStaffNum;
    Edu.PutEdu();                                    //通过内嵌对象调用类 CEducation 的接口 PutEdu
    cout << endl << "  基本工资: "<< m_fBasicSal;
    cout << endl << "  出勤率: "<< m_fRateOfAttend * 100 << "%";
}
```

16.7 综合程序应用——公司人事管理系统

在全国人事改革浪潮的冲击下,某公司也计划进行人事改革,对员工设岗。初步确定设立3类岗位:经理(manager)1 名,技术(technician)岗 10 名,其余为销售岗位(salesman)。岗位不同,待遇不同。经理拿固定月薪 12 000 元,技术人员按每小时 260 元拿月薪,销售岗按当月的销售额提成 5%。另外,增加一个销售经理(sale manager)岗位,需从经理和销售人员中选

拔。因此,该岗位具有经理和销售的共有特征。但月薪不同:既有固定月薪8000元,还从当月所管辖人员销售总额提成4%。要求如下:

(1)在15章的综合程序应用的基础上,对"某公司人事管理系统"进行功能扩展和修改。采用类继承方式实现上述功能。

(2)要求采用多重继承和虚基类方法。

根据上述的需求,程序的参考代码如下:

```
/ ******************************************************************************
Filename: employee.h
Copyright: Tsinghua University
Author: Huaizhou Tao
Date:2014 - 10 - 02
Description: employee 类的声明
 ****************************************************************************** /
# ifndef EMPLOYEE_H
# define EMPLOYEE_H

//employee 类,对公司的雇员信息进行封装
class employee
{
private:
    //3 个私有数据成员,分别代表雇员的编号(individualempNo)、等级(grade)与月薪(accumPay)
    int individualEmpNo;
    int grade;
    int accumPay;

    //这个静态私有成员用于在新加入雇员时使编号自动增加
    static int currentEmpNo;
public:
    //无参构造函数与有参构造函数
    employee();
    employee(int inputGrade, int inputPay);

    //析构函数
    ~employee();

    //访问数据成员的接口函数,分别是
    //设置等级: setGrade(int)
    //设置月薪: setAccumPay(int)
    //获取编号: int getempNo()
    //获取等级: int getGrade()
    //获取月薪: int getAccumPay()
    //注:雇员编号是构造时自动生成的,为避免编号冲突,操作者无法设置编号
    //由于派生类的工资基于另外的规则进行设置,故不建议直接使用 setAccumPay 接口
    void setGrade(int inputGrade){grade = inputGrade;};
    void setAccumPay(int inputPay){accumPay = inputPay;};
    int getEmpNo(){return individualEmpNo;};
    int getGrade(){return grade;};
    int getAccumPay(){return accumPay;};

    //该函数的功能是打印雇员的基本信息
```

```
    virtual void printInfo();

    //流输入运算符重载,从流向对象输入基本信息
    friend std::istream& operator >>(std::istream&,employee&);

    //流输出运算符重载,向流输出对象的基本信息
    friend std::ostream& operator <<(std::ostream&,employee&);
};

#endif
```

```
/************************************************************************
Filename:linkedlist.h
Copyright: Tsinghua University
Author: Huaizhou Tao
Date:2014-10-02
Description: linkedlist 类的声明

************************************************************************/
#ifndef LINKEDLIST_H
#define LINKEDLIST_H

//基于模板的链表结点定义
template < class T >
struct node
{
    T data;
    node < T > * next;
};

//基于模板的链表类声明
template < class T >
class linkedlist
{
private:
    node < T > * head;                      //头结点
    node < T > * current;                   //当前结点
    //内联函数,用于深拷贝
    inline void deepCopy(const linkedlist < T > &original);
public:
    //构造函数,拷贝构造函数,析构函数
    linkedlist();
    linkedlist(const linkedlist < T > &aplist);
    ~linkedlist();

    void insert(const T &element);          //在头部之前插入元素
    void insert_end(const T &element);      //在尾部插入
    bool getFirst(T &listElement);          //获得链表头的数据
    inline bool getNext(T &listElement);    //获得当前结点的下一个数据
    bool find(const T &element);            //查找一个数据
    bool retrieve(T &element);              //检索一个数据
    bool replace(const T &newElement);      //替换一个数据
```

```
        bool remove(T &element);                   //移除一个数据
        bool isEmpty() const;
        void makeEmpty();
        //重载" = "运算符
        linkedlist < T > & operator = (const linkedlist < T > &rlist);
};


# endif


/ **********************************************************************
Filename:manager.h

Copyright: Tsinghua University
Author: Huaizhou Tao
Date:2014 - 10 - 02
Description: manager 类的声明


********************************************************************** /
# ifndef MANAGER_H
# define MANAGER_H

# define FIXED_PAY_MANAGER 12000

# include "employee.h"

//manager 类,继承 employee 类,代表经理岗位
class manager: virtual public employee
{
private:
        //经理子类不需要更多的数据成员
public:
        //无参构造函数与有参构造函数
        manager();
        manager(int inputGrade);

        //析构函数
        ~manager();

        //该函数的功能是打印雇员的基本信息
        void printInfo();

        //流输入运算符重载,从流向对象输入基本信息
        friend std::istream& operator >>(std::istream&,manager&);

        //流输出运算符重载,向流输出对象的基本信息
        friend std::ostream& operator <<(std::ostream&,manager&);
};


# endif


/ **********************************************************************
Filename:salemanager
```

```
Copyright: Tsinghua University
Author: Huaizhou Tao
Date:2014 - 10 - 02
Description: salemanager 类的声明

************************************************************************* /
# ifndef SALEMANAGER_H
# define SALEMANAGER_H

# define FIXED_PAY_SALEMANAGER 8000
# define RATE_SALEMANAGER 0.04

# include "manager. h"
# include "salesman. h"
# include "linkedlist. cpp"

//salemanager 类,继承 manager 类与 salesman 类,代表销售经理
class salemanager: public manager, public salesman
{
private:
    //使用链表保存经理管理的销售员的编号
    linkedlist < int > salesmanNoList;
public:
    //无参构造函数与有参构造函数
    salemanager();
    salemanager(int inputGrade, int inputSales, linkedlist < int > &inputNoList);

    //析构函数
    ~salemanager();

    //成员函数:用于改变经理的销售总额
    void changeSales(int inputSales);

    //成员函数:用于添加或删除经理的下属销售员
    bool addSalesman(int empNo);
    bool deleteSalesman(int empNo);

    //该函数的功能是打印雇员的基本信息
    void printInfo();

    //流输入运算符重载,从流向对象输入基本信息
    friend std::istream& operator >>(std::istream&,salemanager&);

    //流输出运算符重载,向流输出对象的基本信息
    friend std::ostream& operator <<(std::ostream&,salemanager&);
};

# endif

/ ************************************************************************
Filename: salesman. h
```

```
Copyright: Tsinghua University
Author: Huaizhou Tao
Date:2014 - 10 - 02
Description: salesman 类的声明

***************************************************************************/
# ifndef SALESMAN_H
# define SALESMAN_H

# define RATE_SALESMAN 0.05

# include "employee. h"

class salemanager;

//salesman 类,继承 employee 类,代表销售岗位
class salesman: virtual public employee
{
private:
    //新增的私有数据成员表示销售员的月销售额与提成率
    int sales;
    double commissionRate;

    //该成员表示管理该销售员的销售经理
    salemanager * boss;
public:
    //无参构造函数与有参构造函数
    salesman();
    salesman(int inputGrade, int inputSales, salemanager * inputBoss);

    //析构函数
    ~salesman();

    //访问数据成员的接口函数,分别是
    //设置提成比率: setCommissionRate(double)
    //设置销售额:   setSales(int)
    //设置销售经理: setBoss(salemanager * )
    //获取提成比率: double getCommissionRate()
    //获取销售额:    int getSales()
    //获取销售经理: salemanager * getBoss()
    void setCommissionRate(double inputRate){commissionRate = inputRate;setAccumPay((int)
(sales * commissionRate));};
    void setSales(int inputSales);
    void setBoss(salemanager * inputBoss);
    double getCommissionRate(){return commissionRate;};
    int getSales(){return sales;};
    salemanager * getBoss(){return boss;};

    //该函数的功能是打印雇员的基本信息
    void printInfo();

    //流输入运算符重载,从流向对象输入基本信息
```

```
        friend std::istream& operator >>(std::istream&,salesman&);

        //流输出运算符重载,向流输出对象的基本信息
        friend std::ostream& operator <<(std::ostream&,salesman&);
    };

    #endif

/***************************************************************************
Filename: technician.h

Copyright: Tsinghua University
Author: Huaizhou Tao
Date:2014 - 10 - 02
Description: technician 类的声明

*************************************************************************** /
#ifndef TECHNICIAN_H
#define TECHNICIAN_H

#define   WAGE_TECHNICIAN 260

#include "employee.h"

//technician 类,继承 employee 类,代表技术岗位
class technician: public employee
{
private:
    //新增的私有数据成员表示技术岗雇员的月工作时间与时薪
    int workHour;
    int wage;
public:
    //无参构造函数与有参构造函数
    technician();
    technician(int inputGrade, int inputWorkHour);

    //析构函数
    ~technician();

    //访问数据成员的接口函数,分别是
    //设置基本时薪: setWage(int)
    //设置工作时间: setWorkHour(int)
    //获取基本时薪: int getWage()
    //获取工作时间: int getWorkHour()
    void setWage(int inputWage){wage = inputWage;setAccumPay(workHour * wage);};
    void setWorkHour(int inputWorkHour){workHour = inputWorkHour;setAccumPay(workHour *
wage);};
    int getWage(){return wage;};
    int getWorkHour(){return workHour;};

    //该函数的功能是打印雇员的基本信息
    void printInfo();
```

```
    //流输入运算符重载,从流向对象输入基本信息
    friend std::istream& operator >>(std::istream&,technician&);

    //流输出运算符重载,向流输出对象的基本信息
    friend std::ostream& operator <<(std::ostream&,technician&);
};

#endif

/*****************************************************************************
Filename:main.cpp

Copyright: Tsinghua University
Author: Huaizhou Tao
Date:2014 - 10 - 02
Description: 程序主函数文件

*****************************************************************************/
#include < iostream >
#include < fstream >
#include "employee.h"
#include "manager.h"
#include "technician.h"
#include "salesman.h"
#include "salemanager.h"
using namespace std;

#define NUM_SALEMNG 2
#define NUM_TECHNICIAN 10
#define NUM_SALESMAN 10

//Summary: 主函数
//
//Parameters:
//        None
//Return: int 一般为
int main()
{
    //公司现有人员构成: 一位经理,两位销售经理,位技术员,位销售员
    manager mng;
    salemanager saleMng[NUM_SALEMNG];
    technician tech[NUM_TECHNICIAN];
    salesman slm[NUM_SALESMAN];

    //使用文件进行个人信息的输入输出操作
    ifstream inputFile("emp_info.txt",ios::in);
    ofstream outputFile("emp_output.txt",ios::out);

    int count;
    //重载流输入操作符完成个人信息输入
    inputFile >> mng;
```

```
      inputFile >> saleMng[0];
      inputFile >> saleMng[1];
      for(count = 0; count < NUM_TECHNICIAN; count++)
          inputFile >> tech[count];
      for(count = 0; count < NUM_SALESMAN; count++)
          inputFile >> slm[count];

      //指定第一位销售经理管辖前五位销售员,第二位经理管辖其他
      for(count = 0; count < NUM_SALESMAN / 2; count++)
          slm[count].setBoss(&saleMng[0]);
      for(count = NUM_SALESMAN / 2; count < NUM_SALESMAN; count++)
          slm[count].setBoss(&saleMng[1]);

      cout <<"将第一位销售员划归第二位经理管辖,最后一位销售员划归第一位经理管辖。"<< endl;
      slm[0].setBoss(&saleMng[1]);
      slm[NUM_SALESMAN - 1].setBoss(&saleMng[0]);
      cout <<"改变第三位销售员的销售额"<< endl;
      slm[2].setSales(520000);

      cout <<"将所有雇员信息输出到文件。"<< endl;
      outputFile << mng;
      outputFile << saleMng[0];
      outputFile << saleMng[1];
      for(count = 0; count < NUM_TECHNICIAN; count++)
          outputFile << tech[count];
      for(count = 0; count < NUM_SALESMAN; count++)
          outputFile << slm[count];

      //关闭文件
      inputFile.close();
      outputFile.close();

      return 0;
}

/ *****************************************************************************
Filename: employee.cpp

Copyright: Tsinghua University
Author: Huaizhou Tao
Date:2014 - 10 - 02
Description: employee 类的定义

***************************************************************************** /
# include < iostream >
# include "employee.h"
using namespace std;

//设置静态变量的初始值
int employee::currentEmpNo = 2014001;

//Summary: 输出雇员的基本信息
```

```
//
//Parameters:
//          None
//Return: None
//Detail: 该函数首先输出一条提示信息,然后按照
//            编号、等级与月薪的顺序输出雇员的基本信息
void employee::printInfo()
{
    cout <<"输出个人信息: "<< endl;
    cout <<"编号: "<< individualEmpNo << endl;
    cout <<"等级: "<< grade << endl;
    cout <<"月薪: "<< accumPay << endl << endl;
}


//Summary: 无参构造函数
//
//Parameters:
//          None
//Return: None
//Detail: 无参构造函数首先完成新雇员的自动编号功能
//            再设置雇员的等级和月薪
employee::employee()
{
    individualEmpNo = currentEmpNo;
    currentEmpNo++;
    grade = 1;
    accumPay = 3000;

}


//Summary: 无参构造函数
//
//Parameters:
//          inputGrade: 输入的雇员等级
//          inputPay:   输入的雇员月薪
//Return: None
//Detail: 有参构造函数首先完成新雇员的自动编号功能
//            之后根据输入的参数设置雇员等级与月薪
//注:       未添加合法性判断,请勿输入非正数
employee::employee(int inputGrade, int inputPay)
{
    individualEmpNo = currentEmpNo;
    currentEmpNo++;
    grade = inputGrade;
    accumPay = inputPay;
}


//Summary: 析构函数
//
//Parameters:
//          None
//Return: None
```

```
//Detail:释放对象,并输出提示信息
employee::~employee()
{
    cout <<"欢迎使用,再见!"<< endl;
}


//Summary:流输入操作符重载函数
//
//Parameters:
//        input:输入流
//        e:        目标雇员对象
//Return:istream& 返回输入流本身
//Detail:重载函数首先给出输入提示,之后从流中输入目标对象的等级与月薪
//注:      未添加合法性判断,请勿输入非正数
istream& operator >> (istream& input,employee& e)
{
    cout <<"输入编号为"<< e.individualEmpNo <<" 的雇员的等级、月薪:"<< endl;
    input >> e.grade;
    input >> e.accumPay;
    return input;
}


//Summary:流输出操作符重载函数
//
//Parameters:
//        output:输出流
//        e:        目标雇员对象
//Return:ostream& 返回输出流本身
ostream& operator << (ostream &output,employee &e)
{
    output <<"输出个人信息:"<< endl;
    output <<"编号:"<< e.individualEmpNo << endl;
    output <<"等级:"<< e.grade << endl;
    output <<"月薪:"<< e.accumPay << endl << endl;
    return output;
}
/ **************************************************************************
Filename:linkedlist.cpp

Copyright:Tsinghua University
Author:Huaizhou Tao
Date:2014-10-02
Description:linkedlist类的定义


************************************************************************** /


#include "linkedlist.h"

//Summary:无参构造函数
//
//Parameters:
//        None
```

```
//Return: None
template < class T >
linkedlist < T >::linkedlist()
{
    head = current = NULL;
}


//Summary: 拷贝构造函数
//
//Parameters:
//        aplist
//Return: None
template < class T >
linkedlist < T >::linkedlist(const linkedlist < T > &aplist)
{
    deepCopy(aplist);
}


//Summary: 析构函数
//
//Parameters:
//        None
//Return: None
template < class T >
linkedlist < T >::~linkedlist()
{
    makeEmpty();
}


//Summary: 插入函数
//
//Parameters:
//        element 待插入元素
//Return: None
//Detail: 该函数在头部之前插入,插入后没有当前位置
template < class T >
void linkedlist < T >::insert(const T &element)
{
    current = NULL;
    node < T > * newNode = new node < T >;
    newNode - > data = element;
    newNode - > next = head;
    head = newNode;
}


//Summary: 插入函数
//
//Parameters:
//        element 待插入元素
//Return: None
//Detail: 该函数在尾部插入新元素
template < class T >
```

```
void linkedlist<T>::insert_end(const T &element)
{
    current = NULL;
    node<T> * newNode = new node<T>;
    node<T> * tail = head;
    newNode->data = element;
    newNode->next = NULL;
    if(tail == NULL)
    {
        head = newNode;
    }
    else
    {
        while(tail->next != NULL)
            tail = tail->next;
        tail->next = newNode;
    }
}


//Summary: 获得链表头的函数
//
//Parameters:
//       listElement 返回结果
//Return: bool
//Detail: 在链表为空时返回 false
template<class T>
bool linkedlist<T>::getFirst(T &listElement)
{
    if(head == NULL)
        return false;
    current = head;
    listElement = head->data;
    return true;
}


//Summary: 获得下一个数据
//
//Parameters:
//       listElement 返回结果
//Return: bool
//Detail: current 在执行后将指向下一个元素
template<class T>
bool linkedlist<T>::getNext(T &listElement)
{
    if(current == NULL)
        return false;
    if(current->next == NULL)
    {
        current = NULL;
        return false;
    }
    listElement = current->next->data;
```

```
        current = current->next;
        return true;
}


//Summary: 查找一个数据
//
//Parameters:
//        element 目标数据
//Return: bool
//Detail:
template<class T>
bool linkedlist<T>::find(const T &element)
{
        T item;
        if(!getFirst(item))
            return false;
        do
        {
            if(item == element)
                return true;
        }
        while(getNext(item));
        return false;
}


//Summary: 检索一个数据
//
//Parameters:
//        element 目标数据
//Return: bool
//Detail:
template<class T>
bool linkedlist<T>::retrieve(T &element)
{
        if(!find(element))
            return false;
        element = current->data;
        return true;
}


//Summary: 替换一个数据
//
//Parameters:
//        newElement 目标数据
//Return: bool
//Detail: 将当前位置的数据替换
template<class T>
bool linkedlist<T>::replace(const T &newElement)
{
        if(current == NULL)
            return false;
        current->data = newElement;
```

```
        return true;
    }

    //Summary: 移除一个数据
    //
    //Parameters:
    //        element 目标数据
    //Return: bool
    //Detail:
    template < class T >
    bool linkedlist < T >::remove( T &element )
    {
        current = NULL;
        if( head == NULL )
            return false;
        node < T > * tmp = head;
        if( head - > data == element )
        {
            element = head - > data;
            head = tmp - > next;
            delete tmp;
            return true;
        }
        while( tmp - > next != NULL )
        {
            if( tmp - > next - > data == element )
            {
                element = tmp - > next - > data;
                node < T > * ptr = tmp - > next;
                tmp - > next = ptr - > next;
                delete ptr;
                return true;
            }
            tmp = tmp - > next;
        }
        return false;
    }

    //Summary: 判断是否为空
    //
    //Parameters:
    //        None
    //Return: bool
    //Detail:
    template < class T >
    bool linkedlist < T >::isEmpty( ) const
    {
        return head == NULL;
    }

    //Summary: 将链表清空
    //
```

```
//Parameters:
//        None
//Return: None
//Detail:
template < class T >
void linkedlist < T >::makeEmpty()
{
    while(head != NULL)
    {
        current = head;
        head = head -> next;
        delete current;
    }
    current = NULL;
}


//Summary: " = "运算符重载
//
//Parameters:
//        rlist 右操作符
//Return: this
//Detail:
template < class T >
linkedlist < T > & linkedlist < T >::operator = (const linkedlist < T > &rlist)
{
    if(this == &rlist)
        return * this;
    makeEmpty();
    deepCopy(rlist);
    return * this;
}


//Summary: 深拷贝函数
//
//Parameters:
//        original 原链表
//Return: None
//Detail:
template < class T >
void linkedlist < T >::deepCopy(const linkedlist < T > &original)
{
    head = current = NULL;
    if(original.head == NULL)
        return;

    node < T > * copy = head = new node < T >;
    node < T > * origin = original.head;
    copy -> data = origin -> data;
    if(origin == original.current)
        current = copy;

    while(origin -> next != NULL)
```

```
    {
        copy -> next = new node < T >;
        origin = origin -> next;
        copy = copy -> next;
        copy -> data = origin -> data;
        if(origin == original.current)
            current = copy;
    }
    copy -> next = NULL;
}


/ *************************************************************************
Filename: manager.cpp

Copyright: Tsinghua University
Author: Huaizhou Tao
Date:2014 - 10 - 02
Description: manager 类的定义

*************************************************************************** /
# include < iostream >
# include "manager.h"
using namespace std;

//Summary: 输出经理的基本信息
//
//Parameters:
//        None
//Return: None
//Detail: 与 employee 类的函数相比,增加了岗位信息
void manager::printInfo()
{
    cout <<"输出个人信息: "<< endl;
    cout <<"岗位: 经理"<< endl;
    cout <<"编号: "<< getEmpNo()<< endl;
    cout <<"等级: "<< getGrade()<< endl;
    cout <<"月薪: "<< getAccumPay()<< endl << endl;
}


//Summary: 无参构造函数
//
//Parameters:
//        None
//Return: None
//Detail: 调用上级构造函数,默认设置等级
manager::manager():employee(1,FIXED_PAY_MANAGER)
{

}

//Summary: 有参构造函数
//
```

```
//Parameters:
//        inputGrade: 输入的雇员等级
//Return: None
//Detail: 调用上级构造函数,设置等级为输入等级,月薪为固定月薪
manager::manager(int inputGrade):employee(inputGrade, FIXED_PAY_MANAGER)
{

}


//Summary: 析构函数
//
//Parameters:
//        None
//Return: None
manager::~manager()
{

}


//Summary: 流输入操作符重载函数
//
//Parameters:
//        input: 输入流
//        m:     目标经理对象
//Return: istream& 返回输入流本身
//Detail: 重载函数首先给出输入提示,之后从流中输入目标对象的等级
//注:      未添加合法性判断,请勿输入非正数;月薪为固定,不能输入
istream& operator >> (istream& input,manager& m)
{
    cout <<"输入编号为"<< m.getEmpNo()<<" 的经理的等级: "<< endl;
    int tempGrade;
    input >> tempGrade;
    m.setGrade(tempGrade);

    return input;
}


//Summary: 流输出操作符重载函数
//
//Parameters:
//        output: 输出流
//        m:      目标经理对象
//Return: ostream& 返回输出流本身
ostream& operator << (ostream &output,manager &m)
{
    output <<"输出个人信息: "<< endl;
    output <<"岗位: 经理"<< endl;
    output <<"编号: "<< m.getEmpNo()<< endl;
    output <<"等级: "<< m.getGrade()<< endl;
    output <<"月薪: "<< m.getAccumPay()<< endl << endl;
    return output;
}
```

```
/ ***************************************************************************
Filename: salemanager.pp

Copyright: Tsinghua University
Author: Huaizhou Tao
Date:2014 - 10 - 02
Description: salemanager 类的定义

*************************************************************************** /
# include < iostream >
# include "salemanager. h"
using namespace std;

//Summary: 输出销售经理的基本信息
//
//Parameters:
//         None
//Return: None
//Detail: 与 employee 类的函数相比,增加了岗位信息与销售额
void salemanager::printInfo()
{
    cout <<"输出个人信息: "<< endl;
    cout <<"岗位: 销售经理"<< endl;
    cout <<"编号: "<< getEmpNo()<< endl;
    cout <<"等级: "<< getGrade()<< endl;
    cout <<"月薪: "<< getAccumPay()<< endl;
    cout <<"销售额: "<< getSales()<< endl;
    cout <<"提成率: "<< getCommissionRate()<< endl;
    //TODO: 列出该经理的下属销售员编号
    cout <<"下属销售员编号: "<< endl;
    int empNo;
    if(salesmanNoList.getFirst(empNo))
    {
        cout << empNo <<" ";
        while(salesmanNoList.getNext(empNo))
            cout << empNo <<" ";
        cout << endl << endl;
    }
    else
    {
        cout <<"无"<< endl << endl;
    }

}

//Summary: 无参构造函数
//
//Parameters:
//         None
//Return: None
//Detail: 调用上级构造函数,默认设置等级和销售额
```

```
salemanager::salemanager():manager(),salesman()
{
    setCommissionRate(RATE_SALEMANAGER);
    setAccumPay(FIXED_PAY_SALEMANAGER);
    //TODO: 初始化销售员编号链表
    salesmanNoList.makeEmpty();
}


//Summary: 有参构造函数
//
//Parameters:
//       inputGrade: 输入的雇员等级
//       inputSales: 该雇员的月销售额
//       inputSalesman: 下属的销售员编号
//       numberSalesman:下属的销售员数目
//Return: None
//Detail: 调用上级构造函数,设置等级为输入等级
//        工资由销售额决定
salemanager::salemanager(int inputGrade, int inputSales, linkedlist < int > &inputNoList)
:manager(inputGrade),salesman(inputGrade, inputSales, NULL)
{
    setCommissionRate(RATE_SALEMANAGER);
    setAccumPay(FIXED_PAY_SALEMANAGER + (int)(getSales() * getCommissionRate()));
    //TODO: 使用参数初始化链表
    salesmanNoList.makeEmpty();
    salesmanNoList = inputNoList;
}


//Summary: 析构函数
//
//Parameters:
//       None
//Return: None
salemanager::~salemanager()
{
    //TODO: 清理销售员列表
    salesmanNoList.makeEmpty();
}


//Summary: 更改销售额函数
//
//Parameters:
//       inputSales: 新增的销售额
//Return: None
//Detail: 输入可以为负数,代表负增长或销售员离开
void salemanager::changeSales(int inputSales)
{
    int sales = getSales();
    sales += inputSales;
    setSales(sales);
    setAccumPay(FIXED_PAY_SALEMANAGER + (int)(getSales() * getCommissionRate()));
}
```

```
//Summary: 增加销售员函数
//
//Parameters:
//        empNo: 新增的销售员编号
//Return: None
//Detail: 不能重复添加,但不会检查该编号是否存在,是否是一个销售员
bool salemanager::addSalesman(int empNo)
{
    //TODO: 检查与添加操作
    if(salesmanNoList.find(empNo))
        return false;
    salesmanNoList.insert_end(empNo);
    return true;
}


//Summary: 删除销售员函数
//
//Parameters:
//        empNo: 删除的销售员编号
//Return: None
//Detail: 如链表中不存在该编号,则返回 false
bool salemanager::deleteSalesman(int empNo)
{
    return salesmanNoList.remove(empNo);
}


//Summary: 流输入操作符重载函数
//
//Parameters:
//        input: 输入流
//        sm:    目标销售经理对象
//Return: istream& 返回输入流本身
//Detail: 重载函数首先给出输入提示,之后从流中输入目标对象的等级
//注:      未添加合法性判断,请勿输入非正数;销售额由下属的总额决定,不能输入
istream& operator >> (istream& input,salemanager& sm)
{
    cout <<"输入编号为"<< sm.getEmpNo()<<" 的销售经理的等级: "<< endl;
    int tempGrade;
    input >> tempGrade;
    sm.setGrade(tempGrade);

    return input;
}


//Summary: 流输出操作符重载函数
//
//Parameters:
//        output: 输出流
//        sm:     目标销售经理对象
//Return: ostream& 返回输出流本身
ostream& operator << (ostream &output,salemanager &sm)
```

```
    {
        output <<"输出个人信息: "<< endl;
        output <<"岗位: 销售经理"<< endl;
        output <<"编号: "<< sm.getEmpNo()<< endl;
        output <<"等级: "<< sm.getGrade()<< endl;
        output <<"月薪: "<< sm.getAccumPay()<< endl;
        output <<"销售额: "<< sm.getSales()<< endl;
        output <<"提成率: "<< sm.getCommissionRate()<< endl;
        //TODO:列出该经理的下属销售员编号
        output <<"下属销售员编号: "<< endl;
        int empNo;
        if(sm.salesmanNoList.getFirst(empNo))
        {
            output << empNo <<" ";
            while(sm.salesmanNoList.getNext(empNo))
                output << empNo <<" ";
            output << endl << endl;
        }
        else
        {
            output <<"无"<< endl << endl;
        }
        return output;
    }

/ ****************************************************************************
Filename: salesman.cpp

Copyright: Tsinghua University
Author: Huaizhou Tao
Date:2014 - 10 - 02
Description: salesman 类的定义

****************************************************************************** /
# include < iostream >
# include "salesman.h"
# include "salemanager.h"
using namespace std;

//Summary: 输出销售员的基本信息
//
//Parameters:
//        None
//Return: None
//Detail: 与 employee 类的函数相比,增加了岗位信息与销售额
void salesman::printInfo()
{
    cout <<"输出个人信息: "<< endl;
    cout <<"岗位: 销售"<< endl;
    cout <<"编号: "<< getEmpNo()<< endl;
    cout <<"上司编号: "<< getBoss() -> getEmpNo()<< endl;
    cout <<"等级: "<< getGrade()<< endl;
```

```cpp
    cout <<"月薪: "<< getAccumPay()<< endl;
    cout <<"销售额: "<< getSales()<< endl;
    cout <<"提成率: "<< getCommissionRate()<< endl << endl;
}


//Summary: 无参构造函数
//
//Parameters:
//      None
//Return: None
//Detail: 调用上级构造函数,默认设置等级、销售额与工资
salesman::salesman():employee(1,0)
{
    sales = 0;
    commissionRate = RATE_SALESMAN;
    boss = NULL;
}


//Summary: 有参构造函数
//
//Parameters:
//      inputGrade: 输入的雇员等级
//      inputSales: 该雇员的月销售额
//      inputBoss:  该雇员的上司
//Return: None
//Detail: 调用上级构造函数,设置等级为输入等级
//        工资由销售额决定
salesman:: salesman ( int inputGrade, int inputSales, salemanager * inputBoss ): employee
(inputGrade, 0)
{
    sales = inputSales;
    commissionRate = RATE_SALESMAN;
    setAccumPay((int)(sales * commissionRate));

    boss = inputBoss;
    if(boss != NULL)
    {
        boss -> changeSales(sales);
        //TODO: boss 添加该销售员的操作
        boss -> addSalesman(getEmpNo());
    }
}


//Summary: 析构函数
//
//Parameters:
//      None
//Return: None
salesman::~salesman()
{
    if(boss != NULL)
    {
```

```
            boss -> changeSales( - sales);
            //TODO: boss 删除该销售员的操作
            boss -> deleteSalesman(getEmpNo());
        }
    }


    //Summary: 设置销售额函数
    //
    //Parameters:
    //        inputSales: 新的销售额
    //Return: None
    //Detail: 因为涉及上级的操作,不再使用内联函数
    void salesman::setSales(int inputSales)
    {
        if(boss != NULL)
        {
            boss -> changeSales(inputSales - sales);
        }
        sales = inputSales;
        setAccumPay((int)(sales * commissionRate));
    }


    //Summary: 设置上级函数
    //
    //Parameters:
    //        inputBoss: 新的上级
    //Return: None
    //Detail: 变更上级时,要同时变更上级的销售额
    void salesman::setBoss(salemanager * inputBoss)
    {
        if(boss != NULL)
        {
            boss -> changeSales( - sales);
            //TODO: 原有 boss 删除该销售员的操作
            boss -> deleteSalesman(getEmpNo());
        }
        if(inputBoss != NULL)
        {
            inputBoss -> changeSales(sales);
            //TODO: 新 boss 添加该销售员的操作
            inputBoss -> addSalesman(getEmpNo());
        }
        boss = inputBoss;
    }


    //Summary: 流输入操作符重载函数
    //
    //Parameters:
    //        input: 输入流
    //        s:       目标销售员对象
    //Return: istream& 返回输入流本身
    //Detail: 重载函数首先给出输入提示,之后从流中输入目标对象的等级与销售额
```

```
//注: 　　　未添加合法性判断,请勿输入非正数; 目前主函数的数据结构还未设计,
//　　　　　所以无法通过输入编号给销售员指定上级,该功能留待进一步完善
istream& operator >> (istream& input, salesman& s)
{
    cout <<"输入编号为"<< s.getEmpNo()<<" 的销售员的等级与销售额: "<< endl;
    int tempGrade;
    input >> tempGrade;
    s.setGrade(tempGrade);
    input >> s.sales;
    s.setAccumPay((int)(s.sales * s.commissionRate));
    //TODO: 通过输入编号给销售员指定上级

    return input;
}


//Summary: 流输出操作符重载函数
//
//Parameters:
//        output: 输出流
//        s:          目标销售员对象
//Return: ostream& 返回输出流本身
ostream& operator << (ostream &output, salesman &s)
{
    output <<"输出个人信息: "<< endl;
    output <<"岗位: 销售"<< endl;
    output <<"编号: "<< s.getEmpNo()<< endl;
    output <<"上司编号: "<< s.getBoss() -> getEmpNo()<< endl;
    output <<"等级: "<< s.getGrade()<< endl;
    output <<"月薪: "<< s.getAccumPay()<< endl;
    output <<"销售额: "<< s.getSales()<< endl;
    output <<"提成率: "<< s.getCommissionRate()<< endl << endl;
    return output;
}


/ **********************************************************************
Filename:technician.cpp

Copyright: Tsinghua University
Author: Huaizhou Tao
Date:2014 - 10 - 02
Description: technician 类的定义

********************************************************************** /
# include < iostream >
# include "technician.h"
using namespace std;

//Summary: 输出技术员的基本信息
//
//Parameters:
//        None
//Return: None
```

```
//Detail: 与 employee 类的函数相比,增加了岗位信息与工作时间
void technician::printInfo()
{
    cout <<"输出个人信息: "<< endl;
    cout <<"岗位: 技术"<< endl;
    cout <<"编号: "<< getEmpNo()<< endl;
    cout <<"等级: "<< getGrade()<< endl;
    cout <<"月薪: "<< getAccumPay()<< endl;
    cout <<"工作时间: "<< getWorkHour()<< endl;
    cout <<"时薪: "<< getWage()<< endl << endl;
}


//Summary: 无参构造函数
//
//Parameters:
//         None
//Return: None
//Detail: 调用上级构造函数,默认设置等级、工作时间与工资为
technician::technician():employee(1,0)
{
    workHour = 0;
    wage = WAGE_TECHNICIAN;
}


//Summary: 有参构造函数
//
//Parameters:
//         inputGrade: 输入的雇员等级
//         inputWorkHour: 该雇员的月工作时间
//Return: None
//Detail: 调用上级构造函数,设置等级为输入等级
//         工资由工作时间决定
technician::technician(int inputGrade, int inputWorkHour):employee(inputGrade, 0)
{
    workHour = inputWorkHour;
    wage = WAGE_TECHNICIAN;
    setAccumPay(workHour * wage);
}


//Summary: 析构函数
//
//Parameters:
//         None
//Return: None
technician::~technician()
{

}


//Summary: 流输入操作符重载函数
//
//Parameters:
```

```
//          input: 输入流
//          t:     目标技术员对象
//Return: istream& 返回输入流本身
//Detail: 重载函数首先给出输入提示,之后从流中输入目标对象的等级与工作时间
//注:       未添加合法性判断,请勿输入非正数
istream& operator >> (istream& input,technician& t)
{
    cout <<"输入编号为"<< t.getEmpNo()<<" 的技术员的等级与工作时间: "<< endl;
    int tempGrade;
    input >> tempGrade;
    t.setGrade(tempGrade);
    input >> t.workHour;
    t.setAccumPay(t.workHour * t.wage);
    return input;
}


//Summary: 流输出操作符重载函数
//
//Parameters:
//          output: 输出流
//          t:      目标技术员对象
//Return: ostream& 返回输出流本身
ostream& operator << (ostream &output,technician &t)
{
    output <<"输出个人信息: "<< endl;
    output <<"岗位: 技术"<< endl;
    output <<"编号: "<< t.getEmpNo()<< endl;
    output <<"等级: "<< t.getGrade()<< endl;
    output <<"月薪: "<< t.getAccumPay()<< endl;
    output <<"工作时间: "<< t.getWorkHour()<< endl;
    output <<"时薪: "<< t.getWage()<< endl << endl;
    return output;
}
```

本章小结

继承技术是 C++ 语言主要的代码重用机制,也是 C++ 语言的三大特性之一。采用 C++ 语言提供了继承的机制,许多研发者就可以开发各种各样的类库,用户将这些类库作为基类去建立适合于自己的派生类,并在此基础上高效地开发应用程序。因此,面向对象程序设计最核心思想就是需要设计类的层次结构: 即从最初的抽象基类出发,每一层派生类的建立都逐步地向着目标的具体实现前进。另外,组合是也 C++ 代码重用机制之一。

本章围绕 C++ 类的继承这一核心概念,重点介绍了派生类的 3 种继承方式和成员的 4 种访问属性(包括不可访问)。另外,还重点介绍了派生类在不同情况下的构造函数的定义方法。虚基类是解决多重继承中的同名二义性问题的主要方法,也是本章学习的重点。

练习 16

1. 分析本章"公司人事管理系统"程序代码,对比前一次代码,找出代码的不同之处,修改之处引入本章中所学的哪些知识点?

2. 类中成员有哪 3 种访问控制属性？分析为什么需要引入 protected 访问属性？

3. 如果一个派生类在基类的基础上要产生"变异"，即使得一个派生类与其基类有所不同，一般有哪些方法？

4. 要求定义一个基类 Person，它有 3 个 protected 的数据成员：姓名 name（char ＊类型）、性别 sex（char 类型）、年龄 age（int 类型）；一个构造函数用于对数据成员初始化。①创建 Person 类的公有派生类 Employee，增加两个数据成员：基本工资 basicSalary（int 类型）和请假天数 leaveDays（int 型）；为它定义初始化成员信息的构造函数和显示数据成员信息的成员函数 show（）。②创建 Employee 类的公有派生类 Manager；增加一个成员：业绩 performance（float 类型）；为它定义初始化成员信息的构造函数和显示数据成员信息的成员函数 show（）。③输入共 6 个数据，分别代表姓名、性别、年龄、基本工资、请假天数、业绩。每个数据之间用一个空格间隔。④输出如示例数据所示，共 5 行，分别代表姓名、年龄、性别、基本工资、请假天数、业绩。

5. 设计一个 People（人员）类，具有的属性如下：姓名 char name[11]、编号 char number[7]、性别 char sex[3]、出生日期 birthday、身份证号 char id[16]。其中"出生日期"声明为一个"日期"类内嵌子对象。用成员函数实现对人员信息的录入和显示。要求包括：构造函数和析构函数、拷贝构造函数、内联成员函数、运算符重载等。在测试程序中声明 people 类的对象数组，录入数据并显示。

6. 在第 5 题的基础上，从 People（人员）类派生出 student（学生）类，添加属性：班号 char classNo[7]；从 People（人员）类派生出 teacher（教师）类，添加属性：职务 char principalship[11]、部门 char department[21]；从 student 类中派生出 graduate（研究生）类，添加属性：专业 char subject[21]、导师 teacher advisor；从 teacher 类和 graduate 类派生出 TA（助教）类，注意虚基类的使用。要求编制一能管理上述四类人员的测试程序，能实现数据项录入、显示、删除操作。

7. 在第 6 题的基础上，补充各类（People、student、graduate、teacher 和 TA）的构造函数和析构函数。

（1）编程测试和分析这些构造函数和析构函数的执行顺序。

（2）如果不采用虚基类，重新编程实现第 5 次作业要求，体会有什么差异？

8. 分析下列程序，运行程序的执行结果。

```
# include < iostream. h>
class Base
{
private:
        int b_number;
public:
        Base(){}
        Base(int i) : b_number (i) { }
        int get_number() {return b_number;}
        void print() {cout << b_number << endl;}
};

class Derived : public Base
{
private:
        int d_number;
```

```
public:
        Derived( int i, int j) : Base(i), d_number(j) {};
        void print()
        {
                cout << get_number() << " ";
                cout << d_number << endl;
        }
};
int main()
{
        Base a(2);
        Derived b(3, 4);
        cout << "a is ";
        cout << "b is ";
        b. print();
        cout << "base part of b is ";
        b. Base::print();
        return 0;
}
```

（1）将 class Derived：public Base 改为 class Derived：private Base，再调试程序，看看有什么不一样。

（2）将 class Derived：public Base 改为 class Derived：protected Base，再调试程序，看看有什么不一样。

9. 分析下列程序运行时构造函数和析构函数的执行顺序。

```
#include < iostream >
using namespace std;
class B1{
public:
    B1(int i){  cout <<"constructing B1 "<< i << endl; }
    ~B1(){  cout <<"destructing B1 "<< endl;   }
};
class B2 {
public:
B2(){  cout <<"constructing B3 * "<< endl; }
~B2(){  cout <<"destructing B3"<< endl; }
};
class C:public B2, virtual public B1 {
  int j;
public:
    C(int a, int b, int c):B1(a),memberB1(b),j(c){}
private:
    B1 memberB1;
    B2 memberB2;
};
int main(){
    C obj(1,2,3);
}
```

10. 分析下列程序的执行结果。

```cpp
#include <iostream>
using namespace std;
class B{
public:
    void f1(){cout <<"B::f1"<< endl;}
};
class D:public B{
public:
    void f1(){cout <<"D::f1"<< endl;}
};
void f(B& rb){
    rb.f1();
}
int main()
{
    D d;
    B b,&rb1 = b,&rb2 = d;
    f(rb1);
    f(rb2);
    return 0;
}
```

第17章

多态性与虚函数

多态性也是 C++ 语言的重要特性之一。前面介绍的函数重载和运算符重载是 C++ 多态性的一种类型（即静态多态性）。本章将重点介绍 C++ 多态性的另外一种类型，也就是动态多态性。在 C++ 语言中，动态多态性主要是依靠虚函数来实现。在介绍多态性之前，先通过了解基类与派生类之间的兼容关系来体会为什么来引入多态性机制。

17.1 基类与派生类的对象兼容关系

在第 16 章学习了 C++ 语言的继承和派生技术，并且学习了派生类能继承基类的所有成员，包括数据成员和成员函数。但是这些基类的成员在派生类的访问属性与继承方式有关。一般情况下，程序设计中比较普遍使用的是公有继承方式。在公有继承方式下，派生类才完整地继承了基类的功能。此时，基类与派生类的对象之间有一种兼容关系，即派生类中包含基类的成员。因此，可以将派生类某一个对象的值赋给基类对象；或者说，在用到基类对象时可以用其公有派生类的对象代替。这种兼容关系具体表现在以下几个方面。

1. 派生类对象可以向基类对象赋值

可以用公有派生类对象向其基类对象赋值。假设 B 是基类 A 的公有派生类。如果采用 A 和 B 类分别构建了对象如下：

```
A AObj;           //定义基类 A 对象 AObj
B BObj;           //定义类 A 的公用派生类 B 的对象 BObj
AObj = BObj;      //用派生类对象 BObj 向基类对象 AObj 赋值,赋值时舍弃派生类新增的成员
```

注意：

（1）实际上，所谓赋值只是对数据成员赋值，对成员函数不存在赋值问题。

（2）这种兼容关系是单向的、不可逆的。也就是说，只能用派生类对象向其基类对象赋值，而不能用基类对象对其派生类对象赋值。为什么？请读者自己可以思考。

（3）同一基类的不同派生类对象之间也不能赋值。

2. 派生类对象可以替代基类对象向基类对象的引用进行赋值

假设 B 是基类 A 的公有派生类，如果采用 A 和 B 类分别构建了对象如下：

```
A AObj;               //定义基类 A 对象 AObj
B BObj;               //定义类 A 的公用派生类 B 的对象 BObj
A& alias_a = AObj;    //定义基类 A 对象的引用变量 alias_a,并用 AObj 对其初始化;这时,引用变量
```

```
                              //alias_a 是 AObj 的别名,它们共享同一段存储单元
A& alias_a = BObj;          // 用派生类对象向基类对象的引用变量 alias_a 初始化; 但此时 alias_a 并不
                            //是 BObj 的别名,也不与 BObj 共享同一段存储单元。它只是 BObj 中基类部分
                            //的别名,alias_a 与 BObj 中基类部分共享同一段存储单元
```

3. 如果函数的形参类型为基类对象或基类对象引用,可采用派生类对象作实参

假设有一函数:

```
void f1(A& alias_a)     //形参是类 A 的对象的引用变量
{cout << alias_a.num << endl;}
```

函数的形参是类 A 的对象的引用,本来实参应该为 A 类的对象。由于派生类对象与基类对象赋值兼容。因此,在调用 f1()函数时,可以用派生类 B 的对象 BObj 作实参: f1(BObj);输出类 B 的对象 BObj 的基类数据成员 num 的值。

4. 派生类对象的地址可以赋给指向基类对象的指针变量

或者说,指向基类对象的指针变量也可以指向派生类对象。假设定义一个基类 Employee,再定义 Employee 类的公有派生类 Intern,通过指向基类对象的指针变量来指向派生类对象,并用该指针变量输出基类对象的数据。

下面通过例 17.1 来说明上述的含义。

例 17.1 假设类 Employee 是基类,采用公有继承方式派生了一个 Intern 类,并在其中新增一个数据成员 probation,具体程序代码如下:

```cpp
# include <iostream>
# include <string>
using namespace std;
class Employee                              //申明基类 Employee
{
public:
    Employee(int, string,float);
    void display();
private:
    int num;
    string name;
    float salary;
};

Employee::Employee(int n, string nam,float s)    //定义构造函数
{   num = n;
    name = nam;
    salary = s;
}
void Employee::display()                    //定义输出函数
{   cout << endl <<"num:"<< num << endl;
    cout <<"name:"<< name << endl;
    cout <<"salary:"<< salary << endl;
}
class Intern:public Employee                //声明公用派生类 Intern
{
public:
    Intern(int, string ,float ,float);
```

```
        void display();
    private:
        float probation;
    };
    Intern::Intern(int n, string nam, float s, float p):Employee(n,nam,s),probation(p){}    //定义构
                                                                                          //造函数
    void Intern::display()                          //定义输出函数,使用同名覆盖机制
    {   Employee::display();                        //调用 Employee 类的 display 函数
        cout <<"probation:"<< probation << endl;
    }
    int main()
    {   Employee emp1(1010,"Li",15788);             //定义 Employee 类对象 emp1
        Intern intern1(1011,"Wang",3000,6);         //定义 Intern 类对象 intern1
        Employee * pt = &emp1;                       //定义指向 Employee 类对象的指针并指向 emp1
        Intern * ptr = &intern1;                     //定义指向 Intern 类对象的指针并指向 intern1
        pt -> display();                             //调用 emp1.display 函数
        pt = &intern1;                               //指针指向 intern1
        pt -> display();                             //调用 emp1.display 函数;特别关注
        ptr -> display();                            //调用 intern1.display 函数
    }
```

程序的输出结果为:

```
num: 1010
name:Li
salary:15788
Num:1011
name:Wang
salary:3000
Num:1011
name:Wang
salary:3000
probation:6
```

通过分析程序及其结果,读者可能有点觉得意外。因为,在派生类中有两个同名的 display 成员函数:一个是从基类中继承来的,用来输出基类成员的数据;另外一个是派生类新增的,用来输出基类和派生类数据。

在上述程序中:

```
Employee * pt = &emp1; pt -> display();
```

这两条语句是调用 emp1.display 函数。即基类中的 display 成员函数。输出结果也证明如此。而

```
pt = &intern1; pt -> display();
```

根据同名覆盖的规则,这两条语句应该是调用 intern1.display 函数。即派生类中的 display 成员函数。其输出结果应该是先输出 num,name,salary,然后再输出 probation 的值。而事实上,输出结果并没有输出 probation 的值。这是为什么呢?

问题在于 pt 是指向基类(Employee)类对象的指针变量,即使让它指向了对象 intern1,但实际上 pt 指向的是 intern1 中从基类继承的部分。也就是说,通过指向基类对象的指针,只能

访问派生类中的基类成员,而不能访问派生类增加的成员。因此,pt—> display()调用的不是派生类 intern1 象所增加的 display 函数,而是基类的 display 函数,所以只输出 intern1 的 num, name, salary 3 个数据。

当然,定义指向派生类对象的指针变量 ptr,使它指向 intern1,然后用 ptr—> display()调用派生类对象的 display 函数,此时可以输出 probation 的值。

通过本例可以得出如下结论:用指向基类对象的指针变量指向派生类对象是合法的、安全的,不会出现编译上的错误。但在实际应用上,程序设计者往往有时希望通过使用基类指针能够分别调用基类和派生类对象的成员。是否可以实现此目标呢? 答案是肯定的。这就是 C++语言拥有的第 4 大特性——动态多态性。

17.2　多态性与虚函数

17.2.1　多态性概念及类型

1. 多态性的概念

在 C++面向对象的程序设计中,所谓多态性(polymorphism)是指程序向不同对象发送同一个消息(调用同名函数),而这些不同对象在接收到同一消息时会产生不同行为(实现不同功能)。也就是说,每个对象可以用自己的方式去响应同一消息。

如图 17.1 所示,假设有 Circle、Star、Rect 和 Triangle 4 种类。在这些类中,分别都定义了成员函数 Draw()。如果希望在 main()函数中,通过调用不同对象的 Draw(),即向这些不同对象发消息(调用不同对象的成员函数 Draw()),能实现相应对象中 Draw()函数的不同功能,这就是对象的多态性问题。

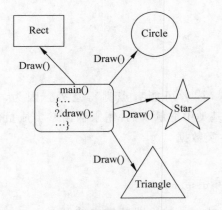

图 17.1　对象的多态性示意

多态性机制想解决的问题是:当一个基类被继承为不同层级的派生类时,各层级派生类可以使用与基类成员相同的成员函数名。如果在运行时用同一个成员函数名调用不同层次对象的同名函数,那么如何唯一地确定调用哪个对象的成员函数呢? 而且,这些同一类族中的不同层次的派生类,与基类成员同名的成员函数在不同的派生类中有不同的含义。因此,多态性机制就期望实现"一个接口,多种功能"。

多态性可以对不同层次对象使用同一的接口,既提高程序维护的可靠性和方便性,还能使得不同对象的内部设计与外部使用接口分离,实现软件开发的分工协作。在 C++程序设计中,在不同的类中定义了其响应消息的具体方法(公用成员函数)。那么使用这些类时,就不必考虑这些函数是如何具体实现的,只要调用函数发布消息即可。因此,多态性是面向对象程序设计的一个重要特征。

2. 多态性分类

在 C++语言中,多态性体现在许多方面。站在不同角度,分类方法也有所不同。从系统功能的角度看,多态性可分为 4 种类型:

(1)重载多态。函数或运算符重载。

(2)强制多态。数据或对象的类型强制转换。

(3)包含多态。类族中定义的同名成员函数的多态行为,主要通过虚函数来实现。

(4)参数多态。类模板实例化时的多态性,即实例化后的各个类都具有相同的操作。

但如果从多态性实现方式来分类,多态性分为两类:静态多态性和动态多态性。

(1)静态多态性是通过函数的重载实现的(运算符重载实质上也是函数重载),即同一函数名或运算符名称通过重载能实现不同的功能。在程序编译时系统就能决定调用的是哪个函数,因此,静态多态性又称编译时的多态性。

(2)动态多态性是在程序运行过程中才动态地确定操作所针对的对象。它又称运行时的多态性。动态多态性是通过虚函数(virtual function)实现的。

有关静态多态性,在运算符重载时做过介绍。本章重点学习 C++的动态多态性。

17.2.2 虚函数

1. 虚函数的作用

从类的继承与派生规则可以看出:在类的继承层次结构中,不同的层次中可以出现名字相同、参数个数和类型都相同而功能不同的函数。编译系统按照同名覆盖的原则决定调用的对象。但也可以使用类限定符来指定调用哪个层次对象中的同名成员。但这种通过类限定符的方法来区分同名的函数,使用起来很不方便。良好程序设计架构追求的目标是:使用同一种调用形式,在不同场景中分别调用派生类和基类的同名函数。

该目标基本思想:在程序中不是通过不同的对象名去调用不同派生层次中的同名函数,而是通过指针调用它们。例如,在例 17.1 中,希望用同一个语句"pt-> display( );"可以调用不同派生层次中的 display()函数。只需在调用前给指针变量 pt 赋以不同的值(使之指向不同的类对象)即可,这就是所谓的动态多态性。

但从 17.1 节中程序实例来看,目前所学知识还无法实现该目标。要真正实现该目标,就需要进一步学习 C++语言中的虚函数技术。虚函数的作用是允许在派生类中重新定义与基类同名的函数,并且可以通过基类指针变量或引用来访问基类和派生类中的同名函数。

虚函数声明的一般形式为:

Virtual 函数类型 函数名称(参数列表);

例如:

virtual void display();

下面通过程序实例来说明虚函数是如何实现动态多态性的。

例 17.2 在例 17.1 基础上做一点修改:Employee 类中声明 display 函数时,在最左面加一个关键字 virtual,即 virtual void display( );这样就把 Employee 类的 display()函数声明为

虚函数。试分析程序运行结果与例 17.1 的差异。

```cpp
# include < iostream >
# include < string >
using namespace std;
class Employee
{
public:
    Employee(int, string,float);
    virtual void display();              //display()函数声明为虚函数
private:
    int num;
    string name;
    float salary;
};
Employee::Employee(int n, string nam,float s)
{   num = n;
    name = nam;
    salary = s;
}
void Employee::display()               //定义输出函数
{   cout << endl <<"num:"<< num << endl;
    cout <<"name:"<< name << endl;
    cout <<"salary:"<< salary << endl;
}
class Intern:public Employee           //声明公用派生类 Intern
{
public:
    Intern(int, string ,float ,float);
    virtual void display();            //display()函数也声明为虚函数
private:
    float probation;
};
Intern::Intern(int n, string nam,float s,float p):Employee(n,nam,s),probation(p){ }
void Intern::display()                 //定义输出函数,使用同名覆盖机制
{   Employee::display();               //调用 Employee 类的 display 函数
    cout <<"probation:"<< probation << endl;
}
int main()
{   Employee emp1(1010,"Li",15788);    //定义 Student 类对象 emp1
    Intern intern1(1011,"Wang",3000,6); //定义 Intern 类对象 intern1
    Employee * pt = &emp1;             //定义指向 Student 类对象的指针并指向 emp1
    pt -> display();                   //调用 emp1.display 函数
    pt = &intern1;                     //指针指向 intern1
    pt -> display();                   //调用 intern1.display 函数,实现动态多态性
    return 1;
}
```

程序的输出结果为:

```
num:1010
name:Li
salary:15788
```

```
Num:1011
name: Wang
salary:3000
probation:6 (这一项在例 17.1 中没有输出)
```

通过对比分析例 17.1 和例 17.2 可以发现两者代码差异，只是在例 17.2 中做一点修改，在 Employee 类中声明 display()函数时，在最左面加一个关键字 virtual，这样就把 Employee 类的 display 函数声明为虚函数，程序其他部分都不改动。程序运行结果，例 17.2 就能输出成员 probation 的结果。证明，"pt=&intern1；pt-> display();"是派生类中 display()函数，而不是基类中的 display()函数。同一函数调用语句，实现不同的函数调用功能。这就是所谓通过虚函数来实现动态多态性。也就是说，由虚函数实现的动态多态性就是：同一类族中不同层次的对象，对同一函数调用做出不同的响应。

下面对虚函数的使用方法总结如下：

(1) 在基类用 virtual 声明成员函数为虚函数。这样就可以在派生类中重新定义此函数，为它赋予新的功能，并能方便地被调用。在类外定义虚函数时，不必再加 virtual。

(2) 在派生类中重新定义此函数时，要求函数名、函数类型、函数参数个数和类型全部与基类的虚函数相同，并根据派生类的需要重新定义函数体。如果在派生类中没有对基类的虚函数重新定义，则派生类简单地继承其直接基类的虚函数。另外，C++规定，当一个成员函数被声明为虚函数后，其派生类中的同名函数都自动成为虚函数。因此，在派生类重新声明该虚函数时，可以加 virtual，也可以不加，但加 virtual 可使程序更加清晰。

提问：如果一个基类中有一个成员函数被声明为虚函数后，在同一类族中派生类中是否可以再定义一个非 virtual 且与该虚函数具有相同的参数（包括个数和类型）和函数返回值类型的同名函数？为什么？请读者自己思考。

(3) 定义一个指向基类对象的指针变量，并使它指向同一类族中需要调用该函数的对象。通过该指针变量调用此虚函数，此时调用的就是指针变量指向的对象的同名函数。也就是说，如果指针不断地指向同一类族中不同层次的对象，就能不断地调用这些对象中的同名函数。

另外，下列几种函数不能声明为虚函数。

(1) 只能用 virtual 声明类的成员函数才能为虚函数，而不能将类外的普通函数声明为虚函数。

(2) 类的静态成员函数不可以声明为虚函数。因为静态成员函数属于类。

(3) 内联函数不可以声明为虚函数。因为，内联函数在编译时就进行代码展开。

(4) 构造函数不可以为声明虚函数。因为构造函数调用时，对象还没有产生。但析构函数可以声明为虚函数，而且良好习惯是将类的析构函数尽可能声明为虚函数。

那么，一般在什么情况下使用虚函数呢？主要考虑以下几点：

(1) 考虑看成员函数所在的类是否会作为基类。然后看成员函数在类的继承后有无可能被更改功能，如果希望更改其功能的，一般应该将它声明为虚函数；反之，如果成员函数在类被继承后功能不需修改，或派生类用不到该函数，则不要把它声明为虚函数。

(2) 考虑对成员函数的调用是通过对象名还是通过基类指针或引用去访问，如果是通过基类指针或引用去访问的，则应当声明为虚函数。如果是通过对象名调用，则不必申明虚函数，为什么？请读者思考。

(3) 有时在定义虚函数时，并不定义其函数体，即函数体是空的。它的作用只是定义了一个虚函数名，具体功能留给派生类去添加，即纯虚函数。这一点将在后面章节中详细讨论。

需要注意：使用虚函数时，系统要有一定的空间开销。这是因为当一个类带有虚函数时，编译系统会为该类构造一个虚函数表(virtual function table,vtable),它是一个指针数组,存放每个虚函数的入口地址。例如,对于例 17.2,编译系统会产生如图 17.2 所示的虚函数表。通过这个虚函数表,程序执行时,系统就能确定调用的是哪个类对象中的函数。这种在程序执行时把虚函数和类对象"绑定"在一起的过程称为动态关联(dynamic binding)。由于动态关联是在编译以后的运行阶段进行的,因此也称为滞后关联(late binding)。在运行阶段,指针可以先后指向不同的类对象,从而调用同一类族中不同类的虚函数。

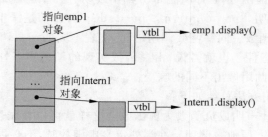

图 17.2　虚函数表结构

另外,在理解动态多态性时,需要深刻体会以下概念的差异。

(1) 采用指针调用族类函数就是多态性吗?

例如,有时在基类中定义的非虚函数会在派生类中被重新定义(如例 17.1 中的 display()函数),如果用基类指针调用该成员函数,则系统会调用对象中基类部分的成员函数;如果用派生类指针调用该成员函数,则系统会调用派生类对象中的成员函数,这并不是多态性行为(使用的是不同类型的指针),没有用到虚函数的功能。

(2) 虚函数和函数重载一样吗?

以前介绍的函数重载处理的是同一作用域中的同名函数问题,而虚函数处理的是不同派生层次上的同名函数问题,两者差异可以归纳为如下几点:

① 重载函数的函数名称相同,参数不同。重载函数是在作用域相同的区域里定义的相同名字的不同函数;而虚函数的函数原型完全一致,体现在基类和派生类的类层次结构中。

② 重载函数可以是成员函数或友员函数或一般函数,而虚函数只能是成员函数。

③ 调用重载函数以所传递参数序列的差别作为调用不同函数的依据;虚函数则根据对象的不同调用不同类的虚函数。

④ 重载函数在编译时表现出多态性,是静态关联;而虚函数在运行时表现出多态性,是动态关联,动态关联是 C++的精髓。

下面来列举一个程序实例来说明通过虚函数实现动态多态性,对程序结构的统一框架设计的好处。重点分析 main()的循环语句,同时体会静态多态性和动态多态性的区别。

例 17.3　采用多态性机制,对两种不同类的对象数据进行统一调用。

```cpp
# include < iostream >
# include "cylinder. h"
using namespace std;
int main()
{
    Circle * arrMix[15];
    for (int i = 0; i < 10; i++)            //前 10 个为 Cylinder 对象
        arrMix[i] = new Cylinder(0, 0, i + 1, i + 1);
    for (int i = 10; i < 15; i++)           //后 5 个为 Circle 对象
```

```
                arrMix[i] = new Circle(0, 0, i + 1);
            for(int i = 0; i < 15; i++)
            {
                cout << arrMix[i] -> area() << endl;
                delete arrMix[i];
                arrMix[i] = NULL;
            }
            return 0;
    }
    /* 下面是 cylinder.h 的定义 */
    #ifndef __POINT__
    #define __POINT__
    #include <iostream>
    using namespace std;
    class Point
    {
    private:
        float x;
        float y;
    public:
        Point(float xx = 0, float yy = 0):x(xx),y(yy){}
        void setX(float xx) { x = xx;}
        void setY(float yy) { y = yy;}
        float getX() const { return x; }
        float getY() const { return y; }
        friend ostream& operator <<(ostream& out, const Point& p);
        //virtual float area() const = 0;          //定义纯虚函数
    };
    ostream& operator <<(ostream& out, const Point& p)
    {
        out <<"("<< p.getX()<<","<< p.getY()<<")"<< endl;
        return out;
    }
    #endif

    #include <iostream>
    using namespace std;
    class Point
    {
    protected:
        float x, y;
    public:
        Point(float a = 0, float b = 0) { x = a; y = b; };
        void setPoint(float a, float b) { x = a; y = b; };
        float getX() const { return x; };
        float getY() const { return y; };
        friend ostream& operator <<(ostream& output, const Point& p);
    };

    ostream& operator <<(ostream& output, const Point& p)
    {
        output << "[" << p.x << ", " << p.y << "]" << endl;
        return output;
    }

    class Circle :public Point
    {
        float r;
    public:
```

```cpp
    Circle(float xx = 0, float yy = 0, float rr = 0) :Point(xx, yy), r(rr) {};
    void setRadius(float rr) { r = rr; }
    float getRadius() const { return r; }
    virtual float area() const;
    friend ostream& operator <<(ostream& output, const Circle& c);
};

float Circle::area() const
{
    cout << "Circle area: ";
    return 3.14159 * r * r;
}

ostream& operator <<(ostream& output, const Circle& c)
{
    output << "(" << c.getX() << ", " << c.getY() << ", "
        << c.r << ", " << c.area() << ")" << endl;
    return output;
}

class Cylinder :public Circle
{
    float h;
public:
    Cylinder(float xx = 0, float yy = 0, float rr = 0, float hh = 0) : Circle(xx, yy, rr), h(hh) {};
    void setHeight(float hh) { h = hh; }
    float getHeight() const { return h; }
    float area() const;
    float volume() const;
    friend ostream& operator <<(ostream& output, const Cylinder& l);
};

float Cylinder::area() const
{
    cout << "Cylinder area: ";
    return Circle::area() * 2 + 3.14159 * 2 * getRadius() * h;
}

float Cylinder::volume() const
{
    return Circle::area() * h;
}

ostream& operator <<(ostream& output, const Cylinder& l)
{
    output << "(" << l.getX() << ", " << l.getY() << ", " << l.getRadius() << ", "
        << l.h << ", " << l.area() << ", " << l.volume() << ")" << endl;
    return output;
}

int main()
{
    Circle * arrMix[15];
    for (int i = 0; i < 10; i++)
        arrMix[i] = new Cylinder(0, 0, i + 1, i + 1);
    for (int i = 10; i < 15; i++)
        arrMix[i] = new Circle(0, 0, i + 1);
    for (int i = 0; i < 15; i++)
```

```
            cout << arrMix[i] -> area() << endl;
        char c; cin >> c;
}
```

程序的运行结果如图 17.3 所示,虚函数调用关系如图 17.4 所示。

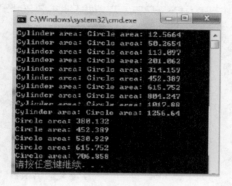

图 17.3　程序的运行结果

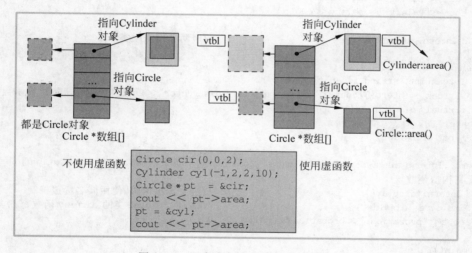

图 17.4　程序实例中虚函数调用关系

17.2.3　虚析构函数

析构函数的作用是在对象撤销之前做必要的"清理现场"的工作。当派生类的对象从内存中撤销时,一般先调用派生类的析构函数,然后再调用基类的析构函数。

但是,如果用 new 运算符建立了临时对象,若基类中有析构函数,并且定义了一个指向该基类的指针变量。在程序用带指针参数的 delete 运算符撤销对象时,会发生下列情况:系统会只执行基类的析构函数,而不执行派生类的析构函数。如果希望能执行派生类的析构函数,则要求将基类的析构函数声明为虚析构函数。此时,对象析构时执行顺序为:先调用派生类的析构函数,再调用基类的析构函数。下面结合例 17.4 来说明虚析构函数的使用和特点。

例 17.4　虚析构函数的应用方法举例。

```
# include < iostream >
# include < string >
using namespace std;
```

```
class Employee                                //声明 Employee 类
{
public:
    Employee(int, string,float);
    //这里直接使用了正确的写法,定义虚析构函数
    virtual ~Employee(){cout <<"executing employee destructor"<< endl;}  //定义类析构函数
    virtual void display();
private:
    int num;
    string name;
    float salary;
};
Employee::Employee(int n, string nam,float s)    //定义构造函数
{   num = n;
    name = nam;
    salary = s;
}
void Employee::display()                        //定义输出函数
{   cout << endl <<"num:"<< num << endl;
    cout <<"name:"<< name << endl;
    cout <<"salary:"<< salary << endl;
}
class Intern:public Employee                    //声明公用派生类 Intern
{
public:
    Intern(int, string,float,float);
    virtual ~Intern(){cout <<"executing intern destructor"<< endl;}  //定义类析构函数
    virtual void display();
private:
    float probation;
};
Intern::Intern(int n, string nam,float s,float p):Employee(n,nam,s),    probation(p){ }
//定义构造函数
void Intern::display()                          //定义输出函数,使用同名覆盖机制
{   Employee::display();                        //调用 Employee 类的 display 函数
    cout <<"probation:"<< probation << endl;
}
int main()
{   Employee * p = new Intern(20130023, "Jaime", 1900, 3);   //用 new 开辟动态存储空间
    delete p;                                //用 delete 释放动态存储空间
    return(0);
}
```

p 是指向基类的指针变量,指向 new 开辟的动态存储空间,希望用 delete 释放 p 所指向的空间。但运行结果为:

```
executing employee destructor
```

此结果表示只执行了基类 employee 析构函数,而没有执行派生类 Intern 的析构函数。如果希望能执行派生类 Intern 析构函数,就必须将基类的析构函数声明为虚析构函数。如下所示:

```
virtual ~employee(){cout <<"executing employee destructor"<< endl;}
```

通过上述分析,对虚析构函数使用可以总结如下两点规则:

(1) 当基类的析构函数为虚函数时,无论指针指的是同一类族中的哪一个类对象,系统会采用动态关联,调用相应的析构函数,对该对象进行清理工作。

（2）如果将基类的析构函数声明为虚函数时，由该基类所派生的所有派生类的析构函数也都自动成为虚函数。因此，良好的编程素养是即使基类并不需要析构函数，也显式地定义一个函数体为空的虚析构函数，以保证在撤销动态分配空间时能得到正确的处理。

17.2.4 多重继承中的虚函数

虚函数具有传递性，具有虚函数的基类指针可以指向它的派生类，也可以指向它的派生类的派生类，它们都具有动态特性。为了实现多重继承中虚函数的传递性，在派生时，需要采用 public 继承方式，否则无法实现虚函数特性。另外，多重继承中，需要采用虚基类（virtual）的继承关系。

例 17.5 为了综合说明虚基类和虚函数的应用，下面列举了一个多重继承下的虚函数使用情况。在该应用中实现了一个公共基类 CPerson。CStudent 和 CTeacher 采用了公有继承虚基类的方式。CTeacherAndStudent 类则是一个多继承类，它属于 CPerson 的二级派生类。对所有这些类来说，Show()函数都是虚函数，具有虚特性。

```cpp
//filename:example_4_5_student.h
#ifndef __EXAMPLE_4_5_STUDENT_H__
#define __EXAMPLE_4_5_STUDENT_H__
#include <iostream>
using namespace std;

class CPerson
{
public:
    CPerson(char * lpszName, char * lpszSex);
    virtual void Show() const;                      //申明 Show()是虚函数
protected:
    char * m_lpszName;
    char * m_lpszSex;
};

class CStudent: virtual public CPerson
{
public:
    CStudent(char * lpszName, char * lpszSex,   int iNumber);
    void Show() const;
protected:
    int m_iNumber;
};

class CTeacher: virtual public CPerson
{
public:
    CTeacher(char * lpszName, char * lpszSex,   double dSalary);
    void Show() const;
protected:
    double m_dSalary;
};

class CTeacherAndStudent: public CStudent, public CTeacher
{
public:
    CTeacherAndStudent(char * lpszName, char * lpszSex, double dSalary, int iNumber);

    void Show() const;
```

```
};

void TestReference(const CPerson &rCPerson);

#endif

//FILENAME:EXAMPLE_4_5_student.cpp
#include "example_4_5_student.h"

CPerson::CPerson(char * lpszName, char * lpszSex)
{
    m_lpszName = lpszName;
    m_lpszSex = lpszSex;
}

void CPerson::Show() const                    //基类 CPerson 的虚函数 Show()实现
{
    cout << m_lpszName << "|" << m_lpszSex << endl;
}

CStudent::CStudent(char * lpszName,           //姓名
        char * lpszSex,                       //性别
        int iNumber                           //学号
        ) : CPerson(lpszName, lpszSex)
{
    m_iNumber = iNumber;
}

//虚函数的具体实现
void CStudent::Show() const                   //重新定义 CStudent 类中的虚函数 Show()
{
    cout << m_lpszName << "|" << m_lpszSex << "|" << m_iNumber << endl;
}

CTeacher::CTeacher(char * lpszName,  char * lpszSex,  double dSalary) : CPerson(lpszName,
lpszSex)
{
    m_dSalary = dSalary;
}

void CTeacher::Show() const                   //重新定义 CTeacher 类中的虚函数 Show()
{
    cout << m_lpszName << "|" << m_lpszSex << "|" << m_dSalary << endl;
}

CTeacherAndStudent::CTeacherAndStudent(char * lpszName,  char * lpszSex,  double dSalary, int
iNumber) : CTeacher(lpszName, lpszSex, dSalary), CStudent(lpszName, lpszSex, iNumber), CPerson
(lpszName, lpszSex)
{ }

void CTeacherAndStudent::Show() const         //重新定义虚函数 Show()
{
    cout << m_lpszName << "|" << m_lpszSex << "|" << m_iNumber << "|" << m_dSalary << endl;
}

void TestReference(const CPerson &rCPerson)
{
    rCPerson.Show();
```

```
}

//FEILENAME MAIN.CPP
#include "example_4_5_student.h"
void main()
{
    CPerson oCPerson("李明","男");
    CStudent oCStudent("王磊","男",20050101);
    CTeacher oCTeacher("张楚","女",5000);
        //初始化派生类对象
    CTeacherAndStudent oCTeacherAndStudent("赵晗", "女", 400, 20050202);

    cout <<"\n1:以 CPerson 方式调用 ---- "<< endl;
    TestReference(oCPerson);
    TestReference(oCStudent);
    TestReference(oCTeacher);
    TestReference(oCTeacherAndStudent);
    cout <<"\n2:以 CPerson 指针调用 ---- "<< endl;
    CPerson * pCPerson;
    pCPerson = &oCPerson;
    pCPerson -> Show();                        //调用 pCPerson 类中的 Show()
    pCPerson = &oCStudent;                     //指向另一对象
    pCPerson -> Show();                        //调用 CStudent 中的 Show()
    pCPerson = &oCTeacher;                     //指向 CTeacher 对象
    pCPerson -> Show();                        //调用 CTeacher 中的 Show()
    pCPerson = &oCTeacherAndStudent;           //指向派生类 CTeacherAndStudent
    pCPerson -> Show();                        //调用 CTeacherAndStudent 中的 Show()

    cout <<"\n3:以不同类指针调用 ---- "<< endl;
    CStudent * pCStudent = &oCTeacherAndStudent;
    pCStudent -> Show();                       //调用 pCStudent 类中的 Show()
    CTeacher * pCTeacher = &oCTeacherAndStudent;
    pCTeacher -> Show();                       //调用 pCTeacher 类中的 Show()

    system("pause");
}
```

17.3 纯虚函数与抽象类

17.3.1 纯虚函数的概念

前面学习了虚函数的概念,下面进一步介绍纯虚函数的概念。所谓纯虚函数(pure virtual function)是指没有函数体的虚函数,即纯虚函数是在声明虚函数时被"初始化"为 0 的函数。因此,声明纯虚函数的一般形式如下。

```
virtual 函数类型 函数名 (参数表列) = 0;
```

例如:

```
virtual float area()const = 0;                    //纯虚函数
```

从声明格式可以看出,纯虚函数具有如下特点:

(1) 纯虚函数没有函数体。

(2) 最后面的"＝0"并不表示函数返回值为 0,它只起形式上的作用,告诉编译系统"这是纯虚函数"。

(3) 这是一个声明语句,最后应有分号。

纯虚函数只有函数的名字而不具备函数的功能,不能被调用。

例如,假设有一个基类 Point,并且有直接派生类 Circle 和间接派生类 Cylinder。对于基类 Point,实际上没有必要有求面积的 area() 函数,因为"点"是没有面积的。但对于直接派生类 Circle 和间接派生类 Cylinder 来说,都需要有 area 函数,而且这两个 area() 函数的功能不同,一个是求圆面积,一个是求圆柱体表面积。

按照前面学习的虚函数技术,可以在基类 Point 中加一个 area 函数,并声明为纯虚函数:

```
virtual float area()const = 0;
```

其实,在基类中并不使用这个函数,可以不写函数体,只给出函数的原型。然后,分别在直接派生类 Circle 和间接派生类 Cylinder 中,再对函数 area() 定义不同的计算功能。

综述所述,纯虚函数的作用是在基类中为其派生类保留一个函数的名字,以便派生类根据需要对它进行定义。因为如果在基类中没有保留函数名字,则无法实现多态性。如果在一个类中声明了纯虚函数,而在其派生类中没有对该函数定义,则该虚函数在派生类中仍然为纯虚函数。

17.3.2 抽象类

在 C++ 等面向对象程序设计中,有一些类是不用来生成对象的。定义它们的目的是给用户提供一种基本类型,使得用户在基本类型的基础上,根据用户需要,再分别定义出功能各异的派生类。然后,用这些派生类去构建对象。

于是,C++ 又引入一个新概念——抽象类(abstract class)。所谓抽象类是不用来定义对象而只作为一种基本类型用作继承的类。因为抽象类常用作基类继承,所以也称为抽象基类(abstract base class)。

那么,哪些类是抽象基类呢?凡是包含纯虚函数的类都是抽象类。因为纯虚函数是不能被调用的,包含纯虚函数的类是无法建立对象的。

抽象类的作用是作为一个类族的共同基类,或者说,为一个类族提供一个公共接口。因为虽然抽象类不能定义对象(或者说抽象类不能实例化),但是可以定义指向抽象类数据的指针变量。当派生类成为具体类之后,就可以用这种指针指向派生类对象,然后通过该指针调用虚函数,实现多态性的操作。

如果在抽象类所派生出的新类中,对基类的所有纯虚函数进行了重新定义,那么这些函数就被赋予了功能,可以被调用。这个派生类就不是抽象类,而是可以用来定义对象的具体类(concrete class)。如果在派生类中没有对所有纯虚函数进行定义,则此派生类仍然是抽象类,不能用来定义对象。因此,一个类层次结构中也可不包含任何抽象类,每层都是具体类。但是,在实际面向对象软件系统,其层次结构的顶部是一个抽象类,甚至顶部有好几层都是抽象类。

17.3.3 应用实例

为了进一步体会多态性、虚函数和纯虚函数,以及抽象类的概念,下面列举一个更加全面的程序实例来介绍说明。

例 17.6 假设有一个类 Point(点)、以此为基础,派生出直接派生类 circle(圆)类,间接派生类 Cylinder (圆柱体)类的层次结构。为了引入纯虚函数和抽象基类等概念。类的层次结构的顶层是抽象基类 Shape(形状)，这样将类 Point 也作为类 Shape 的直接派生类。程序中类之间的层次关系和属性如图 17.5 所示。

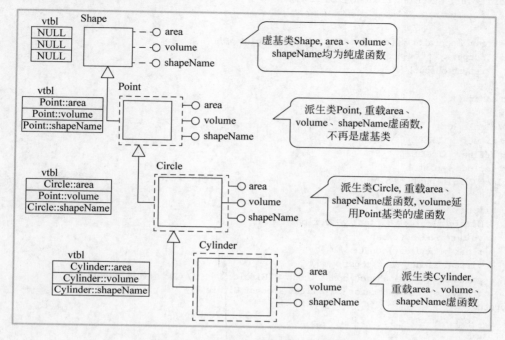

图 17.5　例 17.6 中的类层次关系和属性

```
//shape.h
# ifndef __SHAPE__
# define __SHAPE__
# include < iostream >
using namespace std;
class Shape                                    //声明抽象基类 Shape
{
public:
    virtual float area()const {return 0.0;}    //虚函数
    virtual float volume()const {return 0.0;}  //虚函数
    virtual void shapeName()const = 0;         //纯虚函数
};
# endif

//point.h
# ifndef __POINT__
# define __POINT__
# include "shape.h"
class Point:public Shape                       //Point 是 Shape 的公用派生类
{public:
    Point(float = 0,float = 0);
    void setPoint(float ,float); float getX()const {return x;}float getY()const {return y;}
    virtual void shapeName()const {cout <<"Point:";}  //对虚函数进行再定义
    friend ostream & operator <<(ostream &,const Point &);
protected:
    float x,y;
};
Point::Point(float a,float b)
```

```
{    x = a; y = b;
}
void Point::setPoint(float a, float b)
{    x = a; y = b;
}
ostream & operator <<(ostream &output, const Point &p)
{    output <<"["<< p. x <<", "<< p. y <<"]";
     return output;
}
# endif


//circle. h
# ifndef __CIRCLE__
# define __CIRCLE__
# include "point. h"
class Circle:public Point                          //声明 Circle 类
{
public:
     Circle(float x = 0, float y = 0, float r = 0);
     void setRadius(float);
     float getRadius()const;
     virtual float area()const;
     virtual void shapeName()const {cout <<"Circle:";}    //对虚函数进行再定义
     friend ostream &operator <<(ostream &, const Circle &);
protected:
     float radius;
};

Circle::Circle(float a, float b, float r):Point(a, b), radius(r){}
void Circle::setRadius(float r){radius = r;}
float Circle::getRadius()const {return radius;}
float Circle::area()const {return 3. 14159 * radius * radius;}
ostream &operator <<(ostream &output, const Circle &c)
{    output <<"["<< c. x <<", "<< c. y <<"], r = "<< c. radius;
     return output;
}
# endif


//cylinder. h
# ifndef __CYLINDER__
# define __CYLINDER__
# include "circle. h"
class Cylinder:public Circle                        //声明 Cylinder 类
{
public:
     Cylinder(float x = 0, float y = 0, float r = 0, float h = 0);
     void setHeight(float);
     virtual float area()const;
     virtual float volume()const;
     virtual void shapeName()const {cout <<"Cylinder:";} //对虚函数进行再定义
     friend ostream& operator <<(ostream&, const Cylinder&);
protected:
     float height;
};
Cylinder::Cylinder(float a, float b, float r, float h):Circle(a, b, r), height(h){}
void Cylinder::setHeight(float h){height = h;}
float Cylinder::area()const
{
```

```
        return 2 * Circle::area() + 2 * 3.14159 * radius * height;
    }
    float Cylinder::volume()const{return Circle::area() * height;}
    ostream &operator <<(ostream &output,const Cylinder& cy)
    {
        output <<"["<< cy.x <<","<< cy.y <<"], r = "<< cy.radius <<", h = "<< cy.height;
        return output;
    }
    #endif

    //smain.cpp
    include < iostream >
    # include "cylinder.h"
    using namespace std;

    int main()
    {   Point point(3.2,4.5);                       //建立 Point 类对象 point
        Circle circle(2.4,1.2,5.6);                 //建立 Circle 类对象 circle
        Cylinder cylinder(3.5,6.4,5.2,10.5);        //建立 Cylinder 类对象 cylinder
        point.shapeName();                          //静态关联
        cout << point << endl;
        circle.shapeName();                         //静态关联
        cout << circle << endl;
        cylinder.shapeName();                       //静态关联
        cout << cylinder << endl << endl;
        Shape * pt;                                 //定义基类指针
        pt = &point;                                //指针指向 Point 类对象
        pt -> shapeName();                          //动态关联
        cout <<"x = "<< point.getX()<<",y = "<< point.getY()<< endl;
        cout <<"area = "<< pt -> area()<< endl;
        cout <<"volume = "<< pt -> volume()<< endl << endl;
        pt = &circle;                               //指针指向 Circle 类对象
        pt -> shapeName();                          //动态关联
        cout <<"x = "<< circle.getX()<<",y = "<< circle.getY()<< endl;
        cout <<"area = "<< pt -> area()<< endl;
        cout <<"volume = "<< pt -> volume()<< endl << endl;
        pt = &cylinder;                             //指针指向 Cylinder 类对象
        pt -> shapeName();                          //动态关联
        cout <<"x = "<< cylinder.getX()<<",y = "<< cylinder.getY()<< endl;
        cout <<"area = "<< pt -> area()<< endl;
        cout <<"volume = "<< pt -> volume()<< endl << endl;
        return 0;
    }
```

程序运行结果如下：

```
Point:[3.2,4.5](Point 类对象 point 的数据:点的坐标)
Circle:[2.4,1.2], r = 5.6 (Circle 类对象 circle 的数据:圆心和半径)
Cylinder:[3.5,6.4], r = 5.2, h = 10.5 (Cylinder 类对象 cylinder 的数据：圆心、半径和高)
Point:x = 3.2,y = 4.5 (输出 Point 类对象 point 的数据:点的坐标)
area = 0 (点的面积)
volume = 0 (点的体积)
Circle:x = 2.4,y = 1.2 (输出 Circle 类对象 circle 的数据:圆心坐标)
area = 98.5203 (圆的面积)
volume = 0 (圆的体积)
Cylinder:x = 3.5,y = 6.4 (输出 Cylinder 类对象 cylinder 的数据:圆心坐标)
area = 512.959 (圆柱体的表面积)
volume = 891.96 (圆柱的体积)
```

通过分析上述程序,可以进一步明确以下结论:

(1) 一个基类如果包含一个或一个以上纯虚函数就是抽象基类。抽象基类不能也不必要定义对象。抽象基类是用来定义本类族的公共接口的,或者说,从同一基类派生出的多个类有同一接口。因此,抽象基类体现了本类族中各类的共性,把各类中共有的成员函数集中在抽象基类中声明。

(2) 抽象基类与普通基类不同,它一般并不是现实存在对象的抽象(例如圆形 Circle 就是许多实际圆的抽象),它可以没有任何物理上的或其他实际意义方面的含义。

(3) 在类的层次结构中,顶层或最上面的几层可以是抽象基类。如果在基类声明了虚函数,则在派生类中凡是与该函数有相同的函数名、函数类型、参数个数和类型的函数,均为虚函数(不论在派生类中是否用 virtual 声明)。

17.4　综合程序举例

在第 16 章的综合程序应用的基础上,对"犀利人事管理系统"进行功能扩展和修改。要求如下:

(1) 在 4 个类中分别定义一个同名函数(PAY())来计算 4 类人员的工资,并要求在 main()函数中,采用指向基类指针变量来调用这 4 个类中的 PAY()函数。

(2) 在公司员工的要求下,公司对员工工资每隔一年就调级。4 类岗位的调级方法不同,具体上浮多少工资由程序员来确定。建议:采用升级函数 promote(参数)来实现,考虑不同类中 promote(参数)的功能不同,因此,可以在基类中将 promote 声明为虚函数,用多态性来实现程序功能。

本章小结

本章重点是学习如何通过虚函数来实现动态多态性。多态性是 C++语言的又一重要特性。函数和运算符重载等主要体现了 C++的静态多态性。而虚函数是实现动态多态性。使用虚函数可以提高程序的可扩充性,使得类的声明与类的使用分离。例如,软件开发商设计了各种各样的类,但不向用户提供源代码,用户可以不知道类是怎样声明的,但是可以使用这些类来派生出自己的类。利用虚函数和多态性,程序员的注意力集中在处理普遍性,而让执行环境处理特殊性。多态性把操作的细节留给类的设计者(多为专业人员)去完成,而让程序员(类的使用者)只需要做一些宏观性的工作,告诉系统做什么,而不必考虑怎么做,极大地简化了应用程序的开发工作。

另外,在虚函数概念的基础上,进一步引入了纯虚函数和抽象基类的概念,充分地体现了 C++的抽象性特点。

练习 17

1. 阅读 17.4 节综合程序代码,梳理出程序结构,结合本章的知识点,体会该程序应该了哪些知识点? 如何使用的?

2. 在 C++语言中,能否声明虚构造函数? 为什么? 能否声明虚析构函数? 有何用途?

3. 什么叫作抽象类? 抽象类有何作用? 抽象类的派生类是否一定要给出纯虚函数?

4. 分析虚函数与函数重载的区别。

5. 分析程序的运行结果

(1)

```cpp
#include<iostream>
using namespace std;
class B
{
    public:
        B(int i){b=i+50;show;}
        B(){}
        virtual void show()
        {
            cout<<"B::show() called. "<<b<<endl;
        }
    protected:
        int b;
};
class D: public B
{
    public:
        D(int i){ d=i+100; show(); }
        D(){ }
        void show()
        {
            cout<<" D::show() called."<<d<<endl;
        }
    protected:
        int d;
};
void main()
{
    D d1(108);
}
```

(2)

```cpp
#include<iostream>
using namespace std;
class A
{
    public:
        A() { ver='A'; }
        void print() { cout<<"The A version :"<<ver<<endl; }
    protected:
        char ver;
};
class D1: public A
{
    public:
        D1(int number) { info=number; ver='1'; }
        void print()
        { cout<<"The D1 info: "<<info<<"version"<<ver<<endl; }
    private:
        int info;
};
class D2:public A
```

```
    {
        public:
            D2(int  number)  {   info = number;   }
            void   print()
            {   cout <<"The   D2   info:  "<< info <<"version"<< ver << endl;     }
        private:
            int   info;
    };
    class D3:public   D1
    {
        public:
            D3(int number):D1(number)
            {
                info = number;
                ver = '3';
            }
            void   print()
            {   cout <<"The   D3   info:  "<< info <<"version"<< ver << endl;     }
        private:
            int info;
    };
    void print_info(A   * p)
    {
        p -> print();
    }
    void main()
    {
        A a;
        D1   d1(4);
        D2   d2(100);
        D3   d3( - 25);
        print_info(&a);
        print_info(&d1);
        print_info(&d2);
        print_info(&d3);
    }
```

6. 声明一个哺乳动物 Mammal 类,再由此派生出狗 Dog 类,二者都定义 Speak()成员函数,基类中定义为虚函数。声明一个 Dog 类的对象,调用 Speak()函数,观察运行结果。

7. 应用抽象类,求圆、圆内接正方形和圆外切正方形的面积和周长。

8. 声明一个 Shape 抽象类,在此基础上派生出 Rectangle 和 Circle 类,二者都有 GetArea()函数计算对象的面积,GetPerim()函数计算对象的周长。给定部分程序代码,根据题意要求和基类代码,完成整个程序。

```
# include < iostream >
using namespace std;
class Sharp
{
public:
 Sharp(){}
 ~Sharp(){}
 virtual float GetArea() = 0;
 virtual float GetPerim() = 0;
};
```

第18章

输入输出流

数据的输入与输出是应用程序的重要组成部分。程序数据的输入是从输入设备或文件将数据传送给程序中的变量或对象；程序数据的输出是将程序中对象或变量数据传送给输出设备或文件。前面主要学习了如何通过键盘和显示器等标准输入输出（I/O）设备进行程序数据输入输出的相关函数的使用方法。本章将通过输入输出"流对象"概念，深入分析 C++标准 I/O。除了以标准输出或输入设备为对象进行输入和输出外，还经常使用磁盘文件作为输入输出对象。磁盘文件既可以作为输入文件，也可以作为输出文件。另外，在 C++中，字符串流也可作为输出输入流对象。

18.1　C++的输入和输出流类

18.1.1　C++输入输出的类别和特点

对于一个 C++应用程序，数据输入输出包含下列 3 种类别：

（1）系统标准设备的输入和输出（标准 I/O）。从键盘输入数据或输出到显示器。

（2）磁盘文件的输入和输出（文件 I/O）。从磁盘文件输入或输出数据到磁盘文件。

（3）内存中指定的空间进行输入和输出（字串 I/O）：通常指定一个字符数组作为存储空间（该空间可存储任何信息），并利用该空间进行程序数据的输入或输出，提升 I/O 速度。

另外，C++的输入输出操作具有如下特点：

（1）具有类型安全性。C++输入输出语句在编译时，系统对数据类型进行严格的检查，凡是类型不正确的数据都不可能通过编译。即所谓 C++的 I/O 操作是类型安全（type safe）的。而在 C 语言中，用 printf 和 scanf 进行输入输出，往往不能保证所输入输出的数据是可靠的、安全的。

（2）I/O 操作的可扩展性。C++的 I/O 操作不仅可以用来输入输出标准类型的数据，也可以用于用户自定义类型的数据。通过前面介绍的运算符重载机制，使得 C++对标准类型的数据和对用户自定义类型数据的输入输出可以采用同样的方法处理，即 C++的 I/O 操作具有可扩展性。

18.1.2　C++输入输出流及其流类

1．输入输出流的概念

C++的输入输出"流"是指由若干字节组成的字节序列。这些字节中的数据按顺序从一个对象传送到另一对象。因此,"流"概念的外延表示信息的字节序列从源端到目的端的流动过程;而"流"概念的内涵表示在内存中为每一个数据流开辟一个内存缓冲区,流是与内存缓冲区相对应的,或者说,缓冲区中的数据就是流。在输入操作时,字节流从输入设备(如键盘、磁盘)流向内存的缓冲区。在输出操作时,字节流从内存的缓冲区中流向输出设备(如屏幕、打印机、磁盘等)。流中的内容可以是 ASCII 字符、二进制等形式的各种编码形式的数据。

2. C++的输入输出流类

C++系统提供了丰富的 I/O 类库。应用程序可以调用库中的不同类来实现不同的功能。在 C++中,输入输出流被定义为类。C++的 I/O 库中的类称为流类(stream class)。用流类定义的对象称为流对象。例如,cout 和 cin 就是 iostream 类中构建的全局对象。因此,使用 cout 和 cin 进行操作不是 C++语言中提供的语句,而是调用全局对象来实现。

(1) iostream 类库中常用类。

C++编译系统提供了用于输入输出的 iostream 类库。该类库中包含许多用于输入输出的类。表 18.1 归纳了一些 C++常用的 I/O 类,其继承层次如图 18.1 所示。

表 18.1　I/O 库中的常见流类

类　　名	作　　用	申明的头文件
ios	抽象基类	iostream
istream	通用输入流和其他输入流的基类	iostream
ostream	通用输出流和其他输出流的基类	iostream
iostream	通用输入输出流和其他输入输出流的基类	iostream
ifstream	输入文件流类	fstream
ofstream	输出文件流类	fstream
fstream	输入输出文件流类	fstream
istrstream	输入字串流类	strstream
ostrstream	输出字串流类	strstream
strstream	输入输出字串流类	strstream

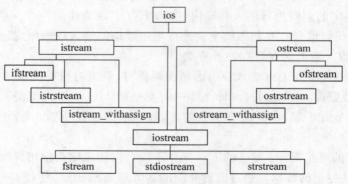

图 18.1　ios 类簇的继承层次关系

其中:ios 是抽象基类,直接派生出 istream 类和 ostream 类。iostream 类是从 istream 类和 ostream 类通过多重继承而派生的类。C++对文件的输入输出需要用 ifstream 和 ofstream 类。ifstream 支持对文件的输入操作;ofstream 支持对文件的输出操作。类 ifstream 继承了类 istream;类 ofstream 继承了类 ostream;类 fstream 继承了类 iostream。另外,I/O 类库中还有后面将要介绍字串流类 istrstream 和 ostrsttream 等。

（2）iostream 类库相关的头文件。

头文件是应用程序与标准类库的接口。iostream 类库中不同类的声明被放在不同的头文件中。或者说，iostream 类库的接口是分别采用不同的头文件来实现。C++常用的 I/O 操作的头文件如下。

① iostream 头文件，包含对输入输出流进行操作所需的基本信息。

② fstream 头文件，包含用户管理文件的 I/O 操作。

③ strstream 头文件，包含字符串流 I/O 操作。

④ stdiostream 头文件，包含使用 C 和 C++的 I/O 操作机制。

⑤ iomanip 头文件，包含格式化 I/O 操作。

注意：上述头文件都没有带扩展名（*.h）。这是新版的标准化 C++头文件写法。带扩展名（例如 iostream.h）是 VC 6.0 及以前旧版本的写法。

（3）iostream 中定义的流对象。

在上述诸多头文件中，最常见的是 iostream 头文件，它包含了对输入输出流进行操作所需的基本信息。因此，大多数 C++编译系统都包括 iostream。在 iostream 头文件中不仅声明了相关的 I/O 类，还定义了多种全局的流对象。例如，cin 为标准输入流对象，键盘为其对应的标准设备；cout 为标准输出流对象，显示器为标准设备；cerr 和 clog 为标准错误输出流，输出设备是显示器；cerr 为非缓冲区流；clog 为缓冲区流，一旦错误发生立即显示。

（4）iostream 头文件中的运算符重载。

"<<"和">>"运算符在 C++中基本操作为"左位移"运算符和"右位移"运算符。但在 iostream 头文件中对它们进行了重载，使得这两个运算符能用作标准类型数据的输入和输出操作。因此，只要在应用程序中用♯include "iostream"语句，就可以直接使用运算符的重载功能来直接对标准类型的数据进行 I/O 操作。例如，采用 ostream operator << (int)语句就可以向输出流插入一个 int 数据。因此，在 iostream 类中已将运算符">>"和"<<"重载为对以下标准类型的提取运算符：char, signed char, unsigned char, short, unsigned short, int, unsigned int, long, unsigned long, float, double, long double, char * , signed char * , unsigned char * 等。另外"<<"运算符除了以上的标准类型外，还增加了一个 void * 类型。

如果想将"<<"和">>"用于用户自定义类型数据的 I/O 操作，就不能简单地采用包含 iostream 头文件，必须由程序设计者采用前面介绍运算符重载方法来对"<<"和">>"进行重载。这一点在后面章节将详细介绍。

18.2　标准的输出流输入流

前面介绍了 C++的输出输入基本概念和特点。下面就具体分析 C++的标准输出流和输入流的相关类和对象。

18.2.1　标准输出流

C++在 iostream 头文件中不仅定义了标准输出流类以及输出流对象，还定义了需要输出操作函数。另外，还在 iomanip 头文件中定义了输出操作控制格式和标识符等。下面就这些内容进行详细介绍。

1. 标准输出流对象

ostream 类定义了如下 3 个输出流对象：

（1）cout 流对象。cout(console output 的缩写)是 ostream 流类在 iostream 文件中构建的全局对象。使用"cout <<"输出基本类型的数据时，系统会判断输出数据的类型，选择调用与之匹配的运算符重载函数进行输出操作。cout 流对象在内存中对应开辟了一个缓冲区，用来存放流中的数据。

（2）cerr 流对象。标准错误流，已被关联显示器，其作用是向标准错误设备(standard error device)输出有关出错信息。cerr 与标准输出流 cout 用法根本不同之处为：cout 流通常是传送到显示器输出，但也可以被重定向输出到磁盘文件；而 cerr 流中的信息只能在显示器输出，不能被重定向。一般在调试程序时，往往不希望程序运行时的出错信息被送到其他文件，只是在显示器上及时输出，这时用 cerr 比 cout 更适合。

（3）clog 流对象。也是标准错误流，是 console log 的缩写。作用是在终端显示器上显示出错信息，这一点和 cerr 相同。差别是：cerr 是不经过缓冲区，直接向显示器上输出有关信息，而 clog 中的信息先存放在缓冲区中，然后输出。

下面通过一个程序实例来说明 cout 流对象和 cerr 流对象的使用方法及其差别。

例 18.1 cout 流对象和 cerr 流对象的使用方法及其差别示例。

```cpp
# include < iostream >
# include < fstream >
using namespace std;

void TestWide()
{
    int i = 0;
    cout << "Enter a number:";
    cin >> i;
    cerr << "test2 for cerr" << endl;
    clog << "test2 for clog" << endl;
}

int main()
{
    int i = 0;
    cout << "Enter a number:";
    cin >> i;
    cerr << "test1 for cerr" << endl;
    clog << "test1 for clog" << endl;
    TestWide();
}
```

程序的运行结果如图 18.2 所示。

提问：如果将上述程序运行结果定向到磁盘文件，显示器输出结果有什么不同？

2. 格式输出

在输出数据时，有时希望程序数据按指定的格式输出。有两种方法可以达到此目的：一种方法是使用控制符的方法；另一种方法是使用流对象的有关成员函数。

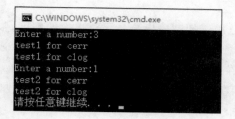

图 18.2　例 18.1 的程序运行结果

（1）使用控制符控制输出格式。

在头文件 iomanip 中定了不同的格式控制符（见表 18.2），使用控制符就可以实现按照指定的格式输出数据。因此，在程序中如果使用这些格式控制符，就需要包含 iomanip 头文件。下面通过程序实例来说明这些格式控制符使用。

表 18.2　控制符控制输出输入格式

控　制　符	作　　用
dec	设置整数的基数为 10
hex	设置整数的基数为 16
oct	设置整数的基数为 8
setbase(n)	设置整数的基数为 n（n 只能是 16,10,8 之一）
setfill(c)	设置填充字符 c,c 可以是字符常量或字符变量
setprecision(n)	设置实数的精度为 n 位。在以日常十进制小数形式输出时，n 代表有效数字。在以 fixed（固定小数位数）形式和 scientific（指数）形式输出时，n 为小数位数
setw(n)	设置字段宽度为 n 位
setiosflags(ios::fixed)	设置浮点数以固定的小数位数显示
setiosflags(ios::scientific)	设置浮点数以科学记数法（即指数形式）显示
setiosflags(ios::left)	输出数据左对齐
setiosflags(ios::right)	输出数据右对齐
setiosflags(ios::shipws)	忽略前导的空格
setiosflags(ios::uppercase)	在以科学记数法输出 E 和十六进制输出字母 X 时，以大写表示
setiosflags(ios::showpos)	输出正数时，给出"＋"号
resetiosflags	终止已设置的输出格式状态，在括号中指定内容

对表中的控制符的解释如下：

① setw(int n)　预设输出宽度。如：

```
cout << setw(6)<< 123 << endl;
```

输出结果为"　　　123"，在 123 的前面会有 3 个空格，123 右对齐。

② setfill(char c)　预设填充字符。如：

```
cout << setfill('＃')<< 123 << endl;
```

输出显示结果为"＃＃＃123"，123 右对齐，在前面填充 3 个 '＃'。

③ setbase(int n)　预设整数输出进制。如：

```
cout << setbase(8)<< 255 << endl;
```

输出显示结果为 377

④ setprecision(int n)　用于控制输出流显示浮点数的精度,整数 n 代表显示的浮点数数字的个数。但需要特别注意:setprecision(n)和 setiosflags(ios::scientific)结合使用时,setprecision(n)表示浮点数在用指数形式输出时小数位数。在和 setiosflags(ios::fixed)结合使用时,setprecision(n)表示在固定的小数形式输出时小数的位数(VS2012 编译器)。下面通过实例程序来说明使用方法。

例 18.2　通过控制符控制输出精度格式。

```
# include < iostream >
# include < iomanip >                                  //格式控制
using namespace std;

void main()
{
    double amount = 22.0 / 7;
    cout << amount << endl;                            //(1) 以默认格式输出,6 位有效数
    cout << setprecision(0) << amount << endl          //(2) 设置有效位数为 0 等于默认格式
        << setprecision(1) << amount << endl           //(3) 设置有效位数为 1
        << setprecision(2) << amount << endl           //(4) 设置有效位数为 2
        << setprecision(3) << amount << endl           //(5) 设置有效位数为 3
        << setprecision(4) << amount << endl;          //(6) 设置有效位数为 4
    cout << setiosflags(ios::fixed);
    cout << setprecision(8) << amount << endl;         //(7) 设置有效位数为 8

    cout << resetiosflags(ios::fixed);   //由于 fixed 与 scientific 不互斥,同时设置会输出出错,
                                         //所以这里取消 fixed 设置

    cout << setiosflags(ios::scientific) << amount << endl; //(8) 设置以科学计数法显示
    cout << setprecision(6);
}
```

程序的运行结果如图 18.3 所示。

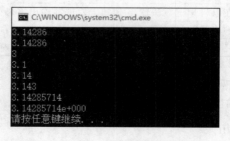

图 18.3　例 18.2 的程序运行结果

第 1 行输出数值之前没有设置有效位数,所以用流的有效位数默认设置值 6。第 2 行输出设置了有效位数 0,C++最小的有效位数为 1,所以使用默认设置为 6 来处理。第 3~6 行输出按设置的有效位数输出。第 7 行输出是与 setiosflags(ios::fixed)合用。所以 setprecision(8)设置的是小数点后面的位数,而非全部数字个数。第 8 行输出用 setiosflags(ios::scientific)来表示指数表示的输出形式,其有效位数沿用上次的设置值 8 仍输出 8 位小数位。

(2) 通过流对象的成员函数控制输出格式。

在流对象 cout 中定义了多种控制格式输出的成员函数(见表 18.3)。通过调用成员函数也可以控制程序数据的输出格式。其中,成员函数 setf 和控制符 setiosflags 括号中的参数表示格式状态,它是通过格式标志来指定的。格式标志在类 ios 中被定义为枚举值。因此在引用这些格式标志时要在前面加上类名 ios 和域运算符"::"。格式标志如表 18.4 所示。

表 18.3　流对象的控制输出格式成员函数

流成员函数	与之作用相同的控制符	作　　用
precision(n)	setprecision(n)	设置实数的精度为 n 位
width(n)	setw(n)	设置字段宽度为 n 位
fill(c)	setfill(c)	设置填充字符 c
setf()	setiosflags()	设置输出格式状态,括号中应给出格式状态,内容与控制符 setiosflags 括号中内容相同
unsetf()	resetiosflags()	终止已设置的输出格式状态

表 18.4　设置格式状态的格式标志

格　式　标　志	作　　用
ios::left	输出数据在本域宽范围内左对齐
ios::right	输出数据在本域宽范围内右对齐
ios::internal	数值的符号位在域宽内左对齐,数值右对齐,中间由填充字符填充
ios::dec	设置整数的基数为 10
ios::oct	设置整数的基数为 8
ios::hex	设置整数的基数为 16
ios::showbase	强制输出整数的基数(八进制以 0 打头,十六进制以 0x 打头)
ios::showpoint	强制输出浮点数的小点和尾数 0
ios::uppercase	在以科学记数法输出 E 和十六进制输出字母 X 时,以大写表示
ios::showpos	输出正数时,给出"＋"号
ios::scientific	设置浮点数以科学记数法(即指数形式)显示
ios::fixed	设置浮点数以固定的小数位数显示
ios::unitbuf	每次输出后刷新所有流
ios::stdio	每次输出后清除 stdout 和 stderr

需要特别指出的是,这些格式标志在 ios 是一个公共的枚举类型(enum)。当格式标志被全部清零时,输出流将采用默认格式显示。而当多个互斥的格式标志被同时置为 1 时,输出流将按照预设的优先级选择格式进行输出。

下面通过程序实例来说明这些格式控制符使用方法。

例 18.3　通过流对象 cout 的控制成员函数输出数据。

```
# include < iostream >
using namespace std;
int main()
{
    int a = 666;
    cout.setf(ios::showbase);          //显示基数符号(0x 或 0)
    cout << "dec:" << a << endl;       //默认以十进制形式输出 a
    cout.unsetf(ios::dec);             //终止十进制的格式设置
```

```
    cout.setf(ios::hex);                    //设置以十六进制输出的状态
    cout << "hex:" << a << endl;            //以十六进制形式输出 a
    cout.unsetf(ios::hex);                  //终止十六进制的格式设置
    char * pt = "beijing";
    cout.width(8);                          //指定域宽为 8
    cout << pt << endl;                     //输出字符串
    cout.width(8);
    cout.fill('#');                         //指定空白处以'#'填充
    cout << pt << endl;
    double pi = 22.0 / 7.0;                 //输出 pi 值
    cout.setf(ios::scientific);             //指定用科学记数法输出
    cout << "pi = ";
    cout.width(13);                         //指定域宽为 13
    cout << pi << endl;
    cout.unsetf(ios::scientific);           //终止科学记数法状态
    cout.setf(ios::fixed);                  //指定用定点形式输出
    cout.width(13);                         //指定域宽为 13
    cout.setf(ios::showpos);                //正数输出"+"号
    cout.setf(ios::internal);               //数符出现在左侧
    cout.precision(8);                      //保留位小数
    cout << pi << endl;
    return 0;
}
```

程序的运行结果如图 18.4 所示。

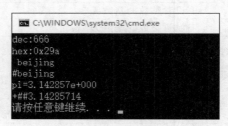

图 18.4　例 18.3 的程序运行结果

从上面的实例可以看出,对输出格式的控制,既可以用控制符(见例 18.2),也可以用 cout 流的有关成员函数(见例 18.3),二者的作用是相同的。控制符是在头文件 iomanip 中定义的,使用时必须包含 iomanip 头文件。cout 流的成员函数是在头文件 iostream 中定义的,使用时只需包含头文件 iostream,不必包含 iomanip。另外,在使用格式控制符和流函数时,还有几点需要特别注意:

① 成员函数 width(n)和控制符 setw(n)只对其后的第一个输出项有效。如果要求在输出数据时都按指定的同一域宽 n 输出,不能只调用一次 width(n),而必须在输出每一项前都调用一次 width(n)。

② 在表 18.2 中的输出格式状态是分组的,每组中同时只能选用一种(例如,dec,hex 和 oct 中只能选一)。在用成员函数 setf 和控制符 setiosflags 设置输出格式状态后,如果想改设置为同组的另一状态,应当调用成员函数 unsetf(对应于成员函数 setf)或 resetiosflags(对应于控制符 sefiosflags),先终止原来设置的状态,再设置其他状态。

3. 其他输出成员函数

iostream 类除了提供上面介绍过的用于格式控制的成员函数外,还提供了成员函数 put()。该函数的功能是输出单个字符。在程序中一般用 cout 和插入运算符"<<"实现输出,cout 流在内存中有相应的缓冲区。有时用户还有特殊的输出要求,例如只输出一个字符:"cout.put('a');"调用该函数的结果是在屏幕上显示一个字符 a。put 函数的参数可以是字符或字符的 ASCII 代码(也可以是一个整型表达式)。例如"cout.put(65 + 32);"也显示字符 a,因为 97 是字符 a 的 ASCII 代码。

可以在一个语句中连续调用 put 函数,因为 put()函数返回值是 &cout;。如:

```
cout.put(71).put(79).put('\n');
```

在屏幕上显示 GO。

18.2.2　标准输入流

标准输入流是从标准输入设备(键盘)流向程序的数据。C++在头文件 iostream 中定义了输入全局对象 cin。另外还定义了一系列流对象 cin 中的成员函数。下面分别介绍。

1. 输入流对象 cin

cin 是 istream 类中构建的全局对象。该对象是通过流提取符">>"从标准输入设备(键盘)读取数据,然后保存在程序中的变量或对象中。流提取符">>"从输入流中读取数据时,一般跳过输入流中的空格、tab 键、换行符等符号。另外,只有在输入完数据再按回车键后,该行数据才被送入缓冲区,形成输入流,提取运算符">>"才能从中提取数据。下面通过程序实例来说明输入流对象 cin 的使用方法。

例 18.4　cin 基本使用方法介绍。

(1) 用法 1:最基本,也是最常用的用法,输入一个数字。

```
#include <iostream>
using namespace std;
int main()
{
    int a, b;
    cin >> a >> b;                          //用法1: 输入数字
    cout << a + b << endl;
    return 0;
}
```

程序的运行结果如图 18.5 所示。

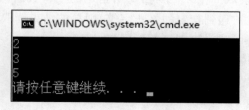

图 18.5　例 18.4 的程序运行结果(1)

（2）用法 2：接受一个字符串，遇"空格""Tab""回车"都结束。

```
# include < iostream >
using namespace std;
int main()
{
    char a[20];
    cin >> a;                           //用法 2：输入一个字符串
    cout << a << endl;
    return 0;
}
```

程序的运行结果如图 18.6 所示。

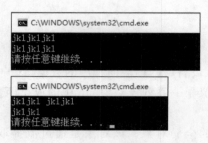

图 18.6　例 18.4 的程序运行结果（2）

2. istream 类流对象中成员函数

除了可以用 cin 输入标准类型的数据外，还可以用 istream 类的流对象中的一些成员函数，实现字符的输入。

（1）cin. get()函数。

该函数读入一个字符后，流成员函数 get 有 2 种形式：分别是无参数形式和有参数形式，3 种使用方法如下。

① 不带参数的 get()函数的调用形式为 cin. get()。

其功能是用来从指定的输入流中提取一个字符，函数的返回值就是读入的字符。若遇到输入流中的文件结束符，则函数值返回文件结束标志 EOF（End Of File）。

② 有一个参数的 get()函数调用形式为 cin. get(ch)。

其作用是从输入流中读取一个字符，赋给字符变量 ch。如果读取成功则函数返回非值（真），如失败（遇文件结束符）则函数返回值（假）。

③ 有多个参数的 get()函数调用形式为 cin. get(字符数组，字符个数 n，终止字符)。

其作用是从输入流中读取 n-1 个字符，赋给指定的字符数组（或字符指针指向的数组），如果在读取 n-1 个字符之前遇到指定的终止字符，则提前结束读取。如果读取成功则函数返回非值（真），如失败（遇文件结束符）则函数返回值（假）。

下面通过程序实例来说明这 3 种形式的使用方法。

例 18.5　用 get()函数读入字符。

```
# include < iostream >
using namespace std;
int main()
{
```

```
    char c;
    char ch[30];
    cout << "enter a sentence:" << endl;
    //读取一个字符赋给变量 c,如果成功,返回字符 ASCII 码值
    while ((c = cin.get()) != '\n')
        cout.put(c);
    cout << "\nenter a sentence again:" << endl;
    //读取一个字符赋给变量 c,如果读取成功,cin.get(c)为真
    while (cin.get(c) && c != '\n')
        cout << c;
    cout << "\nenter a sentence again:"          << endl;
    cin.get(ch, 30, '\n');          //指定换行符为终止字符
    {cout << ch << endl; }
    return 0;
}
```

程序的运行结果如图 18.7 所示。

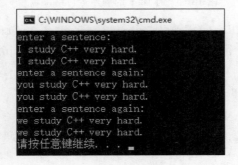

图 18.7 例 18.5 的程序运行结果

(2) cin.getline(char * a,int n, char c)函数。

getline()函数的作用是从输入流中读取一行字符,其用法与带 3 个参数的 get()函数类似。即 cin.getline(字符数组(或字符指针),字符个数 n,终止标志字符)。例如,如果下列程序设计接收一个字符串,可以接收空格并输出。使用时要包含♯include < string >。下面通过程序来说明其使用方法。

例 18.6 getline()函数的应用示例。

```
♯ include < iostream >
using namespace std;
int main(void)
{
    char m[20];
    cin.getline(m, 5);          //当第 3 个参数省略时,系统默认为'\0'
    cout << m << endl;
    return 0;
}
```

程序的运行结果如图 18.8 所示。

接收 5 个字符到 m 中,其中最后一个为'\0',所以只看到 4 个字符输出。

如果把 5 改成 20,则运行结果如图 18.9 所示。

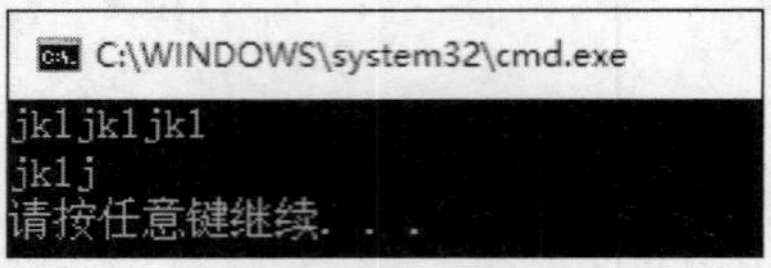

图 18.8　例 18.6 的程序运行结果(1)

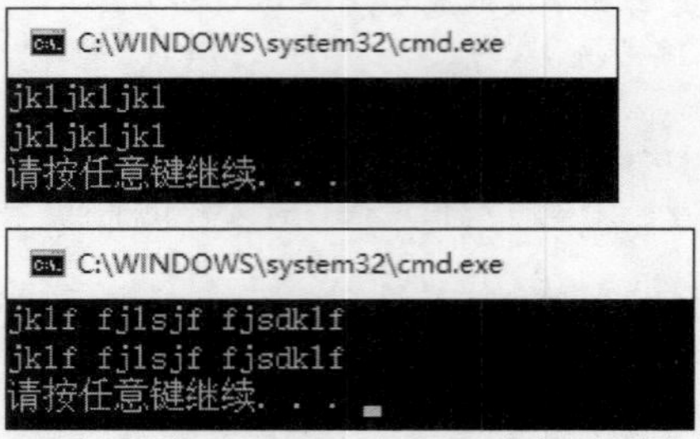

图 18.9　例 18.6 的程序运行结果(2)

如果将例子中"cin. getline( );"改为"cin. getline(m，5，'a');",当输入 jlkjkljkl 时输出
jklj,输入 jkaljkljkl 时,输出 jk。当用在多维数组时,也可以用 cin. getline(m[i],20)之类的
用法。

例 18.7　cin. getline(m[i],20)的用法示例。

```
# include < iostream >
# include < string >
using namespace std;
int main(void)
{
    char m[3][20];
    for (int i = 0; i < 3; i++)
    {
        cout << "\n 请输入第 " << i + 1 << " 个字符串: " << endl;
        cin.getline(m[i], 20);
    }
    cout << endl;

    for (int j = 0; j < 3; j++)
        cout << "输出 m[" << j << "] 的值: " << m[j] << endl;
    return 0;
}
```

程序的运行结果如图 18.10 所示。

(3) cin. ignore(int n，char c)函数。

cin. ignore( )是从输入流(cin)中提取字符,提取的字符被忽略(ignore),不被使用。每忽
略一个字符,它都要计数和比较字符。如果计数值达到 n 或者被忽略的字符 c,则 cin. ignore( )函
数执行终止;否则,它继续等待,如 ignore(5, 'A')表示跳过输入流中 5 个字符,遇'A'后就不
再跳了。它的一个常用功能就是用来清除以回车结束的输入缓冲区的内容,消除上一次输入
对下一次输入的影响。例如:"cin. ignore(1024, '\n');"通常把第一个参数设置得足够大,这
样实际上总是只有第二个参数'\n'起作用,所以这一句就是把回车(包括回车)之前的所有字

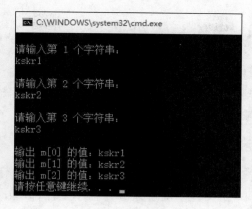

图 18.10 例 18.7 的程序运行结果

符从输入缓冲(流)中清除出去。

另外,ignore()函数也可以不带参数或只带一个参数。如 ignore()表示 n 默认值为 1,终止字符默认为 EOF。即相当于 ignore(1,EOF)。

(4) cin. peek()函数。

peek()函数的作用是观测当前流中指针指向字符。其调用形式为 c=cin. peek()。cin. peek()函数的返回值是指针指向的当前字符,但它只是观测,指针仍停留在当前位置,并不后移。如要访问字符是文件结束符,则函数值是 EOF(-1)。下面通过程序实例来说明该函数的使用方法。

例 18.8 cin. peek()函数的使用示例。

```cpp
# include < iostream >
using namespace std;
int main(void)
{
    char ch, temp;
    while (cin.get(ch)){
        temp = cin.peek();
        cout.put(temp);
    }
    return 0;
}
```

程序的运行结果如图 18.11 所示。

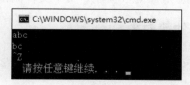

图 18.11 例 18.8 的程序运行结果

该程序设计思想大概是:先用 cin. get(ch)把 abc 输入流中 a 读取,当前流位置在 b 处。通过 temp = cin. peek()把当前流字符 b 返回给 temp,所以输出 b。然后通过循环,读取当前流位置在 c 处,再通过 temp = cin. peek()返回流的当前字符 c 给 temp,所以输出 c。

18.3　文件 I/O 操作与文件流

迄今为止,程序中的数据输入输出都是以系统指定的标准设备为对象的。但在实际应用中,常以磁盘文件作为 I/O 对象。即从磁盘文件读取数据,将数据输出到磁盘文件。本节将重点介绍文件流的输入和输出操作。

18.3.1　文件类型和文件流

所谓"文件",一般指存储在外部介质上数据的有序集合。文件是操作系统对数据进行管理的组织单位。按照内容来看,文件一般可以分为程序文件(program file)和数据文件(data file)。按照数据编码格式,数据文件可以分为 ASCII 数据文件和二进制文件。

所谓 ASCII 数据文件是指数据是以字符的 ASCII 码格式组织在文件中。二进制文件是指数据按照内存中不同类型的数据格式直接组织在文件中。对于字符类型数据,在内存中是以 ASCII 代码形式存储的。因此,无论用 ASCII 文件还是用二进制文件都是一样的。但是对于其他类型数据,使用 ASCII 文件还是用二进制文件,二者存在很大差异。例如,长整数使用补码格式,在内存中占 8 字节。如果使用二进制文件,是直接使用其在内存中的编码格式,在文件中也占 8 字节。如果将它转换为 ASCII 码文件存在,则需要将补码编码格式转换 ASCII 码编码格式,则要占 14 字节,如图 18.12 所示。

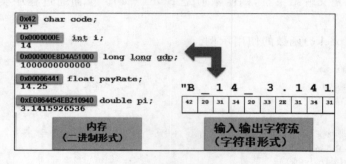

图 18.12　ASCII 文件和二进制文件的差别

在 C++ 中还有一个重要的概念是"文件流"。所谓"文件流"是以磁盘文件为输入输出对象,它们与应用程序中的对象(变量)之间进行数据传递的数据流。根据数据流向,可以分为输出文件流和输入文件流。其中,输出文件流是从程序对象流向磁盘文件对象的数据流,输入文件流是从磁盘文件对象流向应用程序对象的数据流。每个文件流都有一个内存缓冲区与之对应。

18.3.2　文件流类与文件流对象

在 C++ 的 I/O 类库中定义了文件类。这些类也包含在 iostream 头文件中。用于文件操作的文件类具体包括如下 3 种:

(1) ifstream 类。从 istream 类派生的,用来支持从磁盘文件的输入。

(2) ofstream 类。从 ostream 类派生的,用来支持向磁盘文件的输出。

(3) fstream 类。从 iostream 类派生的,用来支持对磁盘文件的输入和输出。

前面介绍过以标准设备为对象的输入和输出时,需要定义流对象,例如 cin 和 cout 等。而且 cin 和 cout 已有编译系统软件在 iostream 头文件中构建好了,用户可以直接使用。类似地,如果要以磁盘文件为对象进行输入和输出,也必须构建文件流类的对象。而且与标准设备的输入和输出不同,这些文件流类的对象(简称文件流对象)必须由用户自己来构建。那么如何来建立文件流对象呢?下面就介绍文件流对象的打开和关闭等操作。

1. 文件打开操作

在 C++中,文件操作一般是经历 3 个步骤:打开文件、读写文件和关闭文件。所谓打开文件就是构建文件流对象的过程,该过程包含两方面的含义:

(1) 为文件流对象和指定的磁盘文件之间建立关联,以便使得文件流能流向指定文件。

(2) 指定文件的工作方式。

C++提供了两种不同的方法实现文件打开操作。

方法 1:调用文件流对象的成员函数 open()来打开文件流对象,其调用的一般格式为:

文件流对象.open(磁盘文件名,输入输出方式)

例如:

```
ofstream outfile;                        //定义 ofstream 类(输出文件流类)对象 outfile
outfile.open("file1.dat",ios::out);      //使文件流与 f1.dat 文件建立关联
```

磁盘文件名可以包括路径,如"c:\c++\file1.dat"。如缺省路径,则默认为当前目录下的文件。

方法 2:在构建文件流对象时指定参数,调用文件流类的有参构造函数来实现打开文件的功能。例如:

```
ostream outfile("f1.dat",ios::out);
```

其中,在文件打开时,输入输出方式是在 ios 类中定义的,它们是枚举常量,有多种选择,见表 18.5。

表 18.5 文件工作方式

方式标志	解释
ios::app	追加写。以输出方式打开文件,并输出数据写到文件尾
ios::ate	打开已有文件,打开后文件指针指向文件尾,ios:app 就包含有此属性
ios::binary	以二进制方式打开文件,缺省方式是文本方式打开
ios::in	文件以输入方式打开
ios::out	文件以输出方式打开(缺省方式)
ios::nocreate	不建立文件,所以文件不存在时,则打开失败
ios::noreplace	不覆盖文件,所以文件存在时,则操作失败
ios::trunc	打开文件,如果文件存在,把文件长度设为 0,删除文件已有内容。如果不存在,则建立新文件;如果指定了 ios::out,而没有指定 ios::app 和 ios::ate,则默认是该方式

需要特别注意以下几点:

(1) 有些新版本的 I/O 类库中不提供 ios::nocreate 和 ios::noreplace。

(2) 每个打开的文件都有一个文件数据当前位置标记,标记文件当前读写位置。

(3) 可以用位或运算符"|"对输入输出方式进行组合。例如:ios::app|ios::nocreate。

(4) 如果打开操作失败,使用 open()成员函数的返回值为 0(假),使用构造函数方式(方式 2)则流对象的值为 0。也可以用成员函数 fail()来测试打开成功与否等状态信息。

（5）对于 ifstream,默认的打开模式是 ios::in。ifstream 只能用于输入,它没有提供任何用于输出的操作。打开 ifstream 文件流时,采用 ios::out,ios::app,ios::trunc,ios::ate 等这些与输出有关的打开模式是毫无意义的。同理,对于 ofstream,默认的打开模式是 ios::out。ofstream 只能用于输出,它没有提供任何用于输入的操作。打开 ofstream 文件流时,采用 ios::in 这样与输入有关的模式是毫无意义的。另外,对于 fstream,没有默认的打开模式,因此在打开文件时必须在 ios::in,ios::out,ios::in|ios::out 这 3 个打开模式中指定一个。

2. 关闭文件

在对已打开文件的读写操作完成后,应关闭该文件。关闭文件用成员函数 close(),其调用一般格式为:

文件流对象.close();

例如:

outfile.close();

关闭文件主要含义是解除该文件与文件流对象之间的关联,并刷新对应文件流的缓冲区。

18.3.3 ASCII 文件的读写操作

ASCII 文件中的数据是以字节为单位,均以 ASCII 编码方式来组织。即 1 字节存放 1 个字符。所谓 ASCII 文件的读写操作是以字节（字符）为单位来进行读写,应用程序可以从 ASCII 文件中读入若干个字符,也可以向它输出一些字符。

ASCII 文件的读写操作有以下两种方法:

（1）用流插入运算符"<<"和流提取运算符">>"输入输出标准类型的数据。从 ASCII 文件插入和提取标准类型数据时,数据类型及其编码格式的转换是由系统自动完成。

（2）使用文件流对象的成员函数进行字符的输入输出。在文件流类中,包含成员函数 put(),get(),getline()等。

下面结合程序实例来说明上述两种方法的使用。

例 18.9 将百鸡问题计算结果存入文件。

```cpp
# include < iostream >
# include < iomanip >
# include < fstream >
using namespace std;

int main()
{
    int i, j, k;
    ofstream  ofile;                                          //构建文件流对象
    ofile.open("d:\\myfile.txt");                             //打开输出文件
    ofile << "   公鸡        母鸡          小鸡" << endl;       //标题写入文件
    for (i = 0; i <= 20; i++)
        for (j = 0; j <= 33; j++)
        {
            k = 100 - i - j;
            if ((5 * i + 3 * j + k / 3 == 100) && (k % 3 == 0))//注意(k%3==0)非常重要
                ofile << setw(6) << i << setw(10) << j << setw(10) << k << endl;  //数据写入文件
```

```
    }
    ofile.close();                                          //关闭文件
    return 0;
}
```

例 18.10 读出存放百鸡问题计算结果的文件(见例 18.9)。

```cpp
# include < fstream >
# include < iostream >
# include < iomanip >
using namespace std;

int main()
{
    char a[28];
    ifstream ifile("d:\\myfile.txt");          //作为输入文件打开
    int i = 0, j, k;

    while (ifile.get(a[i]))          //读标题,请对比 cin.get(),不可用">>",它不能读空白字符
    {
        if (a[i] == '\n') break;
        i++;
    }

    a[i] = '\0';
    cout << a << endl;
    while (1)
    {
        ifile >> i >> j >> k;                   //由文件读入数据
        if (ifile.eof() != 0) break;            //当读到文件结束时,ifile.eof()为真
        cout << setw(6) << i << setw(10) << j << setw(10) << k << endl;   //屏幕显示
    }

    ifile.close();                              //关闭文件
    return 0;
}
```

程序的运行结果如图 18.13 所示。

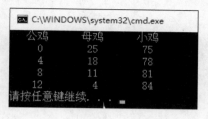

图 18.13 例 18.10 的程序运行结果

说明:

(1) 对比文件打开的两种方式使用差异。

(2) 打开文件时,如磁盘文件不存在,会自动建立文件,但指定目录必须存在,否则建立文件失败。

（3）在程序前增加一句："#include<fstream>"。为什么？不要是否可以？

（4）在向磁盘 ASCII 文件输出一个数据后,要输出一个(或几个)空格或换行符,以作为数据之间的分隔。否则,以后从磁盘文件读数据时,存入的数字连成一片无法区分。

18.3.4　二进制文件的读写操作

二进制文件是将内存中数据存储形式不加转换地传送到磁盘文件,因此,二进制文件读写操作速度比 ASCII 文件快。二进制文件打开时,要用 ios::binary 指定为以二进制形式传送和存储。另外,二进制文件除了可以作为输入文件或输出文件外,还可作为输入输出的文件。

1. read()和 write()成员函数

对二进制文件的读写主要用 iostream 类的成员函数 read()和 write()来实现。函数的原型为:

```
istream& read(char * buffer,int len);
ostream& write(const char * buffer,int len);
```

其中,指针 buffer 指向内存中一段存储空间;len 是读写的字节数。下面通过一个文件复制程序实例来说明上述函数的使用方法。

例 18.11　将一个文件中的数据以二进制形式复制到另外一个文件中。

```
# include < iostream >
# include < fstream >
using namespace std;

void main()
{
    //参数为读取的目标文件的路径 + 文件名
    ifstream fin("G:\\01.mp3", ios::in | ios::binary);
    if (!fin){
        cout << "File open error!\n";
        return;
    }
    //参数为写入的目标文件的路径 + 文件名
    ofstream fout("G:\\02.mp3", ios::binary);
    char c[1024];
    while (!fin.eof())
    {
        fin.read(c, 1024);
        fout.write(c, fin.gcount());               //成员函数 gcount()是用来计算写的字节数
    }
    fin.close();
    fout.close();
    cout << "Copy over!\n";
}
```

程序的运行结果如图 18.14 所示。

2. 与文件指针有关的流成员函数

在文件中有一个文件数据读写标记(俗称文件指针),

用来指明文件当前进行读写的数据位置。通过文件指针对

图 18.14　例 18.11 的程序运行结果

需要读写的字节进行指向,程序员可以使用表 18.6 中的成员函数对指针进行控制,实现对任意位置的字节进行读写,即所谓随机读写操作。文件指针相关成员函数如表 18.6 所示。

表 18.6 文件指针的控制成员函数

成 员 函 数	作 用
gcount()	返回最后一次输入所读入的字节数
tellg()	返回输入文件指针的当前位置
seekg(文件中的位置)	将输入文件中指针移到指定的位置
seekg(位移量,参照位置)	以参照位置为基础移动若干字节
tellp()	返回输出文件指针当前的位置
seekp(文件中的位置)	将输出文件中指针移到指定的位置
seekp(位移量,参照位置)	以参照位置为基础移动若干字节

需要特别说明:

(1) 这些函数名的第一个字母或最后一个字母不是 g(代表 get)就是 p(代表 put)。

(2) 函数参数中的“文件中的位置”和“位移量”已被指定为 long 型整数,以字节为单位。“参照位置”可以是下面三者之一:

① ios::beg 文件开头(beg 是 begin 的缩写),这是默认值。

② ios::cur 指针当前的位置(cur 是 current 的缩写)。

③ ios::end 文件末尾。

有关使用方法见如下举例:

```
infile.seekg(800);                  //文件中的位置指针向文件尾部前移到 800 字节位置
infile.seekg( - 20,ios::cur);       //文件中的位置指针从当前位置后移(往文件头部方向)20 字节
outfile.seekp( - 30,ios::end);      //文件中的位置指针从文件尾后移(往文件头部方向)30 字节
```

下面通过一个程序实例来说明上述成员函数的使用方法。

例 18.12 文件的随机读写操作。

```cpp
# include < iostream >
# include < fstream >
# include < string >
using namespace std;

void test_write_read_cin_getline()
{
    char data[100];
    ofstream outfile;
    outfile.open("TheMisteryMethod.txt");
    cout << "Writing to the file" << endl;
    cout << "Enter your name: ";
    cin.getline(data, 100);
    outfile << data << endl;
    cout << "Enter your age: ";
    cin >> data;
    cin.ignore();
    outfile << data << endl;                    //将输入数据再次写入文件
    outfile.close();
```

```cpp
    ifstream infile;
    infile.open("TheMisteryMethod.txt");            //以读方式打开文件
    cout << "Reading from the file" << endl;
    infile >> data;
    cout << data << endl;                           //将数据输出到屏幕
    infile >> data;                                 //从文件中再次读取数据并输出到屏幕
    cout << data << endl;
    infile.close();
}
void test_write()
{
    ofstream myfile;
    myfile.open("TheMisteryMethod.txt", ios::app);
    if (myfile.is_open())
    {
        myfile << "\nTo recap, the three main objectives in the Mystery Method are: \n"
                "To attract a woman \n"
                "To establish comfort, trust, and connection \n"
                "To structure the opportunity to be seduced \n";
        myfile.close();
    }
    else
        cout << "打开文件失败!\n";
}
void test_write_read_getline()
{
    string str;
    ofstream a_file("TheMisteryMethod.txt", ios::app);    //追加方式
    if (a_file.is_open())
    {
        a_file << "A woman's number - one emotional priority is safety and security.";
        a_file.close();
    }
    else
        cout << "Unable to open file\n";
    ifstream b_file("TheMisteryMethod.txt", ios::app);    //打开读文件,追加方式
    b_file >> str;                                        //只显示 to 表示遇到空格停止接收字符
    cout << str << "\n";
    getline(b_file, str, '\0');                           //输出缓冲区剩余的字符
    cout << str << "\n";
    cin.get();                                            //等待按键
}
void GetSizeOfFile(string filename)
{
    long begin, end;
    ifstream myfile(filename.c_str());
    begin = myfile.tellg();
    myfile.seekg(0, ios::end);
    end = myfile.tellg();
    myfile.close();
    cout << "File Size : " << end - begin << endl;
}
```

```
int main()
{
    test_write_read_cin_getline();
    test_write();
    test_write_read_getline();
    string file("TheMisteryMethod.txt");
    GetSizeOfFile(file);
    return 0;
}
```

程序的运行结果如图 18.15 所示。

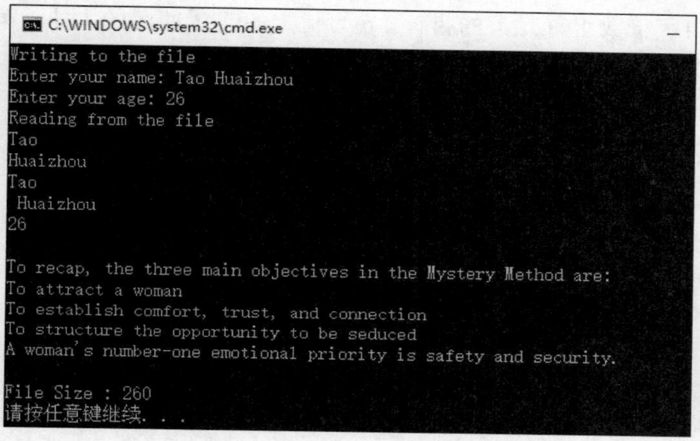

图 18.15　例 18.12 的程序运行结果

18.4　字串流的输入和输出

在实际应用中,为了进一步提高程序的输入和输出速度,可以使用 C++ 的字串流机制。字串流是以内存中用户定义的字符数组(字符串)为输入输出的对象。也就是说,在应用程序开发时,可以设立一个字符数组作为临时存储空间,程序的数据可以输出到这个字符数组中,或者从字符数组(字符串)将数据读入程序中。因此,有时将这种输入和输出方式也称为内存流。

尽管这个内存的临时空间是以字符数组方式设立。但实际上可以存放字符、整数、浮点数以及其他类型的数据。但在向字符数组存入不同类型的数据之前,需要先将这些数据从二进制形式转换为 ASCII 代码,然后存放到字符数组中。从字符数组读数据程序的对象(变量)中时,先将字符数组中的数据从 ASCII 代码转换为二进制形式,然而再读入到程序中的不同类型的变量中。因此,在使用字串流进行输入输出时,系统完成相应数据类型到 ASCII 码格式的转换。

C++ 在 strstream 头文件中声明了 3 个字串流类:ostrstream,istrstream 和 strstream。而且文件流类和字串流类都是 ostream,istream 和 iostream 类的派生类。因此,向内存中的字符数组写数据就如同向文件写数据方式。但也存在一些差异。例如,字串流对象关联的不是文件,而是内存中的一个字符数组,字串流对象的读写速度比文件流对象要快得多。而且,文件需要打开和关闭,但字串流只需要构建字符串流对象,不存在打开和关闭的问题。另外,文件的最后都有一个文件结束符。而字串流所关联的字符数组中没有相应的结束标志。因此,用户在向字符数组写入全部数据后,还需要写入一个特殊字符作为结束符。

字串流对象的构建方法有以下几种。

1. 输出字串流对象的构建

在建立字串流对象时,通过调用一个有参构造函数,给定一些实际参数来确立字串流与字符数组的关联。建立字串流对象的方法与含义如下。

ostrstream 类构造函数原型为:

```
ostrstream::ostrstream(char * buffer,int n,int mode = ios::out);
```

其中,buffer 是指向字符数组首元素的指针;n 为指定的流缓冲区的大小;第 3 个参数是可选的,默认为 ios::out 方式。例如:

```
char ch1[200];              //定义长度为 200 字节的字符数据,作为字串流的缓冲区
ostrstream stroutput(ch1,100);  //建立输出字串流对象 stroutput,并使 strouput 与字符数组 ch1
                            //关联,流缓冲区大小为 100
```

2. 输入字串流对象的构建

istrstream 类提供了两个带参的构造函数,原型分别为:

```
istrstream::istrstream(char * buffer);
istrstream::istrstream(char * buffer,int n);
```

其中,buffer 是指向字符数组首元素的指针,用它来初始化流对象(使流对象与字符数组建立关联)。例如:

```
char ch2[200];              //定义长度为 200 的字符数组,作为输入字串流的缓冲区
istrstream strinput(ch2);   //建立输入字串流对象 strinput,将字符数组 ch2 中的全部数据作为输
                            //入字串流的内容
```

或者

```
istrstream strinput(ch2,100);  //建立输入字串流对象 strinput,流缓冲区大小为 100
```

3. 输入输出字串流对象的构建

strstream 类提供的构造函数的原型为:

```
strstream::strstream(char * buffer,int n,int mode);
```

其中,buffer 是指向字符数组首元素的指针,使流对象与字符数组建立关联。例如:

```
char ch3[100];                          //定义长度为 100 的字符数组,作为输入输出字串流的缓冲区
strstream strio(ch3,sizeof(ch3),ios::in|ios::out);  //建立输入输出字串流对象,以字符数组
                                        //ch3 为输入输出对象
```

下面结合程序实例来说明字串流及其流对象的使用方法。

例 18.13 字串流对象在数据类型转换中应用。

```
# include < strstream >
# include < iostream >
# include < string >
using namespace std;
```

```
int main(void)
{
    string s = "carea 89 男";
    istrstream sin(s.c_str());
    string name;
    int age;
    string sex;
    sin >> name >> age >> sex;
    cout << "姓名:" << name << endl
        << "年龄:" << age << endl
        << "性别:" << sex << endl;
    return 0;
    }
```

程序的运行结果如图 18.16 所示。

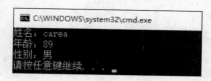

图 18.16 例 18.13 的程序运行结果

为了进一步了解上述字串流类及其对象的构建方法,下面通过一个完整应用程序来说其使用中的应注意问题。

例 18.14 字串流类的应用。

```
#include < strstream >
#include < iostream >
#include < cstring >
using namespace std;
int main(){
    int i;
    char str[36] = "This is a book.";
    char ch;
    istrstream input(str, 36);              //以字符串流为信息源
    ostrstream output(str, 36);
    cout << "字符串长度:" << strlen(str) << endl;
    for (i = 0; i < 36; i++)
    {
        input >> ch;                        //从输入设备(串)读入一个字符,所有空白字符全跳过
        cout << ch;                         //输出字符
    }
    cout << endl;
    int inum1 = 93, inum2;
    double fnum1 = 89.5, fnum2;
    output << inum1 << ' ' << fnum1 << '\0';  //加空格分隔数字
    cout << "字符串长度:" << strlen(str) << endl;
    istrstream input1(str, 0);              //第二参数为 0 时,表示连接到以串结束符终结的串
    input1 >> inum2 >> fnum2;
    cout << "整数:" << inum2 << '\t' << "浮点数:" << fnum2 << endl;//输出:整数:93 浮点数:89.5
    cout << "字符串长度:" << strlen(str) << endl;
```

```
    return 0;
    }
```

程序的运行结果如图 18.17 所示。

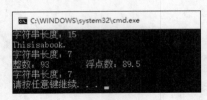

图 18.17   例 18.13 的程序运行结果

通过分析上述程序,在应用字符串流对象时,应该主要注意如下问题:

(1) 字符数组中的数据全部是以 ASCII 代码形式存放,而不是以二进制形式表示的数据。

(2) 一般都把流缓冲区的大小指定与字符数组的大小相同。

(3) 通过字串流从字符数组读数据就如同从键盘读数据一样,可以从字串流读入字符数据,也可以读入整数、浮点数或其他类型数据。

(4) 字串流关联的字符数组并不一定是专为字串流而定义的数组,它与一般的字符数组无异,可以对该数组进行其他各种操作。

字串流机制的核心思想:与字串流关联的字符数组相当于内存中的临时 ASCII 文件,可以以 ASCII 形式存放各种类型的数据。对它读写数据的用法相当于标准设备(显示器与键盘),但标准设备不能保存数据,字符串流可以暂时保存数据。另外,字串流比磁盘文件使用方便,不必建立文件(不需打开与关闭),存取速度快。其缺点是生命周期与其所在的模块(如主函数)相同,程序结束了,字符数组也不存在了,保存的数据也就没有了。

18.5   综合程序应用——公司人事管理系统

在 17 章的综合程序应用的基础上,对"公司人事管理系统"进行功能扩展和修改。要求如下。

(1) 给"××公司人事管理系统"设计一个主界面,采用 C++ I/O 操作在屏幕打印一个漂亮的图案和菜单。最少实现 4 个菜单的功能:存盘、修改、查询和退出。

(2) 存盘功能。对新职工输入的数据能保存在一个文件后面。

(3) 修改功能。按照工号读出职工信息,修改后写入原来位置。

(4) 查询功能。输入一个姓名或工号,能从文件中读出该职工的有关信息。

(5) 退出功能:正常退出程序,道声"BYEBYE!"。

由于篇幅限定,在此不再列举程序代码。程序代码可以参考 19 章的程序源码中的相关内容。

本章小结

本章主要介绍 C++ 输出和输入操作中核心概念——流,以及 C++ 定义的相关类库。重点介绍了文件操作,标准输出输入操作和字串流操作等方法。在文件操作中,需要区分文本文件和二进制(内存映像)文件的差别。同时,熟悉文件操作"三部曲"——文件打开、文件读写和文件关闭。而且需要了解对文本文件和二进制文件进行读写时差别以及相关的成员函数。在标注设备的输入输出操作时,需要了解系统定义的 4 个全局对象含义,即 cout,cin,cerr 和 clog。另外在学习字串流时,一定需要深刻理解引入该机制目的和用途,以及与文件、标准设备输出输入的差异。

练习 18

1. 为什么 cin 输入时,空格和回车无法读入?这时可改用哪些流成员函数?

2. 简述文本文件和二进制文件在存储格式、读写方式等方面的不同,及各自的优点和缺点。

3. 文本文件可以按行也可以按字符进行复制,在使用中为保证能完整复制要注意哪些问题?

4. 文件的随机访问为什么总是用二进制文件,而不用文本文件?怎样使用 istream 和 ostream 的成员函数来实现随机访问文件?

5. 建立一个文本文件,从键盘输入一篇短文存放在该文件中,短文由若干行构成,每行不超过 30 个字符。然后将文本文件读出,显示在屏幕上并统计该文件的行数。

6. 建立某单位职工通信录二进制文件,文件中的每个记录包括职工编号、姓名、电话号码、邮政编码和住址。从键盘上输入职工的编号,在由所建立的通信录文件中查找该职工资料。查找成功时,显示职工的姓名、电话号码、邮政编码和住址。

7. 设有两个按升序排列的二进制数据文件 f 和 g,将它们合并生成一个新的升序二进制数据文件 h。

8. 在第 5 题基础上,采用字串流类的相关概念,修改程序,将键盘读入的数据先存放在数组 c 中,然后写入文件。接着从文件中再读入数组 d 中,从数组 d 输出到屏幕。

9. 阅读下列程序,写出执行结果。

```
# include < iostream >
using namespace std;
void main()
{
    double x = 123.456;
    cout.width(10);
    cout.setf(ios::dec,ios::basefield);
    cout << x << endl;
    cout.setf(ios::left);
    cout << x << endl;
    cout.width(15);
    cout.setf(ios::right,ios::left);
    cout << x << endl;
    cout.setf(ios::showpos);
    cout << x << endl;
    cout << - x << endl;
    cout.setf(ios::scientific);
    cout << x << endl;
}
```

第19章

C++语言工具

前面重点介绍了 C++ 语言的封装性、继承性、重载及多态性。本章主要介绍 C++ 语言的一些编程工具。这些工具可以帮助程序设计人员更方便地进行程序设计和调试工作,提高程序开发效率。在 C++ 发展的后期,有些 C++ 编译系统根据实际工作的需要,采用工具形式增加了一些功能。主要包括函数模板和类模板、异常处理、命名空间和运行时类型识别。后来 ANSI C++ 委员会将它们纳入 ANSI C++ 标准中,并建议所有的 C++ 编译系统都能实现这些功能。

19.1 函数模板和类模板

C++ 提供的工具之一就是函数模板和类模板,而且两者的定义方法也很相似。模板是 C++ 支持多态性的一种工具,体现 C++ 泛化编程思想。所谓模板,其实就是一种使用"数据类型"作为参数来产生一系列函数或类的机制。因此,模板是通过使用"类型参数"来完成不同的功能。使用模板可以让用户得到类或函数声明的一种通用模式。模板方便了更大规模的软件开发,提高代码重用性,减少了程序员编写代码的工作量。下面分别介绍函数模板和类模板。

19.1.1 函数模板

C++ 提供的函数模板(function template)工具,是建立一种通用函数,函数的类型和形参的类型用一个虚拟的类型来指定,这种通用函数就称为函数模板。一般函数体相同的函数都可以用函数模板来代替。在调用函数时系统会根据实参的类型来取代模板中的虚拟类型,从而实现了不同函数的功能。

例 19.1 通过函数模板来实现不同类型数据的比较函数。

```
# include < iostream >
using namespace std;
template < typename T >              //模板声明,其中 T 为虚拟参数类型
T max(T x,T y,T z)                   //定义一种通用函数,用 T 作函数参数虚拟的类型名
{
    if(y > x) x = y;
    if(z > x) x = z;
    return x;
}
```

```
int main()
{
    int i1 = 185, i2 = − 716, i3 = 567, i;
    double d1 = 56.87, d2 = 97.23, d3 = − 31214.78, d;
    long g1 = 67854, g2 = − 912456, g3 = 673456, g;
    i = max(i1, i2, i3);              //调用模板函数,此时虚拟类型名 T 被 int 替代
    d = max(d1, d2, d3);             //调用模板函数,此时虚拟类型名 T 被 double 替代
    g = max(g1, g2, g3);             //调用模板函数,此时虚拟类型名 T 被 long 替代
    cout << "i_max = " << i << endl;
    cout << "d_max = " << d << endl;
    cout << "g_max = " << g << endl;
    return 0;
    }
```

在例 19.1 中,第 4～9 行代码定义了一个两个数据比较的函数模板 max()。在模板中,函数参数的数据类型,以及函数返回值的数据类型都是用虚拟类型符号 T 来表示。在主函数 main()中,第 16～18 行代码分别 3 次调用函数模板 max(),并分别用实际数据类型(int, double, long)来替换模板的虚拟类型 T。例如,在对程序进行编译时,遇到第 16 行调用函数 max(i1, i2, i3),编译系统会将函数名 max()与模板 max()相匹配,将实参的类型取代了函数模板中的虚拟类型 T。因此,第 4～9 行代码称为函数模板的定义语句,而第 16～18 行代码称为函数模板的调用语句。因此,使用函数模板的方法可以归纳为如下两个过程:

(1) 说明和定义函数模板。

(2) 对函数模板实例化,即通过实际类型参数来替换虚拟类型参数,将函数模板实例化为相应的模板函数,并调用和执行模板函数。

通过上述程序分析,可以归纳出函数模板的定义一般形式为:

```
template(class T1, class T2 … )
{
 通用函数体定义
}
```

其中,T1,T2…是函数模板中的虚拟类型名;class 是关键词。

函数模板的实例化过程就是采用具体实际类型参数来调用函数模板。当编译系统发现有一个对应的函数调用时,将根据实参中的数据类型来确认是否匹配函数模板中对应的形参,然后生成一个模板函数。提示:函数模板和模板函数的区别。

函数模板定义和实例化的过程中,需要注意如下几个问题:

(1) 函数模板的声明和定义必须在全局作用域。因此,函数模板不能说明为类的成员函数。

(2) 模板类型参数不具有隐式(自动)类型转换的作用,类型必须完全匹配。

(3) 函数模板也可以重载。匹配过程有以下规定:首先匹配类型完全相同的重载函数;其次才寻求函数模板来匹配。

下面通过程序实例来说明上述过程及相关注意事项。

例 19.2 函数模板定义和实例化注意问题示例。

```
# include < iostream >
using namespace std;
int GetMax(int a, int b)                    //求两个整型数的最大值
```

```
{   cout << "调用 int,maxValue = ";
    return ( a > b ) ? a : b;}
long GetMax(long a, long b)                //求两个长整型数的最大值
{   cout << "调用 long,maxValue = ";
    return ( a > b ) ? a : b;}
double GetMax(double a, double b)          //求两个双精度型数的最大值
{   cout << "调用 double,maxValue = ";
    return ( a > b ) ? a : b;}

//char GetMax(char a, char b)              //求两个字符型数的最大值
//{   cout << "调用 char,maxValue = ";
//  return ( a > b ) ? a : b;}

//定义函数模板,在函数模板中添加第三参数 char *,是为了与函数模板区分开
template < class Type >
Type GetMax(Type a[ ], int iCnt, char * lpszArrayName)
{   int i;
    Type tMaxValue = a[0];                 //定义 Type 类型的变量
    for (i = 1; i < iCnt; i++)             //在循环中寻找数组中最大的值
    {    if (tMaxValue < a[i])
         {tMaxValue = a[i];}
    }
    cout << "使用函数模板," << lpszArrayName << "的最大值,maxValue = ";
    return tMaxValue;}

//定义函数模板
template < class TypeX, class TypeY >
TypeX GetMax(TypeX tX, TypeY tY)
{   TypeX tMaxValue = 0;                    //定义一个 TypeX 类型变量
    if (tX > (TypeX)tY)                     //比较前,首先将 TypeY 类型变量转化为 TypeX 类型变量
    {tMaxValue = tX;}
    else
    {tMaxValue = (TypeX)tY;}
    cout << "调用函数模板,maxValue = ";
    return tMaxValue;}

void main()
{   int a[ ] = {1, 3, 5, 7, 9, 6, 4, 8, 2, 10};
    double b[ ] = {3.2, −6.4, 6.0, 9.9, 8.6, 2.1};
    char c[ ] = {'A', 'C', '1', 'a', 'c'};

    cout << "   " << GetMax(a, 10, "数组 a") << endl;    //使用函数模板
    cout << "   " << GetMax(b, 5, "数组 b") << endl;     //使用函数模板
    cout << "   " << GetMax(c, 5, "数组 c") << endl;     //使用函数模板

    cout << "   " << GetMax(10, 20) << endl;            //调用重载函数
    cout << "   " << GetMax(101L, 201L) << endl;        //调用重载函数
    cout << "   " << GetMax(1.0, 2.0) << endl;          //调用重载函数

    cout << "char = " << GetMax('A', '2') << endl;      //使用函数模板

    cout << "   " << GetMax(10, 5.0) << endl;           //使用函数模板
```

```
        cout << "    " << GetMax(11.1, 5) << endl;          //使用函数模板
        cout << "    " << GetMax(22, 10L) << endl;          //使用函数模板
        cout << "    " << GetMax('A', 2L) << endl;          //使用函数模板
        cout << "    " << GetMax(1.0, 200L) << endl;        //使用函数模板
        cout << "    " << GetMax(100.0, 'A') << endl;       //使用函数模板

        system("pause");
    }
```

程序的运行结果为：

```
使用函数模板,数组 a 的最大值,maxValue =          10
使用函数模板,数组 b 的最大值,maxValue =          9.9
使用函数模板,数组 c 的最大值,maxValue =          c
调用 int,maxValue =       20
调用 long,maxValue =       201
调用 double,maxValue =         2
调用函数模板,maxValue = char = A
调用函数模板,maxValue =        10
调用函数模板,maxValue =        11.1
调用函数模板,maxValue =        22
调用函数模板,maxValue =        A
调用函数模板,maxValue =        200
调用函数模板,maxValue =        100
```

通过分析上述程序运行结果可知：GetMax(10，20)直接调用 int GetMax(int a，int b)，而没有匹配模板，因为遵循重载函数优先的原则；同理，如果没有注释掉 char GetMax(char a，char b)以前，GetMax('A'，'2')可调用该重载函数；但注释掉 char GetMax(char a，char b)以后，GetMax('A'，'2')调用了模板函数 2。这就说明在匹配模板函数时，系统不会进行隐式类型转换以匹配重载函数，否则它就应该调用 int GetMax(int a，int b)。另外，GetMax(10，5.0)调用函数模板 2 时，在重载函数中没有匹配版本，而是在函数模板中匹配，调用了函数模板 2。

19.1.2　类模板

前面介绍了 C++语言函数模板的概念。同理，C++还提供了类模板机制。如果有若干个类的功能相同，仅仅是类中的数据成员的类型不同，则可以声明一个通用的类模板。或者说，类模板可使类中的某些数据成员、成员函数的参数或返回值能取任意类型。因此，如果说类是对象的抽象，对象是类的实例，则类模板是类的抽象，类是类模板的实例。类模板也称为"参数化类"。类模板也包括类模板声明和类模板的实例化两个阶段。

1. 类模板的声明

类模板声明的一般规则是在类声明前面加入一行语句，格式为：

```
template<class 虚拟类型参数>
```

例如：

```
class 模板名(如: Compare)
{类体…};
```

例如,下面就是类模板例子。

```
template < class T >
class Compare
{public :
  Compare(T a,T b)
  {x = a;y = b;}
  T max()
  {return (x > y)?x:y;}
  T min()
  {return (x < y)?x:y;}
  private :
  T x,y;
};
```

2. 类模板的实例化

在声明了通用类模板之后,可以利用类模板来建立含各种数据类型的实际类,这个实际类也称为模板类。这个过程称为类模板的实例化,然后通过这些实际模板类来构建具体对象。下面结合上述 Compare 类模板来介绍类模板实例化的过程。

Compare 是一个类模板的名称,而不是一个具体的类,类模板体中类型 T 并不是一个实际的类型,只是一个虚拟的类型。因此,在类实例化时,必须用实际类型名去取代虚拟的类型,具体的做法为:

```
Compare < int > cmp(4,7);
```

即在类模板名之后的尖括号内指定实际的类型名,在进行编译时,编译系统就用 int 取代类模板中的类型参数 T,这样就把类模板具体化了,或者说实例化了。因此,类模板的实例化一般格式为:

> 类模板名<实际类型名>　对象名;

或

> 类模板名<实际类型名>　对象名(实参表列);

> 例如:

```
Compare < int > cmp;
```

或

```
Compare < float > cmp(3.1,7.2);      //实例化类模板 Compare 并用实参 3.1 和 7.2 来构建对象
```

上述分别采用 int 和 float 实际数据类型对类模板 Compare 进行实例化,同时构建了两个对象 cmp 和 cmp(3.1,7.5)。

综合上述类模板的两个过程,下面列举了一个完整的类模板程序。

例 19.3　类模板的声明与实例化(见图 19.1)。

需要补充说明:

(1) 类模板的类型参数可以有一个或多个,每个类型前面都必须加 class,如:

```
template < class T1,class T2 >
```

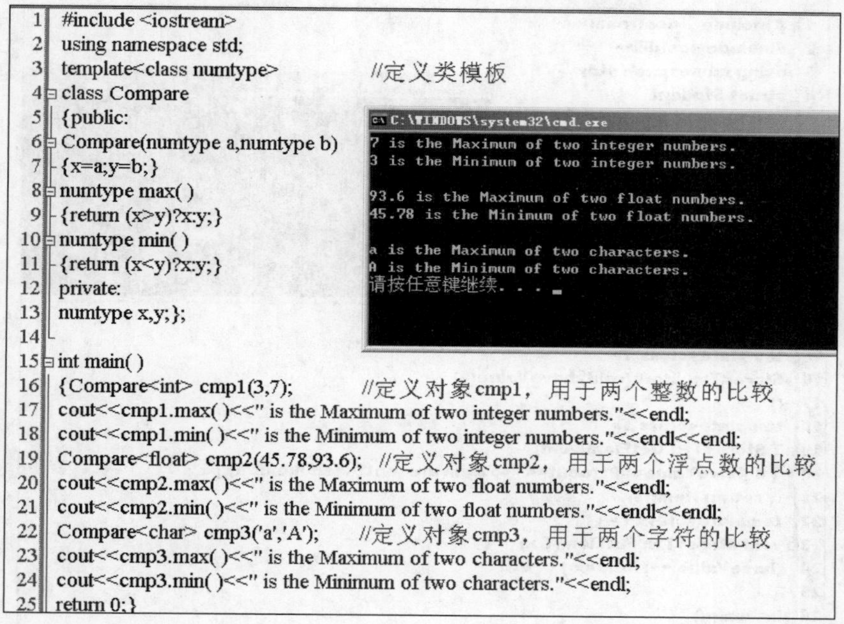

```
 1    #include <iostream>
 2    using namespace std;
 3    template<class numtype>        //定义类模板
 4    class Compare
 5    {public:
 6    Compare(numtype a,numtype b)
 7    {x=a;y=b;}
 8    numtype max( )
 9    {return (x>y)?x:y;}
10    numtype min( )
11    {return (x<y)?x:y;}
12    private:
13    numtype x,y;};
14
15    int main( )
16    {Compare<int> cmp1(3,7);       //定义对象cmp1,用于两个整数的比较
17    cout<<cmp1.max( )<<" is the Maximum of two integer numbers."<<endl;
18    cout<<cmp1.min( )<<" is the Minimum of two integer numbers."<<endl<<endl;
19    Compare<float> cmp2(45.78,93.6);  //定义对象cmp2,用于两个浮点数的比较
20    cout<<cmp2.max( )<<" is the Maximum of two float numbers."<<endl;
21    cout<<cmp2.min( )<<" is the Minimum of two float numbers."<<endl<<endl;
22    Compare<char> cmp3('a','A');    //定义对象cmp3,用于两个字符的比较
23    cout<<cmp3.max( )<<" is the Maximum of two characters."<<endl;
24    cout<<cmp3.min( )<<" is the Minimum of two characters."<<endl;
25    return 0;}
```

图 19.1 例 19.3 的程序代码

```
class someclass
{…};
```

在定义对象时分别代入实际的类型名,如:

```
someclass < int,double > obj;
```

（2）和使用类一样,使用类模板时要注意其作用域,只能在其有效作用域内用它定义对象。

（3）模板可以有层次,一个类模板可以作为基类,派生出派生模板类。

（4）上述介绍是在类模板中定义成员函数。如果在类模板外定义成员函数,应写成类模板形式:

```
template< class 虚拟类型参数>
函数类型 类模板名<虚拟类型参数>::成员函数名(形参表列)
{函数体…}
```

例 19.4 在类模板 store 之外对 3 个成员函数进行定义的示范(见图 19.2)。

前面介绍了类模板的声明和实例化问题。有读者可能会问:类可以继承与派生。那么类模板是否可以继承与派生呢?这个问题的答案是肯定的。在类模板继承与派生机制中,存在两种形式:第一种形式是用类模板来派生出新的类模板;第二种形式是用模板类派生派生类。

（1）使用类模板来派生出新的类模板的基本格式为:

```
template < class Type >
class 派生类的类模板: public 基类的类模板< Type >
{派生类类模板定义};
```

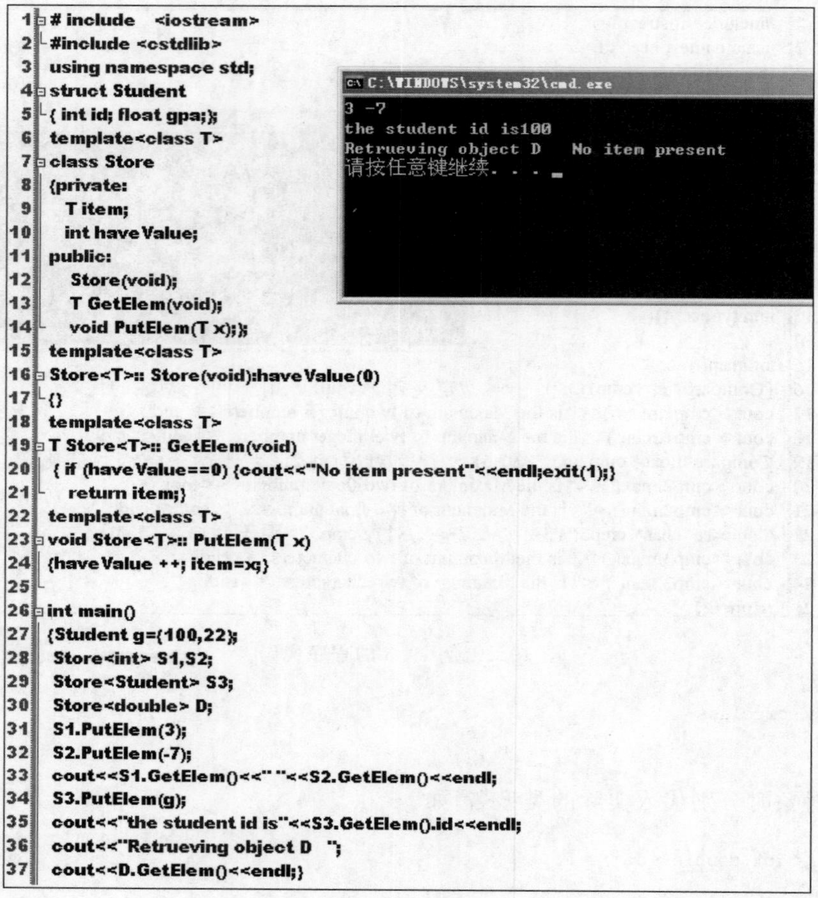

```
1  # include   <iostream>
2  #include <cstdlib>
3  using namespace std;
4  struct Student
5  { int id; float gpa;};
6  template<class T>
7  class Store
8  {private:
9    T item;
10    int haveValue;
11  public:
12    Store(void);
13    T GetElem(void);
14    void PutElem(T x);};
15  template<class T>
16  Store<T>:: Store(void):haveValue(0)
17  {}
18  template<class T>
19  T Store<T>:: GetElem(void)
20  { if (haveValue==0) {cout<<"No item present"<<endl;exit(1);}
21    return item;}
22  template<class T>
23  void Store<T>:: PutElem(T x)
24  {haveValue ++; item=x;}
25
26  int main()
27  {Student g={100,22};
28   Store<int> S1,S2;
29   Store<Student> S3;
30   Store<double> D;
31   S1.PutElem(3);
32   S2.PutElem(-7);
33   cout<<S1.GetElem()<<" "<<S2.GetElem()<<endl;
34   S3.PutElem(g);
35   cout<<"the student id is"<<S3.GetElem().id<<endl;
36   cout<<"Retrueving object D   ";
37   cout<<D.GetElem()<<endl;}
```

```
C:\WINDOWS\system32\cmd.exe
3 -7
the student id is100
Retrueving object D   No item present
请按任意键继续. . . _
```

图 19.2　例 19.4 的程序代码

（2）使用模板类来派生新的派生类的基本格式为：

template < class Type >
class 派生类的名称：public 基类的类模板<实参类型>
{派生类定义}；

下面通过一个例子来说明类模板的派生规则和使用方法。

例 19.5　类模板的派生,通过链表（Tlist）类模板派生了一个集合（Tset）类模板。

```
# include < iostream >          //包含头文件,使用 iostream 库
using namespace std;           //使用 std 命名空间
class SNode                     //定义链表的结点结构类
{public:
    SNode(int value);
    ~SNode(){ };
    int m_value;                //结点值
    SNode * m_next;};           //结点后继,指向下一个结点的指针
template < class Type >         //定义链表的类模板
class TList
{public:
    TList();                    //构造函数
```

```
        ~TList();                          //析构函数
        virtual bool Insert(Type value);   //在链表头部插入一个结点
        bool Delete(Type value);           //从链表中删除值为 value 的一个结点
        bool Contain(Type value);          //判断链表中是否包含某结点
        void Print();                      //输出链表结点的值
    protected:
        SNode * m_head;   };               //设置为只有头指针的单向链表

    template < class Type >                //定义集合类模板——集合与链表采用同样的组织方式
    //但是链表和集合的概念不同：集合中不允许有重复的结点
    class TSet: public TList < Type >      //用类模板 TList 以公有方式派出生新类模板 Tset
    {public:
        bool Insert(Type value);};         //在集合中重载插入方法,插入前先判断结点是否已经存在
    SNode::SNode(int value)                //结点类构造函数
    {   m_value = value;                   //结点值
        m_next = NULL;   }                 //结点后继
    template < class Type >                //构造函数
    TList < Type >::TList()
    {   m_head = NULL;}                    //链表头

    template < class Type >                //链表析构函数中需要 delete 所有还在链表中的结点
    TList < Type >::~TList()
    {   SNode * p = m_head;
        for (  ; p != NULL; )              //直到结点不为空
        {m_head = p->m_next;               //头结点指向下一个结点,作为新的头结点
            delete p;                      //释放 p 所指向的结点
            p = m_head;                    //p 指向新的头结点
        }}

    template < class Type >                //在链表头部插入
    bool TList < Type >::Insert(Type value)
    {   SNode   * pTemp = new SNode(value); //构造一个新结点
        if (pTemp == NULL)                 //结点空间申请不成功,退出
        {return false;}
            pTemp->m_next = m_head;         //新结点的 m_next 指针指向头结点原来所指的结点
        m_head = pTemp;                    //头结点改为新生成的结点
        return true;}

    template < class Type >
    bool TList < Type >::Delete(Type value)
    {   SNode * p1, * p2;                  //申请两个结点指针,用于结点操作时要遍历整个链表以查找
    //其中是否包含有结点值为 value 的结点,但是一次遍历只能够删除一个值为 value 的结点
    //如果在链表中有多个值相同的结点,需要分别删除
        if (m_head->m_value == value)      //如果头结点就是要找的结点,直接删除
        {   p1 = m_head->m_next;           //p1 指向头结点的后继结点
            delete m_head;                 //释放头结点
            m_head = p1;                   //p1 成为新的头结点,即原头结点的后继成为新的头结点
            return true;                   //返回真
        }
        else                               //要删除的结点非头结点
        {   for (p1 = m_head, p2 = m_head->m_next; p2 != NULL;)  //遍历链表
            {if (p2->m_value == value)     //如果找到,则释放该结点,并结束遍历
```

```
                    {   p1 -> m_next = p2 -> m_next;   //p1 指向 p2 的下一个结点
                        delete p2;              //释放 p2
                        p2 = NULL;              //让 p2 指向 NULL,该步骤通常很有必要
                        return true;}           //结束遍历
                    else                        //如果该结点不是要找的结点,则 p1,p2 向后遍历
                    {p1 = p1 -> m_next;          //p1 指向其后继
                     p2 = p2 -> m_next;          //p2 指向其后继
                     }}}
            return false;}


template < class Type >
bool TList < Type >::Contain(Type value)
{   //遍历链表以查找其中是否包含有结点值为 value 的结点,有,返回 true,没有,返回 false
    for (SNode  *p = m_head; p != NULL; p = p->m_next)
    {
        if (p -> m_value == value)          //找到该结点,返回 true
        {return true;}
    }
    return false;}


template < class Type >                     //显示表中的结点数据
void TList < Type >::Print()
{   cout << "结点的值依次为: ";              //遍历链表以读出每一个结点值并显示
    for (SNode  *p = m_head; p != NULL; p = p->m_next)
    {cout << " " << p -> m_value << "; ";}
    cout << endl;   }


template < class Type >
bool TSet < Type >::Insert(Type value)      //集合类的结点插入方法
{   //集合中无值为 value 的结点,才可以做插入操作,否则直接返回 false。插入失败也返回 false
    if (!(TList < Type >::Contain(value))&&(TList < Type >::Insert(value)))
    {return true;}
    return false;}


//主测试程序
void main()
{   TList < int > sIntList;                 //用类模板,以 int 实例化,并构建对象 sIntList
    sIntList.Insert(12);
    sIntList.Insert(24);                    //在链表 sIntList 中,两次插入
    sIntList.Insert(48);
    sIntList.Insert(96);
    sIntList.Insert(24);                    //在链表 sIntList 中,两次插入
    sIntList.Print();

    sIntList.Delete(24);                    //删除一次
    sIntList.Print();

    TSet < int > sIntSet;                   //用类模板 Tset,以 int 实例化,并构建对象 sIntSet
    sIntSet.Insert(12);
    sIntSet.Insert(24);                     //在集合 sIntList 中,两次插入
    sIntSet.Insert(48);
    sIntSet.Insert(96);
```

```
        sIntSet.Insert(24);              //在集合 sIntList 中,两次插入
        sIntSet.Print();

        sIntSet.Delete(24);              //删除一次
        sIntSet.Print();

        system("pause");
    }
```

程序的运行结果为:

```
结点的值依次为: 24;  96;  48;  24;  12;
结点的值依次为: 96;  48;  24;  12;
结点的值依次为: 96;  48;  24;  12;
结点的值依次为: 96;  48;  12;
```

在分析上述程序时,需要注意如下问题:

(1) 通过链表(Tlist)类模板派生了一个集合(Tset)类模板。但链表和集合是两种不同的类,它们的主要差别体现为:链表可以有相同数值的结点,但集合则不能。因此,这就体现在这两种类中数据插入函数的差异。

(2) 为了程序简单起见,规定只在表头插入,可以删除指定值的结点,但限定一次只能够删除一个结点。

另外,请认真体会本程序实例,该例子在后续"数据结构"课程的学习过程中可能会有很大参考价值。

19.2　异常处理

19.2.1　异常处理的概念

程序设计中常见的错误有两类:语法错误和运行错误。在编译时,编译系统能发现程序中的语法错误。有的程序虽然能通过编译,也能投入运行,但是,在运行过程中遇到特殊情况会出现异常,得不到正确的运行结果,甚至导致程序不正常终止,或出现死机现象。因此,程序开发者不仅要考虑程序在没有任何错误下的运行情况,更多地需要考虑程序存在某种错误时程序的运行情况。这就需要在设计程序时,应当事先分析程序运行时可能出现的各种意外情况,并且分别制定出相应的处理方法,这就是程序的"异常处理"机制。因此,所谓异常处理是指对运行时出现的差错以及其他例外情况采用特别指定方式来进行处理。

下面列举了在程序设计中应该考虑的一些例外情况,但不限于这些情况。

(1) 文件打开失败。

(2) 内存分配失败。

(3) 外部函数模板调用失败。

(4) 非法指针。

(5) 非法运算(如除数为 0)。

(6) 数组访问越界。

(7) 函数输入输出参数超出预期范围。

(8) 未初始化的变量使用。

（9）算法逻辑错误等。

在运行没有异常处理的程序时，如果运行情况出现异常，由于程序本身不能处理，程序只能终止运行，这时可能会出现用户事先未料想到的结果，甚至严重的错误。如果在程序中设置了异常处理机制，则在运行情况出现异常时，由于程序本身已规定了处理方法，于是程序的流程就转到异常处理代码段处理。用户可以指定进行任何处理，这样就可以保证程序在正常或异常情况下，都能按照用户事先确定的程序过程来执行，保证了程序运行的稳定性。

19.2.2　异常处理的方法

在一些小规模的程序中，可以用比较简单的方法处理异常。例如，在程序设计时，通过分析采用 if 语句，对一些可能出现例外的语句进行判断（通常通过函数返回值来判断）：在语句正常情况下程序如何执行；在非正常情况下程序又该执行哪些代码？下面通过一个程序实例来说明一般简单情况下的例外处理方法。

例 19.6　简单程序的例外处理方法（见图 19.3）。

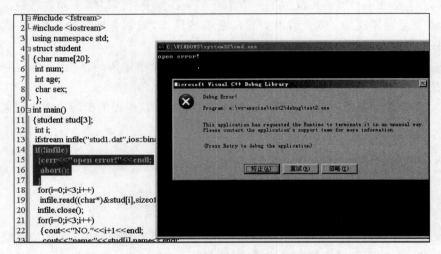

图 19.3　例 19.6 的程序代码

在例 19.6 中，第 14～17 行语句就是对文件打开可能失败的例外处理。通过分析可以发现，例外处理程序代码包括了例外发现和例外处理两类语句。例如，第 14 行语句主要功能是发现例外，第 15～17 行语句主要功能是例外处理。通过这两类语句的协同，就可以保证程序在正常或异常情况下都能正常、稳定地运行。因此，传统的例外处理基本过程如图 19.4 所示。

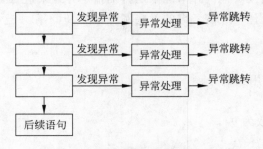

图 19.4　传统的例外处理基本过程

但是在一些规模比较大的程序系统中,如果在每一个函数中都设置处理异常的程序段,会使程序过于复杂和庞大。因此,前面介绍的传统异常处理方法虽然解决了程序意外崩溃问题,却带来了代码混乱问题。面向规模生产中的分工和协作的基本思想,大型程序设计中,引入了结构化的异常处理机制,该机制对例外处理的规范做法是将异常发现和异常处理环节分离。在 C++语言中,这种结构化的异常处理机制体现在以下两方面:

(1) 发现与处理分离机制。使底层的函数专门用于解决实际任务,而不必再承担处理异常的任务,以减轻底层函数的负担,而把处理异常的任务上移到某一层去处理,可提高效率。

(2) 逐级上报机制。如果在执行一个函数过程中出现异常,发出一个信息给它的上一级(即调用它的函数),上级捕捉到信息后进行处理。如果上一级的函数也不能处理,就再传给其上一级,如此逐级上报。如果到最高一级还无法处理,最后系统调用 Terminate()终止程序。

根据上述异常处理的基本思想,C++处理异常的机制是引入了 3 类语句来规范例外处理程序的设计。这 3 类语句分别是异常检查(try)、异常定义与抛出(throw),以及异常捕捉与处理(catch)。把需要检查的语句放在 try 块中,throw 用来当出现异常时发出一个异常信息(数据类型),而 catch 则用来捕捉异常信息,如果捕捉到了异常信息就处理它。基本过程如图 19.5所示。因此,C++异常处理的一般格式如下。

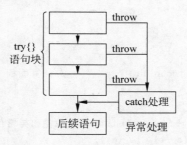

图 19.5　C++异常处理基本过程

(1) throw 语句一般形式为:

throw 表达式;

在(下级)函数中上报异常类型。

(2) try…catch 语句一般形式为:

```
try
      {被检查的语句}
catch(异常信息类型 [变量名])
      {进行异常处理的语句}
```

在(上级)函数中捕获(下级)上报的错误类型。

下面通过程序实例来说明上述语句的使用方法。

例 19.7 三角形的三边分别为 a,b,c,计算三角形的面积。按照几何原理只有 a+b>c,b+c>a,c+a>b 时才能构成三角形。在程序中要求设置异常处理,对不符合三角形条件的输出错误信息。在函数 tria 中对三角形条件进行检查,如果不符合三角形条件,就抛出一个异常信息,在主函数中的 try…catch 块中调用 tria 函数,检测有无异常信息,并作相应处理。程序代码为：

```
# include < iostream >
# include < cmath >
using namespace std;
void main()
{
    double tria(double, double, double);          //计算三角形面积函数
    double a1,a2,a3;
    cin >> a1 >> a2 >> a3;
    try                                            //在 try 块中包含要检查的函数
    {
        while(a1 > 0 && a2 > 0 && a3 > 0)
        {
            cout << tria(a1,a2,a3)<< endl;
            cin >> a1 >> a2 >> a3;
        }
    }
    catch(double)                                  //捕捉异常信息
    {
        cout <<"a1 = "<< a1 <<",a2 = "<< a2 <<",a3 = "<< a3 <<",that is a error triangle! "<< endl;
    }
    cout <<" end"<< endl;
}

double tria(double a,double b,double c)            //计算面积
{
    double s = (a + b + c)/2;
    if (a + b <= c||b + c <= a||c + a <= b) throw a; //抛出异常信息
    return sqrt(s * (s - a) * (s - b) * (s - c));
}
```

程序的运行结果为：

```
6 5 4              (输入三条边的值)
9.92157            (计算出面积)
1 1.5 2            (输入三条边的值)
0.726184           (计算出三角形的面积)
1 2 1              (输入三条边的值)
a = 1,b = 2,c = 1, that is a error triangle!  (异常处理)
end
```

下面分析上述程序实例异常处理过程。首先把可能出现异常的、需要检查的语句或程序段放在 try 后面的花括号中。程序开始运行后，按正常的顺序执行到 try 块，开始执行 try 块中花括号内的语句。如果在执行 try 块内的语句过程中没有发生异常，则 catch 子句不起作用，流程转到 catch 子句后面的语句继续执行。如果在执行 try 块内的语句（包括其所调用的函数）过程中发生异常，则 throw 运算符抛出一个异常信息（数据类型）。throw 抛出异常信息后，流程立即离开本函数，转到其上一级的函数（如 main 函数）。

因此，结合程序实例，可以总结出 C++异常处理的一些基本规则。

（1）try 和 catch 作为整体出现，catch 块必须紧跟在 try 块后。在二者之间也不能插入其他语句。但在一个 try…catch 结构中，可只有 try 块而无 catch 块或多个 catch 块。

（2）catch 括号中，只写异常信息的类型名，如 catch(double)。catch 只检查所捕获异常信息的类型，而不检查它们的值。如没有指定类型，而用了删节号"…"，则表示可捕捉任何类型的异常信息。

（3）try…catch 结构可与 throw 出现在同一函数中，也可不在同一函数中。当 throw 抛出异常信息后，首先在本函数中寻找与之匹配的 catch，如在本函数中无 try…catch 结构或找不到与之匹配的 catch，就转到最近上级 try…catch 结构去处理。

（4）throw 可不包括表达式，表示"不处理此异常，请上级处理"。

（5）如果 throw 抛出的异常信息找不到与之匹配的 catch 块，那么系统就会调用一个系统函数 terminate，使程序终止运行。

（6）catch 在数据类型匹配时，可以是标准类型或用户自定义类型（如类或类对象）。在进行类型匹配时，catch 出现的顺序很重要。因为在一个 try 块中引发异常时，异常处理程序按照它在 catch 中出现的顺序进行检查。特别是类或对象匹配时，catch 的排列顺序应按照从特殊到一般的排列顺序。异常匹配不要求在异常定义和异常处理器之间匹配得十分完美。一个对象或一个派生类对象的引用可以与基类处理器匹配。所以，异常处理 catch 语句的排列顺序应该将派生类对象的异常捕获放在前面，而将基类异常对象的捕获放在处理程序后面。

为了进一步深入理解上述规则，下面设计一个简单的嵌套调用结构的异常程序处理实例来加以说明。

例 19.8　异常信息为用户自定义类型的异常处理方法（见图 19.6）。

图 19.6　例 19.8 的程序代码

在上述程序中,MyFunc()函数的异常程序代码段 throw 出一个 Expt 类的异常类型,因此,在 catch()语句中捕获的也是 Expt 类的对象 E,两者相互匹配。

在使用类或类对象来定义异常信息时,需要特别关注:为了恢复程序的正确执行,需要保证异常抛出时对象被正确地清除。C++的异常处理器可以保证离开作用域时,作用域中的所有结构完整对象的析构函数都被调用,以清除这些对象。下面通过例 19.9 来说明异常处理过程中的对象构建与析构问题。

例 19.9 异常处理过程中的对象构建与析构。

```cpp
#include <iostream>
using namespace std;
void MyFunc(void);
class CMyException
{
public:
    CMyException(){};
    ~CMyException(){};
    const char * ShowExceptionReson() const
    {
        return "Exception in CMyException class.";
    }
};

class CDoctorDemo
{
public:
    CDoctorDemo();
    ~CDoctorDemo();
};

CDoctorDemo::CDoctorDemo()
{
    cout << "Constructing CDoctorDemo." << endl;
}

CDoctorDemo::~CDoctorDemo()
{
    cout << "Destructing CDoctorDemo." << endl;
}

void MyFunc()
{
    CDoctorDemo D;
    cout << "In MyFunc(). Throwing CMyException exception." << endl;
    throw CMyException();
}

int main()
{
    cout << "In main." << endl;
    try
```

```
{
    cout << "In try block, calling MyFunc()." << endl;
    MyFunc();
}
catch(CMyException E)
{
    cout << "In catch handler." << endl;
    cout << "Caught CMyException exception type: ";
    cout << E.ShowExceptionReson() << endl;
}
catch(char * str)
{
    cout << "Caught some other exception: " << str << endl;
}
cout << "Back in main. Execution resumes here." << endl;
return 0;
}
```

程序的运行结果为：

```
In main.
In try block, calling MyFunc().
Constructing CDoctorDemo.
In MyFunc(). Throwing CMyException exception.
Destructing CDoctorDemo.
In catch handler.
Caught CMyException exception type: Exception in CMyException class.
Back in main. Execution resumes here.
```

通过例 19.9 分析可知，如果在 try 块（或 try 块中调用的函数）中定义了类对象，建立该对象时要调用构造函数。在执行 try 块（包括在 try 块中调用其他函数）的过程中如果发生了异常，此时流程立即离开 try 块。这样流程就离开该对象的作用域而转到其他函数。因而，应当事先做好结束对象前的清理工作，C++的异常处理机制会在 throw 抛出异常信息被 catch 捕获时，对有关局部对象进行析构（调用类对象的析构函数），析构对象的顺序与构造的顺序相反，然后执行与异常信息匹配的 catch 块中的语句。

19.2.3 函数声明中的异常情况指定

前面介绍了一个函数在声明时，需要指明函数类型、函数名称以及参数和参数类型等信息。如果结合本章学习异常处理机制，C++ 函数的完整声明还需要指明该函数是否有异常处理情况。因此，异常规格声明是 C++ 函数声明的一部分，它们指定了函数可以抛出什么异常。这样使得用户在看程序时能够知道所用的函数是否会抛出异常信息以及异常信息可能的类型。例如：

```
void f1() throw(int);        //可以抛出一个整型异常
void f2() throw(char *, E);  //可以抛出一个 char * 或一个 E(这里 E 是用户自定义类型)类型的异常
void f3() throw();           //表明函数不抛出异常
```

在 throw 无参数时，则该声明表示一个不能抛出异常的函数，这时即使在函数执行过程中出现了 throw 语句，实际上也并不执行 throw 语句，并不抛出任何异常信息，程序将非正常终

止。例如：

```
void f4();                //表明函数可以抛出任何类型异常信息
```

因为如果在声明函数时未列出可能抛出的异常类型，则该函数可以抛出任何类型的异常信息。

注意：异常指定是函数声明的一部分，必须同时出现在函数声明和函数定义的首行中，否则编译系统会报告"类型不匹配"。

19.3　命名空间

在 C++ 程序设计时都需要写上一条语句：

```
using namespace std;
```

这是为什么呢？本节将揭开谜底。

19.3.1　命名空间的概念和作用

命名空间是 ANSI C++ 引入的另一个编程工具。命名空间可以理解为一个可以由用户命名的作用域，用来解决程序设计中常见的标识符同名冲突。在 C++ 中有不同类型的作用域，如文件（编译单元）作用域、函数和复合语句作用域、类作用域等。在不同的作用域中可以定义相同名字的变量，互不干扰。编译系统可以通过作用域空间名字对不同作用域的同名标识进行区分。在前面介绍过函数和复合语句的作用域，下面只对类作用域和文件作用域进行分析，加深对作用域和命名空间的作用的理解。

```
class A                //声明 A 类
{
public:
    void f1();         //声明 A 类中的 f1 函数
private:
    int data1;
};
void A::f1()           //定义 A 类中的 f1 函数
{
//
}
class B                //声明 B 类
{
public:
    void f1();         //B 类中也有 f1 函数
    void f2();
private:
    int data1;
};
void B::f1()           //定义 B 类中的 f1 函数
{
    //
}
```

在上述程序中，尽管在类 A 和类 B 中都出现了成员函数 f1() 和数据成员 data1；但它们属于不同的类作用域,这样不会发生混淆。f1()函数在进行引用时,只需要在函数前面加上类名和限定符就可以确定唯一标识。例如"void B::f1( );"表示是 B 类中的 f1 函数。同样,B::data1 和 A::data1 是不同的两个变量。

另外,在大型程序设计时,一个程序往往由多人分别编写,这样就决定了一个程序由多个文件组成。由于各文件(或头文件)是由不同的人编写的,有可能在不同的文件(或头文件)中用了相同的名字来命名所定义的类或函数。这些具有相同名称的变量或函数在分开编译时是不会出错的。因为它们隶属于不同的文件作用域。但是如果使用 #include 命令行将这些头文件包含进来,编译连接时就会出错。也就是说,这些同名的变量或函数在整个程序作用域中就会出现名字冲突。下面通过例 19.10 加以说明。

例 19.10 文件作用域及程序中同名冲突问题示例。程序员甲在头文件 header1.h 中定义了类 S 和函数 f()。

```cpp
# include < iostream >
# include < string >
# include < cmath >
using namespace std;
class S                          //声明 S 类
{
public:
    S( int n, string nam, char s)
    {
        num = n; name = nam; sex = s;
    }
    void get_data();
private:
    int num;
    string name;
    char sex;
};
void S::get_data()               //成员函数定义
{
    cout << num <<" "<< name <<" "<< sex << endl;
}
double f(double a, double b)  //定义全局函数(即外部函数)
{
    return sqrt(a + b);
}
```

如果程序员 A 写了头文件 header2.h,在其中除了定义其他类以外,还定义了类 S 和函数 f(),但其内容与头文件 header1.h 中的 S 和函数 f()有所不同。

```cpp
# include < iostream >
# include < string >
# include < cmath >
using namespace std;
class S                              //声明 S 类
{
public:
    S( int n, string nam, char s)            //参数与 header1 中的 s 不同
```

```
        {
            num = n;name = nam;sex = s;
        }
        void get_data();
    private:
        int num;
        string name;
        char sex;                          //此项与 header1 不同
    };
    void S::get_data()                     //成员函数定义
    {
        cout << num <<" "<< name <<" "<< sex << endl;
    }
    double f(double a,double b)            //定义全局函数
    {
        return sqrt(a - b);
    }                                      //返回值与 header1 中的 f()函数不同
    //头文件中可能还有其他内容
```

假如程序员 B 在其程序中要用到 header1.h 中的 S 和函数 f(),因而在程序中包含了头文件 header1.h,同时要用到头文件 header2.h 中的一些内容,因而在程序中又包含了头文件 header2.h。如果主文件(包含主函数的文件)如下:

```
# include < iostream >
# include "header1.h"                      //包含头文件
# include "header2.h"                      //包含头文件
using namespace std;
int main()
{
    S stud1(101,"Wang",28);
    stud1.get_data();
    cout << f(6,3)<< endl;
    return 0;
}
```

上述程序编译就会出错。因为在预编译后,头文件中的内容取代了对应的 # include 命令行,这样就在同一个程序文件中出现了两个 S 类和两个 f()函数,出现重复定义,即名字冲突。所谓名字冲突是在同一个程序作用域中有多个同名实体。

另外,在程序中还往往需要引用一些库,应当包含有关的头文件。当在这些库中包含有与程序的全局实体同名的实体,或者不同的库中有相同的实体名,则在编译时就会出现名字冲突。

19.3.2　同名冲突解决方法与命名空间

1. 同名冲突解决方法

通过分析上述不同作用域的命名问题,能感知到在大型程序多人合作编写时,很容易出现在整个程序空间中的同名冲突问题。为了避免这类问题的出现,人们提出了许多方法,例如将实体的名字写得长一些;把名字起得特殊一些,包括一些特殊的字符;由编译系统提供的内部全局标识符都用下画线作为前缀,如_complex(),以避免与用户命名的实体同名;由软件开

发商提供的实体的名字用特定字符作为前缀。但是这样的效果并不理想,而且增加了阅读程序的难度。为此,在新版 ANSI C++标准中,通过引入命名空间(namespace)机制来解决该问题。命名空间机制能够将程序的全局实体与其他库的全局标识符区别开来。

所谓命名空间,实际上就是一个由程序设计者命名的内存区域。程序设计者可以根据需要指定一些有名字的空间域,把一些全局实体分别放在这些有名字的空间域中,实现与其他全局实体的分隔。

例如,在某程序中,通过引入一个命名的内存空间 ns,将程序中使用的全局变量 a,b 保存在该内存空间中,程序代码为:

```
namespace ns                        //定义命名空间 ns
{int a;
 double b;
}
```

现在命名空间成员包括变量 a 和 b,注意 a 和 b 仍然是全局变量,仅仅是把它们限定在指定的命名空间中而已。

如果在程序中要使用变量 a 和 b,必须加上命名空间名和作用域分辨符":",如 ns1::a,ns1::b。这种用法称为命名空间限定(qualified)法。这些名字(如 ns1::a)称为被限定名(qualified name)。如果一个程序中的全局变量,分别被分配在不同的命名空间中,通过命名空间限定法就可以解决程序域的同名冲突问题。因此,命名空间机制的主要目的是解决名字(用户定义的类型名、变量名和函数名等标识)冲突的问题。

注意:命名空间和变量一样,也必须遵循先定义、后使用的原则。下面分别介绍命名空间定义和使用方法。

2. 命名空间的声明(定义)方法

如何在一个程序中命名一个内存空间呢? C++提供了一个命名空间的语句 namespace。该语句使用一般格式为:

```
namespace 空间名
{变量(可以带有初始化);
   常量;
   函数(可以是定义或声明);
   结构体;
   类;
   模板;
   命名空间(命名空间中又定义命名空间,即嵌套)
}
```

例如,下面程序中声明了一个命名空间 ns,并在该空间中定义了一些全局变量、函数等。另外,在该空间中,还嵌套地声明了第 2 层的命名空间 ns,并在 nss 中定义了变量 age。

```
namespace ns
{
    const int R = 0.08;
    int a;
    double p;
    double t()
```

```
    {
        return a * R;
    }
    namespace nss                    //命名空间的嵌套定义
    {
        int a;
    }
}
```

3. 命名空间中成员的使用方法

在命名空间外使用命名空间有两种方法:一种是使用作用域运算符":::";另一种就是使用 using 关键字。

(1) 命名空间限定法。

如果想输出命名空间 ns1 中成员的数据,可以采用命名空间限定法,唯一地来表示这些全局标识。例如在上例中命名空间 ns 的基础上,如果要使用其中标识,可以标识为:

```
cout << ns::R << endl;
cout << ns::p << endl;
cout << ns::a << endl;                //需要注意嵌套空间中变量 a 的表示区别
cout << ns::t() << endl;
cout << ns::nss::a << endl;           //需要指定外层的和内层的命名空间名
```

下面通过一个完整的例子来说明命名空间的作用和使用方法。

例 19.11 利用命名空间来解决例 19.10 程序名字冲突问题。修改两个头文件,把在头文件中声明的类分别放在两个不同的命名空间中。

```
//header1.h  (头文件)
# include < string >
# include < cmath >
using namespace std;
namespace ns1                        //声明命名空间 ns1
{
    class S                          //在命名空间 ns1 内声明 S 类
    {
    public:
        S (int n, string nam, int a)
        {
            num = n; name = nam; age = a;
        }
        void get_data();
    private:
        int num;
        string name;
        int age;
    };
    void S::get_data()               //定义成员函数
    {
        cout << num <<" "<< name <<" "<< age << endl;
    }
    double f(double a, double b)      //在命名空间 ns1 内定义 f()函数
    {
```

```
        return sqrt(a + b);
    }
}

//header2.h (头文件)
# include < string >
# include < cmath >
using namespace std;
namespace ns2                              //声明命名空间 ns2
{
    class S
    {
    public:
        S (int n, string nam, char s)
        {
            num = n; name = nam; sex = s;
        }
        void get_data();
    private:
        int num;
        string name;
        char sex;
    };
    void S::get_data()
    {
        cout << num <<" "<< name <<" "<< sex << endl;
    }
    double f(double a, double b)
    {
        return sqrt(a - b);
    }
}

//main file (主文件)
# include < iostream >
# include "/header1.h"                 //包含头文件 header1.h
# include "/header2.h"                 //包含头文件 header2.h
using namespace std;
int main()
{
    ns1::S stud1(180,"Wang",18);       //用命名空间 ns1 中声明的类定义 stud1
    stud1.get_data();                  //不要写成 ns1::stucl1.get_data();
    cout << ns1::f(5,3)<< endl;        //调用命名空间 ns1 中的 f 函数
    ns2::S stud2(102,"Li",'f');        //用命名空间 ns2 中声明的类定义 stud2
    stud2.get_data();
    cout << ns2::f(5,3)<< endl;        //调用命名空间 ns1 中的 f 函数
    return 0;
}
```

程序能顺利通过编译,并得到以下运行结果:

180 Wang 18

```
2.82843
102 Li f
1.41421
```

（2）using 命名空间∷成员名。

使用 using 后面可以接命名空间成员名。例如：

```
using ns1::R;
using ns1::T();
```

当有了上述声明后：

```
cout << T( )<< endl;                    //T()函数相当于 ns1∷T();
```

注意：using 声明的有效范围是从 using 语句开始到 using 所在的作用域结束。另外，在同一作用域中用 using 声明命名空间的成员时，如果有同名的成员则无法这样使用。

（3）using namespace 命名空间名。

该方法用一个语句就能一次声明一个命名空间中的全部成员。例如：

```
using namespace ns;
cout << T()<< endl;                     //此处的 T()函数相当于 ns∷T();
```

表示在本作用域中要用到命名空间 ns1 中所有成员时都不必用命名空间限定。

现在请读者思考一下，为什么在刚开始学习 C++程序设计时，需要在程序的开头都要加上一个语句：

```
using namespace std;
```

答案：为了解决 C++标准库中的标识符与程序中的全局标识符之间以及不同库中的标识符之间的同名冲突，应该将不同库的标识符在不同的命名空间中定义（或声明）。标准 C++库所有的标识符都是在一个名为 std 的命名空间中定义的，或者说标准头文件（如 iostream）中函数、类、对象和类模板是在命名空间 std 中定义的。这样，在程序中用到 C++标准库时，需要使用 std 作为限定。如：

```
std::cout <<"OK."<< endl;
```

在大多数的 C++程序中常用 using namespace 语句对命名空间 std 进行声明，这样可以不必对每个命名空间成员一一进行处理，所以，在文件的开头加入声明语句：

```
using namespace std;
```

当然，也可以使用若干个"using 命名空间成员"声明来代替"using namespace std;"声明，如：

```
using std::string;
using std::cout;
using std::cin;
```

为了减少在每一个程序中都要重复书写以上的 using 声明，程序开发者往往把编写应用程序时经常会用到的命名空间 std 成员的 using 声明组成一个头文件，然后在程序中包含此头文件即可。

为了更全面地体会命名空间的定义和使用方法,下面列举实例加以说明。

例 19.12　命名空间定义和使用。

```cpp
#include <iostream>
using namespace std;
int Num = 1;
namespace Name1
{
    int  Num = 2;
    int Add(int Num)
    {
        Num = ::Num + Num;              //::Num 表示全局作用域 Num = 1
        return Num;
    }
}
namespace Name2
{
    int  Num = 3;
    int Add(int Num)
    {
        Num = ::Num + Num;
        return Num;
    }
}

void main(void)
{
    cout << Name1::Add(4) + ::Num << endl;
    cout << Name2::Add(5) + Num << endl;          //Num 表示全局变量
    namespace N2 = Name1;
    cout << N2::Add(6) + N2::Num << endl;
    using namespace Name2;
    cout << Add(7) + Name2::Num << endl;
}
```

程序的运行结果为:

```
6
7
9
11
请按任意键继续...
```

19.4　C++语言的函数库

　　C 语言程序中许多功能上都是由各种函数来实现的,在 C 语言的发展过程中积累了丰富的函数库,C++从 C 语言继承了这些函数库。在 C++程序中可以使用 C 语言的函数库。用 C 语言函数库中的函数,必须在程序文件中包含有关的头文件,在不同的头文件中包含了不同的函数的声明。这些头文件名包括后缀.h,如 stdio.h,math.h 等。由于 C 语言没有命名空间,头文件并不存放在命名空间中,因此,在 C++程序文件中如果用到带后缀.h 的头文件时,不必用命名空间,只需在文件中包含所用的头文件即可。标准 C 语言的函数库主要有如下种类:

```
# include < assert. h >          //设定插入点
# include < ctype. h >           //字符处理
# include < errno. h >           //定义错误码
# include < float. h >           //浮点数处理
# include < fstream. h >         //文件输入输出
# include < iomanip. h >         //参数化输入输出
# include < iostream. h >        //数据流输入输出
# include < limits. h >          //定义各种数据类型最值常量
# include < localc. h >          //定义本地化函数
# include < math. h >            //定义数学函数
# include < stdio. h >           //定义输入输出函数
# include < stdlib. h >          //定义杂项函数及内存分配函数
# include < string. h >          //字符串处理
# include < strstrea. h >        //基于数组的输入输出
# include < time. h >            //定义关于时间的函数
# include < wchar. h >           //宽字符处理及输入输出
# include < wctype. h >          //宽字符分类
```

另外,标准 C++语言也提供了一套函数库(能覆盖 C 语言的函数库所有功能)。这些 C++标准要求系统提供的头文件不包括后缀.h。例如 iostream,string。为了表示与 C 语言的头文件既有联系又有区别,C++所用的头文件名是在 C 语言的相应的头文件名(但不包括后缀.h)之前加一字母 c。此外,由于这些函数都是在命名空间 std 中声明的,因此,在程序中要对命名空间 std 作声明。C++提供的主要函数头文件如下:

```
# include < algorithm >          //STL 通用算法
# include < bitset >             //STL 位集容器
# include < cctype >
# include < cerrno >
# include < clocale >
# include < cmath >
# include < complex >            //复数类
# include < cstdio >
# include < cstdlib >
# include < cstring >
# include < ctime >
# include < deque >              //STL 双端队列容器
# include < exception >          //异常处理类
# include < fstream >
# include < functional >         //STL 定义运算函数(代替运算符)
# include < limits >
# include < list >               //STL 线性列表容器
# include < map >                //STL 映射容器
# include < iomanip >
# include < ios >                //基本输入输出支持
# include < iosfwd >             //输入输出系统使用的前置声明
# include < iostream >
# include < istream >            //基本输入流
```

```
# include < ostream >                    //基本输出流
# include < queue >                      //STL 队列容器
# include < set >                        //STL 集合容器
# include < sstream >                    //基于字符串的流
# include < stack >                      //STL 堆栈容器
# include < stdexcept >                  //标准异常类
# include < streambuf >                  //底层输入输出支持

# include < string >                     //字符串类
# include < utility >                    //STL 通用模板类
# include < vector >                     //STL 动态数组容器
# include < cwchar >
# include < cwctype >
```

至于上述头文件中声明的具体函数,可以通过 C++编译工具的联机帮助或者上网就可以查询。由于内容太多,在此就不一一列举了。另外,需要注意的是,目前所用的大多数 C++编译系统既保留了 C 的用法,又提供了 C++的新方法。例如,下面两种用法等价,可以任选。

C 传统方法:

```
# include < string. h >
```

C++新方法:

```
# include < cstring >
using namespace std;
```

19.5　C++标准模板库

前面学习了 C++提供的函数模板和类模板工具,通过这些工具的使用,在很大程度上改进了 C++的代码重用性。为了进一步提高 C++的代码重用性,美国加州惠普实验室的 Alex Stepanov,Meng Lee,David R. Musser 3 位科学家在认识到 C++程序员经常使用许多数据结构和算法后,研发了标准模板库(Standard Template Library,STL)。1998 年 C++标准委员会在 C++的标准函数库中增加了 STL 内容。STL 提供了强大的功能,它是基于模板、可重用组件,实现了许多通用数据结构以及用于处理这些数据的算法。STL 虽然是一套程序库文件,但不是一般概念上的程序库,而是一个有着划时代意义、背后拥有着先进技术与深厚理论的工具,可以说它是软件重用技术发展史上的一项重大突破。

设计一种可重复运用的东西,以及一种可以制造出“可重复运用的东西”的方法是当前软件的最大愿望。从程序(procedures)、函数(functions)、类(classes)到函数库(function libraries)、类库(class libraries)、各种组件(components),从结构化设计、模块化设计再到模式(patterns),无一不是软件工程为之奋斗的成果,其目的就是提升代码重用性(reusebility)。

STL 产生于上述背景下。STL 的价值在两方面:一方面,STL 带给人们一套极具价值的组件,这种价值就像 MFC 对于 Windows 开发过程所带来的价值一样,另一方面,STL 还带给人们一个以通用编程(generic programming)思维为基础的程序设计理念。所谓通用程序设计是指编写不依赖于具体数据类型的程序,将算法从特定的数据结构中抽象出来成为通用的。

19.5.1 STL 的组件以及关系

STL 提供了 4 大组件,彼此可以组合套用。

(1) 容器(containers)。各种数据结构。例如,Vector,List,Map 等,用来存储各种数据。

(2) 算法(algorithms)。各种常用算法。例如,sort,search,copy 等,这些算法的作用是为程序提供各种常用的操作。

(3) 迭代器(iterators)。一个非常重要的组件,用来将容器和算法联系起来,也就是通常所说的泛型指针。

(4) 函数对象(function object)。行为类似函数,可作为演化算法的某种策略(policy)。

STL 的组件及其关系如图 19.7 所示。

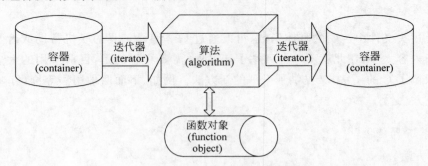

图 19.7　STL 的组件及其关系

下面对 STL 中常用的组件做一些概念上的介绍,详细内容涉及的相关技术比较多,在此难以深入介绍。因此,本节只能对 STL 工具的学习起到抛砖引玉的作用。

19.5.2 容器

1. 容器概念及类型

容器可以理解为常用的数据结构的模板化,用来表示各种数据结构对象;每个容器表现为类模板。容器分为 3 类:序列容器、关联容器和容器适配器。

(1) 序列容器也称为顺序容器。它表示线性数据结构,以线性方式存储序列元素,并且这些序列元素有头有尾,依次存放。序列的"头"是序列的首元素。序列的"尾"是序列的末元素。对于这些元素的访问,总可以从首元素出发,逐个访问每个中间元素,然后到达最后一个元素。向量(vector)、链表(list)、双端队列(deque)都是典型的顺序容器。根据顺序容器的特点,可采用两种方式进行访问。

① 顺序访问。顺序访问必须从首元素开始逐渐递增到目标元素,向量 vector 和双端队列 deque 也可以使用该种方式,而链表 list 只能使用该方式访问内部的元素。

② 随机访问。随机访问类似于对传统数组的访问,如对于向量 vector 和双端队列 deque,给定下标就可以直接找到对应的元素。

(2) 关联容器表示非线性数据结构。它通常用来快速找到容器中存储的元素。这种容器可以存储值的集合或者键/值对。这类容器主要有集合(set)、多重集合(multiset)、映射(map)和多重映射(multimap)。

关联容器中的元素没有严格线性关系,所以其中的元素没有首元素和末元素的区别。对于关联容器中的元素一般采用索引方式进行访问。

（3）容器适配器是以某种受限的方式对顺序容器进行访问。例如，堆栈（访问方式为LIFO）和队列（访问方式为FIFO）就是一种受限访问的顺序容器。因此，容器适配器有特定的访问接口和方法。

2. 容器对象的构造和析构

采用上述容器模板类就可以构建容器对象来存储不同类型的数据结构。所有容器类都提供了不带参数的默认构造函数，可先用这种方式构造出空的容器对象，然后再向容器内插入元素。所有容器类还提供了构造函数，利用一个给定的数据区间来构造容器。另外，所有容器类还提供了一个复制构造函数来实现容器的复制。

在容器对象使用完成之后，还需要对容器对象进行析构，因此，所有容器都提供了一个析构函数来释放容器元素所占用的存储空间。表19.1列举了C++容器对象的构造和析构。

表 19.1　C++容器对象的构造和析构

语　句	说　明
Containers <T> c;	定义指定类型 T 的容器对象，利用默认构造函数
Containers <T> c(begin,begin + N);	利用一个给定的数据区间[beg,beg＋N]来构造容器对象。注意：包含 beg 位置的元素，不包含 beg＋N 位置的元素
Containers <T> c(c1);	复制构造对象
～Containers()	析构函数释放元素所占内存
c = c1;	对象复制
c.swap(c1);	实现两个容器对象内容的互换

说明：其中 Containers 是容器类；T 为指定的数据类型；c,c1 为容器对象

3. 容器对象的维护操作

在构建容器对象之后，就可以对所有容器对象进行如下维护操作。

（1）插入元素。向某容器对象中插入一个或多个元素。

（2）删除元素。删除某容器对象中一个或多个元素。

（3）清空容器。删除某容器对象中所有元素。

另外，还可以查询容器的容量和大小，判断是否为空等。有关容器对象维护操作的相关方法如表19.2所示。

表 19.2　容器对象维护操作

函　数	说　明
c.insert(pos,e)	在指定位置插入数据元素 e
c.erase(pos)	删除指定位置的元素
c.erase(begin,end)	删除区间[begin,end]中的元素
c.clear()	删除容器内所有的元素
c.max_size()	返回容器对象的容量
c.size()	返回容器对象当前所包含元素的数量
c.empty()	返回容器是否为空

说明：其中 c 为容器对象；pos,begin,end 均为迭代器

下面通过一个程序实例，结合向量容器来说明容器的构造与操作方法。向量 vector 是 STL 提供的最简单、最常用的顺序容器模板类，用于存储不定长的线性序列，允许对各元素进行随机访问，类似 C++ 数组操作。但是向量 vector 的大小是灵活可变的，可以看作是一个动态数组，在运行时可以自由改变自身的大小，以便保存任何数目的元素。向量 vector 提供了对序列元素的快速、随机访问。由于其本身的结构与设计特点，在其末端的插入和删除元素速度最快，效率最高。当然在序列中其他位置插入、删除也是完全可以的，但是这样效率会降低，因为 vector 对象必须要移动元素位置来容纳新的元素或者收回被删除元素的空间。

前面已经介绍了顺序容器的共同特性。向量 vector 除了支持这些共性以外，还有其本身的特征：新增构造函数"vector(size_type n, const T& value=T());"，该函数用来初始化一个指定大小为 n 的向量对象；另外，对于随机元素访问，vector 类重载了"[ ]"运算符，允许使用下标直接访问序列元素。

例 19.13　容器的构造与操作示例。

```cpp
# include < iostream >
# include < vector >
using namespace std;
void print(vector < float > &vct)          //输出向量的每一个元素
{
    size_t numelem = vct.size();
    for(size_t i = 0; i < numelem; i++)
        cout << vct[i]<<"  ";
    cout << endl;
}
int main()
{
    vector < float > v1, v2;                //定义了两个空类型为 float 的向量容器对象
    v1.push_back(3.14f);                    //插入数据到向量 v1 中(末端)
    v1.push_back(21.7f);
    for(size_t i = 0; i < 3; i++)
        v2.push_back(2.6f * (i + 1));       //循环实现插入 3 个数据到向量 v2 中
    cout <<"v1: ";
    print(v1);                              //输出 v1 内容
    cout <<"v2: ";
    print(v2);                              //输出 v2 内容
    cout <<"v2 after erase: ";
    v2.erase(v2.begin() + 1);               //删除 v2 中下标为 1 的元素
    print(v2);                              //输出 v2 内容
    v1.swap(v2);                            //实现两个向量容器的内容互换
    cout <<"v1: ";
    print(v1);                              //输出 v1 内容
    cout <<"v2: ";
    print(v2);                              //输出 v2 内容
    return 0;
}
```

程序的运行结果为：

```
v1: 3.14  21.7
```

```
v2: 2.6   5.2   7.8
v2 after erase: 2.6 7.8
v1: 2.6   7.8
v2: 3.14   21.7
```

19.5.3　迭代器

迭代器是 STL 体系中一个非常重要的概念,也是一个很抽象的概念。迭代器是算法和容器间的"桥梁纽带",用来保存它所操作的特定容器的状态信息。它可以指向容器中的一个位置,用户不必关心这个位置的真正物理地址,无须关心其存储形式,只要通过迭代器就能访问这个位置的元素。迭代器和指针有着如下共同性质。

（1）迭代器就是用面向对象技术封装的高级指针,提供了灵活的访问形式,可以对不同的数据类型和存储形式进行常用访问操作。

（2）迭代器可以通过使用运算符函数"＋＋"或"－－"前后移动,再用" * 迭代器"表达迭代器所指向的数据。

C++定义了 5 种类型的 STL 迭代器,分别阐述如下:

（1）输入迭代器(input iterator)。这种迭代器的层次较低,可以用来从序列中读取数据,但是不一定能够向其中写入数据。

（2）输出迭代器(output iterator)。与输入迭代器类似,层次较低,允许向序列中写入数据,但是不一定能从其中读取数据。

（3）前向迭代器(forward iterator)。既是输入迭代器又是输出迭代器,因此它既支持数据读取,也支持数据写入,并且可以对序列进行单向的遍历。

（4）双向迭代器(bidirectional iterator)。功能与前向迭代器相似,区别在于双向迭代器在两个方向上都可以对数据遍历,如链表容器 list 的迭代器就符合此种类型的基本特征。

（5）随机访问迭代器(random access iterator)。即双向迭代器,能够在序列中的任意两个位置之间进行跳转,例如,向量 vector 的迭代器。

另外,STL 还为迭代器提供了 3 个辅助函数(模板),分别简述如下:

（1）advance()函数。该函数可以改变迭代器的位置,具体改变的幅度和方向由参数决定,本质上是在函数内部对迭代器进行了若干次迭代,然后指向新的元素,其函数模板原型为:

```
template < typename _InIt, typename _Diff >
void advance(_InIt &Where, _Diff offset)
```

（2）distance()函数。该函数可以计算两个迭代器之间的距离,其函数模板原型为:

```
template < typename _InIt >
int distance(_InIt &from, _InIt &to);
```

（3）iter_swap()函数。该函数可以交换两个迭代器所指向的元素值,而且两个迭代器可以不必都指向同一个容器,但是要求定义的模板参数类型要相同,其函数模板原型为:

```
template < typename FwdIt1, typename FwdIt2 >
void iter_swap(FwdIt1 &fi1, FwdIt2 &fi2);
```

下面结合链表容器来说明迭代器的操作方法。链表容器是一种典型的顺序容器类。其内部数据结构实质是一个双向链表,可以在任何一端操作,与向量 vector 不同的是,链表容器必须进行顺序访问,不能实现随机访问即不支持"[ ]"运算符,只能用对应迭代器操作元素。同样,除了前面介绍的顺序容器的共性外,链表还有自身的特殊操作。表 19.3 列出了链表容器主要的操作。

表 19.3   链表容器主要的操作

函 数 调 用	说 明
l.push_front()	把数据插入到链表对象 l 的首端
l.splice(pos,a)	把链表对象 a 中的元素插入到当前链表 pos 之前,并清空链表 a
l.splice(pos,a,posa)	把链表 a 中从位置 posa 后的元素转移到 l 的位置 pos 之前
l.splice(pos,a,abeg,aend)	把链表 a 中在区间[abeg,aend]内的元素转移到 l 的位置 pos 之前
l.unique()	删除链表中相邻的重复的元素
l.remove(x)	删除与 x 相等的元素
l.sort()	对链表排序
l.reverse()	逆转链表中元素的次序

例 19.14   链表容器对象的迭代器的操作方法示例。

```
#include < list >
using namespace std;
int main()
{
    int ary[10] = {1,7,9,3,2,8,6,5,4,0};
    list < int >  Li(ary,ary + 10);      //定义链表,数据用数组 ary 初始化
    list < int >::iterator  iter;        //定义一个迭代器
    iter = Li.begin();                   //迭代器指向 Li 首元素
    advance(iter,5);                     //向后移动 5 个元素
    cout << * iter <<" ";                //输出
    iter = Li.end();                     //迭代器指向 Li 末端
    advance(iter, - 2);                  //向前移动 2 个元素
    cout << * iter << endl;              //输出
    return 0;
}
```

程序的运行结果为:

8 4

为了进一步理解容器和迭代器的概念,下面将结合顺序容器中另一常用的容器,即双队列容器来加以说明。双队列(deque)与向量容器(vector)相似,deque 也是一种动态数组的形式,是一种访问形式比较自由的双端队列,可以从队列的两端入队及出队(添加和删除),也可以使用运算符"[ ]"通过给定下标形式来访问队列中的元素,既可以顺序访问,也可以随机访问。由于内部本身结构的特点,在队列两端添加和删除元素时速度最快,效率较高,而在中间插入数据时比较费时,因为必须移动其他元素来实现容器的扩展。deque 容器的常见操作如

表 19.4 所示。

表 19.4　deque 容器的常见操作

函 数 调 用	说　　明
d.push_front()	把数据插入到 deque 对象 d 的首端
d.pop_front()	删除首端元素,无返回值
d.push_back()	把数据插入到 deque 对象 d 的末端
d.pop_back()	删除末端元素,无返回值
d.operator[](index)	使用运算符"[]"访问容器中的对象,index 为给定下标

例 19.15　双端队列容器 deque 的使用。

```cpp
# include < iostream >
# include < iostream >
# include < deque >
using namespace std;
void print(deque < double > &deq)        //输出队列中的每一个元素
{
    size_t numelem = deq.size();         //队列内元素的数量
    for(size_t i = 0;i < numelem;i++) cout << deq[i]<<"   ";
    cout << endl;
}
void main()
{
    deque < double > ds;                 //定义了空的类型为 double 的 deque 对象
    for(size_t   i = 0;i < 5;i++)        //循环在首端插入 5 个数据,并输出队列内容
    {
        ds.push_front(1.2 * i);          //插入数据
        print(ds);
    }
    ds.pop_back();                       //删除末端元素
    print(ds);                           //输出队列内容
}
```

程序的运行结果为:

```
0
1.2  0
2.4  1.2  0
3.6  2.4  1.2  0
4.8  3.6  2.4  1.2  0
4.8  3.6  2.4  1.2
```

STL 容器提供两种迭代器: Container < T >::iterator 类型的迭代器允许读、写元素; Container < T >::const_iterator 类型定义的迭代器访问元素是只读的。

另外,将迭代器操作接口和函数可以总结为表 19.5 所示。

表 19.5　迭代器操作接口和函数

操作和函数调用	说　明
Container ＜ T ＞ :: iterator it	定义容纳 T 类型数据容器的迭代器的方法
Container ＜ T ＞ :: const_iterator	定义容纳 T 类型数据容器的 const 迭代器的方法
c. begin()	返回容器对象 c 指向首元素的迭代器
c. end()	返回容器对象 c 指向末元素后一个位置的迭代器(不是末元素的位置)
it = c. begin()	迭代器赋值
＊ it	返回迭代器所指位置中的数据,类似指针操作
++, —— 操作	前移/后移迭代器所指位置,包括 it＋＋,＋＋it,it——,——it
==	判断迭代器所指位置是否相同

说明：其中 Container 是容器类；c 为容器对象；it 为迭代器对象

例 19.16　容器的迭代器常用操作。

```
# include ＜ iostream ＞
# include ＜ vector ＞
using namespace std;
int main()
{
    int a[5] = {1,3,5,7,9};
    vector ＜ int ＞ v1(a, a + 5);          //整型数向量容器
    vector ＜ double ＞ v2;                 //浮点数向量容器
    vector ＜ int ＞:: iterator it;          //普通迭代器
    vector ＜ int ＞:: const_iterator cit;   //只读迭代器
    v2. push_back(3.14);
    //it = v2. begin();       此语句出错,容器元素类型和迭代器指向类型不一致
    for (it = v1.begin(); it!= v1.end(); it++)
        ( ＊ it) += 20;                      //循环使 v1 中每个元素加 10
    for (cit = v1.begin(); cit!= v1.end(); cit++)
        cout ＜＜ ＊ cit ＜＜" ";              //利用只读迭代器输出元素值
    cout ＜＜ endl;
    return 0;
}
```

程序的运行结果为：

```
21 23 25 27 29
```

19.5.4　算法与函数对象

算法与函数对象是 STL 中另外两个重要的概念,而且这两个概念密切关联。

1. 算法

算法在 STL 中体现为一系列的函数模板。这些函数模板是通用的,可适用于不同类型的数据。STL 算法的操作对象以序列中(见图 19.8)的元素为主,并以迭代器作为函数参数,这些迭代器参数必须指向容器中的元素,并且构成一个数据集合的区间。因此,算法可以灵活地处理不同长度的数据集合。

图 19.8　算法操作的对象

C++标准模板库中包括 70 多种算法,其中包括查找算法、排序算法、消除算法、记数算法、比较算法、变换算法、置换算法和容器管理等。大致可以分成 4 类:

(1) 不可变序列的算法。这类算法在对容器进行操作时不会改变容器的内容,这类算法比较典型的有查找 find()、计数 count()、比较 equal()等。

(2) 可变序列的算法。这些算法执行完毕后,序列中元素的数值和数量会发生变化,如复制 copy()、反转 reverse()、填充 fill()等。

(3) 排序相关的算法。这类算法主要的特点是对序列的内容进行不同方式的排序,包括合并算法、二分查找算法以及有序列的集合操作算法等,典型的是 sort()函数。

(4) 通用数值算法。这类算法主要是对序列内容进行数值计算,如累加 accumulate()、邻接与求差 adjacent_difference()、求绝对值等。

2. 算法使用的基本方法

在 C++类的封装中,一般类库做法是将算法作为类行为嵌入在容器类中。STL 将算法从容器中分离出来,使得算法的扩展更加容易,也使得 STL 的效率更高。在 STL 中,算法最终是以函数模板的形式来实现的。因此,对算法的使用本质就是对函数模板的调用。另外,所有的迭代器都会提供最基本的共性操作,那就是迭代器可以指向序列中的元素,迭代器对象本身可以递推指向下一个元素。因此,任何算法的使用在语法上都必须满足最低层次迭代器的要求,在算法的函数模板调用时,无论函数参数和函数返回值(算法结果)都是采用迭代器来表示。下面结合一个程序实例来说明这一点。

例 19.17　数据拷贝算法(copy 函数)的使用实例。

```cpp
# include < iostream >
# include < vector >
# include < iterator >
using namespace std;
int main()
{
    int a[5] = {1,3,5,7,9};
    vector < int > v1(a, a + 5);                    //整型数向量,利用数组初始化
    ostream_iterator < int > output(cout, " ");     //定义输出流迭代器
    copy(v1.begin(),v1.end(),output);               //把 v1 内容复制给输出流迭代器
    return 0;
}
```

程序的运行结果为:

```
1  3  5  7  9
```

分析上述程序可知,程序中是通过使用拷贝算法(copy 函数)来实现向量容器对象之间的复制。拷贝算法的 copy( )函数模板的原型如下:

```cpp
template < typename InputIterator, typename OutputIterator >
```

```
OutputIterator copy(InputIterator beg, InputIterator end, OutputIterator output);
```

在以上的函数原型中隐含着如下的信息。

（1）其中定义 InputIterator 抽象类型代表输入型迭代器，OutputIterator 代表输出型迭代器，满足了最低层次的迭代器的要求。

（2）操作对象定义在一个序列区间内，由 InputIterator 定义的 beg 和 end 就代表了这样的操作区间[beg,end)。

（3）copy()函数的返回值也是 OutputIterator 迭代器类型。

3. 函数对象

在 STL 的算法中，有些算法函数可以使用默认的规则。而对于某些特殊的要求，则需要给算法函数一些特殊规则，而这些特殊规则就需要用函数对象来实现。因此说，函数对象和算法是紧密相关的一组概念。

那么如何理解函数对象呢？所谓"函数对象"其实就是一个行为类似于函数的对象。它可带也可不带参数，其功能就是获得一个值，或者是改变算法操作的状态。因此，C++为定义函数对象定义了一个特殊的类，在该类中使用 operator()函数重载了具有 public 访问权限的运算符"()"。利用这个类构建的对象就是函数对象。在 C++中，普通函数和函数对象都可以作为算法的参数。

除了可以通过自定义函数对象来实现算法的不同操作形式外，STL 中也定义了一些标准的函数对象。按功能可以划分为算术运算、关系运算、逻辑运算 3 类。有关这些标准函数对象的定义是在头文件(functional)中，具体情况可以查阅相关资料。

例 19.18 采用默认规则和函数对象定义的特殊规则，通过使用 sort 算法函数进行排序。

```cpp
# include < algorithm >
# include < iostream >
# include < vector >
# include < iterator >
# include < functional >
using namespace std;
int main()
{
    int ary[7] = {1,7,3,4,6,5,9};
    vector < int > v1(ary, ary + 7);              //整型数向量
    ostream_iterator < int > output(cout, " ");    //输出流迭代器
    cout <<"Original data: ";
    copy(v1.begin(),v1.end(),output);
    cout << endl <<"    Sort ascending: ";
    sort(v1.begin(),v1.end());                    //用默认规则排序(升序)
    copy(v1.begin(),v1.end(),output);
    cout << endl <<"    Sort descending: ";
    sort(v1.begin(),v1.end(),greater < int >());   //给定降序规则
    copy(v1.begin(),v1.end(),output);
    cout << endl;
    return 0;
}
```

程序的运行结果为：

```
Original data: 1 7 3 4 6 5 9
Sort ascending: 1 3 4 5 6 7 9
Sort descending: 9 7 6 5 4 3 1
```

在 C++语言中,普通函数和函数对象都可以作为算法的参数。在例 19.19 中就使用普通
函数作为算法 for_each 的参数,把序列中的元素逐个传给 power 函数,并调用该算法函数。
在例 19.20 中,使用类的对象作为函数对象,在类定义中重载函数调用运算符,通过函数对象
来调用排序函数,实现学生对象的排序。

例 19.19　采用普通函数作为算法参数调用排序算法实现排序功能。

```cpp
# include < iostream >
# include < algorithm >
# include < vector >
using namespace std;
int power(int x)                              //定义 power 函数,实现求平方并输出值
{
    int pr = x * x;
    cout << pr <<" ";
    return pr;
}
int main()
{
    int ary[5] = {1,3,5,2,7};
    vector < int > v1(ary,ary + 5);           //构造向量 v1
    for_each(v1.begin(),v1.end(),power);      //调用算法,逐次执行 power
    return 0;
}
```

程序的运行结果为:

```
1 9 25 4 49
```

实际上,一般来说,用户设计的普通函数就可以看作是一种最简单的函数对象。例如,本
程序实例中的 power()函数就是一种普通函数。采用 power()函数作为函数参数传递给算法
for_each(),使得 for_each()算法对向量容器对象 v1 中元素的排序规则。

例 19.20　采用函数对象对学生对象的排序。

```cpp
# include < iostream >
# include < algorithm >
# include < vector >
# include < string >
using namespace std;
class Student
{
public:
    int    number;
    string name;
    Student(int i,string s)
    {
```

```
        number = i;
        name = s;
    }
    void Print()
    {
        cout << number <<"," << name << endl;
    }
};
class numbercmp                              //定义 numbercmp 类
{
public:
    bool operator()(Student &st1, Student &st2)    //重载运算符"()"
    {
        return st1.number < st2.number;
    }                                        //比较学号
};
int main()
{
    //定义 3 个学生对象,学号没有按升序设置
    Student st1(1003,"wang"),st2(1001,"li"),st3(1002,"zhao");
    vector < Student > v1;                   //定义向量 v1
    v1.push_back(st1);                       //把 st1,st2,st3 顺序插入向量中
    v1.push_back(st2);
    v1.push_back(st3);
    sort(v1.begin(),v1.end(),numbercmp());   //使用函数对象 numbercmp()作为规则进行排序
    for(int i = 0;i < 3;i++)v1[i].Print();   //输出每个学生信息(已经按升序排好)
    return 0;
}
```

程序的运行结果为:

```
1001,li
1002,zhao
1003,wang
```

在该程序中,通过类 numbercmp 来重载运算符 operator()就定义了一种可以作为函数参数的对象,同样可以像使用例 19.19 中的普通函数 power()一样来使用该对象。但是,此时传递给算法 sort()的对象是通过 numbercmp 类的默认构造函数来获得的。使用函数对象比普通函数携带更多的信息。

19.6 综合程序应用——某公司人事管理系统

在第 15 章的综合程序应用的基础上,对"某公司人事管理系统"进行功能扩展和修改。要求如下:增加一个文件打开或者读写异常处理类,实现文件访问的异常处理功能,即当文件打开或读写不成功时,程序将抛出异常信息,由主程序通过屏幕告诉用户错误原因。

根据上述的需求,程序的参考代码如下:

/ ***

```
FileName:database.h
Copyright: Tsinghua University
Author: Huaizhou Tao
Date:2014 - 10 - 02
Description: 程序中作为数据库所使用的类的声明

************************************************************************** /
# ifndef DATABASE_H
# define DATABASE_H


# include < string >
# include "linkedlist.h"
# include "employee.h"
# include "manager.h"
# include "technician.h"
# include "salesman.h"
# include "salemanager.h"
# include "fileexception.h"
using std::string;

enum EmployeeType
{
    Employee,
    Manager,
    Technician,
    Salesman,
    SaleManager
};


//数据库类,对程序使用的数据结构进行封装
class database
{
private:
    //数据成员为不同种类雇员的对象链表
    linkedlist < manager > mngList;
    linkedlist < technician > techList;
    linkedlist < salesman > saleList;
    linkedlist < salemanager > salemngList;
public:
    //构造函数与析构函数
    database();
    ~database();

    //文件读写函数
    void load();
    void save();

    void loadManager(const string &fileName);
    void loadTechnician(const string &fileName);
    void loadSalesman(const string &fileName);
```

```
        void loadSaleManager(const string &fileName);

        void saveManager(const string &fileName);
        void saveTechnician(const string &fileName);
        void saveSalesman(const string &fileName);
        void saveSaleManager(const string &fileName);

        //删除雇员函数
        bool deleteEmployee(const string &name);
        bool deleteEmployee(int empNo);

        //添加雇员函数
        //由于每类雇员信息不同,各有不同的添加函数
        void addManager();
        void addTechnician();
        void addSalesman();
        void addSaleManager();
        //添加雇员对外接口
        void addEmployee(enum EmployeeType);

        bool updateEmployee(int empNo);

        //显示详细信息
        void detailInfo(int empNo);
        //显示所有雇员
        int showAll(enum EmployeeType);

        //查找函数,可按姓名与编号查找
        int search(int empNo);
        int search(const string &name);

        //排序函数,可按编号或工资排序
        void sortByPay(enum EmployeeType, int direction);
        void sortByNo(enum EmployeeType, int direction);

        void sortCustom(employee ** head, int length, int direction, int keycol);

        int compare(employee * e1, employee * e2, int direction, int keycol);

        //设置销售经理与销售员的关系
        bool setRelation(int salesmanNo, int saleManagerNo);
};

        #endif


/ *********************************************************************************
FileName:employee.h
Copyright: Tsinghua University
Author: Huaizhou Tao
Date:2014 - 10 - 02
Description: employee 类的声明
```

```
**************************************************************************** /
# ifndef EMPLOYEE_H
# define EMPLOYEE_H

# include < string >
using std::string;

//employee 类,对公司的雇员信息进行封装
class employee
{
private:
    //3 个私有数据成员,分别代表雇员的编号(individualempNo)、等级(grade)与月薪(accumPay)
    int individualEmpNo;
    int grade;
    int accumPay;
    //该成员代表雇员的姓名
    string name;
    //这个静态私有成员用于在新加入雇员时使编号自动增加
    static int currentEmpNo;
public:
    //无参构造函数与有参构造函数
    employee();
    employee(int inputEmpNo, int inputGrade,int inputPay, string inputName);

    //析构函数
    ~employee();

    //访问数据成员的接口函数,分别是
    //设置编号: setEmpNo(int)
    //设置等级: setGrade(int)
    //设置月薪: setAccumPay(int)
    //获取编号: int getempNo()
    //获取等级: int getGrade()
    //获取月薪: int getAccumPay()
    //由于派生类的工资基于另外的规则进行设置,故不建议直接使用 setAccumPay 接口
    void setEmpNo(int inputEmpNo);
    void setGrade(int inputGrade){grade = inputGrade;};
    void setAccumPay(int inputPay){accumPay = inputPay;};
    int getEmpNo(){return individualEmpNo;};
    int getGrade(){return grade;};
    int getAccumPay(){return accumPay;};

    //关于姓名字符串的接口
    void setName(string inputName){name = inputName;};
    string getName(){return name;};

    //该函数的功能是打印雇员的基本信息
    virtual void printInfo();
    virtual void updateInfo();

    //新的成员函数,用于计算工资与调级
```

```
        virtual int PAY(){return accumPay;};
        virtual bool promote(int gradeUp);

        //流输入运算符重载,从流向对象输入基本信息
        friend std::istream& operator >>(std::istream&,employee&);

        //流输出运算符重载,向流输出对象的基本信息
        friend std::ostream& operator <<(std::ostream&,employee&);
};

    # endif


/ *****************************************************************************
FileName:fileexception.h
Copyright: Tsinghua University
Author: Huaizhou Tao
Date:2014 - 10 - 20
Description: 文件异常类的声明


***************************************************************************** /
# ifndef FILEEXCEPTION_H
# define FILEEXCEPTION_H

class FileException
{
public:
    string filename;
    string type;
    string mode;

    FileException(string inputFilename, string inputType, string inputMode)
    {
        filename = inputFilename;
        type = inputType;
        mode = inputMode;
    };

    ~FileException(){};

};

    # endif


/ *****************************************************************************
FileName:linkedlist.h
Copyright: Tsinghua University
Author: Huaizhou Tao
Date:2014 - 10 - 02
Description: linkedlist 类的声明


***************************************************************************** /
# ifndef LINKEDLIST_H
```

```
# define LINKEDLIST_H

//基于模板的链表结点定义
template < class T >
struct node
{
    T data;
    node < T > * next;
};


//基于模板的链表类声明
template < class T >
class linkedlist
{
private:
    node < T > * head;                              //头结点
    node < T > * current;                           //当前结点
    //内联函数,用于深拷贝
    inline void deepCopy(const linkedlist < T > &original);
public:
    //构造函数,复制构造函数,析构函数
    linkedlist();
    linkedlist(const linkedlist < T > &aplist);
    ~linkedlist();

    void insert(node < T > * newNode);              //在头部之前插入元素
    void insert_end(node < T > * newNode);          //在尾部插入
    node < T > * getFirst();                        //获得链表头的数据
    inline node < T > * getNext();                  //获得当前结点的下一个数据
    bool find(const T &element);                    //查找一个数据
    bool retrieve(T &element);                      //检索一个数据
    bool replace(const T &newElement);              //替换一个数据
    bool remove(node < T > * node);                 //移除一个数据
    bool isEmpty() const;
    void makeEmpty();
    int size();
    //重载" = "运算符
    linkedlist < T > & operator = (const linkedlist < T > &rlist);
};


# endif
```

```
/ *******************************************************************
FileName:manager.h
Copyright: Tsinghua University
Author: Huaizhou Tao
Date:2014 - 10 - 02
Description: manager 类的声明


******************************************************************** /
# ifndef MANAGER_H
# define MANAGER_H
```

```
#define FIXED_PAY_MANAGER 12000
#define PROMOTE_PAY_MANAGER 4000

#include "employee.h"

//manager 类,继承 employee 类,代表经理岗位
class manager: virtual public employee
{
private:
    //增加一个成员,表示该经理的固定工资,用于调级操作
    int fixed_pay;
public:
    //无参构造函数与有参构造函数
    manager();
    manager(int inputEmpNo, int inputGrade, string inputName);

    //析构函数
    ~manager();

    void setFixedPay(int inputPay){fixed_pay = inputPay;};
    int getFixedPay(){return fixed_pay;}

    //该函数的功能是打印雇员的基本信息
    virtual void printInfo();
    virtual void updateInfo();

    //新的成员函数,用于计算工资与调级
    virtual int PAY();
    virtual bool promote(int gradeUp);

    //流输入运算符重载,从流向对象输入基本信息
    friend std::istream& operator >>(std::istream&,manager&);

    //流输出运算符重载,向流输出对象的基本信息
    friend std::ostream& operator <<(std::ostream&,manager&);
};

    #endif

/ ****************************************************************************
FileName:salemanager.h
Copyright: Tsinghua University
Author: Huaizhou Tao
Date:2014 - 10 - 02
Description: salemanager 类的声明

**************************************************************************** /
#ifndef SALEMANAGER_H
#define SALEMANAGER_H

#define FIXED_PAY_SALEMANAGER 8000
```

```
# define RATE_SALEMANAGER 0.04
# define PROMOTE_PAY_SALEMANAGER 2000
# define PROMOTE_RATE_SALEMANAGER 0.005

# include "manager.h"
# include "salesman.h"
# include "linkedlist.cpp"

//salemanager 类,继承 manager 类与 salesman 类,代表销售经理
class salemanager: public manager, public salesman
{
private:
    //使用链表保存经理手下管理的销售员的编号
    linkedlist < int > salesmanNoList;
public:
    //无参构造函数与有参构造函数
    salemanager();
    salemanager( int inputEmpNo, int inputGrade, string inputName, int inputSales, linkedlist
< int > &inputNoList);

    //析构函数
    ~salemanager();

    //成员函数:用于改变经理的销售总额
    void changeSales( int inputSales);

    //成员函数:用于添加或删除经理的下属销售员
    bool addSalesman( int empNo);
    bool deleteSalesman( int empNo);
    void clearSalesman();

    //该函数的功能是打印雇员的基本信息
    void printInfo();
    void updateInfo();

    //新的成员函数,用于计算工资与调级
    int PAY();
    bool promote( int gradeUp);

    //流输入运算符重载,从流向对象输入基本信息
    friend std::istream& operator >>(std::istream&,salemanager&);

    //流输出运算符重载,向流输出对象的基本信息
    friend std::ostream& operator <<(std::ostream&,salemanager&);
};

    # endif
```

```
/ ********************************************************************
FileName:saleman.h
Copyright: Tsinghua University
Author: Huaizhou Tao
```

```
Date:2014 - 10 - 02
Description: salesman 类的声明

*************************************************************************** /
# ifndef SALESMAN_H
# define SALESMAN_H

# define RATE_SALESMAN 0.05
# define PROMOTE_RATE_SALESMAN 0.01

# include "employee.h"

class salemanager;

//salesman 类,继承 employee 类,代表销售岗位
class salesman: virtual public employee
{
private:
    //新增的私有数据成员表示销售员的月销售额与提成率
    int sales;
    double commissionRate;

    //该成员表示管理该销售员的销售经理
    salemanager * boss;
public:
    //无参构造函数与有参构造函数
    salesman();
    salesman(int inputEmpNo, int inputGrade, string inputName, int inputSales, salemanager *
inputBoss);

    //析构函数
    ~salesman();

    //访问数据成员的接口函数,分别是
    //设置提成比率: setCommissionRate(double)
    //设置销售额:    setSales(int)
    //设置销售经理: setBoss(salemanager * )
    //获取提成比率: double getCommissionRate()
    //获取销售额:    int getSales()
    //获取销售经理: salemanager * getBoss()
    void setCommissionRate(double inputRate){commissionRate =  inputRate;setAccumPay((int)
(sales * commissionRate));};
    void setSales(int inputSales);
    void setBoss(salemanager * inputBoss);
    double getCommissionRate(){return commissionRate;};
    int getSales(){return sales;};
    salemanager * getBoss(){return boss;};

    //该函数的功能是打印雇员的基本信息
    virtual void printInfo();
    virtual void updateInfo();
```

```cpp
    //新的成员函数,用于计算工资与调级
    virtual int PAY();
    virtual bool promote(int gradeUp);

    //流输入运算符重载,从流向对象输入基本信息
    friend std::istream& operator >>(std::istream&,salesman&);

    //流输出运算符重载,向流输出对象的基本信息
    friend std::ostream& operator <<(std::ostream&,salesman&);
};

    #endif

/************************************************************************
FileName:technician.h
Copyright: Tsinghua University
Author: Huaizhou Tao
Date:2014 - 10 - 02
Description: technician 类的声明

*************************************************************************/
#ifndef TECHNICIAN_H
#define TECHNICIAN_H

#define   WAGE_TECHNICIAN 260
#define PROMOTE_WAGE_TECHNICIAN 20

#include "employee.h"

//technician 类,继承 employee 类,代表技术岗位
class technician: public employee
{
private:
    //新增的私有数据成员表示技术岗位雇员的月工作时间与时薪
    int workHour;
    int wage;
public:
    //无参构造函数与有参构造函数
    technician();
    technician(int inputEmpNo, int inputGrade, string inputName, int inputWorkHour);

    //析构函数
    ~technician();

    //访问数据成员的接口函数,分别是
    //设置基本时薪: setWage(int)
    //设置工作时间: setWorkHour(int)
    //获取基本时薪: int getWage()
    //获取工作时间: int getWorkHour()
    void setWage(int inputWage){wage = inputWage;setAccumPay(workHour * wage);};
     void setWorkHour ( int  inputWorkHour ) { workHour  =  inputWorkHour; setAccumPay ( workHour
* wage);};
```

```
        int getWage(){return wage;};
        int getWorkHour(){return workHour;};

        //该函数的功能是打印雇员的基本信息
        void printInfo();
        void updateInfo();

        //新的成员函数,用于计算工资与调级
        int PAY();
        bool promote(int gradeUp);

        //流输入运算符重载,从流向对象输入基本信息
        friend std::istream& operator >>(std::istream&,technician&);

        //流输出运算符重载,向流输出对象的基本信息
        friend std::ostream& operator <<(std::ostream&,technician&);
};

    #endif

/ ***************************************************************************
FileName:userinterface.h
Copyright: Tsinghua University
Author: Huaizhou Tao
Date:2014 - 10 - 02
Description: 程序内封装用户界面所使用的类的声明

**************************************************************************** /
#ifndef USERINTERFACE_H
#define USERINTERFACE_H

#include "database.h"

//用户界面类
class userinterface
{
private:
    database * emp_database;
public:
    userinterface();
    ~userinterface();

    //运行与交互主函数
    bool running();

    //功能函数,欢迎、退出、增删查改、排序、增和改考虑要按照不同类型雇员进行扩展
    void welcome();
    bool searchEmp();
    bool insertEmp();
    bool deleteEmp();
    bool updateEmp();
    bool sortEmp();
```

```
        void quit();
        //专门用于设置销售员与销售经理关系的界面
        bool setRelation();
        void pause();
};


    # endif
```

```
/ ***********************************************************************
FileName:database.cpp
Copyright: Tsinghua University
Author: Huaizhou Tao
Date:2014 - 10 - 02
Description: database 类的定义


    *********************************************************************** /
# include < iostream >
# include < fstream >
# include "database. h"
using namespace std;

//Summary: 构造函数
//
//Parameters:
//        None
//Return: None
//Detail:
database::database()
{
    mngList.makeEmpty();
    techList.makeEmpty();
    saleList.makeEmpty();
    salemngList.makeEmpty();
}


//Summary: 析构函数
//
//Parameters:
//        None
//Return: None
//Detail:
database::~database()
{
    mngList.makeEmpty();
    techList.makeEmpty();
    saleList.makeEmpty();
    salemngList.makeEmpty();
}


//Summary: 从文件中读取
//
//Parameters:
```

```
//         None
//Return: None
//Detail:
void database::load()
{
    try
    {
        loadManager("info_manager.txt");
        loadSaleManager("info_salemanager.txt");
        loadTechnician("info_technician.txt");
        loadSalesman("info_salesman.txt");
    }
    catch(FileException e)
    {
        throw e;
    }
}


//Summary: 向文件中保存
//
//Parameters:
//         None
//Return: None
//Detail:
void database::save()
{
    try
    {
        saveManager("info_manager.txt");
        saveSaleManager("info_salemanager.txt");
        saveTechnician("info_technician.txt");
        saveSalesman("info_salesman.txt");
    }
    catch(FileException e)
    {
        throw e;
    }
}


//Summary: 从文件中读取经理信息
//
//Parameters:
//         fileName 文件名
//Return: None
//Detail:
void database::loadManager(const string &fileName)
{
    ifstream in(fileName.c_str(), ios::in);
    node < manager > * mng;
    //打开文件成功
    if(in)
    {
```

```
        while(!in.eof())
        {
            mng = new node<manager>;
            if(in >> mng->data)
            {
                mngList.insert_end(mng);
            }
            else
            {
                FileException e(fileName, "operate", "read");
                throw e;
            }
        }
    }
    else
    {
        FileException e(fileName, "open", "read");
        throw e;
    }

    in.close();
}


//Summary: 从文件中读取技术员信息
//
//Parameters:
//        fileName 文件名
//Return: None
//Detail:
void database::loadTechnician(const string &fileName)
{
    ifstream in(fileName.c_str(), ios::in);
    node<technician> * tech;
    //打开文件成功
    if(in)
    {
        while(!in.eof())
        {
            tech = new node<technician>;
            if(in >> tech->data)
            {
                techList.insert_end(tech);
            }
            else
            {
                FileException e(fileName, "operate", "read");
                throw e;
            }
        }
    }
    else
    {
```

```
            FileException e(fileName, "open", "read");
            throw e;
        }

        in.close();
    }


    //Summary: 从文件中读取销售员信息
    //
    //Parameters:
    //      fileName 文件名
    //Return: None
    //Detail:
    void database::loadSalesman(const string &fileName)
    {
        ifstream in(fileName.c_str(), ios::in);
        node<salesman> * sale;
        node<salemanager> * salemng;
        int saleMngNo;
        //打开文件成功
        if(in)
        {
            while(!in.eof())
            {
                sale = new node<salesman>;
                if(in >> sale->data >> saleMngNo)
                {
                    //TODO: 关联销售经理
                    salemng = salemngList.getFirst();
                    if(salemng != NULL)
                    {
                        do
                        {
                            if(salemng->data.getEmpNo() == saleMngNo)
                            {
                                sale->data.setBoss(&(salemng->data));
                                break;
                            }
                            salemng = salemngList.getNext();
                        }while(salemng != NULL);
                    }

                    saleList.insert_end(sale);
                }
                else
                {
                    FileException e(fileName, "operate", "read");
                    throw e;
                }
            }
        }
        else
```

```
    {
        FileException e(fileName, "open", "read");
        throw e;
    }

    in.close();
}


//Summary: 从文件中读取销售经理信息
//
//Parameters:
//      fileName 文件名
//Return: None
//Detail:
void database::loadSaleManager(const string &fileName)
{
    ifstream in(fileName.c_str(), ios::in);
    node < salemanager > * salemng;
    //打开文件成功
    if(in)
    {
        while(!in.eof())
        {
            salemng = new node < salemanager >;
            if(in >> salemng -> data)
            {
                salemngList.insert_end(salemng);
            }
            else
            {
                FileException e(fileName, "operate", "read");
                throw e;
            }
        }
    }
    else
    {
        FileException e(fileName, "open", "read");
        throw e;
    }

    in.close();
}


//Summary: 向文件中保存经理信息
//
//Parameters:
//      fileName 文件名
//Return: None
//Detail:
void database::saveManager(const string &fileName)
{
```

```cpp
        ofstream out(fileName.c_str(), ios::out|ios::trunc);
        node<manager> * mng;
        //打开文件成功
        if(out)
        {
            mng = mngList.getFirst();
            while(mng != NULL)
            {
                if(!(out << mng->data))
                {
                    FileException e(fileName, "operate", "write");
                    throw e;
                }
                mng = mngList.getNext();
            }
        }
        else
        {
            FileException e(fileName, "open", "write");
            throw e;
        }

        out.close();
}


//Summary: 向文件中保存技术员信息
//
//Parameters:
//      fileName 文件名
//Return: None
//Detail:
void database::saveTechnician(const string &fileName)
{
    ofstream out(fileName.c_str(), ios::out|ios::trunc);
    node<technician> * tech;
    //打开文件成功
    if(out)
    {
        tech = techList.getFirst();
        while(tech != NULL)
        {
            if(!(out << tech->data))
            {
                FileException e(fileName, "operate", "write");
                throw e;
            }
            tech = techList.getNext();
        }
    }
    else
    {
        FileException e(fileName, "open", "write");
```

```
            throw e;
        }

        out.close();
}


//Summary: 向文件中保存销售员信息
//
//Parameters:
//        fileName 文件名
//Return: None
//Detail:
void database::saveSalesman(const string &fileName)
{
    ofstream out(fileName.c_str(), ios::out|ios::trunc);
    node<salesman> * sale;
    //打开文件成功
    if(out)
    {
        sale = saleList.getFirst();
        while(sale != NULL)
        {
            if(!(out << sale->data))
            {
                FileException e(fileName, "operate", "write");
                throw e;
            }
            sale = saleList.getNext();
        }
    }
    else
    {
        FileException e(fileName, "open", "write");
        throw e;
    }

    out.close();
}


//Summary: 向文件中保存销售经理信息
//
//Parameters:
//        fileName 文件名
//Return: None
//Detail:
void database::saveSaleManager(const string &fileName)
{
    ofstream out(fileName.c_str(), ios::out|ios::trunc);
    node<salemanager> * salemng;
    //打开文件成功
    if(out)
    {
```

```
                salemng = salemngList.getFirst();
                while(salemng != NULL)
                {
                    if(!(out << salemng -> data))
                    {
                        FileException e(fileName, "operate", "write");
                        throw e;
                    }
                    salemng = salemngList.getNext();
                }
            }
            else
            {
                FileException e(fileName, "open", "write");
                throw e;
            }

            out.close();
        }


        //Summary: 以姓名为准删除雇员,可能有多个选择
        //
        //Parameters:
        //        name 雇员的姓名
        //Return: bool 是否成功
        //Detail:
        bool database::deleteEmployee(const string &name)
        {
            node < manager > * mng;
            node < technician > * tech;
            node < salesman > * sale;
            node < salemanager > * salemng;
            bool flag = false;

            mng = mngList.getFirst();
            if(mng != NULL)
            {
                do
                {
                    if(mng -> data.getName() == name)
                    {
                        mng -> data.printInfo();
                        cout <<"按 Y/y 确认删除: ";
                        char input;
                        cin >> input;
                        if((input == 'y')||(input == 'Y'))
                        {
                            mngList.remove(mng);
                            flag = true;
                            cout <<"删除成功。"<< endl;
                        }
                        else
```

```
                    {
                        cout <<"放弃删除。"<< endl;
                    }
                }
                mng = mngList.getNext();
            }while(mng != NULL);
        }


        tech = techList.getFirst();
        if(tech != NULL)
        {
            do
            {
                if(tech -> data.getName() == name)
                {
                    tech -> data.printInfo();
                    cout <<"按 Y/y 确认删除: ";
                    char input;
                    cin >> input;
                    if((input == 'y')||(input == 'Y'))
                    {
                        techList.remove(tech);
                        flag = true;
                        cout <<"删除成功。"<< endl;
                    }
                    else
                    {
                        cout <<"放弃删除。"<< endl;
                    }
                }
                tech = techList.getNext();
            }while(tech != NULL);
        }


        sale = saleList.getFirst();
        if(sale != NULL)
        {
            do
            {
                if(sale -> data.getName() == name)
                {
                    sale -> data.printInfo();
                    cout <<"按 Y/y 确认删除: ";
                    char input;
                    cin >> input;
                    if((input == 'y')||(input == 'Y'))
                    {
                        saleList.remove(sale);
                        flag = true;
                        cout <<"删除成功。"<< endl;
                    }
                    else
```

```
                    {
                        cout <<"放弃删除。"<< endl;
                    }
                }
                sale = saleList.getNext();
            }while(sale != NULL);
        }

        salemng = salemngList.getFirst();
        if(salemng != NULL)
        {
            do
            {
                if(salemng -> data.getName() == name)
                {
                    salemng -> data.printInfo();
                    cout <<"按 Y/y 确认删除: ";
                    char input;
                    cin >> input;
                    if((input == 'y')||(input == 'Y'))
                    {

                        sale = saleList.getFirst();
                        if(sale != NULL)
                        {
                            do
                            {
                                if(sale -> data.getBoss() -> getEmpNo() == salemng -> data
                                .getEmpNo())
                                {
                                    sale -> data.setBoss(NULL);
                                }
                                sale = saleList.getNext();
                            }while(sale != NULL);
                        }

                        salemngList.remove(salemng);
                        flag = true;
                        cout <<"删除成功。"<< endl;
                    }
                    else
                    {
                        cout <<"放弃删除。"<< endl;
                    }
                }
                salemng = salemngList.getNext();
            }while(salemng != NULL);
        }
        return flag;
    }

    //Summary: 以编号为准删除雇员
```

```
//
//Parameters:
//        empNo 雇员的编号
//Return: bool 是否成功
//Detail:
bool database::deleteEmployee(int empNo)
{
    node < manager > * mng;
    node < technician > * tech;
    node < salesman > * sale;
    node < salemanager > * salemng;
    bool flag = false;

    mng = mngList.getFirst();
    if(mng != NULL)
    {
        do
        {
            if(mng -> data.getEmpNo() == empNo)
            {
                flag = true;
                mng -> data.printInfo();
                cout <<"按 Y/y 确认删除: ";
                char input;
                cin >> input;
                if((input == 'y')||(input == 'Y'))
                {
                    mngList.remove(mng);
                    cout <<"删除成功。"<< endl;
                }
                else
                {
                    cout <<"放弃删除。"<< endl;
                }
            }
            mng = mngList.getNext();
        }while(mng != NULL);
    }

    tech = techList.getFirst();
    if(tech != NULL)
    {
        do
        {
            if(tech -> data.getEmpNo() == empNo)
            {
                flag = true;
                tech -> data.printInfo();
                cout <<"按 Y/y 确认删除: ";
                char input;
                cin >> input;
                if((input == 'y')||(input == 'Y'))
```

```cpp
                    {
                        techList.remove(tech);
                        cout <<"删除成功。"<< endl;
                    }
                    else
                    {
                        cout <<"放弃删除。"<< endl;
                    }
                }
                tech = techList.getNext();
            }while(tech != NULL);
        }

        sale = saleList.getFirst();
        if(sale != NULL)
        {
            do
            {
                if(sale -> data.getEmpNo() == empNo)
                {
                    flag = true;
                    sale -> data.printInfo();
                    cout <<"按 Y/y 确认删除: ";
                    char input;
                    cin >> input;
                    if((input == 'y')||(input == 'Y'))
                    {
                        saleList.remove(sale);
                        cout <<"删除成功。"<< endl;
                    }
                    else
                    {
                        cout <<"放弃删除。"<< endl;
                    }
                }
                sale = saleList.getNext();
            }while(sale != NULL);
        }

        salemng = salemngList.getFirst();
        if(salemng != NULL)
        {
            do
            {
                if(salemng -> data.getEmpNo() == empNo)
                {
                    flag = true;
                    salemng -> data.printInfo();
                    cout <<"按 Y/y 确认删除: ";
                    char input;
                    cin >> input;
                    if((input == 'y')||(input == 'Y'))
```

```
                {

                        sale = saleList.getFirst();
                        if(sale != NULL)
                        {
                            do
                            {
                                if(sale -> data.getBoss() -> getEmpNo() == salemng -> data
                                .getEmpNo())
                                {
                                    sale -> data.setBoss(NULL);
                                }
                                sale = saleList.getNext();
                            }while(sale != NULL);
                        }

                        salemngList.remove(salemng);
                        cout <<"删除成功。"<< endl;
                    }
                    else
                    {
                        cout <<"放弃删除。"<< endl;
                    }
                }
                salemng = salemngList.getNext();
            }while(salemng != NULL);
    }
    return flag;
}


//Summary: 新增经理
//
//Parameters:
//        None
//Return: None
//Detail:
void database::addManager()
{
    node< manager > * mng = new node< manager >;
    mng -> data.updateInfo();
    mngList.insert_end(mng);
}


//Summary: 新增技术员
//
//Parameters:
//        None
//Return: None
//Detail:
void database::addTechnician()
{
    node< technician > * tech = new node< technician >;
```

```
        tech -> data.updateInfo();
        techList.insert_end(tech);
}


//Summary: 新增销售员
//
//Parameters:
//        None
//Return: None
//Detail:
void database::addSalesman()
{
        node < salesman > * sale = new node < salesman >;
        sale -> data.updateInfo();
        saleList.insert_end(sale);
}


//Summary: 新增销售经理
//
//Parameters:
//        None
//Return: None
//Detail:
void database::addSaleManager()
{
        node < salemanager > * salemng = new node < salemanager >;
        salemng -> data.updateInfo();
        salemngList.insert_end(salemng);
}


//Summary: 新增雇员
//
//Parameters:
//        EmployeeType 雇员的具体类型
//Return: None
//Detail: 这是对外接口,上面的函数是对内实现的
void database::addEmployee(EmployeeType e)
{
        switch(e)
        {
        case Manager:
            addManager();
            break;
        case Technician:
            addTechnician();
            break;
        case Salesman:
            addSalesman();
            break;
        case SaleManager:
            addSaleManager();
            break;
```

```
        default:
            cout <<"输入类型错误。"<< endl;
            break;
    }
}


//Summary: 输出基本信息
//
//Parameters:
//         empNo 雇员的编号
//Return: None
//Detail:
void database::detailInfo(int empNo)
{
    node < manager > * mng;
    node < technician > * tech;
    node < salesman > * sale;
    node < salemanager > * salemng;

    mng = mngList.getFirst();
    if(mng != NULL)
    {
        do
        {
            if(mng -> data.getEmpNo() == empNo)
            {
                mng -> data.printInfo();
            }
            mng = mngList.getNext();
        }while(mng != NULL);
    }

    tech = techList.getFirst();
    if(tech != NULL)
    {
        do
        {
            if(tech -> data.getEmpNo() == empNo)
            {
                tech -> data.printInfo();
            }
            tech = techList.getNext();
        }while(tech != NULL);
    }

    sale = saleList.getFirst();
    if(sale != NULL)
    {
        do
        {
            if(sale -> data.getEmpNo() == empNo)
            {
```

```
                    sale - > data. printInfo();
                }
                sale = saleList. getNext();
            }while(sale != NULL);
    }

    salemng = salemngList. getFirst();
    if(salemng != NULL)
    {
        do
        {
            if(salemng - > data. getEmpNo() == empNo)
            {
                salemng - > data. printInfo();
            }
            salemng = salemngList. getNext();
        }while(salemng != NULL);
    }
}


//Summary: 显示某一类的所有雇员
//
//Parameters:
//        EmployeeType 雇员类型
//Return: int 雇员数目
//Detail: 选择 Employee 类,显示全部雇员
int database::showAll(EmployeeType e)
{
    node < manager > * mng;
    node < technician > * tech;
    node < salesman > * sale;
    node < salemanager > * salemng;
    int count = 0;

    switch(e)
    {
    case Employee:
        mng = mngList. getFirst();
        if(mng != NULL)
        {
            do
            {
                mng - > data. printInfo();
                count++;
                mng = mngList. getNext();
            }while(mng != NULL);
        }
        tech = techList. getFirst();
        if(tech != NULL)
        {
            do
            {
```

```
                    tech->data.printInfo();
                    count++;
                    tech = techList.getNext();
                }while(tech != NULL);
            }
            sale = saleList.getFirst();
            if(sale != NULL)
            {
                do
                {
                    sale->data.printInfo();
                    count++;
                    sale = saleList.getNext();
                }while(sale != NULL);
            }
            salemng = salemngList.getFirst();
            if(salemng != NULL)
            {
                do
                {
                    salemng->data.printInfo();
                    count++;
                    salemng = salemngList.getNext();
                }while(salemng != NULL);
            }
            break;
        case Manager:
            mng = mngList.getFirst();
            if(mng != NULL)
            {
                do
                {
                    mng->data.printInfo();
                    count++;
                    mng = mngList.getNext();
                }while(mng != NULL);
            }
            break;
        case Technician:
            tech = techList.getFirst();
            if(tech != NULL)
            {
                do
                {
                    tech->data.printInfo();
                    count++;
                    tech = techList.getNext();
                }while(tech != NULL);
            }
            break;
        case Salesman:
            sale = saleList.getFirst();
```

```
                    if(sale != NULL)
                    {
                        do
                        {
                            sale -> data.printInfo();
                            count++;
                            sale = saleList.getNext();
                        }while(sale != NULL);
                    }
                    break;
                case SaleManager:
                    salemng = salemngList.getFirst();
                    if(salemng != NULL)
                    {
                        do
                        {
                            salemng -> data.printInfo();
                            count++;
                            salemng = salemngList.getNext();
                        }while(salemng != NULL);
                    }
                    break;
                default:
                    break;
            }
            return count;
        }


//Summary: 按编号更新雇员信息
//
//Parameters:
//      empNo 雇员编号
//Return: bool 是否找到目标并更新成功
//Detail:
bool database::updateEmployee(int empNo)
{
    node < manager > * mng;
    node < technician > * tech;
    node < salesman > * sale;
    node < salemanager > * salemng;
    bool flag = false;

    mng = mngList.getFirst();
    if(mng != NULL)
    {
        do
        {
            if(mng -> data.getEmpNo() == empNo)
            {
                flag = true;
                mng -> data.printInfo();
                cout <<"按 Y/y 确认更新: ";
```

```
                char input;
                cin >> input;
                if((input == 'y')||(input == 'Y'))
                {
                    mng -> data.updateInfo();
                    cout <<"更新成功。"<< endl;
                }
                else
                {
                    cout <<"放弃更新。"<< endl;
                }
            }
            mng = mngList.getNext();
        }while(mng != NULL);
    }


    tech = techList.getFirst();
    if(tech != NULL)
    {
        do
        {
            if(tech -> data.getEmpNo() == empNo)
            {
                flag = true;
                tech -> data.printInfo();
                cout <<"按 Y/y 确认更新: ";
                char input;
                cin >> input;
                if((input == 'y')||(input == 'Y'))
                {
                    tech -> data.updateInfo();
                    cout <<"更新成功。"<< endl;
                }
                else
                {
                    cout <<"放弃更新。"<< endl;
                }
            }
            tech = techList.getNext();
        }while(tech != NULL);
    }


    sale = saleList.getFirst();
    if(sale != NULL)
    {
        do
        {
            if(sale -> data.getEmpNo() == empNo)
            {
                flag = true;
                sale -> data.printInfo();
                cout <<"按 Y/y 确认更新: ";
```

```
                    char input;
                    cin >> input;
                    if((input == 'y')||(input == 'Y'))
                    {
                        sale -> data.updateInfo();
                        cout <<"更新成功。"<< endl;
                    }
                    else
                    {
                        cout <<"放弃更新。"<< endl;
                    }
                }
                sale = saleList.getNext();
            }while(sale != NULL);
        }

        salemng = salemngList.getFirst();
        if(salemng != NULL)
        {
            do
            {
                if(salemng -> data.getEmpNo() == empNo)
                {
                    flag = true;
                    salemng -> data.printInfo();
                    cout <<"按 Y/y 确认更新: ";
                    char input;
                    cin >> input;
                    if((input == 'y')||(input == 'Y'))
                    {
                        salemng -> data.updateInfo();
                        cout <<"更新成功。"<< endl;
                    }
                    else
                    {
                        cout <<"放弃更新。"<< endl;
                    }
                }
                salemng = salemngList.getNext();
            }while(salemng != NULL);
        }
        return flag;
    }


//Summary: 按编号查找雇员
//
//Parameters:
//       empNo 雇员编号
//Return: int 返回查到的雇员数目
//Detail:
int database::search(int empNo)
{
```

```cpp
node < manager > * mng;
node < technician > * tech;
node < salesman > * sale;
node < salemanager > * salemng;
int count = 0;

mng = mngList.getFirst();
if(mng != NULL)
{
    do
    {
        if(mng -> data.getEmpNo() == empNo)
        {
            mng -> data.printInfo();
            count++;
        }
        mng = mngList.getNext();
    }while(mng != NULL);
}

tech = techList.getFirst();
if(tech != NULL)
{
    do
    {
        if(tech -> data.getEmpNo() == empNo)
        {
            tech -> data.printInfo();
            count++;
        }
        tech = techList.getNext();
    }while(tech != NULL);
}

sale = saleList.getFirst();
if(sale != NULL)
{
    do
    {
        if(sale -> data.getEmpNo() == empNo)
        {
            sale -> data.printInfo();
            count++;
        }
        sale = saleList.getNext();
    }while(sale != NULL);
}

salemng = salemngList.getFirst();
if(salemng != NULL)
{
    do
```

```
        {
            if(salemng -> data.getEmpNo() == empNo)
            {
                salemng -> data.printInfo();
                count++;
            }
            salemng = salemngList.getNext();
        }while(salemng != NULL);
    }
    return count;
}


//Summary: 按姓名查找雇员
//
//Parameters:
//        name 雇员姓名
//Return: int 查到的雇员数目
//Detail:
int database::search(const string &name)
{
    node < manager > * mng;
    node < technician > * tech;
    node < salesman > * sale;
    node < salemanager > * salemng;
    int count = 0;

    mng = mngList.getFirst();
    if(mng != NULL)
    {
        do
        {
            if(mng -> data.getName() == name)
            {
                mng -> data.printInfo();
                count++;
            }
            mng = mngList.getNext();
        }while(mng != NULL);
    }

    tech = techList.getFirst();
    if(tech != NULL)
    {
        do
        {
            if(tech -> data.getName() == name)
            {
                tech -> data.printInfo();
                count++;
            }
            tech = techList.getNext();
        }while(tech != NULL);
```

```
        }

        sale = saleList.getFirst();
        if(sale != NULL)
        {
            do
            {
                if(sale->data.getName() == name)
                {
                    sale->data.printInfo();
                    count++;
                }
                sale = saleList.getNext();
            }while(sale != NULL);
        }

        salemng = salemngList.getFirst();
        if(salemng != NULL)
        {
            do
            {
                if(salemng->data.getName() == name)
                {
                    salemng->data.printInfo();
                    count++;
                }
                salemng = salemngList.getNext();
            }while(salemng != NULL);
        }
        return count;
    }

//Summary: 工资排序函数
//
//Parameters:
//        EmployeeType 雇员类型
//        direction      升序/降序
//Return: None
//Detail:
void database::sortByPay(EmployeeType e, int direction)
{
    employee ** head;
    int length = 0;
    switch(e)
    {
    case Employee:
        length = mngList.size() + techList.size() + saleList.size() + salemngList.size();
        if(length > 0)
        {
            head = new employee * [length];
            int cnt = 0;
```

```
                    node < manager > * m = mngList.getFirst();
                    if(m!= NULL)
                    {
                        do
                        {
                            head[cnt] = &m -> data;
                            m = mngList.getNext();
                            cnt++;
                        }while(m != NULL);
                    }
                    node < technician > * t = techList.getFirst();
                    if(t!= NULL)
                    {
                        do
                        {
                            head[cnt] = &t -> data;
                            t = techList.getNext();
                            cnt++;
                        }while(t != NULL);
                    }
                    node < salesman > * s = saleList.getFirst();
                    if(s!= NULL)
                    {
                        do
                        {
                            head[cnt] = &s -> data;
                            s = saleList.getNext();
                            cnt++;
                        }while(s != NULL);
                    }
                    node < salemanager > * sm = salemngList.getFirst();
                    if(sm!= NULL)
                    {
                        do
                        {
                            head[cnt] = &sm -> data;
                            sm = salemngList.getNext();
                            cnt++;
                        }while(sm != NULL);
                    }
                    sortCustom(head, length, direction, 1);
                    for(cnt = 0; cnt < length; cnt++)
                        head[cnt] -> printInfo();
                    delete []head;
                }
                else
                {
                    cout <<"员工数量为。"<< endl;
                }
                break;
            case Manager:
                length = mngList.size();
```

```cpp
        if(length > 0)
        {
            head = new employee * [length];
            node < manager > * tmp = mngList.getFirst();
            int cnt = 0;
            do
            {
                head[cnt] = &tmp -> data;
                tmp = mngList.getNext();
                cnt++;
            }while(tmp != NULL);
            sortCustom(head, length, direction, 1);
            for(cnt = 0; cnt < length; cnt++)
                head[cnt] -> printInfo();
            delete []head;
        }
        else
        {
            cout <<"经理员工数量为。"<< endl;
        }
        break;
    case Technician:
        length = techList.size();
        if(length > 0)
        {
            head = new employee * [length];
            node < technician > * tmp = techList.getFirst();
            int cnt = 0;
            do
            {
                head[cnt] = &tmp -> data;
                tmp = techList.getNext();
                cnt++;
            }while(tmp != NULL);
            sortCustom(head, length, direction, 1);
            for(cnt = 0; cnt < length; cnt++)
                head[cnt] -> printInfo();
            delete []head;
        }
        else
        {
            cout <<"技术员工数量为。"<< endl;
        }
        break;
    case Salesman:
        length = saleList.size();
        if(length > 0)
        {
            head = new employee * [length];
            node < salesman > * tmp = saleList.getFirst();
            int cnt = 0;
            do
```

```
                {
                    head[cnt] = &tmp->data;
                    tmp = saleList.getNext();
                    cnt++;
                }while(tmp != NULL);
                sortCustom(head,length,direction,1);
                for(cnt = 0; cnt < length; cnt++)
                    head[cnt]->printInfo();
                delete []head;
            }
            else
            {
                cout <<"销售员工数量为。"<< endl;
            }
            break;
        case SaleManager:
            length = salemngList.size();
            if(length > 0)
            {
                head = new employee * [length];
                node<salemanager>* tmp = salemngList.getFirst();
                int cnt = 0;
                do
                {
                    head[cnt] = &tmp->data;
                    tmp = salemngList.getNext();
                    cnt++;
                }while(tmp != NULL);
                sortCustom(head,length,direction,1);
                for(cnt = 0; cnt < length; cnt++)
                    head[cnt]->printInfo();
                delete []head;
            }
            else
            {
                cout <<"销售经理员工数量为。"<< endl;
            }
            break;
        default:
            cout <<"输入类型有误。"<< endl;
            break;
    }
}


//Summary: 工号排序函数
//
//Parameters:
//      EmployeeType 雇员类型
//      direction     升序/降序
//Return: None
//Detail:
void database::sortByNo(EmployeeType e, int direction)
```

```cpp
{
    employee ** head;
    int length = 0;
    switch(e)
    {
    case Employee:
        length = mngList.size() + techList.size() + saleList.size() + salemngList.size();
        if(length > 0)
        {
            head = new employee * [length];
            int cnt = 0;

            node < manager > * m = mngList.getFirst();
            if(m!= NULL)
            {
                do
                {
                    head[cnt] = &m -> data;
                    m = mngList.getNext();
                    cnt++;
                }while(m != NULL);
            }
            node < technician > * t = techList.getFirst();
            if(t!= NULL)
            {
                do
                {
                    head[cnt] = &t -> data;
                    t = techList.getNext();
                    cnt++;
                }while(t != NULL);
            }
            node < salesman > * s = saleList.getFirst();
            if(s!= NULL)
            {
                do
                {
                    head[cnt] = &s -> data;
                    s = saleList.getNext();
                    cnt++;
                }while(s != NULL);
            }
            node < salemanager > * sm = salemngList.getFirst();
            if(sm!= NULL)
            {
                do
                {
                    head[cnt] = &sm -> data;
                    sm = salemngList.getNext();
                    cnt++;
                }while(sm != NULL);
            }
```

```
            sortCustom(head, length, direction, 0);
            for(cnt = 0; cnt < length; cnt++)
                head[cnt] -> printInfo();
            delete []head;
        }
        else
        {
            cout <<"员工数量为。"<< endl;
        }
        break;
    case Manager:
        length = mngList.size();
        if(length > 0)
        {
            head = new employee * [length];
            node < manager > * tmp = mngList.getFirst();
            int cnt = 0;
            do
            {
                head[cnt] = &tmp -> data;
                tmp = mngList.getNext();
                cnt++;
            }while(tmp != NULL);
            sortCustom(head, length, direction, 0);
            for(cnt = 0; cnt < length; cnt++)
                head[cnt] -> printInfo();
            delete []head;
        }
        else
        {
            cout <<"经理员工数量为。"<< endl;
        }
        break;
    case Technician:
        length = techList.size();
        if(length > 0)
        {
            head = new employee * [length];
            node < technician > * tmp = techList.getFirst();
            int cnt = 0;
            do
            {
                head[cnt] = &tmp -> data;
                tmp = techList.getNext();
                cnt++;
            }while(tmp != NULL);
            sortCustom(head, length, direction, 0);
            for(cnt = 0; cnt < length; cnt++)
                head[cnt] -> printInfo();
            delete []head;
        }
        else
```

```
            {
                cout <<"技术员工数量为。"<< endl;
            }
            break;
        case Salesman:
            length = saleList.size();
            if(length > 0)
            {
                head = new employee * [length];
                node < salesman > * tmp = saleList.getFirst();
                int cnt = 0;
                do
                {
                    head[cnt] = &tmp -> data;
                    tmp = saleList.getNext();
                    cnt++;
                }while(tmp != NULL);
                sortCustom(head, length, direction, 0);
                for(cnt = 0; cnt < length; cnt++)
                    head[cnt] -> printInfo();
                delete []head;
            }
            else
            {
                cout <<"销售员工数量为。"<< endl;
            }
            break;
        case SaleManager:
            length = salemngList.size();
            if(length > 0)
            {
                head = new employee * [length];
                node < salemanager > * tmp = salemngList.getFirst();
                int cnt = 0;
                do
                {
                    head[cnt] = &tmp -> data;
                    tmp = salemngList.getNext();
                    cnt++;
                }while(tmp != NULL);
                sortCustom(head, length, direction, 0);
                for(cnt = 0; cnt < length; cnt++)
                    head[cnt] -> printInfo();
                delete []head;
            }
            else
            {
                cout <<"销售经理员工数量为。"<< endl;
            }
            break;
        default:
            cout <<"输入类型有误。"<< endl;
```

```
            break;
        }
    }


//Summary: 排序函数
//
//Parameters:
//       head           数组地址
//       length         数组长度
//       keycol         主列: 工号/工资
//       direction      升序/降序
//Return: None
//Detail:
void database::sortCustom(employee ** head, int length, int direction, int keycol)
{
    employee * tmp;
    bool flag;
    do
    {
        flag = false;
        for(int i = 0; i < length - 1; i++)
        {
            if(compare(head[i], head[i + 1], direction, keycol) < 0)
            {
                tmp = head[i];
                head[i] = head[i + 1];
                head[i + 1] = tmp;
                flag = true;
            }
        }
    }while(flag);
}


//Summary: 比较函数
//
//Parameters:
//       e1             雇员
//       e2             雇员
//       keycol         主列: 工号/工资
//       direction      升序/降序
//Return: None
//Detail:
int database::compare(employee * e1, employee * e2, int direction, int keycol)
{
    int compareNo = e1 -> getEmpNo() - e2 -> getEmpNo();
    int comparePay = e1 -> getAccumPay() - e2 -> getAccumPay();
    if(keycol == 0)
    {
        return compareNo * direction;
    }
    else
    {
```

```
            return comparePay * direction;
        }
    }


    //Summary: 设置销售经理与销售员的关系
    //
    //Parameters:
    //        salesmanNo       销售员编号
    //        saleManagerNo 销售经理编号
    //Return: bool 设置是否成功
    //Detail:
    bool database::setRelation(int salesmanNo, int saleManagerNo)
    {
        salesman * s = NULL;
        salemanager * sm = NULL;

        node < salesman > * tmpS = saleList.getFirst();
        if(tmpS!= NULL)
        {
            do
            {
                if(tmpS -> data.getEmpNo() == salesmanNo)
                {
                    s = &tmpS -> data;
                    break;
                }
                tmpS = saleList.getNext();
            }while(tmpS != NULL);
        }


        node < salemanager > * tmpSM = salemngList.getFirst();
        if(tmpSM!= NULL)
        {
            do
            {
                if(tmpSM -> data.getEmpNo() == saleManagerNo)
                {
                    sm = &tmpSM -> data;
                    break;
                }
                tmpSM = salemngList.getNext();
            }while(tmpSM != NULL);
        }

        if(s != NULL && sm != NULL)
        {
            s -> setBoss(sm);
            return true;
        }

        return false;
    }
```

```
/ *************************************************************************
FileName:employee.cpp
Copyright: Tsinghua University
Author: Huaizhou Tao
Date:2014 - 10 - 02
Description: employee 类的定义

************************************************************************* /
# include < iostream >
# include < string >
# include "employee.h"
using namespace std;

//设置静态变量的初始值
int employee::currentEmpNo = 2014001;

//Summary: 输出雇员的基本信息
//
//Parameters:
//        None
//Return: None
//Detail: 该函数首先输出一条提示信息,然后按照
//        编号、等级与月薪的顺序输出雇员的基本信息
void employee::printInfo()
{
    cout <<"编号\t 姓名\t 等级\t 月薪"<< endl;
    cout << individualEmpNo <<'\t'<< name <<'\t'<< grade <<'\t'<< accumPay << endl;
}

//Summary: 调级函数
//
//Parameters:
//        gradeUp 级别的变化值
//Return: bool    是否成功
//Detail: 可以降级,但最低一级
bool employee::promote( int gradeUp)
{
    if(grade + gradeUp > 0)
    {
        grade += gradeUp;
        return true;
    }
    return false;
}

//Summary: 无参构造函数
//
//Parameters:
//        None
//Return: None
//Detail: 无参构造函数首先完成新雇员的自动编号功能
```

```
//          再将雇员的等级、月薪设为
employee::employee()
{
    individualEmpNo = currentEmpNo;
    currentEmpNo++;
    grade = 1;
    accumPay = 3000;
    name.clear();
}


//Summary: 无参构造函数
//
//Parameters:
//       inputEmpNo: 输入的雇员编号
//       inputGrade: 输入的雇员等级
//       inputPay:   输入的雇员月薪
//       inputName:  输入的雇员姓名
//Return: None
//Detail: 有参构造函数首先完成新雇员的自动编号功能
//          之后根据输入的参数设置雇员等级与月薪
//注:       未添加合法性判断,请勿输入非正数
employee::employee(int inputEmpNo, int inputGrade, int inputPay, string inputName)
{
    setEmpNo(inputEmpNo);
    grade = inputGrade;
    accumPay = inputPay;
    name = inputName;
}


//Summary: 析构函数
//
//Parameters:
//       None
//Return: None
//Detail: 释放对象,并输出提示信息
employee::~employee()
{
    //cout <<"欢迎使用,再见!"<< endl;
}


//Summary: 更新信息函数
//
//Parameters:
//       None
//Return: None
//Detail: 更新该雇员的个人信息(除编号外)
void employee::updateInfo()
{
    cout <<"输入编号为"<< individualEmpNo <<" 的雇员的姓名、等级、月薪: "<< endl;
    cin >> name;
    cin >> grade;
    cin >> accumPay;
```

```
    }

    //Summary: 流输入操作符重载函数
    //
    //Parameters:
    //       input: 输入流
    //       e:     目标雇员对象
    //Return: istream& 返回输入流本身
    //Detail: 重载函数首先给出输入提示, 之后从流中输入目标对象的等级与月薪
    //注:     未添加合法性判断, 请勿输入非正数
    istream& operator >> (istream& input, employee& e)
    {
        //cout <<"输入编号为"<< e.individualEmpNo <<" 的雇员的姓名、等级、月薪: "<< endl;
        int inputEmpNo;
        input >> inputEmpNo;
        e.setEmpNo(inputEmpNo);
        input >> e.name;
        input >> e.grade;
        input >> e.accumPay;
        return input;
    }

    //Summary: 流输出操作符重载函数
    //
    //Parameters:
    //       output: 输出流
    //       e:      目标雇员对象
    //Return: ostream& 返回输出流本身
    ostream& operator << (ostream &output, employee &e)
    {
        cout << e.individualEmpNo <<'\t'<< e.name <<'\t'<< e.grade <<'\t'<< e.accumPay << endl;
        return output;
    }

    //Summary: 设置编号函数
    //
    //Parameters:
    //       inputEmpNo 雇员编号
    //Return: None
    void employee::setEmpNo(int inputEmpNo)
    {
        if(inputEmpNo <= 0)
        {
            individualEmpNo = currentEmpNo;
            currentEmpNo++;
        }
        else
        {
            if(inputEmpNo >= currentEmpNo)
                currentEmpNo  = inputEmpNo + 1;
            if(individualEmpNo == currentEmpNo - 1 && inputEmpNo < individualEmpNo)
                currentEmpNo -- ;
```

```
            individualEmpNo = inputEmpNo;
        }
    }

/ *************************************************************************
FileName:linkedlist.cpp
Copyright: Tsinghua University
Author: Huaizhou Tao
Date:2014 - 10 - 02
Description: linkedlist 类的定义

    ************************************************************************* /
# include "linkedlist.h"

//Summary: 无参构造函数
//
//Parameters:
//        None
//Return: None
template < class T >
linkedlist < T >::linkedlist()
{
    head = current = NULL;
}

//Summary: 复制构造函数
//
//Parameters:
//         aplist
//Return: None
template < class T >
linkedlist < T >::linkedlist(const linkedlist < T > &aplist)
{
    deepCopy(aplist);
}

//Summary: 析构函数
//
//Parameters:
//        None
//Return: None
template < class T >
linkedlist < T >::~linkedlist()
{
    makeEmpty();
}

//Summary: 插入函数
//
//Parameters:
//        newNode 待插入元素
```

```
//Return: None
//Detail: 该函数在头部之前插入,插入后没有当前位置
template < class T >
void linkedlist < T >::insert(node < T > * newNode)
{
    current = NULL;
    newNode - > next = head;
    head = newNode;
}


//Summary: 插入函数
//
//Parameters:
//        newNode 待插入元素
//Return: None
//Detail: 该函数在尾部插入新元素
template < class T >
void linkedlist < T >::insert_end(node < T > * newNode)
{
    current = NULL;
    node < T > * tail = head;
    newNode - > next = NULL;
    if(tail == NULL)
    {
        head = newNode;
    }
    else
    {
        while(tail - > next != NULL)
            tail = tail - > next;
        tail - > next = newNode;
    }
}


//Summary: 获得链表头的函数
//
//Parameters:
//        None
//Return: node < T > *  返回头结点
//Detail: 在链表为空时返回 false
template < class T >
node < T > * linkedlist < T >::getFirst()
{
    if(head == NULL)
        return NULL;
    current = head;
    return head;
}


//Summary: 获得下一个数据
//
//Parameters:
```

```
//          None
//Return: node<T> * 返回结点
//Detail: current 在执行后将指向下一个元素
template<class T>
node<T>* linkedlist<T>::getNext()
{
    if(current == NULL)
        return NULL;
    if(current->next == NULL)
    {
        current = NULL;
        return NULL;
    }
    current = current->next;
    return current;
}


//Summary: 查找一个数据
//
//Parameters:
//        element 目标数据
//Return: bool
//Detail:
template<class T>
bool linkedlist<T>::find(const T &element)
{
    node<T> * n;
    n = getFirst();
    if(n == NULL)
        return false;
    do
    {
        if(n->data == element)
            return true;
        n = getNext();
    }
    while(n != NULL);
    return false;
}


//Summary: 检索一个数据
//
//Parameters:
//        element 目标数据
//Return: bool
//Detail:
template<class T>
bool linkedlist<T>::retrieve(T &element)
{
    if(!find(element))
        return false;
    element = current->data;
```

```
        return true;
    }


    //Summary: 替换一个数据
    //
    //Parameters:
    //        newElement 目标数据
    //Return: bool
    //Detail: 将当前位置的数据替换
    template<class T>
    bool linkedlist<T>::replace(const T &newElement)
    {
        if(current == NULL)
            return false;
        current->data = newElement;
        return true;
    }


    //Summary: 移除一个数据
    //
    //Parameters:
    //        node 目标结点
    //Return: bool
    //Detail:
    template<class T>
    bool linkedlist<T>::remove(node<T> * n)
    {
        current = NULL;
        if(head == NULL)
            return false;
        node<T> * tmp = head;
        if(head == n)
        {
            head = tmp->next;
            delete tmp;
            return true;
        }
        while(tmp->next != NULL)
        {
            if(tmp->next == n)
            {
                node<T> * ptr = tmp->next;
                tmp->next = ptr->next;
                delete ptr;
                return true;
            }
            tmp = tmp->next;
        }
        return false;
    }

    //Summary: 判断是否为空
```

```
//
//Parameters:
//        None
//Return: bool
//Detail:
template<class T>
bool linkedlist<T>::isEmpty() const
{
    return head == NULL;
}


//Summary: 将链表清空
//
//Parameters:
//        None
//Return: None
//Detail:
template<class T>
void linkedlist<T>::makeEmpty()
{
    while(head != NULL)
    {
        current = head;
        head = head->next;
        delete current;
    }
    current = NULL;
}


//Summary: 获得链表大小
//
//Parameters:
//        None
//Return: int 链表元素数目
//Detail:
template<class T>
int linkedlist<T>::size()
{
    int size = 0;
    node<T> * tmp = head;
    while(tmp != NULL)
    {
        size++;
        tmp = tmp->next;
    }
    return size;
}


//Summary: "="运算符重载
//
//Parameters:
//        rlist 右操作符
```

```cpp
//Return: this
//Detail:
template < class T >
linkedlist < T > & linkedlist < T >::operator = (const linkedlist < T > &rlist)
{
    if(this == &rlist)
        return * this;
    makeEmpty();
    deepCopy(rlist);
    return * this;
}


//Summary: 深拷贝函数
//
//Parameters:
//        original 原链表
//Return: None
//Detail:
template < class T >
void linkedlist < T >::deepCopy(const linkedlist < T > &original)
{
    head = current = NULL;
    if(original. head == NULL)
        return;

    node < T > * copy = head = new node < T >;
    node < T > * origin = original. head;
    copy - > data = origin - > data;
    if(origin == original. current)
        current = copy;

    while(origin - > next != NULL)
    {
        copy - > next = new node < T >;
        origin = origin - > next;
        copy = copy - > next;
        copy - > data = origin - > data;
        if(origin == original. current)
            current = copy;
    }
    copy - > next = NULL;
}


/ *****************************************************************************
FileName:main. cpp
Copyright: Tsinghua University
Author: Huaizhou Tao
Date:2014 - 10 - 02
Description: 程序主函数文件

***************************************************************************** /
# include < iostream >
```

```cpp
# include < fstream >
# include "employee.h"
# include "manager.h"
# include "technician.h"
# include "salesman.h"
# include "salemanager.h"
# include "database.h"
# include "userinterface.h"
using namespace std;

# define NUM_SALEMNG 2
# define NUM_TECHNICIAN 10
# define NUM_SALESMAN 10

//TODO:
//增加界面,增加功能函数: 录入(文件、键盘)、存储(到文件)、查询(包括排序)、删除、修改、退出
//存储数据结构,用对象链表

//Summary: 主函数
//
//Parameters:
//        None
//Return: int 一般为
int main()
{
    userinterface ui;

    while(ui.running());

    return 0;
}


/ **************************************************************************
FileName:manager.cpp
Copyright: Tsinghua University
Author: Huaizhou Tao
Date:2014 - 10 - 02
Description: manager 类的定义

************************************************************************* /
# include < iostream >
# include "manager.h"
using namespace std;

//Summary: 输出经理的基本信息
//
//Parameters:
//        None
//Return: None
//Detail: 与 employee 类的函数相比,增加了岗位信息
void manager::printInfo()
{
```

```
    cout <<"岗位\t 编号\t 姓名\t 等级\t 月薪"<< endl;
    cout <<"经理\t"<< getEmpNo()<<'\t'<< getName()<<'\t'<< getGrade()<<'\t'<< getAccumPay()<<
endl;
}


//Summary: 计算工资
//
//Parameters:
//        None
//Return: int 工资的值
//Detail: 经理的工资是固定工资
int manager::PAY()
{
    setAccumPay(fixed_pay);
    return fixed_pay;
}


//Summary: 调级函数
//
//Parameters:
//        gradeUp 级别的变化值
//Return: bool    是否成功
//Detail: 1 级固定工资,每提升一级,工资增加
bool manager::promote(int gradeUp)
{
    int grade_tmp = getGrade();
    if(grade_tmp + gradeUp > 0)
    {
        grade_tmp += gradeUp;
        fixed_pay = FIXED_PAY_MANAGER + PROMOTE_PAY_MANAGER * (grade_tmp - 1);

        setGrade(grade_tmp);
        PAY();
        return true;
    }
    return false;
}


//Summary: 无参构造函数
//
//Parameters:
//        None
//Return: None
//Detail: 调用上级构造函数,默认设置等级为
manager::manager():employee(0,1,FIXED_PAY_MANAGER,"")
{


}


//Summary: 有参构造函数
//
//Parameters:
```

```
//        inputEmpNo: 输入的雇员编号
//        inputGrade: 输入的雇员等级
//        inputName:  输入的雇员姓名
//Return: None
//Detail: 调用上级构造函数,设置等级为输入等级,月薪为固定月薪
manager::manager(int inputEmpNo, int inputGrade, string inputName):employee(inputEmpNo, 1,
FIXED_PAY_MANAGER, inputName)
{
    //TODO: 由于等级变化,进行调级与工资计算
    promote(inputGrade - 1);
}


//Summary: 析构函数
//
//Parameters:
//        None
//Return: None
manager::~manager()
{


}


//Summary: 更新信息函数
//
//Parameters:
//        None
//Return: None
//Detail: 更新该雇员的个人信息(除编号外)
void manager::updateInfo()
{
    cout <<"输入编号为"<< getEmpNo()<<" 的雇员的姓名、等级: "<< endl;
    int tempGrade;
    string tempName;
    cin >> tempName;
    cin >> tempGrade;

    setName(tempName);
    //TODO: 由于等级变化,进行调级与工资计算
    promote(tempGrade - getGrade());
}


//Summary: 流输入操作符重载函数
//
//Parameters:
//        input: 输入流
//        m:      目标经理对象
//Return: istream& 返回输入流本身
//Detail: 重载函数首先给出输入提示,之后从流中输入目标对象的等级
//注:     未添加合法性判断,请勿输入非正数;月薪为固定,不能输入
istream& operator >> (istream& input,manager& m)
{
    //cout <<"输入编号为"<< m.getEmpNo()<<" 的经理的姓名、等级: "<< endl;
```

```
        int tempEmpNo;
        int tempGrade;
        int tempPay;
        string tempName;
        input >> tempEmpNo;
        input >> tempName;
        input >> tempGrade;
        input >> tempPay;

        m.setEmpNo(tempEmpNo);
        m.setName(tempName);
        //TODO: 由于等级变化,进行调级与工资计算
        m.promote(tempGrade - m.getGrade());

        return input;
}


//Summary: 流输出操作符重载函数
//
//Parameters:
//        output: 输出流
//        m:         目标经理对象
//Return: ostream& 返回输出流本身
ostream& operator << (ostream &output, manager &m)
{
    output << endl << m.getEmpNo()<<'\t'<< m.getName()<<'\t'<< m.getGrade()<<'\t'<< m.getAccumPay();
    return output;
}


/ ****************************************************************************
FileName: salemanager.cpp
Copyright: Tsinghua University
Author: Huaizhou Tao
Date: 2014 - 10 - 02
Description: salemanager 类的定义

**************************************************************************** /
# include < iostream >
# include "salemanager.h"
using namespace std;


//Summary: 输出销售经理的基本信息
//
//Parameters:
//        None
//Return: None
//Detail: 与 employee 类的函数相比,增加了岗位信息与销售额
void salemanager::printInfo()
{
    cout <<"岗位\t\t 编号\t 姓名\t 等级\t 月薪\t 销售额\t 提成率"<< endl;
    cout <<"销售经理\t"<< getEmpNo()<<"\t"<< getName()<<"\t"<< getGrade()<<"\t"
        << getAccumPay()<<"\t"<< getSales()<<"\t"<< getCommissionRate()<< endl;
```

```
        //TODO: 列出该经理的下属销售员编号
        cout <<"下属销售员编号: "<< endl;
        node < int > * node;
        node = salesmanNoList.getFirst();
        if(node != NULL)
        {
            do
            {
                cout << node -> data <<"\t";
                node = salesmanNoList.getNext();
            }while(node != NULL);
            cout << endl;
        }
        else
        {
            cout <<"无"<< endl;
        }
    }


    //Summary: 计算工资
    //
    //Parameters:
    //        None
    //Return: int 工资的值
    //Detail: 销售经理工资
    int salemanager::PAY()
    {
        int pay;
        pay = getFixedPay() + (int)(getCommissionRate() * getSales());
        setAccumPay(pay);
        return pay;
    }


    //Summary: 调级函数
    //
    //Parameters:
    //        gradeUp 级别的变化值
    //Return: bool    是否成功
    //Detail: 每升一级固定工资增加,提成比率增加
    bool salemanager::promote(int gradeUp)
    {
        int grade_tmp = getGrade();
        int fixed_pay_tmp;
        double rate_tmp;
        if(grade_tmp + gradeUp > 0)
        {
            grade_tmp += gradeUp;
            fixed_pay_tmp = FIXED_PAY_SALEMANAGER + PROMOTE_PAY_SALEMANAGER * (grade_tmp - 1);
            rate_tmp = RATE_SALEMANAGER + PROMOTE_RATE_SALEMANAGER * (grade_tmp - 1);

            setFixedPay(fixed_pay_tmp);
            setCommissionRate(rate_tmp);
```

```
            setGrade(grade_tmp);
            PAY();
            return true;
        }
        return false;
}


//Summary: 无参构造函数
//
//Parameters:
//          None
//Return: None
//Detail: 调用上级构造函数,默认设置等级和销售额
salemanager::salemanager():manager(),salesman()
{
        setCommissionRate(RATE_SALEMANAGER);
        salesmanNoList.makeEmpty();

        //TODO: 调用工资计算
        PAY();
}


//Summary: 有参构造函数
//
//Parameters:
//          inputEmpNo: 输入的雇员编号
//          inputGrade: 输入的雇员等级
//          inputName:  输入的雇员姓名
//          inputSales: 该雇员的月销售额
//          inputSalesman: 下属的销售员编号
//          numberSalesman:下属的销售员数目
//Return: None
//Detail: 调用上级构造函数,设置等级为输入等级,工资由销售额决定
salemanager:: salemanager ( int inputEmpNo, int inputGrade, string inputName, int inputSales,
linkedlist < int > &inputNoList)
:manager(inputEmpNo, 1, inputName),salesman(inputEmpNo, 1, inputName, inputSales, NULL)
{
        setCommissionRate(RATE_SALEMANAGER);
        //TODO: 使用参数初始化链表
        salesmanNoList.makeEmpty();
        salesmanNoList = inputNoList;

        //TODO: 调级与工资计算
        promote(inputGrade - 1);
}


//Summary: 析构函数
//
//Parameters:
//          None
//Return: None
salemanager::~salemanager()
```

```
{
    //TODO: 清理销售员列表
    salesmanNoList.makeEmpty();
}


//Summary: 更改销售额函数
//
//Parameters:
//      inputSales: 新增的销售额
//Return: None
//Detail: 输入可以为负数,代表负增长或销售员离开
void salemanager::changeSales(int inputSales)
{
    int sales = getSales();
    sales += inputSales;
    setSales(sales);

    //TODO: 工资计算
    PAY();
}


//Summary: 增加销售员函数
//
//Parameters:
//      empNo: 新增的销售员编号
//Return: None
//Detail: 不能重复添加,但不会检查该编号是否存在,是否是一个销售员
bool salemanager::addSalesman(int empNo)
{
    //TODO: 检查与添加操作
    if(salesmanNoList.find(empNo))
        return false;
    node<int> * d = new node<int>;
    d->data = empNo;
    salesmanNoList.insert_end(d);
    return true;
}


//Summary: 删除销售员函数
//
//Parameters:
//      empNo: 删除的销售员编号
//Return: None
//Detail: 如链表中不存在该编号,则返回 false
bool salemanager::deleteSalesman(int empNo)
{
    node<int> * node;
    node = salesmanNoList.getFirst();
    if(node != NULL)
    {
        do
        {
```

```
                    if(node -> data == empNo)
                    {
                        salesmanNoList.remove(node);
                        return true;
                    }
                    node = salesmanNoList.getNext();
            }while(node != NULL);
        }
        return false;
    }


    //Summary: 清空销售员函数
    //
    //Parameters:
    //       None
    //Return: None
    //Detail: 清空销售员列表,置销售额
    void salemanager::clearSalesman()
    {
        salesmanNoList.makeEmpty();
        setSales(0);
        PAY();
    }


    //Summary: 更新信息函数
    //
    //Parameters:
    //       None
    //Return: None
    //Detail: 更新该雇员的个人信息(除编号外)
    void salemanager::updateInfo()
    {
        cout <<"输入编号为"<< getEmpNo()<<" 的销售经理的姓名、等级: "<< endl;
        int tempGrade;
        string tempName;
        cin >> tempName;
        cin >> tempGrade;

        setName(tempName);
        //TODO: 调级与工资计算
        promote(tempGrade - getGrade());
    }




    //Summary: 流输入操作符重载函数
    //
    //Parameters:
    //       input: 输入流
    //       sm:    目标销售经理对象
    //Return: istream& 返回输入流本身
    //Detail: 重载函数先给出输入提示,再从流中输入目标对象的等级
    //注:    未添加合法性判断,请勿输入非正数
```

```
istream& operator >> (istream& input, salemanager& sm)
{
    //cout <<"输入编号为"<< sm.getEmpNo()<<" 的销售经理的姓名、等级: "<< endl;
    int tempEmpNo;
    int tempGrade;
    string tempName;
    double tempVal;
    int tempSales;
    int tempSalesmanSize;
    int tempSalesmanNo;


    input >> tempEmpNo;
    input >> tempName;
    input >> tempGrade;
    input >> tempVal;
    input >> tempSales;
    input >> tempVal;

    sm.setEmpNo(tempEmpNo);
    sm.setName(tempName);
    //sm.setSales(tempSales);
    //TODO: 调级与工资计算
    sm.promote(tempGrade - sm.getGrade());

    input >> tempSalesmanSize;
    sm.salesmanNoList.makeEmpty();
    node< int > * d;
    for(int i = 0; i < tempSalesmanSize; i++)
    {
        input >> tempSalesmanNo;
        d = new node< int >;
        d -> data = tempSalesmanNo;
        sm.salesmanNoList.insert_end(d);
    }
    return input;
}


//Summary: 流输出操作符重载函数
//
//Parameters:
//        output: 输出流
//        sm:       目标销售经理对象
//Return: ostream& 返回输出流本身
ostream& operator << (ostream &output, salemanager &sm)
{
    output << endl;
    output << sm.getEmpNo()<<"\t"<< sm.getName()<<"\t"<< sm.getGrade()<<"\t"
        << sm.getAccumPay()<<"\t"<< sm.getSales()<<"\t"<< sm.getCommissionRate()<< endl;
    //TODO: 列出该经理的下属销售员编号
    //cout << sm.salesmanNoList.size();
    output << sm.salesmanNoList.size();
```

```
        if(sm. salesmanNoList. size() == 0)
            return output;

        node < int > * node;
        node = sm. salesmanNoList. getFirst();
        if(node != NULL)
        {
            do
            {
                output <<" "<< node -> data;
                node = sm. salesmanNoList. getNext();
            }while(node != NULL);
        }
        return output;
}


/ ***********************************************************************
FileName:salemanager.cpp
Copyright: Tsinghua University
Author: Huaizhou Tao
Date:2014 - 10 - 02
Description: salesman 类的定义

 *********************************************************************** /
# include < iostream >
# include "salesman. h"
# include "salemanager. h"
using namespace std;

//Summary: 输出销售员的基本信息
//
//Parameters:
//          None
//Return: None
//Detail: 与 employee 类的函数相比,增加了岗位信息与销售额
void salesman::printInfo()
{
    cout <<"岗位\t 编号\t 姓名\t 上司\t 等级\t 月薪\t 销售额\t 提成率"<< endl;

    int bossEmpNo;
    if(getBoss() == NULL)
        bossEmpNo = - 1;
    else
        bossEmpNo = getBoss() -> getEmpNo();

    cout <<"销售\t"<< getEmpNo()<<'\t'<< getName()<<'\t'<< bossEmpNo <<'\t'
    << getGrade()<<'\t'<< getAccumPay()<<'\t'<< getSales()<<'\t'<< getCommissionRate()<< endl;
}


//Summary: 计算工资
//
//Parameters:
```

```
//          None
//Return: int 工资的值
//Detail: 销售工资
int salesman::PAY()
{
    int pay;
    pay = (int)(getSales() * getCommissionRate());
    setAccumPay(pay);
    return pay;
}


//Summary: 调级函数
//
//Parameters:
//      gradeUp 级别的变化值
//Return: bool    是否成功
//Detail: 每升一级提成比率增加的百分比
bool salesman::promote(int gradeUp)
{
    int grade_tmp = getGrade();
    double rate_tmp;
    if(grade_tmp + gradeUp > 0)
    {
        grade_tmp += gradeUp;
        rate_tmp = RATE_SALESMAN + PROMOTE_RATE_SALESMAN * (grade_tmp - 1);

        setCommissionRate(rate_tmp);
        setGrade(grade_tmp);
        PAY();
        return true;
    }
    return false;
}


//Summary: 无参构造函数
//
//Parameters:
//      None
//Return: None
//Detail: 调用上级构造函数,默认设置等级、销售额与工资
salesman::salesman():employee(0,1,0,"")
{
    sales = 0;
    commissionRate = RATE_SALESMAN;
    boss = NULL;
    //TODO: 调级与工资计算
    PAY();
}


//Summary: 有参构造函数
//
//Parameters:
```

```
//          inputEmpNo: 输入的雇员编号
//          inputGrade: 输入的雇员等级
//          inputName:  输入的雇员姓名
//          inputSales: 该雇员的月销售额
//          inputBoss:  该雇员的上司
//Return: None
//Detail: 调用上级构造函数, 设置等级为输入等级, 工资由销售额决定
salesman::salesman(int inputEmpNo, int inputGrade, string inputName, int inputSales, salemanager
* inputBoss):employee(inputEmpNo, 1, 0, inputName)
{
    sales = inputSales;
    commissionRate = RATE_SALESMAN;

    boss = inputBoss;
    if(boss != NULL)
    {
        boss->changeSales(sales);
        //TODO: boss 添加该销售员的操作
        boss->addSalesman(getEmpNo());
    }

    //TODO: 调级与工资计算
    promote(inputGrade - 1);
}


//Summary: 析构函数
//
//Parameters:
//        None
//Return: None
salesman::~salesman()
{
    if(boss != NULL)
    {
        boss->changeSales(-sales);
        //TODO: boss 删除该销售员的操作
        boss->deleteSalesman(getEmpNo());
    }
}


//Summary: 设置销售额函数
//
//Parameters:
//        inputSales: 新的销售额
//Return: None
//Detail: 因为涉及上级的操作, 不再使用内联函数
void salesman::setSales(int inputSales)
{
    if(boss != NULL)
    {
        boss->changeSales(inputSales - sales);
    }
```

```
        sales = inputSales;

        //TODO: 调级与工资计算
        PAY();
}


//Summary: 设置上级函数
//
//Parameters:
//        inputBoss: 新的上级
//Return: None
//Detail: 变更上级时，要同时变更上级的销售额
void salesman::setBoss(salemanager * inputBoss)
{
    if(boss != NULL)
    {
        boss->changeSales(-sales);
        //TODO: 原有 boss 删除该销售员的操作
        boss->deleteSalesman(getEmpNo());
    }
    if(inputBoss != NULL)
    {
        inputBoss->changeSales(sales);
        //TODO: 新 boss 添加该销售员的操作
        inputBoss->addSalesman(getEmpNo());
    }
    boss = inputBoss;
}


//Summary: 更新信息函数
//
//Parameters:
//        None
//Return: None
//Detail: 更新该雇员的个人信息(除编号外)
void salesman::updateInfo()
{
    //不可输入 boss 编号，使用另外的函数在 database 中进行上下级关系设置
    cout <<"输入编号为"<< getEmpNo()<<" 的销售员的姓名、等级与销售额："<< endl;
    int tempGrade;
    string tempName;
    cin >> tempName;
    cin >> tempGrade;
    cin >> sales;

    setName(tempName);
    //TODO: 由于等级变化，进行调级与工资计算
    promote(tempGrade - getGrade());
}


//Summary: 流输入操作符重载函数
//
```

```
//Parameters:
//        input: 输入流
//        s:      目标销售员对象
//Return: istream& 返回输入流本身
//Detail: 重载函数首先给出输入提示,之后从流中输入目标对象的等级与销售额
//注:       未添加合法性判断,请勿输入非正数;目前主函数的数据结构还未设计,
//          所以无法通过输入编号给销售员指定上级,该功能留待进一步完善
istream& operator >> (istream& input, salesman& s)
{
    //不可输入 boss 编号,使用另外的函数在 database 中进行上下级关系设置
    //cout <<"输入编号为"<< s.getEmpNo()<<" 的销售员的姓名、等级与销售额: "<< endl;
    int tempEmpNo;
    int tempGrade;
    string tempName;
    double tempVal;

    input >> tempEmpNo;
    input >> tempName;
    input >> tempGrade;
    input >> tempVal;
    input >> s.sales;
    input >> tempVal;

    s.setEmpNo(tempEmpNo);
    s.setName(tempName);
    //TODO: 调级与工资计算
    s.promote(tempGrade - s.getGrade());
    //TODO: 通过输入编号给销售员指定上级

    return input;
}

//Summary: 流输出操作符重载函数
//
//Parameters:
//        output: 输出流
//        s:      目标销售员对象
//Return: ostream& 返回输出流本身
ostream& operator << (ostream &output, salesman &s)
{
    int bossEmpNo;
    if(s.getBoss() == NULL)
        bossEmpNo = -1;
    else
        bossEmpNo = s.getBoss()->getEmpNo();

    output << endl << s.getEmpNo()<<'\t'<< s.getName()<<'\t'
        << s.getGrade()<<'\t'<< s.getAccumPay()<<'\t'
        << s.getSales()<<'\t'<< s.getCommissionRate()<<'\t'
        << bossEmpNo;

    return output;
```

```
    }

    /*******************************************************************
    FileName:technician.cpp
    Copyright: Tsinghua University
    Author: Huaizhou Tao
    Date:2014 - 10 - 02
    Description: technician 类的定义

    *******************************************************************/
    # include < iostream >
    # include "technician. h"
    using namespace std;

    //Summary: 输出技术员的基本信息
    //
    //Parameters:
    //        None
    //Return: None
    //Detail: 与 employee 类的函数相比,增加了岗位信息与工作时间
    void technician::printInfo()
    {
        cout <<"岗位\t 编号\t 姓名\t 等级\t 月薪\t 工时\t 时薪"<< endl;
        cout <<"技术\t"<< getEmpNo()<<"\t"<< getName()<<"\t"<< getGrade()<<"\t"
            << getAccumPay()<<"\t"<< getWorkHour()<<"\t"<< getWage()<< endl;
    }

    //Summary: 计算工资
    //
    //Parameters:
    //        None
    //Return: int 工资的值
    //Detail: 技术工资
    int technician::PAY()
    {
        int pay;
        pay = getWorkHour() * getWage();
        setAccumPay(pay);
        return pay;
    }

    //Summary: 调级函数
    //
    //Parameters:
    //        gradeUp 级别的变化值
    //Return: bool    是否成功
    //Detail: 每升一级,时薪增加
    bool technician::promote(int gradeUp)
    {
        int grade_tmp = getGrade();
        int wage_tmp;
        if(grade_tmp + gradeUp > 0)
```

```
        {
            grade_tmp += gradeUp;
            wage_tmp = WAGE_TECHNICIAN + PROMOTE_WAGE_TECHNICIAN * (grade_tmp - 1);

            setWage(wage_tmp);
            setGrade(grade_tmp);
            PAY();
            return true;
        }
        return false;
}


//Summary: 无参构造函数
//
//Parameters:
//        None
//Return: None
//Detail: 调用上级构造函数，默认设置等级、工作时间与工资
technician::technician():employee(0,1,0,"")
{
    workHour = 0;
    wage = WAGE_TECHNICIAN;
    //TODO: 调级与工资计算
    PAY();
}


//Summary: 有参构造函数
//
//Parameters:
//        inputEmpNo: 输入的雇员编号
//        inputGrade: 输入的雇员等级
//        inputName:  输入的雇员姓名
//        inputWorkHour: 该雇员的月工作时间
//Return: None
//Detail: 调用上级构造函数，设置等级为输入等级、工资由工作时间决定
technician::technician( int inputEmpNo, int inputGrade, string inputName, int inputWorkHour):
employee(inputEmpNo, 1, 0, inputName)
{
    workHour = inputWorkHour;
    wage = WAGE_TECHNICIAN;
    //TODO: 调级与工资计算
    promote(inputGrade - 1);
}


//Summary: 析构函数
//
//Parameters:
//        None
//Return: None
technician::~technician()
{
```

```
    }


    //Summary: 更新信息函数
    //
    //Parameters:
    //        None
    //Return: None
    //Detail: 更新该雇员的个人信息(除编号外)
    void technician::updateInfo()
    {
        cout <<"输入编号为"<< getEmpNo()<<" 的技术员的姓名、等级与工作时间: "<< endl;
        int tempGrade;
        string tempName;
        cin >> tempName;
        cin >> tempGrade;
        cin >> workHour;

        setName(tempName);
        //TODO: 调级与工资计算
        promote(tempGrade - getGrade());
    }


    //Summary: 流输入操作符重载函数
    //
    //Parameters:
    //        input: 输入流
    //        t:     目标技术员对象
    //Return: istream& 返回输入流本身
    //Detail: 重载函数首先给出输入提示,之后从流中输入目标对象的等级与工作时间
    //注:       未添加合法性判断,请勿输入非正数
    istream& operator >> (istream& input,technician& t)
    {
        //cout <<"输入编号为"<< t.getEmpNo()<<" 的技术员的姓名、等级与工作时间: "<< endl;
        int tempEmpNo;
        int tempGrade;
        string tempName;
        int tempPay;
        int tempWage;

        input >> tempEmpNo;
        input >> tempName;
        input >> tempGrade;
        input >> tempPay;
        input >> t.workHour;
        input >> tempWage;

        t.setEmpNo(tempEmpNo);
        t.setName(tempName);
        //TODO: 调级与工资计算
        t.promote(tempGrade - t.getGrade());
        return input;
    }
```

```
//Summary: 流输出操作符重载函数
//
//Parameters:
//        output: 输出流
//        t:            目标技术员对象
//Return: ostream& 返回输出流本身
ostream& operator << (ostream &output, technician &t)
{
    output << endl << t.getEmpNo() <<"\t"<< t.getName() <<"\t"<< t.getGrade() <<"\t"
        << t.getAccumPay() <<"\t"<< t.getWorkHour() <<"\t"<< t.getWage();
    return output;
}


/ ****************************************************************************
FileName: userinterface.cpp
Copyright: Tsinghua University
Author: Huaizhou Tao
Date:2014 - 10 - 02
Description: 用户界面类的定义

**************************************************************************** /
# include < iostream >
# include "userinterface.h"
using namespace std;

//Summary: 构造函数
//
//Parameters:
//        None
//Return: None
//Detail:
userinterface::userinterface()
{
    emp_database = NULL;
}

//Summary: 析构函数
//
//Parameters:
//        None
//Return: None
//Detail:
userinterface::~userinterface()
{
    delete emp_database;
}

//Summary: 主要的交互界面
//
//Parameters:
//        None
```

```cpp
//Return: bool 是否继续
//Detail:
bool userinterface::running()
{
    system("cls");
    cin.clear();
    cin.sync();

    if(emp_database == NULL)
    {
        emp_database = new database();
        try
        {
            emp_database->load();
        }
        catch(FileException e)
        {
            if(e.mode == "open")
            {
                cout <<"以"<< e.type <<" 方式打开文件"<< e.filename <<" 时出错。"<< endl;
            }
            else
            {
                if(e.type == "read")
                {
                    cout <<"从文件"<< e.filename <<" 读取时出错。"<< endl;
                }
                else
                {
                    cout <<"向文件"<< e.filename <<" 写入时出错。"<< endl;
                }
            }
            return false;
        }
    }

    welcome();

    int input;
    cin >> input;

    if(!cin)
    {
        cout <<"输入错误，请重新输入。"<< endl;
        pause();
        return true;
    }

    switch(input)
    {
    case 1:
        while(insertEmp());
```

```
            break;
        case 2:
            while(deleteEmp());
            break;
        case 3:
            while(searchEmp());
            break;
        case 4:
            while(updateEmp());
            break;
        case 5:
            while(sortEmp());
            break;
        case 6:
            while(setRelation());
            break;
        case 7:
            quit();
            return false;
        default:
            cout <<"输入错误，请重新输入。"<< endl;
        }

        pause();
        return true;
    }


    //Summary: 暂停函数
    //
    //Parameters:
    //        None
    //Return: None
    //Detail:
    void userinterface::pause()
    {
        cin.clear();
        cin.sync();
        cout <<"按任意键继续:";
        getchar();
    }


    //Summary: 欢迎界面
    //
    //Parameters:
    //        None
    //Return: None
    //Detail:
    void userinterface::welcome()
    {
        cout << "        某公司人事管理系统"<< endl
            << "\t1. 录入雇员信息"<< endl
            << "\t2. 删除雇员信息"<< endl
```

```
        << "\t3. 查找雇员信息" << endl
        << "\t4. 更新雇员信息" << endl
        << "\t5. 排序雇员信息" << endl
        << "\t6. 设置销售部关系" << endl
        << "\t7. 退出" << endl;

    cout << "输入编号进行操作:";
}


//Summary: 查询界面
//
//Parameters:
//        None
//Return: bool 返回是否继续
//Detail:
bool userinterface::searchEmp()
{
    system("cls");

    cout << "        查找雇员信息" << endl
        << "\t1. 按编号查找" << endl
        << "\t2. 按姓名查找" << endl
        << "\t3. 显示某类全部雇员" << endl
        << "\t4. 返回上级" << endl;

    cout << "输入编号进行操作:";

    int input;
    int num;
    int empNo;
    string empName;
    int empType;
    cin >> input;

    if(!cin)
    {
        cout << "输入错误, 请重新输入。" << endl;
        pause();
        return true;
    }

    switch(input)
    {
    case 1:

        cout << "        按编号查找雇员" << endl;
        cout << "输入待查雇员编号: ";
        cin >> empNo;
        if(!cin)
        {
            cout << "输入错误, 请重新输入。" << endl;
            pause();
```

```
                return true;
            }
            num = emp_database -> search(empNo);
            if(num == 0)
                cout <<"没有找到结果。"<< endl;
            else
                cout <<"找到"<< num <<" 个结果。"<< endl;
            break;
        case 2:

            cout <<"          按姓名查找雇员"<< endl;
            cout <<"输入待查雇员姓名: ";
            cin >> empName;
            if(!cin)
            {
                cout <<"输入错误，请重新输入。"<< endl;
                pause();
                return true;
            }
            num = emp_database -> search(empName);
            if(num == 0)
                cout <<"没有找到结果。"<< endl;
            else
                cout <<"找到"<< num <<" 个结果。"<< endl;
            break;
        case 3:
            cout <<"          按类显示全部雇员"<< endl;
            cout <<"输入雇员类别:"<< endl;
            cout << "1. 经理"<< endl
            << "2. 技术"<< endl
            << "3. 销售"<< endl
            << "4. 销售经理"<< endl
            << "0. 全部"<< endl;
            cin >> empType;
            if(!cin)
            {
                cout <<"输入错误，请重新输入。"<< endl;
                pause();
                return true;
            }
            num = emp_database -> showAll((EmployeeType)empType);
            if(num == 0)
                cout <<"没有找到结果。"<< endl;
            else
                cout <<"找到"<< num <<" 个结果。"<< endl;
            break;
        case 4:
            cout <<"返回上级菜单。"<< endl;
            return false;
        default:
            cout <<"输入错误，请重新输入。"<< endl;
            break;
```

```
    }

    pause();
    return true;
}


//Summary: 插入界面
//
//Parameters:
//        None
//Return: bool 返回是否继续
//Detail:
bool userinterface::insertEmp()
{
    system("cls");

    cout <<"          录入雇员信息"<< endl;
    cout <<"输入雇员类别:"<< endl;
    cout << "1. 经理"<< endl
        << "2. 技术"<< endl
        << "3. 销售"<< endl
        << "4. 销售经理"<< endl;

    int empType;
    cin >> empType;
    if(!cin)
    {
        cout <<"输入错误，请重新输入。"<< endl;
        pause();
        return true;
    }

    if(empType < 1 || empType > 4)
    {
        cout <<"输入错误，请重新输入。"<< endl;
        pause();
        return true;
    }

    emp_database -> addEmployee((EmployeeType)empType);

    cout <<"是否继续?(y/n)";
    char input;
    cin >> input;
    if(input == 'y' || input == 'Y')
        return true;
    else
        return false;
}

//Summary: 删除界面
//
```

```
//Parameters:
//        None
//Return: bool 返回是否继续
//Detail:
bool userinterface::deleteEmp()
{
    system("cls");

    cout <<"         删除雇员信息"<< endl;
    cout <<"输入雇员编号:"<< endl;

    int empNo;
    cin >> empNo;
    if(!cin)
    {
        cout <<"输入错误，请重新输入。"<< endl;
        pause();
        return true;
    }

    if(empNo <= 0)
    {
        cout <<"输入错误，请重新输入。"<< endl;
        pause();
        return true;
    }

    if(emp_database -> deleteEmployee(empNo))
    {
        cout <<"删除结束。"<< endl;
    }
    else
    {
        cout <<"未找到目标雇员。"<< endl;
    }

    cout <<"是否继续?(y/n)";
    char input;
    cin >> input;
    if(input == 'y' || input == 'Y')
        return true;
    else
        return false;
}


//Summary: 更新界面
//
//Parameters:
//        None
//Return: bool 返回是否继续
//Detail:
bool userinterface::updateEmp()
```

```cpp
{
    system("cls");

    cout <<"          更新雇员信息"<< endl;
    cout <<"输入雇员编号:"<< endl;

    int empNo;
    cin >> empNo;
    if(!cin)
    {
        cout <<"输入错误，请重新输入。"<< endl;
        pause();
        return true;
    }

    if(empNo <= 0)
    {
        cout <<"输入错误，请重新输入。"<< endl;
        pause();
        return true;
    }

    if(emp_database -> updateEmployee(empNo))
    {
        cout <<"更新结束。"<< endl;
    }
    else
    {
        cout <<"未找到目标雇员。"<< endl;
    }

    cout <<"是否继续?(y/n)";
    char input;
    cin >> input;
    if(input == 'y' || input == 'Y')
        return true;
    else
        return false;
}


//Summary: 排序界面
//
//Parameters:
//      None
//Return: bool 返回是否继续
//Detail:
bool userinterface::sortEmp()
{
    system("cls");

    cout << "        雇员信息排序"<< endl
         << "\t1. 按编号排序"<< endl
```

```cpp
                << "\t2. 按工资排序" << endl
                << "\t3. 返回上级" << endl;

        cout << "输入编号进行操作:";

        int key;
        int direction;
        int empType;
        cin >> key;
        if(!cin)
        {
            cout << "输入错误, 请重新输入。" << endl;
            pause();
            return true;
        }

        switch(key)
        {
        case 1:
            break;
        case 2:
            break;
        case 3:
            cout << "返回上级菜单。" << endl;
            return false;
        default:
            cout << "输入错误,请重新输入。" << endl;
            pause();
            return true;
        }

        cout << "输入雇员类别:" << endl;
        cout << "1. 经理" << endl
             << "2. 技术" << endl
             << "3. 销售" << endl
             << "4. 销售经理" << endl;

        cin >> empType;
        if(!cin)
        {
            cout << "输入错误, 请重新输入。" << endl;
            pause();
            return true;
        }

        if(empType < 1 || empType > 4)
        {
            cout << "输入错误, 请重新输入。" << endl;
            pause();
            return true;
        }
```

```
        cout <<"输入排序方向:"<< endl;
        cout << "1. 升序"<< endl
            << "2. 降序"<< endl;

        cin >> direction;
        if(!cin)
        {
            cout <<"输入错误, 请重新输入。"<< endl;
            pause();
            return true;
        }

        if(direction < 1 || direction > 2)
        {
            cout <<"输入错误, 请重新输入。"<< endl;
            pause();
            return true;
        }

        switch(key)
        {
        case 1:
            emp_database -> sortByNo((EmployeeType)empType, (direction == 1)? - 1:1);
            break;
        case 2:
            emp_database -> sortByPay((EmployeeType)empType, (direction == 1)? - 1:1);
            break;
        }


        pause();
        return true;
}


//Summary: 退出界面
//
//Parameters:
//       None
//Return: None
//Detail:
void userinterface::quit()
{
    cout <<"是否保存数据?(y/n):";
    char input;
    cin >> input;
    if(input == 'y' || input == 'Y')
    {
        try
        {
            emp_database -> save();
        }
        catch(FileException e)
```

```
        {
            if(e.mode == "open")
            {
                cout <<"以"<< e.type <<" 方式打开文件"<< e.filename <<" 时出错。"<< endl;
            }
            else
            {
                if(e.type == "read")
                {
                    cout <<"从文件"<< e.filename <<" 读取时出错。"<< endl;
                }
                else
                {
                    cout <<"向文件"<< e.filename <<" 写入时出错。"<< endl;
                }
            }
        }
    }

    cout <<"谢谢使用,再见!"<< endl;
}

//Summary: 设置关系界面
//
//Parameters:
//         None
//Return: bool 返回是否继续
//Detail:
bool userinterface::setRelation()
{
    system("cls");

    cout << "        设置销售部关系"<< endl;

    cout << "输入销售员编号:";

    int saleNo;
    int saleMngNo;

    cin >> saleNo;

    if(!cin)
    {
        cout <<"输入错误, 请重新输入。"<< endl;
        pause();
        return true;
    }

    cout << "输入销售经理编号:";
    cin >> saleMngNo;

    if(!cin)
```

```
    {
        cout << "输入错误, 请重新输入。" << endl;
        pause();
        return true;
    }

    bool result = emp_database -> setRelation(saleNo, saleMngNo);

    if(result)
    {
        cout << "设置成功。" << endl;
    }
    else
    {
        cout << "设置失败, 编号不存在。" << endl;
    }

    cout << "是否继续?(y/n)";
    char input;
    cin >> input;
    if(input == 'y' || input == 'Y')
        return true;
    else
    return false;
}
```

本章小结

本章主要介绍了 C++ 的主要编程工具, 包括函数模板、类模板、例外处理、命名空间、标准类库, 以及标准模板库(STL)。其中, 标准模板库是在函数模板和类模板的基础上建立一套泛型编程的工具库, 极大地提高了 C++ 的程序设计的重用性。但 STL 涉及内容比较多, 而且与后续课程《数据结构与算法分析》的知识点密切相关。因此, 在本章中只对 STL 的概念做了一些简单介绍。主要讨论了 C++ 标准模板库(STL)中常用的 4 大组件: 容器、迭代器、算法和函数对象。其中常用的顺序容器 vector, list, deque 是重点; 对迭代器的理解是应用 STL 的关键和难点, 可以类比指针的概念会更加容易理解迭代器的概念; STL 提供的算法集合强大而且丰富, 这些算法都具有非常高的通用性和运行效率, 在实践中要加强对各类算法的理解和应用; 另外, 函数对象常用作算法的参数, 表示执行操作的方式。

练习 19

1. 什么是程序中标识符作用范围? 有哪些种类的作用范围? 阐述命名空间的作用。
2. 解释为什么在 C++ 每个程序前面需要加一条"usingnamespace std;"语句?
3. C++ 中的异常处理机制意义是什么? 作用是什么?
4. 当在 try 块中抛出异常后, 程序最后是否回到 try 块中继续执行后面的语句?
5. 什么叫抛出异常? catch 可以获取什么异常参数? 是根据异常参数的类型还是根据参

数的值处理异常？请编写测试程序验证。

6. 为什么 C++ 要求资源的取得放在构造函数中，而资源的释放在析构函数？以 String 类为例，在 String 类的构造函数中使用 new 分配内存。如果操作不成功，则用 try 语句触发一个 char 类型异常，用 catch 语句捕获该异常。同时将异常处理机制与其他处理方式对内存分配失败这一异常进行处理对比，体会异常处理机制的优点。

7. 简述函数模板生成函数的过程。

8. 简述类模板生成对象的过程。

9. 简述函数模板与模板函数、类模板与模板类的区别。

10. 设计一个函数模板，其中包括数据成员 T a[n]以及对其进行排序的成员函数 sort(),模板参数 T 可实例化成字符串。

11. 设计一个类模板，其中包括数据成员 T a[n]以及在其中进行查找数据元素的函数 int search(T),模板参数 T 可实例化成字符串。

附录A

基本ASCII码表

字　　符	十 进 制 码	八 进 制 码	十六进制码
SP（空格）	32	40	20
!	33	41	21
"	34	42	22
#	35	43	23
$	36	44	24
%	37	45	25
&	38	46	26
'	39	47	27
(	40	50	28
)	41	51	29
*	42	52	2A
+	43	53	2B
,	44	54	2C
—	45	55	2D
.	46	56	2E
/	47	57	2F
0	48	60	30
1	49	61	31
2	50	62	32
3	51	63	33
4	52	64	34
5	53	65	35
6	54	66	36
7	55	67	37
8	56	70	38
9	57	71	39
:	58	72	3A
;	59	73	3B
<	60	74	3C
=	61	75	3D
>	62	76	3E

字　　符	十 进 制 码	八 进 制 码	十六进制码
?	63	77	3F
@	64	100	40
A	65	101	41
B	66	102	42
C	67	103	43
D	68	104	44
E	69	105	45
F	70	106	46
G	71	107	47
H	72	110	48
I	73	111	49 .
J	74	112	4A
K	75	113	4B
L	76	114	4C
M	77	115	4D
N	78	116	4E
O	79	117	4F
P	80	120	50
Q	81	121	51
R	82	122	52
S	83	123	53
T	84	124	54
U	85	125	55
V	86	126	56
W	87	127	57
X	88	130	58
Y	89	131	59
Z	90	132	5A
]	91	133	5B
\	92	134	5C
[	93	135	5D
^	94	136	5E
_	95	137	5F
`	96	140	60
a	97	141	61
b	98	142	62
c	99	143	63
d	100	144	64
e	101	145	65
f	102	146	66
g	103	147	67
h	104	150	68
i	105	151	69

续表

字 符	十 进 制 码	八 进 制 码	十六进制码
j	106	152	6A
k	107	153	6B
l	108	154	6C
m	109	155	6D
n	110	156	6E
o	111	157	6F
p	112	160	70
q	113	161	71
r	114	162	72
s	115	163	73
t	116	164	74
u	117	165	75
v	118	166	76
w	119	167	77
x	120	170	78
y	121	171	79
z	122	172	7A
{	123	173	7B
|	124	174	7C
}	125	175	7D
~	126	176	7E

附录B

C语言常用库函数

1. 数学函数（要求包含头文件< math.h >）

函 数 名	函数与形参类型	功 能
acos	double acos(double x)	计算并返回 arccos(x)值，要求$-1 \leqslant x \leqslant 1$
asin	double asin(double x)	计算并返回 arcsin(x)值，要求$-1 \leqslant x \leqslant 1$
atan	double atan(double x)	计算并返回 arctan(x)值
atan2	double atan2(double x,double y)	计算并返回 arctan(x/y)值
cos	double cos(double x)	计算并返回 cos(x)值，x 的单位为弧度
cosh	double cosh(double x)	计算并返回双曲余弦 cosh(x)值
exp	double exp(double x)	计算并返回 e^x 值
fabs	double fabs(double x)	计算并返回 x 的绝对值$|x|$
floor	double floor(double x)	求不大于 x 的最大整数部分，并以双精度实型返回该整数部分
fmod	double fmod(double x,double y)	求整除 x/y 的余数，并以双精度实型返回该余数
frexp	double frexp (double val, int * eptr)	将双精度数 val 表示成以 2 为底的指数形式，即 $val = p \times 2^n$。其中，$0.5 \leqslant p < 1$，p 作为函数值返回；n 存放在 eptr 指向的整型变量中
log	double log(double x)	计算并返回自然对数值 ln(x)，要求 x>0
log10	double log10(double x)	计算并返回常用对数值 $\log_{10}(x)$，要求 x>0
modf	double modf (double val, double * iptr)	将双精度数分解为整数部分和小数部分。小数部分作为函数值返回；整数部分存放在 iptr 指向的双精度型变量中
pow	double pow(double x,double y)	计算并返回 x^y 值
sin	double sin(double x)	计算并返回 sin(x)值，x 的单位为弧度
sinh	double sinh(double x)	计算并返回 x 的双曲正弦值 sinh(x)
sqrt	double sqrt(double x)	计算并返回$\sqrt{x}$值，要求 $x \geqslant 0$
tan	double tan(double x)	计算并返回正切值 tan(x)，x 的单位为弧度
tanh	double tanh(double x)	计算并返回 x 的双曲正切值 tanh(x)

2. 输入输出函数（要求包含头文件< stdio.h >）

函 数 名	函数与形参类型	功 能
clearerr	void clearerr(FILE * fp)	清除文件指针错误
close	int close(FILE * fp)	关闭 fp 指向的文件。若成功，则返回 0；否则返回-1

续表

函　数　名	函数与形参类型	功　　能
creat	int creat (char * filename, int mode)	以 指定的方式建立名为 filename 的文件。若成功，则 个正数；否则返回—1
eof	int eof(int fd)	检 件是否结束。遇文件结束则返回1；否则返回 0
fclose	int fclose(FILE * fp)	关 所指的文件,释放缓冲器。若成功则返回非 0；否则 0
feof	int feof(FILE * fp)	检查 所指的文件是否结束。遇文件结束返回 1；否则返回
fflush	int fflush(FILE * fp)	清空文件的输入输出缓冲区流,使输出流立刻写到文件中,出错返回—1
fgetc	int fgetc(FILE * fp)	从 fp 所指的文件中取得下一个字符。返回取得的字符；若出错则返回 EOF
fgets	char * fgets(char * buf, int n, FILE * fp)	从 fp 所指的文件中读取长度为(n—1)的字符串,存入起始地址为 buf 的空间。返回地址 buf；若遇文件结束或出错,返回 NULL
fopen	FILE * fopen(char * filename, char * mode)	以 mode 指定的方式打开名为 filename 的文件。若成功,则返回一个文件指针(即文件信息区的起始地址);否则返回 0
fprintf	int fprintf (FILE * fp, char * format,args,…)(args 为表达式)	把 args 的值以 format 指定的格式输出到 fp 所指定的文件中。返回输出的字符数
fputc	int fputc(char ch, FILE * fp)	将字符 ch 输出到 fp 所指向的文件中。若成功则返回该字符；否则返回 EOF
fputs	int fputs(char * str,FILE * fp)	将 str 所指的字符串输出到 fp 所指向的文件中。若成功则返回 0；否则返回非 0
fread	int fread(char * ptr, unsigned int size, unsigned int n, FILE * fp)	从 fp 指定的文件中读取长度为 size 的 n 个数据项,存到 ptr 指向的内存区。返回读取的数据项个数,若遇文件结束或出错返回 0
fscanf	int fscanf(FILE * fp,char format, args,…)(args 为指针)	从 fp 指定的文件中按 format 指定的格式将输入数据送到 args 所指定的内存单元。返回输入的数据个数
fseek	int fseek(FILE * fp, long offset, int base)	将 fp 指向文件的位置指针移到以 base 所指出的位置为基准,以 offset 为位移量的位置。若成功则返回当前位置；否则返回—1
ftell	long ftell(FILE * fp)	返回 fp 所指向的文件中的读写位置
fwrite	int fwrite(char * ptr, unsigned int size, unsigned int n, FILE * fp)	把 ptr 所指向的 n * size 字节输出到 fp 所指向的文件中。返回写到文件中的数据项个数
getc	int getc(FILE * fp)	从 fp 所指向的文件中读取一个字符。若成功则返回所读取的字符；若文件结束或出错则返回 EOF
getchar	int getchar()	从标准输入设备读取下一个字符。若成功则返回所读取的字符；若文件结束或出错则返回—1
gets	char * gets(char * str)	从标准输入设备读取字符串,存入由 str 指向的字符数组中
getw	int getw(FILE * fp)	从 fp 所指向的文件中读取下一个字。若成功则返回所读取的字(整数)；若文件结束或出错则返回—1

续表

函　数　名	函数与形参类型	功　　能
open	int open（char ＊ filename, in____ mode）	_____指定的方式打开已存在的名为 filename 的文件。____则返回文件号；否则返回－1
printf	int printf(char ＊ format,args,…) （args 为表达式）	____表列 args 的值输出到标准输出设备。返回输出字____数；若出错则返回负数
putc	int putc(char ch,FILE ＊ fp)	____字符 ch 输出到 fp 指向的文件中。返回输出的字____；若出错则返回 EOF
putchar	int putchar(char ch)	____符 ch 输出到标准输出设备。返回输出的字符 ch；若____错则返回 EOF
puts	int puts(char ＊ str)	____ str 指向的字符串输出到标准输出设备，将 '\0' 转换为回车换行。返回换行符；若失败则返回 EOF
putw	int putw(int w,FILE ＊ fp)	将一个整数 w（即一个字）写到 fp 指向的文件中。返回输出的整数；若出错则返回 EOF
read	int read（int fd, char ＊ buf; unsigned int count）	从文件号 fd 所指示的文件中读取 count 字节到由 buf 指示的缓冲区中。返回真正读取的字节数；若遇文件结束则返回 0；若出错则返回－1
rename	int rename（char ＊ oldname, char ＊ newname）	把由 oldname 所指的文件名改为由 newname 所指的文件名。若成功则返回 0；否则返回－1
rewind	void rewind(FILE ＊ fp)	将 fp 所指的文件中的位置指针置于文件开头位置,并清除文件结束标志和错误标志
scanf	int scanf(char ＊ format,args,…) （args 为指针）	从标准输入设备按 format 指向的格式字符串规定的格式,输入数据给 args 所指向的存储单元。返回读入并赋给 args 的数据个数,若遇文件结束则返回 EOF；若出错则返回 0
write	int write（int fd, char ＊ buf, unsigned int count）	从 buf 指示的缓冲区输出 count 个字符到 fd 所指出的文件中。返回实际输出的字符数；若出错则返回－1

3. 字符函数与字符串函数（要求包含头文件＜ string. h ＞）

函　数　名	函数与形参类型	功　　能
isalnum	int isalnum(ch) int ch;	检查 ch 是否是字母或数字。若是则返回 1；否则返回 0
isalpha	int isalpha(ch) int ch;	检查 ch 是否是字母。若是则返回 1；否则返回 0
iscntrl	int iscntrl(ch) int ch;	检查 ch 是否是控制字符（其 ASCII 码在 0 和 0x1F 之间）。若是则返回 1；否则返回 0
isdigit	int isdigit(ch) int ch;	检查 ch 是否是数字。若是则返回 1；否则返回 0
isgraph	int isgraph(ch) int ch;	检查 ch 是否是可打印字符（其 ASCII 码在 0x21 和 0x7E 之间）。若是则返回 1；否则返回 0
islower	int islower(ch) int ch;	检查 ch 是否是小写字母(a～z)。若是则返回 1；否则返回 0
isprint	int isprint(ch) int ch;	检查 ch 是否是可打印字符（包括空格,其 ASCII 码在 0x20 和 0x7E 之间）。若是则返回 1；否则返回 0

图书资源支持

感谢您一直以来对清华版图书的支持和爱护。为了配合本书的使用，本书提供配套的资源，有需求的读者请扫描下方的"清华电子"微信公众号二维码，在图书专区下载，也可以拨打电话或发送电子邮件咨询。

如果您在使用本书的过程中遇到了什么问题，或者有相关图书出版计划，也请您发邮件告诉我们，以便我们更好地为您服务。

我们的联系方式：

教学交流、课程交流

地　　址：北京市海淀区双清路学研大厦 A 座 701

邮　　编：100084

电　　话：010－62770175－4608

资源下载：http://www.tup.com.cn

客服邮箱：tupjsj@vip.163.com

QQ：2301891038（请写明您的单位和姓名）

清华电子

扫一扫，获取最新目录

用微信扫一扫右边的二维码，即可关注清华大学出版社公众号"清华电子"。

函 数 名	函数与形参类型	功 能
calloc	void * calloc (unsigned int n, unsigned int size)	分配 n 个数据项的内存连续空间，每个数据项的大小为 size。返回分配内存的首地址；若分配失败，则返回 0
free	void free(char * p)	释放 p 所指的内存区
malloc	void * malloc(unsigned int size)	分配 size 字节的存储区。返回分配内存区域的起始地址；若内存不够，则返回 0
realloc	void(或 char) * realloc(char * p, unsigned int size)	将 p 所指出的已分配内存区的大小改为 size。size 可以比原来分配的空间大或小。返回该内存区内的指针

4. 动态分配存储空间函数（要求包含头文件 <stdlib.h>）

函 数 名	函数与形参类型	功 能
ispunct	int ispunct(ch); int ch;	检查 ch 是否是标点符号（不包括空格），若是则测试返回 1；若不是则测试返回 0
isspace	int isspace(ch); int ch;	检查 ch 是否是空格、跳格符（即制表符）或换行符，若是测试返回 1；若不是测试返回 0
isupper	int isupper(ch); int ch;	检查 ch 是否是大写字母 (A～Z)，若是测试返回 1；若不是则测试返回 0
isxdigit	int isxdigit(ch); int ch;	检查 ch 是否是一个十六进制数字字符（即 0～9 或 A～F 或 a～f），若是测试返回 1；若不是测试返回 0
strcat	char * strcat(str1, str2); char * str1, str2;	把字符串 str2 接到 str1 的后面，原 str1 最后面的 '\0' 被取消。返回指向 str1 的指针
strchr	char * strchr(str,ch); char * str; int ch;	从 str 指向的字符串中找出第一次出现字符 ch 的位置。返回指向该位置的指针；若找不到则返回空指针
strcmp	int strcmp(char * str1,char * str2)	比较两个字符串；若 str1<str2 则测试返回负数；若 str1=str2 则测试返回 0；若 str1>str2 则测试返回正数
strcpy	char * strcpy(char * str1,char * str2)	把 str2 指向的字符串复制到 str1 中。返回 str1 的指针
strlen	unsigned int strlen(str) char * str;	统计字符串 str 中字符的个数（不包括终止符 '\0'）。返回字符个数
strncpy	char * strncpy(char * str1,char * str2, int n)	把 str2 指向的字符串中的前 n 个字符复制到 str1 中。返回 str1 的指针
strstr	char * strstr(char * str1,char * str2)	找出字符串 str2 在字符串 str1 中第一次出现的位置（不包括 str2 的串结束符）。返回该位置的指针，若找不到则返回空指针
tolower	int tolower(char ch)	将字符 ch 转换为小写字母，返回 ch 所代表的小写字母
toupper	int toupper(char ch)	将字符 ch 转换为大写字母，返回 ch 所代表的大写字母